LS Mathematik

Herausgegeben von
August Schmid, Tübingen
Wilhelm Schweizer, Tübingen

Analysis
Leistungskurs
Gesamtausgabe

bearbeitet von
Kurt Arzt, Tübingen
Eberhard Grammes, Bingen
August Schmid, Tübingen
Jörg Stark, Tübingen
Günther Taetz, Wuppertal

Ernst Klett Schulbuchverlag

Inhalt

I Funktionen

In der Analysis werden Funktionen untersucht. Dazu werden komplizierte Funktionen in einfachere zerlegt, die man bereits kennt. Umgekehrt setzt man solche einfachen Funktionen zu neuen, komplizierteren zusammen. Um die Veranschaulichung von Funktionen vorzubereiten, ist es zweckmäßig, sich zunächst mit der Darstellung von Strecken und Geraden im Koordinatensystem vertraut zu machen.

1 Strecken und Geraden im Koordinatensystem

1.1 Kartesische Koordinaten

1 Standardbriefe sind nach der Gebührenordnung der Bundespost Briefsendungen bis zu 20 g mit einer Länge x (in cm) zwischen 14 und 23,5 und einer Breite y (in cm) zwischen 9 und 12. Dabei muß die Länge mindestens das 1,41fache der Breite betragen.
a) Sind Briefe mit $x=15$ und $y=10$ (9; 12) zugelassen?
b) Veranschauliche die zugelassenen Paare von Längen und Breiten durch eine Fläche im Koordinatensystem.

Zahlenpaare, wie sie bei Meßreihen oder Lösungsmengen von (Un-) Gleichungen mit 2 Variablen vorkommen, veranschaulicht man in einem **kartesischen**[1] **Koordinatensystem**: Zwei im Ursprung (Nullpunkt) aufeinander senkrecht stehende Zahlengeraden mit gleichen Längeneinheiten (Fig. 6.1).

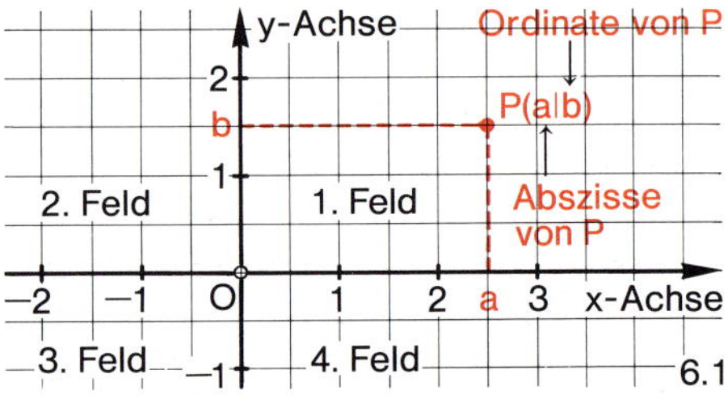

6.1

In einer Ebene werden durch ein Koordinatensystem Punkte und Zahlenpaare einander zugeordnet. Ist dem Zahlenpaar (a; b) der Punkt P zugeordnet, so schreiben wir **P(a|b)** und nennen a und b die **Koordinaten** von P.

Beispiel 1: a) In Fig. 6.1 hat P die x-Koordinate (Abszisse) 2,5 und die y-Koordinate (Ordinate) 1,5; wir schreiben P(2,5|1,5).
b) Das Schaubild der Lösungsmenge von $y \leqq x$ ist die in Fig. 7.1 angegebene Halbebene. Ein Punkt gehört genau dann zu dieser Halbebene, wenn seine Koordinaten die Ungleichung $y \leqq x$ erfüllen: A(1|−1) liegt in der Halbebene, $B(-1|-\frac{1}{2})$ nicht.

Beispiel 2: a) Zur Lösungsmenge der Gleichung $0 \cdot x + y = 2$ (Kurzschreibweise: $y=2$) gehören alle Paare der Form (r; 2), $r \in \mathbb{R}$. Das Schaubild von $y=2$ ist daher die Parallele zur x-Achse durch P(0|2).

---

1. nach René Descartes (1596—1650); franz. Mathematiker und Philosoph

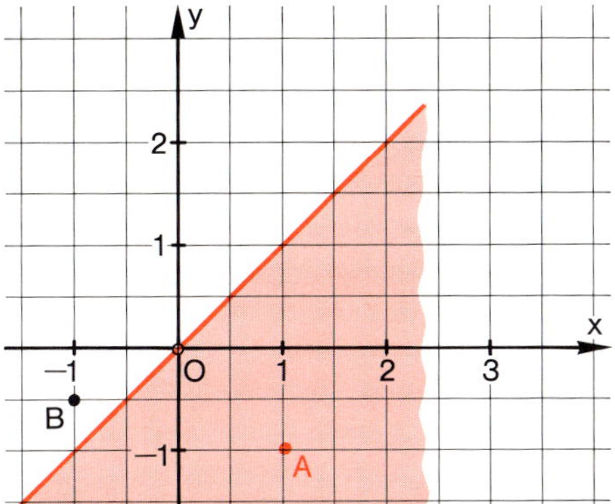

7.1

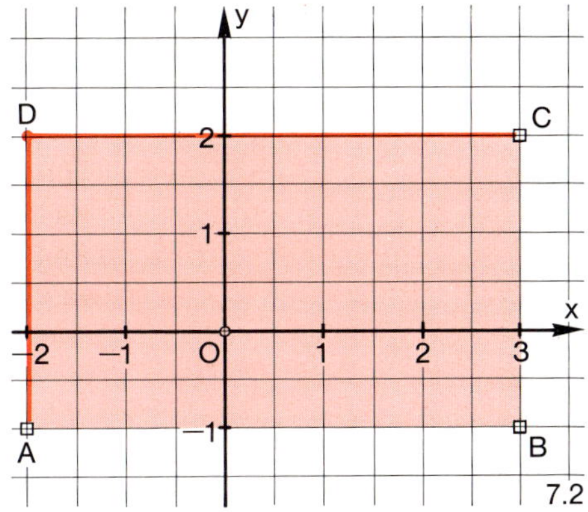

7.2

b) In Fig. 7.2 ist die Lösungsmenge des Systems $(-2 \leqq x < 3$ und $-1 < y \leqq 2)$ dargestellt. Die Ecke D gehört zum Schaubild, die Ecken A, B, C dagegen nicht.

2 a) Zeichne $P(1|2)$; $Q(-3|2)$; $R(1|-4)$; $S(-3|-2)$ in ein kartesisches Koordinatensystem ein. Lies auf der Geraden (PS) die Koordinaten von $T(0|?)$, $U(?|-3)$ sowie des Schnittpunktes V von (PS) mit (QR) ab.
b) Zeichne ein Schaubild der Lösungsmenge von $y=-x$; (wir sagen auch kurz: ein Schaubild von $y=-x$). Gib eine Gleichung an für die Parallele zur x-Achse (zur y-Achse) durch $A(2|-5)$; ebenso durch $B(-1|0)$ bzw. $C(0|-2)$.

Aufgaben

3 Lies in Fig. 7.3 die Koordinaten der Punkte P_1 bis P_9 ab. Sind Lösungen der Gleichung $y=0{,}5x^2$ dabei? Welche der Koordinatenpaare erfüllen die Ungleichung $y>0{,}5x^2$?

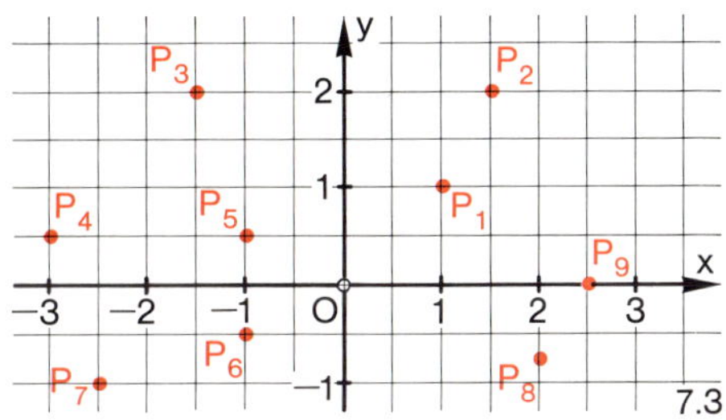

7.3

4 Zeichne ein Schaubild. Ersetze „=“ auch durch „<“ und „>“.

a) $x=-3$ b) $x=1{,}8$ c) $y=1{,}6$
d) $y=-1{,}2$ e) $x=0$ f) $y=0$

5 Beschreibe das Innere (Äußere) des Rechtecks ABCD mit $A(3|-2)$, $B(3|4)$, $C(-1|4)$, $D(-1|-2)$ durch ein System von Ungleichungen.

6 Begründe: Für eine gegebene Zahl $r>0$ beschreibt $x^2+y^2=r^2$ den Kreis um O mit dem Radius r (Fig. 7.4). Veranschauliche:

a) $x^2+y^2=9$ b) $x^2+y^2 \geqq 4$
c) $x^2+y^2<2{,}25$ d) $x^2+y^2=5$
e) $x^2+y^2=0$ f) $x^2+y^2 \geqq 0$.

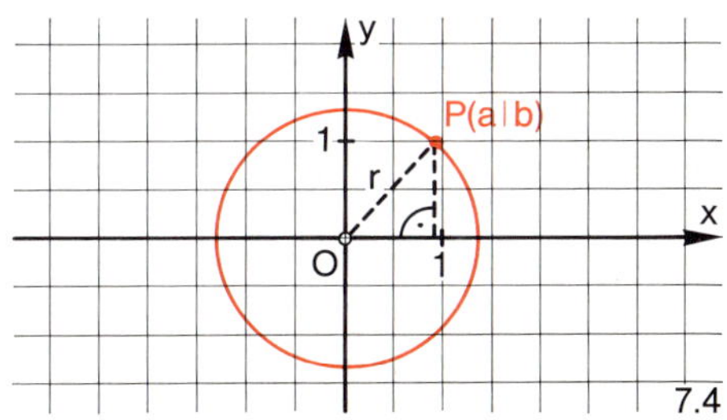

7.4

7 $|x|$ (lies: **Betrag** von x) bezeichnet die größere der Zahlen x und $-x$ bzw. 0, falls $x=0$.
a) Zeichne die Punkte $P(x||x|)$ für $x \in \{1;-1;0;-3;3\}$ in ein Koordinatensystem. Ergänze die gezeichneten Punkte zu einem Schaubild von $y=|x|$ (von $y \leqq |x|$).
b) Zeichne ein Schaubild von $|y|=|x|$ (von $|y|=x$).

8 Veranschauliche die Lösungsmenge.

a) $|x-2|<5$ b) $|x+3| \leqq 4$ c) $|x-2|>0$ d) $|y-3| \leqq 1$

9 Veranschauliche die Lösungsmengen der folgenden Aussageformen.

a) $y = x$ und $y = -x$ b) $y = x$ oder $y = -x$ c) $x > 1$ und $y \leqq 2$ d) $x + y \leqq 0$ und $x > 0$
e) $|x| \leqq 3$ und $y < -2$ f) $|x| < 2$ oder $|y| > 4$ g) $2 \leqq x < 5$ h) $|y| < 2$
i) $x \cdot y = 0$ j) $x^2 \leqq 9$ oder $y \geqq 0$ k) $x^2 + y^2 \leqq 4$ und $y > 0$ l) $2 < x + y < 4$

10 Zeichne ein Schaubild.

a) $x \cdot y = 1$ b) $x \cdot y < 1$ c) $x \cdot y \geqq 1$ d) $\max\{x;y\} = 1$

(Dabei bedeute $\max\{x;y\}$ (lies: **Maximum** von x und y) die größere der Zahlen x, y bzw. den gemeinsamen Wert von x und y, falls $x = y$.)

1.2 Strecken

11 Wie lang sind die Strecken PQ mit $P(2|1)$, $Q(7|1)$ und RS mit $R(-4|3)$, $S(2|3)$? Zeichne. Welche Koordinaten haben die Mitten dieser Strecken?

Eine Strecke PQ ist durch ihre Endpunkte P und Q bestimmt. Durch die Koordinaten von P und Q sind also z. B. auch die Länge, die Mitte und die Richtung der Strecke festgelegt. Wie hat man vorzugehen, um diese rechnerisch zu ermitteln?

Die **Länge** einer Strecke PQ wird in der Längeneinheit angegeben, welche auf den Koordinatenachsen gegeben ist. Nach dem Satz von Pythagoras gilt

$$\overline{PQ} = \sqrt{(x_Q - x_P)^2 + (y_Q - y_P)^2}.$$

Beispiel 3: Für $P(-1|1)$, $Q(5|9)$ ist $\overline{PQ} = \sqrt{(5+1)^2 + (9-1)^2} = 10$.
PQ ist 10 LE lang.

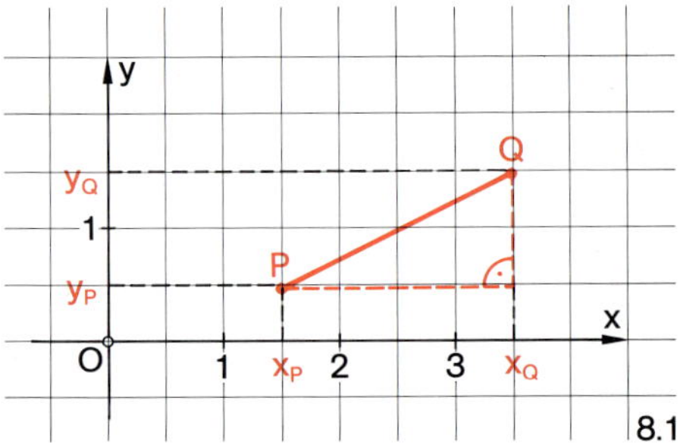

8.1

Für die **Mitte** $M(x_M|y_M)$ von PQ zeigt Fig. 8.2: $x_M = \frac{1}{2}(x_P + x_Q)$; $y_M = \frac{1}{2}(y_P + y_Q)$.

Beispiel 4: Für $P(-1|1)$, $Q(5|9)$ ist $x_M = \frac{1}{2}(-1+5) = 2$ und $y_M = \frac{1}{2}(1+9) = 5$, also $M(2|5)$.

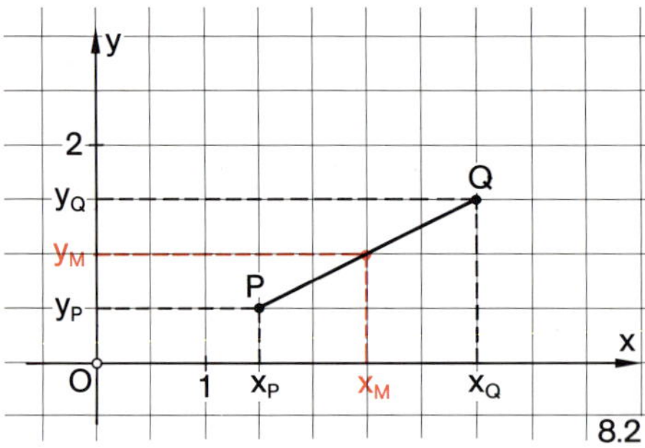

8.2

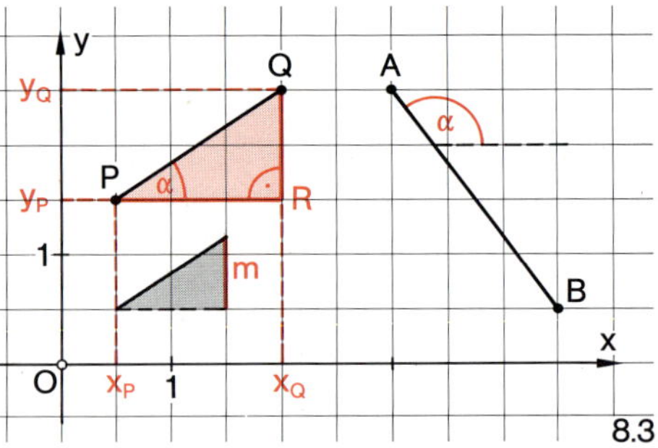

8.3

Die **Richtung** einer Strecke ist festgelegt durch den Winkel α ($0° \leqq \alpha < 180°$), den sie mit der Richtung der positiven x-Achse bildet (Fig. 8.3). Ist eine Strecke PQ durch die Koordinaten von P und Q gegeben, so verwendet man statt α den leichter zu berechnenden Tangens von α, also in Fig. 8.3 das Verhältnis $\overline{QR}:\overline{PR}$. Die Zahl tan α heißt **Steigung** (α **Steigungswinkel**) von PQ und wird mit m_{PQ} bezeichnet. Falls $x_P \neq x_Q$ ist, gilt (Fig. 8.3):

$$m_{PQ} = \tan\alpha = \frac{y_Q - y_P}{x_Q - x_P}.$$

Ist $x_P = x_Q$, also PQ parallel zur y-Achse, so ist $\alpha = 90°$; solche Strecken haben keine Steigung(szahl).

Beachte: Ist $x_Q - x_P = 1$, so ist $m_{PQ} = y_Q - y_P$ (vgl. das dunkel unterlegte „Steigungsdreieck" in Fig. 8.3). Dies zeigt, wie man zeichnerisch eine Richtung findet, deren Steigung gegeben ist.

Beispiel 5: a) Zum Winkel $\alpha = 60°$ gehört die Steigung $m = \tan 60° = \sqrt{3} \approx 1{,}7$.
b) Für P(1|5), Q(4|9) ergibt sich

$$m_{PQ} = \frac{9-5}{4-1} = \frac{4}{3} \quad \text{(Fig. 9.1)}$$

und damit $\alpha \approx 53{,}1°$ (Taschenrechner).
c) Fig. 9.1 veranschaulicht einige Winkel α mit den zugehörigen Steigungen.

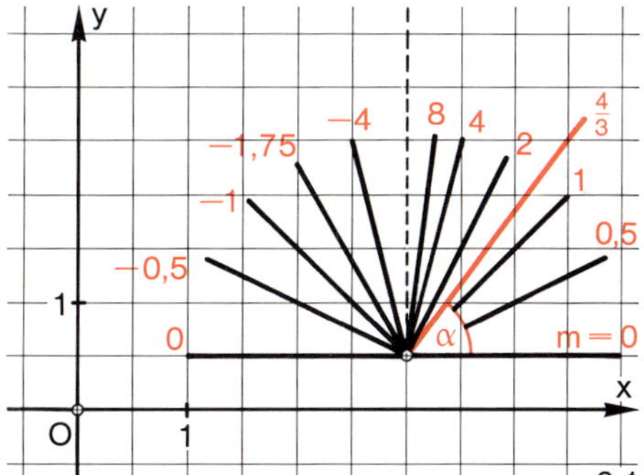

9.1

12 Bestimme $\overline{PQ}$, M, m_{PQ}, α für P(4|−3), Q(2|5).

Aufgaben

13 Berechne für die Dreiecke ABC die Seitenlängen sowie die Koordinaten der Seitenmitten.
a) A(0|0), B(0|7), C(3|4) b) A(−1|−1), B(3,5|−1), C(0,5|3) c) A$(-2|-\frac{7}{4})$, B(4|0), C(0|2)
d) A(0|0), B$(3\sqrt{2}|-3)$, C$(\sqrt{3}|\sqrt{6})$ e) A$(1+\sqrt{2}|\frac{1}{2}\sqrt{3})$, B$(1-\sqrt{2}|\frac{1}{2}\sqrt{2})$, C$(5|\sqrt{6})$

14 Welche Steigung gehört zum angegebenen Steigungswinkel?
a) 45° b) 15° c) 27° d) 50° e) 83° f) 89° g) 100° h) 135° i) 170°

15 Welcher Steigungswinkel α gehört zur angegebenen Steigung? (Beachte: $0° \leqq \alpha < 180°$.)
a) 1 b) 2,1 c) 0,5 d) 10 e) −1 f) −2,1 g) −0,3 h) $\sqrt{2}$ i) $1-\sqrt{2}$

16 Zeichne eine Strecke mit der Steigung $\frac{1}{2}$ (1; $\frac{3}{2}$; 2,5; 4; −3; −1,5; $-\frac{3}{4}$; −0,5; 0).

17 Berechne die Steigung der Strecke mit den folgenden Endpunkten.
a) P(−1|1), Q(5|4) b) P(−1|−5), Q(5|4) c) A(4|−2), B(5|4) d) R$(\frac{1}{2}|-\frac{1}{3})$, S$(2|-\frac{3}{4})$
e) A(2|0), B(2|7) f) P(−2|3), Q(1|3) g) P(2|2), Q(−5|−5) h) P(−2|2), Q(8|−8)

18 Bestimme C so, daß B die Mitte von AC ist.
a) A(2|1), B(6|7) b) A(4|−2), B(−4|−5) c) A$(\frac{1}{2}|-\frac{3}{4})$, B$(-2\frac{1}{2}|\frac{1}{3})$ d) A$(-\sqrt{2}|1)$, B$(2|-\sqrt{2})$

19 Welche Punkte auf den Koordinatenachsen haben von P den Abstand d?
a) P(3|3), d = 5 b) P(2,5|2), d = 2,5 c) P(−4|1,5), d = 2,5 d) P(2|4), d = 5

20 Bestimme die Weite von ∢(SP; SQ).
a) S(2|1), P(5|2), Q(2|6) b) S(0|0), P(2|−1), Q(1|2) c) S(0|1), P(−2|1), Q(−1|0)

21 Berechne die Innenwinkel der Dreiecke aus Aufgabe 13.

1.3 Geraden

22 Wie kann man rechnerisch prüfen, ob $P(4{,}5|10)$ auf $\overline{AB}$ mit $A(3|7)$, $B(5|11)$ liegt?

Gegeben sei eine Gerade g. Wir suchen eine Gleichung, die genau von den Zahlenpaaren $(x;y)$ mit $P(x|y) \in g$ erfüllt wird.

Auf S. 7 haben wir gefunden: Für achsenparallele Geraden durch $A(x_A|y_A)$ gilt
$x = x_A$ (Parallele zur y-Achse) bzw.
$y = y_A$ (Parallele zur x-Achse; Fig. 10.1).

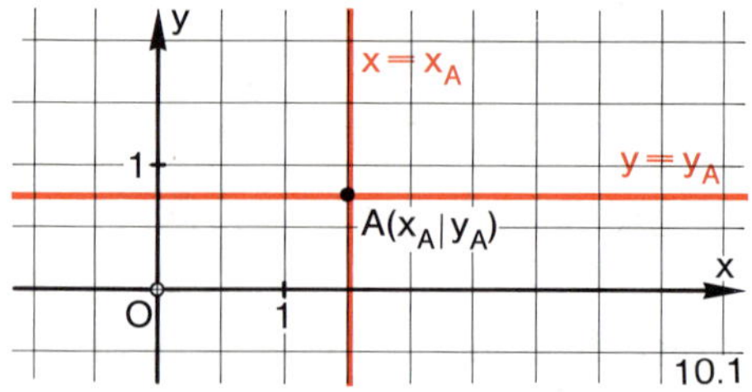

10.1

Bei Geraden, die nicht achsenparallel sind, unterscheiden wir zwei Fälle:

(I) Von einer Geraden g ist ein Punkt $A(x_A|y_A)$ und die Steigung m bekannt.

1) Ist A der Ursprung $O(0|0)$, so ist für jeden von O verschiedenen Punkt $P(x|y) \in g$: $y : x = m$ (Fig. 10.2), und somit $y = mx$ (Ursprungsgerade).

2) Ist $A(0|c)$ ein beliebiger Punkt der y-Achse, so erhält man (Fig. 10.2)

$$\mathbf{y = mx + c} \quad \textbf{(Hauptform)}.$$

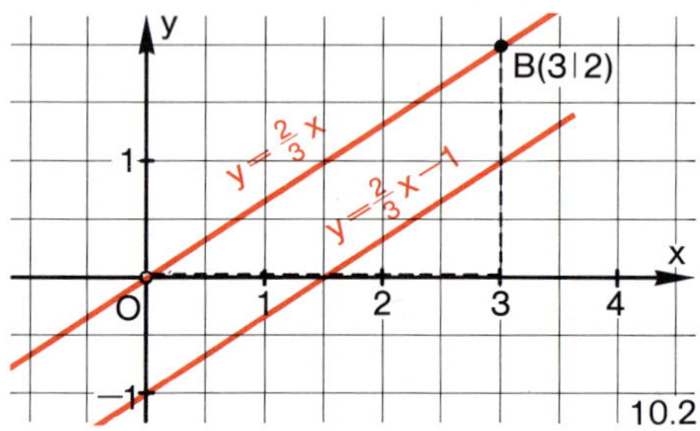

10.2

Beispiel 6: a) Die Ursprungsgerade mit $m = 0{,}5$ hat die Gleichung $y = 0{,}5x$. Geht die Ursprungsgerade durch $B(3|2)$ (Fig. 10.2), so ist $m = \frac{2}{3}$, d. h. $y = \frac{2}{3}x$.

b) Die Gerade mit der Steigung $m = \frac{2}{3}$ und dem y-Achsenabschnitt $c = -1$ hat die Gleichung $y = \frac{2}{3}x - 1$ (Fig. 10.2).

c) Fig. 10.3 zeigt, wie man eine Gerade, deren Gleichung in der Hauptform gegeben ist, im Koordinatensystem findet.

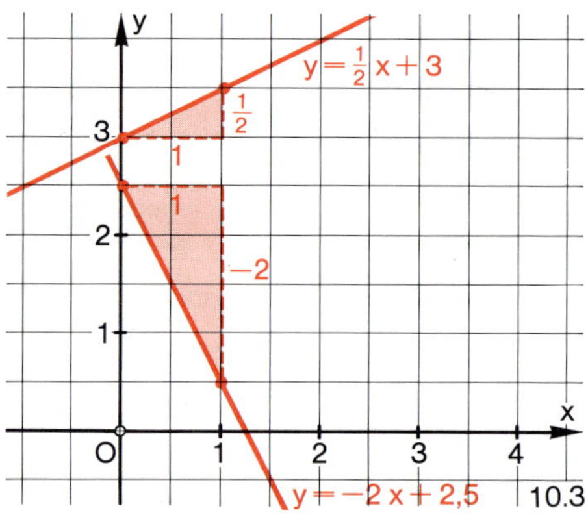

10.3

3) Ist schließlich $A(x_A|y_A)$ ein beliebiger Punkt und $P(x|y) \in g$, so führt die Bedingung $m_{AP} = m$ auf den Ansatz

$$\frac{\mathbf{y - y_A}}{\mathbf{x - x_A}} = \mathbf{m} \quad \textbf{(Punktsteigungsform)}.$$

Hieraus ergibt sich die Geradengleichung in der Hauptform durch Auflösen nach y.

Beispiel 7: Für die Gerade mit der Steigung $m = 1{,}5$ durch $A(2|-1)$ erhält man die Punktsteigungsform $\frac{y+1}{x-2} = 1{,}5$ und hieraus die Geradengleichung $y = 1{,}5x - 4$.

Beachte: Die Punktsteigungsform ist für $A(2|-1)$ nicht erfüllt, dagegen ist die Geradengleichung $y = 1{,}5x - 4$ auch für die Koordinaten dieses Punktes erfüllt.

(II) Von einer Geraden sind zwei Punkte $A(x_A|y_A)$ und $B(x_B|y_B)$ bekannt ($x_A \neq x_B$). Dann hat g die Steigung

$$m = \frac{y_B - y_A}{x_B - x_A} \quad \text{(Fig. 11.1)}.$$

Verwendet man dies in der Punktsteigungsform, so ergibt sich

$$\frac{y - y_A}{x - x_A} = \frac{y_B - y_A}{x_B - x_A} \quad \textbf{(Zweipunkteform)}$$

und durch Auflösen nach y die Gleichung von g.

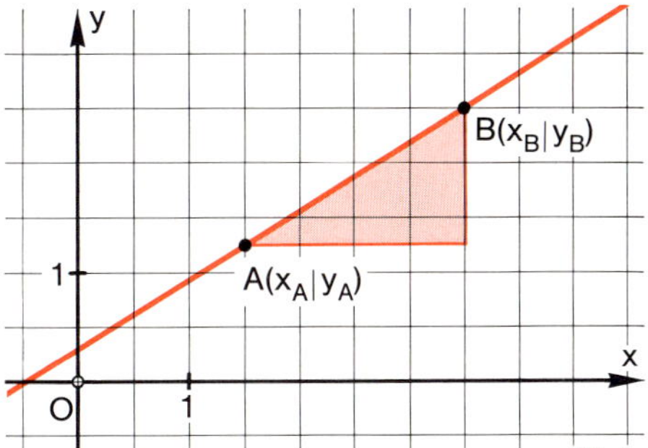

11.1

Beispiel 8: Geht die Gerade g durch $A(-2|3)$ und $B(4|-1)$, so lautet die Zweipunkteform: $\frac{y-3}{x+2} = \frac{-1-3}{4+2}$ und die Gleichung von $g: y = -\frac{2}{3}x + \frac{5}{3}$.

Bemerkung: Hat g z. B. die Gleichung $y = 2x + 1$, so schreiben wir kurz $g: y = 2x + 1$.

Satz 1: Ist eine Gerade gegeben durch einen Punkt $A(x_A|y_A)$ und die Steigung m oder durch zwei Punkte $A(x_A|y_A)$, $B(x_B|y_B)$ ($x_A \neq x_B$), so erhält man ihre Gleichung aus

$$\frac{y - y_A}{x - x_A} = m \qquad \text{bzw.} \qquad \frac{y - y_A}{x - x_A} = \frac{y_B - y_A}{x_B - x_A}.$$

Sowohl die Gleichung einer achsenparallelen als auch die Gleichung einer nicht achsenparallelen Geraden läßt sich auf die Form $Ax + By + C = 0$ bringen. Umgekehrt erhält man aus einer solchen Gleichung, sofern nicht $A = 0$ und $B = 0$ ist, durch Umformen eine Gleichung der Form $y = mx + c$ oder der Form $x = a$. Dies zeigt:

Satz 2: Jede Gleichung der Form

$$Ax + By + C = 0 \qquad (A \neq 0 \text{ oder } B \neq 0)$$

stellt in der x,y-Ebene eine Gerade dar.

23 a) Zeichne die Geraden $g: y = 2x - 1$, $h: y = 0{,}2x + 1$ und $k: 2x + 4y + 3 = 0$.
b) Gib die Gleichung von (AB) an für $A(3|1)$, $B(2|-4)$ (für $A(0{,}5|0{,}75)$, $B(-2|-0{,}5)$).
c) Gib die Hauptform, eine Punktsteigungs- sowie eine Zweipunkteform für die Gerade mit der Gleichung $2x - 3y + 1 = 0$ ($-\sqrt{2}x + 2y = 5$) an.

Aufgaben

24 Welche Gleichung hat die Ursprungsgerade a) mit der Steigung 3 ($-1{,}5$; $\frac{4}{3}$; $\sqrt{3}$; $1 + \sqrt{2}$)
b) mit dem Steigungswinkel $\alpha = 45°$ (90°; 135°; 30°; 120°)?

25 Gib die Steigung und den y-Achsenabschnitt der Geraden an. Zeichne die Geraden.
a) $y = 3x + 4$ b) $y = -0{,}5x - 2{,}4$ c) $y = x - 1$ d) $y = 5$
e) $y = x$ (1. Winkelhalbierende) f) $y = -x$ (2. Winkelhalbierende)
g) $y = 1 - 2x$ h) $2x + y = 4$ i) $3x - y = 10$ j) $4x - 5y + 3 = 0$

26 Welche Gleichung hat die Ursprungsgerade durch P?
a) $P(2|1)$ b) $P(-3|2)$ c) $P(-0{,}5|-4)$ d) $P(5|-1{,}3)$ e) $P(3|0)$ f) $P(0|2)$

27 Gib die Gleichungen der Geraden g, h, i, j, k, l in Fig. 12.1 an.

28 Gib die Gleichung der Geraden an, die durch P geht und die Steigung m hat.
a) $P(4|2)$; $m=2$ b) $P(-4|0{,}5)$; $m=-3$
c) $P(\frac{3}{4}|\frac{4}{5})$; $m=-\frac{1}{3}$ d) $P(4|0)$; $m=\sqrt{2}$
e) $P(0|\frac{3}{2})$; $m=-1$ f) $P(\sqrt{2}|1)$; $m=0$

29 Gib die Gleichung der Geraden an, die durch A und B geht.
a) $A(1|2)$, $B(5|4)$ b) $A(5|4)$, $B(1|2)$
c) $A(-2|3)$, $B(3|-2)$ d) $A(-1{,}5|3)$, $B(4|5)$
e) $A(-4|-3)$, $B(1|3)$ f) $A(2{,}1|0)$, $B(1{,}5|1)$
g) $A(3{,}5|4{,}5)$, $B(-4|-0{,}5)$ h) $A(u|v)$, $B(1|2)$
i) $A(a|0)$, $B(0|b)$ j) $A(r|s)$, $B(r|t)$

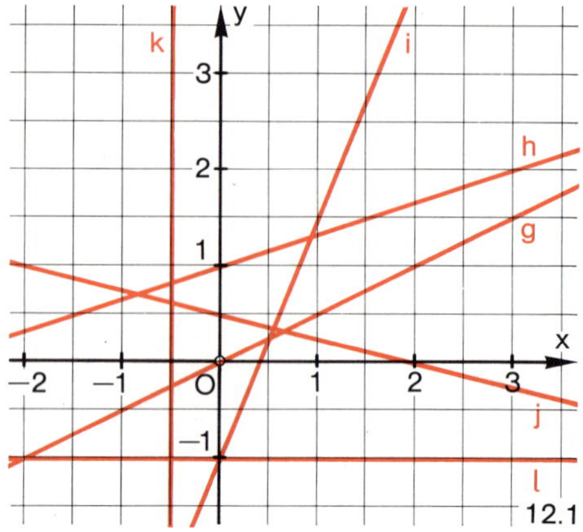

12.1

30 Wie lautet die Gleichung einer Geraden, die
a) zur x-Achse (y-Achse) parallel ist und durch $P(3|-2)$ geht
b) den Steigungswinkel $\alpha=45°$ $(\alpha=135°)$ hat und durch $A(-1|2)$ geht
c) durch die Mitte von AB mit $A(2|3)$, $B(4|-1)$ geht und die Steigung 0,5 hat?

31 Gegeben ist die Gerade durch die Punkte $P(-2|2{,}5)$ und $Q(1|1)$. Bestimme die Koordinaten des Geradenpunktes, welcher
a) die Abszisse 2 $(-3; 5)$ hat b) die Ordinate 2 $(-0{,}5; -2)$ hat
c) auf der y-Achse (x-Achse) liegt d) auf der 1. (2.) Winkelhalbierenden liegt.

1.4 Lagebeziehungen zweier Geraden

32 Prüfe, ob einer der Punkte $A(-\frac{1}{2}|\frac{1}{2})$, $B(-\frac{1}{4}|\frac{5}{4})$, $C(\frac{3}{4}|\frac{3}{4})$ Schnittpunkt von $g\colon y=-x+1$ und $h\colon y=x+1{,}5$ ist. Welchen Schnittwinkel bilden g und h? Zeichne.

Die Koordinaten des Schnittpunktes S zweier Geraden g und h erfüllen sowohl die Gleichung von g als auch von h. Zur Bestimmung von S ist daher ein lineares Gleichungssystem zu lösen.

Beispiel 9: Wir berechnen den Schnittpunkt S der Geraden $g\colon 2x+3y=4$ und $h\colon 5x-2y=-9$.

$$
\begin{array}{rll}
2x+3y=4 & \text{(I)} & \\
5x-2y=-9 & \text{(II)} & \text{(Fig. 12.2)} \\
\hline
2x+3y=4 & \text{(I)} & \\
0-19y=-38 & \text{(III)} & |\,2\cdot\text{(II)}-5\cdot\text{(I)} \\
\hline
y=2 & \text{(IV)} & |\,\text{(IV) in (I)} \\
x=-1 & &
\end{array}
$$

Lösung des Gleichungssystems: $(-1; 2)$,
Schnittpunkt von g und h: $S(-1|2)$.

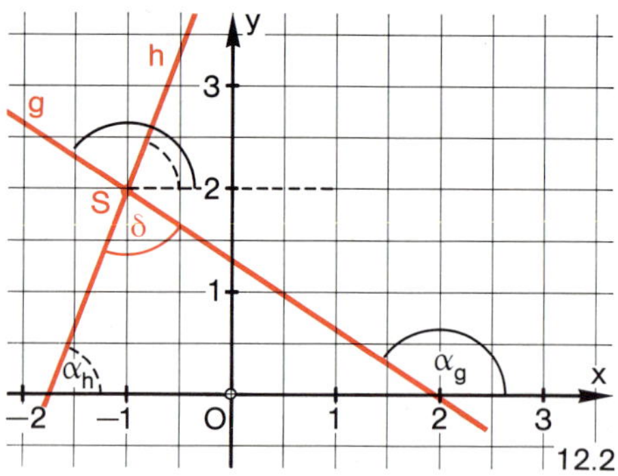

12.2

Geraden mit den Steigungen m_1 und m_2 sind genau dann **parallel,** wenn gilt:

$m_1 = m_2$.

Sind g, h **orthogonale** Geraden ($g \perp h$) und sind g', h' ihre Parallelen durch O, so gilt (Fig. 13.1; $m_1, m_2 \neq 0$):
Ist $P(u|v) \in g'$, so ist $Q(-v|u) \in h'$.
Für die Steigungen $m_1 = v:u$ von g und $m_2 = u:(-v)$ von h bedeutet dies:

$$\mathbf{m_2 = -\frac{1}{m_1}} \quad \text{oder} \quad \mathbf{m_1 \cdot m_2 = -1}.$$

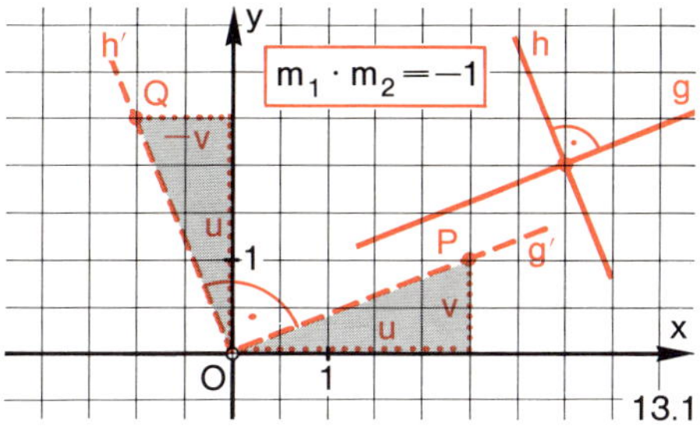

13.1

Zwei sich schneidende Geraden g und h bilden (sofern sie nicht orthogonal sind) zwei Winkel. Den kleineren der beiden nennen wir den **Schnittwinkel** δ (lies: delta) von g und h (Fig. 12.2). Um δ (mit $0° \leqq \delta < 90°$) zu berechnen, ermitteln wir aus den Steigungen m_g und m_h die Steigungswinkel α_g und α_h. Ist $\alpha_g > \alpha_h$, so gilt (Fig. 12.2)

$$\delta = \alpha_g - \alpha_h \qquad \text{oder} \qquad \delta = 180° - (\alpha_g - \alpha_h).$$

Beispiel 10: a) $g: y = \frac{2}{3}x - 1$ und $h: 4x - 6y + 3 = 0$ sind parallel, denn $m_g = m_h = \frac{2}{3}$.

b) Geraden mit $m_1 = \frac{1}{2}$ bzw. $m_2 = -2$ (Fig. 10.3) sind orthogonal, weil $\frac{1}{2} \cdot (-2) = -1$ ist.

c) Für g und h aus Beispiel 9 (Fig. 12.2) ist $m_g = -\frac{2}{3}$ und $m_h = \frac{5}{2}$, somit $\alpha_g \approx 146{,}3°$ und $\alpha_h \approx 68{,}2°$. Hieraus ergibt sich $\delta \approx 146{,}3° - 68{,}2° \approx 78{,}1°$.

33 Welche Gleichung hat die Parallele (Orthogonale) zu g durch P?
a) $g: y = 2x - 1$; $P(0|3)$ b) $g: x + 3y - 6 = 0$; $P(-3|-2)$ c) $g: y = -1$; $P(2|3)$

34 Berechne den Schnittpunkt und den Schnittwinkel von $g: 3x - 4y = 2$ und $h: x = 2y$.

Aufgaben

35 Welche der folgenden Geraden sind parallel (orthogonal)?
$g: 2x - 3y + 7 = 0$; $h: 3x + 2y = 2$; $k: 0{,}7x - y + 3{,}1 = 0$; $l: 15y = 10x - 3$

36 Prüfe rechnerisch die gegenseitige Lage der Geraden.
a) $3x - 4y + 25 = 0$, $4y = 3x - 10$ b) $4y = 3x + 14$, $3x + 4y - 26 = 0$ c) $0{,}2x - 0{,}5y = 1$, $0{,}5x - 1{,}25y = 2{,}5$ d) $\sqrt{2}x - y = 1$, $2x - \sqrt{2}y = 1$

37 Berechne den Schnittpunkt und den Schnittwinkel.
a) $y = x - 1$, $y = 3x - 9$ b) $2x + 4y + 3 = 0$, $6x - 8y = 11$ c) $3x + 5y + 10 = 0$, $0{,}4x + y + 2 = 0$ d) $x - 2y + 3 = 0$, $y - 1 = 0$

38 Die Orthogonale zu g durch P schneide g in F. Berechne die Koordinaten von F.
a) $g: y = 2x - 1$; $P(0|4)$ b) $g: 2x + y - 4 = 0$; $P(3|-2)$ c) $g: 6x + 4y + 3 = 0$; $P(1|-2{,}25)$

39 Berechne den Abstand des Punktes P von der Geraden g.
a) $g: 3x + 4y = 36$; $P(1|2)$ b) $g: 4x + 5y = 6$; $P(2{,}4|-3{,}2)$ c) $g: y = -2x + 1$; $P(3|2)$

40 Berechne die Längen der drei Höhen des Dreiecks ABC und die Innenwinkel α, β, γ.
a) $A(0|0)$, $B(3|2)$, $C(-1|2)$ b) $A(2|1)$, $B(7|2)$, $C(5|5)$

2 Lineare Funktionen

1 Der Rechnungsbetrag R einer Wasserrechnung setzt sich zusammen aus einer festen Grundgebühr g (z. B. 30 DM) für Zählermiete u. ä. und einem Arbeitspreis (z. B. 4 DM) für jeden verbrauchten m^3 Wasser.

a) Wie hoch ist der Rechnungsbetrag bei einem Verbrauch von 100 (120; 157; x) m^3 Wasser?

b) Wieviel m^3 wurden verbraucht bei einem Rechnungsbetrag R von 566 DM?

In der Analysis versucht man u. a., Wertetabellen (die z. B. als Meßreihen vorliegen) durch Terme zu beschreiben. Man kann dann weitere Wertepaare, die in der Tabelle nicht vorkommen, ermitteln, d. h., zu weiteren Ausgangswerten x die zugeordneten Zahlen („Meßwerte") berechnen. Ein Term liefert also eine Zuordnung. Im weiteren beschäftigen wir uns mit häufig vorkommenden Typen solcher Zuordnungen.

Definition: Eine Zuordnung der Form

$$\mathbf{x \mapsto mx+c}$$

heißt **lineare Funktion**.

Beispiel 1: Die Zuordnung $x \mapsto \frac{1}{2}x+1$ ist eine lineare Funktion. Sie liefert die in Fig. 14.1 angegebene Wertetabelle.

x	1	2	3	4	5
$\frac{1}{2}x+1$	1,5	2	2,5	3	3,5

14.1

Die Zahlen der 2. Zeile in Fig. 14.1 heißen „Funktionswerte" von $x \mapsto \frac{1}{2}x+1$.

Trägt man bei einer linearen Funktion die Punkte $P(x|mx+c)$ in ein Koordinatensystem ein, so liegen diese auf einer Geraden (Fig. 14.2), denn ihre Koordinaten erfüllen die Gleichung $y = mx + c$. Das bedeutet:

Satz: Bei einer linearen Funktion $x \mapsto mx+c$ gilt für jeden x-Wert: Vergrößert man den x-Wert um d, so ändert sich der Funktionswert um das m-fache von d (Fig. 14.3).

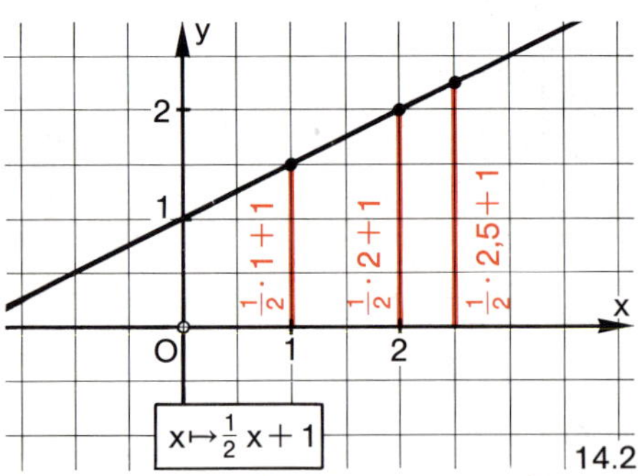

14.2

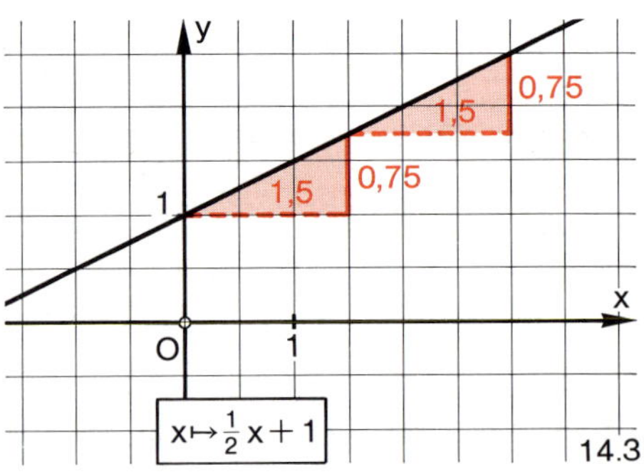

14.3

Beispiel 2: Wir bestätigen die Aussage des Satzes anhand einer Wertetabelle (Fig. 15.1) der linearen Funktion $x \mapsto \frac{1}{2}x+1$ (Fig. 14.2/3).

x	−2	−1	0	1	1,5	2	2,8	4,1
y	0	0,5	1	1,5	1,75	2	2,4	3,05

x: +2 (from −2 to 0), +0,5 (from 1 to 1,5), +2,1 (from 2 to 4,1)
y: $+\frac{1}{2}\cdot 2$, $+\frac{1}{2}\cdot 0{,}5$, $+\frac{1}{2}\cdot 2{,}1$

15.1

Beispiel 3: Wir prüfen, ob sich die Wertetabelle in Fig. 15.2 durch eine lineare Funktion $x \mapsto mx + c$ beschreiben läßt.

Wenn dies der Fall ist, dann muß $2{,}40 = m \cdot 2$, also $m = 1{,}20$ sein. Danach führt $0{,}5 \mapsto 1{,}40$ auf $1{,}20 \cdot 0{,}5 + c = 1{,}40$ oder $c = 0{,}80$. Nachprüfen zeigt, daß auch die restlichen Wertepaare zur linearen Funktion $x \mapsto 1{,}20x + 0{,}80$ gehören.

x	0,5	1,2	2	2,5	3,6
y	1,40	2,24	3,20	3,80	5,12

x: +2 (from 0,5 to 2,5); y: +2,40 (from 1,40 to 3,80)

15.2

Beispiel 4: (Aus der Physik)
Eine Schraubenfeder ist in unbelastetem Zustand 8 cm, bei einer Belastung mit 5 N 11 cm lang (Fig. 15.3). Nach dem Hookeschen Gesetz ist die Zuordnung Belastung (in N) $\mapsto$ Federlänge (in cm) eine lineare Funktion $x \mapsto mx + c$.
Aus $0 \mapsto 8$ und $5 \mapsto 11$ folgt für sie

$$x \mapsto 0{,}6x + 8.$$

Daraus berechnet man z. B. für eine Belastung mit 4 N die Federlänge 10,4 cm.

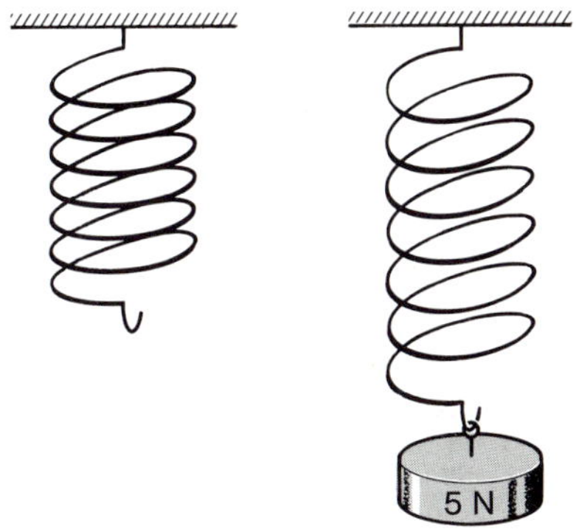

15.3

Beispiel 5: (Abschnittsweise Linearität)
Die Elektrizitätswerke bieten für jeden Haushalt einen Kleinstverbrauchertarif K und zwei Grundtarife I und II an. Jeder dieser Tarife setzt sich aus einer festen Grundgebühr g (in DM) und einem Arbeitspreis a (in DM/kWh) zusammen (Fig. 15.4). Der Rechnungsbetrag bei einem Verbrauch von x kWh wird mittels der Funktion $x \mapsto a \cdot x + g$ berechnet, wobei jeweils der für den Kunden günstigste Tarif zugrundegelegt wird. Dies ergibt für die Abrechnung folgende „Tariffunktion" (Fig. 15.5):

$$x \mapsto \begin{cases} 0{,}5x + 50 & \text{für } 0 \leqq x \leqq 500 \\ 0{,}2x + 200 & \text{für } 500 < x \leqq 2000 \\ 0{,}15x + 300 & \text{für } 2000 < x \end{cases}$$

Sie ist nicht für alle $x \in \mathbb{R}_0^+$ linear, wohl aber in jedem der angegebenen Abschnitte. Man spricht deshalb von einer abschnittsweise linearen Funktion.

Tarif	K	I	II
g in DM	50	200	300
a in DM/kWh	0,50	0,20	0,15

15.4

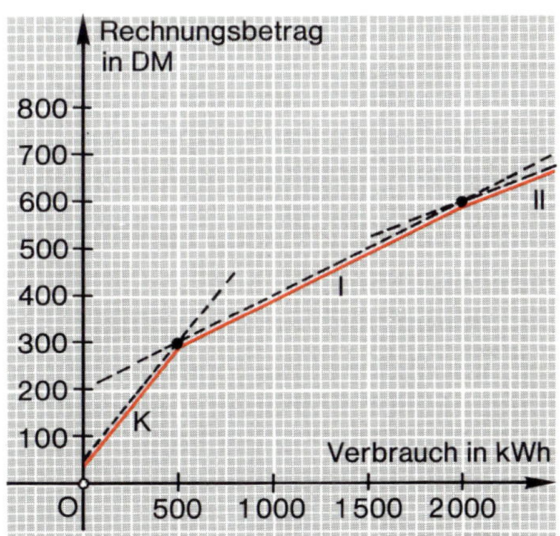

15.5

Bemerkungen:

a) (Intervallschreibweise)

Bei Intervallen sind Kurzschreibweisen üblich, z. B.

$[0;500]$ für $\{x|0 \leqq x \leqq 500\}$, $]0;500[$ für $\{x|0 < x < 500\}$,
$]0;500]$ für $\{x|0 < x \leqq 500\}$, $[0;500[$ für $\{x|0 \leqq x < 500\}$,
$]-\infty;500]$ für $\{x|x \leqq 500\}$, $[500;\infty[$ für $\{x|500 \leqq x\}$.

b) (Variablengebrauch bei Anwendungen)

Bei Anwendungen, z. B. in der Physik, stehen Variable oft für Größen, z. B. s für Weglängen. Dabei setzt die Gültigkeit einer Gleichung wie $v=\frac{s}{t}$ voraus, daß der Weg s, die Zeit t und die Geschwindigkeit v in entsprechenden Einheiten angegeben werden (z. B. s in Meter, t in Sekunden, v in $\frac{\text{Meter}}{\text{Sekunden}}$ oder s in km, t in h, v in $\frac{\text{km}}{\text{h}}$). Man kann dann die Buchstaben s, t, v auch als Variable für die Maßzahlen auffassen, die notwendigen Rechnungen durchführen und danach zur Größenauffassung zurückkehren. In diesem Sinne werden wir im weiteren, wenn über die verwendeten Einheiten Klarheit herrscht, Buchstaben als Variable für Maßzahlen verwenden.

2 Lassen sich die folgenden Zuordnungen durch lineare Funktionen beschreiben? Gib gegebenenfalls eine Termdarstellung an.

a)

x	1	3	5	7
y	2,4	3,7	5,0	6,3

b)

x	0,8	1,6	3,4	5,8
y	1,2	0	−2,7	−6,3

c)

x	−2	1	4	9
y	−4	−2	−1	1

Aufgaben

3 Für eine lineare Funktion gilt $3 \mapsto 7$ und $8 \mapsto 10$ ($4 \mapsto 5{,}5$ und $6{,}5 \mapsto 9$). Gib die Funktion an. Welche Zahl ordnet sie der Zahl 5 zu? Welcher Zahl ist der Funktionswert 6 zugeordnet?

4 Die Wertetabelle gehört zu einer linearen Funktion. Gib die Funktion an; ergänze die Tabelle.

a)

x	−1	1	3	5	6	?	?
y	−2	2	6	?	?	14	−8

b)

x	−2	−1,5	−1	0	0,5	?	?
y	?	2,4	2	?	?	1	−3

c)

x	−2	0	4	5	?	?
y	1,3	?	3,1	?	2,2	0,4

d)

x	3	$-\frac{3}{2}$	?	1,2	$\frac{9}{5}$	?
y	?	−0,7	−2,2	$\frac{1}{5}$	?	0,6

5 a) Gib die lineare Funktion an, deren Schaubild die Gerade g (h; k; l) in Fig. 16.1 ist.
b) Für welchen x-Wert nehmen die zu g und h (g und k) gehörenden linearen Funktionen den gleichen Funktionswert an?
c) Für welchen x-Wert nimmt die zu h (zu g) gehörende lineare Funktion den Funktionswert 0 an?

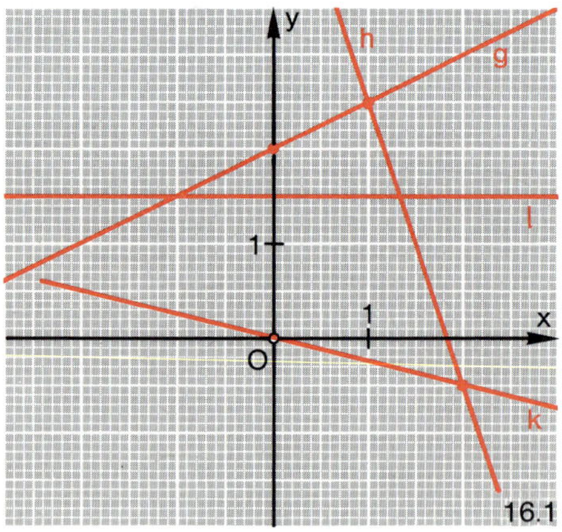

16.1

6 Zeichne die Schaubilder der Funktionen $x \mapsto \frac{1}{2}x-2$ und $x \mapsto -0{,}4x+3$. Welche Funktionswerte nehmen die Funktionen für $x=4$ an? Bestimme rechnerisch diejenigen x-Werte, für welche $x \mapsto \frac{1}{2}x-2$ einen größeren Funktionswert annimmt als $x \mapsto -0{,}4x+3$.

7 Lineare Funktionen der besonderen Form $\mathbf{x \mapsto m \cdot x}$ heißen **Proportionalitäten.**

a) Worin unterscheidet sich das Schaubild einer Proportionalität vom Schaubild einer linearen Funktion, die keine Proportionalität ist?

b) Wie erkennt man an der nebenstehenden Wertetabelle, daß sie sich durch eine Proportionalität beschreiben läßt? Gib ihre Termdarstellung an. Vergleiche mit der Wertetabelle in Aufgabe 4a) und 4b), S. 16.

x	3	5	6,5	8,4
y	6	10	13	16,8

17.1

c) Für eine Proportionalität gilt $5 \mapsto 3$. Welchen Funktionswert ordnet sie der Zahl 8 (12,5; −4) zu?

d) Zeige: Gilt $a \mapsto b$ für eine Proportionalität, so gilt $k \cdot a \mapsto k \cdot b$ für alle $k \in \mathbb{R}$; bei linearen Funktionen, die keine Proportionalitäten sind, gilt dies nicht.

8 Einer Tabelle ist zu entnehmen: $\sqrt[3]{21} = 2{,}7589$; $\sqrt[3]{22} = 2{,}8020$ (auf 4 Dezimalen gerundet). Gib eine lineare Funktion an, die für $x = 21$ den Funktionswert 2,7589 und für $x = 22$ den Funktionswert 2,8020 annimmt. Ermittle mit ihrer Hilfe einen Näherungswert für $\sqrt[3]{21{,}5}$ (für $\sqrt[3]{21{,}8}$). Vergleiche mit dem Näherungswert, den der Taschenrechner liefert.

9 Eine 80 cm hohe zylinderförmige Regentonne wird bei gleichmäßigem Zulauf mit Wasser gefüllt. Nach 3 Minuten steht das Wasser 25 cm hoch, nach weiteren 2 Minuten steht es 33 cm hoch.

a) Wie lange dauert es, bis die Tonne voll ist?

b) War die Tonne bei Beginn der Füllung leer?

10 Ein Lebensmittelhändler muß 80 % seiner Einnahmen für den Einkauf, die Steuern usw. abgeben. Außerdem hat er feste Kosten (für Miete, Heizung usw.) von monatlich 1500 DM. Der danach verbleibende Betrag ist sein Gewinn.

a) Gib die Funktion Einnahmen (in 1000 DM) $\mapsto$ Gewinn (in 1000 DM) an. Welche Einnahmen decken genau die festen Kosten? Bei welcher Einnahme beträgt der Gewinn 1000 DM?

b) Gib die Funktion Gewinn $\mapsto$ Einnahmen an (man nennt sie die „Umkehrfunktion" der in a) genannten Funktion). Zeichne die Schaubilder beider Funktionen in dasselbe Koordinatensystem ein.

11 a) Ein d cm hoher Stapel Schreibmaschinenpapier enthalte z Blätter. Ist die Zuordnung $d \mapsto z$ eine Proportionalität (eine lineare Funktion)?

b) Ein Stapel von z Schreibmaschinenblättern wird unten und oben mit einem festen Deckel versehen und zu einem Buch gebunden. Ist die Zuordnung $z \mapsto$ Dicke des Buches (in cm) eine Proportionalität (eine lineare Funktion)?

c) Bei einer Rolle Klebeband gehört zu jeder noch zur Verfügung stehenden Bandlänge ein „mittlerer" Durchmesser der Rolle. Ist diese Zuordnung eine lineare Funktion? Begründe deine Antwort.

12 Ein Personenzug fährt von Olsdorf nach Siegen (50 km) und von Siegen nach Buchen (20 km) nach dem Fahrplan: Olsdorf ab 8.12 Uhr; Siegen an 9.03 Uhr; Siegen ab 9.13 Uhr; Buchen an 9.30 Uhr. Zeichne einen „grafischen Fahrplan" (wähle 1 cm für 10 Minuten bzw. 10 km). Mit welcher Durchschnittsgeschwindigkeit befährt der Zug die Strecke Olsdorf – Siegen (Siegen – Buchen; Olsdorf – Buchen)?

13 Ein IC-Zug fährt von Bonn nach Wiesbaden (152 km). Bonn ab 19.13 Uhr; Koblenz an 19.45 Uhr; Koblenz ab 19.47 Uhr; Wiesbaden an 20.41 Uhr. In der Gegenrichtung fährt ein anderer IC-Zug: Wiesbaden ab 19.19 Uhr; Koblenz an 20.11 Uhr; Koblenz ab 20.12 Uhr; Bonn an 20.43 Uhr. Die Geschwindigkeiten der Züge setzen wir als gleichbleibend voraus.

a) Zeichne zwei grafische Fahrpläne in ein Schaubild; entnimm diesem die Uhrzeit, zu der sich die Züge begegnen.

b) Bestimme rechnerisch Ort und Zeitpunkt der Begegnung.

3 Potenzfunktionen

1 Bei Autounfällen entspricht ein Aufprall mit der Geschwindigkeit $v = 40$ (60; 80) $\frac{km}{h}$ einem freien Fall aus der Höhe $h = 6{,}2$ (13,7; 24,7) m. Fig. 18.1 veranschaulicht diesen Sachverhalt.

a) Ist die Zuordnung v (in $\frac{km}{h}$) $\mapsto$ h (in m) eine lineare Funktion?

b) Berechne für die drei angegebenen Wertepaare die Quotienten $h:v^2$. Welche Form scheint die Zuordnung $v \mapsto h$ zu haben?

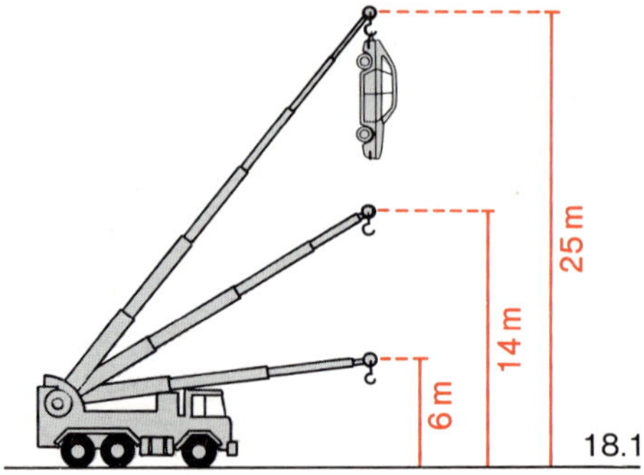

18.1

Definition: Zuordnungen der Form

$$\mathbf{x} \mapsto \mathbf{x}^n \quad (n \in \mathbb{N})$$

heißen **Potenzfunktionen**.

Fig. 18.2/3 zeigen Schaubilder solcher Funktionen.

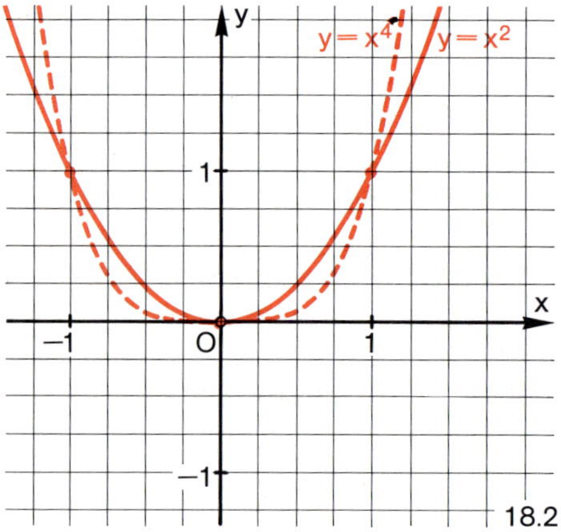

18.2

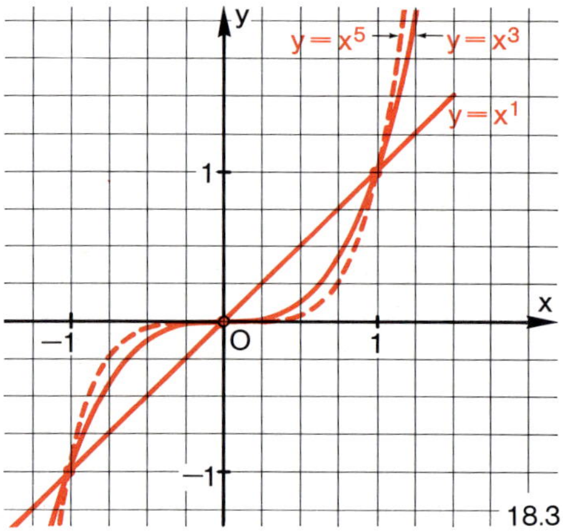

18.3

n gerade (Fig. 18.2)

Die Schaubilder sind achsensymmetrisch zur y-Achse.

Bei wachsenden x-Werten nehmen die Funktionswerte für $x \in \mathbb{R}^-$ ab, für $x \in \mathbb{R}^+$ zu. Wir sagen: Die Funktionen sind in $\mathbb{R}^-$ (in $\mathbb{R}^+$) monoton abnehmend (zunehmend).

n ungerade (Fig. 18.3)

Die Schaubilder sind punktsymmetrisch zum Ursprung.

Bei wachsenden x-Werten nehmen die Funktionswerte für alle $x \in \mathbb{R}$ zu. Die Funktionen sind in ganz $\mathbb{R}$ monoton zunehmend.

Das besondere Wachstumsverhalten der Potenzfunktionen — und allgemeiner von Funktionen der Form $x \mapsto c \cdot x^n$ — zeigt sich, wenn man die Funktionswerte von x und $k \cdot x$ vergleicht. Für $x \mapsto c \cdot x^n$ gilt: $kx \mapsto c \cdot (kx)^n$ oder $kx \mapsto k^n(cx^n)$. D.h.:

Satz: Bei einer Funktion $x \mapsto c \cdot x^n$ $(n \in \mathbb{N})$ wird dem k-fachen eines x-Wertes das k^n-fache seines Funktionswertes zugeordnet.

Beispiel 1: In der Wertetabelle von Fig. 19.1 gilt $3 \mapsto 1{,}8$ für $x \mapsto 0{,}2 \cdot x^2$, also $2 \cdot 3 \mapsto 2^2 \cdot 1{,}8$ oder $6 \mapsto 7{,}2$. Entsprechend ergibt sich $10 \cdot 3 \mapsto 10^2 \cdot 1{,}8$ oder $30 \mapsto 180$, usw.

	$\cdot 2$ (3 → 6)		$\cdot 5$ (6 → 30)	
x	3	6	12	30
$0{,}2x^2$	1,8	7,2	28,8	180
	$\cdot 4$ (1,8 → 7,2)		$\cdot 25$ (7,2 → 180)	

19.1

Beispiel 2: (Aus der Geometrie)
Bei einer Kugel wird dem Radius r durch $r \mapsto 2r$ $(r \mapsto 4\pi r^2;\ r \mapsto \frac{4}{3}\pi r^3)$ der Durchmesser (Oberflächeninhalt; Rauminhalt) zugeordnet. Der Satz besagt: Wenn man r verdoppelt, so verdoppelt sich auch der Durchmesser, während sich die Oberfläche vervierfacht und der Rauminhalt sogar verachtfacht.

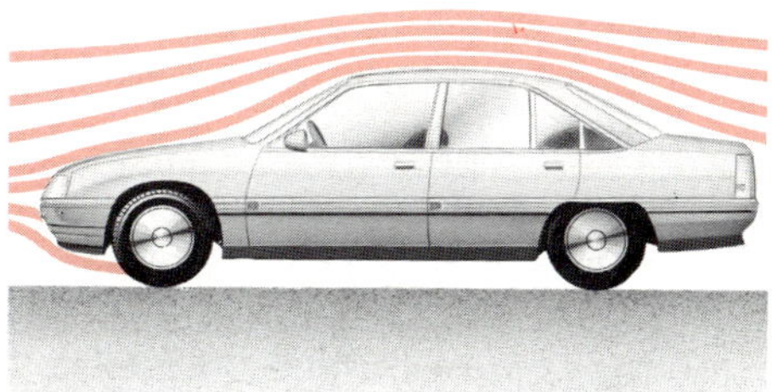

19.2

Beispiel 3: (Aus der Technik)
Die Leistung P (in kW) eines Autos zur Überwindung des Luftwiderstandes bei der Geschwindigkeit v (in $\frac{\text{km}}{\text{h}}$) wurde zwar in den letzten Jahren erheblich vermindert (Fig. 19.2; Auto im Windkanal), dennoch gilt weiterhin: Auch ein vergleichsweise geringer Geschwindigkeitszuwachs führt zu einem erheblichen Anstieg der erforderlichen Leistung P (Fig. 19.3). Eine Überprüfung der gefundenen Meßwerte zeigt, daß der Quotient $P : v^3$ für alle Paare von Meßwerten konstant ist. Für die Zuordnung $v \mapsto P$ gilt $v \mapsto 10^{-5} \cdot v^3$. D.h.: Bei doppelter Geschwindigkeit ist die achtfache Leistung erforderlich.

v	0	30	60	90	120
P	0	0,27	2,16	7,29	17,28

19.3

2 Berechne in Fig. 19.1 auf zwei verschiedene Arten den Funktionswert für $x = 9$ (15; 10; 1,5).

Aufgaben

3 a) Zeichne in dasselbe Koordinatensystem ein Schaubild von $x \mapsto x^2$ und von $x \mapsto x^3$ für $-1{,}5 \leqq x \leqq +1{,}5$ (LE = 2 cm). Für welche x-Werte nimmt die Funktion $x \mapsto x^3$ größere (kleinere) Werte an als die Funktion $x \mapsto x^2$?
b) Für welche x-Werte gilt $x = x^2$ $(x = x^3;\ x^2 = x^3;\ x^3 > x;\ x^3 < x;\ x^3 < 1)$?

4 Zeichne Schaubilder der Funktionen $x \mapsto 0{,}1 \cdot x^3$ und $x \mapsto x^2$ in dasselbe Koordinatensystem. Für welche x-Werte ist $0{,}1\,x^3 = x^2$ $(0{,}1\,x^3 < x^2;\ 0{,}1\,x^3 > x^2)$?

5 a) Bestimme n so, daß das Schaubild der Funktion $x \mapsto x^n$ durch $P(3|9)$ $(Q(\frac{1}{2}|\frac{1}{8});$ $R(-1{,}5|-3{,}375))$ geht.
b) Bestimme c und n so, daß das Schaubild der Funktion $x \mapsto c \cdot x^n$ durch $P(1|\frac{1}{2})$ und $Q(2|4)$ (durch $R(2|4)$ und $S(3|13{,}5)$) geht.

6 Wie ändert sich der Umfang (der Flächeninhalt) eines Kreises, wenn man den Radius verdoppelt (verdreifacht; halbiert; drittelt)?

7 Gib die Funktion an, die der Gesamtlänge x aller Kanten eines Würfels den Oberflächeninhalt O (den Rauminhalt V) des Würfels zuordnet. Berechne O und V für $x = 1$ m (2 m; 3 m). Wie ändern sich O und V, wenn man x verdoppelt (halbiert)?

8 a) Gib die Funktion an, die der Gesamtlänge x aller Kanten eines Tetraeders den Oberflächeninhalt (Rauminhalt) des Tetraeders zuordnet.
b) Wie groß ist der Oberflächeninhalt (Rauminhalt) eines Tetraeders, bei dem jede Kante 1 m lang ist? (Runde auf 2 Dezimalen.)
c) Wie lang ist jede Kante eines Tetraeders mit dem Oberflächeninhalt 1 m^2 (dem Rauminhalt 1 m^3)? (Runde auf 1 Dezimale.)

9 Die folgende Wertetabelle läßt sich näherungsweise durch eine Funktion der Form $x \longmapsto x^n$ beschreiben. Bestimme n; gib die Funktion an.

a)

x	4,2	7,5	8,4	10,6
y	74	422	593	1191

b)

x	1,8	2,1	3,6	4,5
y	18,9	40,8	604,7	1845,3

10 Untersuche, ob es für die folgende Wertetabelle näherungsweise eine Termdarstellung der Form $x \longmapsto c \cdot x^n$ gibt. Bestimme gegebenenfalls c und n.

a)

x	30	60	120	150
y	0,79	6,3	50,7	97,9

b)

x	25	50	75	100
y	0,3	1,2	2,6	4,6

c)

x	1,0	3,0	5,3	6,7
y	1,1	89	870	2217

d)

x	1,8	2,7	3,1	5,9
y	1,3	10	20	500

11 Untersuche, ob die Zuordnungen $v \longmapsto a$ und $v \longmapsto F$ in Fig. 20.1 von der Form $v \longmapsto c \cdot v^2$ sind. Wie lautet die Zuordnungsvorschrift für die Maßzahlen bei den angegebenen Einheiten? Wie wirkt sich eine Verdoppelung von v aus?

v in $\frac{km}{h}$	36	72	108	144
a in $\frac{m}{s^2}$	100	400	900	1600
F in N	7000	28000	63000	112000

20.1

Bemerkung: v bedeutet die Geschwindigkeit, a und F die bei einem Autounfall (Bremsweg 0,5 m) auf den Körper wirkende Bremsbeschleunigung bzw. Kraft. Zum Vergleich: Astronauten mutet man maximal $a = 100 \frac{m}{s^2}$ zu.

12 Während $(k \cdot x)^n = k^n \cdot x^n$ gilt für alle $k, x \in \mathbb{R}$; $n \in \mathbb{N}$, ist i. allg. $(x+k)^n \neq x^n + k^n$.
a) Nenne Zahlen x und k, für die $(x+k)^3 \neq x^3 + k^3$ ist.
b) Für welche Zahlenpaare (x; k) ist $(x+k)^3 = x^3 + k^3$?

13 Die minimale Bremsstrecke s des neuen französischen Schnellzuges TGV wird durch folgende Funktion beschrieben: $s\colon v \longmapsto \frac{m}{2F} \cdot v^2$.
Dabei ist m die Masse des Zuges (412000 kg), F die Bremskraft (132000 N) und v die Geschwindigkeit (in $\frac{m}{s}$). Berechne s(v) für
a) $v = 60 \frac{km}{h}$ b) $v = 100 \frac{km}{h}$ c) $v = 260 \frac{km}{h}$ (Höchstgeschwindigkeit).

4 Exponentialfunktionen

1 a) Um wieviel Prozent wächst der Funktionswert der Quadratfunktion $x \mapsto x^2$, wenn x von 1 auf 2 (von 2 auf 3; von 3 auf 4) zunimmt?
b) Zeichne das Schaubild einer Funktion, die für $x=0$ den Wert 1 annimmt und deren Funktionswerte jeweils um 100% wachsen, wenn x um 1 zunimmt.

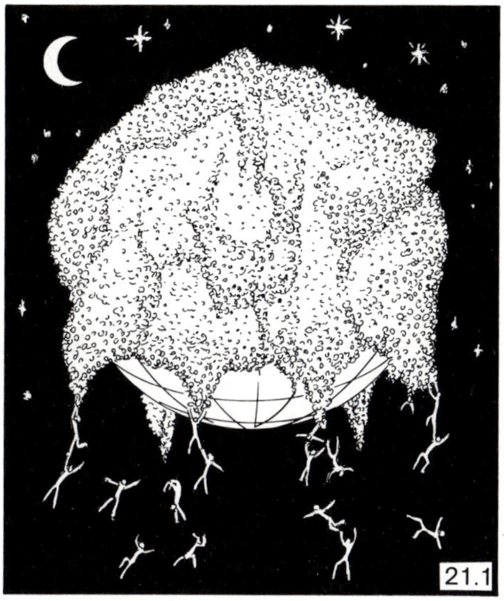
21.1

Für viele Wachstumsvorgänge (Wachstum eines gesunden Waldes, einer Bakterienkultur, einer Bevölkerung usw.) gilt: Der Bestand nimmt im Laufe einer Zeiteinheit jeweils um p % zu mit einer festen Zahl p. Z.B. wächst nach einer statistischen Erhebung die Weltbevölkerung derzeit jährlich um etwa 1,9%. Anders als bei linearem Wachstum wächst die Weltbevölkerung von Jahr zu Jahr schneller, jedoch so, daß der jährliche prozentuale Zuwachs konstant ist.

Der Bestand c zur Zeit $t=0$ erhöht sich
nach 1 Zeiteinheit auf $c(1+\frac{p}{100})$,
nach 2 Zeiteinheiten auf $c(1+\frac{p}{100})^2, \ldots$
nach x Zeiteinheiten auf $c(1+\frac{p}{100})^x$.

Dies zeigt: Multipliziert man den am Anfang einer Zeiteinheit vorhandenen Bestand mit dem „Wachstumsfaktor“ $q=1+\frac{p}{100}$, so erhält man den Bestand am Ende der Zeiteinheit. Nimmt ein Bestand in entsprechender Weise ab, so ist $q=1-\frac{p}{100}$; wir sprechen auch in solchen Fällen von „Wachstumsvorgängen“. Wachstumsvorgänge der betrachteten Art sind für $q>1$ zunehmend, für $0<q<1$ abnehmend (Fig. 22.1).

Definition: Zuordnungen der Form

$$\mathbf{x \mapsto q^x} \qquad (q \in \mathbb{R}^+ \setminus \{1\})$$

heißen **Exponentialfunktionen**.

Beachte: Im Unterschied zu den Potenzfunktionen ist bei Exponentialfunktionen die Hochzahl (der Exponent) variabel.

Beispiel 1: Eine Veröffentlichung der Vereinten Nationen (UNO) bezifferte die Weltbevölkerung im Jahre 1978 auf 4,124 Milliarden Menschen und den jährlichen prozentualen Zuwachs auf 1,9%. Also lautet das Wachstumsgesetz

$$x \mapsto 4{,}124 \cdot (1+\tfrac{1{,}9}{100})^x \text{ oder } x \mapsto 4{,}124 \cdot 1{,}019^x \text{ (x in Jahren).}$$

Ändert sich der Wachstumsfaktor in der Zwischenzeit nicht, ergibt sich für 1990

$$12 \mapsto 4{,}124 \cdot 1{,}019^{12} \text{ oder } 12 \mapsto 5{,}169,$$

also eine Weltbevölkerung von 5,169 Milliarden Menschen.

Fig. 22.1 zeigt Schaubilder von Exponentialfunktionen. Sie verlaufen oberhalb der x-Achse, weil mit $q > 0$ auch

$$q^x > 0$$

ist für alle $x \in \mathbb{R}$.

Eine Exponentialfunktion $x \mapsto q^x$ ist für
$q > 1$ monoton zunehmend,
$1 > q > 0$ monoton abnehmend.
Dabei nimmt sie jede positive Zahl genau einmal als Funktionswert an.

Das besondere Wachstumsverhalten von Funktionen der Form

$$x \mapsto c \cdot q^x$$

zeigt sich noch genauer, wenn man den Funktionswert von x mit dem Funktionswert von $x+d$ vergleicht.

$$x+d \mapsto c \cdot q^{x+d}$$
$$x+d \mapsto c \cdot q^x \cdot q^d$$

Der Vergleich zeigt:

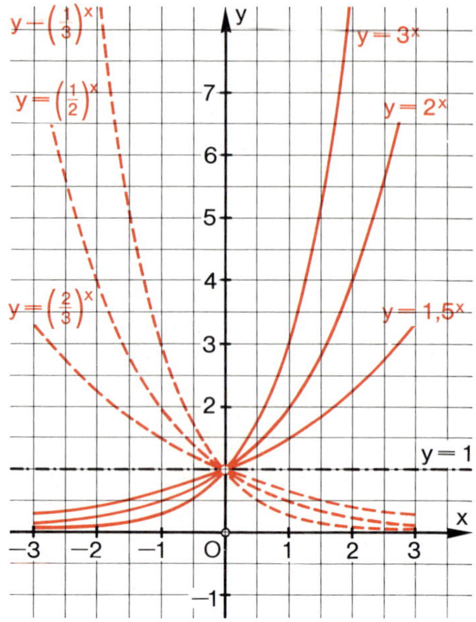

22.1

Satz: Wenn man bei Funktionen der Form $x \mapsto c \cdot q^x$ zu einem x-Wert d addiert, dann wird der zugehörige Funktionswert mit q^d multipliziert.

Beispiel 2: Fig. 22.2 zeigt eine Wertetabelle für $x \mapsto 0{,}1 \cdot 2^x$. Da $q = 2$ ist, besagt der Satz: Wenn ein x-Wert um 3 (um 4) zunimmt, dann wird der entsprechende Funktionswert mit 8 (mit 16) multipliziert.

	+3	+3	+4	
x	2	5	8	12
$0{,}1 \cdot 2^x$	0,4	3,2	25,6	409,6
	·8	·8	·16	

22.2

Beispiel 3: (Aus der Praxis)
In Fig. 22.3 ist die rasante Entwicklung der Mikroelektronik durch Zahlen erfaßt. Durch die Steigerung der Anzahl von Transistoren pro Chip konnten die Kosten k pro Transistor immer mehr gesenkt werden. Fig. 22.3 zeigt: Zu den konstanten x-Differenzen $d = 4$ gehören gleiche k-Quotienten $q^4 = 0{,}1$. Es handelt sich also um eine exponentielle Kostenabnahme von der Form $x \mapsto c \cdot q^x$ mit $q = \sqrt[4]{0{,}1} \approx 0{,}56$. Wegen $c \cdot 0{,}56^0 = 300$ ist $c = 300$ und somit $x \mapsto 300 \cdot 0{,}56^x$ das Wachstumsgesetz.

Jahr	1964	1968	1972	1976	1980
x	0	4	8	12	16
k	300	30	3	0,3	0,03

x: Jahre seit 1964
k: Kosten in Pf

22.3

2 Berechne in Beispiel 3 mit Hilfe des gefundenen Wachstumsgesetzes die Kosten k pro Transistor für die Jahre 1962, 1975, 1982 und 1985.

Aufgaben

3 a) Zeichne ein Schaubild der Funktion $x \mapsto 0{,}5 \cdot 3^x$ ($x \mapsto -0{,}1 \cdot 4^x$).

b) Zeichne die Schaubilder der Funktionen $x \mapsto 2{,}5^x$ und $x \mapsto 0{,}4^x$ in dasselbe Koordinatensystem. Wie erhält man das Schaubild einer dieser Funktionen aus dem Schaubild der anderen? Auf welcher Eigenschaft der Zahlen 2,5 und 0,4 beruht dies?

4 a) Gib die beiden Exponentialfunktionen $x \mapsto q^x$ an, deren Schaubilder in Fig. 23.1 dargestellt sind.

b) Das Schaubild einer Funktion $x \mapsto q^x$ geht durch den Punkt $P(2|9)$ ($Q(3|8)$; $R(-2|0{,}04)$). Gib die Funktion an; zeichne ihr Schaubild.

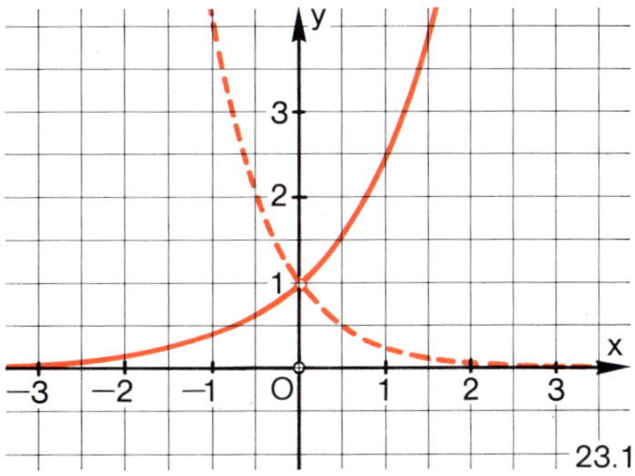

23.1

5 Eine Exponentialfunktion $x \mapsto q^x$ ordnet der Zahl 1 die Zahl 3 zu. Welchen Funktionswert nimmt sie an für

a) $x = 2$ (3; 4; 5) b) $x = -1$ (-2; -3)

c) $x = 0{,}5$ (1,5; 2,5) d) $x = -0{,}5$ ($-1{,}5$; $-2{,}5$)?

6 a) Wie ändert sich der Funktionswert einer Exponentialfunktion $x \mapsto q^x$, wenn man den x-Wert um 2 erhöht (um 3 erniedrigt; verdoppelt; halbiert)?

b) Eine Funktion $x \mapsto q^x$ nimmt für $x = 2$ ($x = 3$) den Funktionswert 5 an. Gib die Funktion an.

7 Wie läßt sich an der folgenden Wertetabelle unmittelbar erkennen, daß man sie durch eine Funktion der Form $x \mapsto c \cdot q^x$ beschreiben kann? Gib die Funktion an.

a)

x	0	2	4	6	8
y	1	2	4	8	16

b)

x	0	2	4	6	8
y	3	12	48	192	768

8 Die folgende Wertetabelle läßt sich näherungsweise durch eine Funktion der Form $x \mapsto c \cdot q^x$ beschreiben. Bestimme c und q.

a)

x	0,5	1	1,5	2	2,5
y	2,5	10	40	160	640

b)

x	1,5	3	4	7	10
y	0,029	0,020	0,016	0,008	0,004

9 a) Bei einer Funktion $x \mapsto q^x$ nimmt der Funktionswert jeweils um 10% zu (um 20% ab), wenn x um 1 zunimmt. Um welche Funktion handelt es sich?

b) Bei einer Funktion $x \mapsto q^x$ verdoppelt (halbiert) sich der Funktionswert jeweils, wenn x um 3 zunimmt. Gib die Funktion an.

10 a) Ein Auto verliert im Laufe eines Jahres etwa 18% an Wert. Wieviel Prozent des Neuwertes beträgt der Wiederverkaufswert nach 2 (3; 4; 6; 10) Jahren? Wie ist der Wert eines Autos, das 1980 zum Neupreis von 20000 DM gekauft wurde, im Jahre 1986 anzusetzen?

b) 1986 betrug der Wert eines Autos noch 6500 DM. Welchen Wert hatte es im Jahr 1985 (1983; 1980; 1978)?

11 a) Zeichne eine 12 cm lange Strecke. Sie soll so in 4 Abschnitte eingeteilt werden, daß jeder folgende Abschnitt $1\frac{1}{2}$mal so lang ist wie der vorangehende. Wie lang werden die einzelnen Abschnitte? Zeichne.

b) Wie lang werden die einzelnen Abschnitte, wenn jeder folgende Abschnitt um 1,5 cm länger sein soll als der vorangehende? Vergleiche mit der Zeichnung in a).

12 Bei der „wohltemperierten Stimmung" werden die Tonfrequenzen zwischen 440 Hz (Hertz) und 880 Hz so durch 11 Zwischentöne unterteilt, daß je zwei aufeinanderfolgende dasselbe Verhältnis haben. Wie groß ist dieses Verhältnis? Welche Frequenzen haben die Zwischentöne?

5 Trigonometrische Funktionen

5.1 Bogenmaß eines Winkels

1 Welchen Umfang hat ein Kreis mit dem Radius r? Wie lang ist ein Kreisbogen mit dem Mittelpunktswinkel $\alpha = 180°$ (90°; 45°; 30°; 60°)?

Mit einem kartesischen Koordinatensystem ist stets auch eine Längeneinheit gegeben. Einen Kreis, dessen Radius 1 LE beträgt, nennt man kurz einen **Einheitskreis** (Fig. 24.1). Bei ihm besteht zwischen einem Mittelpunktswinkel und der Länge des zugehörigen Kreisbogens der folgende Zusammenhang:

Winkel (in Grad)		Bogenlänge (in LE)
180	$\longmapsto$	π
1	$\longmapsto$	$\frac{\pi}{180}$
α	$\longmapsto$	$\frac{\pi}{180}\alpha$
$\frac{180}{\pi}$	$\longleftarrow$	1
$\frac{180}{\pi}b$	$\longleftarrow$	b

Man kann also die Größe eines Winkels auch durch die Maßzahl der zugehörigen Bogenlänge im Einheitskreis bestimmen.

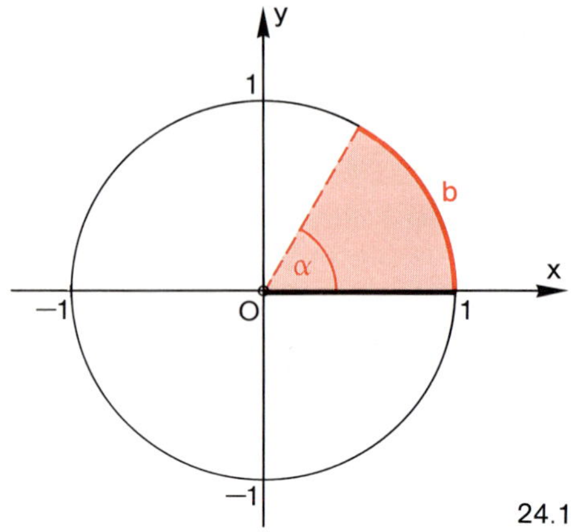

24.1

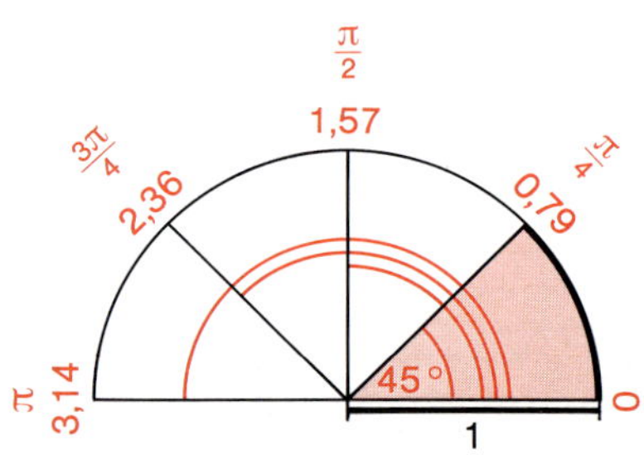

24.2

Definition 1: Unter dem **Bogenmaß eines Winkels** versteht man die Maßzahl der zugehörigen Bogenlänge im Einheitskreis.

Durch das Bogenmaß wird die Winkelmessung auf die Längenmessung zurückgeführt; dies erweist sich in der Analysis als vorteilhaft.

Beispiel 1: a) Da der Einheitskreis den Umfang 2π LE hat, entspricht

dem Gradmaß	180°	90°	45°	60°	30°	270°	1°	43,4°
das Bogenmaß	π	$\frac{\pi}{2}$	$\frac{\pi}{4}$	$\frac{\pi}{3}$	$\frac{\pi}{6}$	$\frac{3}{2}\pi$	$\frac{\pi}{180}$	$\frac{\pi}{180}\cdot 43{,}4$
	$\approx 3{,}14$	$\approx 1{,}57$	$\approx 0{,}79$	$\approx 1{,}05$	$\approx 0{,}52$	$\approx 4{,}71$	$\approx 0{,}017$	$\approx 0{,}76$.

b) Da dem Bogenmaß π das Gradmaß 180° entspricht, hat ein Winkel mit Bogenmaß 1 das Gradmaß $\frac{180°}{\pi}$, d.h. etwa 57,3°.

2 a) Gib im Bogenmaß als Bruchteil von π an: 15°; 75°; 120°; 135°; 150°; 18°; 36°.

b) Gib im Gradmaß an: $\frac{\pi}{10}$; $\frac{\pi}{5}$; $\frac{3}{5}\pi$; $\frac{2}{3}\pi$; $\frac{5}{6}\pi$; $\frac{\pi}{18}$; $\frac{\pi}{8}$; $\frac{3\pi}{8}$; $1{,}5\pi$; $1{,}2\pi$; 1,6.

Aufgaben

3 Gib im Bogenmaß in der Form $k \cdot \pi$ an:
a) 10° ; 40° ; 54° ; 72° ; 1° ; 7° b) 270° ; 225° ; 315° ; 300° ; 240° ; 210°.

4 Welche Gradmaße entsprechen den folgenden Bogenmaßen?
a) $\frac{\pi}{2}$; $\frac{\pi}{4}$; $\frac{3}{4}\pi$; $\frac{\pi}{3}$; $\frac{2}{3}\pi$; $\frac{3}{2}\pi$ b) $\frac{\pi}{5}$; $\frac{3}{5}\pi$; $\frac{1}{6}\pi$; $\frac{5}{6}\pi$; $\frac{5}{4}\pi$; $\frac{7}{4}\pi$

5 Gib das zugehörige Bogenmaß auf 2 Dezimalen genau an.
(Benutze die Taschenrechnertaste für π bzw. den Näherungswert 3,1416 für π.)
a) 1° ; 30° ; 60° ; 120° ; 20° ; 53° b) 210° ; 270° ; 300° ; 330° ; 247° ; 355°

6 Gib das zugehörige Gradmaß auf 1 Dezimale genau an.
a) $\frac{\pi}{8}$; $\frac{\pi}{10}$; $\frac{3}{10}\pi$; $\frac{\pi}{24}$; $\frac{3\pi}{7}$; $\frac{\pi}{25}$ b) 1,00; 2,00; 3,00; 0,50; 1,53; 4,82

7 Berechne die Länge eines Kreisbogens, der in einem Kreis mit $r = 6$ cm (1,5 m) zu einem Mittelpunktswinkel mit dem Bogenmaß 2,40 (3,82) gehört.

5.2 Sinusfunktion und Kosinusfunktion

8 Ein Punkt P bewege sich von A(1|0) aus im Gegensinn des Uhrzeigers (Fig. 25.1) auf dem Einheitskreis um den Ursprung eines Koordinatensystems. Welche Abszisse u (Ordinate v) hat der Punkt, wenn er $\frac{1}{8}$ ($\frac{1}{4}$; $\frac{3}{8}$; $\frac{1}{2}$; $\frac{5}{8}$; $\frac{3}{4}$; $\frac{5}{4}$) des Kreisumfangs zurückgelegt hat?

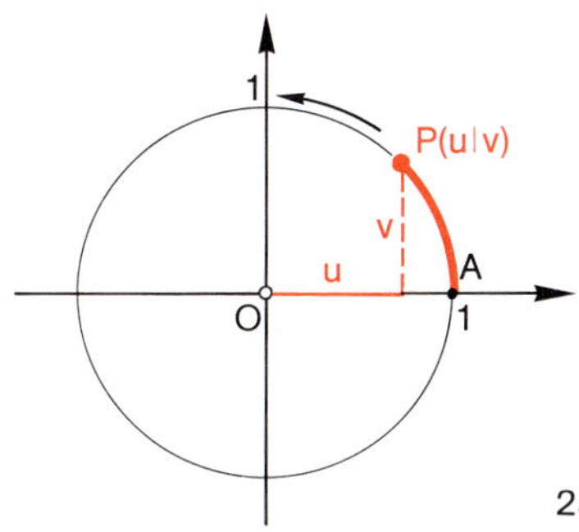

25.1

Im folgenden bezeichnen wir das Bogenmaß mit x; um Verwechslungen zu vermeiden, nennen wir die Achsen des Koordinatensystems u-Achse und v-Achse.

Wenn ein Punkt P den Einheitskreis von A(1|0) aus im Gegensinn des Uhrzeigers (man sagt: mathematisch positiv; Fig. 25.2) durchläuft, so kann man seinen jeweiligen Ort beschreiben durch die Maßzahl x der Bogenlänge von A nach P. Bei weniger als einem vollen Umlauf ist x das Bogenmaß von ∢AOP. Bei mehr als einem Umlauf ist x die Maßzahl des insgesamt zurückgelegten Weges. x gibt dann nicht nur an, wo sich P befindet, sondern auch, wieviel Umläufe P bis dahin zurückgelegt hat; z. B. für $x = 3\pi$ $(= 2\pi + \pi)$ befindet sich P im zweiten Umlauf auf der negativen u-Achse. Wenn P sich im Uhrzeigersinn (mathematisch negativ; Fig. 25.3) bewegt, so drücken wir dies durch einen negativen x-Wert aus. Für $x = -\frac{7}{2}\pi$ $(= -2\pi - \frac{3}{2}\pi)$ befindet sich P im zweiten Umlauf auf der positiven v-Achse.

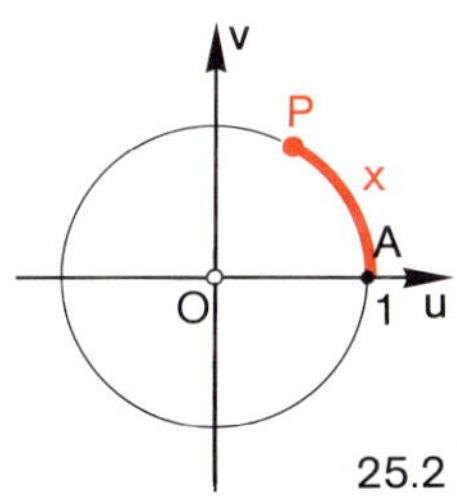

25.2

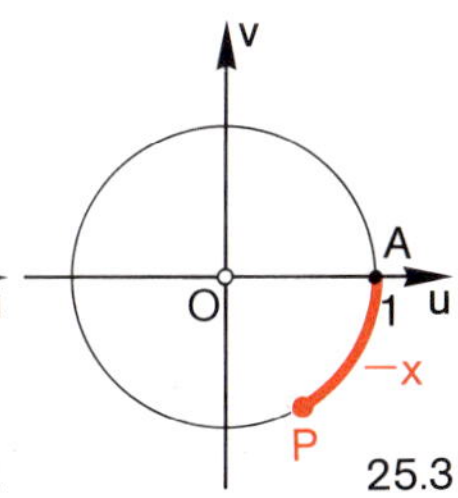

25.3

Nach dieser Vereinbarung führt jede reelle Zahl x zu einem bestimmten Punkt P(u|v) auf dem Einheitskreis, also zu bestimmten Zahlen u und v. Dabei ist zu beachten, daß z. B. π; 3π; 5π; . . .; $-\pi$; -3π; . . . zum gleichen Punkt P führen.

Beispiel 2: a) Die reelle Zahl $x=\frac{\pi}{2}$ führt zum Punkt $P(0|1)$, also zu

$u=0;\ v=1.$

Für $x=\pi$ ergibt sich $P(-1|0)$, also

$u=-1;\ v=0.$

b) Für $x=-\frac{\pi}{3}$ (Fig. 26.1) ist $\triangle OPA$ gleichseitig. Wegen $\overline{OQ}=\frac{1}{2}$ ist $\overline{PQ}=\sqrt{1-\frac{1}{4}}=\frac{1}{2}\sqrt{3}$ also $P(\frac{1}{2}|-\frac{1}{2}\sqrt{3})$, somit ist $u=\frac{1}{2};\ v=-\frac{1}{2}\sqrt{3}.$

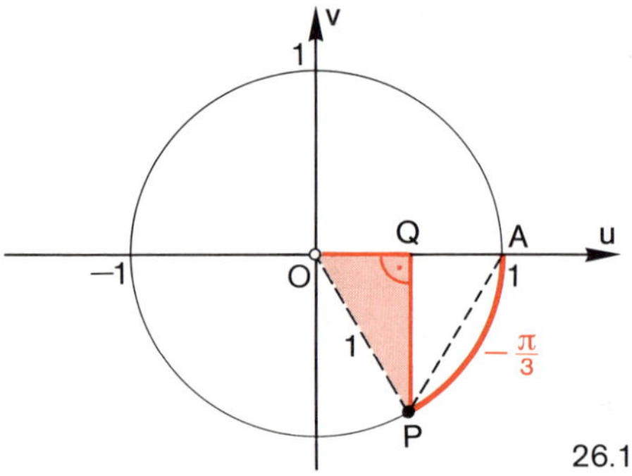

26.1

Der betrachtete Zusammenhang zwischen dem Kreisbogen von A nach P (Fig. 25.2/3) und den kartesischen Koordinaten von P wird bei vielen mathematischen Untersuchungen benötigt.

Definition 2: Führt eine Zahl $x \in \mathbb{R}$ in der beschriebenen Weise (Fig. 26.2) auf dem Einheitskreis zum Punkt P, so nennt man die Ordinate von P den Sinus von x (kurz: **sin x**) und die Abszisse von P den Kosinus von x (kurz: **cos x**).

Die Zuordnung $\mathbf{x \mapsto \sin x}$ heißt **Sinusfunktion**,

$\mathbf{x \mapsto \cos x}$ **Kosinusfunktion**.

Beispiel 3: Nach Def. 2 können wir die Ergebnisse in Beispiel 2 so ausdrücken:

$\cos\frac{\pi}{2}=0;\quad \sin\frac{\pi}{2}=1$

$\cos\pi=-1;\ \sin\pi=0$

$\cos(-\frac{\pi}{3})=\frac{1}{2};\quad \sin(-\frac{\pi}{3})=-\frac{1}{2}\sqrt{3}.$

Bemerkung: $\triangle OQP$ in Fig. 26.2 zeigt, daß für $0<x<\frac{\pi}{2}$ (also $0°<\alpha<90°$) Definition 2 gleichbedeutend ist mit

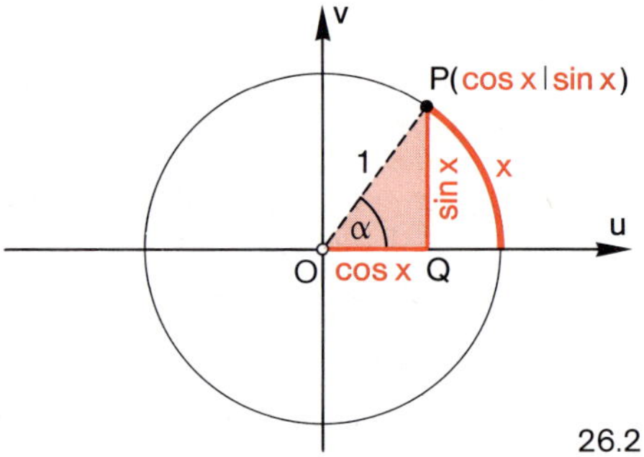

26.2

$$\sin x=\frac{\text{Gegenkathete von } \alpha}{\text{Hypotenuse}} \qquad \cos x=\frac{\text{Ankathete von } \alpha}{\text{Hypotenuse}}.$$

Die Funktionswerte der Sinus- und Kosinusfunktion erhält man mit Hilfe von Taschenrechnern (oder Tabellen). Vor Eingabe eines x-Wertes ist RAD (bzw. ARC) für „Bogenmaß" einzustellen; danach liefert die Taste [sin] bzw. [cos] den gewünschten Funktionswert. Z. B. erhält man so (auf 4 Dezimalen) für $x=1{,}15$ die Funktionswerte $\sin 1{,}15=0{,}9128$ und $\cos 1{,}15=0{,}4085$, entsprechend für $x=-2{,}43$ die Funktionswerte $\sin(-2{,}43)=-0{,}6530$ und $\cos(-2{,}43)=-0{,}7573$. Steht anstelle von RAD in der Anzeige DEG (für „Gradmaß"), so ist z. B. nicht $\frac{\pi}{2}$, sondern 90 (Grad) einzugeben; entsprechend nicht 3π, sondern 540; nicht $-\frac{\pi}{4}$, sondern -45 usw.

Fig. 27.1 zeigt die Schaubilder der Sinus- und der Kosinusfunktion, wie sie sich ergeben, wenn man auf der Abszissenachse Bogenlängen des Einheitskreises abträgt und jeweils den entsprechenden Sinus- bzw. Kosinuswert zuordnet.

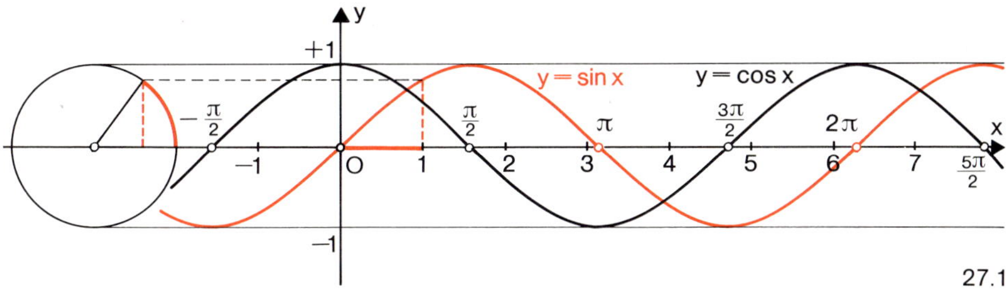

27.1

Aus Definition 2 ergeben sich unmittelbar die folgenden Eigenschaften (Fig. 27.1).

Satz: a) Es ist $-1 \leqq \sin x \leqq +1$ und $-1 \leqq \cos x \leqq +1$ für alle $x \in \mathbb{R}$.
b) Die Sinus- und die Kosinusfunktion sind periodisch mit der **Periode 2π**, d.h., $\sin(x + k \cdot 2\pi) = \sin x$ und $\cos(x + k \cdot 2\pi) = \cos x$ für alle $k \in \mathbb{Z}$, $x \in \mathbb{R}$.
c) $\sin(-x) = -\sin x$ und $\cos(-x) = \cos x$ für alle $x \in \mathbb{R}$.

9 Ermittle mit dem Taschenrechner:
a) $\sin 0{,}45$ b) $\cos 2{,}31$ c) $\sin(-1{,}74)$ d) $\cos 23{,}5$ e) $\sin(-12{,}8)$
f) $\sin 32$ g) $\cos(-14{,}2)$ h) $\sin 20°$ i) $\cos 72{,}5°$ j) $\cos 123°$.

Aufgaben

10 a) Lege mit Hilfe des Taschenrechners eine Wertetabelle der Sinusfunktion an für $0 \leqq x < 2\pi$ (Schrittweite 0,5). Zeichne für diesen Bereich ein Schaubild der Funktion (LE 2 cm).
b) Lege eine Wertetabelle der Kosinusfunktion an für $0 \leqq x < 2\pi$ (Schrittweite $\frac{1}{8}\pi$). Zeichne für diesen Bereich ein Schaubild (LE 2 cm).

11 Gib drei verschiedene x-Werte an, für welche gilt:
a) $\sin x = 0$ b) $\sin x = 1$ c) $\sin x = \frac{1}{2}$ d) $\sin x = -\frac{1}{2}$ e) $\sin x = -1$
f) $\cos x = 0$ g) $\cos x = 1$ h) $\cos x = \frac{1}{2}$ i) $\cos x = -\frac{1}{2}$ j) $\cos x = -1$.

12 Bestimme durch Veranschaulichung am Einheitskreis (ohne Taschenrechner oder Tabelle):
a) $\sin\frac{\pi}{2}$ b) $\cos\pi$ c) $\sin\frac{3}{2}\pi$ d) $\cos\frac{3}{2}\pi$ e) $\sin 2\pi$
f) $\cos\frac{\pi}{3}$ g) $\cos\frac{2}{3}\pi$ h) $\sin\frac{\pi}{6}$ i) $\sin\frac{5}{6}\pi$ j) $\sin\frac{11}{6}\pi$
k) $\sin\frac{5}{2}\pi$ l) $\cos(-\frac{\pi}{3})$ m) $\sin(-\frac{5}{6}\pi)$ n) $\sin(-\frac{11}{2}\pi)$ o) $\cos(-\frac{14}{3}\pi)$
p) $\sin\frac{\pi}{3}$ q) $\cos\frac{\pi}{6}$ r) $\sin\frac{2}{3}\pi$ s) $\cos(-\frac{5}{6}\pi)$ t) $\sin(-\frac{4}{3}\pi)$.

13 Bestimme mit dem Taschenrechner auf 4 Dezimalen:
a) $\sin 2{,}41$ b) $\cos 3{,}56$ c) $\sin(-1{,}84)$ d) $\cos 24{,}6$ e) $\sin\frac{\pi}{8}$
f) $\cos 63°$ g) $\sin 42{,}5°$ h) $\cos 11{,}2$ i) $\sin 314°$ j) $\cos 2\sqrt{5}$
k) $\sin(\frac{1}{5}\pi)$ l) $\cos(\frac{4}{5}\pi)$ m) $\sin(-\frac{1}{6}\pi)$ n) $\cos(\sqrt{2}\pi)$ o) $\sin(-\sqrt{3}\pi)$.

14 Gib die Menge aller Zahlen $x \in \mathbb{R}$ an, für welche gilt:

a) $\sin x = 0$ b) $\cos x = 0$ c) $\sin x = 1$ d) $\cos x = 1$ e) $\sin x = -1$

f) $\cos x = -1$ g) $\sin x = \frac{1}{2}$ h) $\cos x = \frac{1}{2}$ i) $\sin x = -\frac{1}{2}$ j) $\cos x = -\frac{1}{2}$

k) $\sin x = \frac{1}{2}\sqrt{2}$ l) $\cos x = \frac{1}{2}\sqrt{2}$ m) $\sin x = \frac{1}{2}\sqrt{3}$ n) $\cos x = \frac{1}{2}\sqrt{3}$ o) $\sin x = -\frac{1}{2}\sqrt{3}$.

15 Die Tastenfolge [INV] [sin] auf dem Taschenrechner liefert zu einem eingegebenen Sinuswert das zugehörige Bogenmaß $x \in [0; \frac{\pi}{2}]$, falls RAD in der Anzeige steht (bzw. das entsprechende Gradmaß aus $[0°; 90°]$, falls DEG in der Anzeige steht).

Für welche (auf 2 Dezimalen gerundete) Zahl $x \in [0; \frac{\pi}{2}]$ gilt:

a) $\sin x = 0{,}8415$ b) $\cos x = 0{,}7234$ c) $\sin x = \frac{3}{4}$

d) $\cos x = \frac{2}{7}$ e) $\sin x = \frac{1}{3}\sqrt{5}$ f) $\cos x = \frac{1}{5}\sqrt{7}$?

16 Bestimme alle Zahlen $x \in [0; 2\pi[$, welche die folgende Bedingung erfüllen. Gib x als Vielfaches von π, als Kommazahl (auf 2 Dezimalen gerundet) und im Gradmaß (auf 1 Dezimale gerundet) an. (Anleitung: Vgl. Fig. 27.1.)

a) $\sin x = \frac{1}{2}$ b) $\cos x = \frac{1}{2}$ c) $\sin x = -\frac{1}{2}$

d) $\cos x = -\frac{1}{2}$ e) $\sin x = \frac{1}{2}\sqrt{2}$ f) $\cos x = \frac{1}{2}\sqrt{2}$

g) $\sin x = \frac{1}{2}\sqrt{3}$ h) $\cos x = \frac{1}{2}\sqrt{3}$ i) $\sin x = -\frac{1}{2}\sqrt{3}$

17 Ermittle alle (auf 2 Dezimalen gerundeten) Zahlen $x \in [0; 2\pi[$, für welche gilt:

a) $\sin x = 0{,}8431$ b) $\cos x = 0{,}7525$ c) $\sin x = -0{,}4926$

d) $\cos x = -0{,}5420$ e) $\sin x = 0{,}\overline{3}$ f) $\cos x = 0{,}\overline{45}$

g) $\sin x = -0{,}6$ h) $\cos x = \frac{1}{3}\sqrt{2}$ i) $\sin x = \frac{1}{5}\sqrt{6}$

j) $\cos x = -\frac{2}{5}\sqrt{3}$ k) $\sin x = -\frac{2}{3}\sqrt{2}$ l) $\cos x = -\frac{1}{3}(1 + \sqrt{2})$.

18 Die Umrechnung vom Bogenmaß ins Gradmaß bzw. umgekehrt geschieht (für spitze Winkel) nach folgender Anweisung auf dem Taschenrechner besonders einfach: Ermittle $\sin x$; stelle von RAD auf DEG bzw. umgekehrt; drücke [INV] [sin]. Rechne auf diese Weise um:

a) 0,25 b) 1,23 c) 1,39 d) 32° e) 72,5° f) 143,3°.

19 a) Ein Punkt P durchläuft den Einheitskreis gleichmäßig mit mathematisch positivem Umlaufsinn. Zu einem Umlauf benötigt er 5 Sekunden. Welche Koordinaten hat der Punkt 2 (3; 4; 10; 20) Sekunden nach dem Durchgang durch $A(1|0)$?

b) Welche Koordinaten hat der Punkt 2 (3; 4; 10; 20) Sekunden nach dem Durchgang durch $A(8|0)$, wenn er sich auf dem Kreis mit $r = 8$ cm bewegt?

20 a) Begründe am Einheitskreis: $(\sin x)^2 + (\cos x)^2 = 1$ für alle $x \in \mathbb{R}$.

Bemerkung: Statt $(\sin x)^2$ schreibt man auch $\sin^2 x$.

b) Berechne $\cos x$ für $\sin x = 0{,}6$ ($\sin x$ für $\cos x = 0{,}3245$).

21 Begründe: $\sin(\frac{\pi}{2} - x) = \cos x$; $\cos(\frac{\pi}{2} - x) = \sin x$; $\sin(\frac{\pi}{2} + x) = \cos x$; $\cos(\frac{\pi}{2} + x) = -\sin x$.

22 Das Wachstumsverhalten der Sinus- und der Kosinusfunktion wird durch die sogenannten **Additionstheoreme** beschrieben:

$$\sin(x + y) = \sin x \cos y + \cos x \sin y \qquad \cos(x + y) = \cos x \cos y - \sin x \sin y.$$

a) Bestätige diese Formeln für $x = \frac{\pi}{6}$ und $y = \frac{\pi}{3}$ (für $x = 1{,}35$ und $y = 2{,}18$).

b) Welche Formeln ergeben sich aus den Additionstheoremen für $\sin(x - y)$ und $\cos(x - y)$. (Anleitung: Beachte $\sin(x - y) = \sin(x + (-y))$ sowie den Satz auf S. 27.)

6 Der Funktionsbegriff

Im vorangehenden sind verschiedene Beispiele für Funktionen aufgetreten: Lineare Funktionen, Potenzfunktionen, Exponentialfunktionen, trigonometrische Funktionen. Im folgenden werden weitere hinzukommen. Es ist deshalb angebracht zu klären, was wir allgemein unter einer Funktion verstehen wollen.

6.1 Zur historischen Entwicklung des Funktionsbegriffs

Das Wort „Funktion" tritt erstmals um 1700 bei Leibniz (1646—1716) auf. Die erste Definition aus dem Jahre 1718 stammt von Johann Bernoulli (1667—1748): **„Man nennt Funktion einer veränderlichen Größe eine Größe, die auf irgend eine Weise aus dieser veränderlichen Größe und aus Konstanten zusammengesetzt ist."** (In heutiger Sprechweise: Eine Funktion ist ein Term mit einer Variablen). In etwa demselben Sinne verwendete Euler (1703—1783), der die Entwicklung der Analysis im 18. Jh. entscheidend geprägt hat, den Begriff. Der Begriff zielt auf die gesetzmäßige Abhängigkeit einer Größe von einer anderen, die mittels eines Terms mathematisch beschrieben wird und in der Veranschaulichung zu einer zusammenhängenden Linie ohne Knick führt (Fig. 30.1).

In der Folgezeit gaben Anwendungsprobleme (z. B. die gezupfte Saite, Fig. 29.1) Veranlassung, auch solche Zuordnungen als Funktionen zuzulassen, die abschnittsweise durch verschiedene Terme beschrieben werden, also keinem einheitlichen „Gesetz" mehr gehorchen und deren Schaubilder geknickt sind oder sogar Sprünge aufweisen können (Fig. 30.2).

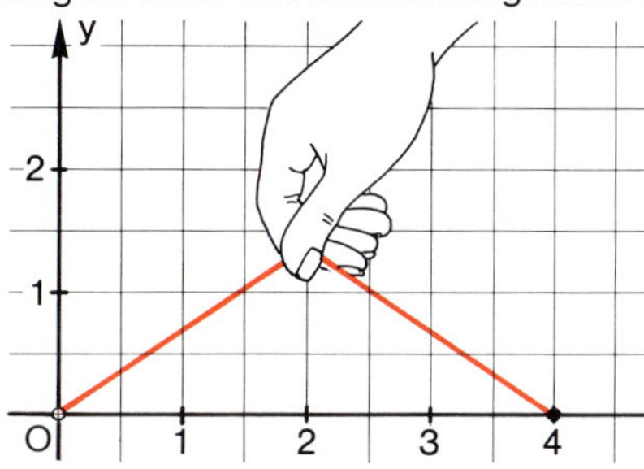

29.1

Die Notwendigkeit einer solchen allgemeineren Auffassung, was eine Funktion sei, ergab sich insbesondere durch die Forschungen von Fourier (1768—1830) z. B. über die Wärmeleitung.

Schließlich sah sich Dirichlet (1805—1859) — im Anschluß an Fourier — genötigt, die Vorstellung einer gesetzmäßigen Abhängigkeit gänzlich aufzugeben und auch völlig „gesetzlose" Zuordnungen als Funktionen zuzulassen. Nach ihm heißt y eine Funktion von x, **„... wenn jedem Werte der veränderlichen Größe x innerhalb eines gewissen Intervalles ein bestimmter Wert von y entspricht; gleichviel, ob y in dem ganzen Intervall nach demselben Gesetze von x abhängt oder nicht; ob die Abhängigkeit durch mathematische Operationen ausgedrückt werden kann oder nicht."**

Zur Verdeutlichung gab Dirichlet das in Fig. 30.3 dargestellte Beispiel an.

Die historische Entwicklung zeigt, daß insbesondere Anwendungsprobleme die Mathematiker dazu nötigten, den ursprünglich vorhandenen Funktionsbegriff schrittweise zu verallgemeinern. Dabei ging die anfängliche Vorstellung einer Abhängigkeit, die bei Veranschaulichung in einem Koordinatensystem zu einer Linie ohne Knick oder Sprung führt, mehr und mehr verloren. Was blieb, ist eine Vorschrift, die jeder Zahl x aus einem Intervall eine bestimmte (also genau eine) Zahl zuordnet.

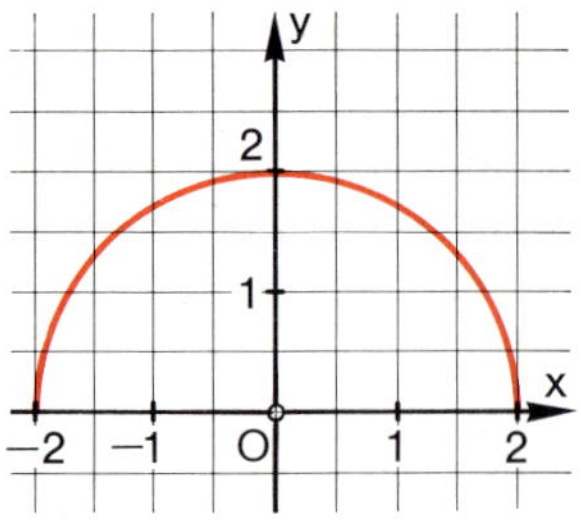

$x \longmapsto \sqrt{4-x^2}$

30.1

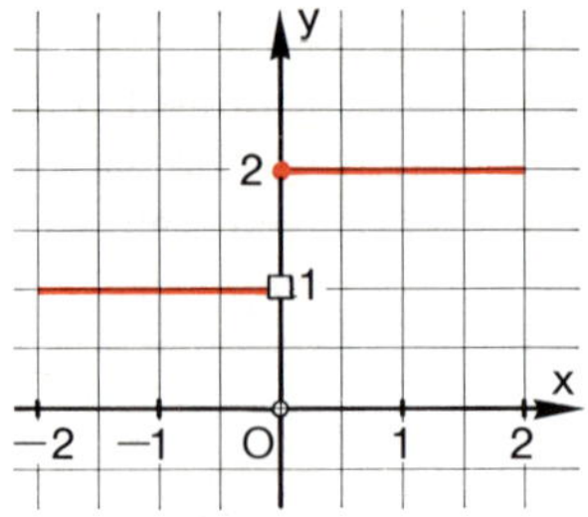

$x \longmapsto \begin{cases} 2 \text{ für } x \geqq 0 \\ 1 \text{ für } x < 0 \end{cases}$

30.2

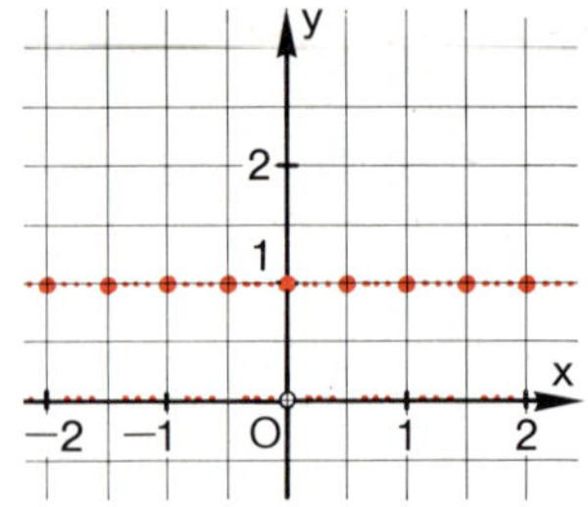

$x \longmapsto \begin{cases} 1 \text{ für } x \in \mathbb{Q} \\ 0 \text{ für } x \in \mathbb{R} \setminus \mathbb{Q} \end{cases}$

30.3

6.2 Reelle Funktionen

1 Jeder natürlichen Zahl x kleiner als 10, die selbst keine Primzahl ist, werde „die am nächsten bei x gelegene Primzahl" zugeordnet. Lege eine Wertetabelle an. Worin unterscheidet sie sich von den bisherigen Wertetabellen?

Im folgenden verwenden wir den Funktionsbegriff im Sinne von DIRICHLET, wobei wir allerdings auch dann noch von einer Funktion sprechen, wenn die x-Werte kein Intervall, sondern eine beliebige (nichtleere) Teilmenge von $\mathbb{R}$ bilden.

Definition: D sei eine nichtleere Teilmenge von $\mathbb{R}$. Eine Zuordnung, die jeder Zahl $x \in D$ genau eine reelle Zahl zuordnet, heißt (reelle) **Funktion**.

Wenn eine Zuordnungsvorschrift V_1 jedem $x \in D$ dieselbe Zahl zuordnet wie eine Zuordnungsvorschrift V_2, so sagen wir: V_1 und V_2 bestimmen dieselbe Funktion.

Beispiel 1: a) D sei die Menge der geraden natürlichen Zahlen. Ordnet man jeder Zahl $x \in D$ die nächstgrößere Primzahl zu, so liegt damit (weil es unendlich viele Primzahlen gibt) eine Funktion vor. Für sie gilt: $2 \longmapsto 3$; $4 \longmapsto 5$; $6 \longmapsto 7$; $8 \longmapsto 11$; usw.

b) Ordnet man jeder Zahl $x \in D$ „die am nächsten bei x gelegene Primzahl ($\neq x$)" zu, so erhält man keine Funktion, weil die Zuordnung z. B. für $x = 4$ nicht eindeutig ist.

c) Für $D = \mathbb{R}$ liefert $x \longmapsto \sin x$ dieselbe Zuordnung wie $x \longmapsto \sin(x + 2\pi)$, weil $\sin x = \sin(x + 2\pi)$ für alle $x \in \mathbb{R}$. Beide Vorschriften beschreiben dieselbe Funktion.

Bei Funktionen sind die folgenden Schreib- und Sprechweisen üblich:

f; **g**; ...; $\mathbf{x \longmapsto \sqrt{x}}$; ...	Bezeichnungen für **Funktionen**
f(x) (lies: f von x)	bezeichnet die durch f der Zahl x zugeordnete Zahl; man nennt sie den **Funktionswert von x** (oder das „Bild" des „Urbildes" x).
$\mathbf{D_f}$	**Definitionsmenge** (oder Urbildmenge) der Funktion f
$\{\mathbf{f(x)} \mid \mathbf{x} \in \mathbf{D_f}\}$	(kurz: $\mathbf{W_f}$) **Wertemenge** (oder Bildmenge) der Funktion f
y = f(x)	(mit $x \in D_f$) Gleichung der Funktion f
f: $\mathbf{x \longmapsto \sqrt{x}}$	drückt aus, daß mit f die Funktion $x \longmapsto \sqrt{x}$ gemeint ist.

Liegt eine Zuordnungsvorschrift vor, z. B. $x \mapsto \sqrt{x}$, so nehmen wir im weiteren (solange nichts anderes gesagt ist) an, daß sie die Funktion bezeichnet, deren Definitionsmenge aus allen $x \in \mathbb{R}$ besteht, auf welche die Vorschrift anwendbar ist (maximale Definitionsmenge). Wir geben dann die Definitionsmenge nicht zusätzlich an und sprechen z. B. von „der Funktion f mit $f(x) = \sqrt{x}$".

Beispiel 2: (Bezeichnungen)
Die Funktion f mit $f(x) = \sqrt{x}$ hat die maximale Definitionsmenge $D_f = \mathbb{R}_0^+$. Es ist $f(4) = 2$; $f(5) = \sqrt{5}$; $f(y^2) = |y|$; $f(a) = \sqrt{a}$; $f(a+1) = \sqrt{a+1}$; usw.

Beispiel 3: (Abschnittsweise Definition)
In Fig. 31.1 ist die Funktion f dargestellt mit

$$f(x) = \begin{cases} -\frac{1}{x} & \text{für } x \in [-2; -1[\\ x & \text{für } x \in [-1; 1] \\ \frac{1}{x} & \text{für } x \in]1; 2]. \end{cases}$$

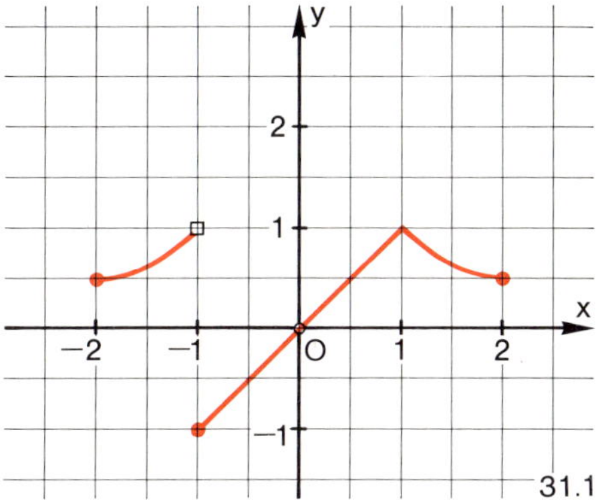

31.1

f hat die Definitionsmenge $D_f = [-2; 2]$.
Es ist $f(-1{,}5) = \frac{2}{3}$; $f(0{,}5) = \frac{1}{2}$; $f(1{,}5) = \frac{2}{3}$. Wegen $f(-1) = -1$ gehört der Punkt $P(-1|-1)$ zum Schaubild („•" in Fig. 31.1); dagegen gehört $Q(-1|1)$ nicht zum Schaubild („□" in Fig. 31.1).

Beispiel 4: (Gleichheit von Funktionen)
a) Auf der Definitionsmenge $\mathbb{Z}$ wird durch $x \mapsto (-1)^x$ eine Funktion f und durch $x \mapsto \cos \pi x$ eine Funktion g definiert. Für alle $x \in \mathbb{Z}$ ist $f(x) = g(x)$; es handelt sich also lediglich um verschiedene Darstellungen derselben Funktion. Somit ist $f = g$.

b) Auf $D = \mathbb{N}$ definieren $x \mapsto 1^x$ und $x \mapsto \cos 2\pi x$ dieselbe Funktion. Dagegen definieren diese beiden Zuordnungsvorschriften auf der Definitionsmenge $D = \mathbb{R}^+$ verschiedene Funktionen, denn z. B. für $x = \frac{1}{2}$ ist $1^{\frac{1}{2}} \neq \cos \pi$.

c) Bei gegebener Definitionsmenge liefern z. B. $x \mapsto x^2$ und $t \mapsto t^2$ dieselbe Zuordnung. Man darf also die „Urbildvariable" beliebig wählen.

Beispiel 5: (Betragsfunktion)
Fig. 31.2 zeigt das Schaubild von

$f\colon x \mapsto |x|$.

Sie heißt Betragsfunktion.

$$x \mapsto \begin{cases} x & \text{für } x \in \mathbb{R}_0^+ \\ -x & \text{für } x \in \mathbb{R}^- \end{cases}$$

ist eine „betragsfreie" Darstellung von f.

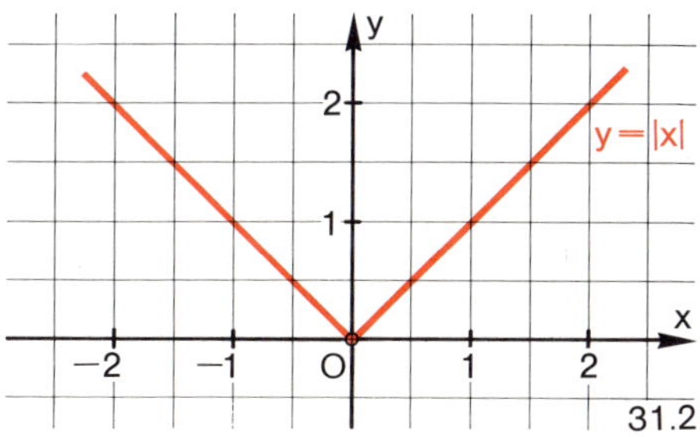

31.2

Beispiel 6: (Zahlenfolgen als Funktionen)
a) Bei einer **Zahlenfolge** wie $1; \frac{1}{2}; \frac{1}{3}; \frac{1}{4}; \ldots$ kann man von der ersten, zweiten, dritten, ... Zahl der Folge („Folgenglied") sprechen.

Zu jeder natürlichen Zahl (Nummer) gehört eine bestimmte Zahl der Folge. Daher kann man jede Zahlenfolge auffassen als Funktion f mit der Definitionsmenge $\mathbb{N}$. Bei der genannten Folge ist $f(1)=1$; $f(2)=\frac{1}{2}$; $f(3)=\frac{1}{3}$; ...; allgemein: $f(n)=\frac{1}{n}$.

b) Die Folge der Primzahlen beginnt mit 2; 3; 5; 7; 11; 13; ... Weil es unendlich viele Primzahlen gibt, ist jeder Zahl $n \in \mathbb{N}$ eindeutig eine Primzahl $p(n)$ zugeordnet. Daher ist $n \mapsto p(n)$ eine Funktion. Dies, obwohl es auch mit modernen Computern nicht möglich ist, $p(n)$ für sehr große n in einem für uns überschaubaren Zeitraum zu ermitteln.

Beispiel 7: (Funktion als Menge von Paaren)
Ein Würfel wurde 100mal geworfen; Fig. 32.1 zeigt, mit welcher Häufigkeit H dabei die Augenzahlen (AZ) 1 bis 6 auftraten. Damit liegt eine Funktion f mit der Definitionsmenge $D=\{1;2;3;4;5;6\}$ vor, denn nach Definition (vgl. S. 30) ist eine Funktion f durch die Menge aller Paare $(x;f(x))$ bereits vollständig bestimmt.

AZ	1	2	3	4	5	6
H	15	21	17	14	21	12

32.1

Beispiel 8: (Funktion als spezielle Relation)
Der Halbkreis in Fig. 32.2 ist das Schaubild der Funktion f mit $f(x)=\sqrt{4-x^2}$; zu jeder Zahl $x \in [-2;2]$ gehört genau ein y-Wert. Das Schaubild hat die Gleichung

$$y=\sqrt{4-x^2}.$$

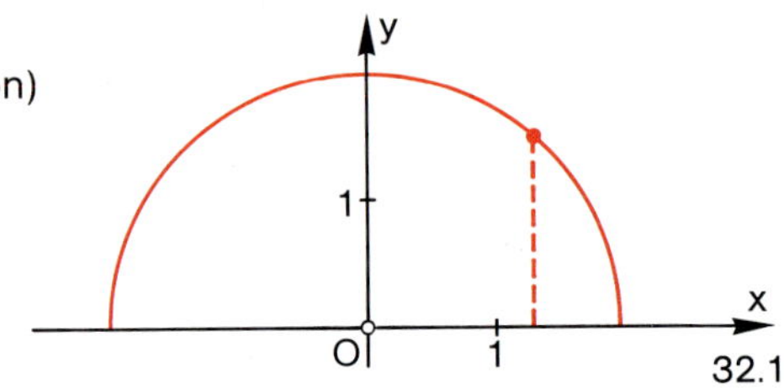

32.1

Dagegen ist der Kreis in Fig. 32.3 kein Schaubild einer Funktion, denn für $x \in]-2;2[$ gehören zu jedem x-Wert zwei y-Werte. Man sagt: Der Kreis ist Schaubild einer **Relation**[1] (zwischen x und y); sie ist bestimmt durch die Paare $(x;y)$, welche die Gleichung

$$y^2=4-x^2$$

erfüllen.

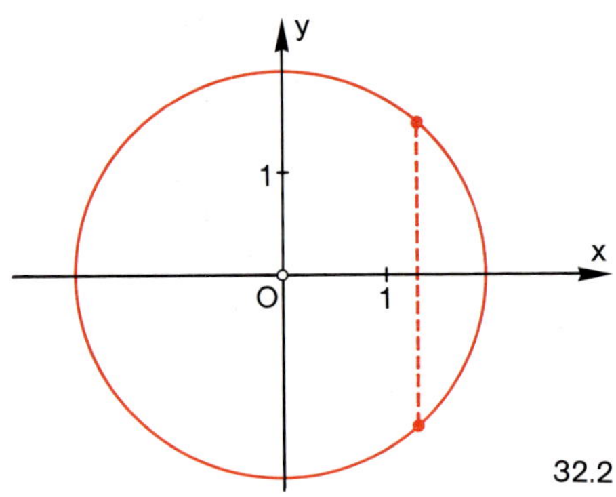

32.2

Bemerkung: Man kann eine Funktion als besondere Relation auffassen, bei der zu jedem x-Wert genau ein y-Wert gehört, also keine Paare $(x_1;y_1)$ und $(x_1;y_2)$ mit $y_1 \neq y_2$ vorkommen.

2 a) Bestimme in Beispiel 6 b) die Funktionswerte $p(6)$; $p(10)$; $p(17)$; $p(21)$ und $p(25)$.
b) Prüfe, ob es sich bei den folgenden Funktionen g und h mit der Definitionsmenge $D=\mathbb{Z}$ um dieselbe oder um verschiedene Funktionen handelt.

(1) $g: x \mapsto x-|x|$
$h: x \mapsto 2x$

(2) $g: x \mapsto |\sin(\frac{\pi}{2}x)|$
$h: x \mapsto 1+(-1)^x$

---

1. relatio (lat.): Beziehung

Aufgaben

3 Berechne für die Funktion f mit

a) $f(x) = x^2 - x$ b) $f(x) = \sin \pi x$ c) $f(x) = \begin{cases} (x-1)^2 & \text{für } x \in \mathbb{R}_0^+ \\ -2x+1 & \text{für } x \in \mathbb{R}^- \end{cases}$

$f(1)$; $f(3)$; $f(\frac{1}{2})$; $f(-0{,}4)$; $f(\sqrt{2})$; $f(1+\sqrt{2})$; $f(\sqrt{3}-1)$; $f(a^2)$; $f(|t|)$; $f(-r^2)$.

4 Zeichne ein Schaubild der folgenden Funktion f (LE = 1 cm). Gib jeweils die Definitionsmenge D_f und die Wertemenge W_f der Funktion an.

a) $f(x) = -\frac{1}{2}x^2$ b) $f(x) = 2^{x-1}$ c) $f(x) = 2 \cdot \sin x$

d) $f(x) = \begin{cases} \frac{1}{2}x + 1 & \text{für } x \in [-1; 0] \\ 2^{-x} & \text{für } x \in [0; 2] \end{cases}$ e) $f(x) = \frac{x}{|x|}$ f) $f(x) = |x-1|$

g) $x \longmapsto |\sin x|$ h) $x \longmapsto \frac{2^{-x}}{x^2+1}$ i) $x \longmapsto \frac{x^2-1}{x \cdot |x-1|}$

5 Zeichne ein Schaubild der Funktion f, die jeder natürlichen Zahl n mit $1 \leqq n \leqq 10$

a) die Anzahl ihrer Teiler b) die Anzahl der Primzahlen $\leqq n$

zuordnet. Gib die Definitionsmenge und die Wertemenge von f an.

6 Gib die Definitionsmenge D und die Wertemenge W der folgenden Funktion an.

a) $x \longmapsto x^2$ b) $x \longmapsto \frac{1}{x}$ c) $x \longmapsto |x|$ d) $x \longmapsto x - |x|$

e) $r \longmapsto 2^r$ f) $x \longmapsto \sin x$ g) $x \longmapsto \cos x$ h) $b \longmapsto |\sin b|$

i) $x \longmapsto x^2 - 2$ j) $x \longmapsto 1 - x^2$ k) $x \longmapsto |1 - x^2|$ l) $x \longmapsto 3$

7 Drücke die folgenden Aussagen in mathematischer Kurzschrift aus.

a) Durch die Funktion f wird der Zahl 3 die Zahl 10 zugeordnet.
b) Die Funktion g nimmt für $x = 5$ den Funktionswert 12 an.
c) Die Zahl 3 gehört (gehört nicht) zur Definitionsmenge der Funktion f.
d) Die Funktion f ordnet der Zahl 4 einen größeren Funktionswert zu als der Zahl 5.
e) Die Funktionen f und g nehmen für $x = 2$ denselben Funktionswert an.
f) Alle Funktionswerte der Funktion g sind positiv (nicht negativ).
g) Die Zahl 5 kommt unter den Funktionswerten von f nicht vor.
h) Die Funktion f nimmt jede positive reelle Zahl als Funktionswert an.

8 Gegeben ist die Funktion f mit $f(x) = 2^x$.

a) Ermittle D_f und W_f. b) Berechne $f(-\frac{1}{4})$ auf 2 Dezimalen.

c) Für welches $x \in D_f$ ist $f(x) = 8$? d) Für welche $x \in D_f$ gilt $f(x) \leqq 16$?

e) Zeige: $f(x) \cdot f(-x) = 1$ für alle $x \in D_f$. f) Zeige: $f(x+1) = 2 \cdot f(x)$ für alle $x \in D_f$.

9 a) Vergleiche bei der Funktion f mit $f(x) = x^3 - 3x^2 + x + 1$ die Funktionswerte $f(0)$ und $f(2)$ ($f(-1)$ und $f(3)$).

b) Zeige: Bei der Funktion f aus Teilaufgabe a) gilt $f(1+x) = -f(1-x)$ für alle $x \in \mathbb{R}$. Was folgt daraus für das Schaubild von f?

10 Untersuche, ob es sich bei f und g um die gleiche oder um verschiedene Funktionen handelt. (Beachte, daß $D_f = D_g$ eine notwendige Voraussetzung für $f = g$ ist.)

a) $f(x) = x^2$; $g(t) = t^2$ b) $f(x) = 3x^2$; $g(x) = (3x)^2$

c) $f(x) = -x^2$; $g(x) = (-x)^2$ d) $f(x) = (x-1)^2 - 1$; $g(x) = x(x-2)$

e) $f(x) = |x|$; $g(x) = \frac{x^2}{|x|}$ f) $f(x) = \frac{1}{x}$; $g(x) = \frac{x}{x^2}$.

11 f sei die Funktion, die jeder natürlichen Zahl die Anzahl ihrer Teiler zuordnet.

a) Bestimme: $f(6)$; $f(12)$; $f(32)$; $f(49)$; $f(60)$.

b) Für welche $n \in \mathbb{N}$ gilt: $f(n) = 2$ ($f(n) = 1$; $f(n) = 3$; $f(n) = 4$)?

12 h sei die Funktion, die jeder natürlichen Zahl n die Anzahl der Primzahlen zuordnet, die kleiner oder gleich n sind.

a) Stelle für $n = 1; 2; \ldots; 20$ eine Wertetabelle auf. Zeichne ein Schaubild.

b) Für welche $n \in \mathbb{N}$ gilt: $h(n) = 24$?

13 Stelle die folgende Funktion ohne Betragszeichen dar. (Anleitung: Vgl. Beispiel 5.)

a) $x \mapsto 2 \cdot |x|$ b) $x \mapsto |x|^2$ c) $x \mapsto |1 - x|$ d) $x \mapsto |1 + x|$

e) $x \mapsto 2^{|x|}$ f) $x \mapsto |2^x|$ g) $x \mapsto x - |x|$ h) $x \mapsto \sin|x|$

14 Für welche x-Werte nimmt die Funktion f den Funktionswert 0 an?

a) $f: x \mapsto x - x^2$ b) $f: x \mapsto x^2 + x - 2$ c) $f: x \mapsto 1 - 2^x$ d) $f: x \mapsto 1 - \sin x$

e) $f: x \mapsto x^3 - x^2$ f) $f: x \mapsto x^2 - 2x - 3$ g) $f: x \mapsto 3^{-x} - 1$ h) $f: x \mapsto \cos x + 1$

15 Für welche x-Werte nehmen die Funktionen f und g denselben Funktionswert an? Wie groß ist dieser?

a) $f: x \mapsto x^2 + x + 1$; $g: x \mapsto 7x - 7$ b) $f: x \mapsto 2x^2 - \frac{1}{8}$; $g: x \mapsto x^2 - \frac{1}{4}x + \frac{1}{4}$

c) $f: x \mapsto x^3 + 4x$; $g: x \mapsto 5x^2$ d) $f: x \mapsto 2^x + x$; $g: x \mapsto x + 1$

e) $f: x \mapsto \sin x$; $g: x \mapsto \cos x$ f) $f: x \mapsto \sin x$; $g: x \mapsto \sin x + \cos x$

g) $f: x \mapsto \frac{1}{3} \cdot 2^x$; $g: x \mapsto \frac{1}{2} \cdot 3^{-x}$ h) $f: x \mapsto 2^{x^2} + 1$; $g: x \mapsto 2 \cos x$

16 Gib eine Termdarstellung der Funktion f an, welche der Länge x (in cm) eines Rechtecks mit dem Umfang 20 cm

a) die Breite des Rechtecks (in cm) zuordnet

b) den Flächeninhalt des Rechtecks (in cm^2) zuordnet

c) die Länge der Diagonalen (in cm) zuordnet

d) den Flächeninhalt (in cm^2) eines dem Rechteck einbeschriebenen Kreises zuordnet.

17 Gib eine Termdarstellung der Funktion f mit der Definitionsmenge $\mathbb{Z}$ an, welche jeder ungeraden Zahl den Wert 1 und jeder geraden Zahl den Wert -1 zuordnet.

18 Die sogenannte Vorzeichen- oder Signumfunktion **sgn** ist festgelegt durch

$$\operatorname{sgn}(x) = \begin{cases} +1 & \text{für } x \in \mathbb{R}^+ \\ 0 & \text{für } x = 0 \\ -1 & \text{für } x \in \mathbb{R}^-. \end{cases}$$

a) Zeichne für die Funktion sgn ein Schaubild.

b) Vergleiche die Funktion $x \mapsto x \cdot \operatorname{sgn}(x)$ mit der Funktion $x \mapsto |x|$.

19 Die „Gaußsche[1] Klammerfunktion"

$$\mathbf{x \mapsto [x]}$$

ordnet jeder Zahl $x \in \mathbb{R}$ die größte ganze Zahl zu, die kleiner oder gleich x ist.

a) Bestimme $[\frac{11}{4}]$ ($[\frac{9}{2}]$; $[17{,}5]$; $[\sqrt{70}]$; $[18]$; $[-\frac{5}{2}]$; $[-8{,}3]$; $[-\sqrt{40}]$).

Für welche $x \in \mathbb{R}$ ist $[x] = x$?

b) Zeichne für $-5 \leqq x \leqq +5$ ein Schaubild der Gaußschen Klammerfunktion.

c) Schreibe $f: x \mapsto [\sin x]$ ($x \mapsto [\cos x]$) ohne Verwendung des Gaußklammerzeichens.

d) Berechne für die Funktion $f: x \mapsto [10x + 0{,}5] \cdot 0{,}1$ die Funktionswerte $f(0{,}54)$; $f(0{,}58)$; $f(0{,}55)$; $f(-0{,}54)$; $f(-0{,}59)$. Was „bewirkt" die Funktion f?

e) Gib (mit Hilfe der Gaußklammer) eine Funktion an, die das Runden auf 2 (3) Dezimalen bewirkt.

20 Zeichne das Schaubild der folgenden Relationen. (Anleitung: Zeichne zuerst die Randkurve.)

a) $\{(x;y) \mid x \in [0;1] \text{ und } x + y \leqq 1\}$ b) $\{(x;y) \mid |x| + |y| \leqq 1\}$

---

1. C. F. Gauss (1777 – 1855), deutscher Mathematiker

7 Rational zusammengesetzte Funktionen

7.1 Summen und Differenzen von Funktionen

1 Das Porto für Auslandsdrucksachen richtet sich nach dem Gewicht (Fig. 35.1). Der Luftpostzuschlag beträgt 0,15 DM je 50 g.
Zeichne das Schaubild der „Portofunktion" (ohne Luftpostzuschlag) und in das gleiche Koordinatensystem das der „Luftpostzuschlagsfunktion". Wie erhält man aus den gezeichneten Schaubildern das Schaubild der Gesamtportofunktion für Luftpostdrucksachen ins Ausland?

bis	50 g	100 g	250 g	500 g
Porto in DM	0,90	1,20	1,70	2,80

Stand 1. 1. 83

35.1

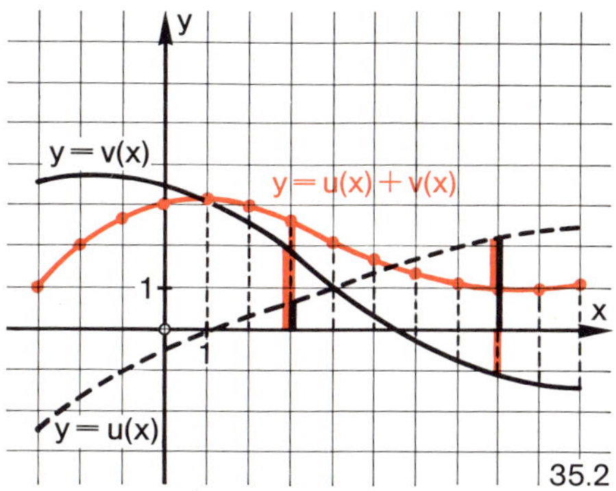

35.2

Aus zwei gegebenen Funktionen u und v können wir auf folgende Weise eine neue Funktion f bilden: Für jede Zahl x, für die u und v definiert sind, setzen wir

$$f(x) = u(x) + v(x).$$

Um deutlich zu machen, wie f entstanden ist, schreiben wir statt f auch u + v.
Fig. 35.2 zeigt, wie sich das Schaubild von u + v ergibt, wenn die Schaubilder von u und v gezeichnet vorliegen. An jeder Stelle x wird zur Ordinate u(x) die Ordinate v(x) (unter Berücksichtigung ihres Vorzeichens) zeichnerisch addiert.

Definition: Die Funktion **u + v**: $x \mapsto u(x) + v(x)$ mit $D_{u+v} = D_u \cap D_v$ heißt **Summe**,
u − v: $x \mapsto u(x) - v(x)$ mit $D_{u-v} = D_u \cap D_v$ **Differenz**
der Funktionen u und v.
Das Schaubild der Funktion u + v (der Funktion u − v) ergibt sich aus den Schaubildern von u und v (von u und − v) durch Ordinatenaddition.

Beachte: Das Schaubild von u − v ermitteln wir nicht durch „Ordinatensubtraktion". Es ist zweckmäßiger, von den Schaubildern der Funktionen u und − v (statt von u und v) auszugehen und Ordinatenaddition vorzunehmen.

Oft läßt sich eine Funktion f in der Form f = u + v bzw. f = u − v durch Funktionen u und v darstellen, deren Schaubilder bekannt sind. Durch Ordinatenaddition erhält man dann rasch eine Übersicht über den Verlauf des Schaubildes von f.

Beispiel 1: a) Die Funktion $f: x \mapsto \frac{x^2+1}{x}$ ist wegen $\frac{x^2+1}{x} = x + \frac{1}{x}$ Summe der Funktionen $x \mapsto x$ und $x \mapsto \frac{1}{x}$. Wegen $D_u = \mathbb{R}$ und $D_v = \mathbb{R} \setminus \{0\}$ ist $D_f = D_u \cap D_v = \mathbb{R} \setminus \{0\}$.
Das Schaubild (Fig. 36.1) ergibt sich durch Ordinatenaddition aus den Schaubildern von $x \mapsto x$ (1. Winkelhalbierende) und $x \mapsto \frac{1}{x}$ (Hyperbel). Es zeigt u.a.: Für kleine $|x|$-Werte ist $f(x) \approx \frac{1}{x}$, für große $|x|$-Werte ist $f(x) \approx x$; für alle x ist $f(x) \neq 0$.

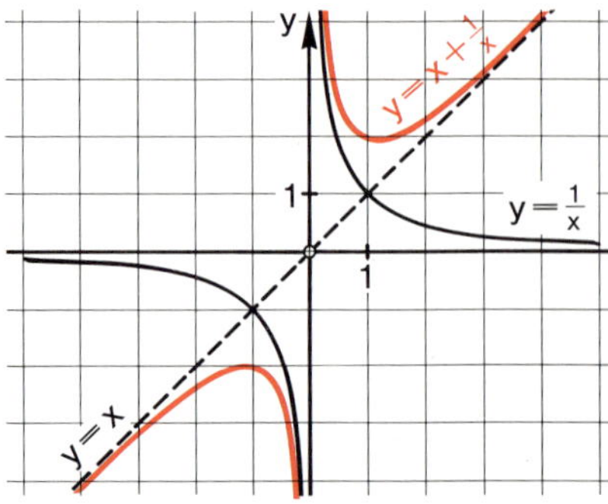

36.1

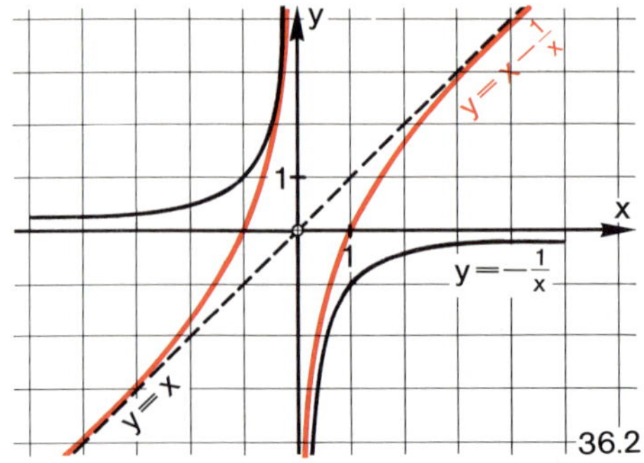

36.2

b) In Fig. 36.2 wurde das Schaubild der Funktion g: $x \mapsto x - \frac{1}{x}$ durch Ordinatenaddition aus den Schaubildern von $x \mapsto x$ und $x \mapsto -\frac{1}{x}$ ermittelt. Für kleine $|x|$-Werte ist $f(x) \approx -\frac{1}{x}$, für große $|x|$-Werte ist $f(x) \approx x$, es ist $f(-1) = f(1) = 0$.

Beispiel 2: (Addieren einer Konstanten)
Besonders häufig sind Fälle wie
$f: x \mapsto x^2 + 1$ oder $g: x \mapsto x^2 - \frac{3}{2}$,
bei denen v eine Konstantfunktion ist. Bei f sind alle Funktionswerte um 1 größer, bei g um $\frac{3}{2}$ kleiner als die entsprechenden Funktionswerte von $u: x \mapsto x^2$. Hier zeigt Fig. 36.3:

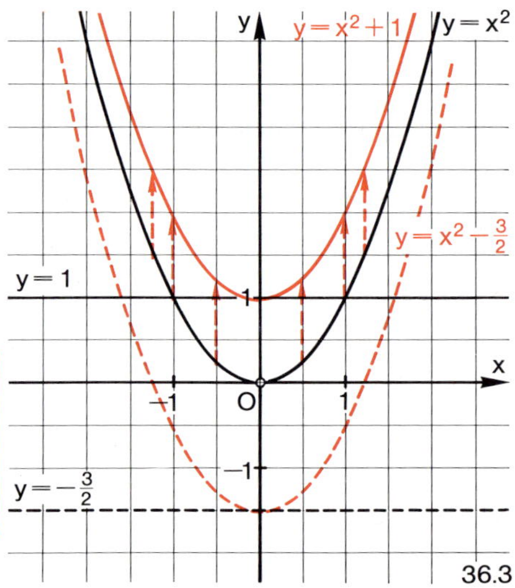

36.3

Das Schaubild einer Funktion f mit
$$f(x) = u(x) + c$$
entsteht aus dem Schaubild von u durch Verschiebung um $|c|$ in Richtung der
positiven y-Achse, falls $c > 0$
negativen y-Achse, falls $c < 0$ ist.

2 Zeichne die Schaubilder von $u: x \mapsto \frac{1}{x^2}$ und $v: x \mapsto -x$ für $-4 \leqq x \leqq 4$ in dasselbe Koordinatensystem (LE = 1 cm). Ermittle zeichnerisch durch Ordinatenaddition das Schaubild von $u + v$. Gib die Termdarstellung von $u + v$ an. Welche Eigenschaften dieser Funktion lassen sich dem Schaubild entnehmen?

3 Schreibe $f(x) = \cos x + \sqrt{x}$ als Summe; gib die Definitionsmenge D_f an. Zeichne ein Schaubild.

Aufgaben

4 Zeichne für $-1{,}5 \leqq x \leqq 1{,}5$ das Schaubild der Funktion $x \mapsto x^3$ (LE = 1 cm). Ermittle mit Hilfe der gezeichneten Kurve das Schaubild von

a) $x \mapsto x^3 + 1{,}5$ und $x \mapsto x^3 - 1$
b) $x \mapsto -x^3$ und $x \mapsto 2 - x^3$

5 Zeichne mittels der Schaubilder von $u: x \mapsto x^2$ und $v: x \mapsto 1{,}5x$ das Schaubild von

a) $x \mapsto x^2 + 1{,}5x$
b) $x \mapsto x^2 + 1{,}5x + 1$
c) $x \mapsto 1{,}5x + x^2 - 2$

6 Zeichne mittels Ordinatenaddition ein Schaubild der Funktion f (LE = 1 cm).

a) $f(x)=x^2+x$ b) $f(x)=x^2-\frac{1}{2}x$ c) $f(x)=x^3-x$

d) $f(x)=x^3-x+1$ e) $f(x)=1-x^3$ f) $f(x)=-x^3+2x+1$

g) $f(x)=x+|x|$ h) $f(x)=2x-|x|$ i) $f(x)=\frac{1}{x}+|x|$

j) $f(x)=x^2+\frac{1}{x}$ k) $f(x)=x^2-\frac{1}{x}$ l) $f(x)=|x|+\frac{1}{x}$

7 Zeichne das Schaubild von f mittels Ordinatenaddition (LE = 1 cm).

a) $f(x)=2^x+1$ b) $f(x)=2-2^x$ c) $f(x)=2^x-x$

d) $f(x)=2^x+|x|$ e) $f(x)=2^x-|x|$ f) $f(x)=2^x+2^{-x}$

8 Zeichne für $0 \leqq x \leqq 2\pi$ das Schaubild von f mittels Ordinatenaddition (LE = 1 cm).

a) $f(x)=\sin x+1$ b) $f(x)=1-\sin x$ c) $f(x)=\sin x+\cos x$

d) $f(x)=\sin x-\cos x$ e) $f(x)=x+\sin x$ f) $f(x)=x-\cos x$

9 Schreibe f(x) als Summe; gib die Definitionsmenge von f an.

a) $f(x)=x(1+x)$ b) $f(x)=\frac{1-x}{x}$ c) $f(x)=\frac{1}{x(x-1)}$

10 Zeichne das Schaubild der Funktion f mit $f(x)=\frac{1}{x}-|x|$ mittels Ordinatenaddition. Beantworte mit Hilfe des Schaubildes die folgenden Fragen.

a) Welche Definitionsmenge (Wertemenge) hat f?

b) Für welche $x \in D_f$ ist $f(x) > 0$ $(f(x) < 0;\ f(x)=0)$?

c) Für welche $x \in D_f$ ist $f(x) > -x$ $(f(x) < -x)$? Gibt es einen x-Wert mit $f(x)=-x$?

d) Wie viele x-Werte mit $f(x)=4$ $(f(x)=-4)$ gibt es?

11 Zeichne die Schaubilder der Funktionen f_n für $0 \leqq x \leqq 2\pi$:
$f_1(x)=\cos x$; $f_2(x)=f_1(x)+\cos 2x$; $f_3(x)=f_2(x)+\cos 3x$; $f_4(x)=f_3(x)+\cos 4x$.
Wie sehen die Schaubilder der entsprechend erklärten Funktionen f_5, f_6 vermutlich aus?

12 Wir betrachten Rechtecke mit dem Flächeninhalt 3 cm² (Fig. 37.1).

a) Wie breit ist ein solches Rechteck, wenn es 2 (3; 4; x) cm lang ist?

b) Gib die Funktion f an, die jeder Länge x (in cm) den Rechtecksumfang (in cm) zuordnet. Zeichne ein Schaubild der Funktion f für $1 \leqq x \leqq 4$ (LE = 0,5 cm).

c) Beantworte anhand des Schaubildes mit Zeichengenauigkeit: Wie groß ist der Umfang eines 3 cm² großen Rechtecks mindestens? Wie lang und wie breit ist ein solches Rechteck mit minimalem Umfang?

d) Das Schaubild zeigt: Für große x-Werte gilt $f(x) \approx 2x$. Was besagt diese Näherung für die betrachteten Rechtecke?

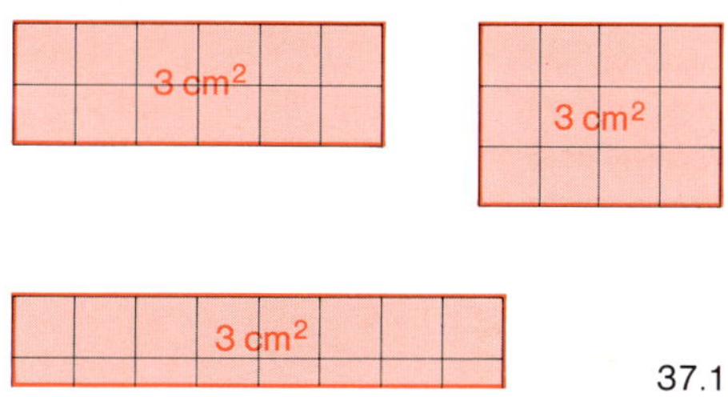

37.1

13 Auf der Rolltreppe eines Bahnhofs stehend, benötigt man für 10 Meter Höhenunterschied 30 Sekunden, auf einer festen Treppe zu Fuß 20 Sekunden. Bestimme zeichnerisch, wie lang ein eiliger Reisender braucht, der auf der Rolltreppe 10 Meter hochsteigt.

14 Zeichne das Schaubild der Funktion f.

a) $f(x)=|x|-3$ b) $f(x)=||x|-3|$ c) $f(x)=|x^2-4|$ d) $f(x)=|x^3-4x|$

15 Zeige allgemein:
Summe und Differenz zweier linearer Funktionen sind wieder lineare Funktionen.

7.2 Produkte und Quotienten von Funktionen

16 Es sei $f(x)=(x-1)(x-2)$. Beantworte ohne zu rechnen: Für welche x-Werte sind die Funktionswerte positiv, für welche sind sie negativ?

Für alle x-Werte, für die zwei Funktionen u und v definiert sind, erhalten wir durch $x \mapsto u(x)\cdot v(x)$ eine neue Funktion $u\cdot v$. Für $v(x) \neq 0$ wird durch $x \mapsto \frac{u(x)}{v(x)}$ eine weitere neue Funktion festgelegt.

Definition: Die Funktion $\mathbf{u\cdot v}: x \mapsto u(x)\cdot v(x)$ heißt **Produkt**,

$\frac{\mathbf{u}}{\mathbf{v}}: x \mapsto \frac{u(x)}{v(x)};\ v(x) \neq 0$ **Quotient**

der Funktionen u und v.

Beispiel 3: Für $u: x \mapsto x^2$ und $v: x \mapsto x-1$ ergeben sich neue Funktionen $f=u\cdot v$ und $g=\frac{u}{v}$. Es ist $f: x \mapsto x^2(x-1)$ und $g: x \mapsto \frac{x^2}{x-1}$. Da $D_u=\mathbb{R}$ und $D_v=\mathbb{R}$, ist $D_f=D_u \cap D_v=\mathbb{R}$. Wegen $v(x)=0$ für $x=1$ ist $D_g=(D_u \cap D_v)\setminus\{1\}=\mathbb{R}\setminus\{1\}$.

Bei einer Funktion $u\cdot v$ bzw. $\frac{u}{v}$ gewinnt man am schnellsten eine erste Übersicht über den Verlauf des Schaubildes, wenn man

a) die x-Werte mit $f(x)=0$ bestimmt; sie heißen **Nullstellen** von f

b) für die einzelnen Faktoren eine Vorzeichenüberlegung durchführt.

Es zeigt sich auf diese Weise, wo f(x) positiv bzw. negativ ist, das Schaubild also oberhalb bzw. unterhalb der x-Achse verläuft (**Gebietseinteilung** der Koordinatenebene). Selbstverständlich kann man das genaue Schaubild durch „Ordinatenmultiplikation" bzw. „Ordinatendivision" bekommen; dieses rechnerische Verfahren ist jedoch im allgemeinen sehr zeitaufwendig.

Beispiel 4: (Gebietseinteilung)
Wir erstellen für die Funktion f mit

$$f(x)=x(x^2-1)$$

eine Gebietseinteilung.

a) Für $x=0;\ 1;\ -1$ ist einer der Faktoren null, also auch $f(x)=0$.

b) Wir überlegen, für welche x-Werte die Faktoren x und x^2-1 positiv (negativ) sind. f(x) ist positiv (negativ), falls beide Faktoren dasselbe (verschiedene) Vorzeichen haben.

In Fig. 38.1 sind Gebiete, in denen das Schaubild von f nicht verläuft, als „Sperrgebiete" schraffiert. Zur Verdeutlichung ist auch das Schaubild von f eingezeichnet.

x	−	−	+	+
x^2-1	+	−	−	+
f(x)	−	+	−	+

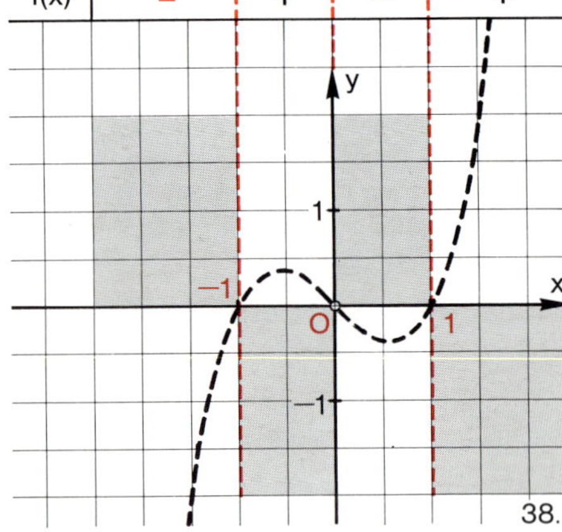

38.1

Beispiel 5: (Praxis der Einteilung)

$$f(x) = \frac{(x-1)(x-2)}{3x}$$

f(x) ändert das Vorzeichen, wenn entweder $x-1$ oder $x-2$ oder $3x$ das Vorzeichen ändert. Das ist dort der Fall, wo diese Terme den Wert 0 annehmen, also bei 1; 2 und 0. Wir zeichnen durch diese Stellen die Parallelen zur y-Achse (Fig. 39.1). Nun gilt für die betrachtete Funktion: Wird eine dieser Parallelen überschritten, so ändert f(x) das Vorzeichen. Da für sehr große x-Werte offenbar $f(x) > 0$ ist, können wir das erste und damit alle weiteren Sperrgebiete von rechts beginnend markieren.

Weitere Auskunft über den Verlauf des Schaubildes erhalten wir, wenn wir f(x) als Summe schreiben:

$$f(x) = \frac{x^2-3x+2}{3x} = \frac{1}{3}x - 1 + \frac{2}{3x}.$$

Dies zeigt: Für große $|x|$-Werte ist $f(x) \approx \frac{1}{3}x - 1$; für sehr kleine $|x|$-Werte ist $|f(x)|$ sehr groß (Fig. 39.1).

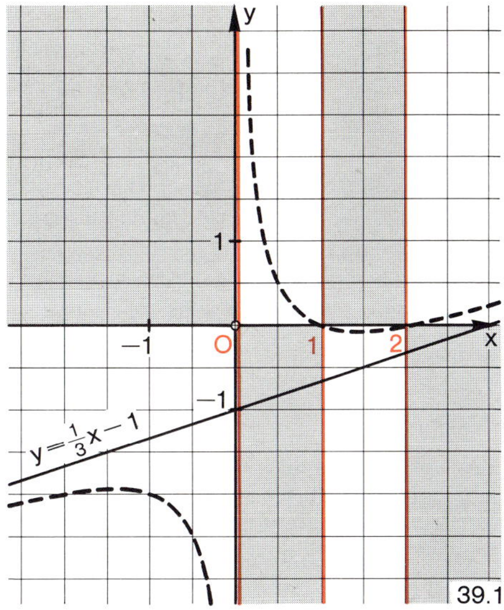

39.1

Beispiel 6: a) (Kehrwertfunktion)
Ein Sonderfall liegt vor für

$$f(x) = \frac{1}{v(x)} \quad (\text{kurz: } f = \tfrac{1}{v}).$$

f heißt **Kehrwertfunktion** (oder Reziprokfunktion) von v und ist definiert für alle $x \in D_v$ mit $v(x) \neq 0$. Z. B. hat $v: x \mapsto x$ die Kehrwertfunktion $f: x \mapsto \frac{1}{x}$.

b) (Konstanter Faktor)
Ein anderer Sonderfall ist

$$f(x) = c \cdot v(x) \qquad (\text{kurz: } f = c \cdot v),$$

hier ist ein Faktor eine Konstantfunktion. Fig. 39.2 zeigt am Beispiel $f(x) = c \cdot x^2$:

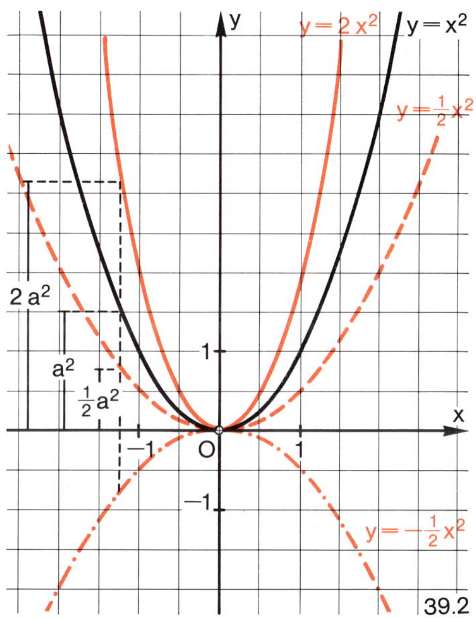

39.2

Das Schaubild einer Funktion f mit $f(x) = c \cdot v(x)$ entsteht

für $c > 0$ aus dem Schaubild von v durch Streckung mit dem Faktor c von der x-Achse aus in y-Richtung.

Für $c < 0$ ist zusätzlich zur Streckung mit dem Faktor $|c|$ an der x-Achse zu spiegeln.

17 Zeichne im gleichen Koordinatensystem die Schaubilder von $x \mapsto x^2$, $x \mapsto \frac{1}{x^2}$ und $x \mapsto 2 \cdot \frac{1}{x^2}$.

Aufgaben

18 Schreibe f(x) als Produkt $u(x) \cdot v(x)$. Gib D_u, D_v und $D_{u \cdot v}$ an.

a) $f(x) = x^2 - x$ b) $f(x) = x^2 - 3x + 2$ c) $f(x) = 6x^2 - x - 2$

d) $f(x) = \sin^2 x$ e) $f(x) = \frac{x+1}{x}$ f) $f(x) = \frac{x}{2^x}$

19 Zeichne eine Gebietseinteilung. Gib D_f und die Nullstellen von f an.
(Anleitung: Faktoren wie x^2, die das Vorzeichen nicht ändern, haben keinen Einfluß auf die Gebietseinteilung.)

a) $f(x) = (x-1)(x-2)$ b) $f(x) = (2x-1)(6+3x)$ c) $f(x) = x^2(1-x)$

d) $f(x) = x^2 - 4$ e) $f(x) = x^2 - x$ f) $f(x) = x(x^2 - 1)$

g) $f(x) = \frac{x+2}{x-1}$ h) $f(x) = \frac{x-2}{x^2}$ i) $f(x) = \frac{x+2}{|x|}$

j) $f(x) = \frac{2-x}{x^3}$ k) $f(x) = \frac{x \cdot |x|}{(x-1)|x-1|}$ l) $f(x) = \frac{x^4 - x^2}{1 - x^2}$

20 Zeichne eine Gebietseinteilung. Schreibe danach f(x) auch als Summe, und ermittle durch Ordinatenaddition das Schaubild von f.

a) $f(x) = x(x-2)$ b) $f(x) = \frac{x+1}{x}$ c) $f(x) = \frac{x^2-4}{x}$

d) $f(x) = \frac{x}{x+1}$ (vgl. b)) e) $f(x) = \frac{x(x-1)}{4(x+2)}$ f) $f(x) = \frac{x^2}{x-1}$

21 a) Zeichne ein Schaubild der Funktion f mit $f(x) = x^3$ für $-1{,}5 \leqq x \leqq 1{,}5$ (LE = 2 cm). Ermittle damit (im gleichen Koordinatensystem) die Schaubilder von $x \mapsto 2x^3$ und $x \mapsto -0{,}5x^3$.
b) Verfahre wie in a) mit der Funktion $x \mapsto \frac{1}{x}$ sowie den Funktionen $x \mapsto \frac{3}{x}$ und $x \mapsto -\frac{2}{x}$ (mit der Funktion $x \mapsto \sin x$ sowie den Funktionen $x \mapsto 2 \sin x$ und $x \mapsto -3 \sin x$).

22 Zeichne ein Schaubild der Funktion f. Ermittle mit seiner Hilfe das Schaubild der Kehrwertfunktion von f. Gib die Funktion $\frac{1}{f}$ an.

a) $f(x) = x$ b) $f(x) = x^2$ c) $f(x) = 2^x$ d) $f(x) = \cos x$ e) $f(x) = \sin x$

23 a) Warum gilt die Gebietseinteilung einer Funktion f auch für die Kehrwertfunktion von f?
b) Fertige eine Gebietseinteilung für die Funktion f mit $f(x) = x(x-1)$ (mit $f(x) = \frac{x(x+1)}{x-1}$). Zeichne ein Schaubild von f. Skizziere mit Hilfe des gezeichneten Schaubildes das Schaubild der Kehrwertfunktion von f.

24 a) Gib eine Gebietseinteilung und die Nullstellen an für die Funktion $x \mapsto x \cdot \cos x$.
b) Verfahre wie in a) für die Funktion $x \mapsto x \cdot \sin x$. Warum ändert diese Funktion beim Übergang von negativen zu positiven x-Werten das Vorzeichen nicht?

7.3 Ganzrationale Funktionen

25 Aus einem rechteckigen Blech (Fig. 40.1) soll ein oben offener quaderförmiger Behälter hergestellt werden. Dazu werden an den Ecken Quadrate mit der Seitenlänge x cm ausgeschnitten und die Randstreifen hochgebogen. Gib zwei Terme an, die den Flächeninhalt des verbleibenden Blechs beschreiben.

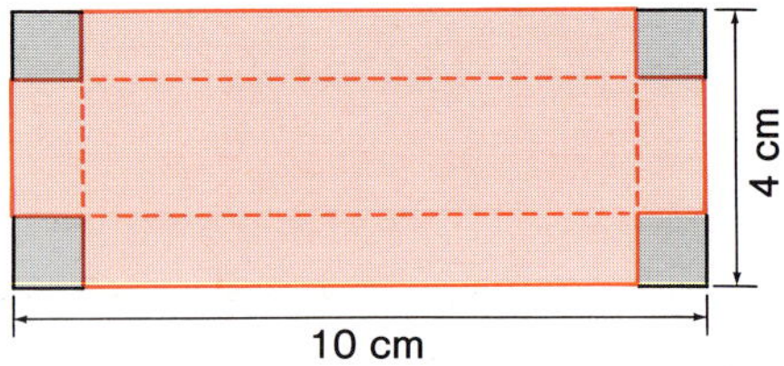

40.1

Aus den Funktionstermen x^n ($n \in \mathbb{N}$) von Potenzfunktionen und Konstanten ergeben sich durch Multiplizieren, Addieren und Subtrahieren Terme wie $\sqrt{2}x^3 - 4x^2 + 5$.

Andere Terme lassen sich zum Teil durch Ausmultiplizieren auf diese Form bringen, z. B. ist $(3x+7)(2x-8)=6x^2-10x-56$.

Ein Term der Form

$$a_n x^n + a_{n-1}x^{n-1} + \ldots + a_1 x + a_0 \quad \text{mit} \quad a_n \neq 0 \quad (n \in \mathbb{N}_0)$$

heißt **Polynom**[1] vom **Grad n**. Die reellen Zahlen $a_n, \ldots, a_0$ heißen Koeffizienten[2].

> Eine Funktion $x \mapsto f(x)$ mit $f(x)=a_n x^n + a_{n-1}x^{n-1} + \ldots a_1 x + a_0$, $a_n \neq 0$ $(n \in \mathbb{N}_0)$, deren Funktionsterm ein Polynom ist oder auf diese Form gebracht werden kann, heißt **ganzrationale Funktion n-ten Grades**. Das Schaubild von f heißt (für $n > 1$) **Parabel** n-ter Ordnung.

Bemerkungen: a) Eine ganzrationale Funktion f hat den Definitionsbereich $D_f = \mathbb{R}$.
b) Auch wenn alle Koeffizienten gleich 0 sind, d. h. $f(x)=0$ für alle $x \in \mathbb{R}$, spricht man von einer ganzrationalen Funktion, der Nullfunktion. Sie hat keinen Grad.

Beispiel 7: a) Quadratische Funktionen sind ganzrationale Funktionen 2. Grades, nichtkonstante lineare Funktionen solche 1. Grades, Konstantfunktionen (außer der Nullfunktion) solche 0. Grades.

b) Die Funktion f mit $f(x)=7x^5-\frac{1}{2}x^3+\sqrt{2}x^2-1$ ist ganzrational. Sie hat die Koeffizienten $a_5=7$; $a_3=-\frac{1}{2}$; $a_2=\sqrt{2}$; $a_0=-1$. f hat den Grad 5.

c) Die Funktion $g: x \mapsto \sqrt{x}$ ist nicht ganzrational, weil z. B. $D_g \neq \mathbb{R}$ ist.

d) Die Funktion h mit $h(x)=\frac{x-7}{5}$ ist ganzrational vom Grad 1, weil sich h(x) auf die Form $0{,}2x-1{,}4$ bringen läßt.

e) Im Abschnitt 41 beschäftigen wir uns ausführlich mit den **rationalen**[3] **Funktionen**. Diese haben die Form $\frac{u}{v}$, wobei u und v ganzrationale Funktionen sind.

26 Ermittle die Koeffizienten und den Grad der Funktion f mit $f(x) = (\frac{1}{4}x^3-x)(1-\sqrt{2}x)$.

Aufgaben

27 Gegeben sind die Funktionen f, g, h mit $f(x)=0{,}5x^3+1$; $g(x)=2-3x-x^2$; $h(x)=5$. Entscheide, ob es sich bei der folgenden Funktion um eine ganzrationale Funktion handelt. Gib gegebenenfalls ihren Funktionsterm als Polynom und ihren Grad an.

a) $f+g$ b) $f-g$ c) $f \cdot g$ d) $f \cdot h$ e) $f:g$ f) $g:h$

28 f und g seien ganzrationale Funktionen mit dem Grad p bzw. q, wobei $p>q$ sei. Welchen Grad hat die folgende Funktion?

a) $f+g$ b) $f \cdot g$ c) $f-g$ d) $3 \cdot f$ e) $g-f$ f) $3 \cdot f + 2 \cdot g$

29 Untersuche, ob die folgenden Funktionen ganzrational sind.

a) $f(x)=\sqrt{2x+1}$ b) $f(x)=(\sin x)^2+(\cos x)^2$ c) $f(x)=\frac{1}{x}$ d) $f(x)=\frac{2x^3+8x}{x^2+4}$

---

1. polys (griech.): viel; nomos (griech.): Gesetz
2. coefficiens (lat.): mitwirkend
3. ratio (lat.): Berechnung (mittels +, −, ·, :)

8 Verkettungen von Funktionen

1 a) Auf dem Taschenrechner sei die Zahl 1,35 in der Anzeige. Wie geht man vor, um die Zahl $\frac{1}{1{,}35^2}$ (die Zahl $\sin\frac{1}{1{,}35}$) zu berechnen? Ergibt sich dieselbe Zahl, wenn man die verwendeten Tasten in anderer Reihenfolge drückt?

b) Berechne für $u: x \mapsto \frac{1}{x}$ und $v: x \mapsto 2x-3$ die Funktionswerte $u(2)$, $v(2)$, $u(v(2))$ und $v(u(2))$. Notiere für $x = 1;2;3;4;5$ in einer Tabelle $v(x)$ und $u(v(x))$. Für welchen x-Wert läßt sich $u(v(x))$ nicht berechnen?

Neben den bisherigen Verfahren, aus gegebenen Funktionen u und v neue Funktionen zu bilden, gibt es noch die folgende Möglichkeit: Zuerst wenden wir auf einen x-Wert die Zuordnungsvorschrift der Funktion v an, danach auf v(x) die Zuordnungsvorschrift der Funktion u. Für $u: x \mapsto x^2$ und $v: x \mapsto 2x$ erhalten wir so

$x \xmapsto{\text{Verdopple}} 2x \xmapsto{\text{Quadriere}} (2x)^2$, also die Funktion $x \mapsto 4x^2$.

Ändern wir die Reihenfolge und wenden zuerst die Vorschrift von u, danach jene von v an, so ergibt sich entsprechend

$x \xmapsto{\text{Quadriere}} x^2 \xmapsto{\text{Verdopple}} 2x^2$, also die Funktion $x \mapsto 2x^2$.

Im ersten Fall ist $x \mapsto 4x^2$ die Funktion $x \mapsto u(v(x))$; im zweiten Fall ist $x \mapsto 2x^2$ die Funktion $x \mapsto v(u(x))$. Im allgemeinen ist also $u(v(x)) \neq v(u(x))$.

Definition: Die Funktion $x \mapsto u(v(x))$ heißt **Verkettung von u mit v** und wird auch mit $\boldsymbol{u \circ v}$ (lies: u nach v) bezeichnet.
Sie ist definiert für alle $x \in D_v$, für die $v(x)$ zu D_u gehört.

Bei einer Verkettung $x \mapsto u(v(x))$ nennt man v auch „innere", u „äußere" Funktion. Damit können wir das rechenpraktische Vorgehen beim Verketten so beschreiben: Um die Termdarstellung der Verkettung $u \circ v$ zu bekommen, muß man im Funktionsterm u(x) der äußeren Funktion die Variable x durch den Funktionsterm v(x) der inneren Funktion ersetzen.

Beispiel 1: (Verketten gegebener Funktionen)
Mit $u: x \mapsto \frac{1}{x}$ und $v: x \mapsto x-3$ erhalten wir die Verkettungen

$u \circ v: x \mapsto \frac{1}{x-3}$, $D_{u \circ v} = \mathbb{R} \setminus \{3\}$ und $v \circ u: x \mapsto \frac{1}{x} - 3$; $D_{v \circ u} = \mathbb{R} \setminus \{0\}$.

Beispiel 2: (Zerlegen einer Verkettung)
Die Funktion $f: x \mapsto (2x-1)^3$ können wir auffassen als Verkettung $f = u \circ v$ mit $u(x) = x^3$ und $v(x) = 2x - 1$. Dieses Zerlegen in eine äußere und eine innere Funktion ist nicht eindeutig, denn es gilt z. B. auch $f = u^* \circ v^*$ mit $u^*(x) = 8x^3$, $v^*(x) = x - \frac{1}{2}$.

Beispiel 3: ($x \mapsto x - c$ bzw. $x \mapsto kx$ als innere Funktion)
Oft läßt sich eine Funktion f als Verkettung $f = u \circ v$ darstellen, wobei v eine lineare

Funktion mit $v(x) = x - c$ bzw. $v(x) = kx$ ist. Das Schaubild von f geht in diesen Fällen in einfacher Weise aus dem Schaubild der äußeren Funktion u hervor.

$f: x \mapsto (x-1)^2$

Mit $v(x) = x - 1$; $u(x) = x^2$ ist $f = u \circ v$.

Es ist $f(x+1) = u(x)$, d. h. f nimmt für $x+1$ denselben Funktionswert an wie u für x (Fig. 43.1).

$f: x \mapsto \sin 2x$

Mit $v(x) = 2x$; $u(x) = \sin x$ ist $f = u \circ v$.

Es ist $f(\frac{1}{2}x) = u(x)$, d. h. f nimmt für $\frac{1}{2}x$ denselben Funktionswert an wie u für x (Fig. 43.2).

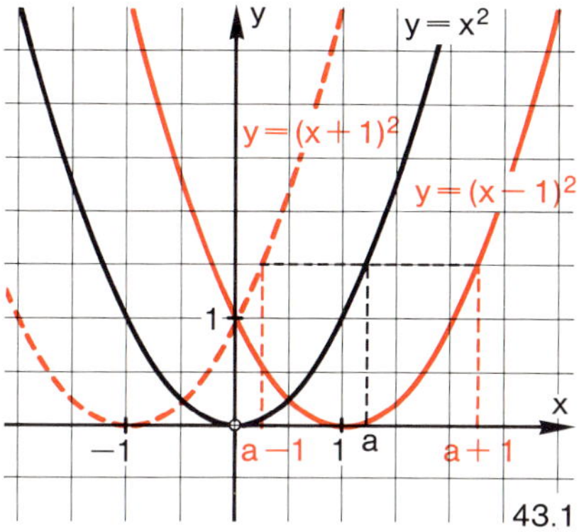

43.1

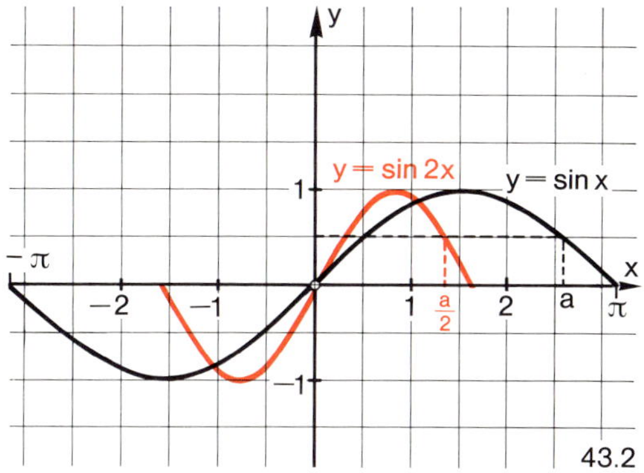

43.2

Dies zeigt, daß allgemein für $c \in \mathbb{R}^+$ und $k \in \mathbb{R}^+$ gilt:

> Das Schaubild der Funktion f mit $f(x) = u(x - c)$ (mit $f(x) = u(x + c)$) entsteht aus dem Schaubild von u durch eine Verschiebung um c in Richtung der positiven (negativen) x-Achse (Fig. 43.1).
> Das Schaubild der Funktion f mit $f(x) = u(kx)$ (mit $f(x) = u(-kx)$) entsteht aus dem Schaubild von u durch eine Streckung mit dem Faktor $\frac{1}{k}$ von der y-Achse aus in x-Richtung (und zusätzlicher Spiegelung an der y-Achse) (Fig. 43.2).

2 a) Gib für die Funktionen $u: x \mapsto 3x - 1$ und $v: x \mapsto 1 - x^2$ die Verkettungen $u \circ v$ und $v \circ u$ an.
b) Schreibe die Funktion f mit $f(x) = (\sin 3x)^2$ auf zwei verschiedene Weisen als Verkettung $u \circ v$. Gib jeweils die Funktionen u und v an.

Aufgaben

3 Berechne für $u(x) = 1 - 3x$ und $v(x) = 1 + 2x^2$:

a) $u(v(0))$ b) $v(u(0))$ c) $u(v(1))$ d) $v(u(-\frac{1}{3}))$ e) $v(u(v(-1)))$.

4 Bilde $f(x) = u(v(x))$ und $g(x) = v(u(x))$ für die folgenden Terme $u(x)$ und $v(x)$.

a) $u(x) = 1 + x$; $v(x) = 3x + 4$
b) $u(x) = 2 + 5x$; $v(x) = 2 - 3x$
c) $u(x) = 1 - 3x$; $v(x) = 2 - 4x$
d) $u(x) = 2 + x$; $v(x) = x^2$
e) $u(x) = 2 - 3x$; $v(x) = 3x^2$
f) $u(x) = 1 - x^2$; $v(x) = (1 - x)^2$
g) $u(x) = \frac{1}{x}$; $v(x) = 1 - \frac{1}{2}x$
h) $u(x) = \frac{1}{1+x}$; $v(x) = 3x^2$
i) $u(x) = \frac{1}{1-x^2}$; $v(x) = \frac{2}{x}$
j) $u(x) = 2^x$; $v(x) = 1 + x$
k) $u(x) = 2 \cdot 3^x$; $v(x) = x^2$
l) $u(x) = x + 1 + 2^x$; $v(x) = x - 1$
m) $u(x) = \sin x$; $v(x) = \frac{\pi}{2}x$
n) $u(x) = \cos x$; $v(x) = \pi - \frac{1}{2}x$
o) $u(x) = x^2$; $v(x) = \sin x$

5 Gib für die folgenden ganzrationalen Funktionen f und g die Funktionen $f \circ g$ und $g \circ f$ an. Vergleiche die Grade von f und g mit dem Grad der Verkettungen. Vermutung?

a) $f: x \mapsto (x-1)^2;\ g: x \mapsto x+1$ b) $f: x \mapsto 1+2x^2;\ g: x \mapsto 1+2x^2$

c) $f: x \mapsto 4+x;\ g: x \mapsto 0{,}5x-2$ d) $f: x \mapsto 2x+1;\ g: x \mapsto 1$

6 Ermittle $f \circ g$ und $g \circ f$ sowie die Definitionsmengen $D_{f \circ g}$ und $D_{g \circ f}$.

a) $f: x \mapsto 2x,\ x \in [-2; 5];\ g: x \mapsto 2x+1,\ x \in [-0{,}5; 1]$

b) $f: x \mapsto x^2,\ x \in [-2; 2];\ g: x \mapsto 1-x,\ x \in [0; 2]$

c) $f: x \mapsto \frac{1}{x},\ x \in \mathbb{R}\setminus\{0\};\ g: x \mapsto \frac{1}{x^2-1},\ x \in \mathbb{R}\setminus\{1; -1\}$

7 Berechne jeweils $f_i \circ f_j$ $(i, j = 1,2,3,4,5,6)$. Gib die Definitionsmenge an.

a) $f_1: x \mapsto x;\ f_2: x \mapsto \frac{1}{x};\quad f_3: x \mapsto 1-x;\ f_4: x \mapsto \frac{1}{1-x};\ f_5: x \mapsto \frac{x-1}{x};\ f_6: x \mapsto \frac{x}{x-1}$

b) $f_1: x \mapsto x;\ f_2: x \mapsto -x;\ f_3: x \mapsto \frac{x-1}{3x+1};\ f_4: x \mapsto -\frac{x-1}{3x+1};\ f_5: x \mapsto \frac{x+1}{3x-1};\ f_6: x \mapsto -\frac{x+1}{3x-1}$

8 f kann als Verkettung $u \circ v$ aufgefaßt werden. Gib geeignete Funktionen u und v an.

a) $f(x) = (x+1)^2$ b) $f(x) = x^2+2$ c) $f(x) = \sin^2 x$

d) $f(x) = |2x-1|$ e) $f(x) = \cos(2x-1)$ f) $f(x) = 2^{x-1}$

g) $f(x) = \frac{1}{2x+1}$ h) $f(x) = \frac{1}{x^2-1}$ i) $f(x) = \frac{1}{x^2} - 1$

9 Gib die Funktion f an, deren Schaubild aus der Kurve $K: y = x^2$ ($K: y = x^2-1$; $K: y = x^3$; $K: y = 2^x$; $K: y = \cos x$) hervorgeht durch eine Verschiebung

a) um 2 nach oben b) um 1 nach unten c) um 3 nach rechts

d) um 1,5 nach links e) um 2 nach rechts und 3 nach oben.

10 Das Schaubild einer Funktion f entsteht, wenn man die Kurve $K: y = x^2$ ($K: y = x^2-1$; $K: y = x^3$; $K: y = 2^x$; $K: y = \cos x$)

a) von der x-Achse aus in y-Richtung

b) von der y-Achse aus in x-Richtung

mit dem Faktor $\frac{1}{3}$ streckt. Gib die Funktion f an.

11 Fig. 44.1 zeigt sogenannte **Normalparabeln**; sie gehen aus der Kurve $K: y = x^2$ durch Verschieben oder Spiegeln hervor. Gib die Funktionen $f_1, \ldots, f_5$ an, deren Schaubilder die Kurven $K_1, \ldots, K_5$ sind.

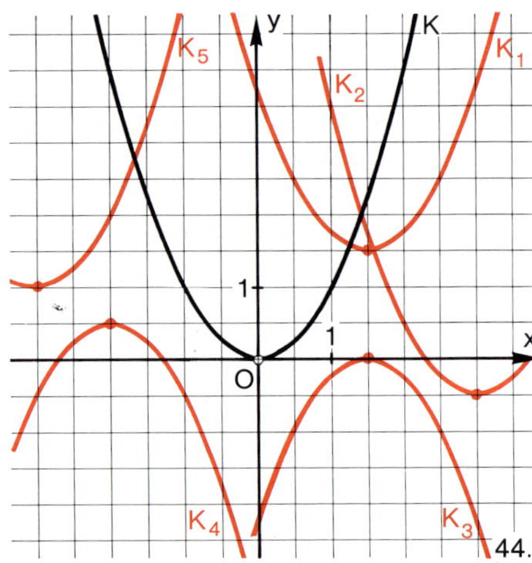

44.1

12 Wie entsteht das Schaubild der Funktion f aus dem Schaubild von g?

a) $g: x \mapsto x^2;\ f: x \mapsto 2(x-1)^2$

b) $g: x \mapsto \frac{1}{x};\ f: x \mapsto \frac{1}{2x+4}$

c) $g: x \mapsto 2^x;\ f: x \mapsto 3 \cdot 2^{x+1}$

d) $g: x \mapsto \sin x;\ f: x \mapsto -2\sin\frac{1}{2}x$

13 a) Zeige allgemein: Die Verkettung zweier linearer Funktionen ist wieder eine lineare Funktion.

b) Temperatur-Werte der Kelvin-Skala rechnet man in solche der Celsius-Skala um nach der Vorschrift $x \mapsto x - 273$, solche der Celsius-Skala in die Fahrenheit-Skala durch $x \mapsto 32 + 1{,}8x$. Wie lautet die Vorschrift, um von der Kelvin-Skala direkt in die Fahrenheit-Skala umzurechnen?

14 Bestimme für $u: x \mapsto 9x+2$ und $v: x \mapsto 3x+a$ die Formvariable a, so daß $u \circ v = v \circ u$ gilt.

15 f und g seien ganzrationale Funktionen vom Grad p bzw. q. Bestimme den Grad von

a) $f \circ g$ b) $g \circ f$ c) $f \circ f$ d) $g \circ (f \circ g)$.

9 Umkehrfunktionen

9.1 Der Begriff der Umkehrfunktion

1 Eine Temperaturangabe von x Grad Celsius wird nach der Vorschrift $x \longmapsto 32 + 1{,}8x$ in die Fahrenheit-Skala umgerechnet. Wie lautet die Vorschrift, wenn man umgekehrt eine Temperaturangabe der Fahrenheit-Skala in die Celsius-Skala umrechnen möchte? Welche Zuordnungsvorschrift ergibt sich, wenn man beide Funktionen verkettet?

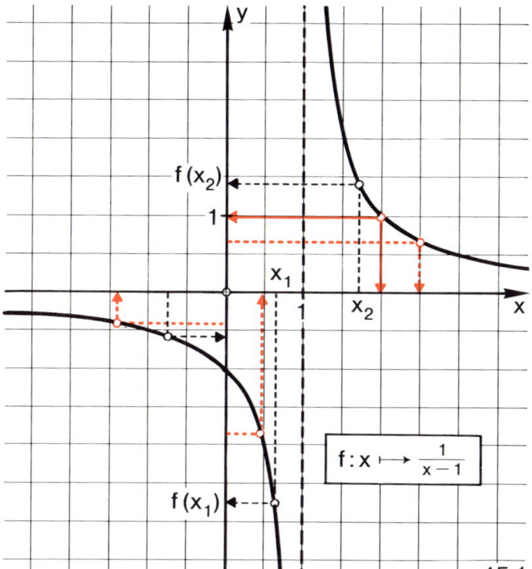

45.1

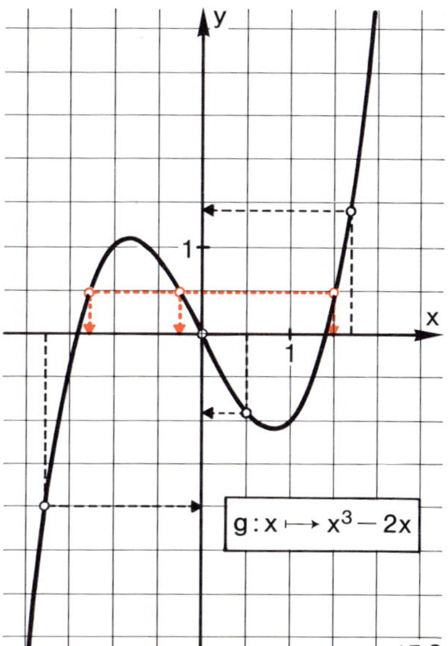

45.2

Fig. 45.1 zeigt das Schaubild der Funktion

$$f: x \longmapsto \frac{1}{x-1} \quad \text{mit } D_f = \mathbb{R}\setminus\{1\};\ W_f = \mathbb{R}\setminus\{0\}.$$

Jeder x-Wert ($\neq 1$) führt zu einem bestimmten y-Wert. Gehen wir umgekehrt von diesem y-Wert aus, so gelangen wir eindeutig wieder zu jenem x-Wert zurück. Wir sagen deshalb: Die Funktion f ist **umkehrbar eindeutig** (oder eineindeutig).

In Fig. 45.2 ist dies anders: g ist zwar — wie jede Funktion — eindeutig, aber nicht umkehrbar eindeutig. Gehen wir z. B. vom y-Wert $\frac{1}{2}$ aus, so werden wir nicht zu einem eindeutig bestimmten x-Wert geführt; vielmehr gibt es drei x-Werte mit $g(x) = \frac{1}{2}$.

Definition: f sei eine umkehrbar eindeutige Funktion. Dann heißt die Funktion

$$\bar{f}: f(x) \longmapsto x \quad \text{mit } D_{\bar{f}} = W_f;\ W_{\bar{f}} = D_f \quad \text{(lies: f quer)}$$

die **Umkehrfunktion** von f.

Beachte: Wie die Funktion g in Fig. 45.2 zeigt, hat nicht jede Funktion eine Umkehrfunktion. Dies ist nur dann der Fall, wenn — wie in Fig. 45.1 — für $x_1 \neq x_2$ stets auch $f(x_1) \neq f(x_2)$ gilt bzw. wenn $f(x_1) = f(x_2)$ nur für $x_1 = x_2$ gilt.

Beispiel 1: a) (Existenz der Umkehrfunktion)

Wir untersuchen, ob f mit $f(x)=\frac{x}{1+x}$, $x\in\mathbb{R}\setminus\{-1\}$ eine Umkehrfunktion besitzt.
Dazu gehen wir aus von der Gleichung $f(x_1)=f(x_2)$, d.h. $\frac{x_1}{1+x_1}=\frac{x_2}{1+x_2}$. Umformen ergibt $x_1+x_1x_2=x_2+x_1x_2$ oder $x_1=x_2$. Also ist die Funktion f umkehrbar eindeutig und besitzt daher eine Umkehrfunktion.

b) (Bestimmung der Umkehrfunktion)

1. Schritt: Wir lösen $f(x)=\frac{x}{1+x}$, $x\in\mathbb{R}\setminus\{-1\}$ nach x auf: $x=\frac{f(x)}{1-f(x)}$. Dies zeigt, daß durch $\bar{f}: f(x)\mapsto\frac{f(x)}{1-f(x)}$ jedem f(x)-Wert ein x-Wert zugeordnet wird.

2. Schritt: Um f und $\bar{f}$ im gleichen Koordinatensystem zeichnen zu können, schreiben wir x statt f(x) (Variablentausch; vgl. S. 31, Beispiel 4c)) und erhalten $\bar{f}: x\mapsto\frac{x}{1-x}$.

c) Wir wiederholen das Vorgehen in b) an zwei weiteren Fällen.

Funktion f	Funktionsterm	Auflösen nach x	Variablentausch	Umkehrfunktion $\bar{f}$
$x\mapsto 2x+3$	$f(x)=2x+3$	$x=\frac{f(x)-3}{2}$	$\bar{f}(x)=\frac{x-3}{2}$	$\bar{f}: x\mapsto\frac{x-3}{2}$
$x\mapsto\frac{2x}{x-3}$	$f(x)=\frac{2x}{x-3}$	$x=\frac{3f(x)}{f(x)-2}$	$\bar{f}(x)=\frac{3x}{x-2}$	$\bar{f}: x\mapsto\frac{3x}{x-2}$

Bemerkung: Um das Ergebnis zu kontrollieren, kann man z. B. $\bar{f}(f(x))$ bilden; da die Verkettung $\bar{f}\circ f$ jeden x-Wert sich selbst zuordnet (also die identische Funktion ist), muß gelten: $\bar{f}(f(x)) = x$.

Beispiel 2: (Schaubild von $\bar{f}$)

Um das Schaubild von $\bar{f}$ zu finden, beachten wir: Gilt $a\mapsto b$ für f, so gilt $b\mapsto a$ für $\bar{f}$; das bedeutet: Liegt der Punkt P (a|b) auf dem Schaubild von f, so liegt Q(b|a) auf dem Schaubild von $\bar{f}$. Das Schaubild von $\bar{f}$ entsteht also aus dem Schaubild von f durch Spiegelung an der 1. Winkelhalbierenden (Fig. 46.1).

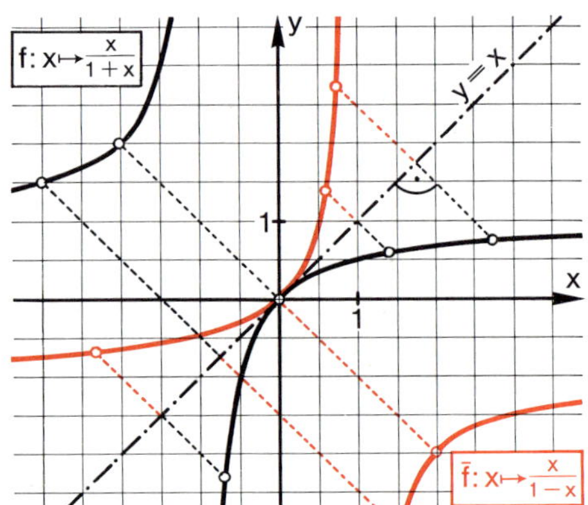

46.1

2 Zeige, daß die Funktion $f: x\mapsto 0{,}75x-1$ eine Umkehrfunktion $\bar{f}$ hat. Gib $\bar{f}$ an. Zeichne die Schaubilder von f und $\bar{f}$.

Aufgaben

3 Untersuche anhand eines Schaubildes, ob die Funktion f eine Umkehrfunktion besitzt.

a) $f(x)=x^2+1$ b) $f(x)=x^3+1$ c) $f(x)=x^3-x$
d) $f(x)=x+x^3$ e) $f(x)=x(x-1);\ x\geqq 1$ f) $f(x)=x\cdot\sin x$

4 Wie erkennt man am Schaubild einer Funktion, ob diese eine Umkehrfunktion besitzt?

5 Verfahre wie in Aufgabe 2. a) $f: x\mapsto 1+0{,}5x$ b) $f: x\mapsto 0{,}5(3x-1)$
c) $f: x\mapsto 1+\frac{1}{x}$ d) $f: x\mapsto\frac{2x}{1+3x}$ e) $f: x\mapsto\frac{1+x}{1-x}$

6 Zeichne das Schaubild der Funktion $f: x \mapsto \frac{1}{x}$; es ist symmetrisch zur 1. Winkelhalbierenden. Was bedeutet dies für die Umkehrfunktion $\bar{f}$ von f? Überprüfe rechnerisch.

7 a) Gib eine lineare (nichtlineare) Funktion an, die mit ihrer Umkehrfunktion übereinstimmt.
b) Wie erkennt man am Schaubild einer Funktion f, daß $\bar{f} = f$ ist?

8 Hat die Funktion, die jeder natürlichen Zahl die Anzahl ihrer Teiler (die nächstgrößere Primzahl; ihre Quadratzahl) zuordnet, eine Umkehrfunktion?

9 Prüfe, ob g die Umkehrfunktion von f ist.

a) $f(x) = 1 + \frac{1}{2}x$; $g(x) = 2x - 2$ b) $f(x) = 2 - \frac{3}{4}x$; $g(x) = 3 - \frac{4}{3}x$

c) $f(x) = \frac{1+2x}{1-x}$; $g(x) = \frac{x-1}{2+x}$ d) $f(x) = 2 - \frac{1}{x}$; $g(x) = \frac{1}{2-x}$

10 Zeige: Ist $\bar{f}$ die Umkehrfunktion von f, so ist $\bar{f} \circ f = f \circ \bar{f}$. (Anleitung: Verkette $\bar{f} \circ f$ mit f.)

9.2 Wurzelfunktionen

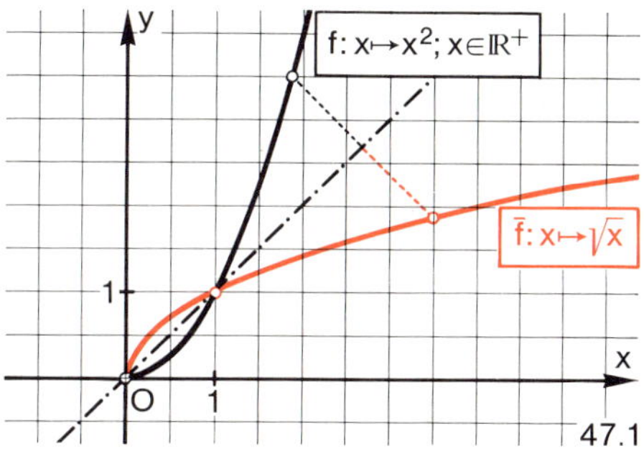

47.1

11 Welche Funktion f liefert zu jeder Kantenlänge x (in cm) eines Würfels den Oberflächeninhalt (in cm²) des Würfels?
Welche Funktion liefert umgekehrt zu jedem Oberflächeninhalt (in cm²) die zugehörige Kantenlänge (in cm)?

Im folgenden untersuchen wir, inwieweit Potenzfunktionen $x \mapsto x^n$ ($n \in \mathbb{N}$) umkehrbar eindeutig sind.

Die Quadratfunktion $x \mapsto x^2$ mit der Definitionsmenge $\mathbb{R}$ ist nicht umkehrbar eindeutig, weil z.B. der Funktionswert 4 sowohl für $x = 2$ als auch für $x = -2$ angenommen wird. Beschränkt man sich jedoch auf nichtnegative (bzw. nichtpositive) x-Werte, so ist $x \mapsto x^2$ umkehrbar. Die Funktion $f: x \mapsto x^2$, $x \in \mathbb{R}_0^+$ hat die Umkehrfunktion

$$\bar{f}: x \mapsto \sqrt{x} \quad \text{(Fig. 47.1)}$$

Entsprechendes gilt für alle Potenzfunktionen mit gerader Hochzahl n. (Für $x \in \mathbb{R}^-$ vgl. Aufgabe 15b).) Die Funktion $f: x \mapsto x^3$ ist für alle $x \in \mathbb{R}$ umkehrbar eindeutig (Fig. 18.3); sie hat die Umkehrfunktion

$$\bar{f}: x \mapsto \begin{cases} \sqrt[3]{x} & \text{für } x \in \mathbb{R}_0^+ \\ -\sqrt[3]{|x|} & \text{für } x \in \mathbb{R}^-. \end{cases}$$

Wieder gilt Entsprechendes für andere Potenzfunktionen mit ungerader Hochzahl n. Bei Beschränkung auf nichtnegative x-Werte gilt danach für alle Potenzfunktionen:

Satz 1: Die Funktion $f: x \mapsto x^n$ ($n \in \mathbb{N}$) hat für $x \in \mathbb{R}_0^+$ die Umkehrfunktion

$$\bar{f}: x \mapsto \sqrt[n]{x}.$$

Um mit dem Taschenrechner Funktionswerte einer Wurzelfunktion $x \mapsto \sqrt[n]{x}$ zu ermitteln, schreiben wir $\sqrt[n]{x}$ in der Form $x^{\frac{1}{n}}$ und verwenden die [y^x]-Taste.

12 Zeichne das Schaubild der Funktion $f: x \mapsto x^3$, $x \in \mathbb{R}$ sowie ihrer Umkehrfunktion $\bar{f}$.

Aufgaben

13 Zeichne die Schaubilder der folgenden Funktionen f.

a) $f(x)=\sqrt{x}$ b) $f(x)=-\sqrt{x}$ c) $f(x)=\sqrt{-x}$ d) $f(x)=-\sqrt{-x}$

e) $f(x)=\sqrt{x}+1$ f) $f(x)=1-\sqrt{x}$ g) $f(x)=2\sqrt{x}$ h) $f(x)=-\frac{1}{2}\sqrt{x}$

14 Zeichne (wenn möglich mit Hilfe einer Normalparabel-Schablone) die Schaubilder der folgenden Funktionen f.

a) $f(x)=\sqrt{x-1}$ b) $f(x)=\sqrt{x+2}$ c) $f(x)=-\sqrt{x+3}$ d) $f(x)=\sqrt{1-x}$

15 Zeichne das Schaubild von f sowie der Umkehrfunktion $\bar{f}$. Gib $\bar{f}$ an.

a) $f(x)=2x^2;\ x\geqq 0$ b) $f(x)=x^2;\ x\leqq 0$ c) $f(x)=-\frac{1}{2}x^2;\ x\geqq 0$

16 Bestimme die Umkehrfunktion $\bar{f}$. Gib $D_{\bar{f}}$ und $W_{\bar{f}}$ an.

a) $f(x)=1+x^2;\ x\geqq 0$ b) $f(x)=1-2x^2;\ x\geqq 0$ c) $f(x)=(x-1)^2;\ x\geqq 1$

17 Es sei $f(x)=x^2-1$ und $g(x)=\sqrt{1+x}$.

a) Bestimme die Menge aller $x\in\mathbb{R}$, für welche $g(f(x))=x$ gilt. Gib danach die Umkehrfunktion von f für $x\geqq 0$ (für $x<0$) an.

b) Bestimme die Umkehrfunktion von g; gib $D_{\bar{g}}$ und $W_{\bar{g}}$ an.

18 Zeige, daß man für $p, q\in\mathbb{N}$ die Funktion $f: x\mapsto x^{\frac{p}{q}}$; $x\in\mathbb{R}_0^+$ als Verkettung $u\circ v$ auffassen kann. Gib u und v an. Prüfe, ob $u\circ v=v\circ u$ gilt.

19 Zeige, daß die Funktion f mit $f(x)=(x-1)^3$ umkehrbar eindeutig ist. Gib $\bar{f}$ an.

9.3 Logarithmusfunktionen

20 Ein Auto kostete neu 20000 DM. Es verliert im Laufe eines Jahres jeweils etwa 18 % an Wert. Welchen Wiederverkaufswert hat das Auto nach einem Jahr (nach zwei Jahren)? Nach wieviel Jahren ist der Wert des Autos auf die Hälfte des Neupreises gesunken?

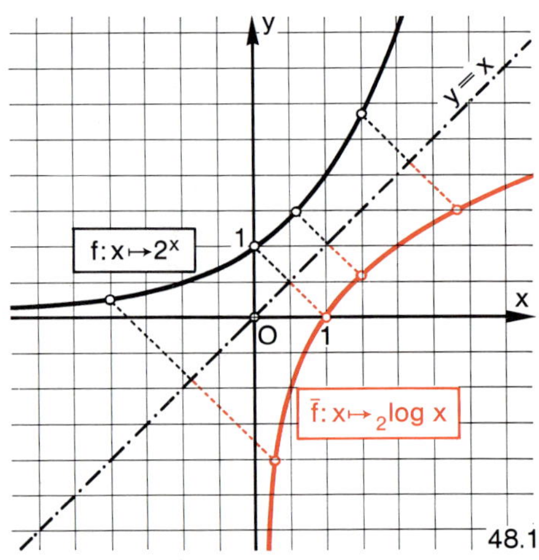

48.1

Eine Exponentialfunktion

$$x\mapsto q^x \qquad (q>0)$$

ist für $q>1$ monoton zunehmend, für $0<q<1$ monoton abnehmend (Fig. 22.1). In beiden Fällen nimmt sie jeden positiven y-Wert genau einmal als Funktionswert an. Anders ausgedrückt: Bei gegebenem $q>0$ läßt sich jede positive Zahl y eindeutig in der Form q^x schreiben (z. B. für $q=2$ ist $5=2^{2{,}3219\ldots}$; $19=2^{4{,}2479\ldots}$ usw.). Die dazu notwendige Hochzahl x nennt man bekanntlich den Logarithmus von y zur Grundzahl q (kurz: ${}_q\log y$; lies: q-Logarithmus von y). Dies zeigt:

Satz 2: Die Exponentialfunktion $f: x\mapsto q^x$ $(q\in\mathbb{R}^+\setminus\{1\})$ hat die Umkehrfunktion

$$\bar{f}: x\mapsto {}_q\log x.$$

Ihre Definitionsmenge ist $\mathbb{R}^+$, ihre Wertemenge $\mathbb{R}$ (Fig. 48.1).

Häufig wird $q=10$ als Grundzahl des Logarithmus gewählt; wir schreiben dann statt $_{10}\log x$ kürzer $\lg x$. Auf dem Taschenrechner sind die Zehnerlogarithmen mittels der Taste [log] abrufbar. Logarithmen zu einer anderen Grundzahl q ergeben sich mittels der Beziehung $_q\log x=(\lg x):(\lg q)$ (vgl. Aufgabe 33).

21 Gib die Umkehrfunktion $\bar{f}$ (samt $D_{\bar{f}}$ und $W_{\bar{f}}$) an.
a) $f(x)=10^x$ b) $f(x)=3^x$ c) $f(x)=2^x+1$ d) $f(x)=3\cdot 2^x$
e) $f(x)=10^{x-1}$ f) $f(x)=2^{x+1}$ g) $f(x)=10^{2x}$ h) $f(x)=2^{3x}$

Aufgaben

22 a) Stelle für die Funktion $f:x\mapsto 1{,}5^x$ eine Wertetabelle auf mit $x=-3;-2;\ldots;2;3;4$. Zeichne mit ihrer Hilfe ein Schaubild der Umkehrfunktion $\bar{f}$ (LE = 1 cm).
b) Zeichne das Schaubild der Funktion $x\mapsto {_3\log x}$ ($x\mapsto {_{0,3}\log x}$) durch Spiegelung des Schaubildes der entsprechenden Exponentialfunktion für $x\in[-2;2]$ (LE = 1 cm).

23 Bestimme für die Funktion $f:x\mapsto 10^x$:
a) $\bar{f}(10)$ b) $\bar{f}(1000)$ c) $\bar{f}(1)$ d) $\bar{f}(0{,}1)$ e) $\bar{f}(0{,}01)$ f) $\bar{f}(0{,}001)$ g) $\bar{f}(0{,}000001)$.

24 Bestimme für die Funktion $f:x\mapsto 2^{-x}$:
a) $\bar{f}(0{,}5)$ b) $\bar{f}(0{,}25)$ c) $\bar{f}(16)$ d) $\bar{f}(1024)$ e) $\bar{f}(0{,}03125)$ f) $\bar{f}(2^{16}\cdot 0{,}5^3)$ g) $\bar{f}(2^{\bar{f}(32)})$.

25 Für $f(x)=3^x$ ist $\bar{f}(9)={_3\log 9}=2$. Drücke entsprechend aus:
a) $\bar{f}(100)$ für $f(x)=10^x$ b) $\bar{f}(0{,}1)$ für $f(x)=10^x$ c) $\bar{f}(16)$ für $f(x)=2^x$
d) $\bar{f}(\frac{1}{4})$ für $f(x)=2^x$ e) $\bar{f}(0{,}5)$ für $f(x)=2^x$ f) $\bar{f}(0{,}2)$ für $f(x)=5^x$.

26 Gib für die Funktion f mit $f(x)=10^x$ auf 4 Dezimalen an:
a) $f(1{,}3)$ b) $f(0{,}12)$ c) $f(-2{,}5)$ d) $\bar{f}(3)$ e) $\bar{f}(5{,}7)$ f) $\bar{f}(20)$ g) $\bar{f}(123)$ h) $\bar{f}(200)$.

27 Zeichne für $0{,}1\leqq x\leqq 10$ ein Schaubild der Funktion f mit $f(x)=\lg x$. Entwirf mit seiner Hilfe (im gleichen Koordinatensystem) ein Schaubild für
a) $g:x\mapsto 2\lg x$ b) $h:x\mapsto 2+\lg x$ c) $k:x\mapsto \lg(x-2)$ d) $l:x\mapsto \lg(x+2)$.

28 Für welche x-Werte ist die Funktion f definiert? Für welche x-Werte nimmt sie positive (negative) Funktionswerte an? Fertige eine Gebietseinteilung an; skizziere das Schaubild.
a) $f(x)=\lg x$ b) $f(x)=\lg(x-1)$ c) $f(x)=\lg(2x)$ d) $f(x)=\lg(2x+1)$

29 Gib die Umkehrfunktion $\bar{f}$ (mit $D_{\bar{f}}$ und $W_{\bar{f}}$) an.
a) $f(x)=10^x+1$ b) $f(x)=10^{x-2}$ c) $f(x)=5^{x+2}$ d) $f(x)=5^{3x}$

30 Welche Grundzahl q erfüllt die folgende Gleichung?
a) $_q\log 4=2$ b) $_q\log 2=4$ c) $_q\log 7=\frac{1}{2}$ d) $_q\log 2=\frac{1}{7}$
e) $_q\log 81=4$ f) $_q\log 2=\frac{1}{6}$ g) $_q\log 5=0{,}25$ h) $_q\log 2=-0{,}2$

31 Bestimme $f=u\circ v$ und $g=v\circ u$ sowie D_f und D_g für:
a) $u(x)=\lg x$; $v(x)=2x-1$ b) $u(x)=\lg x$; $v(x)=x^2$ c) $u(x)=\sqrt{x}$; $v(x)=\lg(x-1)$.

32 Ist $x_1=q^s$ und $x_2=q^t$, so gilt bekanntlich: $x_1\cdot x_2=q^{s+t}$; $x_1:x_2=q^{s-t}$; $x_1{}^k=q^{sk}$. Gib an:
a) $_q\log x_1$ b) $_q\log x_2$ c) $_q\log(x_1\cdot x_2)$ d) $_q\log(x_1:x_2)$ e) $_q\log x_1{}^k$.
Welche Beziehungen ergeben sich, wenn man in c), d), e) die Ergebnisse von a) und b) verwendet?

33 Zeige: Aus $x=q^s$ folgt $\lg x=s\cdot\lg q$ und $_q\log x=(\lg x):(\lg q)$. (Anleitung: Vgl. Aufgabe 32e).)
Bestimme danach mit Hilfe des Taschenrechners auf 2 Dezimalen:
a) $_2\log 7$ b) $_2\log 9{,}4$ c) $_3\log 8$ d) $_5\log 105$ e) $_{12}\log 67$.

34 Prüfe, ob es sich bei f und g um dieselbe oder um verschiedene Funktionen handelt.
a) $f:x\mapsto \lg 10x$; $g:x\mapsto 1+\lg x$ b) $f:x\mapsto \lg x^2$; $g:x\mapsto 2\lg x$ c) $f:x\mapsto 3\cdot 10^x$; $g:x\mapsto 10^{x+\lg 3}$

10 Vermischte Aufgaben

1 a) Für eine lineare Funktion f ist $f(2)=3$ und $f(7)=5$. Berechne f(4) und f(10).
Für welche Zahl x nimmt die Funktion den Funktionswert 6 an?
b) Bei einer linearen Funktion f mit $f(2)=5$ gilt für alle $x \in \mathbb{R}$: Nimmt x um 3 zu, so nimmt f(x) um 4 ab. Berechne f(5) und f(0). Für welchen x-Wert ist $f(x)=0$?

2 Ein 25 m langes, 15 m breites und 2 m tiefes Schwimmbecken wird gefüllt. Pro Stunde fließen 60 m^3 Wasser zu.
a) Gib die Funktion Fülldauer (in h) $\longmapsto$ Wassertiefe (in m) an.
b) Welche Wassertiefe ist nach 1 (2; 3; 4,5) Stunden erreicht?
c) Wie lange dauert es, bis das Becken bis 20 cm unter den oberen Rand gefüllt ist?

3 Eine 1,20 m hohe zylinderförmige Regentonne mit dem Durchmesser 80 cm wird mit Wasser gefüllt. Alle 3 Minuten fließen 100 ℓ zu.
a) Gib die Funktion Fülldauer (in min.) $\longmapsto$ Wasserhöhe (in cm) an, wenn zu Beginn der Füllung in der Tonne noch eine Wasserhöhe von 15 cm vorhanden war.
b) Wie lange dauert es, bis die Tonne voll ist?

4 a) Zeige, daß die folgenden Gleichungen nicht bei allen linearen Funktionen f erfüllt sind:

$$f(a+b)=f(a)+f(b) \quad \text{und} \quad f(k \cdot a)=k \cdot f(a) \quad \text{für alle } a, b \in \mathbb{R};\ k \in \mathbb{R}.$$

b) Für welche linearen Funktionen sind diese Gleichungen erfüllt?

5 Bei einer Potenzfunktion f der Form $x \longmapsto c \cdot x^n$ gilt $f(2)=12$ und $f(5)=75$ ($f(3)=13{,}5$ und $f(6)=108$). Berechne f(3) und f(4) (f(4) und f(5)).

6 a) Lege für die Funktion $x \longmapsto x^2$ eine Wertetabelle an mit $x=1; 2; \ldots; 10$.
Berechne die Differenzen von in der Tabelle aufeinanderfolgenden Funktionswerten (die sogenannten Erstdifferenzen) und trage sie als dritte Zeile in die Tabelle ein. Berechne in dieser Zeile wiederum die Differenzen (Zweitdifferenzen). Was stellst du fest?
b) Berechne entsprechend bei der Funktion $x \longmapsto x^3$ die Erst-, Zweit- und Drittdifferenzen. Welche Eigenschaft der Potenzfunktionen $x \longmapsto x^n$ ($n \in \mathbb{N}$) vermutet man danach?
c) Bei welchen Funktionen sind die Erstdifferenzen konstant, wenn man von „gleichabständigen" x-Werten ausgeht?

7 Ein Sparguthaben von 5000 DM liegt 10 Jahre auf der Bank, ohne daß jemals Geld abgehoben wird. Es verzinst sich mit 6 % jährlich.
a) Wie groß ist der Wachstumsfaktor, mit dem das Guthaben anwächst?
b) Wie hoch ist das Guthaben nach x (6; 8; 10) Jahren?

8 Jemand behauptet: „Wenn ein Bestand sich jährlich um 5 % vermehrt, dann vermehrt er sich in 10 Jahren um 10 · 5 %, also die Hälfte." Trifft diese Behauptung zu? Begründe deine Meinung.

9 Stelle für die Funktion $x \longmapsto 2^x$ eine Wertetabelle auf mit $x=1; 2; \ldots; 10$. Berechne die Erst- und Zweitdifferenzen der Funktionswerte (vgl. Aufgabe 6). Was fällt auf?

10 Zwischen der mittleren Bahngeschwindigkeit v (in $\frac{\text{km}}{\text{Sekunde}}$) der Planeten unseres Sonnensystems und ihrem mittleren Abstand x von der Sonne (in astronomischen Einheiten AE;
1 AE = mittlerer Abstand Erde – Sonne $\approx 149{,}6 \cdot 10^6$ km) besteht der folgende Zusammenhang.

	Merkur	Venus	Erde	Mars	Jupiter	Saturn	Uranus	Neptun	Pluto
x	0,39	0,72	1,0	1,52	5,20	9,55	19,2	30,1	39,5
v	47,6	35,0	29,8	24,1	13,0	9,6	6,8	5,4	4,7

Zeichne ein Schaubild dieser Zuordnung. Berechne $v^2 \cdot x$ für alle Wertepaare. Durch welche Zuordnungsvorschrift läßt sich die Tabelle mit guter Näherung beschreiben?

11 Gib den Funktionsterm an von $u \circ v$, $w \circ (u+v)$ und $(w-u) \circ v$.

a) $u(x)=x+1$; $v(x)=2x^2$; $w(x)=|x|$

b) $u(x)=5x$; $v(x)=1+2x$; $w(x)=x^2$

c) $u(x)=x^3$; $v(x)=\sqrt{x}$; $w(x)=\frac{1}{x}$

d) $u(x)=\lg x$; $v(x)=2x-1$; $w(x)=\sin x$

e) $u(x)=2^x$; $v(x)=x^2+1$; $w(x)=\frac{1}{x}$

f) $u(x)=x \cdot \lg x$; $v(x)=x^2+1$; $w(x)=1-\frac{1}{x}$

12 Welche Bedingung müssen a und b in $u: x \longmapsto 2x+a$ und $v: x \longmapsto 0{,}5x+b$ (in $u: x \longmapsto ax+1$; $v: x \longmapsto bx-b$) erfüllen, damit $u \circ v = v \circ u$ gilt?

13 Es sei $g: x \longmapsto x+1$; $h: x \longmapsto x^2$; $k: x \longmapsto \frac{1}{x}$; $l: x \longmapsto \sqrt{x}$; $s: x \longmapsto \sin x$; $t: x \longmapsto 2^x$; $u: x \longmapsto \lg x$.

Drücke die folgende Funktion f durch g, h, k, l, s, t, u aus.

a) $f(x)=\frac{1}{x}-x-1$

b) $f(x)=\frac{x^2}{x+1}$

c) $f(x)=x+2\sqrt{x}+1$

d) $f(x)=\frac{x+2}{x+1}$

e) $f(x)=\sqrt{\sin x+1}$

f) $f(x)=\sin x-x$

g) $f(x)=x+\frac{\sin x}{x}$

h) $f(x)=\sin^2 x+1$

i) $f(x)=\frac{1}{x^2 \cdot \lg x}$

j) $f(x)=2^{\sqrt{x}}+\sin x$

k) $f(x)=\sqrt{1+\lg x}$

l) $f(x)=\frac{1}{\lg(\sin x)}$

m) $f(x)=2^{-x}$

n) $f(x)=2^{x+2}$

o) $f(x)=x^2+2+\frac{1}{x^2}$

14 Zeichne jeweils die Schaubilder beider Funktionen im gleichen Koordinatensystem.

a) $f(x)=x^2+1$; $g(x)=(x+1)^2$

b) $f(x)=\sqrt{x-1}$; $g(x)=\sqrt{x}-1$

c) $f(x)=|x-1|$; $g(x)=|x|-1$

d) $f(x)=-\sqrt{x}$; $g(x)=\sqrt{-x}$

e) $f(x)=\frac{1}{x}+2$; $g(x)=\frac{1}{x+2}$

f) $f(x)=\sin \pi x$; $g(x)=\pi \cdot \sin x$

g) $f(x)=\cos(x+1)$; $g(x)=\cos x+1$

h) $f(x)=2^{-x}$; $g(x)=-2^x$

i) $f(x)=\lg x^2$; $g(x)=(\lg x)^2$

15 Wie erhält man die Kurve K aus der Kurve $C: y=f(x)$, wenn K folgende Gleichung hat?

a) $y=f(x)+2$ b) $y=f(x-2)$ c) $y=-f(x+2)$ d) $y=f(2x)+1$ e) $y=-f(x)-1$ f) $y=|f(x)-1|$

16 Die Parabel mit der Gleichung $y=(x-m)^2$, $m>0$, wird zunächst um m nach links verschoben, dann in x-Richtung mit dem Faktor $\frac{1}{b}$ und in y-Richtung mit dem Faktor b gestreckt. Wie lautet die Gleichung der Bildkurve?

17 Zeichne mittels Ordinatenaddition das Schaubild der Funktion f.

a) $f(x)=x^2+2x$

b) $f(x)=-0{,}5x^2+|x|$

c) $f(x)=x+|x|$

d) $f(x)=1-2\cos x$

e) $f(x)=2(1-2^{-x})$

f) $f(x)={}_2\log(\frac{1}{4}x^2)$

(Anleitung zu f): Forme um, so daß f(x) eine Summe ist.)

18 Fertige eine Gebietseinteilung. Skizziere danach das Schaubild von f.

a) $f(x)=(2x+2) \cdot x$

b) $f(x)=x^3(2-x)$

c) $f(x)=(x-1)(2x+1)$

d) $f(x)=|x+1|(x-2)$

e) $f(x)=\frac{x+1}{x-1}$

f) $f(x)=\frac{2x}{3x+3}$

g) $f(x)=\frac{x^2-4}{x+2}$

h) $f(x)=\frac{1}{x^2+2x-3}$

i) $f(x)=(x-1)\lg x$

19 Berechne die Funktionsterme für $u \circ (v \circ w)$ und $(u \circ v) \circ w$. Vergleiche.

a) $u(x)=x^2$; $v(x)=1+2x$; $w(x)=\frac{1}{x}$

b) $u(x)=\lg x$; $v(x)=x^3$; $w(x)=2^x$

20 Zeichne das Schaubild von f und mit seiner Hilfe auch das Schaubild von $\bar{f}$. Gib den Funktionsterm von $\bar{f}$ an.

a) $f(x)=2x-4$

b) $f(x)=-0{,}5x+1$

c) $f(x)=2-x$

d) $f(x)=1+0{,}5x^2$; $x \geqq 0$

e) $f(x)=1+0{,}5x^2$; $x \leqq 0$

f) $f(x)=(2+x)^2$; $x \geqq -2$

21 Verfahre wie in Aufgabe 20. Beachte die Definitionsmenge von $\bar{f}$.

a) $f(x)=\sqrt{x}$ b) $f(x)=\sqrt{x-1}$ c) $f(x)=-\sqrt{x+2}$

d) $f(x)=2\sqrt{-x}$ e) $f(x)=-\sqrt{-x}$ f) $f(x)=\sqrt{1-x}$

g) $f(x)=2^{1+x}$ h) $f(x)=2^{-\frac{1}{2}x}$ i) $f(x)=2^{\sqrt{x}}$

22 a) Berechne für $f: x \mapsto \frac{1}{1-x}$ den Funktionsterm zu $f \circ f$ und $f \circ f \circ f$. Wie zeigt sich, daß $f \circ f$ die Umkehrfunktion von f ist?

b) Berechne für $f: x \mapsto \frac{x}{1+x}$ den Funktionsterm zu $f \circ f$, $f \circ f \circ f$ und $f \circ f \circ f \circ f$.

23 a) Zeichne für $-\frac{\pi}{2} \leqq x \leqq \frac{\pi}{2}$ ein Schaubild der Funktion $f: x \mapsto \sin x$ (LE = 2 cm). Warum hat die Sinusfunktion in $[-\frac{\pi}{2}; +\frac{\pi}{2}]$ eine Umkehrfunktion $\bar{f}$, in $[0; \pi]$ dagegen nicht? Stelle für $\bar{f}$ eine Wertetabelle auf (Schrittweite 0,5); zeichne das Schaubild ins vorhandene Koordinatensystem.

b) Zeichne (in einem neuen Koordinatensystem; LE = 2 cm) ein Schaubild der Funktion $f: x \mapsto \cos x$ für $x \in [0; \pi]$ sowie der Umkehrfunktion $\bar{f}$. Warum hat die Kosinusfunktion für $x \in [-\frac{\pi}{2}; +\frac{\pi}{2}]$ keine Umkehrfunktion?

c) $\bar{f}$ sei die Umkehrfunktion aus Teilaufgabe a). Bestimme $\cos(\bar{f}(1))$ und $\cos(\bar{f}(0))$.

Bemerkung: Die in a) betrachtete Umkehrfunktion heißt **Arkussinusfunktion** (sie liefert — auf dem Taschenrechner mittels der Tasten [INV] [sin] — zu einem gegebenen Sinuswert das zugehörige Bogenmaß); entsprechend heißt die Umkehrfunktion in b) **Arkuskosinusfunktion**.

24 Ein Gegenstand, der aus dem Kühlschrank genommen wird, erwärmt sich nach und nach auf Zimmertemperatur. Seine Temperatur ϑ (lies: theta; in °C) steigt mit der Zeit t (in min) nach dem Gesetz $\vartheta(t)=20-15\cdot 2^{-t}$ an.

a) Zeichne ein Schaubild des Temperaturanstiegs während der ersten 8 Minuten.

b) Wie groß sind Kühlschrank- und Zimmertemperatur?

25 Ein 60 °C warmer Gegenstand wird in einen 20 °C warmen Raum (Zimmertemperatur) gebracht. Den Abkühlungsvorgang zeigt Fig. 52.1. Im Physik-Buch finden wir, daß die zugehörige Temperatur-Zeit-Funktion von der Form ist: $t \mapsto a \cdot b^t + c$.

a) Bestimme näherungsweise a, b und c.

b) Wie lange müßte es danach „theoretisch" dauern, bis sich der Gegenstand von 21 °C auf 20 °C abkühlt? Was folgt daraus für den Gültigkeitsbereich des mathematischen Ansatzes?

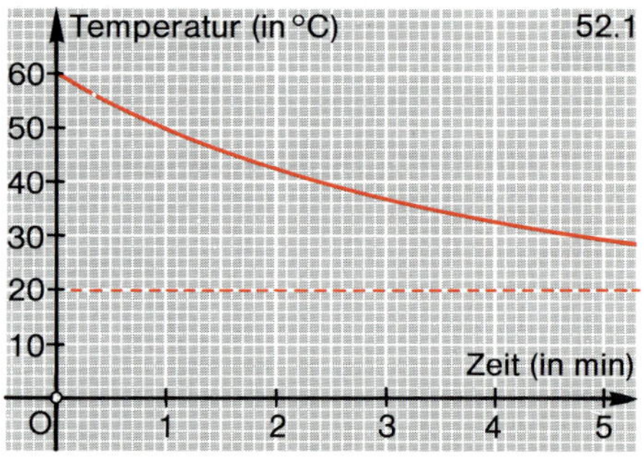

52.1

26 Eine Maschine kostet neu 20000 DM. Bei Nutzung der Maschine entstehen Betriebs- und Instandhaltungskosten (laufende Ausgaben); sie betragen im 1. Jahr 900 DM und nehmen jährlich um 400 DM zu.

a) Welcher durchschnittliche Betrag $K_1(x)$ der Anschaffungskosten entfällt auf 1 Jahr, wenn die Maschine x Jahre genutzt wird?

b) Wie hoch sind die laufenden Ausgaben im 2. (3., 4., x-ten) Jahr?
Wie hoch sind die durchschnittlichen laufenden Ausgaben $K_2(x)$ pro Jahr?

c) Zeichne (im gleichen Koordinatensystem) die Schaubilder der Funktionen $x \mapsto K_1(x)$ und $x \mapsto K_2(x)$ sowie der Funktion $x \mapsto K_1(x)+K_2(x)$. Entnimm dem Schaubild, für welche Nutzungsdauer die durchschnittlichen Gesamtkosten minimal sind.

II Grenzwerte

Bei der Untersuchung von Funktionen können Zahlenfolgen sehr hilfreich sein. Zahlenfolgen haben wir auf Seite 31 (Beispiel 6) als spezielle Funktionen mit der Definitionsmenge $\mathbb{N}$ kennengelernt. An ihnen läßt sich besonders leicht das Verhalten der Funktionswerte für immer größer werdende natürliche Zahlen studieren (Grenzverhalten).

11 Beispiele

1 Die Zahlen der Folge 0,3; 0,33; 0,333; . . . werden immer größer. Enthält die Folge auch Zahlen, die größer sind als 0,34 (0,334; 0,3334)? Welches ist die kleinste Zahl g, die von keiner Zahl der Folge überschritten wird?

Wenn man rationale Zahlen addiert oder multipliziert, so erhält man als Ergebnis stets wieder eine rationale Zahl. Man erhält dabei nie eine Zahl wie z. B. $\sqrt{2}$ oder π. Solche irrationalen Zahlen lassen sich jedoch durch unendliche **Zahlenfolgen** erfassen. Im weiteren beschäftigen wir uns zunächst mit Eigenschaften von Folgen.

Beispiel 1: („Die Quadratpflanze")
Ein Quadrat Q_1 mit der Seitenlänge 1 m wächst, wie es Fig. 53.1 andeutet. Täglich kommt eine Generation neuer Quadrate hinzu. Deren Seitenlänge beträgt nur noch $\frac{1}{3}$ der Seitenlänge in der vorangehenden Generation. Überwuchert die Pflanze das ganze Zeichenblatt? Wird der Rand der Pflanze eines Tages länger als 10 m (als 100 m; als 1 km; . . .)?

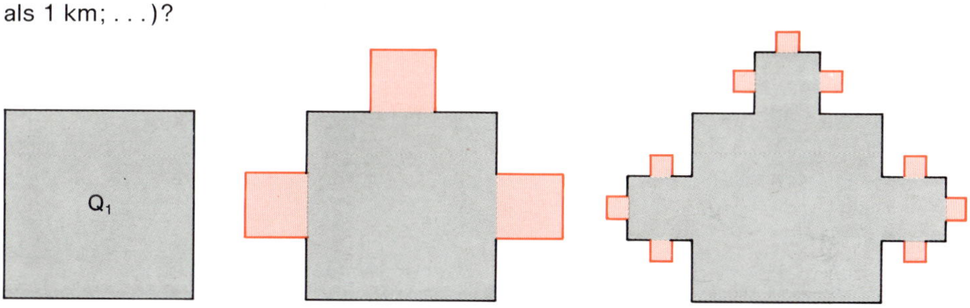

53.1

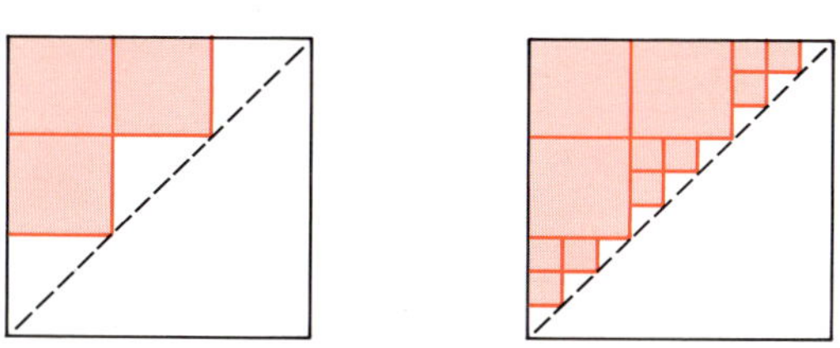

53.2

Zum Inhalt: Fig. 53.2 zeigt Umordnungen von Fig. 53.1. Die roten Quadrate ergeben ein Flächenstück, dessen vorspringende Ecken auf der Diagonalen des Quadrates liegen. Die nachwachsenden Quadrate liegen in gleicher Weise in den noch leeren Halbquadraten und füllen diese bis zur Diagonalen immer mehr aus, ohne sie aber jemals ganz auszufüllen. Die Diagonale wird nie überschritten. Bezeichnet A_1 (A_2; A_3; ...) den gesamten Flächeninhalt der Pflanze nach 1 (2; 3; ...) Tagen, so sagt man: Die Folge A_1; A_2; A_3; ... hat den „Grenzwert" $\frac{3}{2}$ m² (vgl. Aufgabe 3a)).

Zum Umfang: Am 1. Tag hat der Rand die Länge $U_1 = 4$ m, am 2. Tag die Länge $U_2 = 6$ m, am 3. Tag die Länge $U_3 = 8$ m usw. Der Rand nimmt täglich um 2 m zu; er überschreitet jede noch so große Länge, wenn die Pflanze unaufhörlich wächst. Man sagt: Die Folge U_1; U_2; U_3; ... hat keinen „Grenzwert" (vgl. Aufgabe 3b)).

Wir halten fest:
Die Flächeninhalte A_1; A_2; A_3; ... werden immer größer, nähern sich aber einem **„Grenzwert"**.
Die Umfänge U_1; U_2; U_3; ... nehmen auch zu, diese Folge hat jedoch **keinen „Grenzwert"**.

Beispiel 2: (Der Kreis als „Grenzfigur")
Wird einem Kreis ein regelmäßiges Dreieck (Viereck; Fünfeck; ...) einbeschrieben (Fig. 54.1), so passen sich diese Vielecke mit zunehmender Eckenzahl n dem Kreis immer mehr an. Der Kreis ist „Grenzfigur" für die Folge der n-Ecke. Ist α_n der Innenwinkel eines solchen n-Ecks, so gilt: α_n kommt für hinreichend großes n dem „Grenzwinkel" 180° beliebig nahe (vgl. Aufgabe 4). Man sagt: Die Folge α_3; α_4; α_5; ... strebt gegen den „Grenzwinkel" 180°.

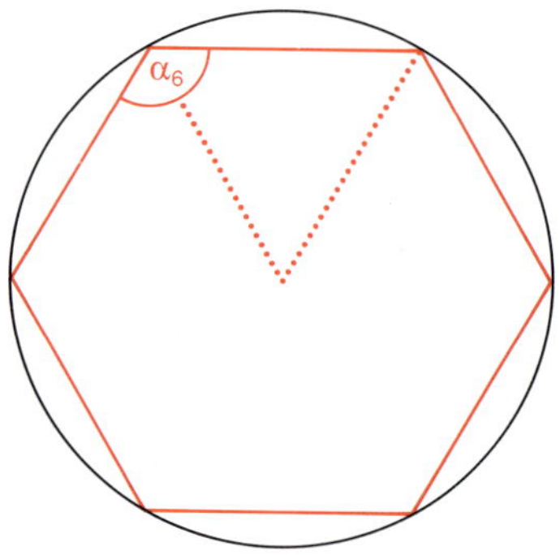

54.1

Wir halten fest:
Der Kreis ist **„Grenzfigur"** der einbeschriebenen regelmäßigen n-Ecke;
der Winkel 180° ist **„Grenzwinkel"** für die Folge α_3; α_4; α_5; ... der Innenwinkel.

Beispiel 3: (Ein Punkt als „Grenzpunkt")
In Fig. 54.2 entsteht eine Punktfolge, wenn man von M_0 nach M_1 springt, von dort zurück in die Mitte M_2 von M_0M_1, dann wieder vorwärts in die Mitte M_3 von M_2M_1 usw. (vgl. Aufgabe 5).

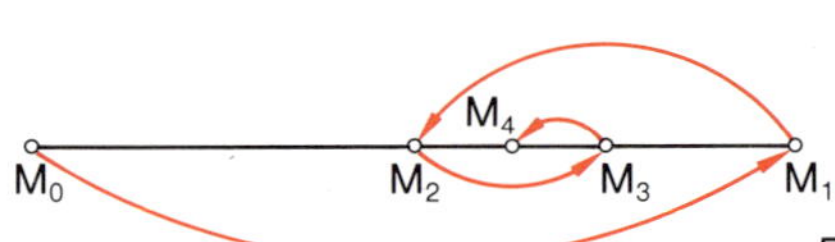

54.2

Wir halten fest:
Die Punktfolge M_0; M_1; M_2; M_3; ... in Fig. 54.2 hat einen **„Grenzpunkt"** P, der zwischen M_0 und M_1 liegt, dessen genaue Lage wir aber noch nicht kennen.

Beispiel 4: (Gibt es einen „Grenzwert"?)
Ein hoher Standzylinder mit der Grundfläche 1 dm² wird portionsweise mit Wasser gefüllt. Zur Anfangsmenge 1 l kommen nach jeweils 1 Minute $\frac{1}{2}$ l, $\frac{1}{3}$ l, $\frac{1}{4}$ l, ... hinzu. Kann man auf diese Weise (da der Wasserspiegel fortwährend steigt) bis zu jeder gewünschten Höhe füllen, oder nähert sich die Füllhöhe (da der Wasserspiegel immer langsamer steigt) einem „Grenzwert"? — Berechnet man die Wassermenge W_n (in l) nach n Minuten, z. B. mit einem programmierbaren Rechner, so findet man:

n	4	8	16	60 (= 1 h)	256	1024	1440 (= 1 Tag)
W_n	2,08	2,72	3,28	4,68	6,12	7,51	7,85

Die Tabelle gibt keinen Hinweis, wie die Frage zu beantworten ist. Betrachtet man jedoch die Folge $W_2; W_4; W_8; W_{16}; \ldots; W_{2^k}$, so erkennt man:

$$W_{2^k} = 1 + \frac{1}{2} + \underbrace{\left(\frac{1}{3} + \frac{1}{4}\right)}_{>} + \underbrace{\left(\frac{1}{5} + \frac{1}{6} + \frac{1}{7} + \frac{1}{8}\right)}_{>} + \ldots + \underbrace{\left(\frac{1}{2^{k-1}+1} + \ldots + \frac{1}{2^k}\right)}_{>}$$

$$> 1 + \frac{1}{2} + 2 \cdot \frac{1}{4} + 4 \cdot \frac{1}{8} + \ldots + 2^{k-1} \cdot \frac{1}{2^k}. \text{ Also}$$

$$W_{2^k} > 1 + k \cdot \frac{1}{2}$$

Für $k = 18$ ergibt sich $W_{262144} > 10$, für $k = 198$ ist $W_{2^{198}} > 100$ usw.

Wir halten fest:
Die Folge $W_1; W_2; W_3; \ldots$ der Wassermengen (und ebenso die Folge $h_1; h_2; h_3; \ldots$ der Füllhöhen; vgl. Aufgabe 6) hat **keinen „Grenzwert"**; W_n (bzw. h_n) übersteigt jede vorgegebene Zylinderhöhe.

Zusammenfassend zeigen die Beispiele:

Eine Zahlenfolge kann einen „Grenzwert", eine Folge von Figuren eine „Grenzfigur", eine Folge von Punkten einen „Grenzpunkt" haben.
Die Vermutung, daß eine unendliche Folge von immer größer werdenden Zahlen schließlich jede noch so große Zahl überschreitet, ist nicht richtig.

2 a) Gib eine Zahl an, die von keiner Zahl der Folge 0,9; 0,99; 0,999; ... überschritten wird. Wie viele solche Zahlen gibt es? Welches ist die kleinste Zahl mit dieser Eigenschaft?
b) Zeichne eine Strecke AB. M_1 sei die Mitte von AB, M_2 die Mitte von M_1B, M_3 die Mitte von M_2B usw. Welcher Punkt ist „Grenzpunkt" der Folge $M_1; M_2; M_3; \ldots$?

Aufgaben

3 (Zu Beispiel 1) a) Der Flächeninhalt der „Quadratpflanze" am 1. Tag beträgt 1 m². Wie groß ist er am 2. (3., 4., 5.) Tag? Vergleiche mit dem „Grenzwert" 1,5 m² (Fig. 53.2).
b) Wie groß ist der Umfang der „Quadratpflanze" am 4. (5., 10.) Tag; wie groß ist er nach 365 Tagen (d. h. nach einem Jahr)? Wie lange dauert es, bis er 1 km beträgt?

4 (Zu Beispiel 2) a) Wie groß ist der Innenwinkel α (Fig. 54.1) im regelmäßigen Sechseck (Achteck; n-Eck)? Berechne α für $n = 100$ und $n = 1000$.
b) Bei welchen regelmäßigen n-Ecken ist der Innenwinkel α größer als 179° (179,9°; 179,99°)?

5 (Zu Beispiel 3) a) Auf der Zahlengeraden sei M_0 die Zahl 0 und M_1 die Zahl 1 zugeordnet. Welche Zahl ist M_2 (M_3; M_4; M_5) zugeordnet?

b) Gib zwei Zahlen a und b mit $b-a=0{,}01$ an, zwischen denen die dem „Grenzpunkt" P zugeordnete Zahl liegt.

6 (Zu Beispiel 4) a) Wie hoch steht 1 l Wasser in einem Standzylinder mit der Grundfläche 1 dm^2? Wie hoch steht das Wasser nach 1 (2; 3) Minuten?

b) Berechne zu den in der Tabelle von Beispiel 4 angegebenen Wassermengen W_n die zugehörigen Füllhöhen h_n in cm.

7 Eine 5 cm lange Strecke A_1A_2 wird über A_2 hinaus um die Hälfte verlängert bis A_3; ebenso wird A_2A_3 um die Hälfte von $\overline{A_2A_3}$ verlängert bis A_4, usw.

a) Wie lang ist die Strecke A_1A_n für $n=4$ ($n=8$)?

b) Welcher „Grenzlänge" nähern sich die Längen $\overline{A_{n-1}A_n}$ ($\overline{A_1A_n}$), wenn man sich das Verfahren unaufhörlich fortgesetzt denkt? (Anleitung: Vgl. Aufgabe 2 b))

8 Ein Papierbogen vom Format DIN A 1 hat den Flächeninhalt $A_1=0{,}5\ m^2$, seine Seiten sind etwa $a_1=0{,}595$ m und $b_1=a_1\sqrt{2}$ m lang. Durch fortgesetztes Falten an der längeren Seite entstehen die Formate DIN A 2, DIN A 3, DIN A 4, ... DIN A n.

a) DIN A 6 ist das Postkartenformat. Berechne Seitenlängen und Flächeninhalt.

b) Gib die Folge der Flächeninhalte A_n an.

c) Die Papierstärke des Ausgangsbogens sei 0,2 mm. Welche Dicke ergäbe sich, wenn man den Bogen 10mal (20mal) falten würde?

d) Berechne die ersten 6 Glieder der Folgen (a_n), (b_n); $a_0=\sqrt[4]{2}$, $a_{n+1}=b_n$, $b_0=\frac{1}{a_0}$, $b_{n+1}=\frac{1}{2}a_n$.

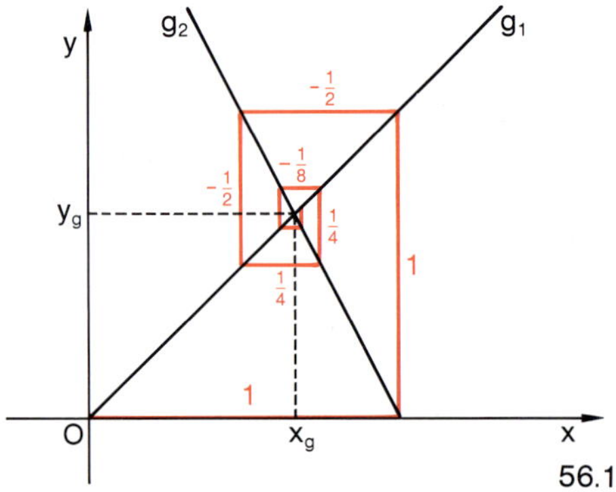

56.1

9 a) Deute die Summe
$$1-\tfrac{1}{2}+\tfrac{1}{4}-\tfrac{1}{8}+\ldots+(-\tfrac{1}{2})^{n-1}$$
anschaulich anhand der „Schnecke" in Fig. 56.1. Erläutere die Konstruktion. Der Streckenzug strebt einem Grenzpunkt G zu. Berechne seine Koordinaten x_g, y_g als Schnittpunkt der Geraden g_1 und g_2.

b) Bestimme wie in a) den Grenzwert von
$$1-\tfrac{2}{3}+\tfrac{4}{9}-\tfrac{8}{27}+\ldots+(-\tfrac{2}{3})^{n-1}.$$

10 Fig. 56.2 zeigt das Wachsen einer „Pflanze", deren Blätter die Form gleichseitiger Dreiecke haben. Jeden Tag kommt eine neue Generation Blätter hinzu. Untersuche, ohne zu rechnen, ob die Folge der Flächeninhalte (Umfänge) einen Grenzwert hat und wie groß dieser gegebenenfalls ist.

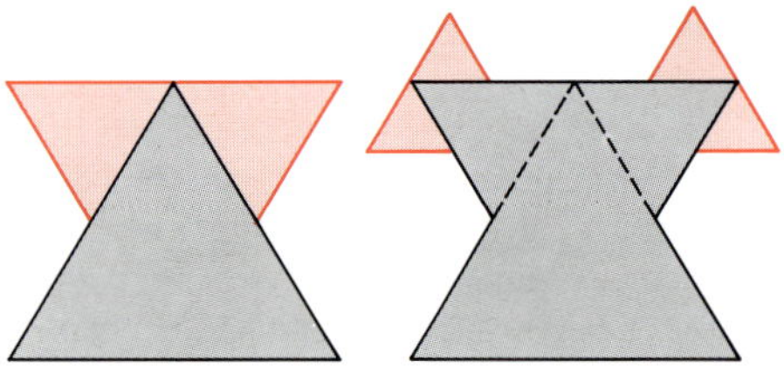

56.2

11 Im rechtwinkligen Δ ABC von Fig. 56.3 wurden nacheinander die Punkte $B_1, C_1, B_2, C_2, \ldots$ konstruiert. Wenn man sich die ersten n schwarzen (roten) Lote aneinandergesetzt denkt, so nähert sich für wachsendes n deren Gesamtlänge einer „Grenzlänge" g_s (g_r). Konstruiere, ausgehend von Δ ABC, eine Strecke der Länge g_s (g_r).

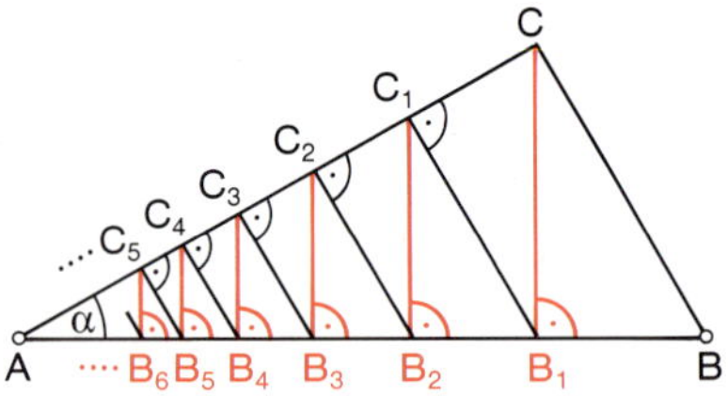

56.3

12 Grenzwerte bei monotonen Folgen

12.1 Monotone Folgen

1 Gibt es Zahlenfolgen, bei denen jedes Glied größer ist (um 0,1 größer ist) als das vorausgehende, aber kein Glied größer als 10?

Im folgenden schreiben wir für eine unendliche Zahlenfolge a_1; a_2; a_3; ... kurz (a_n), also z. B. $\left(\frac{1}{n}\right)$ für die Folge $1; \frac{1}{2}; \frac{1}{3}; \frac{1}{4}; \ldots$
Wir betrachten zunächst Folgen, deren Glieder immer größer oder deren Glieder immer kleiner werden; sie sind besonders übersichtlich.

Definition 1: Eine Zahlenfolge $(\mathbf{a_n})$ heißt
monoton zunehmend (oder monoton steigend), wenn $\mathbf{a_n \leqq a_{n+1}}$ ist für alle n,
monoton abnehmend (oder monoton fallend), wenn $\mathbf{a_n \geqq a_{n+1}}$ ist für alle n.

Beispiel 1: Die Folge $\left(\frac{1}{n}\right)$ ist monoton abnehmend, weil $\frac{1}{n} \geqq \frac{1}{n+1}$ ist für alle n.

Dagegen ist die Folge $\left(\left(-\frac{1}{2}\right)^n\right)$, also $-\frac{1}{2}; \frac{1}{4}; -\frac{1}{8}; \frac{1}{16}; \ldots$, nicht monoton.

Um eine gegebene Folge auf Monotonie zu untersuchen, ist es oft zweckmäßig, die Differenz $a_{n+1} - a_n$ zu betrachten; ist sie $\geqq 0$ für alle n ($\leqq 0$ für alle n), so ist die Folge monoton zunehmend (abnehmend).

Beispiel 2: Wir untersuchen die Folge $\left(\frac{n}{n+1}\right)$. Es ist $a_n = \frac{n}{n+1}$, $a_{n+1} = \frac{n+1}{n+2}$,
also $a_{n+1} - a_n = \frac{n+1}{n+2} - \frac{n}{n+1} = \frac{1}{(n+2)(n+1)} > 0$ für alle n.
Die Folge ist monoton zunehmend.

2 Untersuche die Folgen $\left(\frac{n+1}{2n}\right)$ und $\left(\frac{n-2}{2n-1}\right)$ auf Monotonie.

Aufgaben

3 Untersuche auf Monotonie.

a) $\left(\frac{n-1}{n+1}\right)$ b) $\left(\frac{3n+1}{n+3}\right)$ c) $(n^2 - n)$ d) $\left(\frac{n-n^2}{n+1}\right)$ e) $\left(\frac{n}{n^2+1}\right)$

f) $\left(\frac{n^2+1}{1+4n}\right)$ g) $(10n - n^2)$ h) $\left(\frac{4}{n} + \frac{n}{4}\right)$ i) $\left((-1)^n \cdot \frac{1}{n}\right)$ j) $(1 + (-1)^n \cdot 2^n)$

4 Vom wievielten Glied an ist die Folge monoton?
a) $(8 - 2^n)$ b) $(n^2 - 12n)$ c) $(n \cdot 2^n)$ d) $(10n - 2^n)$ e) $(n^2 \cdot 2^{-n})$

5 Gib zwei monoton zunehmende, zwei monoton abnehmende, zwei nicht monotone Folgen an.

6 a) Bei manchen Folgen (a_n) ist es zweckmäßig, statt der Differenz $a_{n+1} - a_n$ den Quotienten $a_{n+1} : a_n$ zu betrachten. Wie zeigt sich an ihm, daß die Folge monoton ist?
b) Untersuche mittels des Quotienten $\frac{a_{n+1}}{a_n}$ die Folgen
$\left(\frac{n+2}{n}\right)$, $(\sqrt{n-1})$, $\left(\frac{2^{n+1}}{3^n}\right)$ und $(2^{-\frac{1}{n}})$ auf Monotonie.

17.2 Beschränkte Folgen

7 An einer 5 m hohen Fahnenstange krabbelt ein Käfer 2 m hoch, dann auf die halbe Höhe zurück, dann erneut 2 m nach oben, dann wieder auf die Hälfte der jetzigen Höhe zurück usw. Erreicht er jemals das Ende der Fahnenstange?

Die Beispiele 1, 2, 4 auf S. 53–55 zeigen, daß man bei einer monotonen Folge beachten muß, ob sie schließlich jede noch so große Zahl überschreitet (bzw. jede noch so kleine Zahl unterschreitet) oder ob dies nicht der Fall ist.

Definition 2: Eine monotone Folge (a_n) heißt

$\left\{\begin{matrix}\textbf{nach oben beschränkt,}\\ \textbf{nach unten beschränkt,}\end{matrix}\right\}$ wenn es eine Zahl $\left\{\begin{matrix}S\\ s\end{matrix}\right\}$ gibt, so daß $\left\{\begin{matrix}a_n \leqq S\\ a_n \geqq s\end{matrix}\right\}$ ist für alle n.

S nennt man eine **obere Schranke**, s eine **untere Schranke** der Folge.

Die Begriffe „obere Schranke" und „untere Schranke" verwendet man in gleicher Weise bei nicht-monotonen Folgen. Hat eine Folge sowohl obere als auch untere Schranken, so nennt man sie kurz eine **beschränkte Folge**.

Beispiel 3: a) Bei der „Quadratpflanze" (S. 53) ist die Folge (A_n) der Flächeninhalte nach oben beschränkt, die Folge (U_n) der Umfänge dagegen ist nach oben nicht beschränkt.

b) Für die Folge $\left(1+\frac{1}{n}\right)$ ist jede Zahl $S \geqq 2$ eine obere Schranke und jede Zahl $s \leqq 1$ eine untere Schranke (Fig. 58.1).

c) Die Folge $((-2)^n)$ ist weder nach oben noch nach unten beschränkt (Fig. 58.2).

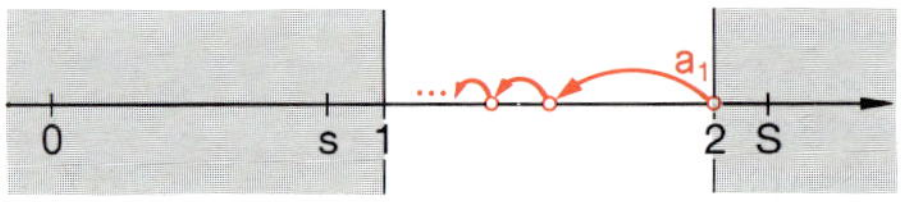

58.1

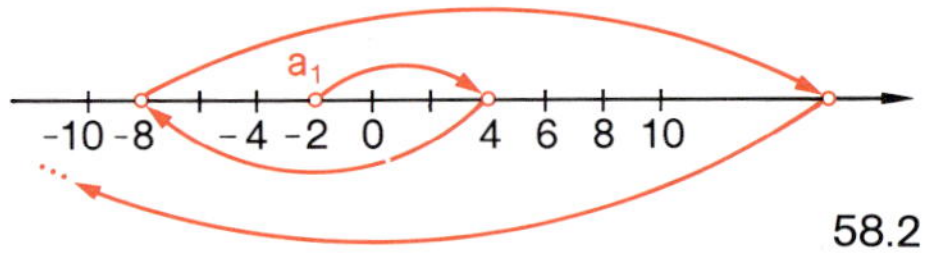

58.2

Beispiel 4: (Nachweis der Beschränktheit)

Um nachzuweisen, daß die Folge (a_n) mit $a_n = \frac{2n+1}{n+1}$ beschränkt ist, müssen wir a_n nach oben und nach unten abschätzen.

Abschätzung nach oben: $a_n \leqq \frac{2n+2}{n+1}$, also $a_n \leqq \frac{2(n+1)}{n+1}$; somit ist $a_n \leqq 2$ für alle n.

Abschätzung nach unten: $a_n \geqq 0$ für alle n.

Die Folge (a_n) ist beschränkt; 2 (ebenso z.B. 3) ist eine obere, 0 (ebenso z.B. -2) eine untere Schranke.

Beispiel 5: (Nachweis der Unbeschränktheit)

Um nachzuweisen, daß (a_n) mit $a_n = \frac{n^2+1}{n}$ nach oben nicht beschränkt ist, schätzen wir (a_n) nach unten gegen eine bekannte Folge ab. Es ist $a_n > \frac{n^2}{n}$, also $a_n > n$. Da die Folge (n) nach oben nicht beschränkt ist, muß dies erst recht für (a_n) gelten.

8 Untersuche die Folge $\left(\frac{n}{2n+1}\right)$ und die Folge (n^2-n) auf Beschränktheit.

Aufgaben

9 Welche der Zahlen 3; 2,5; 2; 1,5; 1; 0,5; 0; −0,5 sind obere (untere) Schranken der Folge (a_n)?

a) $a_n=\frac{3}{n}$ b) $a_n=\frac{n}{4}$ c) $a_n=5\cdot 2^{-n}$ d) $a_n=\frac{n}{2n-1}$ e) $a_n=n+\frac{1}{n}$

10 a) Gib eine Folge an, die keine obere (keine untere; weder eine obere noch eine untere) Schranke hat.

b) Gib eine Folge an, die eine obere (eine untere; sowohl eine obere als auch eine untere) Schranke hat.

11 Untersuche auf Beschränktheit. Gib gegebenenfalls Schranken an.

a) $\left(\frac{n}{3n-2}\right)$ b) $\left(\frac{-n}{n+1}\right)$ c) $\left(\frac{2n}{3n-4}\right)$ d) $\left(\frac{4n-1}{5n+3}\right)$ e) $\left(\frac{1-3n}{1+n}\right)$

f) $\left(\frac{n}{n^2+1}\right)$ g) $\left(\frac{n^2+1}{n}\right)$ h) $(n\cdot 2^{-n})$ i) (n^2-n^3) j) (n^3-n^2)

12 Untersuche, ob die Folge sowohl monoton als auch beschränkt ist.

a) $\left(\frac{1}{2n}\right)$ b) $\left(\frac{n-1}{n+1}\right)$ c) $\left(\frac{1}{\sqrt{n}}\right)$ d) $(0{,}6^n)$ e) $(n^2\cdot 2^{-n})$

f) $\left(-\frac{1}{2n}\right)$ g) $\left(\frac{n^2+1}{100n}\right)$ h) $\left(\frac{1}{\sqrt{n+1}}+\frac{1}{\sqrt{n}}\right)$ i) $(-0{,}2^n)$ j) $\left(\frac{3^n}{n^3}\right)$

13 a) Die Folge $\left(\frac{4n}{n+1}\right)$ läßt sich als Funktion $n\longmapsto\frac{4n}{n+1}$ $(n\in\mathbb{N})$ auffassen (vgl. S. 31, Beispiel 6). Zeichne für $1\leqq n\leqq 20$ ein Schaubild (LE = 0,5 cm). Wie zeigt sich am Schaubild, daß 4 eine obere Schranke der Folge ist?

b) Zeichne für $1\leqq n\leqq 20$ ein Schaubild für die Folge $\left(\frac{12n^2}{3n^2+4}\right)$. Welcher Zahl nähern sich die Folgenglieder?

12.3 Grenzwerte

14 Nenne obere Schranken für die Folge 0,9; 0,99; 0,999; ... Welches ist die kleinste obere Schranke? Wie erkennt man, daß z. B. die Zahl $1-0{,}001$ keine obere Schranke der Folge ist?

Bei monoton zunehmenden und beschränkten Folgen ist von allen oberen Schranken vor allem die kleinste von Interesse. Daß eine Zahl g die **kleinste** obere Schranke einer monoton zunehmenden Folge (a_n) ist, erkennt man so:

a) g ist selbst eine obere Schranke, d. h., $a_n\leqq g$ für alle n.

b) Jede Zahl kleiner als g ist nicht mehr obere Schranke, d. h., jede Zahl $g-\varepsilon$ $(\varepsilon>0$, lies: epsilon) wird von der Folge überschritten (Fig. 59.1); anders ausgedrückt: Für jede noch so kleine Zahl $\varepsilon>0$ gilt $a_n>g-\varepsilon$ von einem Glied a_{n_0} an, also für alle $n\geqq n_0$.

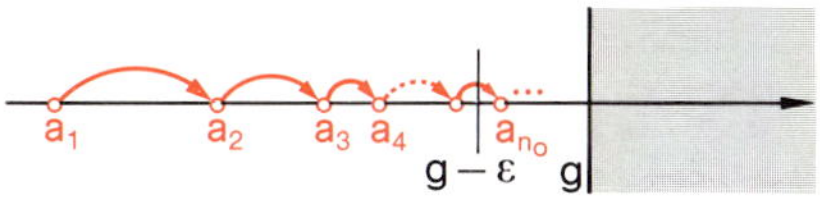

59.1

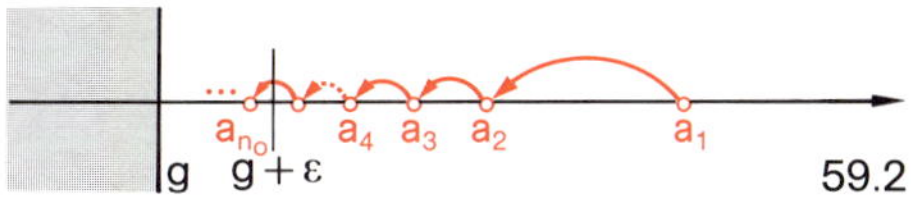

59.2

Fig. 59.2 zeigt den entsprechenden Sachverhalt für monoton abnehmende Folgen.

Definition 3: (Grenzwert bei monotonen Folgen)
Bei einer monoton zunehmenden (monoton abnehmenden) beschränkten Folge nennt man die kleinste obere (größte untere) Schranke **Grenzwert** der Folge.

Statt „Die Folge (a_n) hat den Grenzwert g" schreibt man kurz

$\lim\limits_{n\to\infty} a_n = g$ (lies: Limes[1] a_n für n gegen unendlich gleich g) oder

$a_n \to g$ **für** $n \to \infty$ (lies: a_n strebt gegen g für n gegen unendlich).

Folgen, die einen Grenzwert haben, nennt man auch **konvergente**[2] Folgen; Folgen ohne Grenzwert nennt man **divergente**[3] Folgen.

Beispiel 6: (Nachweis, daß eine vermutete Zahl Grenzwert ist.)
Die Folge (a_n) mit $a_n = \frac{n}{n+1}$ ist monoton zunehmend (vgl. S. 57, Beispiel 2).
Wir untersuchen, ob 1 Grenzwert der Folge ist.
a) Für alle n ist $a_n < 1$, also ist 1 eine obere Schranke.
b) Um nachzuweisen, daß 1 kleinste obere Schranke ist, müssen wir zeigen:
Für jedes $\varepsilon > 0$ ist von einem gewissen n_0 an

$$\frac{n}{n+1} > 1 - \varepsilon.$$

Wir prüfen, für welche n diese Ungleichung erfüllt ist. Umformung ergibt

$$n > \frac{1}{\varepsilon} - 1 \qquad (*)$$

Fig. 60.1 zeigt z.B. für $\varepsilon = 0{,}0008$, daß a_{1250} und alle folgenden Glieder größer sind als $1 - 0{,}0008$ $(= 0{,}9992)$. Da es derart zu jedem $\varepsilon > 0$ ein n_0 gibt, so daß (*) für alle $n \geqq n_0$ erfüllt ist, gilt:

$$\lim_{n\to\infty} \frac{n}{n+1} = 1.$$

ε	(*) erfüllt für	n_0
0,1	n > 9	10
0,01	n > 99	100
0,001	n > 999	1000
0,0008	n > 1249	1250
⋮	⋮	⋮

60.1

Beispiel 7: (Grenzwert einer monoton abnehmenden Folge)
Die Folge (a_n) mit $a_n = \frac{n+1}{n}$ ist monoton abnehmend (Begründung?, Fig. 58.1). Für alle n ist $a_n > 1$. Wir untersuchen, ob 1 Grenzwert ist.

Aus $\frac{n+1}{n} < 1 + \varepsilon$ (Fig. 59.2) folgt $n > \frac{1}{\varepsilon}$. Dies zeigt, daß die Ungleichung bei jedem gegebenen $\varepsilon > 0$ von einer Nummer n_0 an erfüllt ist. Daher ist $\lim\limits_{n\to\infty} \frac{n+1}{n} = 1$.

Beispiel 8: (Nachweis, daß eine vorhandene Schranke nicht Grenzwert ist.)
Die Folge $\left(\frac{1}{n}\right)$ ist monoton abnehmend und durch die Zahl 0 nach unten beschränkt. Also kann z.B. $-0{,}1$ nicht Grenzwert sein. Dies zeigt auch die Rechnung:

---

1. limes (lat.): Grenze
2. convergere (lat.): zusammenlaufen
3. divergere (lat.): auseinanderlaufen

Aus $\frac{1}{n} < -0{,}1 + \varepsilon$ läßt sich für $\varepsilon \leqq 0{,}1$ kein n_0 bestimmen, so daß die Ungleichung für alle $n \geqq n_0$ erfüllt ist. Wäre $-0{,}1$ Grenzwert, dann müßte dies für **jedes** $\varepsilon > 0$ möglich sein.

Bemerkung: Die Folge $\left(\frac{1}{n}\right)$ hat den Grenzwert 0, weil $\frac{1}{n} < 0 + \varepsilon$ ist für alle $n > \frac{1}{\varepsilon}$.

Die bisherigen Beispiele lassen vermuten, daß jede monotone und beschränkte Folge einen Grenzwert hat. Um dies zu überprüfen, versuchen wir, bei einer monoton zunehmenden Folge (a_n) mit einer oberen Schranke S die kleinste obere Schranke durch eine **Intervallschachtelung** zu erfassen (Fig. 61.1). Das erste Intervall sei $J_1 = [a_1; S]$. Ist m_1 die Intervallmitte, so überprüfen wir, ob m_1 obere Schranke ist oder nicht. Wir wählen

$$J_2 = \begin{cases} [a_1; m_1], & \text{falls } m_1 \text{ obere Schranke} \\ [m_1; S], & \text{falls } m_1 \text{ keine obere Schranke.} \end{cases}$$

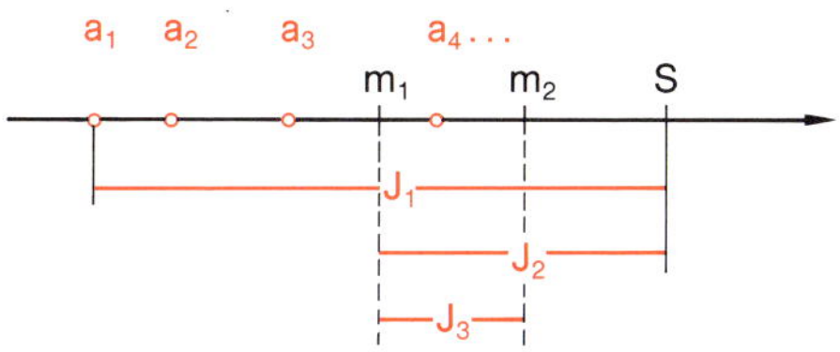

61.1

Nun betrachten wir anstelle von m_1 die Mitte m_2 von J_2 und wählen das nächste Intervall J_3 entsprechend. Mit diesem **Intervallhalbierungsverfahren** gelangen wir zu einer Intervallschachtelung. Sie hat genau eine reelle Zahl z als Zentrum. z ist die kleinste obere Schranke, weil alle rechten Intervallenden der Schachtelung obere Schranken sind, alle linken dagegen nicht.
Ebenso verfährt man bei monoton abnehmenden, nach unten beschränkten Folgen.

Satz 1: Jede monotone Folge, die beschränkt ist, hat genau einen Grenzwert.

Bemerkung: Die Eigenschaft, daß jede Intervallschachtelung $[a_1; b_1] \supseteq [a_2; b_2] \supseteq [a_3; b_3] \supseteq \ldots$ mit Intervallgrenzen aus $\mathbb{R}$ und $b_n - a_n \to 0$ für $n \to \infty$ genau ein Zentrum $z \in \mathbb{R}$ hat, heißt **Vollständigkeit** von $\mathbb{R}$. Wie die Intervallschachtelung $[1; 2]$, $[1{,}4; 1{,}5]$, $[1{,}41; 1{,}42]$, $[1{,}414; 1{,}415]$, ... mit Intervallgrenzen aus $\mathbb{Q}$ (aber dem Zentrum $\sqrt{2} \notin \mathbb{Q}$) zeigt, ist z. B. $\mathbb{Q}$ nicht vollständig.

Beispiel 9: (Grenzwert vorhanden, aber unbekannt)
Die Folge 1; 1,01; 1,01001; 1,010010001; 1,01001000100001; ... ist monoton zunehmend; sie ist auch beschränkt, denn kein Glied ist z. B. größer als 2. Also hat die Folge nach Satz 1 einen Grenzwert g. Obwohl die Zahl g eindeutig festliegt, können wir sie nicht „direkt“ angeben, sondern nur als Grenzwert einer Folge fassen.

Um nachzuweisen, daß eine monotone Folge einen Grenzwert hat, genügt es also zu zeigen, daß die Folge beschränkt ist. Insbesondere kann man so auf das Vorhandensein eines Grenzwertes schließen, ohne diesen zu kennen.

Die folgenden Beispiele geben erste Hinweise, wie man vorgeht, um einen Grenzwert zu finden. Dabei spielen, wie Beispiel 11 zeigt, **Folgen mit dem Grenzwert 0** eine wichtige Rolle; sie heißen **Nullfolgen**.

Beispiel 10: (Gewinnen und Überprüfen einer Vermutung)

Um zu einer Vermutung über das Verhalten der Folge $\left(\frac{4n}{1+3n}\right)$ für $n \to \infty$ zu kommen, setzen wir z. B. $n=100$; 1000; 10000 und erhalten $a_{100}=\frac{400}{301}\approx 1{,}3289$; $a_{1000}=\frac{4000}{3001}\approx 1{,}3329$; $a_{10000}=\frac{40000}{30001}\approx 1{,}3333$.

Dies läßt vermuten, daß die Folge den Grenzwert $1{,}\overline{3}=\frac{4}{3}$ hat.

Überprüfen der Vermutung (vgl. Beispiel 6):

Die Untersuchung auf Monotonie ergibt, daß die Folge monoton zunimmt.

Wegen $\frac{4n}{1+3n}<\frac{4n}{3n}$ ist $\frac{4}{3}$ eine obere Schranke.

Daher ist die Ungleichung $\frac{4n}{1+3n}>\frac{4}{3}-\varepsilon$ zu betrachten; sie führt auf $n>\frac{4-3\varepsilon}{9\varepsilon}$. Also ist die Ungleichung für jedes $\varepsilon>0$ für eine Nummer n_0 und alle folgenden Nummern erfüllt; somit gilt $\lim\limits_{n\to\infty}\frac{4n}{1+3n}=\frac{4}{3}$.

Beispiel 11: (Grenzwertbestimmung mittels Nullfolgen)

a) Weil $\left(\frac{1}{n}\right)$ eine Nullfolge ist, muß z. B. die Folge $\left(2+\frac{1}{n}\right)$ den Grenzwert 2 haben, denn sie ist wie $\left(\frac{1}{n}\right)$ monoton abnehmend und hat 2 als größte untere Schranke.

b) Ebenso können wir nun z. B. den Grenzwert der Folge $\left(\frac{3n+1}{n}\right)$ durch eine **Termumformung** bestimmen:

Es ist $\frac{3n+1}{n}=3+\frac{1}{n}$. Da $\left(\frac{3n+1}{n}-3\right)$ eine monotone Nullfolge ist, gilt $\lim\limits_{n\to\infty}\frac{3n+1}{n}=3$.

Satz 2: Ist die Differenzfolge (a_n-c) eine monotone Nullfolge, so hat die Folge (a_n) den Grenzwert c.

15 Bestimme den Grenzwert der Folge $\left(\frac{n-1}{n}\right)$ wie in Beispiel 10 (wie in Beispiel 11).

Aufgaben

16 Welchen Grenzwert hat die Folge?

a) $\left(4+\frac{1}{n}\right)$ b) $\left(\frac{1}{2}+\frac{1}{n}\right)$ c) $\left(\frac{1}{n}-2\right)$ d) $\left(5-\frac{1}{n}\right)$ e) $\left(1{,}6-\frac{1}{n}\right)$

f) $\left(\sqrt{2}+\frac{1}{n}\right)$ g) $\left(\frac{n+1}{n}\right)$ h) $\left(\frac{2n+1}{n}\right)$ i) $\left(\frac{1-n}{n}\right)$ j) $\left(\frac{1-3n}{n}\right)$

k) $\left(\frac{2+\sqrt{2}n}{n}\right)$ l) $\left(\frac{1}{n^2}\right)$ m) $\left(\frac{n^2+1}{n^2}\right)$ n) $\left(\frac{1-n^2}{n^2}\right)$ o) $\left(\frac{2-n^2}{3n^2}\right)$

p) $\left(\frac{1+n^2}{0{,}2n^2}\right)$ q) $\left(\frac{-\sqrt{2}n^2+\sqrt{2}}{\sqrt{6}n^2}\right)$ r) $\left(\frac{1}{n}\cdot\left(n+\frac{1}{n}\right)\right)$ s) $\left(\frac{1}{n^2}(2n-n^2)\right)$ t) $\left(\frac{-(1+\sqrt{2})n+1}{(1-\sqrt{2})n}\right)$

17 Gib eine monoton zunehmende Folge und eine monoton abnehmende Folge an, die den Grenzwert 2 (den Grenzwert -4) hat.

18 Zeige (wie in Beisp. 6/7), daß die Folge $\left(\frac{3}{n}\right)$ (allgemein: $\left(\frac{a}{n}\right)$ für alle $a \in \mathbb{R}$) eine Nullfolge ist.

19 Untersuche auf Monotonie.

a) $\left(\frac{5}{n}\right)$ b) $\left(\frac{n}{2n+1}\right)$ c) $\left(\frac{3n}{4-5n}\right)$ d) $\left(\frac{3n}{21-4n}\right)$ e) $\left(\frac{-2n}{5+6n}\right)$

f) (n^{-2}) g) (n^2-3n) h) (n^2-20n) i) $(\cos n\pi)$ j) $(n \cdot \cos n\pi)$

k) $(2-n^{-3})$ l) $(n^3-n^2-n^4)$ m) $(10n-n^2)$ n) $(\sin n\pi)$ o) $(n \cdot \sin n\pi)$

20 Untersuche auf Beschränktheit nach oben (nach unten). Gib gegebenenfalls eine Schranke an.

a) $\left(\frac{n+1}{n}\right)$ b) $\left(\frac{n^2+1}{n}\right)$ c) $\left(\frac{1+4n}{3+5n}\right)$ d) $\left(\frac{1+4n}{2n-1}\right)$ e) $\left(\frac{4-2n}{n+1}\right)$

f) $\left(\frac{1+n}{\sqrt{n}}\right)$ g) $\left(\frac{2+n}{4\sqrt{n}}\right)$ h) $\left(\frac{n^2+1}{n\sqrt{n}}\right)$ i) $\left(\frac{n+2\sqrt{n}}{2n^2}\right)$ j) $\left(\frac{n+\sqrt{n}}{4\sqrt{n}}\right)$

k) $\left(\frac{4-\sqrt{n}}{4+\sqrt{n}}\right)$ l) $\left(\frac{n-\sqrt{n}}{n+\sqrt{n}}\right)$ m) $\left(\frac{\sqrt{n}}{\sqrt{n+1}-\sqrt{n}}\right)$ n) $\left(\frac{\sqrt{n}}{\sqrt{n+1}+\sqrt{n}}\right)$ o) $\left(\frac{n\sqrt{n}}{n^2+1}\right)$

21 Zeige, daß die gegebene Folge (a_n) den angegebenen Grenzwert hat.
(Anleitung: Zeige, daß die Differenzfolge (a_n-g) eine monotone Nullfolge ist; vgl. Satz 2.)

a) $\left(\frac{2n+1}{n}\right)$; $g=2$ b) $\left(\frac{4n+15}{5n}\right)$; $g=0{,}8$ c) $\left(\frac{3n-2}{n+1}\right)$; $g=3$ d) $\left(\frac{2n^2-18}{3n^2}\right)$; $g=\frac{2}{3}$

e) $\left(\frac{3\cdot 2^n+2}{2^{n+1}}\right)$; $g=1{,}5$ f) $\left(\frac{n\cdot 3^{n+2}+2}{n\cdot 3^n}\right)$; $g=9$ g) $\left(\frac{n^2+n+1}{5n^2+n}\right)$; $g=0{,}2$ h) $\left(\frac{12n^2+3}{(2n+1)^2}\right)$; $g=3$

i) $\left(\frac{2\cdot 3^n+1}{3^{n-1}}\right)$; $g=6$ j) $\left(\frac{(1-n)(1+n)}{n^2}\right)$; $g=-1$ k) $\left(\frac{(n+2)(n+3)}{3n^2+6n}\right)$; $g=\frac{1}{3}$ l) $\left(\frac{(1-2\sqrt{n})^2}{4n-4\sqrt{n}+1}\right)$; $g=1$

22 Versuche zunächst wie in Beispiel 10, zu einer Vermutung über den Grenzwert zu kommen; ermittle danach den Grenzwert wie in Aufgabe 21.

a) $\left(\frac{6n-7}{n+1}\right)$ b) $\left(\frac{1-n^2}{1+n^2}\right)$ c) $\left(\frac{4\sqrt{n}-1}{5\sqrt{n}+5}\right)$ d) $\left(\frac{1-\sqrt{n}}{\sqrt{n}+1}\right)$ e) $\left(\frac{2^n-1}{2^{n+1}}\right)$

f) $\left(\frac{n^2+1}{2n^2}\right)$ g) $\left(\frac{2n^2-3}{n^2+1}\right)$ h) $\left(-\frac{5n+4}{6n+12}\right)$ i) $\left(\frac{\sqrt{n}-1}{8\sqrt{n}}\right)$ j) $\left(\frac{1-2^n}{3\cdot 2^n}\right)$

k) $\left(\frac{2-n^2}{7n^2}\right)$ l) $\left(\frac{0{,}5n-0{,}7n^2}{-7n^2+1}\right)$ m) $\left(\frac{-3n+2}{-(3n+2)}\right)$ n) $\left(\frac{-2\sqrt{n}}{1+2\sqrt{n}}\right)$ o) $\left(\frac{3^n+2^n}{2^n-3^n}\right)$

23 a) Zeige, daß die Folge $\left(\frac{n}{26-3n}\right)$ nicht monoton ist. Von welchem Glied an ist die Folge für alle weiteren Glieder monoton?
b) Welches ist die kleinste Zahl, die in der Folge $\left(\frac{2n}{35-3n}\right)$ vorkommt? Die wievielte Zahl der Folge ist sie?

24 Zeige, daß die Folgen $\left(\frac{1}{2^n}\right)$, $\left(\frac{n}{2^n}\right)$ den Grenzwert 0 haben.
(Anleitung: Vergleiche mit der Folge $\left(\frac{1}{n}\right)$.)

25 Untersuche, ob (a_n) konvergent ist.

a) $a_n=\frac{\sin n}{n}$ b) $a_n=\frac{\cos n-1}{n}$ c) $a_n=2^{-n}\sin n$ d) $a_n=n+\cos n$

e) $a_n=n\cdot\sin(\frac{\pi}{2}n)$ f) $a_n=n(2+\sin n)$ g) $a_n=\sin n$ h) $a_n=n\cdot\sin n$

13 Grenzwerte bei beliebigen Folgen

1 Veranschauliche die Folgen (a_n) auf der Zahlengeraden. Sind die Folgen monoton? Bei welchen der Folgen könnte man trotzdem von einem „Grenzwert" sprechen?

a) $a_n = (-1)^n \cdot \frac{3}{n}$ b) $a_n = (-1)^n \cdot n$ c) $a_n = (-1)^n + \frac{1}{n}$ d) $a_n = \frac{\cos(n \cdot \pi)}{n}$

Bisher haben wir uns mit monotonen Folgen beschäftigt. Im weiteren untersuchen wir auch nicht-monotone Folgen. Auch sie können einen „Grenzwert" haben.
Bei monotonen Folgen (Fig. 64.1/2) nannten wir eine Zahl g Grenzwert, wenn für jedes (noch so kleine) $\varepsilon > 0$ von einem Glied an für alle weiteren Glieder

$g - \varepsilon < a_n \leqq g$ (Fig. 64.1)

bzw. $g \leqq a_n < g + \varepsilon$ (Fig. 64.2)

gilt. Da bei nicht-monotonen Folgen die Annäherung beidseitig erfolgen kann, müssen wir dementsprechend fordern: Wie klein wir auch die Zahl $\varepsilon > 0$ wählen, stets müssen von einem Glied an alle weiteren Folgenglieder zwischen $g - \varepsilon$ und $g + \varepsilon$ liegen, muß also gelten:

$g - \varepsilon < a_n < g + \varepsilon$ (Fig. 64.3),

d.h. $-\varepsilon < a_n - g < \varepsilon$ oder $|a_n - g| < \varepsilon$.

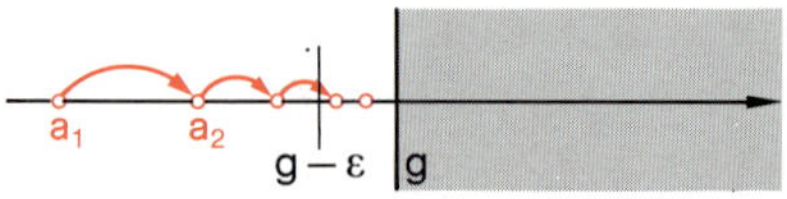

64.1

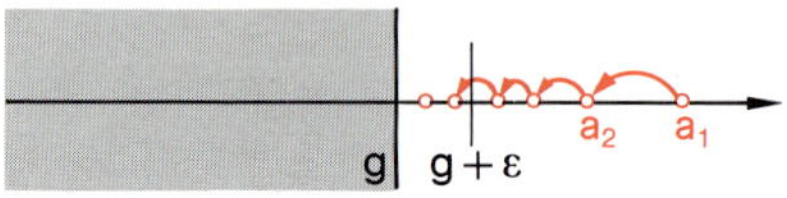

64.2

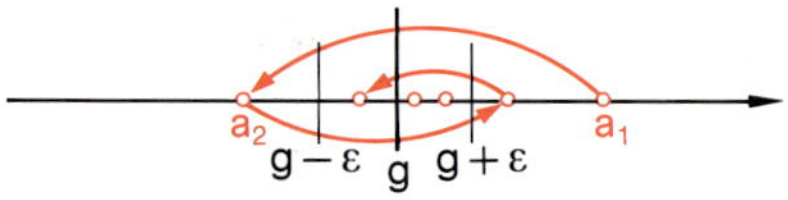

64.3

Definition: (Grenzwert bei beliebigen Folgen)
Eine Zahl g heißt **Grenzwert** der Zahlenfolge (a_n) genau dann, wenn es zu jedem $\varepsilon > 0$ eine Gliednummer n_0 gibt, so daß gilt:

$$|a_n - g| < \varepsilon \text{ für alle } n \geqq n_0.$$

Fig. 64.4 zeigt: Wenn g Grenzwert von (a_n) ist und $z \neq g$, dann kann man ε so klein wählen, daß z nicht mehr zwischen $g - \varepsilon$ und $g + \varepsilon$ liegt. Also kann z nicht ebenfalls Grenzwert von (a_n) sein.

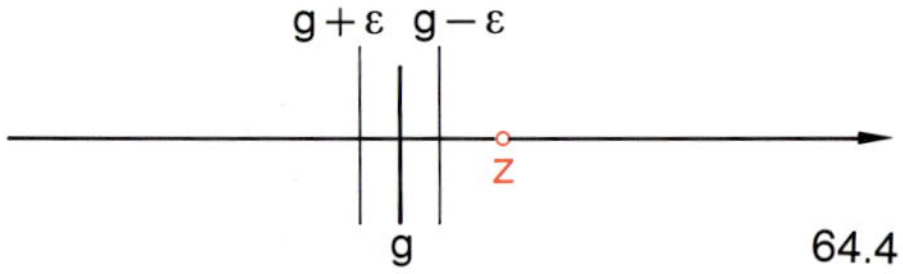

64.4

Satz 1: Eine Zahlenfolge kann höchstens **einen** Grenzwert haben.

Beispiel 1: (Nachweis, daß eine vermutete Zahl Grenzwert ist.)
Wir untersuchen $\left(\frac{(-1)^n + n}{n}\right)$, also die Folge $0; \frac{3}{2}; \frac{2}{3}; \frac{5}{4}; \frac{4}{5}; \frac{7}{6}; \frac{6}{7}; \ldots$ Da die Glieder abwechselnd größer oder kleiner als 1 sind, könnte 1 der Grenzwert sein.
Nachweis: Wir müssen zeigen, daß für jedes $\varepsilon > 0$ die Ungleichung

$$(*) \qquad \left|\frac{(-1)^n + n}{n} - 1\right| < \varepsilon$$

für ein n_0 und alle folgenden n erfüllt ist.

Umformung der Ungleichung ergibt:

$$\left|\frac{(-1)^n+n-n}{n}\right| < \varepsilon; \qquad \left|\frac{(-1)^n}{n}\right| < \varepsilon; \qquad \frac{1}{n} < \varepsilon; \qquad 1 < n \cdot \varepsilon; \qquad n > \frac{1}{\varepsilon}.$$

(*) ist also für alle Gliedernummern n mit $n > \frac{1}{\varepsilon}$ erfüllt, also z.B. für $\varepsilon = 0{,}01$ vom 101. Glied an, für $\varepsilon = 0{,}001$ vom 1001. Glied an, usw. Somit ist 1 der Grenzwert.

Beispiel 2: (Nachweis einer Nullfolge durch Vergleich mit einer anderen)
Für die Folge (a_n) mit $a_n = \frac{(-1)^n \cdot n}{n^2+1}$ ist $a_1 = -0{,}5$; $a_{10} \approx 0{,}1$; $a_{100} \approx 0{,}01$; man vermutet daher, daß (a_n) eine Nullfolge ist.
Nachweis: $|a_n - 0| = \frac{n}{n^2+1} < \frac{n}{n^2}$, also $|a_n| < \frac{1}{n}$.
Da $\left(\frac{1}{n}\right)$ eine Nullfolge ist und für jedes n das Glied a_n näher bei 0 liegt als $\frac{1}{n}$, muß (a_n) auch eine Nullfolge sein.

Beispiel 3: (Folge ohne Grenzwert)
Bei der Folge (a_n) mit $a_n = \frac{(-1)^n \cdot n}{n+1}$, also $-\frac{1}{2}; \frac{2}{3}; -\frac{3}{4}; \frac{4}{5}; -\frac{5}{6}; \ldots$, nähern sich die Glieder abwechselnd sowohl der Zahl $+1$ als auch der Zahl -1. Daher gilt z.B. für $\varepsilon = 0{,}1$ weder $|a_n - 1| < \varepsilon$ noch $|a_n - (-1)| < \varepsilon$ von einer Nummer n_0 an für **alle** folgenden Gliedernummern, wie es bei einem Grenzwert der Fall sein muß.
Die Folge (a_n) hat also keinen Grenzwert; sie ist divergent.

Der Nachweis, daß eine Zahl Grenzwert ist, gelingt oft mit Hilfe des folgenden Satzes. Er zeigt, daß Satz 2 von S. 62 auch für nicht-monotone Nullfolgen gilt.

Satz 2: Eine Folge (a_n) hat genau dann den Grenzwert g, wenn die Differenzfolge $(a_n - g)$ eine Nullfolge ist.

Beweis: Wenn (a_n) den Grenzwert g hat, so gilt bei jedem $\varepsilon > 0$ für alle $n \geqq n_0$ $|a_n - g| < \varepsilon$, also $|(a_n - g) - 0| < \varepsilon$. Dies besagt, daß $(a_n - g)$ den Grenzwert 0 hat.
Umgekehrt: Wenn $(a_n - g)$ eine Nullfolge ist, so gilt bei jedem $\varepsilon > 0$ für alle $n \geqq n_0$ $|(a_n - g) - 0| < \varepsilon$, also $|a_n - g| < \varepsilon$. Dies besagt, daß (a_n) den Grenzwert g hat.

Beispiel 4: (Ermitteln eines Grenzwertes nach Satz 2)
Die Folge (a_n) mit $a_n = \frac{n + \cos(n \cdot \frac{\pi}{2})}{n}$, also die Folge $1; \frac{1}{2}; 1; \frac{5}{4}; 1; \frac{5}{6}; \ldots$ scheint den Grenzwert 1 zu haben.
Nachweis: $a_n - 1 = \frac{n + \cos(n \cdot \frac{\pi}{2})}{n} - 1 = \frac{\cos(n \cdot \frac{\pi}{2})}{n}$.
Da $\cos(n \cdot \frac{\pi}{2})$ nur die Werte 0; -1 und $+1$ annimmt, ist $(a_n - 1)$ eine Nullfolge und daher $\lim\limits_{n \to \infty} a_n = 1$.
Beachte: Bei dieser Folge tritt der Grenzwert wiederholt auch als Folgenglied auf.

2 Ermittle den Grenzwert der Folge $\left(\frac{n^2-16}{3n^2}\right)$ wie in Beispiel 1 (wie in Beispiel 4).

Beispiel 5: (Geometrische Folgen und ihre Grenzwerte)

Die Funktionswerte von Exponentialfunktionen $x \mapsto q^x$ bilden für $x \in \mathbb{N}$ die Folge q; q^2; q^3; q^4; ... Allgemein heißt eine Folge (a_n) geometrische Folge, wenn

$$\mathbf{a_n = a_1 \cdot q^{n-1}} \quad \text{für alle } n \in \mathbb{N},\ q \neq 0,\ a_1 \neq 0.$$

Der Quotient $a_{n+1} : a_n$ zweier aufeinanderfolgender Glieder hat dabei stets den konstanten Wert q. Zum Namen „geometrisch" vgl. Aufgabe 17, S. 68.

Betrachtet man exponentielles Wachstum für konstante Zeitabstände, so erhält man eine geometrische Folge. So läßt sich z. B. der jährliche Wert eines zu 6% angelegten 1000-DM-Betrages berechnen: $a_1 = 1000$; $a_2 = 1000 \cdot 1{,}06$; $a_3 = 1000 \cdot 1{,}06^2$; usw. Zu Beginn des 5. Jahres, also nach Ablauf von 4 Jahren, ist sein Wert auf $a_5 = 1000 \cdot 1{,}06^4$ angewachsen, das sind 1262,48 DM.

Das Verhalten der Folge $(a_1 \cdot q^{n-1})$ für $n \to \infty$ hängt von q ab. Für $q = 1$ hat sie den Grenzwert a_1; für $q = -1$ ist sie divergent. Für q-Werte mit $0 < q < 1$ zeigt das Schaubild der Exponentialfunktion $x \mapsto q^x$ (vgl. S. 22, Fig. 22.1), daß $q^n \to 0$ für $n \to \infty$. Letzteres gilt auch für $-1 < q < 0$; (q^n) ist dann eine sogenannte alternierende Nullfolge.

Zusammenfassend gilt: Eine geometrische Folge $(a_1 \cdot q^{n-1})$ ist für $|q| < 1$ eine Nullfolge, für $|q| > 1$ divergent.

Beispiel 6: (Geometrische Reihen und ihre Grenzwerte)

1000 DM sind nach Beispiel 5 bei 6%iger Verzinsung zu Beginn des 5. Jahres auf 1262,48 DM angewachsen. Legt man jedoch zu Beginn jeden Jahres weitere 1000 DM fest an (Ratensparvertrag), wächst das Kapital bis zu Beginn des 3. Jahres auf $s_3 = 1000 \cdot 1{,}06^2 + 1000 \cdot 1{,}06 + 1000 = 3183{,}60$ (DM), zu Beginn des 5. Jahres auf $s_5 = 1000 \cdot 1{,}06^4 + 1000 \cdot 1{,}06^3 + 1000 \cdot 1{,}06^2 + 1000 \cdot 1{,}06 + 1000 = 5637{,}09$ (DM) an.

Allgemein entsteht aus einer geometrischen Folge (a_n) eine neue Folge, wenn man nacheinander die „Teilsummen"

$$\begin{aligned} s_1 &= a_1 \\ s_2 &= a_1 + a_1 \cdot q \\ s_3 &= a_1 + a_1 \cdot q + a_1 \cdot q^2 \\ &\dots \\ s_n &= a_1 + a_1 \cdot q + a_1 \cdot q^2 + \dots + a_1 \cdot q^{n-1} \end{aligned}$$

bildet. Die so entstehende neue Folge (s_n) nennt man eine geometrische Reihe.

Wegen $(1 + q + q^2 + \dots + q^{n-1}) \cdot (1 - q) = 1 - q^n$ gilt für $q \neq 1$: $\mathbf{s_n = a_1 \cdot \frac{1-q^n}{1-q}}$.

Schreibt man $s_n = \frac{a_1}{1-q} - \frac{a_1}{1-q} \cdot q^n$, so erkennt man:

Ist $|q| < 1$, so hat die geometrische Reihe (s_n) mit $s_n = a_1 + a_1 q + \dots + a_1 q^{n-1}$ für $n \to \infty$ den Grenzwert $\mathbf{s = \frac{a_1}{1-q}}$.

Für $|q| \geqq 1$ und $a_1 \neq 0$ hat (s_n) keinen Grenzwert.

3 a) Bestimme a_1 und q für die geometrische Folge 0,7; 0,07; 0,007; ...
b) $0{,}\overline{7}$ ist Grenzwert der zugehörigen geometrische Reihe 0,7; 0,77; 0,777; ...
Benutze die Grenzwertformel $s = \frac{a_1}{1-q}$, um $0{,}\overline{7}$ als Bruch zu schreiben.

Aufgaben

4 Ermittle den Grenzwert g der Folge. (Anleitung: Berechne zuerst einige Folgenglieder; zeige danach, daß die Differenzfolge $(a_n - g)$ eine Nullfolge ist.)

a) $\left(\frac{6-n^2}{n^2}\right)$ b) $\left(\frac{3-4n}{1+n}\right)$ c) $\left(\frac{n^2+(-1)^n}{2n^2}\right)$ d) $\left(\frac{n^2+(-1)^n}{2^{n+2}}\right)$

e) $\left(\frac{(-3)^n+2}{2\cdot(-3)^n}\right)$ f) $\left(\frac{2n^2-3n+2}{3(n^2+1)}\right)$ g) $\left(\frac{4n-5\cos(n\cdot\pi)}{5n}\right)$ h) $\left(\frac{5+3n(-1)^{n+1}}{5n\cdot\cos(n\cdot\pi)}\right)$

5 Gib eine nicht-monotone Folge an, die den Grenzwert 0 (1; $-\frac{2}{3}$) hat.

6 Widerlege die folgende Behauptung durch ein Gegenbeispiel.

a) Jede monotone Folge ist konvergent. b) Jede monotone Folge ist divergent.
c) Jede beschränkte Folge ist konvergent. d) Jede beschränkte Folge ist divergent.
e) Jede konvergente Folge ist monoton und beschränkt.
f) Jede divergente Folge ist nicht beschränkt. g) Ist (a_n) divergent, so ist $(\frac{1}{a_n})$ konvergent.

7 Ist die Folge konvergent oder divergent? Gib gegebenenfalls den Grenzwert an.

a) $(1-n)$ b) $\left(\frac{1}{1-2n}\right)$ c) $\left(\frac{n^3}{n^2+1}\right)$ d) $\left(\frac{(1-n)^2}{1+n^2}\right)$

e) $\left(\frac{n^2-n}{n+1}\right)$ f) $(2^{n+1}-2^n)$ g) $\left(\frac{n\cdot\cos(n\cdot\pi)}{n+1}\right)$ h) $\left(\frac{3^n-2^n}{3^n}\right)$

i) $((-1)^n)$ j) $(\cos(2n\cdot\pi))$ k) $\left(\frac{1+(-1)^n}{n}\right)$ l) $\left(\sqrt{n}\cdot\cos(n\cdot\pi)\right)$

8 Zeige mit der Definition auf S. 64, daß die Folge $\left(\frac{1-3n}{2n}\right)$ konvergent ist. Von welchem Glied an unterscheiden sich die Folgenglieder vom Grenzwert um weniger als 0,1 (0,01; 0,001; 10^{-5})?

9 Von welchem n_0 an unterscheiden sich zwei aufeinanderfolgende Glieder der Folge

a) $\left(\frac{n-5}{2n+1}\right)$ b) $\left(\frac{3n+1}{n-2}\right)$ c) (2^{-n}) um weniger als 0,001?

10 Berechne für die Folge in Beispiel 3 von S. 54 (Fig. 67.1) die ersten zehn Glieder. Welchen Grenzwert vermutet man? Untersuche, ob die Vermutung zutrifft.

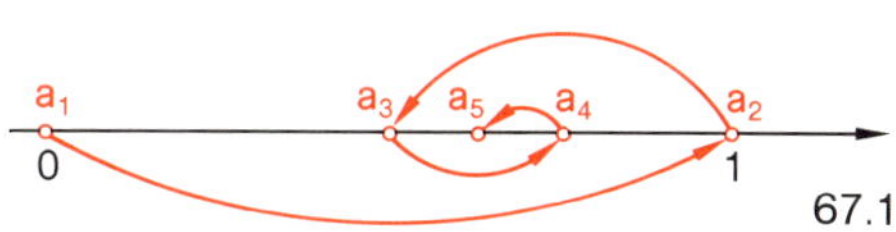

67.1

11 a) Zeige: Ist $(|a_n|)$ eine Nullfolge, so ist auch (a_n) eine Nullfolge.
b) Zeige: Ist (a_n) eine Nullfolge, so ist auch $(|a_n|)$ eine Nullfolge.
c) Gilt allgemein: Ist $(|a_n|)$ konvergent, so auch (a_n)?

In den Aufgaben 12, 13 und 14 werden die Folgen **rekursiv** definiert. Dabei werden Folgenglieder aus vorangehenden Folgengliedern berechnet.

12 Ist eine Folge (a_n) mit $a_1 = 3$ konvergent (divergent), wenn für $n > 1$ jedes Glied

a) 0,1 größer ist als das vorangehende b) doppelt so groß ist wie das vorangehende
c) halb so groß ist wie das vorangehende d) der Kehrwert des vorangehenden ist?

13 Bei einer Folge (a_n) mit $a_1 = 1$ gilt $a_{n+1} = \frac{1}{n}\cdot a_n$. Berechne die Folgenglieder a_2, a_3, a_4, a_5.
Berechne a_{10}, ohne zuvor a_6 bis a_9 zu bestimmen. Ist die Folge konvergent?

14 Bei einer Folge (a_n) mit $a_1 = \frac{1}{2}$ gilt $a_{n+1} = \frac{2a_n}{1+a_n}$. Berechne die Folgenglieder a_2, a_3, a_4, a_5.
Zeige, daß (a_n) monoton steigt und beschränkt ist. Welchem Grenzwert g nähert sich die Folge?

15 Bestimme a_1 und q für die gegebene geometrische Folge. Berechne a_4 und a_5. Ermittle dann die ersten 5 Glieder s_1 bis s_5 der zugehörigen geometrischen Reihe.

a) 2; 6; 18; . . . b) 4; 3; $\frac{9}{4}$; . . . c) 60; −30; 15; . . .

d) 2; $\frac{1}{2}$; $\frac{1}{8}$; . . . e) −12; 8; $-\frac{16}{3}$ . . . f) 2,4; 3,6; 5,4; . . .

16 a) Schalte zwischen 5 und 5120 (zwischen 3 und 9375) weitere Zahlen so ein, daß 5 (3) das 1. und 5120 (9375) das 6. Glied einer geometrischen Folge ist.

b) Schalte zwischen je zwei aufeinanderfolgende Glieder der geometrischen Folge 16; 36; 81; . . . ein weiteres Glied so ein, daß wieder eine geometrische Folge entsteht.

17 Sind a und b positive Zahlen, so nennt man $\sqrt{a \cdot b}$ das geometrische Mittel von a und b.

a) Denke a und b als Seitenlängen eines Rechtecks. Welche geometrische Bedeutung hat dann das geometrische Mittel von a und b?

b) Zeige: Bei einer geometrischen Folge mit positiven Gliedern ist jedes Glied das geometrische Mittel der beiden benachbarten Glieder. (Daher der Name „geometrische Folge".)

18 Gegen welchen Grenzwert s strebt (s_n) für $n \to \infty$?

a) $s_n = 1 + \frac{1}{4} + (\frac{1}{4})^2 + \ldots + (\frac{1}{4})^{n-1}$ b) $s_n = 1 - \frac{1}{4} + \frac{1}{16} - \ldots + (-\frac{1}{4})^{n-1}$

c) $s_n = 1 - 0{,}4 + 0{,}4^2 - \ldots + (-0{,}4)^{n-1}$ d) $s_n = 2 + 2 \cdot \frac{1}{3} + 2 \cdot (\frac{1}{3})^2 + \ldots + 2 \cdot (\frac{1}{3})^{n-1}$

e) $s_n = 2{,}5 + 0{,}5 + 0{,}1 + \ldots + 2{,}5 \cdot (\frac{1}{5})^{n-1}$ f) $s_n = 0{,}1 - 0{,}02 + 0{,}004 - \ldots + 0{,}1 \cdot (-0{,}2)^{n-1}$

19 Gib den folgenden periodischen Dezimalbruch als Bruch mit Zähler und Nenner an.

a) $0,\overline{6}$ b) $0,\overline{1}$ c) $0,\overline{5}$ d) $0,\overline{10}$ e) $0,\overline{27}$ f) $0,\overline{09}$

g) $0,\overline{06}$ h) $0,\overline{037}$ i) $0,\overline{185}$ j) $0,\overline{001}$ k) $0,1\overline{9}$ l) $1,8\overline{3}$

20 Gib allgemein (Anfangsglied a_1, Quotient q) eine rekursive Definition für die geometrische Folge und die geometrische Reihe an.

21 Der Streckenzug in Fig. 68.1 (in Fig. 68.2) nähert sich, wenn man ihn unaufhörlich fortgesetzt denkt, einem Grenzpunkt S. Wie weit liegt S rechts von A (unterhalb von A)? Wie läßt sich S zeichnerisch bestimmen?

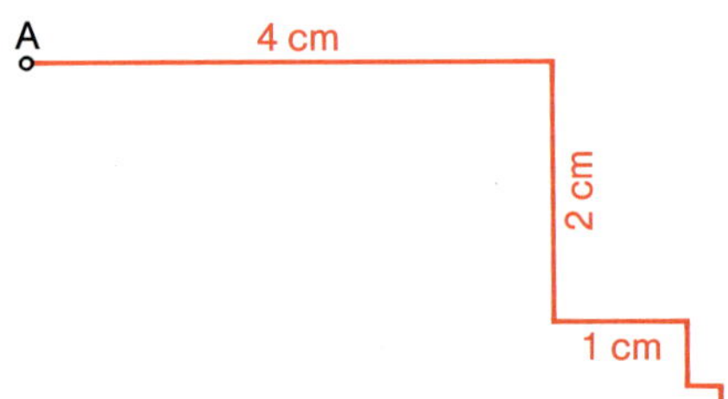

68.1

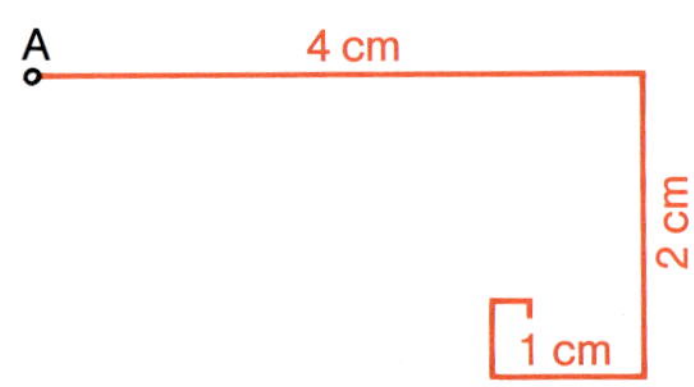

68.2

22 In Fig. 56.2 („Dreieckspflanze") habe das Ausgangsdreieck die Seitenlänge 1 m. Untersuche rechnerisch, ob die Umfänge (die Flächeninhalte) der entstehenden Figuren gegen einen Grenzwert streben. Gib gegebenenfalls den Grenzwert an.

23 Paradoxon des ZENO[1]: Achilles läuft mit einer Schildkröte um die Wette. Beim Start hat diese, weil Achilles 10mal so schnell läuft wie sie, einen Vorsprung von 10 m. Wenn Achilles den Startpunkt A der Schildkröte erreicht, ist diese bereits wieder in B (Fig. 68.3), wenn Achilles nach B kommt, ist sie bereits in C usw. Also – so schließt ZENO – kann Achilles die Schildkröte niemals einholen.

Worin liegt der Trugschluß? Nach wieviel Metern holt Achilles die Schildkröte ein?

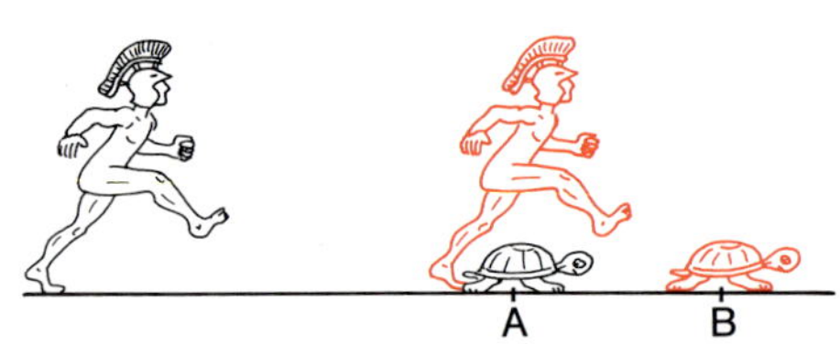

68.3

1. ZENO VON ELEA (um 450 v. Chr.), griech. Philosoph

14 Grenzwerte von Funktionen für $x \to +\infty$, $x \to -\infty$

1 Für die Gegenstandsweite x (in cm) und die Bildweite f(x) (in cm) eines Fotoobjektives der Brennweite 5 cm gilt nach der Linsengleichung für $x > 5$: $f(x) = \frac{5x}{x-5}$ (Fig. 69.1).
Es interessiert, wie sich die Bildweite f(x) ändert, wenn man x vergrößert.
a) Berechne die Bildweiten f(6), f(7), ..., f(10). Wie verhält sich die Folge (f(n)) für $n \to \infty$?
b) Wie verhält sich die Folge $(f(x_n))$, die entsteht, wenn man für x_n nacheinander die Quadratzahlen 1; 4; 9; ... einsetzt?

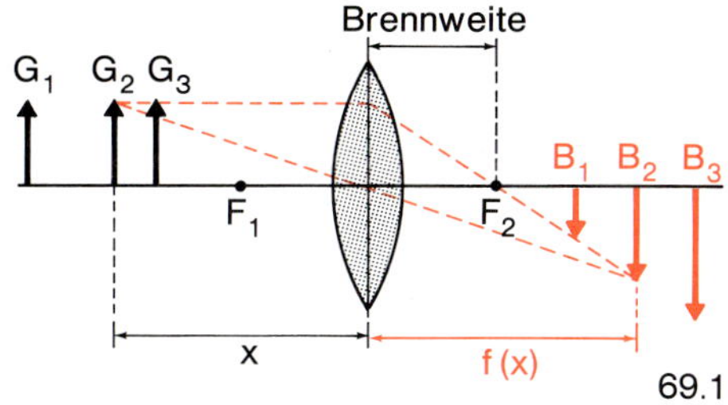

69.1

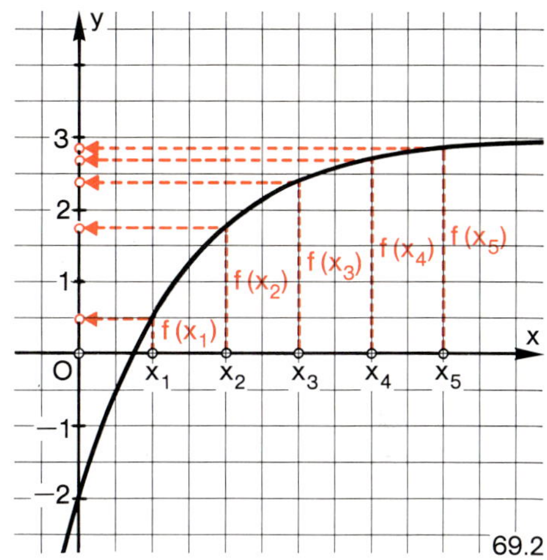

69.2

Wenn man bei einer Funktion f mit $D = \mathbb{R}$ für x nacheinander

1; 2; 3; ...

einsetzt, so entsteht eine Folge

f(1); f(2); f(3); ...

von Funktionswerten (Fig. 69.2). Man nennt dann die Folge 1; 2; 3; ... auch Urbildfolge und die Folge f(1); f(2); f(3); ... Bildfolge.
Fig. 69.2 zeigt das Schaubild der Funktion $f: x \mapsto 3 - 5 \cdot 2^{-x}$. In diesem Fall hat die Bildfolge den Grenzwert 3. Dies gilt ebenso, wenn man als Urbildfolge die Folge 1; 4; 9; ... der Quadratzahlen oder die Folge 2; 3; 5; 7; ... der Primzahlen oder irgend eine andere Folge (x_n) mit $x_n \to +\infty$ wählt. Die zugehörigen Bildfolgen haben alle denselben Grenzwert 3. Man sagt dafür kurz: Die Funktion f hat für $x \to +\infty$ den Grenzwert 3. Anschaulich bedeutet dies, daß das Schaubild von f für wachsende x-Werte der Parallelen zur x-Achse mit der Gleichung $y = 3$ beliebig nahe kommt.

Definition: Eine Zahl **g** heißt **Grenzwert der Funktion f für $x \to +\infty$ ($x \to -\infty$)**, wenn für jede Urbildfolge (x_n) mit $x_n \to +\infty$ ($x_n \to -\infty$) und $x_n \in D_f$ die Bildfolge $(f(x_n))$ denselben Grenzwert g hat. Man schreibt dann

$$\lim_{x \to +\infty} f(x) = g \quad \text{bzw.} \quad \lim_{x \to -\infty} f(x) = g.$$

Das Schaubild einer Funktion f mit $\lim_{x \to +\infty} f(x) = g$ kommt für $x \to +\infty$ der Geraden mit der Gleichung $y = g$ beliebig nahe, genauer: $\lim_{x \to +\infty} (f(x) - g) = 0$.
Man nennt deshalb die Gerade mit der Gleichung $y = g$ eine **Asymptote**[1] des Schaubildes von f.

---

1. sympiptein (griech.): zusammenfallen, a ist verneinende Vorsilbe.

Um das Verhalten einer Funktion f für $x \to -\infty$ zu untersuchen, betrachten wir Folgen (x_n) mit $x_n \to -\infty$. Gilt bei jeder solchen Urbildfolge für die Bildfolge z. B. $f(x_n) \to +\infty$, so schreiben wir

$$f(x) \to +\infty \text{ für } x \to -\infty.$$

In Fig. 70.1 ist für diesen Fall und entsprechende weitere Fälle der typische Verlauf des Schaubildes skizziert.

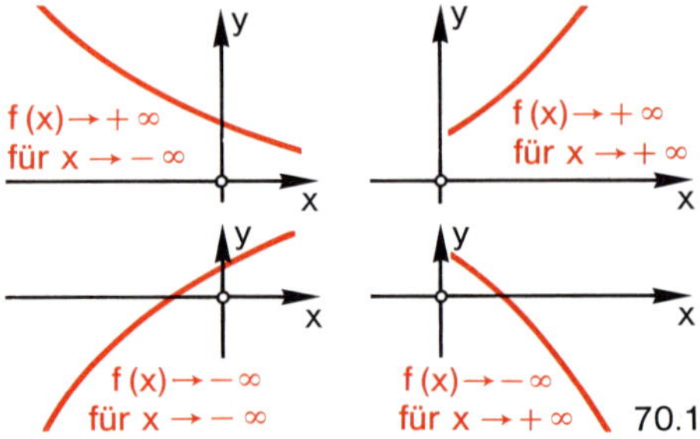

70.1

Beispiel 1: (Unmittelbar einsichtige Grenzwerte)

a) $\lim\limits_{x \to +\infty} \frac{1}{x} = 0$ b) $\lim\limits_{x \to -\infty} \frac{1}{x} = 0$ c) $\lim\limits_{x \to +\infty} \frac{1}{\sqrt{x}} = 0$ d) $\lim\limits_{x \to +\infty} 2^{-x} = 0$

Beispiel 2: (Grenzwertbestimmung durch Termumformung)

a) $f(x) = \frac{2x-3}{x} = 2 - \frac{3}{x}$

Für jede Folge (x_n) mit $x_n \to +\infty$ ist $\left(\frac{3}{x_n}\right)$ eine Nullfolge (vgl. Aufgabe 11) und somit $(f(x_n))$ nach S. 65, Satz 2 eine Folge mit dem Grenzwert 2. Dasselbe gilt für $x \to -\infty$.
Also ist $\lim\limits_{x \to +\infty} \frac{2x-3}{x} = \lim\limits_{x \to -\infty} \frac{2x-3}{x} = 2.$

b) $f(x) = \frac{6x-1}{x+1} = \frac{6(x+1)-7}{x+1} = 6 - \frac{7}{x+1}$

$\lim\limits_{x \to +\infty} \frac{6x-1}{x+1} = \lim\limits_{x \to -\infty} \frac{6x-1}{x+1} = 6$

c) $f(x) = \frac{2^x+1}{2^x} = 1 + 2^{-x};\quad \lim\limits_{x \to +\infty} \frac{2^x+1}{2^x} = 1$

Für $x \to -\infty$ hat f keinen Grenzwert: $f(x) \to +\infty$ für $x \to -\infty$.

Beispiel 3: (Grenzwertbestimmung mittels einer Vergleichsfunktion)

$f(x) = \frac{x-1}{x^2} = \frac{1}{x} - \frac{1}{x^2}$

Für $x > 1$ ist $0 < f(x) < \frac{1}{x}$. Da $\lim\limits_{x \to +\infty} \frac{1}{x} = 0$, muß auch $\lim\limits_{x \to +\infty} \frac{x-1}{x^2} = 0$ sein.

Für $x < -1$ ist $0 > f(x) > \frac{2}{x}$, weil $-\frac{1}{x^2} > \frac{1}{x}$; also ist $\lim\limits_{x \to -\infty} \frac{x-1}{x^2} = 0$.

Beispiel 4: (Kein Grenzwert)

Für $f(x) = \cos x$ gilt z. B. (Fig. 70.2; $n \in \mathbb{N}$)

bei der Urbildfolge	für die Bildfolge
$(n \cdot \pi)$	kein Grenzwert
$(n \cdot 2\pi)$	Grenzwert 1
$((2n-1) \cdot \pi)$	Grenzwert -1.

f hat für $x \to +\infty$ also keinen Grenzwert.

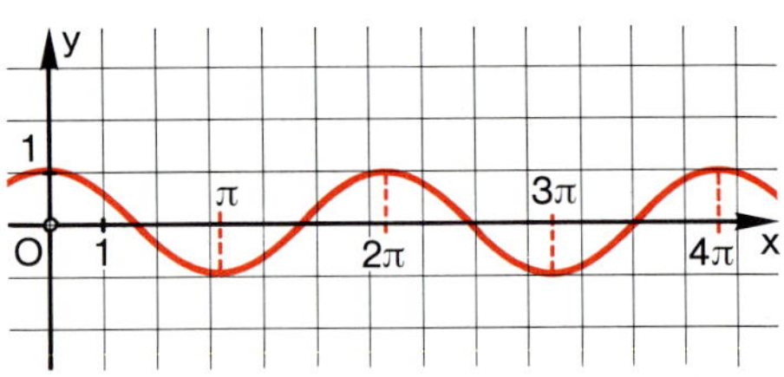

70.2

2 Skizziere das Schaubild und untersuche das Verhalten der Funktion für $x \to +\infty$ $(x \to -\infty)$.

a) $f(x) = \frac{4}{(x+2)^2}$ b) $f(x) = \frac{4x-1}{2x+3}$ c) $f(x) = \frac{x^3+2}{x^2-1}$

d) $f(x) = \frac{1-2^x}{2^x}$ e) $f(x) = 2^{-x} \cdot \cos x$ f) $f(x) = \frac{1}{\sin x}$

Aufgaben

Untersuche in Aufgabe 3 bis 8 die Funktion für $x \to +\infty$.

3 a) $f(x)=\frac{2}{x}$ b) $f(x)=\frac{4}{x^2}$ c) $f(x)=\frac{1}{x+3}$ d) $f(x)=\frac{3}{2x+4}$

4 a) $f(x)=\frac{x+1}{3}$ b) $f(x)=\frac{1-x}{2}$ c) $f(x)=x+\frac{1}{2}$ d) $f(x)=x-\frac{1}{x}$

5 a) $f(x)=\frac{3}{\sqrt{x}}$ b) $f(x)=\frac{1}{\sqrt{x}+2}$ c) $f(x)=\frac{1}{\sqrt{x-3}}$ d) $f(x)=\frac{\sqrt{x}-1}{x-1}$

6 a) $f(x)=3^{-x}$ b) $f(x)=2(4-2^{-x})$ c) $f(x)=2^x+2^{-x}$ d) $f(x)=\frac{4}{4-x}$

7 a) $f(x)=\frac{x}{x+1}$ b) $f(x)=\frac{2x}{x-1}$ c) $f(x)=\frac{4x+1}{2x+1}$ d) $f(x)=\frac{1+3x}{2x+1}$

(Anleitung: In a) gilt: $f(x)=\frac{x+1-1}{x+1}=1-\frac{1}{x+1}$. Forme in b) bis d) entsprechend um.)

8 a) $f(x)=\frac{6x^2-1}{x^2}$ b) $f(x)=\frac{2x^2-5}{x^2+1}$ c) $f(x)=\frac{4x^2+5}{2x+1}-2x$ d) $f(x)=\frac{3x^2-1}{1-2x}+\frac{3}{2}x$

9 Untersuche g für $x \to +\infty$ und für $x \to -\infty$.

a) $g(x)=\frac{2x+1}{x}$ b) $g(x)=\frac{x+1}{x^2}$ c) $g(x)=\frac{x+1}{|x|}$ d) $g(x)=\frac{x^2-1}{x+1}$

e) $g(x)=\frac{\sin x}{x}$ f) $g(x)=\frac{x}{\cos x}$ g) $g(x)=\frac{x}{\sqrt{|x|}}$ h) $g(x)=\frac{\sqrt{|x|}}{x+\sqrt{|x|}}$

10 Untersuche h für $x \to +\infty$ und für $x \to -\infty$ mittels einer Vergleichsfunktion.

a) $h(x)=\frac{x}{x^2+1}$ b) $h(x)=\frac{1+x}{x^2+1}$ c) $h(x)=\frac{2\cos x}{x}$ d) $h(x)=\frac{1-\cos x}{x^2}$

e) $h(x)=3^{-x}\cdot\sin x$ f) $h(x)=3^x\cdot\cos(-x)$ g) $h(x)=2^x\cdot 3^{-x}$ h) $h(x)=4^x\cdot 3^{-x}$

11 Beweise: Für jede Folge (x_n) mit $x_n \to +\infty$ ist die Folge $\left(\frac{3}{x_n}\right)$ (die Folge $\left(\frac{3}{x_n^2}\right)$) eine Nullfolge.

12 Untersuche das Verhalten der Funktion f für $x \to +\infty$ und für $x \to -\infty$.
Zeichne das Schaubild von f mit Hilfe der Asymptote. Gib die Gleichung der Asymptote an.

a) $f(x)=2^x-1$ b) $f(x)=1-2^{-x}$ c) $f(x)=\frac{2}{x^2+1}$ d) $f(x)=2^{-x}\cdot\sin x$

13 Skizziere mit Hilfe einer Wertetabelle ein Schaubild von f. Gibt das Schaubild einen Hinweis auf einen vermutlichen Grenzwert für $x \to +\infty$ $(x \to -\infty)$?

a) $f(x)=\frac{x}{2^x}$ b) $f(x)=\frac{x^2}{2^x}$ c) $f(x)=\frac{x^3}{1{,}5^x}$ d) $f(x)=x^{\frac{1}{x}}$

14 Die Abkühlung einer heißen Flüssigkeit läßt sich durch die folgende (Temperatur-)Funktion beschreiben.

$$f: t \mapsto 70\cdot 0{,}75^t+19$$

Hierbei ist t die Zeit (in min) und f(t) die zugehörige Temperatur (in °C).

a) Zeichne ein Schaubild von f.

b) Welche Bedeutung haben die Zahlen 19 und 70?

c) Welche Zahl des Terms f(t) ist evtl. zu ändern, wenn man bei gleichen sonstigen Bedingungen den Abkühlvorgang bei einer anderen Flüssigkeit betrachtet?

15 Wie hängt der Durchmesser des Lichtflecks vom Abstand zwischen Lampe und Wand ab (Fig. 71.1)? Bestimme bei dieser Funktion den Grenzwert für $x \to +\infty$.

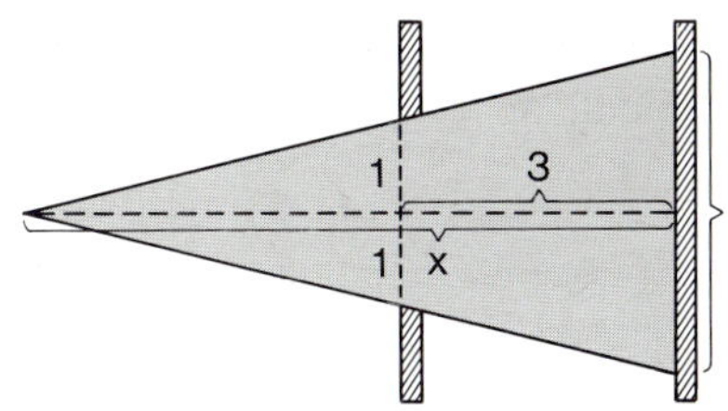

71.1

15 Grenzwerte von Funktionen für $x \to x_0$

1 Drei Fußballspieler A, B, C laufen wie in Fig. 72.1 auf die gegnerische Aus-Linie zu. Wird dabei der Einschußwinkel dieser Spieler günstiger oder ungünstiger? Welchem Grenzwinkel nähert sich der Einschußwinkel des Spielers A (B; C)?

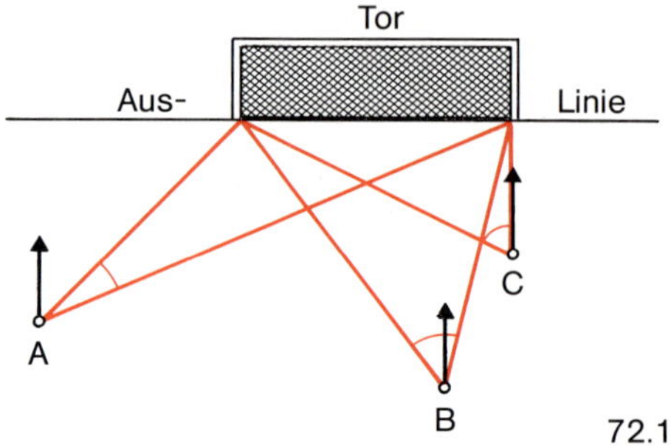

72.1

Bei Funktionen können Grenzwerte nicht nur für $x \to +\infty$ oder $x \to -\infty$ auftreten. Als Beispiel betrachten wir die Funktion

$$f: x \mapsto \frac{x^2-4}{5x-10};$$

sie ist für alle $x \neq 2$ definiert, für $x = 2$ ist kein Funktionswert vorhanden. Um Auskunft über das Verhalten der Funktion f für $x \to 2$ zu erhalten, betrachten wir Folgen (x_n) mit $x_n \to 2$ und untersuchen, wie sich die dazugehörenden Bildfolgen $(f(x_n))$ verhalten. Die Tabellen a) und b) zeigen einige Glieder solcher Folgen.

a)

x_n	1,5	1,8	1,9	1,99	1,999
$f(x_n)$	0,7	0,76	0,78	0,798	0,7998

b)

x_n	2,1	1,95	2,01	1,99	2,0001
$f(x_n)$	0,82	0,79	0,802	0,798	0,8002

Beide Bildfolgen scheinen gegen den Grenzwert 0,8 zu konvergieren. Wir untersuchen deshalb für $x \neq 2$ die Differenz $f(x) - 0{,}8$.

$$\frac{x^2-4}{5x-10} - \frac{4}{5} = \frac{x^2-4x+4}{5(x-2)} = \frac{(x-2)^2}{5(x-2)} = \frac{x-2}{5}$$

Daran erkennen wir, daß für jede Folge (x_n) mit $x_n \to 2$ die Differenzfolge $(f(x_n) - 0{,}8)$ eine Nullfolge ist. Das bedeutet: Für alle Folgen (x_n) mit $x_n \to 2$ haben die Bildfolgen $(f(x_n))$ den gleichen Grenzwert 0,8.

Definition: Eine Zahl g heißt **Grenzwert der Funktion f für $x \to x_0$**, wenn bei jeder Folge (x_n) mit $x_n \in D_f$, $x_n \neq x_0$ und $x_n \to x_0$ die Bildfolge $(f(x_n))$ denselben Grenzwert g hat. Man schreibt dann

$$\lim_{x \to x_0} f(x) = g.$$

Bemerkungen: a) Damit man überhaupt Folgen (x_n) mit $x_n \to x_0$ bilden kann, muß es beliebig nahe bei x_0 Zahlen $(\neq x_0)$ geben, die zur Definitionsmenge D_f gehören. Das ist z. B. der Fall für $D_f = \mathbb{R} \setminus \{x_0\}$ oder $D_f = \mathbb{Q} \setminus \{x_0\}$; x_0 selbst braucht nicht zur Definitionsmenge zu gehören.

b) Ist (h_n) eine Nullfolge, so ist $(x_0 + h_n)$ eine Folge mit $x_0 + h_n \to x_0$. Man schreibt deshalb statt $\lim_{x \to x_0} f(x) = g$ auch

$$\lim_{h \to 0} f(x_0 + h) = g.$$

Fig. 73.1 zeigt das Schaubild einer Funktion f mit $D_f = \mathbb{R} \setminus \{2; 7\}$. Es verdeutlicht unterschiedliche Verhaltensweisen der Funktion bei Annäherung an eine Stelle x_0.

An der Stelle $x_0 = 2$ ist kein Funktionswert vorhanden, aber $\lim_{x \to 2} f(x) = 1$.

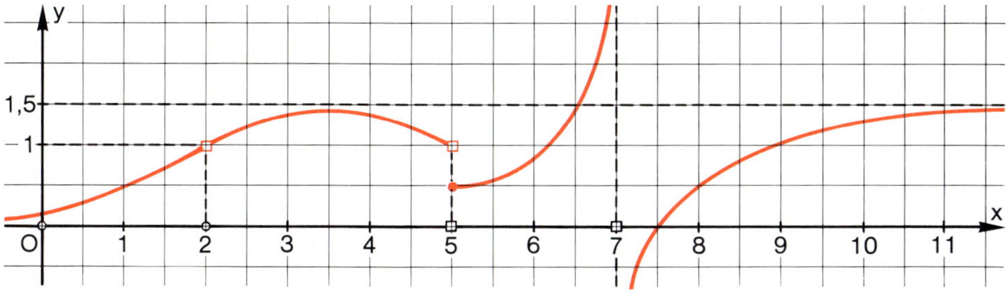

$\lim_{x\to-\infty} f(x)=0$ $\lim_{x\to 2} f(x)=1$ kein Grenzwert für $x\to 5$ und $x\to 7$ $\lim_{x\to+\infty} f(x)=1{,}5$

73.1

An der Stelle $x_0=5$ führen alle Folgen (x_n) mit $x_n \to 5$, $x_n<5$ zu Bildfolgen mit dem Grenzwert 1; dagegen führen alle Folgen (x_n) mit $x_n \to 5$, $x_n>5$ zu Bildfolgen mit dem Grenzwert $\frac{1}{2}$. Da somit nicht alle Bildfolgen $(f(x_n))$ mit $x_n \to 5$ den gleichen Grenzwert haben, kann man nicht von dem Grenzwert der Funktion f an der Stelle $x_0=5$ sprechen. Stattdessen sagen wir: f hat an der Stelle 5 den linksseitigen Grenzwert 1 und den rechtsseitigen Grenzwert $\frac{1}{2}$, kurz: $\lim_{x\to 5;\, x<5} f(x)=1$; $\lim_{x\to 5;\, x>5} f(x)=\frac{1}{2}$.

An der Stelle $x_0=7$ gilt: $f(x)\to+\infty$ für $x\to 7, x<7$ und $f(x)\to-\infty$ für $x\to 7, x>7$. Die Gerade mit der Gleichung $x=7$ ist „senkrechte" Asymptote des Schaubildes.
Für $x\to+\infty$ ist die Gerade $y=1{,}5$, für $x\to-\infty$ die Gerade $y=0$ eine „waagrechte" Asymptote.

Beispiel 1: (x_0 gehört nicht zur Definitionsmenge D_f)

$f(x)=\frac{x^2-4}{x+2}$; $D_f=\mathbb{R}\setminus\{-2\}$; $x_0=-2$

$f(x)=\frac{(x-2)(x+2)}{x+2}=x-2$

Für jede Folge (x_n) mit $x_n\to-2$ strebt sowohl der Zähler als auch der Nenner gegen 0; das Verhalten des Quotienten ist nicht ohne weiteres zu erkennen.

Wir formen deshalb um und erhalten $f(x)=x-2$ für $x\neq-2$.
Dies zeigt: $\lim_{x\to-2} f(x)=-4$.

Beispiel 2: ($x_0\in D_f$)

Ein Bogenschütze schießt auf eine Scheibe (Fig. 73.2). Trifft die Pfeilspitze genau in die Mitte der Scheibe, so gewinnt er 20 DM. Beträgt der Abstand des Einschusses von der Mitte x cm, dann muß er x DM in die Vereinskasse zahlen.
Die Gewinnfunktion G des Schützen ist (theoretisch) gegeben durch

$$G(x)=\begin{cases} +20 & \text{für } x=0 \\ -x & \text{für } x>0. \end{cases}$$

Die Gewinnfunktion hat für $x\to 0$ den Grenzwert 0 (Fig. 73.2).
Beachte: Der Grenzwert für $x\to 0$ ist nicht der Funktionswert G(0).

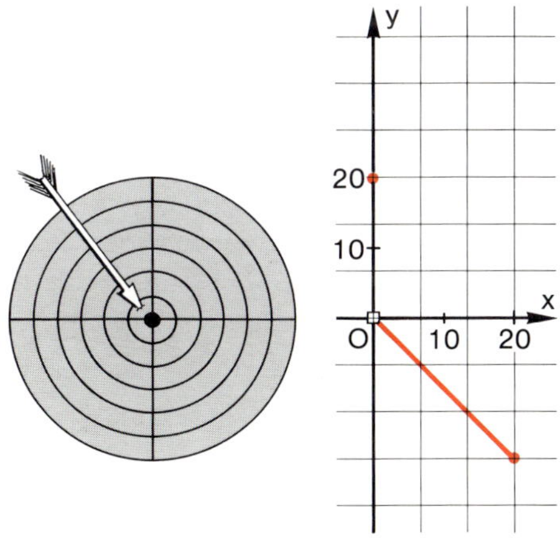

73.2

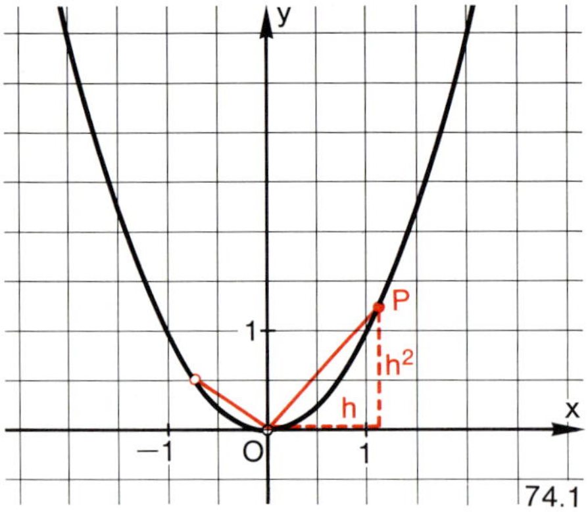

74.1

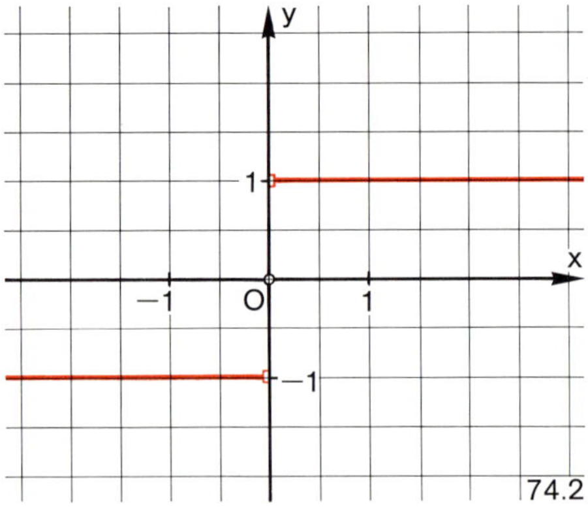

74.2

Beispiel 3: (Untersuchung auf eine Knickstelle)
Um zu entscheiden, ob das Schaubild der Funktion $x \mapsto x^2$ (Fig. 74.1) in O einen Knick hat, untersuchen wir das Verhalten der Steigung m_s einer Sehne OP (Fig. 74.1) für $h \to 0$. Es ist $m_s = h^2 : h = h$, also $\lim\limits_{h \to 0} m_s = 0$. Das Schaubild verläuft daher ohne Knick durch O.

Beispiel 4: (Kein Grenzwert vorhanden)
a) Die Funktion f mit $f(x) = \frac{x}{|x|}$ für $x \in \mathbb{R} \setminus \{0\}$ (Fig. 74.2) hat für $x \to 0$ keinen Grenzwert. Nullfolgen (x_n) mit $x_n > 0$ haben Bildfolgen mit dem Grenzwert $+1$, Nullfolgen (x_n) mit $x_n < 0$ dagegen Bildfolgen mit dem Grenzwert -1.
b) Bei der Funktion f mit $f(x) = \frac{1}{x}$, $x \in \mathbb{R} \setminus \{0\}$, ist für jede Nullfolge (x_n) die Bildfolge $(f(x_n))$ divergent; f hat also für $x \to 0$ keinen Grenzwert.

In Beispiel 4a) (Fig. 74.2) ist bei Annäherung an die Stelle $x_0 = 0$ von rechts ein rechtsseitiger Grenzwert, bei Annäherung von links ein linksseitiger Grenzwert vorhanden (vgl. auch Fig. 73.1, $x_0 = 5$). In solchen Fällen gilt:

Satz: Hat eine Funktion f an der Stelle x_0 sowohl einen rechtsseitigen Grenzwert g_r als auch einen linksseitigen Grenzwert g_l und ist $g_r = g_l$, dann hat f für $x \to x_0$ einen Grenzwert und dieser stimmt mit g_r und g_l überein.

Beweis: Wir müssen noch Folgen (x_n) mit $x_n \to x_0$ betrachten, deren Glieder weder alle größer als x_0, noch alle kleiner als x_0 sind. Bei einer solchen Folge gibt es zu jedem $\varepsilon > 0$ ein n_1 mit $f(x_n) < g_r + \varepsilon$ für $n > n_1$ und ein n_2 mit $f(x_n) > g_l - \varepsilon$ für $n > n_2$. Ist $n_0 > n_1$ und $n_0 > n_2$, so gilt mit $g_r = g_l = g$ daher $g - \varepsilon < f(x_n) < g + \varepsilon$ für alle x_n mit $n \geqq n_0$.

2 Für welche Stelle $x_0 \in \mathbb{R}$ ist die Funktion f nicht definiert? Untersuche, ob f an dieser Stelle einen rechtsseitigen Grenzwert (einen linksseitigen Grenzwert; einen Grenzwert) hat. Wie verhält sich f für $x \to +\infty$ bzw. $x \to -\infty$?

a) $f(x) = \frac{4x}{x-3}$ b) $f(x) = \frac{1-x^2}{x+1}$ c) $f(x) = \frac{x^2-4}{|x-2|}$ d) $f(x) = \frac{2^{\frac{1}{x}}+1}{2^{\frac{1}{x}}}$

Aufgaben

3 Untersuche das Verhalten der Funktion f.

a) $f(x)=\frac{1}{x^2}$; $x \to 0$ $(x \to +\infty;\ x \to -\infty)$

b) $f(x)=\frac{1}{\sqrt{x}}$; $x \to 0$ $(x \to +\infty)$

c) $f(x)=\frac{1}{|x|}$; $x \to 0$ $(x \to +\infty;\ x \to -\infty)$

d) $f(x)=\lg x$; $x \to 0$ $(x \to +\infty)$

e) $f(x)=\frac{1}{2^x-1}$; $x \to 0$ $(x \to +\infty;\ x \to -\infty)$

f) $f(x)=\frac{1}{\sin x}$; $x \to 0$ $(x \to +\infty;\ x \to -\infty)$

Entwirf jeweils ein Schaubild von f; vergleiche mit den Ergebnissen in a) bis f).

4 a) Für welchen x-Wert ist die Funktion f mit $f(x)=\frac{x^2-1}{x-1}$ nicht definiert?

b) Bestimme $\lim\limits_{x\to 1}(x^2-1)$ und $\lim\limits_{x\to 1}(x-1)$.

c) Berechne f(x) für $x=1{,}5;\ 1{,}1;\ 1{,}01;\ 1{,}001$ (für $x=0{,}9;\ 0{,}95;\ 0{,}99;\ 0{,}999$; für $x=1{,}1;\ 0{,}9;\ 1{,}01;\ 0{,}98;\ 1{,}001$). Welchen Grenzwert scheint die Funktion f für $x \to 1$ zu haben?

d) Ermittle $\lim\limits_{x\to 1} f(x)$ durch Termumformung.

5 Bestimme mittels Termumformung $\lim\limits_{x\to x_0} f(x)$.

a) $f(x)=\frac{x^2-9}{x-3}$; $x_0=3$

b) $f(x)=\frac{4x^2-1}{2x+1}$; $x_0=-\frac{1}{2}$

c) $f(x)=\frac{3x^2+3x}{x+1}$; $x_0=-1$

d) $f(x)=\frac{2x^2-32}{3x+12}$; $x_0=-4$

e) $f(x)=\frac{x^2-6x+9}{x-3}$; $x_0=3$

f) $f(x)=\frac{4x^2+4x+1}{4x+2}$; $x_0=-0{,}5$

g) $f(x)=\frac{3x^2-17x+20}{x-4}$; $x_0=4$

h) $f(x)=\frac{1-x}{1-\sqrt{x}}$; $x_0=1$

6 Die Funktion f mit $f(x)=\sin\frac{1}{x}$ ist an der Stelle $x_0=0$ nicht definiert. Gib eine Urbildfolge (x_n) mit dem Grenzwert $x_0=0$ an, so daß die Bildfolge $(f(x_n))$ den Grenzwert 0 (1; -1) hat.
Was folgt daraus für den Grenzwert von $\sin\frac{1}{x}$ für $x \to 0$?

7 Die folgende Funktion f ist an der Stelle x_0 nicht definiert. Zeige, daß sie für $x \to x_0$ einen Grenzwert hat. Gib den Grenzwert an.

a) $f(x)=\begin{cases} 5x-6 & \text{für } x<2 \\ x^2 & \text{für } x>2 \end{cases}$; $x_0=2$

b) $f(x)=\begin{cases} x^2-1 & \text{für } x<1 \\ \lg x & \text{für } x>1 \end{cases}$; $x_0=1$

c) $f(x)=\begin{cases} \sin x & \text{für } x<\frac{\pi}{4} \\ \cos x & \text{für } x>\frac{\pi}{4} \end{cases}$; $x_0=\frac{\pi}{4}$

d) $f(x)=\begin{cases} \cos x & \text{für } x<0 \\ 2^x & \text{für } x>0 \end{cases}$; $x_0=0$

8 Bestimme für die Funktion f mit $f(x)=[x]$ (Gaußsche Klammerfunktion; S. 34)

a) $\lim\limits_{x\to 1{,}5} f(x)$ b) $\lim\limits_{x\to 1;\ x<1} f(x)$ c) $\lim\limits_{x\to 1;\ x>1} f(x)$.

Für welche Stellen $x_0 \in \mathbb{R}$ hat die Funktion f einen Grenzwert, für welche hat sie keinen Grenzwert? Zeichne ein Schaubild von f.

9 Beim Übergang von Lichtstrahlen von Luft in Glas (Fig. 75.1) besteht zwischen dem „Einfallswinkel" α und dem „Ausfallswinkel" β die Beziehung

$$\sin\beta=\frac{2}{3}\sin\alpha.$$

Bestimme den linksseitigen Grenzwert der Funktion $f: \alpha \mapsto \beta$ für $\alpha \to 90°$.

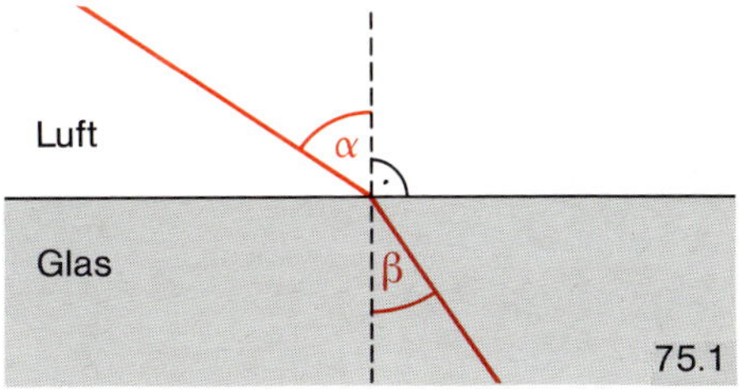

75.1

16 Grenzwerte zusammengesetzter Funktionen

16.1 Grenzwerte bei rationalen Zusammensetzungen

1 Bestimme die Grenzwerte der Funktionen $u: x \mapsto 3+\frac{1}{x}$ und $v: x \mapsto 3-\frac{1}{x}$ für $x \to +\infty$ (für $x \to 1$). Bilde danach die Funktionen $u+v$; $u-v$; $u \cdot v$; $u:v$ und untersuche deren Verhalten für $x \to +\infty$ (für $x \to -\infty$, für $x \to 1$). Welche Vermutung liegt nahe?

Die meisten Funktionen f, deren Verhalten für $x \to x_0$ oder $x \to +\infty$ ($x \to -\infty$) untersucht werden soll, sind aus einfacheren Funktionen zusammengesetzt. Falls diese ihrerseits für $x \to x_0$ bzw. $x \to +\infty$ ($x \to -\infty$) bekannte Grenzwerte haben, kann man oft ohne weitere Untersuchung auf das Verhalten von f schließen.

Satz 1: Hat für $x \to x_0$ ($x \to +\infty$; $x \to -\infty$) die Funktion u den Grenzwert a und die Funktion v den Grenzwert b, dann hat für $x \to x_0$ ($x \to +\infty$; $x \to -\infty$) die Funktion
$u+v$ den Grenzwert $a+b$ $\quad$ $u \cdot v$ den Grenzwert $a \cdot b$
$u-v$ den Grenzwert $a-b$ $\quad$ $u:v$, falls $b \neq 0$, den Grenzwert $a:b$.

Beweis (für $u+v$ und $x \to x_0$): Es sei (x_n) eine beliebige Folge mit $x_n \to x_0$. Wegen $u(x_n) \to a$ gibt es zu jedem $\varepsilon > 0$ ein n_1, so daß $-\varepsilon < u(x_n) - a < \varepsilon$ für alle $n \geqq n_1$. Ebenso gibt es wegen $v(x_n) \to b$ ein n_2 mit $-\varepsilon < v(x_n) - b < \varepsilon$ für alle $n \geqq n_2$. Ist nun sowohl $n_0 \geqq n_1$ als auch $n_0 \geqq n_2$, so gilt $-2\varepsilon < u(x_n) + v(x_n) - (a+b) < 2\varepsilon$ für alle $n \geqq n_0$. Dies zeigt: Für jede noch so kleine Zahl 2ε liegt $u(x_n) + v(x_n)$ für $n \geqq n_0$ im Intervall der Länge 4ε um $a+b$; d.h. $\lim\limits_{n \to \infty} (u(x_n) + v(x_n)) = a+b$.
Im Fall $u:v$ kommen nur Folgen (x_n) in Betracht mit $v(x_n) \neq 0$ für alle n. Wegen $b \neq 0$ gibt es solche Folgen.

Beispiel 1: ($x \to +\infty$)

$$f(x) = \frac{2x^2-1}{3x^2+1}$$

$$f(x) = \frac{2-\frac{1}{x^2}}{3+\frac{1}{x^2}}$$

$$\lim_{x \to +\infty} f(x) = \lim_{x \to +\infty} \frac{2x^2-1}{3x^2+1} = \frac{2}{3}$$

Wir untersuchen f für $x \to +\infty$. Weder der Zähler noch der Nenner hat für $x \to +\infty$ einen Grenzwert. Dies ändert sich, wenn man den Bruchterm mit x^2 kürzt; danach hat der neue Zähler den Grenzwert 2, der neue Nenner den Grenzwert 3. Nach dem obigen Satz ist daher $\lim\limits_{x \to +\infty} f(x) = \frac{2}{3}$. Ebenso ist $\lim\limits_{x \to -\infty} f(x) = \frac{2}{3}$.

Beispiel 2: ($x \to +\infty$; Zähler und Nenner von verschiedenem Grad)

$$f(x) = \frac{2x^2+3}{4x^3+x} = \frac{\frac{2}{x}+\frac{3}{x^3}}{4+\frac{1}{x^2}}$$

$$\lim_{x \to +\infty} f(x) = \lim_{x \to +\infty} \frac{2x^2+3}{4x^3+x} = \frac{0}{4} = 0$$

Um zu erreichen, daß Zähler und Nenner für $x \to +\infty$ einen Grenzwert haben, kürzen wir mit der höchsten im Zähler und Nenner auftretenden Potenz von x, also mit x^3.

Beispiel 3: $(x \to x_0)$ $\qquad f(x) = \frac{2x+3}{x+4x^2};\ x_0 = 2$

Wegen $\lim\limits_{x\to 2}(2x+3) = 7$ und $\lim\limits_{x\to 2}(x+4x^2) = 18$ ist $\lim\limits_{x\to 2} f(x) = \frac{7}{18}$.

2 Bestimme die folgenden Grenzwerte.

a) $\lim\limits_{x\to +\infty} \frac{1-x}{1+2x}$ b) $\lim\limits_{x\to -\infty} \frac{5+2x^2}{x^2-3x^3}$ c) $\lim\limits_{x\to -2} \frac{1-x^2}{2x+1}$ d) $\lim\limits_{x\to 0} 2^{-x}(1+2^{2x})$

Aufgaben

3 Bestimme die folgenden Grenzwerte.

a) $\lim\limits_{x\to +\infty} \frac{2x-1}{1+5x}$ b) $\lim\limits_{x\to +\infty} \frac{3-x^2}{1+2x^2}$ c) $\lim\limits_{x\to -\infty} 3\cdot\frac{1+2x}{2-x}$ d) $\lim\limits_{x\to +\infty} \frac{2(1+3x^2)}{5x^2-1}$

e) $\lim\limits_{x\to +\infty} \frac{2x}{x^2+1}$ f) $\lim\limits_{x\to +\infty} \frac{4x(1+x)}{x^3+1}$ g) $\lim\limits_{x\to +\infty} \frac{3^x}{1-3^x}$ h) $\lim\limits_{x\to +\infty} \frac{4+2\cdot 5^x}{5^x+3^{-x}}$

i) $\lim\limits_{x\to +\infty} \frac{3}{x^2+x}$ j) $\lim\limits_{x\to +\infty} \frac{a}{3+x}$ k) $\lim\limits_{x\to +\infty} \frac{2x^2+x-1}{(2x-1)^2}$ l) $\lim\limits_{x\to +\infty} \frac{1-4x^3}{(1+3x)^3}$

4 a) $\lim\limits_{x\to 1} \frac{1+2x}{3x-1}$ b) $\lim\limits_{x\to \sqrt{2}} \frac{2+\sqrt{2}x}{\sqrt{2}x-1}$ c) $\lim\limits_{x\to 0}(2^{-x}+x^2)$ d) $\lim\limits_{x\to \frac{\pi}{2}} \frac{\sin x}{x}$

e) $\lim\limits_{x\to 1} \frac{2^{-x}}{1+x}$ f) $\lim\limits_{x\to 0} \frac{1+3\cdot 2^x}{2+3^x}$ g) $\lim\limits_{x\to 3} x^2(1-2^{-x})$ h) $\lim\limits_{x\to \pi} \frac{\cos x}{1-\sin x}$

5 Untersuche das Verhalten der Funktion f.

a) $f(x) = \frac{1+2x}{1-x};\ x \to 1\ (x \to -\infty)$ b) $f(x) = \frac{1-x}{1+2x};\ x \to 1\ (x \to -\frac{1}{2})$

c) $f(x) = \frac{2-x^2}{2+x};\ x \to \sqrt{2}\ (x \to -2)$ d) $f(x) = \frac{2^x}{1+x};\ x \to 0\ (x \to -1)$

6 a) $f(x) = \frac{|x|}{x+1};\ x \to +\infty\ (x \to -\infty;\ x \to -1)$ b) $f(x) = \frac{1-x}{|x|};\ x \to +\infty\ (x \to -\infty;\ x \to 0)$

c) $f(x) = \frac{\sqrt{x}}{x+1};\ x \to +\infty\ (x \to 0;\ x \to 1)$ d) $f(x) = \frac{\sqrt{x}}{x+\sqrt{x}};\ x \to +\infty\ (x \to 0;\ x \to 4)$

7 a) $f(x) = \frac{x^2-9}{x+3};\ x \to -3\ (x \to +\infty)$ b) $f(x) = \frac{4x^2-1}{2x-1};\ x \to \frac{1}{2}\ (x \to +\infty)$

c) $f(x) = \frac{2x^2-x-1}{x-1};\ x \to 1\ (x \to -\infty)$ d) $f(x) = \frac{-x^2-11x+3}{x+3};\ x \to -3\ (x \to -\infty)$

8 Bestimme für f mit $f(x) = \frac{x^3-x}{x+1}$ und g mit $g(x) = \frac{x^2+x}{x+1}$:

a) $\lim\limits_{x\to -1}(f(x)+g(x))$ b) $\lim\limits_{x\to -1}(f(x)\cdot g(x))$ c) $\lim\limits_{x\to -1} \frac{f(x)}{g(x)}$.

9 Bestimme für f mit $f(x) = \frac{x^2-4}{x+2}$ und g mit $g(x) = \frac{2x^2+3x-2}{x+2}$:

a) $\lim\limits_{x\to -2}(5\cdot f(x))$ b) $\lim\limits_{x\to -2}(f(x)+g(x))$ c) $\lim\limits_{x\to -2}(f(x)-g(x))$.

d) $\lim\limits_{x\to -2}(f(x)\cdot g(x))$ e) $\lim\limits_{x\to -2} \frac{4}{g(x)}$ f) $\lim\limits_{x\to -2} \frac{f(x)}{g(x)}$.

10 Bestimme mittels geeigneter Vergleichsfunktionen:

a) $\lim\limits_{x\to +\infty} \frac{\sin x}{x}$ b) $\lim\limits_{x\to +\infty} \frac{\cos x}{2^x}$ c) $\lim\limits_{x\to +\infty} \frac{1}{x+\sin x}$ d) $\lim\limits_{x\to -\infty} \frac{1}{x-\cos x}$.

11 Warum bietet der Satz auf S. 76 keine Hilfe, wenn das Verhalten der Funktion f mit

$$f(x) = \frac{\sin x}{x}$$

für $x \to 0$ untersucht werden soll? Berechne f(0,1); f(0,01); f(0,001) sowie f(−0,2); f(−0,05); f(−0,003); f(−0,00001). Vermutung? (Vgl. S. 94.)

16.2 Grenzwerte bei Verkettungen

12 Es sei $f(x)=\left(\frac{2x-1}{x+1}\right)^2$. f ist Verkettung von u mit $u(x)=x^2$ und v mit $v(x)=\frac{2x-1}{x+1}$.

a) Bestimme den Grenzwert g_1 der Funktion v für $x\to+\infty$, danach den Grenzwert der Funktion u für $x\to g_1$.

b) Quadriere den Zähler und den Nenner von f(x); bestimme danach $\lim_{x\to+\infty} f(x)$ wie in Beispiel 1. Vergleiche mit dem Ergebnis in a).

Als Beispiel einer Verkettung untersuchen wir die Funktion $f=u\circ v$ mit

$$f(x)=2^{\frac{1}{x}};\quad v(x)=\frac{1}{x};\quad u(x)=2^x$$

für $x\to+\infty$. Es ist $D_v=\mathbb{R}\setminus\{0\}$, $D_u=\mathbb{R}$ und somit $D_f=\mathbb{R}\setminus\{0\}$.

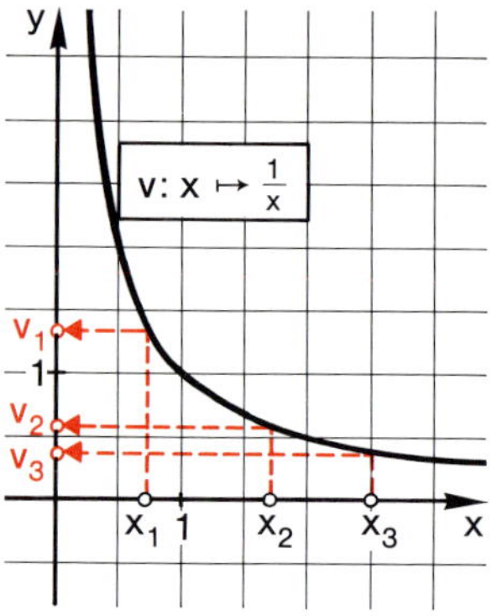

78.1

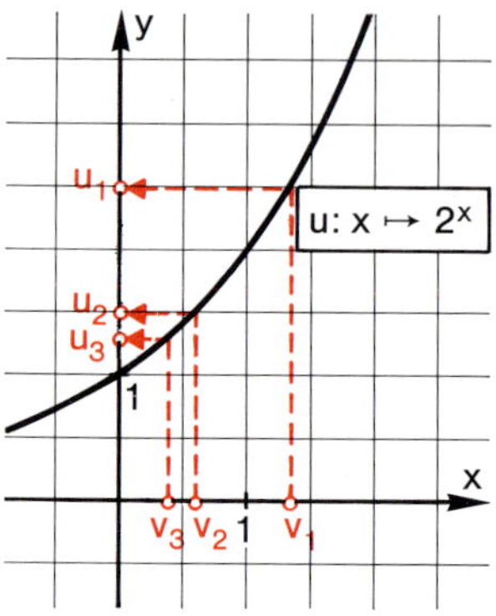

78.2

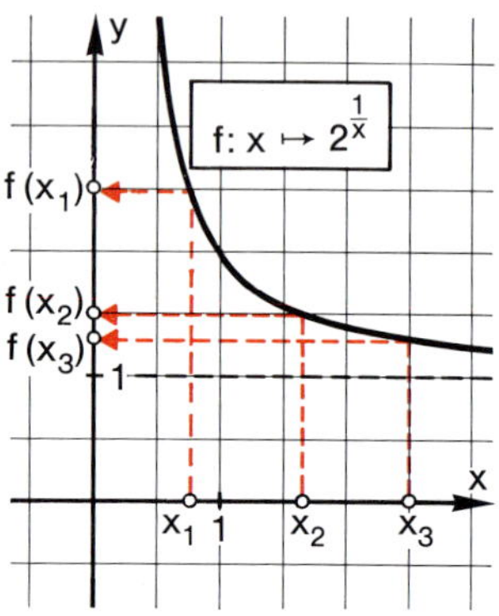

78.3

Es sei nun (x_n), $x_n\in D_v$, eine beliebige Folge mit $x_n\to+\infty$. Wegen $\lim_{x\to+\infty} v(x)=0$ hat die Folge $(v(x_n))$ den Grenzwert 0 (Fig. 78.1). Betrachten wir nun diese Folge $(v(x_n))$ als Urbildfolge bezüglich der äußeren Funktion u (Fig. 78.2), so folgt entsprechend, daß die Folge $(u(v(x_n)))$ den Grenzwert 1 hat. Also ist $\lim_{x\to+\infty} u(v(x))=1$ (Fig. 78.3).

Satz 2: Für eine Funktion $f: x\mapsto u(v(x))$ sei $\lim_{x\to x_0} v(x)=a$ und $\lim_{x\to a} u(x)=u(a)=b$.
Dann gilt für die Verkettung f $\lim_{x\to x_0} f(x)=b$.

Man gelangt also zum Grenzwert von f für $x\to x_0$, indem man

1. den Grenzwert a der inneren Funktion für $x\to x_0$, danach
2. den Grenzwert b der äußeren Funktion für $x\to a$ bestimmt (falls $\lim_{x\to a} u(x)=u(a)$).

Dieses Vorgehen führt häufig auch im Falle $x\to+\infty$ $(x\to-\infty)$ zum Ziel, ebenso im Falle $v(x)\to+\infty$ $(v(x)\to-\infty)$ für $x\to x_0$.

Beispiel 4:
Wir untersuchen f mit $f(x)=\left(\frac{x^2-4}{x+2}\right)^2$ für $x\to-2$. Mit $v(x)=\frac{x^2-4}{x+2}$ und $u(x)=x^2$ ist $f=u\circ v$. Wegen $\lim_{x\to-2} v(x)=-4$ und $\lim_{x\to-4} u(x)=u(-4)=16$ ist $\lim_{x\to-2} f(x)=16$.

Beispiel 5: $(x \to +\infty)$

$f(x) = \lg(1+2^{-x})$. Es ist $f = u \circ v$ mit $u(x) = \lg x$, $v(x) = 1+2^{-x}$.
Da $\lim\limits_{x\to+\infty} v(x) = 1$ und $\lim\limits_{x\to 1} u(x) = u(1) = 0$, ist $\lim\limits_{x\to+\infty} f(x) = 0$.

Beispiel 6: $(v(x) \to -\infty$ für $x \to x_0)$

Wir untersuchen die Funktion f mit $f(x) = 2^{\lg x}$ für $x \to 0$. Mit $v(x) = \lg x$ und $u(x) = 2^x$ ist $f = u \circ v$. Für $x \to 0$ gilt $v(x) \to -\infty$; für $x \to -\infty$ gilt $u(x) \to 0$. Also ist $\lim\limits_{x\to 0} 2^{\lg x} = 0$.

13 Untersuche: a) $x \mapsto \sqrt{\cos x + 1}$ für $x \to \pi$ b) $x \mapsto \sin\left(\frac{\pi}{4} - \frac{1}{x}\right)$ für $x \to +\infty$.

Aufgaben

14 Bestimme die folgenden Grenzwerte.

a) $\lim\limits_{x\to 2}\left(\frac{x-2}{x^2-4}\right)^2$ b) $\lim\limits_{x\to -5}\left(\frac{x+5}{x^2-25}\right)^2$ c) $\lim\limits_{x\to 0{,}25}\left(\frac{4x-1}{16x^2-1}\right)^3$ d) $\lim\limits_{x\to -2}\left(\frac{x^2-x-6}{x+2}\right)^3$

e) $\lim\limits_{x\to 3}\sqrt{\frac{x-1}{x^2-1}}$ f) $\lim\limits_{x\to -4}\sqrt{\frac{4+x}{16-x^2}}$ g) $\lim\limits_{x\to 0}\sqrt{1+3\cdot 2^{-x}}$ h) $\lim\limits_{x\to \pi}\sqrt{2+\cos x}$

i) $\lim\limits_{x\to 0}\sin\left(\frac{\pi}{2}-x\right)$ j) $\lim\limits_{x\to \pi}\frac{1}{\cos x}$ k) $\lim\limits_{x\to 0{,}5\pi}\lg(\sin x)$ l) $\lim\limits_{x\to \pi} 2^{\cos x}$

15 a) $\lim\limits_{x\to+\infty}\left(\frac{1}{1+2x}\right)^2$ b) $\lim\limits_{x\to-\infty}\left(\frac{x}{1+2^x}\right)^2$ c) $\lim\limits_{x\to+\infty}\left(2+\frac{1}{\sqrt{x}}\right)^3$ d) $\lim\limits_{x\to+\infty}\sqrt{\frac{2x-1}{8x+1}}$

e) $\lim\limits_{x\to+\infty}\lg\frac{x}{x+1}$ f) $\lim\limits_{x\to+\infty}\frac{1}{\lg x}$ g) $\lim\limits_{x\to+\infty}\lg\left|\frac{1-x}{1+x}\right|$ h) $\lim\limits_{x\to+\infty}\lg\frac{2x^2+1}{x^2+1}$

16 a) $\lim\limits_{x\to 0}\frac{1}{\lg|x|}$ b) $\lim\limits_{x\to 1}\frac{1}{\lg|x-1|}$ c) $\lim\limits_{x\to 0} 2^{-\frac{1}{|x|}}$ d) $\lim\limits_{x\to 0} 2^{-|\lg x|}$

e) $\lim\limits_{x\to 0}\sqrt{\cos x+1}$ f) $\lim\limits_{x\to 0}\sin^2\left(\frac{\pi}{4}-x\right)$ g) $\lim\limits_{x\to 0}\frac{1}{|\cos(2x-\pi)|}$ h) $\lim\limits_{x\to \pi}\lg\left(4\sin^2\frac{x}{3}\right)$

17 Untersuche das Verhalten der Funktion f.

a) $f(x) = \left(2+\frac{1}{x}\right)^2$; $x \to 0$ $(x \to +\infty;\ x \to -\infty)$ b) $f(x) = \lg(4-x^2)$; $x \to +2$ $(x \to -2;\ x \to \sqrt{3})$

c) $f(x) = \sin(x-\pi)$; $x \to 0$ $(x \to \frac{1}{2}\pi;\ x \to +\infty)$ d) $f(x) = 3^{-\lg|x|}$; $x \to 0$ $(x \to 1;\ x \to -\infty)$

18 Untersuche das Verhalten der Funktion f für $x \to x_0$ bei Annäherung von rechts bzw. von links.

a) $f(x) = (x-1)^2$; $x_0 = 1$ b) $f(x) = \sqrt{x-1}$; $x_0 = 1$

c) $f(x) = \lg(1-x^2)$; $x_0 = -1$ d) $f(x) = 2^{-\sqrt{x}}$; $x_0 = 0$

e) $f(x) = \lg\sqrt{x-1}$; $x_0 = 1$ f) $f(x) = \lg\sqrt{1-x}$; $x_0 = 1$

g) $f(x) = x + \frac{1}{x}$; $x_0 = 0$ h) $f(x) = 2^{-\frac{1}{x}}$; $x_0 = 0$

19 Untersuche das Verhalten der Funktion f für $x \to +\infty$.

a) $f(x) = \lg 2x - \lg x$ b) $f(x) = \lg(x+1) - \lg x$

c) $f(x) = 2^{x+1} - 2^x$ d) $f(x) = x - \sqrt{x}$

e) $f(x) = 2^x - 2^{\sqrt{x}}$ f) $f(x) = \sqrt{x+1} - \sqrt{x}$

(Anleitung zu f): Erweitere mit $(\sqrt{x+1}+\sqrt{x})$.)

20 Bilde für die Funktion f mit $f(x) = \begin{cases} \frac{1}{x} & \text{für } x > 0 \\ x & \text{für } x < 0 \end{cases}$ die Funktion $f \circ f$.

Untersuche das Verhalten von f und von $f \circ f$ für $x \to 0$.

17 Vermischte Aufgaben

Grenzwerte bei Folgen

1 Gegeben ist die Folge (a_n) mit $a_n = \frac{3n-2}{n}$ (mit $a_n = \frac{3n}{4n+1}$).

Berechne die ersten 5 Glieder der Folge. Ist die Folge monoton, ist sie beschränkt? Weise nach, daß die Folge einen Grenzwert g hat. Von welcher Gliednummer n_0 an unterscheiden sich die Folgenglieder von g um weniger als 0,1 (als 0,005)?

2 Gib eine Folge (a_n) an, die
a) monoton zunimmt und den Grenzwert 2 hat
b) monoton abnimmt und den Grenzwert $-\frac{1}{2}$ hat
c) nicht monoton ist und den Grenzwert 0,4 hat
d) selbst nicht konvergiert, aber die Folge $(|a_n|)$ den Grenzwert 1 hat.

3 Gib die ersten vier Glieder der geometrischen Folge (der geometrischen Reihe) an mit dem folgenden Anfangsglied a_1 und Wachstumsfaktor q. Gib gegebenenfalls den Grenzwert der Folge (der Reihe) an.
a) $a_1 = 4$; $q = 0{,}5$ b) $a_1 = -2$; $q = -1{,}5$ c) $a_1 = 1{,}8$; $q = 0{,}6$

4 Gib eine geometrische Folge mit dem Anfangsglied $a_1 = 1{,}5$ an, deren zugehörige geometrische Reihe den Grenzwert 1 ($\frac{4}{3}$; $\sqrt{2}$) hat. Berechne die ersten vier Glieder der Folge und die ersten vier Glieder der Reihe.

5 Schreibe die folgende rationale Zahl als Bruch mit Zähler und Nenner.
a) $0{,}0\overline{4}$ b) $0{,}\overline{04}$ c) $0{,}\overline{65}$ d) $1{,}48\overline{9}$

6 Eine auf eine Stahlplatte vertikal fallende Stahlkugel springt nach dem Auftreffen immer wieder hoch. Dabei erreicht sie jeweils nur noch 95% der vorherigen Höhe (Fig. 80.1).
a) Nach wieviel Aufschlägen erreicht die Kugel beim Hochspringen nur noch eine Höhe von weniger als 5% der Ausgangshöhe?
b) Welchen Weg legt die Kugel bis zum fünften Aufschlag zurück?
c) Welchem Grenzwert nähert sich die von der Kugel insgesamt zurückgelegte Weglänge mit wachsender Zahl der Aufschläge?

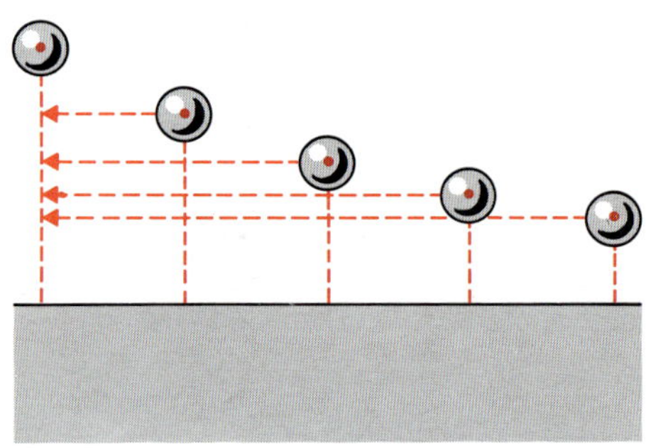

80.1

7 Beim radioaktiven Strontium 90 nimmt die Anzahl der noch nicht zerfallenen Atome je Jahr ab wie eine geometrische Folge mit $q = 0{,}976$.
a) Wieviel Gramm Strontium sind bei einer Ausgangsmenge von 100 g nach 10 (20; 100) Jahren noch vorhanden?
b) Wieviel Jahre dauert es, bis nur noch 50 g Strontium vorhanden sind (Halbwertzeit von Strontium 90)?
c) Wie lange dauert es, bis nur noch 0,1 g radioaktives Strontium vorhanden ist?

8 Einem Quadrat Q_1 mit der Seitenlänge 1 m wird ein Kreis einbeschrieben (so daß er die Seiten des Quadrates berührt). Dann wird diesem Kreis ein Quadrat einbeschrieben (so daß dessen Ecken auf dem Kreis liegen), danach diesem Quadrat wieder ein Kreis usw.
a) Berechne die Umfänge (Flächeninhalte) der ersten drei Quadrate Q_1, Q_2, Q_3.
b) Für welche $n \in \mathbb{N}$ haben die Quadrate Q_n einen Umfang von weniger als 1 cm (einen Flächeninhalt von weniger als 1 cm^2)?

Grenzwerte bei Funktionen

9 Trage bei der nachstehenden geometrischen Folge (a_n) die Paare $(n; a_n)$ für $n=1; 2; 3; 4; 5$ als Punkte in ein Koordinatensystem ein. Gib die Funktion f mit der Definitionsmenge $\mathbb{R}$ an, auf deren Schaubild alle Punkte $P_n(n|a_n)$ liegen. Welchen Grenzwert hat f für $n \to +\infty$?

a) $a_n = 8 \cdot 0{,}5^{n-1}$ b) $a_n = 6 \cdot 0{,}1^{n-1}$ c) $a_n = 5 \cdot 0{,}9^{n-1}$ d) $a_n = -4 \cdot 0{,}6^{n-1}$

10 Untersuche die Funktion f für $x \to +\infty$ und $x \to -\infty$.

a) $f(x) = \frac{x}{1+2x}$ b) $f(x) = \frac{1-x}{2x+3}$ c) $f(x) = \frac{8x^3}{3x-x^3}$ d) $f(x) = x^3 - x^2$

11 Untersuche die Funktion f für $x \to x_0$.

a) $f(x) = \frac{2x^2-6x}{x^2+x-12}$; $x_0 = 0$ $(x_0 = 3)$ b) $f(x) = \frac{x^3+x^2-x-1}{x^2-1}$; $x_0 = 1$

c) $f(x) = \frac{1}{x}\sqrt{x^2}$; $x_0 = 0$ $(x_0 = 2)$ d) $f(x) = \frac{1-\sin x}{\cos x}$; $x_0 = \frac{\pi}{2}$ (Anleitung zu d): Erweitere mit $(1+\sin x)$.)

12 a) Zeichne das Schaubild der Funktion f mit $f(x) = \sqrt{x}$.

b) $P(a|b)$ mit $a \neq 0$ sei ein beliebiger Punkt des Schaubildes. Berechne die Steigung m der Strecke OP in Abhängigkeit von a. Wie verhält sich m für $a \to 0$? Was besagt das Ergebnis für das Schaubild von f?

c) Wie verhält sich m für $a \to +\infty$? Was besagt dies für das Schaubild?

13 $P(u|v)$ sei ein beliebiger, vom Ursprung O verschiedener Punkt auf dem Schaubild der Funktion $f: x \mapsto x^5 + 0{,}5x$. Berechne die Steigung m der Strecke OP in Abhängigkeit von u sowie $\lim\limits_{u \to 0} m$. Was besagt das Ergebnis für das Schaubild von f?

14 In Fig. 81.1 ist $P(a|b)$ ein Punkt auf der Geraden $g: y = 0{,}5x + 1$.

a) Berechne die Steigung m der Strecke AP in Abhängigkeit von a.

b) Welchem Grenzwert nähert sich m, wenn sich P auf g immer weiter von der y-Achse entfernt? Vergleiche Rechnung und Zeichnung.

15 Eine Geradenschar ist gegeben durch $g_t: y = \frac{4(t-3)}{t^2-3t}x + 4$.

a) Zeichne in ein Koordinatensystem die sich für $t = 1; -1; 2; 5; -5$ ergebenden Geraden ein. Für welche beiden Werte t_1 und t_2 von t gibt es keine Geraden in der Schar?

b) Untersuche, ob es für $t \to t_1$ bzw. für $t \to t_2$ Grenzgeraden gibt.

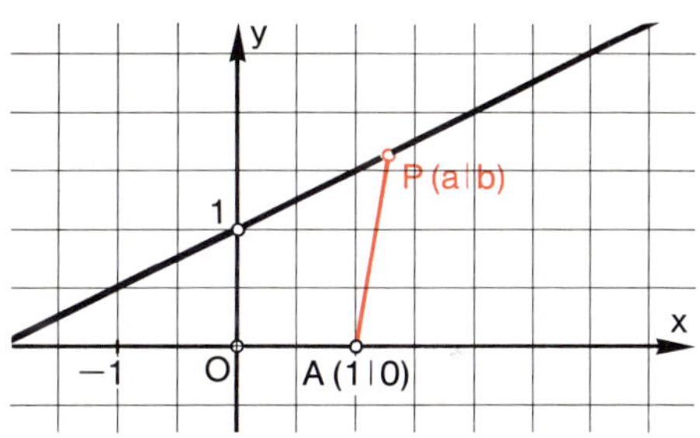

81.1

16 a) Zeichne die Kurven $K: y = x^2$ und $L: y = 4 - x^2$.

b) Die Kurven K und L gehören zu den Kurvenscharen $K_a: y = a^2x^2$ bzw. $L_a: y = 4a - x^2$ $(a \in \mathbb{R}^+)$. Zwei zum gleichen Parameterwert a gehörende Kurven K_a und L_a schneiden sich in einem Punkt S_a im 1. Feld. Berechne die Koordinaten von S_a. Untersuche das Verhalten von S_a für $a \to 0$ und für $a \to +\infty$.

17 Im Einheitskreis von Fig. 81.2 drehe sich OP doppelt so schnell um O wie OQ. Untersuche $\overline{P_1P} : \overline{Q_1Q}$ und $\overline{R_1R} : \overline{P_1P}$ für $t \to \frac{1}{4}\pi$ und $t \to 0$.

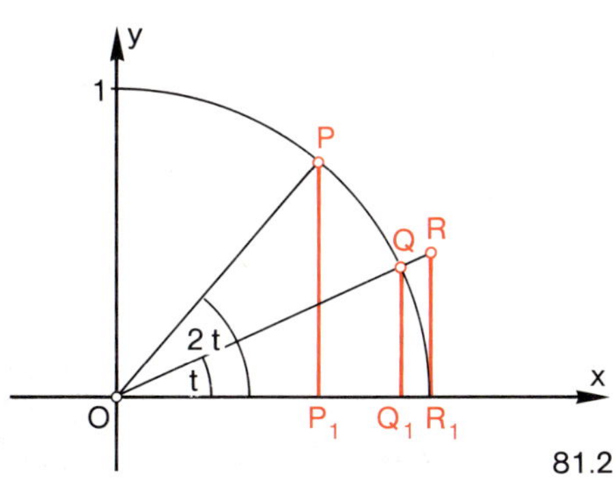

81.2

III Einführung in die Differentialrechnung

Wenn im Rundfunk bei der Wettervorhersage der Luftdruck oder bei Hochwasser der Pegelstand eines Flusses durchgegeben wird, dann wird dem jeweiligen Meßwert meist der Zusatz „Tendenz steigend" oder „Tendenz fallend" hinzugefügt. Dieser Zusatz ist wichtig, weil er Voraussagen ermöglicht. Begründete Voraussagen sind nur möglich, wenn außer dem Meßwert auch das Änderungsverhalten bekannt ist.
In solchen Fällen handelt es sich mathematisch um das folgende **Grundproblem der Analysis**: Aus dem Funktionswert $f(x_0)$ einer Funktion f an einer Stelle x_0 und der zusätzlichen Kenntnis, daß f(x) „beim Durchgang durch die Stelle x_0" zu- bzw. abnimmt, sucht man Auskunft zu erhalten über f(x) für $x \neq x_0$. Diese Auskunft fällt um so präziser aus, je zutreffender man das Änderungsverhalten von f an der Stelle x_0 berücksichtigt. Als erstes braucht man daher ein Maß, das angibt, wie stark sich f(x) in der Nähe von x_0 ändert.

18 Die Ableitung an einer Stelle

18.1 Von der mittleren Geschwindigkeit zur Momentangeschwindigkeit

1 Fig. 82.1 zeigt das Weg-Zeit-Diagramm eines Marathonläufers. Woran erkennt man, daß der Läufer im Verlauf des Rennens immer langsamer wurde? Ermittle rechnerisch (zeichnerisch) die mittlere Geschwindigkeit des Läufers.

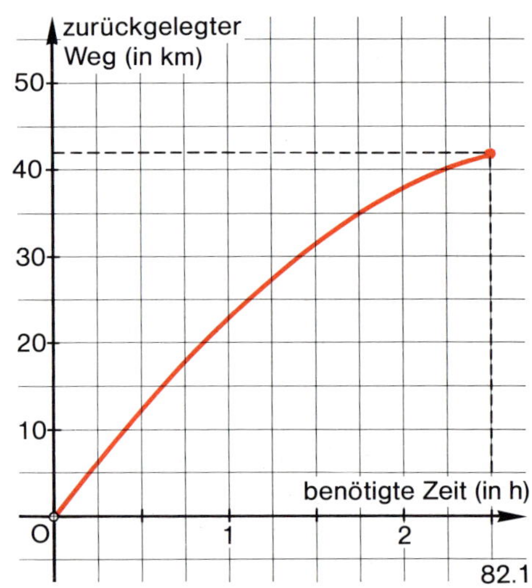

82.1

Bei der Fahrt mit dem Auto gibt die Tachoanzeige an, wie schnell wir fahren. Sie ist für die Weg-Zeit-Funktion

$$t \mapsto s(t)$$

ein Maß von der eingangs erwähnten Art: Eine hohe (niedrige) Tachoanzeige zum Zeitpunkt t_0 bedeutet, daß sich der bis dahin zurückgelegte Weg $s(t_0)$ zu diesem Zeitpunkt stark (nur wenig) ändert.

Wir verfolgen nun am Beispiel einer Kugel, die auf einer schiefen Ebene mit der Weg-Zeit-Funktion $t \mapsto s(t)$ mit $s(t) = 0{,}2\,t^2$ (t in Sek; s in m) herabrollt (Fig. 83.1), wie man die „Tachoanzeige" zum Zeitpunkt $t_0 = 1{,}5$ bestimmen kann. Zunächst ist zu beachten: Da die Kugel immer schneller wird, läßt sich diese nicht als Quotient

$$\frac{\text{Zurückgelegter Weg}}{\text{Benötigte Zeit}}$$

berechnen; dieser Quotient liefert stets nur eine mittlere Geschwindigkeit zwischen

zwei Zeitpunkten. In Fig. 83.2 wurde deshalb versucht, die zum Zeitpunkt $t_0 = 1,5$ vorhandene „Schnelligkeit" der Kugel über ihre mittleren Geschwindigkeiten in den Zeitintervallen
[1,5; 2,5]; [1,5; 2]; [1,5; 1,6]; [1,5; 1,51]; [1,5; 1,501]; . . . anzunähern.
Die zugehörigen mittleren Geschwindigkeiten (in $\frac{m}{s}$)
0,8; 0,7; 0,62; 0,602; 0,6002; . . . scheinen dem Grenzwert 0,6 zuzustreben. Dies ist der gesuchte „Tachostand" zum Zeitpunkt $t_0 = 1,5$; er ergibt sich also als **Grenzwert** von mittleren Geschwindigkeiten.

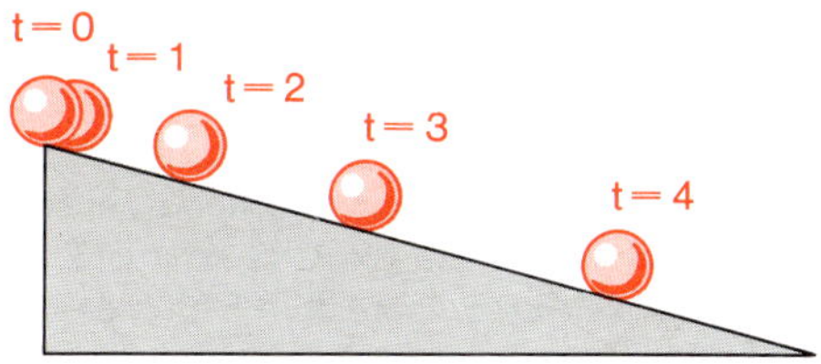

83.1

t_0	t	$s(t_0)$	$s(t)$	$\frac{s(t)-s(t_0)}{t-t_0}$
1,5	2,5	0,45	1,25	0,8
1,5	2,0	0,45	0,80	0,7
1,5	1,6	0,45	0,512	0,62
1,5	1,51	0,45	0,45602	0,602
1,5	1,501	0,45	0,4506002	0,6002
⋮	⋮	⋮	⋮	⋮

83.2

Das Vorgehen läßt sich so zusammenfassen: Zuerst berechnen wir für die Zeitspanne zwischen $t_0 = 1,5$ und einem beliebigen Zeitpunkt $t \neq 1,5$ die mittlere Geschwindigkeit

$$v_m = \frac{s(t)-s(t_0)}{t-t_0} = \frac{0,2\cdot t^2 - 0,2\cdot 1,5^2}{t-1,5} = 0,2\cdot(t+1,5).$$

Danach untersuchen wir das Verhalten von v_m für $t \to t_0$, also $t \to 1,5$.
Es zeigt sich: $\lim\limits_{t\to 1,5} v_m = \lim\limits_{t\to 1,5} (0,2\cdot(t+1,5)) = 0,6$.

Bei einer Bewegung nach dem Weg-Zeit-Gesetz $t \mapsto s(t)$ heißt der Grenzwert

$$\lim_{t\to t_0} \frac{s(t)-s(t_0)}{t-t_0}$$

Momentangeschwindigkeit $v(t_0)$ zum Zeitpunkt t_0.

Beispiel 1: (Momentangeschwindigkeit zum Zeitpunkt $t_0 = 4$)
Um bei der in Fig. 83.1/2 betrachteten Bewegung die Momentangeschwindigkeit zum Zeitpunkt $t_0 = 4$ zu berechnen, bilden wir

$$\frac{s(t)-s(4)}{t-4} = \frac{0,2\,t^2 - 0,2\cdot 4^2}{t-4} = 0,2\,t + 0,8.$$

Danach ist $\lim\limits_{t\to 4}(0,2\,t + 0,8) = 1,6$ die gesuchte Momentangeschwindigkeit $v(4)$.

2 a) Berechne für die in Beispiel 1 betrachtete Bewegung die Momentangeschwindigkeiten $v(5)$, $v(6)$ und $v(3,5)$.
b) Ein aus der Ruhelage frei fallender Körper hat eine Weg-Zeit-Funktion

$$t \mapsto s(t) \text{ mit } s(t) = 5t^2.$$

Welche Momentangeschwindigkeit hat der Körper nach 2 (4; 5; 6) Sekunden? Vergleiche die Momentangeschwindigkeit nach 6 Sekunden mit der mittleren Geschwindigkeit in den ersten 6 Sekunden.

18.2 Anschauliche Deutung am Schaubild

3 Wie erhält man aus dem Schaubild in Fig. 82.1 ohne Rechnung die mittlere Geschwindigkeit des Marathonläufers während des Rennens? Bestimme auf gleiche Weise die mittlere Geschwindigkeit in den ersten 1,5 Stunden (in der ersten halben Stunde).

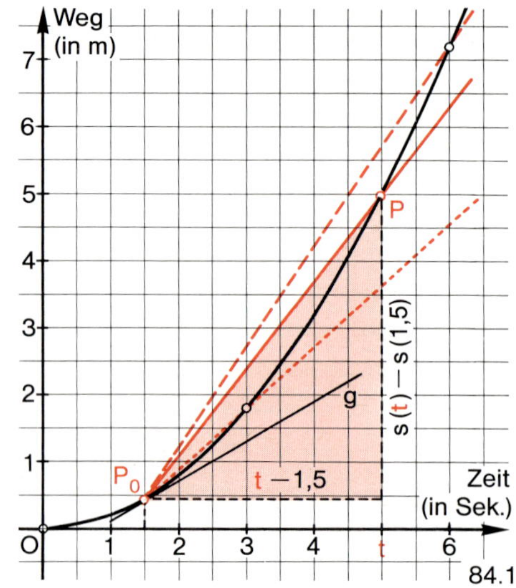

84.1

Fig. 84.1 zeigt das Schaubild der bisher betrachteten Weg-Zeit-Funktion $t \mapsto s(t)$ mit $s(t) = 0{,}2 \cdot t^2$ $(t \geqq 0)$. Neben dem Punkt P_0 $(1{,}5|0{,}45)$ ist ein weiterer Punkt $P(t|0{,}2t^2)$ eingezeichnet. Außerdem sind die Differenzen

$$s(t) - s(1{,}5) \text{ und } t - 1{,}5$$

eingetragen. Deren Quotient

$$\frac{s(t) - s(1{,}5)}{t - 1{,}5}$$

bedeutet geometrisch die Steigung der Sekante (P_0P). Für $t \to 1{,}5$ wandert P auf dem Schaubild gegen P_0. Die Sekante (P_0P) nähert sich dabei einer „Grenzgeraden" g, die wir **Tangente** in P_0 an das Schaubild der Funktion $t \mapsto 0{,}2 \cdot t^2$ nennen. Der Momentangeschwindigkeit zum Zeitpunkt $t_0 = 1{,}5$ entspricht also geometrisch die **Steigung der Tangente** in P_0.

4 Entnimm Fig. 84.1 einen Näherungswert für die Momentangeschwindigkeit v(3). Bestimme zum Vergleich v(3) rechnerisch.

5 Zeichne für $-1 \leqq x \leqq 1$ ein Schaubild der Funktion f mit $f(x) = x^3$. P sei ein vom Ursprung O verschiedener Punkt auf dem Schaubild. Welcher Grenzlage nähert sich die Sekante (OP), wenn P auf dem Schaubild gegen O strebt?

18.3 Definition der Ableitung an einer Stelle x_0

6 Berechne für die Funktion f mit $f(x) = x^2$ (mit $f(x) = \sqrt{x}$) die Funktionswerte f(2), f(4), $f(x_0 + h)$ sowie die Differenzen $f(2) - f(1{,}5)$, $f(x_0 + h) - f(x_0)$, $f(x) - f(x_0)$.

Wir übertragen nun das Verfahren, das uns im Falle der Weg-Zeit-Funktion einer Bewegung zur Momentangeschwindigkeit geführt hat, auf andere Funktionen.

Beispiel 2: Gegeben ist die Funktion $f: x \mapsto x^2$; $x \in \mathbb{R}$ sowie $x_0 = 2{,}4$.

a) Wir bilden den **Differenzenquotienten** m_s an der Stelle x_0. (Die Bezeichnung m_s soll an die Deutung als Steigung der Sekante erinnern.)

$$m_s = \frac{x^2 - 2{,}4^2}{x - 2{,}4} \qquad (x \neq 2{,}4)$$
$$= x + 2{,}4$$

Allgemein: Gegeben ist eine Funktion $f: x \mapsto f(x)$; $x \in [a; b]$ sowie $x_0 \in [a; b]$.

a) Wir bilden den **Differenzenquotienten** m_s der Funktion f an der Stelle x_0:

$$m_s = \frac{f(x) - f(x_0)}{x - x_0} \qquad (x \neq x_0)$$

b) Wir bestimmen den **Grenzwert** m_t von m_s für $x \to 2{,}4$.

$$m_t = \lim_{x\to 2{,}4}(x+2{,}4) = 4{,}8$$

b) Wir untersuchen m_s für $x \to x_0$ und bestimmen (falls vorhanden) den **Grenzwert**

$$m_t = \lim_{x\to x_0}\frac{f(x)-f(x_0)}{x-x_0}.$$

Beachte: Der Differenzenquotient ist für $x = x_0$ nicht definiert, weil für $x = x_0$ sowohl der Zähler als auch der Nenner den Wert 0 annehmen. Der Differenzenquotient kann jedoch für $x \to x_0$ $(x \neq x_0)$ einen Grenzwert haben. In diesem Fall gilt die folgende Vereinbarung:

Definition 1: Die Funktion f sei auf einem (beliebigen) Intervall J definiert und $x_0 \in J$. Falls der Differenzenquotient an der Stelle x_0 für $x \to x_0$ einen Grenzwert hat, sagt man: Die Funktion f ist an der Stelle x_0 differenzierbar (ableitbar).
Man nennt den Grenzwert die **Ableitung von f** (oder die Steigung des Schaubildes) **an der Stelle x_0** und bezeichnet ihn mit $\mathbf{f'(x_0)}$ (lies: f Strich von x_0):

$$\lim_{x\to x_0}\frac{f(x)-f(x_0)}{x-x_0} = f'(x_0).$$

Beispiel 3: Wir ermitteln die Ableitung der Funktion $f: x \mapsto \frac{1}{x}$ an der Stelle $x_0 = 3$.

Differenzenquotient: $m_s = \dfrac{f(x)-f(3)}{x-3} = \dfrac{\frac{1}{x}-\frac{1}{3}}{x-3} = \dfrac{3-x}{3x(x-3)} = \dfrac{-1}{3x}$

Grenzwert: $\lim\limits_{x\to 3}\dfrac{-1}{3x} = -\dfrac{1}{9}$

Ergebnis: $f'(3) = -\dfrac{1}{9}$

Beispiel 4: (Andere Schreibweise; $x = x_0 + h$)
Im Differenzenquotienten m_s kann man statt x auch $x_0 + h$ schreiben mit $h \neq 0$; es ist dann der Grenzwert von m_s für $h \to 0$ zu untersuchen. $f: x \mapsto x^3$ hat für $x_0 = 2$ den Differenzenquotienten: $m_s = \dfrac{f(x_0+h)-f(x_0)}{(x_0+h)-x_0} = \dfrac{(2+h)^3-2^3}{h} = 12 + 6h + h^2$

Grenzwert: $\lim\limits_{h\to 0}(12+6h+h^2) = 12$

Ergebnis: $f'(2) = 12$

7 Ermittle die Ableitung der Funktion f mit $f(x) = 3x^2$ an der Stelle $x_0 = 3$
a) wie in Beispiel 3
b) wie in Beispiel 4.

Aufgaben

8 a) Berechne für $f(x) = x^2$: $f(-2)$; $f(3{,}4)$; $f(\sqrt{5})$; $f(1+\sqrt{2})$; $f(\frac{1}{2}a)$; $f(a-1)$.

b) Berechne für $g(x) = \frac{1}{3}x^3 - x$: $g(0)$; $g(-1)$; $g(0{,}5)$; $g(\sqrt{2})$; $g(x_0)$; $g(x_0+h)$.

c) Berechne für $h(t) = \dfrac{2t}{t^2+4}$: $h(0)$; $h(-2)$; $h(\frac{1}{3})$; $h(\sqrt{2})$; $h(1+a)$; $h(x_0+r)$.

9 Berechne die Differenz $f(x) - f(x_0)$ für
a) $f(x) = x^2 - x$
b) $f(x) = 1 + \sqrt{x}$
c) $f(x) = (2-x)^2$
d) $f(x) = 2^x - 1$.

10 Berechne für die Funktion f mit $f(x)=\frac{1}{3}x^2$ (mit $f(x)=-\frac{2}{x}$) und die Stelle $x_0=2$ ($x_0=-2$) die Sekantensteigungen $m_s=\frac{f(x_0+h)-f(x_0)}{h}$ für $h=1;\ -\frac{1}{2};\ \frac{1}{4};\ -0{,}1;\ 0{,}01;\ -0{,}001$.

11 Ermittle die Ableitung der Funktion $f: x \mapsto \frac{1}{3}x^2$ an der Stelle $x_0=1$ ($1{,}8;\ -2;\ \frac{5}{4};\ \sqrt{2}$).

12 Welche Ableitung hat die Funktion f an der Stelle x_0?

a) $f(x)=x^2+2x;\ x_0=1;\ -2$ b) $f(x)=(x-1)^2;\ x_0=3;\ -\frac{1}{2}$ c) $f(x)=1+\sqrt{x};\ x_0=9;\ \frac{3}{2}$

d) $f(x)=\frac{2}{x};\ x_0=-2;\ 1{,}6$ e) $f(x)=\frac{1}{x-2};\ x_0=1;\ 2{,}1$ f) $f(x)=x+\sqrt{x};\ x_0=\frac{9}{4};\ 10$

13 Ermittle $f'(x_0)$ wie in Beispiel 3 und danach wie in Beispiel 4 von S. 85.

a) $f: x \mapsto x^3;\ x_0=1$ ($x_0=-2;\ x_0=a$) b) $f: x \mapsto -2x^3+1;\ x_0=0$ ($x_0=-1;\ x_0=a$)

c) $f: x \mapsto x^4;\ x_0=0$ ($x_0=-2;\ x_0=a$) d) $f: x \mapsto 2x^4+x;\ x_0=1$ ($x_0=-0{,}5;\ x_0=a$)

e) $f: x \mapsto x+\frac{1}{x};\ x_0=1$ ($x_0=a,\ a \neq 0$) f) $f: x \mapsto \frac{1}{x+1};\ x_0=2$ ($x_0=a,\ a \neq -1$)

g) $f: x \mapsto x^2+\sqrt{x};\ x_0=2$ ($x_0=a,\ a>0$) h) $f: x \mapsto \sqrt{x+1};\ x_0=1$ ($x_0=a,\ a>-1$)

14 Bestimme für die gegebene Weg-Zeit-Funktion $t \mapsto s(t)$ die Momentangeschwindigkeiten v(1), v(4) und v(10).

a) $s(t)=0{,}25\,t^2$ b) $s(t)=0{,}1\,t^3$ c) $s(t)=t-t^2$

15 Ermittle für die Weg-Zeit-Funktion $t \mapsto s(t)$ mit $s(t)=2t-\frac{1}{4}t^2$ die mittlere Geschwindigkeit im Zeitintervall [1; 3] sowie die Momentangeschwindigkeit für $t_0=1$ und für $t_0=3$. Vergleiche.

18.4 Tangente an das Schaubild einer Funktion

16 Bestimme f'(2) für $f(x)=x^2$. Zeichne ein Schaubild von f sowie die Gerade mit der Steigung f'(2) durch den Punkt P(2|4) des Schaubildes. Prüfe rechnerisch, ob P der einzige Punkt ist, den die Gerade und das Schaubild gemeinsam haben.

Bei der anschaulichen Deutung der Differenzenquotienten

$$\frac{f(x)-f(x_0)}{x-x_0}$$

als Steigungen von Sekanten (Fig. 84.1) haben wir die ,,Grenzgerade'', der sich die Sekanten für $x \to x_0$ nähern, Tangente genannt. Fig. 86.1/2 zeigen die ,,Grenzgerade'' in zwei weiteren Fällen. Es handelt sich jeweils um die Gerade mit der Steigung

$$m=f'(x_0).$$

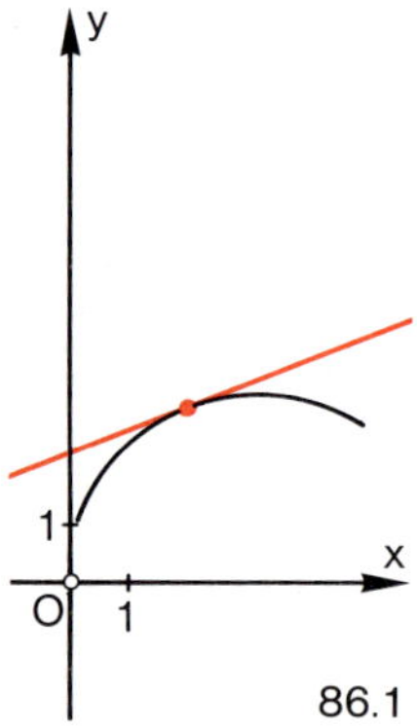

86.1

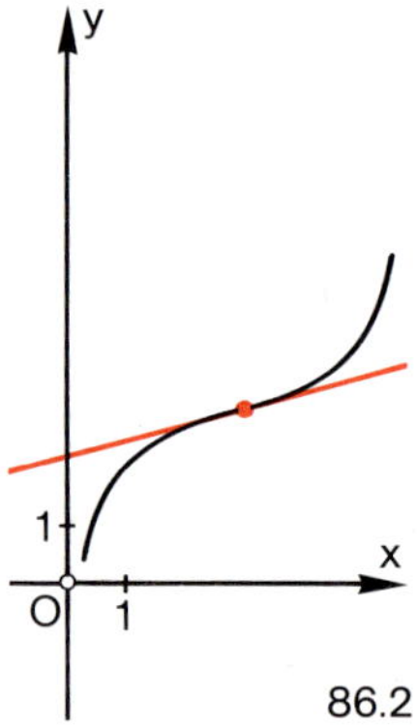

86.2

Definition 2: Eine Gerade durch den Punkt $P(x_0|f(x_0))$ des Schaubildes einer Funktion f heißt **Tangente** in P, wenn für ihre Steigung m gilt:

$$\mathbf{m=f'(x_0)}.$$

Die zur Tangente orthogonale Gerade durch P heißt **Normale** in P.

Wir können also für einen gegebenen Punkt $P(x_0|f(x_0))$ die Steigung der Tangente berechnen, indem wir $f'(x_0)$ bestimmen. Damit läßt sich die Tangente einzeichnen (Fig. 87.1). Darüber hinaus können wir den Steigungswinkel α der Tangente berechnen, denn es gilt (vgl. S. 9)

$$f'(x_0) = \tan \alpha.$$

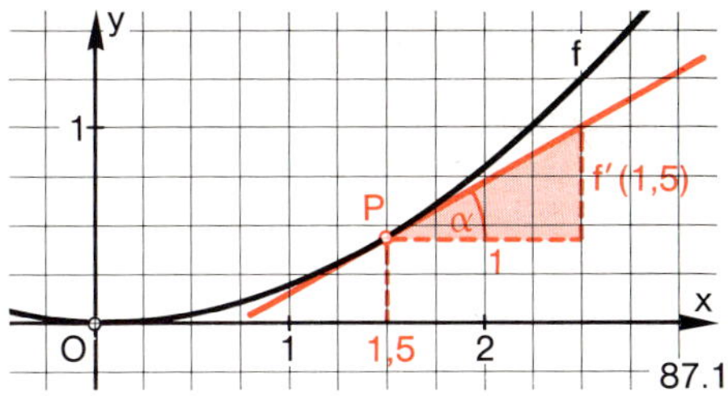

87.1

Beispiel 5: (Gleichung der Tangente und Normalen)

Um die Gleichung der Tangente an das Schaubild der Funktion $f: x \mapsto 0{,}2 \cdot x^2$ im Punkt $P(1{,}5|0{,}45)$ zu ermitteln (Fig. 87.1), bestimmen wir zunächst $f'(1{,}5)$:

$$m_s = \frac{0{,}2 \cdot x^2 - 0{,}2 \cdot 1{,}5^2}{x - 1{,}5} = 0{,}2(x + 1{,}5); \quad f'(1{,}5) = \lim_{x \to 1{,}5} m_s = 0{,}6.$$

Somit hat die Tangente die Steigung $m_t = 0{,}6$.

Nun liefert der Ansatz nach der Punktsteigungsform (vgl. S. 10)

$$\frac{y - 0{,}45}{x - 1{,}5} = 0{,}6 \text{ und die Tangentengleichung } y = 0{,}6\,x - 0{,}45.$$

Für den Steigungswinkel α der Tangente folgt aus $0{,}6 = \tan \alpha$ mit dem Taschenrechner $\alpha \approx 30{,}96°$. Die Gleichung der Normalen ergibt sich aus

$$\frac{y - 0{,}45}{x - 1{,}5} = -\frac{1}{0{,}6}; \text{ sie lautet } y = -\tfrac{5}{3}x + 2{,}95.$$

17 Welche Gleichung hat die Tangente (Normale) an das Schaubild von f im Punkt P?

a) $f: x \mapsto 3x^2$; $P(0{,}5|0{,}75)$ b) $f: x \mapsto x^2 + x$; $P(1|?)$

Aufgaben

18 Zeichne in ein Koordinatensystem die Gerade ein, welche durch P geht und die Steigung m hat. Gib die Gleichung der Geraden an sowie ihren Steigungswinkel.

a) $P(2|1)$; $m = 3$ b) $P(-2|0)$; $m = \frac{2}{3}$ c) $P(1|3)$; $m = -\frac{1}{2}$ d) $P(\frac{1}{2}|-\frac{3}{4})$; $m = -\frac{3}{4}$

19 Ermittle die Gleichung der Tangente (Normalen) in P an das Schaubild von f.

a) $f(x) = 3x^2$; $P(1|3)$ b) $f(x) = 3x^2$; $P(-\frac{1}{2}|?)$ c) $f(x) = x - x^2$; $P(2|?)$

d) $f(x) = \frac{1}{x}$; $P(2|?)$ e) $f(x) = \frac{2}{3x}$; $P(-\frac{1}{2}|?)$ f) $f(x) = \frac{3}{x-1}$; $P(1{,}5|?)$

20 a) Berechne für die Funktion $f: x \mapsto \frac{1}{2}x^2$ die Funktionswerte $f(-2)$, $f(-1)$, $f(0)$, $f(0{,}5)$, $f(1{,}5)$ (Wertetabelle!). Trage die zugehörigen Punkte des Schaubildes in ein Koordinatensystem ein (LE = 2 cm).

b) Berechne für jeden der eingetragenen Punkte die Steigung der Tangente. Zeichne die fünf Tangenten und anschließend das Schaubild von f.

21 a) Zeige, daß die Gerade $t: y = 2x + \frac{1}{2}$ ($t: y = -4x - 3$) Tangente an das Schaubild von $f: x \mapsto x - \frac{1}{2}x^2$ ($f: x \mapsto -2x + \frac{1}{3}x^2$) ist. Gib die Koordinaten des Berührpunktes an.

b) Ermittle die Gleichung der zugehörigen Normalen.

22 Die Schaubilder der Funktionen $f: \mapsto \frac{1}{8}x^2$ und $g: x \mapsto \frac{1}{x}$ schneiden sich in einem Punkt S im 1. Feld. Berechne die Koordinaten von S, die Steigungen der Tangenten an die Schaubilder in S sowie den Schnittwinkel beider Tangenten.

19 Die Ableitungsfunktion

1 Zeichne ein Schaubild der Funktion $x \mapsto 4x - x^2$ für $0 \leqq x \leqq 4$. Ermittle zeichnerisch einen Näherungswert für die Stelle x_0, an welcher die Tangente die Steigung $m = 1$ hat. Wie müßte man rechnerisch vorgehen, um x_0 zu finden?

Um bei einer gegebenen Funktion f nicht für jede Stelle x_0 erneut den Differenzenquotienten und seinen Grenzwert bestimmen zu müssen, ermitteln wir die Ableitung, ohne x_0 zahlenmäßig festzulegen.
Als Beispiel betrachten wir die Funktion $f: x \mapsto x^2$.

Differenzenquotient: $m_s = \frac{f(x) - f(x_0)}{x - x_0} = \frac{x^2 - x_0^2}{x - x_0} = x + x_0$

Grenzwert: $\lim\limits_{x \to x_0} (x + x_0) = 2x_0 = f'(x_0)$

Es ist also z.B. $f'(1) = 2$; $f'(4) = 8$; $f'(2{,}4) = 4{,}8$ usw. Um die Ableitung an einer gegebenen Stelle zu bekommen, brauchen wir nur im Term $2x_0$ für x_0 den betreffenden x_0-Wert einzusetzen. Die Funktion

$$x \mapsto 2x$$

liefert für jede Stelle x_0 die dazugehörige Ableitung $f'(x_0)$.

Definition: Die Funktion

$$\mathbf{f': x \mapsto f'(x)},$$

die jeder Stelle $x \in D_f$, an der f differenzierbar ist, die Ableitung $f'(x)$ an dieser Stelle zuordnet, heißt **Ableitungsfunktion** (oder kurz: Ableitung) der Funktion f.

Das Ermitteln der Ableitungsfunktion f′ nennt man „Ableiten" oder „Differenzieren" der Funktion f.

In Fig. 88.1 ist neben dem Schaubild von

$$f: x \mapsto x^2$$

das Schaubild der Ableitungsfunktion

$$f': x \mapsto 2x$$

eingezeichnet. Es ist z.B. abzulesen $f'(0{,}5) = 1$ und $f'(-0{,}75) = -1{,}5$.

Weil für $x < 0$ die Tangenten an das Schaubild von f negative Steigungen haben, verläuft in diesem Bereich das Schaubild von f′ unterhalb der x-Achse.

Für $x > 0$ haben die Tangenten positive Steigungen, hier verläuft das Schaubild von f′ oberhalb der x-Achse. Die Tangente für $x = 0$ hat die Steigung $m = 0$, daher geht das Schaubild von f′ durch den Ursprung.

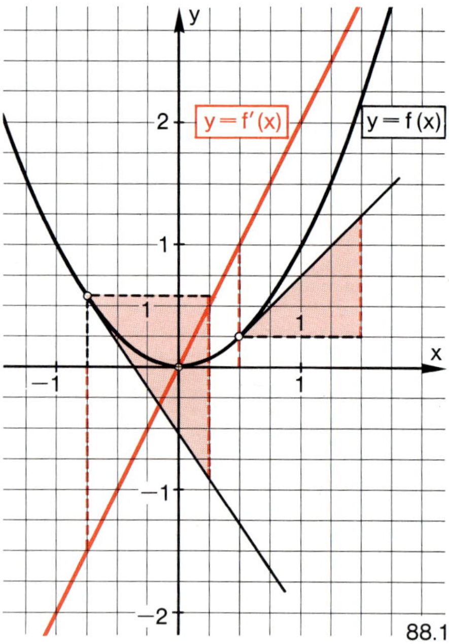

88.1

Beispiel 1: Ableitung der Funktion $f: x \mapsto \frac{1}{x}$

$m_s = \frac{\frac{1}{x} - \frac{1}{x_0}}{x - x_0} = \frac{x_0 - x}{x x_0 (x - x_0)} = -\frac{1}{x x_0}; \quad f'(x_0) = \lim_{x \to x_0} \left(-\frac{1}{x x_0}\right) = -\frac{1}{x_0^2}$

Ergebnis: $f'(x) = -\frac{1}{x^2}$

Beispiel 2: Ableitung der Funktion $f: x \mapsto \sqrt{x}$

$m_s = \frac{\sqrt{x} - \sqrt{x_0}}{x - x_0} = \frac{\sqrt{x} - \sqrt{x_0}}{(\sqrt{x} - \sqrt{x_0})(\sqrt{x} + \sqrt{x_0})} = \frac{1}{\sqrt{x} + \sqrt{x_0}}; \quad f'(x_0) = \lim_{x \to x_0} \frac{1}{\sqrt{x} + \sqrt{x_0}} = \frac{1}{2\sqrt{x_0}}$

Ergebnis: $f'(x) = \frac{1}{2\sqrt{x}}$

Beachte: Für $f(x) = \sqrt{x}$ ist $D_f = \mathbb{R}_0^+$, dagegen ist $D_{f'} = \mathbb{R}^+$; es ist also $D_{f'} \neq D_f$.

Beispiel 3: An welcher Stelle x_0 hat das Schaubild von $f: x \mapsto \sqrt{x}$ die Steigung $\frac{1}{4}$?
Es ist $f'(x) = \frac{1}{2\sqrt{x}}$; also ist x_0 Lösung der Gleichung $\frac{1}{2\sqrt{x_0}} = \frac{1}{4}$. Diese Gleichung hat $x_0 = 4$ als einzige Lösung, daher ist $f'(4) = \frac{1}{4}$.

Im folgenden sind die Ableitungen einiger häufig vorkommender Funktionen zusammengestellt.

$\mathbf{f(x) = x^2}$	$\mathbf{f(x) = \frac{1}{x}}$	$\mathbf{f(x) = \sqrt{x}}$	$\mathbf{f(x) = m x}$	$\mathbf{f(x) = c}$
$\mathbf{f'(x) = 2x}$	$\mathbf{f'(x) = -\frac{1}{x^2}}$	$\mathbf{f'(x) = \frac{1}{2\sqrt{x}}}$	$\mathbf{f'(x) = m}$	$\mathbf{f'(x) = 0}$

2 Begründe: Für $f(x) = mx + c$ ist $f'(x) = m$.

Aufgaben

3 a) Stelle für die Funktion $f: x \mapsto \frac{1}{x}$ eine Wertetabelle mit $x = -3; -2; -1; -\frac{1}{2}; -\frac{1}{4}; \frac{1}{4}; \frac{1}{2}; 1; 2; 3$ auf. Ergänze die Tabelle durch eine weitere Zeile mit den Ableitungen der Funktion an diesen Stellen.
b) Trage die zugehörigen Punkte des Schaubildes samt Tangenten in ein Koordinatensystem ein (LE = 2 cm). Zeichne danach das Schaubild von f.

4 Berechne die Ableitung der Funktion f an der Stelle x_0.

a) $f(x) = x^2$; $x_0 = \frac{1}{2}$; 2,4; $\sqrt{2}$

b) $f(x) = \frac{1}{x}$; $x_0 = 0{,}4$; $\frac{2}{3}$; $-\sqrt{3}$

c) $f(x) = \sqrt{x}$; $x_0 = \frac{1}{4}$; 1; 2,25

d) $f(x) = 2x$; $x_0 = \frac{1}{2}$; 1; 3

e) $f(x) = 1 - 4x$; $x_0 = 1$; 5; -2

f) $f(x) = 3$; $x_0 = 2$; 4,5; 6

5 Gegeben ist die Funktion $f: x \mapsto x^2 - 4x$ (die Funktion $g: x \mapsto \frac{1}{x} - 1$). Welche Steigungen haben die Tangenten an das Schaubild in den Schnittpunkten mit der x-Achse? Gib die Gleichungen der Tangenten an.

6 a) Stelle für die Funktion f mit $f(x) = x^3$ und $-1{,}5 \leqq x \leqq 1{,}5$ eine Wertetabelle auf (Schrittweite 0,25). Zeichne das Schaubild K_f von f (LE = 2 cm).
b) Ermittle zeichnerisch das Schaubild $K_{f'}$, der Ableitungsfunktion f' von f.
c) Wie drückt sich am Schaubild $K_{f'}$ aus, daß alle Tangenten an K_f nichtnegative Steigungen haben (daß die Tangenten an K_f in $P(x_0|f(x_0))$ und $Q(-x_0|f(-x_0))$ parallel sind)?

7 a) Ermittle für die Funktion f mit $f(x)=3x-\frac{1}{2}x^2$ (mit Hilfe des Differenzenquotienten an einer Stelle x_0) die Ableitungsfunktion f'.
b) Zeichne die Schaubilder von f und f' im gleichen Koordinatensystem (LE = 1 cm).
c) Beantworte mit Hilfe der gezeichneten Schaubilder: Welche Steigung hat die Tangente an das Schaubild von f für $x_0=0{,}5$ (4,5) ? In welchem Punkt des Schaubildes von f ist die Tangente parallel zur 1. (zur 2.) Winkelhalbierenden?

8 Ermittle mit Hilfe des Differenzenquotienten die Ableitungsfunktion.

a) $x\longmapsto 3x^2$ b) $x\longmapsto 1-x^2$ c) $x\longmapsto \frac{1}{4}x^2-x$ d) $x\longmapsto (1-2x)^2$
e) $t\longmapsto 0{,}4t^2$ f) $a\longmapsto \frac{1}{2}a^2$ g) $x\longmapsto c\cdot x^2$ h) $t\longmapsto x\cdot t^2$

9 Verfahre wie in Aufgabe 8.
a) $f(x)=x^3$ b) $f(x)=0{,}5x^3$ c) $g(x)=2x^3-1$ d) $h(t)=c\cdot t^3+d$
e) $f(x)=\frac{2}{x}$ f) $f(t)=\frac{1}{1-2t}$ g) $g(a)=\frac{3}{4+5a}$ h) $g(x)=\frac{a}{b+cx}$
i) $f(x)=2\sqrt{x}$ j) $f(x)=\sqrt{2x}$ k) $h(t)=\sqrt{2t+1}$ l) $f(x)=\sqrt{ax+b}$

10 Gib die Ableitung (ohne Verwendung des Differenzenquotienten) unmittelbar an.
a) $f(t)=\frac{1}{t}$ b) $g(a)=\frac{1}{a}$ c) $h(u)=\sqrt{u}$ d) $g(r)=\sqrt{r}$
e) $f(x)=\frac{1}{t}$ f) $g(t)=\sqrt{a}$ g) $h(a)=\sqrt{x+1}$ h) $f(t)=x^2t+1$

11 a) An welcher Stelle x_0 hat das Schaubild der Funktion f mit $f(x)=\frac{1}{3}x^2$ (mit $f(x)=-0{,}4x^2$) die Steigung 4 (die Steigung -2)?
b) In welchem Punkt $P_0\,(x_0|f(x_0))$ verläuft die Tangente an das Schaubild von $f:x\longmapsto 2x^2$ (von $f:x\longmapsto -\frac{1}{4}x^2$) parallel zur Geraden $g:y=\frac{1}{3}x+4$?
c) In welchen Punkten des Schaubildes von $f:x\longmapsto\frac{2}{x}$ ist die Tangente zur 1. Winkelhalbierenden (zur Geraden $g:y=\frac{1}{2}x$) orthogonal?

12 Das Schaubild der Funktion g mit $g(x)=\sqrt{x}$ (mit $g(x)=6x-x^2$) hat eine Tangente, die zur 1. (zur 2.) Winkelhalbierenden parallel ist. Ermittle die Gleichung dieser Tangente und der zugehörigen Normalen.

13 Für welchen Punkt des Schaubildes der Funktion $f:x\longmapsto\sqrt{x}$ geht die Tangente durch A(0|1) (durch B(1|2))? Gib die Gleichung der Tangente an.

14 Für welchen Punkt P(a|b) des Schaubildes von $f:x\longmapsto 4-x^2$ geht die Normale durch den Ursprung (durch A(0|1))? Gib die Gleichung dieser Normalen an.

15 Unter welchem Winkel schneiden sich die Tangenten in P(1|−1) und Q(−2|−4) an die nach unten geöffnete Normalparabel mit dem Scheitel in O(0|0)?

16 Die Normale in einem Punkt $P(x_0|y_0)$ der Kurve $K:y=\sqrt{x}$ schneide die x-Achse in A(a|0). Berechne a in Abhängigkeit von x_0. Was fällt auf? Wie läßt sich danach die Normale in einem gegebenen Punkt dieser Kurve konstruieren?

17 a) Zeichne das Schaubild K_f von $f:x\longmapsto x^2$ und das Schaubild von K_g von $g:x\longmapsto\frac{1}{2}-x^2$ im gleichen Koordinatensystem. Berechne die Koordinaten der Schnittpunkte von K_f und K_g.
b) Zeige: In einem Schnittpunkt ist die Tangente an K_f gleichzeitig Normale von K_g und umgekehrt.
c) Es gibt noch weitere Funktionen der Form $x\longmapsto tx^2$ und $x\longmapsto\frac{1}{2}-sx^2$, deren Schaubilder die in b) genannte Eigenschaft haben. Welche Bedingung müssen die Zahlen t und s erfüllen, damit dies der Fall ist?

20 Ableiten ganzrationaler Funktionen

20.1 Die Ableitung von $x \mapsto x^n$ $(n \in \mathbb{N})$

1 Ermittle die Ableitung der Funktion $f: x \mapsto x^3$. Vergleiche mit den Ableitungen der Funktionen $x \mapsto x^2$ und $x \mapsto x^1$. Vermutung?

Für eine Potenzfunktion der Form

$$x \mapsto x^n \ (n \in \mathbb{N})$$

erhält man den Differenzenquotienten

$$m_s = \frac{(x_0+h)^n - x_0^n}{h}$$

mit $(x_0+h)^n = (x_0+h)(x_0+h) \cdot \ldots \cdot (x_0+h)$.

Fig. 91.1 veranschaulicht die beim Ausmultiplizieren der n Klammern entstehenden Produkte: Jedem Produkt entspricht ein Pfad durch den Baum. Dies zeigt: Eines dieser Produkte enthält nur Faktoren x_0, n dieser Produkte enthalten $(n-1)$ mal den Faktor x_0 und 1mal den Faktor h; alle anderen Produkte enthalten den Faktor h mindestens 2mal.

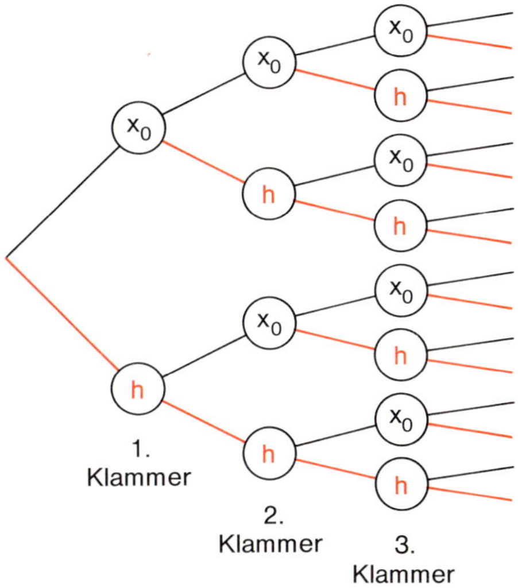

91.1

Daher ist $(x_0+h)^n = x_0^n + n \cdot h \cdot x_0^{n-1} + h^2 \cdot T(x_0; h)$, wobei $T(x_0; h)$ ein in x_0 und h ganzrationaler Term ist. Aus $m_s = \frac{x_0^n + n \cdot h \cdot x_0^{n-1} + h^2 \cdot T(x_0; h) - x_0^n}{h} = n \cdot x_0^{n-1} + h \cdot T(x_0; h)$ folgt $\lim_{h \to 0} m_s = n \cdot x_0^{n-1}$.

Satz 1: (Potenzregel)
Für $\mathbf{f(x) = x^n}$ $(n \in \mathbb{N})$ ist $\mathbf{f'(x) = n \cdot x^{n-1}}$.

Beispiel 1: a) $f(x) = x^5$, $f'(x) = 5x^4$ b) $f(x) = x^7$, $f'(x) = 7x^6$ c) $f(t) = t^4$, $f'(t) = 4t^3$ d) $f(x) = x^k$, $f'(x) = k \cdot x^{k-1}$

2 Wende die Potenzregel an und leite ab:

a) $f(x) = x^8$ b) $f(x) = x^3$ c) $f(x) = x^2$ d) $f(x) = x$ e) $f(t) = t^6$
f) $g(t) = t$ g) $h(s) = s^2$ h) $f(r) = r^7$ i) $f(z) = z^3$ j) $g(x) = x^9$
k) $h(x) = x^{10}$ l) $k(x) = x^4$ m) $a(x) = x$ n) $s(u) = u^5$ o) $x(t) = (t^2)^3$.

3 Im folgenden sollen die Exponenten natürliche Zahlen sein. Leite ab:

a) $f(x) = x^t$ b) $f(x) = x^{n+1}$ c) $f(x) = x^{n+2}$ d) $f(x) = x^{n-1}$ e) $f(x) = x^{2n}$
f) $g(x) = x^{1+2n}$ g) $h(x) = x^{2n-1}$ h) $k(x) = x^{3n-2}$ i) $f(r) = r^a$ j) $f(t) = t^{x-3}$
k) $f(x) = a^2$ l) $g(t) = t^{a-1}$ m) $h(t) = t^{3-n}$ n) $g(r) = r^x$ o) $f(x) = x^r$
p) $f(z) = z^{r-4}$ q) $f(r) = z$ r) $g(x) = a^b$ s) $g(a) = a^b$ t) $f(t) = x^n$.

4 An welcher Stelle hat das Schaubild der Funktion die Steigung 1; 0; -2; $\sqrt[3]{2}$?

a) $f(x) = x^3$ b) $f(x) = x^4$ c) $s(t) = t^2$ d) $a(t) = t$ e) $g(s) = s^5$

20.2 Die Ableitung von $u+v$ und $c \cdot u$

5 Ermittle mit Hilfe des Differenzenquotienten die Ableitung von $f: x \mapsto x^2 + x$. Vergleiche mit den Ableitungen von $u: x \mapsto x^2$ und $v: x \mapsto x$.

Satz 1 zeigt, wie man eine gegebene Potenzfunktion ableiten kann, ohne eine Grenzwertuntersuchung durchführen zu müssen. Um zu einer entsprechend einfachen Vorgehensweise auch bei anderen ganzrationalen Funktionen

$$x \mapsto a_0 + a_1 x + a_2 x^2 + \ldots + a_n x^n$$

zu kommen, ist zu untersuchen, wie die Ableitung einer Funktion $f = u + v$ mit den Ableitungen von u und v, und wie die Ableitung einer Funktion $g = c \cdot u$ $(c \in \mathbb{R})$ mit der Ableitung von u zusammenhängt.

Die Ableitung von $f = u + v$:

$$m_s = \frac{f(x) - f(x_0)}{x - x_0} = \frac{u(x) + v(x) - [u(x_0) + v(x_0)]}{x - x_0} = \frac{u(x) - u(x_0)}{x - x_0} + \frac{v(x) - v(x_0)}{x - x_0}$$

Die Ableitung von $g = c \cdot u$:

$$m_s = \frac{g(x) - g(x_0)}{x - x_0} = \frac{c \cdot u(x) - c \cdot u(x_0)}{x - x_0} = c \cdot \frac{u(x) - u(x_0)}{x - x_0}$$

Falls $u'(x_0)$ und $v'(x_0)$ existieren, folgt (vgl. S. 76, Satz 1):

$f'(x_0) = u'(x_0) + v'(x_0)$ $\qquad$ $g'(x_0) = c \cdot u'(x_0)$.

Satz 2: (Summenregel; Faktorregel)
Die Funktionen u und v seien auf einem Intervall J definiert und an der Stelle $x \in J$ differenzierbar. Dann sind auch die Funktionen $f = u + v$ und $g = c \cdot u$ $(c \in \mathbb{R})$ an der Stelle x differenzierbar und es gilt:

$$\mathbf{f'(x) = u'(x) + v'(x); \quad g'(x) = c \cdot u'(x).}$$

Beispiel 2: a) (Summenregel)
Für $f(x) = x^2 + x^3 + \frac{1}{x}$
ist $f'(x) = 2x + 3x^2 - \frac{1}{x^2}$.

b) (Faktorregel)
Für $f(x) = 5x^3$
ist $f'(x) = 15x^2$.

Für $f(x) = 5\sqrt{x}$
ist $f'(x) = \frac{5}{2\sqrt{x}}$.

c) (Summen- und Faktorregel)
Für $f(x) = \frac{1}{2}x^4 - \frac{5}{6}x^3 + \sqrt{2} \cdot x$
ist $f'(x) = 2x^3 - \frac{5}{2}x^2 + \sqrt{2}$.

Für $f(x) = 2x^3 - \frac{3}{x} + \sqrt{x}$
ist $f'(x) = 6x^2 + \frac{3}{x^2} + \frac{1}{2\sqrt{x}}$.

Damit können wir u.a. die Ableitungen aller ganzrationalen Funktionen in einfacher Weise ermitteln. Da die Ableitung f' einer solchen Funktion ebenfalls ganzrational ist, kann man sie wiederum ableiten; man erhält so die zweite Ableitung f'' (lies: f zwei Strich) von f. Entsprechend ergibt sich die dritte Ableitung f''', die vierte Ableitung $f^{(4)}$ (lies: f vier Strich) usw.

6 a) Ermittle für die Funktion f mit $f(x) = 2x - 4x^3$ die Ableitung f' sowie die (sogenannten höheren) Ableitungen f'', f''', $f^{(4)}$, $f^{(5)}$, ... Ermittle $g'''(x)$ für die Funktion $g: x \mapsto x + \frac{1}{2}x^2 - \frac{2}{5}x^5$.

b) Bestimme die Ableitungsfunktion: $f(x) = \sqrt{x} + x^2$; $\quad g(x) = \sqrt{2}x - \sqrt{2x} + \frac{3}{x}$; $\quad h(x) = (3x + \frac{2}{\sqrt{x}})^2$.

Aufgaben

7 Leite ab: a) $f(x)=x^4+x^7$ b) $f(x)=4x^3$ c) $f(x)=0{,}6x^4$ d) $g(t)=\sqrt{2}\,t^2$
e) $h(u)=a\,u^2$ f) $f(x)=c\sqrt{2}\,x^3$ g) $f(x)=(2x^3)^4$ h) $f(x)=\sqrt{5x}$ i) $f(x)=-\frac{\sqrt{2}}{x}$.

8 a) $f(x)=x^3+5x^2-6$ b) $g(x)=\frac{3}{4}x^3-\frac{1}{2}x^2-\sqrt{2}$ c) $h(x)=\frac{7}{10}x^5+\frac{5}{6}x^3-\frac{2}{3}x$
d) $f(x)=0{,}4\,x^3-1{,}2x^2-1{,}8$ e) $f(t)=\frac{1}{2}t^4-4\,t^2-t+1$ f) $f(a)=\frac{1}{3}a^3-\sqrt{2}\,a+\sqrt{3}$
g) $f(z)=\frac{4}{5}z^5-\frac{1}{2}\sqrt{2}\,z-2$ h) $f(x)=3\sqrt{2x}+x^5$ i) $f(t)=-t^2+\frac{2}{t}+t$
j) $f(x)=-2s^2+\frac{x^4}{\sqrt{2}}+sx+\frac{3}{4s}$ k) $f(x)=\frac{2}{3}x^3-t\sqrt{x}+\frac{t}{3x}$ l) $f(t)=\frac{t^3}{x^2}-\sqrt{3xt}+\frac{\sqrt{2}}{xt}$.

9 Multipliziere zuerst, bestimme danach die Ableitung.
a) $f(x)=(2+x)\,(x^2+1)$ b) $f(x)=(0{,}5x-1)(3x^3-1)$ c) $f(x)=x(2x^2+x-1)$
d) $f(t)=t^2(t-1)(2-0{,}5\,t)$ e) $g(t)=(1-t)(t+1)(2t+3)$ f) $g(x)=(a-2x)(3x+1)$
g) $f(x)=(a+bx)(c+dx)$ h) $f(x)=(\frac{1}{2}c-2x)\,(\frac{3}{4}+cx^2)$ i) $f(x)=(1+x)(2-3x)(4+2x)$

Gib in Aufgabe 10 bis 13 die ersten vier Ableitungen an.

10 a) $f(x)=5x^3$ b) $f(x)=2x-\frac{1}{3}x^3$ c) $f(x)=\frac{1}{2}x^2-\frac{2}{3}x+1$
d) $f(x)=\frac{1}{2}x^4+3x^3-x+\frac{1}{4}$ e) $f(t)=\frac{3}{4}-\frac{1}{2}t^2+\frac{1}{6}t^6$ f) $g(z)=\frac{1}{2}z^4-5z+3$
g) $f(x)=\frac{x^3}{6}+\frac{x}{2}$ h) $f(x)=\frac{2x^3}{3}-\frac{x}{2}+\frac{1}{4}$ i) $g(t)=\frac{2t^3-4\,t+1}{6}$

11 a) $f(x)=ax+bx^3$ b) $f(x)=a+bx+cx^2+dx^3$ c) $f(x)=a_0+a_3x^3+a_5x^5$
d) $s(t)=ct-0{,}5\,gt^2$ e) $f(x)=t^5-t^2x+at^3x^2$ f) $g(a)=4a^5x^4-a^2x+2t$

12 Die folgenden Exponenten sollen natürliche Zahlen bedeuten.
a) $f(x)=x^n$ b) $f(x)=x^{k+1}+x^{k-1}$ c) $f(x)=x^{2n}+x^k$
d) $g(x)=3\cdot x^{2-r}+5\cdot x^{2r-m}$ e) $f(x)=c\cdot x^{1-k}+x^{k^2}$ f) $f(x)=2k(x^{3+t}-3x^k)$
g) $f(x)=\frac{x^{n+1}}{n+1}+\frac{x^n}{n}$ h) $f(t)=\frac{t^{k-1}-t^{k-2}}{(k-1)(k-2)}$ i) $g(x)=a_0+a_1x+a_2x^2+\ldots+a_nx^n$

13 Im folgenden bedeutet n! das Produkt $1\cdot2\cdot3\cdot\ldots\cdot n$ für $n\in\mathbb{N}\setminus\{1\}$ und $1!=0!=1$.
a) $f(x)=1+\frac{x^1}{1!}+\frac{x^2}{2!}+\ldots+\frac{x^n}{n!}$ b) $f(x)=x-\frac{x^3}{3!}+\frac{x^5}{5!}-\ldots+(-1)^{n+1}\frac{x^{2n-1}}{(2n-1)!}$

14 Bestimme die ersten zwei Ableitungen der Funktion f an der Stelle x_0.
a) $f(x)=2x-x^3;\ x_0=1$ b) $f(x)=\frac{1}{2}x^2-\frac{2}{3}x^4;\ x_0=0$ c) $f(x)=4-\frac{1}{2}x^3+\frac{1}{10}x^5;\ x_0=-\frac{1}{2}$
d) $f(x)=x^4-2x^5;\ x_0=\sqrt{2}$ e) $f(x)=3x^3-5x^2;\ x_0=2\sqrt{3}$ f) $f(x)=x^4-x^2;\ x_0=1+\sqrt{2}$

15 Ermittle die Gleichungen der Tangente und der Normalen in P.
a) $f(x)=x-x^3;\ P(1|?)$ b) $f(x)=2-\frac{1}{2}x+x^3;\ P(-2|?)$ c) $f(x)=(2x-1)(1+\frac{1}{2}x^2);\ P(0|?)$
d) $f(x)=1+8x-\frac{2}{3}x^3;\ P(2|?)$ e) $f(x)=3x^2-\sqrt{2x};\ P(1|?)$ f) $f(x)=2x^2-\frac{16}{x}-2\sqrt{x};\ P(4|?)$

16 Berechne die Steigungen in den Schnittpunkten mit der x-Achse (mit der y-Achse).
a) $f(x)=4x-x^3$ b) $f(x)=x^4-5x^2+4$ c) $f(x)=(x-1)\,(x^2+x-2)$
d) $f(x)=3x^2-x^4$ e) $f(x)=8x^6-9x^3+1$ f) $f(x)=(4x+3)\,(2x^2+x-1)$
g) $f(x)=(x-2)\,(x+3)\,(x^2-1)$ h) $f(x)=2x-4+3\sqrt{x}$ i) $f(x)=x-\sqrt{2x}+\sqrt{x}-1$

17 Für welche $t\in\mathbb{R}$ hat das Schaubild in den Schnittpunkten mit der x-Achse Tangenten, die orthogonal zueinander sind?
a) $f(x)=t(x^2-5x+4)$ b) $f(x)=x^2-4tx+3t^2$ c) $f(x)=8x^2-6tx-5t^2$

21 Ableiten der Funktionen sin und cos

21.1 Die Ableitungen an der Stelle $x_0=0$

1 Welche Vermutung über die Ableitung der Funktion sin (der Funktion cos) an der Stelle $x_0=0$ legt das Schaubild der Funktion (Fig. 94.1) nahe?

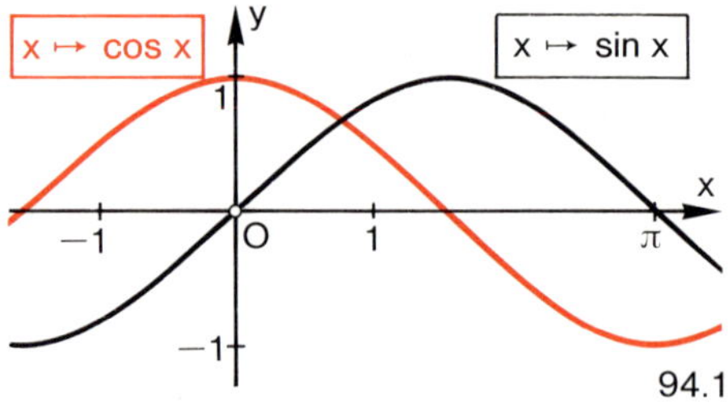

94.1

An der Stelle $x_0=0$ hat die Funktion

$$x \mapsto \sin x$$

den Differenzenquotienten

$$m_s = \frac{\sin x - \sin 0}{x-0} = \frac{\sin x}{x}.$$

Um das Verhalten von m_s für $x \to 0$ zu untersuchen, deuten wir x ($x>0$) und $\sin x$ am Einheitskreis (Fig. 94.2). Ein Flächenvergleich zeigt, daß das Dreieck OPQ kleiner ist als der Kreisausschnitt ORQ und dieser kleiner als △ ORS; d.h.,

$$\frac{1}{2}\sin x \cdot \cos x < \frac{1}{2}x < \frac{1}{2}\frac{\sin x}{\cos x} \qquad \Big| : \frac{1}{2}\sin x$$

$$\cos x < \frac{x}{\sin x} < \frac{1}{\cos x} \qquad \Big| \text{ Kehrwerte}$$

$$\frac{1}{\cos x} > \frac{\sin x}{x} > \cos x.$$

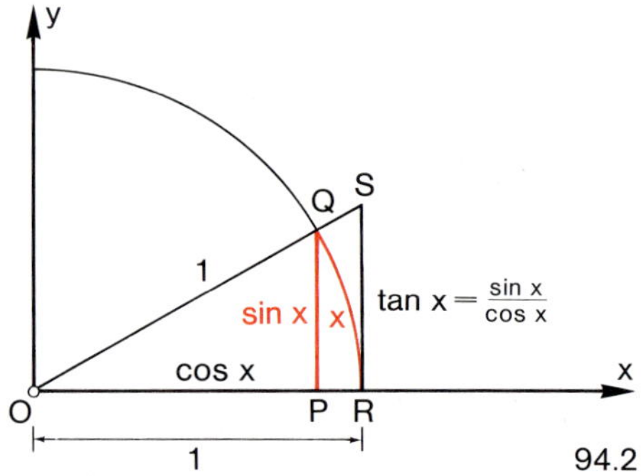

94.2

Dies gilt auch für $x<0$ $(-x>0)$, weil $\sin(-x) = -\sin x$ und $\cos(-x) = \cos x$. Damit folgt wegen $\lim\limits_{x\to 0} \cos x = 1$ und $\lim\limits_{x\to 0} \frac{1}{\cos x} = 1$ für die Ableitung der Sinusfunktion an der Stelle $x_0=0$

$$\mathbf{\sin'(0) = \lim_{x\to 0} \frac{\sin x}{x} = 1}.$$

Die Funktion $x \mapsto \cos x$ hat an der Stelle $x_0=0$ den Differenzenquotienten

$$m_s = \frac{\cos x - \cos 0}{x-0} = \frac{\cos x - 1}{x}$$

$$= \frac{(\cos x - 1)(\cos x + 1)}{x(\cos x + 1)} = \frac{\cos^2 x - 1}{x(\cos x + 1)} = \frac{-\sin^2 x}{x(\cos x + 1)} = -\frac{\sin x}{x} \cdot \frac{\sin x}{\cos x + 1}.$$

Für $x \to 0$ geht der erste Faktor gegen -1, der zweite gegen 0. Damit folgt (vgl. S. 76, Satz 1) für die Ableitung der Kosinusfunktion an der Stelle $x_0=0$

$$\mathbf{\cos'(0) = \lim_{x\to 0} \frac{\cos x - 1}{x} = 0}.$$

2 a) Deute die im vorangehenden betrachteten Differenzenquotienten in Fig. 94.2.

b) Bestimme mit Hilfe der obigen Ergebnisse $\lim\limits_{x\to 0} \frac{\tan x}{x}$ und $\lim\limits_{x\to 0} \frac{\cos x - 1}{\sin x}$.

c) Begründe: Für kleine $|x|$-Werte gelten die Näherungen $\sin x \approx x$ und $\tan x \approx x$. Vergleiche 0,1 mit sin 0,1 und mit tan 0,1; ebenso 0,3 mit sin 0,3 und tan 0,3.

d) Zeichne für $x \in [-\frac{\pi}{2}; \frac{\pi}{2}]$, $x \neq 0$, ein Schaubild der Funktion $x \mapsto \frac{\sin x}{x}$.

3 Bestimme a) $\lim\limits_{x\to 0} \frac{\sin 2x}{x}$ b) $\lim\limits_{x\to 0} \frac{\sin 2x}{\sin 3x}$ c) $\lim\limits_{x\to 0} \frac{x}{\sin ax}$.

21.2 Die Ableitung an einer beliebigen Stelle x_0

4 a) Fig. 95.1 zeigt das Schaubild der Funktion $f: x \mapsto \sin x$ für $x \in [0; \pi]$. AB ist parallel zur Tangente t_1, AC ist parallel zur Tangente t_2. Begründe: Die Punkte P und Q liegen auf dem Schaubild von f'.
b) Zeichne ein Schaubild der Funktion $f: x \mapsto \sin x$ für $x \in [0; 2\pi]$. Konstruiere wie in Teilaufgabe a) für $x = 0$; 1; 2; 3; 4; 5; 6 die Punkte des Schaubildes von f'. Vergleiche mit Fig. 94.1. Vermutung?

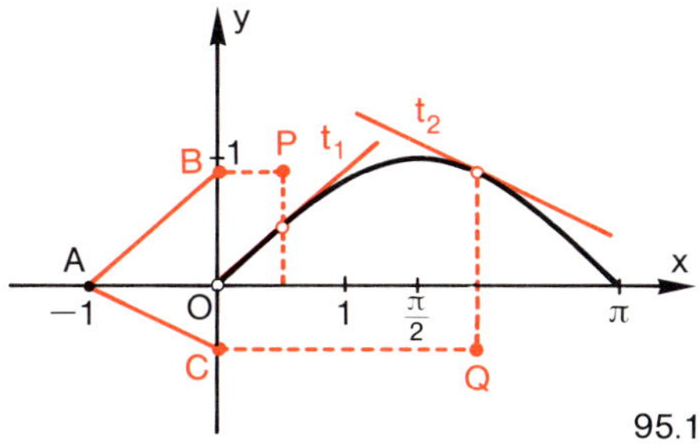

95.1

Durch **graphisches Differenzieren** der Sinusfunktion (vgl. Aufg. 4) gewinnt man die Vermutung, daß ihre Ableitungsfunktion die Kosinusfunktion ist. Dies wollen wir durch eine Rechnung nachweisen:
Die Funktion $f: x \mapsto \sin x$ hat an der (beliebigen) Stelle x_0 den Differenzenquotienten

$$m_s = \frac{\sin(x_0 + h) - \sin x_0}{h}.$$ Mit Hilfe des Additionstheorems (S. 28) folgt:

$$m_s = \frac{\sin x_0 \cos h + \cos x_0 \sin h - \sin x_0}{h} = \sin x_0 \frac{\cos h - 1}{h} + \cos x_0 \frac{\sin h}{h}.$$

Aufgrund der Ergebnisse von S. 94 folgt: $\lim\limits_{h \to 0} m_s = \cos x_0$.

Auf gleiche Weise zeigt sich, daß die Funktion $x \mapsto \cos x$ an der Stelle x_0 die Ableitung $-\sin x_0$ hat.

Satz 1: Für $\mathbf{f(x) = \sin x}$ ist $\mathbf{f'(x) = \cos x}$; für $\mathbf{f(x) = \cos x}$ ist $\mathbf{f'(x) = -\sin x}$.

Beispiel 1: a) $f(x) = 3\sin x$, $f'(x) = 3\cos x$ b) $f(x) = 4\cos x + 1$, $f'(x) = -4\sin x$ c) $f(x) = \sin x + \cos x$, $f'(x) = \cos x - \sin x$

Auch die Ableitungen von $x \mapsto \sin(kx)$ $(k \in \mathbb{R})$ und $x \mapsto \cos(kx)$ lassen sich auf die angegebene Weise ermitteln. Für $x \mapsto \sin(kx)$ ist

$$m_s = \frac{\sin[k(x_0 + h)] - \sin(kx_0)}{h} = k \cdot \frac{\sin[kx_0 + kh] - \sin(kx_0)}{kh}$$

Da für $h \to 0$ auch $kh \to 0$ gilt, folgt nach Satz 1: $\lim\limits_{h \to 0} m_s = k \cdot \cos(kx_0)$. Entsprechend schließt man bei der Funktion $x \mapsto \cos(kx)$.

Satz 2: Für $\mathbf{f(x) = \sin(kx)}$ ist $\mathbf{f'(x) = k \cdot \cos(kx)}$;
für $\mathbf{f(x) = \cos(kx)}$ ist $\mathbf{f'(x) = -k \cdot \sin(kx)}$.

Beispiel 2:

a) $f(x) = \sin(3x)$
$f'(x) = 3\cos(3x)$
$f''(x) = -9\sin(3x)$

b) $f(x) = \cos(\frac{\pi}{2}x)$
$f'(x) = -\frac{\pi}{2}\sin(\frac{\pi}{2}x)$
$f''(x) = -\frac{\pi^2}{4}\cos(\frac{\pi}{2}x)$

c) $f(x) = \sin(-\frac{1}{2}x) + 3\cos(-x)$
$f'(x) = -\frac{1}{2}\cos(-\frac{1}{2}x) + 3\sin(-x)$
$f''(x) = -\frac{1}{4}\sin(-\frac{1}{2}x) - 3\cos(-x)$

Beispiel 3: (Steigung des Schaubildes in einem gegebenen Punkt)

a) Das Schaubild von $x \mapsto \sin(2x)$ hat für $x_0 = 0$ die Steigung $2 \cdot \cos 0 = 2$, für $x_0 = \frac{\pi}{4}$ die Steigung $2 \cdot \cos\frac{\pi}{2} = 0$, für $x_0 = \frac{\pi}{2}$ die Steigung $2 \cdot \cos\pi = -2$.

b) Entsprechend hat das Schaubild von $x \mapsto \cos(\frac{\pi}{2}x)$ für $x_0 = 0$ die Steigung $-\frac{\pi}{2}\sin 0 = 0$, für $x_0 = 1$ die Steigung $-\frac{\pi}{2}\sin\frac{\pi}{2} = -\frac{\pi}{2} \approx -1{,}57$.

5 Bestimme für die Funktionen $f: x \mapsto \sin(\frac{1}{2}x)$ und $g: x \mapsto \cos(-\frac{\pi}{2}x)$ auf 2 Dezimalen

a) $f'(0)$ und $g'(0)$ b) $f'(1)$ und $g'(1)$ c) $f'(\pi)$ und $g'(\pi)$.

Aufgaben

6 Leite ab: a) $f(x) = \frac{1}{2}\sin x$ b) $f(x) = -5\sin x$ c) $f(x) = \sqrt{2}\cos x$ d) $f(x) = -2\sin x + 3\cos x$

e) $f(x) = -\frac{1}{2}\sin x + \frac{2}{3}\cos x$ f) $f(x) = \frac{3}{4}(2\cos x - \frac{1}{6}\sin x)$ g) $f(t) = a\sin t - \frac{1}{4}k\cos t$.

7 a) $f(x) = \sin(3x)$ b) $f(x) = \cos(\frac{1}{2}x)$ c) $f(x) = 0{,}4\sin(2x)$ d) $f(x) = \frac{3}{4}\cos(1{,}2x)$

e) $f(x) = 2\sin(\frac{1}{3}x) + \frac{1}{2}\cos(3x)$ f) $g(x) = -\frac{3}{4}\cos(\frac{\pi}{2}x) + 0{,}8\sin(\frac{2}{3}x)$

g) $h(x) = 3[\frac{1}{2}\cos(-4x) - \frac{1}{3}\cos\frac{x}{2}]$ h) $f(x) = \frac{4}{5}[-\frac{1}{2}\cos\frac{2x}{3} + \frac{1}{2}\sin(-\frac{x}{3})]$

8 a) $f(t) = \cos(\frac{1}{2}t)$ b) $f(t) = a\cos(\frac{\pi}{2}t)$ c) $g(a) = \frac{1}{2}\sin(\pi a)$ d) $g(a) = a\cos(2t)$

e) $h(z) = k\cos\frac{z}{2}$ f) $h(k) = k\cos\frac{z}{2}$ g) $f(r) = r\cos(\pi t) + \sin(\pi r)$

9 a) $f(x) = 1 + \sin(2x)$ b) $f(x) = 2 - 3\cos(\frac{1}{2}x)$ c) $f(x) = x + \sin(2x)$ d) $f(x) = 2x^2 - \cos(2x)$

e) $g(t) = 2\cos\frac{t}{2} - \frac{3}{t}$ f) $g(a) = \frac{4a - 3\sin(2a)}{2}$ g) $h(r) = 4\frac{\sin(2r) - k\cos(kr)}{3} + \frac{r}{2}$

10 Gib die ersten vier Ableitungen an. a) $f(x) = \sin x$ b) $f(x) = \cos x$ c) $f(x) = \sin(2x)$

d) $f(x) = \sin x + \cos x$ e) $g(x) = 2\cos x - \sin x$ f) $h(x) = \sin(3x) - 2\cos(\frac{1}{2}x)$ g) $k(x) = x - \sin(\frac{\pi}{2}x)$

11 Berechne (auf 1 Dezimale) $f'(0)$, $f'(1)$, $f'(\frac{\pi}{4})$, $f'(\frac{\pi}{2})$ und $f'(-\pi)$.

a) $f(x) = \sin(\frac{1}{2}x)$ b) $f(x) = -2\cos(\frac{\pi}{2}x)$ c) $f(t) = \sin(2t) - \frac{1}{2}\cos(\frac{\pi}{2}t)$

12 Bestimme für das Schaubild der Funktion $f: x \mapsto 2\cos(\frac{1}{2}x)$ (der Funktion $g: x \mapsto -3\sin(\frac{\pi}{3}x)$) die Schnittpunkte mit den Koordinatenachsen und die Steigungen in diesen Schnittpunkten sowie die Punkte, in denen die Tangente zur x-Achse parallel ist. Trage die Ergebnisse in ein Koordinatensystem ein (LE = 1 cm). Zeichne das Schaubild von f (von g).

13 In Fig. 96.1 bewege sich P gleichmäßig auf dem Kreis; ein Umlauf dauere T Sekunden.

a) Welchen Winkel (im Bogenmaß) überstreicht OP in 1 Sek. (in t Sek.)?

b) Welche Koordinaten x(t) und y(t) hat P, wenn t Sek. seit dem Durchgang durch S vergangen sind?

c) Bei der Kreisbewegung von P wandert der Punkt A (der „Schatten" von P) auf der x-Achse; entsprechend wandert B auf der y-Achse. Welche Momentangeschwindigkeit hat A (B), wenn sich P in S (in R) befindet?

14 Ermittle durch graphisches Differenzieren von $f: x \mapsto \sin^2 x$; $x \in [0; \pi]$ das Schaubild von f'.

96.1

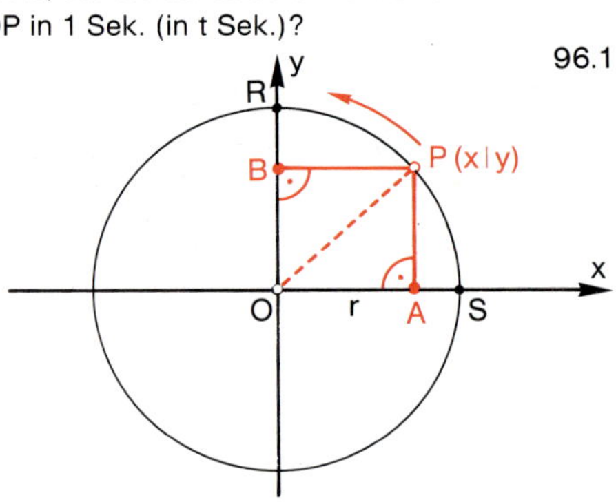

22 Die Tangentenfunktion

22.1 Die Zerlegungsformel

1 Zeichne das Schaubild von $f: x \mapsto x^2$ sowie die Tangente in $P(\frac{3}{2}|\frac{9}{4})$. Die Tangente ist Schaubild einer linearen Funktion g. Gib g an. Welcher Fehler entsteht, wenn man an der Stelle $x_0 = 1{,}51$ $(x_0 = 1{,}5 + h)$ den Funktionswert $f(1{,}51)$ $(f(1{,}5+h))$ durch $g(1{,}51)$ (durch $g(1{,}5+h)$) ersetzt?

Hat eine Funktion f an der Stelle x_0 die Ableitung $f'(x_0)$ so gilt für $x \to x_0$

$$\frac{f(x) - f(x_0)}{x - x_0} \to f'(x_0).$$

Um diesen Zusammenhang zwischen dem Differenzenquotienten an der Stelle x_0 und der Ableitung an der Stelle x_0 durch eine Gleichung auszudrücken, schreiben wir

$$\frac{f(x) - f(x_0)}{x - x_0} = f'(x_0) + r(x);$$

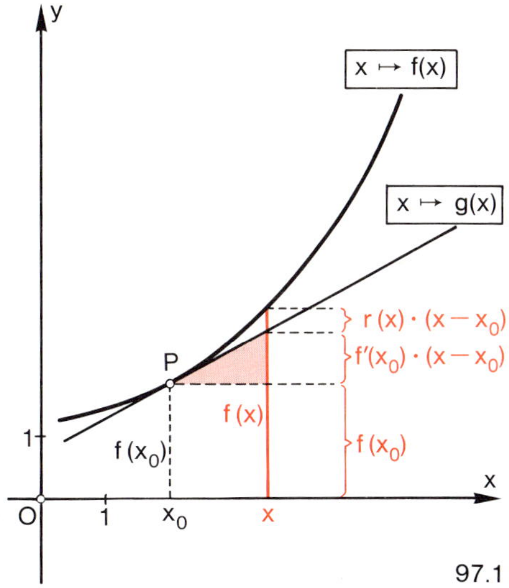

97.1

Darin ist r(x) ein „Restglied", das für $x \to x_0$ gegen 0 strebt. Umformen ergibt

$$f(x) = f(x_0) + f'(x_0) \cdot (x - x_0) + r(x) \cdot (x - x_0).$$

Fig. 97.1 zeigt die geometrische Deutung der drei Summanden der rechten Seite.

Satz: Hat eine Funktion f an der Stelle x_0 die Ableitung $f'(x_0)$, so läßt sich f(x) für $x \neq x_0$ darstellen in der Form

$$\mathbf{f(x) = f(x_0) + f'(x_0) \cdot (x - x_0) + r(x) \cdot (x - x_0)} \qquad \text{(Zerlegungsformel),}$$

wobei $\lim\limits_{x \to x_0} r(x) = 0$ ist.

Beispiel 1: $f: x \mapsto x^2$ hat für $x_0 = 1{,}5$ den Differenzenquotienten $\frac{x^2 - 2{,}25}{x - 1{,}5} = x + 1{,}5$ und die Ableitung $f'(1{,}5) = 3$. Somit ist $x + 1{,}5 = 3 + r(x)$, also $r(x) = x - 1{,}5$. Dies ergibt für den Funktionsterm f(x) die Darstellung

$$x^2 = 2{,}25 + 3\,(x - 1{,}5) + (x - 1{,}5)^2.$$

Wählen wir nun z. B. $x = 1{,}53$, so folgt: $1{,}53^2 = 2{,}25 + 3 \cdot 0{,}03 + 0{,}0009$. Hierin liefert der dritte Summand nur einen geringen Beitrag; die ersten beiden Summanden geben also bereits eine gute Näherung für den Funktionswert f(1,53), nämlich 2,34.

Da in der Zerlegungsformel für $x \to x_0$ sowohl r(x) als auch $(x - x_0)$ gegen 0 gehen, kann man für hinreichend nahe bei x_0 gelegene x-Werte häufig auf den Beitrag des dritten Summanden verzichten. Man erhält dann als Näherung für die Funktion f die lineare Funktion g (Fig. 97.1) mit

$$g(x) = f(x_0) + f'(x_0) \cdot (x - x_0).$$

Definition 1: Hat die Funktion f an der Stelle x_0 die Ableitung $f'(x_0)$, so nennt man die lineare Funktion g mit

$$\mathbf{g(x)=f(x_0)+f'(x_0)\cdot(x-x_0)}$$

die zur Funktion f an der Stelle x_0 gehörende **Tangentenfunktion**.

Bemerkungen: a) Die Tangentenfunktion gibt eine erste Möglichkeit, aus dem Funktionswert und der Ableitung an der Stelle x_0 auf benachbarte Funktionswerte zu schließen (vgl. S. 82, Grundproblem der Analysis).
b) Das Schaubild der Tangentenfunktion $g: x \mapsto f(x_0)+f'(x_0)\cdot(x-x_0)$ ist die Tangente $t: y=f(x_0)+f'(x_0)\cdot(x-x_0)$ im Punkt $P(x_0|f(x_0))$ (vgl. S. 86).

Beispiel 2: Die Funktion $f: x \mapsto x-\sqrt{x}$ hat an der Stelle $x_0=4$ den Funktionswert $f(4)=2$ und die Ableitung $f'(4)=\frac{3}{4}$, also die Tangentenfunktion g mit

$$g(x)=2+\tfrac{3}{4}(x-4) \text{ oder } g(x)=\tfrac{3}{4}x-1.$$

Hieraus ergeben sich z. B. die folgenden Näherungen:
$f(4{,}5)\approx\frac{3}{4}\cdot 4{,}5-1$; d. h.: $4{,}5-\sqrt{4{,}5}\approx 2{,}375$. (Zum Vergleich: $4{,}5-\sqrt{4{,}5}=2{,}378\ldots$)
$f(4{,}1)\approx\frac{3}{4}\cdot 4{,}1-1$; d. h.: $4{,}1-\sqrt{4{,}1}\approx 2{,}075$. (Zum Vergleich: $4{,}1-\sqrt{4{,}1}=2{,}075\ldots$)
$f(3{,}8)\approx\frac{3}{4}\cdot 3{,}8-1$; d. h.: $3{,}8-\sqrt{3{,}8}\approx 1{,}85$. (Zum Vergleich: $3{,}8-\sqrt{3{,}8}=1{,}850\ldots$)

2 a) Ermittle für $f: x \mapsto \sqrt{x}$ die Tangentenfunktion an der Stelle $x_0=4$.
b) Gib mit Hilfe der Tangentenfunktion Näherungswerte an für $\sqrt{4{,}3}$ und $\sqrt{3{,}9}$.
Vergleiche mit den Näherungswerten, die der Taschenrechner liefert.

Aufgaben

3 Gib die Tangentenfunktion der Funktion f an der Stelle x_0 an.
a) $f(x)=x^3$; $x_0=1$ b) $f(x)=x^3$; $x_0=2{,}4$ c) $f(x)=\frac{1}{2}x^2-\frac{1}{6}x^3$; $x_0=-2$
d) $f(x)=\frac{1}{x}$; $x_0=1{,}6$ e) $f(x)=x^2-\frac{1}{x}$; $x_0=\frac{4}{5}$ f) $f(x)=\frac{1}{x}-\sqrt{x}$; $x_0=\frac{1}{4}$
g) $f(x)=\sin x$; $x_0=\frac{\pi}{6}$ h) $f(x)=\cos x$; $x_0=\frac{\pi}{2}$ i) $f(x)=\sin x+\cos x$; $x_0=0$

4 Berechne mit Hilfe der Tangentenfunktion einen Näherungswert (2 Dezimalen) für $\sqrt{9{,}2}$ ($\sqrt{26}$; $\sqrt{200}$; sin 0,25; cos 3). Vergleiche mit dem Näherungswert, den der Taschenrechner liefert.

5 Gib für die Funktion f und die Stelle x_0 den Term r(x) in der Zerlegungsformel an. Drücke danach f(x) aus wie in der Zerlegungsformel.
a) $f(x)=x^2$; $x_0=2$ b) $f(x)=2x-\frac{1}{2}x^2$; $x_0=1$ c) $f(x)=\sqrt{x}$; $x_0=2$

6 a) Welche Tangentenfunktion hat eine Funktion f an der Stelle x_0, wenn $f'(x_0)=0$ ist?
b) Warum hat die Funktion $f: x \mapsto \sqrt{x}$ an der Stelle $x_0=0$ keine Tangentenfunktion?

7 a) Gegeben sei eine Funktion f, die an der Stelle x_0 den Funktionswert $f(x_0)$ und die Ableitung $f'(x_0)$ hat. Welche Form hat eine lineare Funktion l mit $l(x_0)=f(x_0)$?
b) Bilde $f(x)-l(x)$. Wie zeigt sich an dieser Differenz, daß in der Nähe von x_0 die Tangentenfunktion die bestmögliche aller linearen Näherungsfunktionen l ist?

8 Bestimme die Gleichung der Tangenten von Punkt $P(0|-1)$ an das Schaubild von $f(x)=x^2$ (von $P(-1|1)$ an $f(x)=\frac{1}{x}$).

22.2 Differentiale

9 Um wieviel ändert sich der Funktionswert der Funktion $x \mapsto x^2$, wenn x an der Stelle $x_0 = 3$ um 0,2 (um h) zunimmt? Um wieviel ändert sich dabei der Funktionswert der Tangentenfunktion?

Wenn der Flächeninhalt einer Kreisscheibe bestimmt werden soll, so wird man zunächst den Radius messen. Dabei tritt i. allg. ein Meßfehler auf, d.h., statt der wahren Länge x_0 erhält man eine davon leicht abweichende Länge x (Fig. 99.1). Bei der anschließenden Berechnung des Flächeninhaltes $A = \pi x^2$ überträgt sich die Ungenauigkeit von x auf A. Frage: Wie groß ist der dadurch beim Flächeninhalt entstehende Fehler?

Offenbar handelt es sich um die Frage, wie sich ein Funktionswert $f(x_0)$ ändert, wenn man von der Stelle x_0 zu einer benachbarten Stelle x übergeht (Fig. 99.1). Falls sich f(x) nicht oder nur mühsam berechnen läßt, orientiert man sich an der Zerlegungsformel

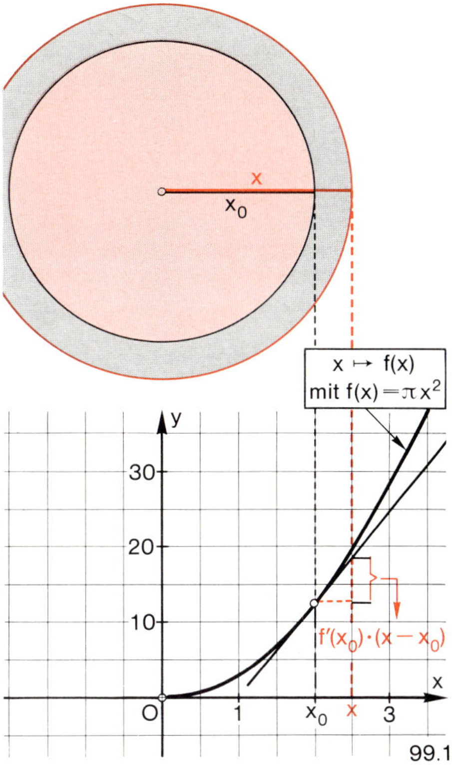

99.1

$f(x) - f(x_0) = f'(x_0) \cdot (x - x_0) + r(x) \cdot (x - x_0)$ (Fig. 97.1)

und setzt $f(x) - f(x_0) \approx f'(x_0) \cdot (x - x_0)$ (Fig. 99.1).

Definition 2: Hat eine Funktion f an der Stelle x_0 die Ableitung $f'(x_0)$, dann heißt

$\mathbf{f'(x_0) \cdot (x - x_0)}$ (Fig. 99.1)

Differential der Funktion f an der Stelle x_0.

Beispiel 3: In Fig. 99.1 ist $f(x) = \pi x^2$ und $x_0 = 2$. Somit ist $f'(2) \cdot (x-2)$ oder $4\pi(x-2)$ das Differential von f an der Stelle 2. Für $x = 2{,}1$ nimmt es den Wert 1,26 an. D.h.: Wenn der Radius der Kreisscheibe um 0,1 cm zu groß gemessen wird, dann ergibt sich ein um etwa 1,26 cm² zu großer Flächeninhalt. Zum Vergleich: Der tatsächliche Fehler beträgt (auf 2 Dezimalen) 1,29 cm².

Beispiel 4: Die Funktion $f: x \mapsto \sqrt{x} - \frac{1}{x}$ hat an der Stelle $x_0 = 4$ die Ableitung $f'(4) = \frac{1}{2\sqrt{4}} + \frac{1}{16} = \frac{5}{16}$, also das Differential $\frac{5}{16}(x-4)$. Das bedeutet: Eine (hinreichend kleine) Änderung des x-Wertes 4 um h auf $4+h$ bewirkt eine Änderung des Funktionswertes f(4) um etwa $\frac{5}{16}$ h.

Bemerkung: Für das Differential einer Funktion f an der Stelle x_0 schreibt man auch df(x) (lies: d f von x), oder genauer $df(x)|_{x=x_0}$. Es ist also

(∗) $\quad df(x) = f'(x_0) \cdot (x - x_0)$;

z. B. schreibt man bei der Funktion $x \mapsto x^2$ demgemäß $dx^2 = 2x_0(x - x_0)$.

Da die Funktion $x \mapsto x$ das Differential $dx = 1 \cdot (x - x_0)$ hat, kann man für (∗) auch schreiben

$$df(x) = f'(x_0) \cdot dx \quad \text{oder} \quad \frac{df(x)}{dx} = f'(x_0).$$

Dementsprechend bezeichnet man — vor allem in der angewandten Mathematik — die Ableitung einer Funktion f auch oft mit

$$\frac{df(x)}{dx} \quad \text{oder} \quad \frac{dy}{dx}$$

und nennt die Ableitung dementsprechend auch Differentialquotient.

10 Für die Kantenlänge eines Würfels wird statt 5,9 cm versehentlich 6,0 cm gemessen (Fig. 100.1). Welcher Fehler ergibt sich dadurch bei der Berechnung der Würfeloberfläche? (Anleitung: Berechne den Fehler zunächst näherungsweise mit Hilfe des Differentials, danach exakt. Vergleiche.)

Aufgaben

11 Für die Kantenlänge eines Würfels wird statt 8,6 cm infolge einer Meßungenauigkeit nur 8,5 cm gemessen (Fig. 100.1). Welcher Fehler entsteht dadurch bei der Berechnung des Würfelvolumens? Berechne den Fehler zunächst näherungsweise mit Hilfe des Differentials, danach exakt; vergleiche.

12 Der Durchmesser einer Kugel wird statt mit 12,4 cm irrtümlich mit 12,5 cm angegeben. Welcher Fehler ergibt sich dadurch

a) bei der Berechnung des Oberflächeninhaltes $O = 4\pi r^2$ der Kugel (1 Dezimale)

b) bei der Berechnung des Volumens $V = \frac{4}{3}\pi r^3$ der Kugel (1 Dezimale)?

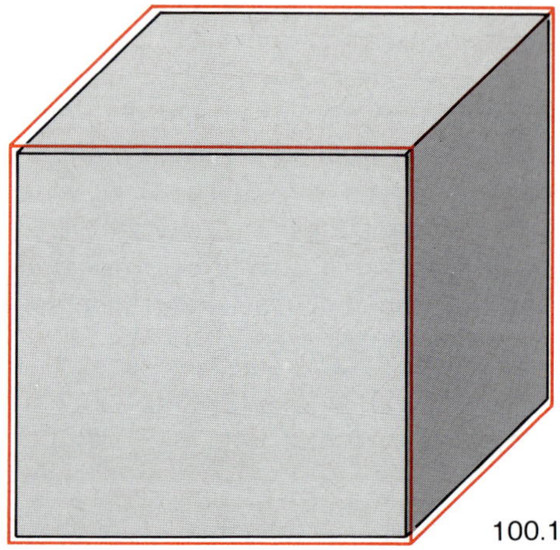

100.1

13 a) Der Durchmesser einer Kugel wird mit 18,0 cm angegeben bei einem möglichen Meßfehler von ±0,5 mm. Was läßt sich daraus für das Kugelvolumen folgern? (Drücke zunächst das Kugelvolumen mit Hilfe des Durchmessers aus.)

b) Wie genau muß man den Durchmesser dieser Kugel messen, wenn das Volumen bis auf einen Fehler von $\pm 10\ \text{cm}^3$ bestimmt werden soll?

14 a) Zeige: Für kleine Werte von $|h|$ und $n \in \mathbb{N}$ ist $(x+h)^n \approx x^n + nx^{n-1}h$, insbesondere also $(1+h)^n \approx 1 + nh$.

b) Berechne näherungsweise (2 Dezimalen) $1{,}04^3$ ($1{,}008^4$; $0{,}97^5$; $3{,}01^4$). Vergleiche mit den Werten, die der Taschenrechner liefert.

c) Zeige, daß für kleine $|h|$-Werte die Näherung $\sqrt{1+h} \approx 1 + \frac{1}{2}h$ gilt. Berechne näherungsweise $\sqrt{1{,}05}$ ($\sqrt{0{,}97}$). (Runde auf 2 Dezimalen.)

15 Ermittle das Differential der Funktion f an der Stelle x_0.

a) $f(x) = \sin x$; $x_0 = 0$ b) $f(x) = \cos x$; $x_0 = 0$ c) $f(x) = \sin(2x)$; $x_0 = 0$

d) $f(x) = 2\sqrt{x} + x$; $x_0 = 1$ e) $f(x) = x^3 - x^2$; $x_0 = 1$ f) $f(x) = \frac{1}{x} - \sqrt{x}$; $x_0 = 1$

23 Differenzierbarkeit einer Funktion

1 Zeichne ein Schaubild der Funktion $x \mapsto |x|$
Warum ist die x-Achse keine Tangente an das Schaubild? (Anleitung: Vgl. S. 86, Definition 2.)

Bisher sind wir im wesentlichen davon ausgegangen, daß eine auf einem Intervall definierte Funktion f an jeder Stelle von D_f eine Ableitung hat. Das ist jedoch nicht bei allen Funktionen der Fall.

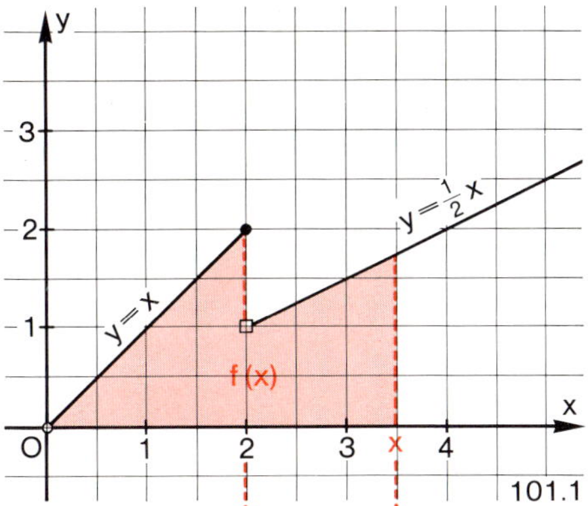

101.1

In Fig. 101.1 sei f(x) der Inhalt der schraffierten Fläche. Denkt man sich x variabel, so erhält man zu jedem $x \in \mathbb{R}^+$ einen bestimmten Wert f(x), z. B. ist $f(1) = 0{,}5$, $f(2) = 2$, $f(3) = 3{,}25$ (Fig. 101.2) usw. Wir untersuchen, ob die so definierte Funktion f an der Stelle $x_0 = 2$ eine Ableitung hat. Es ist

$$f(x) = \begin{cases} \frac{1}{2}x^2 & \text{für } x \leqq 2 \\ \frac{1}{4}x^2 + 1 & \text{für } x > 2 \end{cases}.$$

Für den Differenzenquotienten folgt:

$$m_s = \frac{f(x) - f(2)}{x - 2} = \begin{cases} \frac{\frac{1}{2}x^2 - 2}{x - 2} & \text{für } x < 2 \\ \frac{\frac{1}{4}x^2 + 1 - 2}{x - 2} & \text{für } x > 2 \end{cases}$$

$$= \begin{cases} \frac{1}{2}x + 1 & \text{für } x < 2 \\ \frac{1}{4}x + \frac{1}{2} & \text{für } x > 2 \end{cases}.$$

Für $x \to 2$ von links $(x < 2)$ gilt $m_s \to 2$, für $x \to 2$ von rechts $(x > 2)$ gilt dagegen $m_s \to 1$.

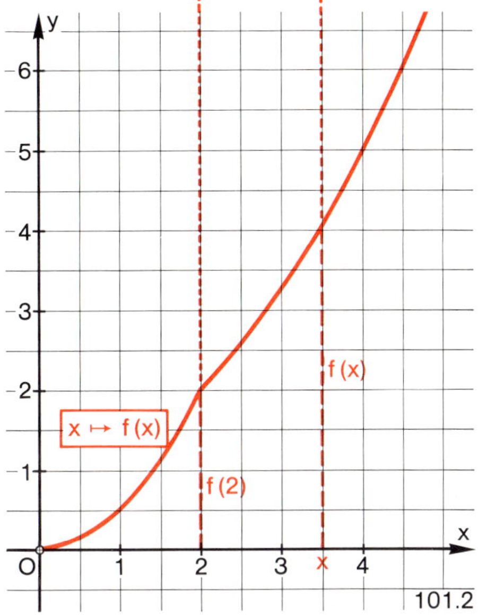

101.2

Der Differenzenquotient hat also für $x \to 2$ keinen Grenzwert, die Funktion f also keine Ableitung. Dementsprechend hat das Schaubild von f im Punkt $P(2|f(2))$ keine Tangente (vgl. S. 86, Definition 2). Fig. 101.2 zeigt: Das Schaubild von f hat in P einen „Knick".

Im Unterschied zu der eben betrachteten Funktion haben z. B. alle ganzrationalen Funktionen und auch alle Funktionen der Form $x \mapsto \sin kx$ oder $x \mapsto \cos kx$ an jeder Stelle ihrer Definitionsmenge $D = \mathbb{R}$ eine Ableitung.

Eine Funktion f muß nicht an jeder Stelle ihrer Definitionsmenge D_f eine Ableitung haben (differenzierbar sein); es kann $D_{f'} \neq D_f$ sein. In jedem Fall gilt jedoch $D_{f'} \subseteq D_f$.

Beispiel 1: (Differenzierbarkeit am Intervallende)

a) Für die Funktion $f: x \mapsto \sqrt{x}$ ist $D_f = \mathbb{R}_0^+$ (Fig. 102.1). Sie ist an der Stelle $x_0 = 0$ nicht differenzierbar, denn

für $x \to 0$ gilt $m_s \to +\infty$.

b) Setzt man für die in Fig. 101.2 betrachtete Funktion $f(0) = 0$, so ist $D_f = \mathbb{R}_0^+$. Diese Funktion ist an der Stelle $x_0 = 0$ differenzierbar, denn es ist

$$\lim_{x \to 0} m_s = \lim_{x \to 0} \frac{1}{2}x = 0.$$

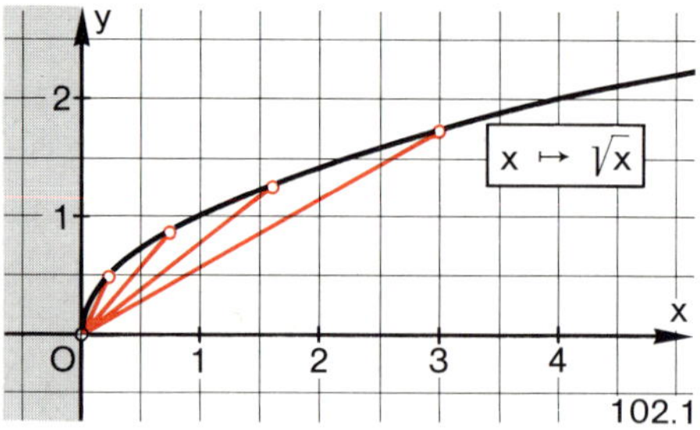

102.1

Beispiel 2: (Sprungstelle; Fig. 102.2)
Die Funktion f mit

$$f(x) = \begin{cases} \frac{1}{4}x^2 & \text{für } x \leqq 2 \\ \frac{1}{4}x^2 + 1 & \text{für } x > 2 \end{cases}$$

hat bei $x_0 = 2$ den Differenzenquotienten

$$m_s = \begin{cases} \frac{1}{4}x + \frac{1}{2} & \text{für } x < 2 \\ \frac{1}{4}x + \frac{1}{2} + \frac{1}{x-2} & \text{für } x > 2 \end{cases}.$$

m_s hat für $x \to 2$ keinen Grenzwert. Also ist die Funktion f an der Stelle $x_0 = 2$ nicht differenzierbar; ihr Schaubild hat für $x_0 = 2$ einen „Sprung".

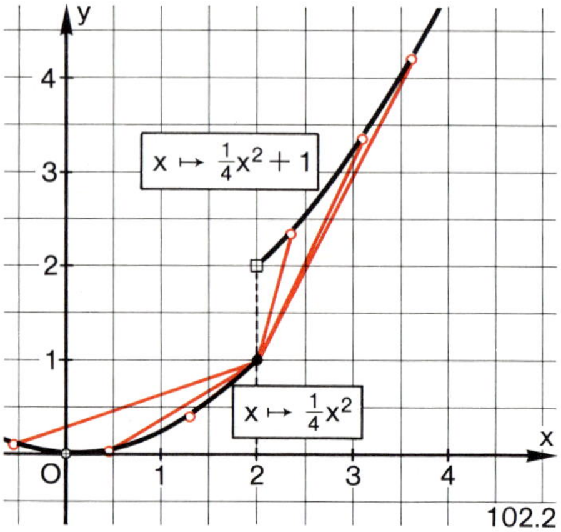

102.2

Beispiel 3: (Differenzierbarkeit der „Teilfunktionen")

a) Um $f: x \mapsto x \cdot |x|$ für $x_0 = 0$ zu untersuchen, schreiben wir f(x) betragsfrei.

$$f(x) = \begin{cases} x^2 & \text{für } x \geqq 0 \\ -x^2 & \text{für } x < 0 \end{cases} \qquad \text{Differenzenquotient: } m_s = \begin{cases} x & \text{für } x > 0 \\ -x & \text{für } x < 0 \end{cases}$$

Es ist $\lim_{x \to 0} m_s = 0$, also f für $x_0 = 0$ differenzierbar und $f'(0) = 0$.

b) Da die beiden „Teilfunktionen" $g: x \mapsto x^2$ und $h: x \mapsto -x^2$ jeweils an der „Nahtstelle" x_0 und über diese hinaus definiert und für alle $x \in D_g$ bzw. $x \in D_h$ differenzierbar sind, kann man den Nachweis (ohne Verwendung der Differenzenquotienten) auch so führen: Wir zeigen zunächst, daß

$$g'(x_0) = h'(x_0)$$

gilt. Dies genügt jedoch noch nicht, denn diese Bedingung ist z. B. in Fig. 102.2 für $x_0 = 2$ auch erfüllt; um einen „Sprung" auszuschließen, muß außerdem

$$g(x_0) = h(x_0)$$

sein. In unserem Beispiel ist $g'(x) = 2x$ und $h'(x) = -2x$, also $g'(0) = h'(0) = 0$; außerdem ist $g(0) = h(0) = 0$.

2 Untersuche, ob die Funktion f an der Stelle $x_0 = 0$ differenzierbar ist.

a) $f(x) = \begin{cases} x^2 \text{ für } x \leqq 0 \\ x^3 \text{ für } x > 0 \end{cases}$ b) $f(x) = \begin{cases} x^2 + 2x + 1 \text{ für } x \leqq 0 \\ -x^2 + 2x + 1 \text{ für } x > 0 \end{cases}$ c) $f(x) = \begin{cases} 2x^2 + 1 \text{ für } x \leqq 0 \\ x^3 + 1 \text{ für } x > 0 \end{cases}$

d) $f(x) = |x|$ e) $f(x) = x^2 - |x|$ f) $f(x) = |x|^3$

Aufgaben

3 Untersuche, ob die Funktion f für $x_0=0$ differenzierbar ist.

a) $f(x)=x\sqrt{x}$ b) $f(x)=x\sqrt{|x|}$ c) $f(x)=(x+1)\sqrt{x}$ d) $f(x)=x\sqrt{x+1}$

4 Untersuche, ob die Funktion f an der Stelle x_0 differenzierbar ist.

a) $f(x)=\begin{cases} 1-x^2 & \text{für } x\leqq 1 \\ x^2-1 & \text{für } x>1 \end{cases}$; $x_0=1$

b) $f(x)=\begin{cases} \sqrt{x} & \text{für } 0<x<1 \\ x^2-\frac{7}{4}x+\frac{7}{4} & \text{für } x\geqq 1 \end{cases}$; $x_0=1$

c) $f(x)=\begin{cases} \frac{1}{x} & \text{für } 0<x<1 \\ -\frac{1}{2}x^2+\frac{3}{2} & \text{für } x\geqq 1 \end{cases}$; $x_0=1$

d) $f(x)=\begin{cases} \frac{x+1}{x} & \text{für } 0<x<2 \\ -\frac{1}{4}x+1 & \text{für } x\geqq 2 \end{cases}$; $x_0=2$

5 Untersuche, ob die Funktion f an der Stelle x_0 differenzierbar ist. Zeichne ein Schaubild von f (LE = 2 cm).

a) $f(x)=|x|$; $x_0=0$ b) $f(x)=|x-1|$; $x_0=1$ c) $f(x)=1-|x|$; $x_0=1$

d) $f(x)=|x|\cdot(1-x)$; $x_0=0$ e) $f(x)=|x^2-x|$; $x_0=0$ f) $f(x)=x\cdot|x-1|$; $x_0=1$

(Anleitung: Schreibe f(x) zunächst betragsfrei.)

6 a) Berechne den Inhalt der roten Fläche in Fig. 103.1 für $x=1{,}5$ (2; 3; t).

b) In Fig. 103.1 sei jedem $x\in\mathbb{R}^+$ der Inhalt A(x) der roten Fläche zugeordnet. Untersuche, ob die Funktion $x\mapsto A(x)$ an der Stelle $x_0=1$ differenzierbar ist.

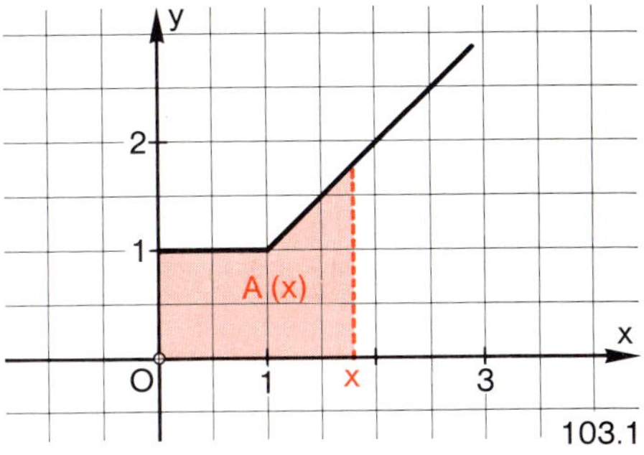

103.1

7 a) Zeige, daß in Fig. 103.2 die Funktion $x\mapsto A(x)$, die jedem $x\in\mathbb{R}^+$ den Inhalt der roten Fläche zuordnet, an der Stelle $x_0=1$ differenzierbar ist. Gib die für $x\in\mathbb{R}^+$ definierte Funktion $x\mapsto A'(x)$ an.

b) Untersuche, ob die Funktion $x\mapsto A'(x)$ an der Stelle $x_0=1$ auch differenzierbar ist.

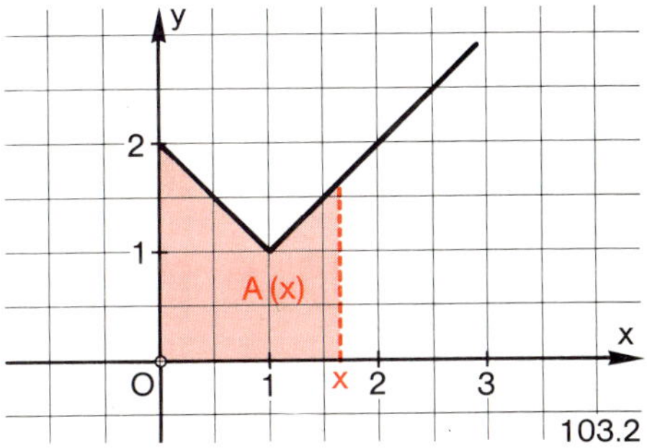

103.2

8 a) Zeige: Für jedes $t\in\mathbb{R}$ ist die Funktion

$$x\mapsto\begin{cases} -tx^2+2x & \text{für } x\geqq 0 \\ x^2+2x & \text{für } x<0 \end{cases}$$

an der Stelle $x_0=0$ differenzierbar.

b) Für welche Werte von a und b ist die Funktion g mit

$$g(x)=\begin{cases} \sqrt{x} & \text{für } 0<x\leqq 1 \\ ax-bx^2 & \text{für } x>1 \end{cases}$$

an der Stelle $x_0=1$ differenzierbar?

9 Untersuche, ob das Schaubild der Funktion f mit

$$f(x)=\begin{cases} \frac{\sin x}{x} & \text{für } x\neq 0 \\ 1 & \text{für } x=0 \end{cases}$$ (vgl. S. 94)

in P(0|1) einen „Knick" hat. Zeichne das Schaubild.

(Anleitung: Verwende für $x>0$ die Abschätzung $\frac{\sin x}{x}>\cos x$ (vgl. S. 94); beachte, daß $f(-x)=f(x)$ gilt für alle x.)

10 Zeige, daß die in Fig. 30.3 angegebene sogenannte DIRICHLET-Funktion an keiner Stelle ihrer Definitionsmenge differenzierbar ist.

24 Stetigkeit einer Funktion

24.1 Stetigkeit an einer Stelle x_0

1 Vergleiche für die Funktion f mit

$$f(x) = \begin{cases} 2^{\frac{1}{x}} & \text{für } x \neq 0 \\ 0 & \text{für } x = 0 \end{cases}$$

die Funktionswerte $f(-0{,}05)$ und $f(+0{,}05)$ sowie die Funktionswerte $f(0{,}95)$ und $f(1{,}05)$. Wie unterscheidet sich das Verhalten von f in der Nähe der Stelle 0 vom Verhalten in der Nähe von 1?

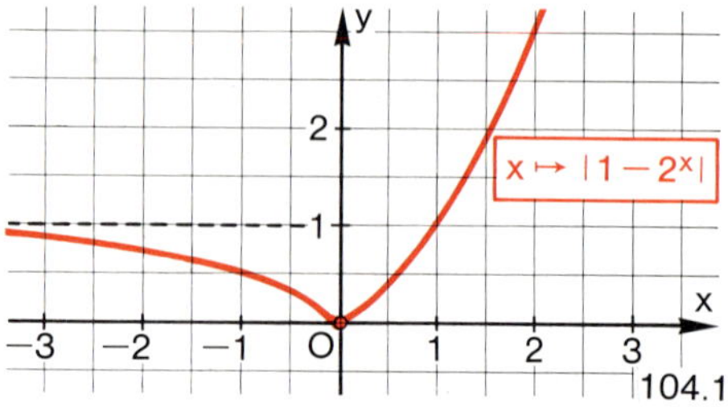

104.1

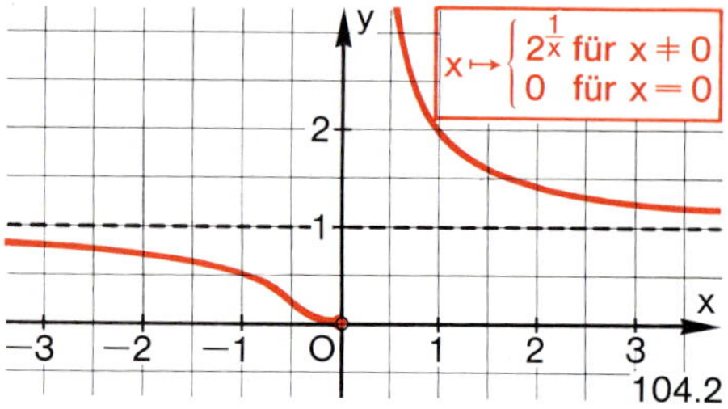

104.2

Ist eine Funktion f an allen inneren Stellen eines Intervalls mit Ausnahme einer Stelle x_0 differenzierbar, so sind zwei Fälle charakteristisch:

a) Das Schaubild hat für $x = x_0$ einen „Knick" (Fig. 104.1; $x_0 = 0$).

b) Das Schaubild hat für $x = x_0$ einen „Sprung" (Fig. 104.2; $x_0 = 0$).

Im ersten Fall stimmt der Grenzwert von f für $x \to x_0$ mit $f(x_0)$ überein, und nur in diesem Fall kann man sagen: Wenn x hinreichend nahe bei x_0 liegt, dann liegt auch f(x) nahe bei $f(x_0)$.

Definition: Eine Funktion f heißt an der Stelle $x_0 \in D_f$ **stetig**, wenn $\lim\limits_{x \to x_0} f(x)$ vorhanden ist und mit dem Funktionswert $f(x_0)$ übereinstimmt, wenn also gilt:

$$\lim_{x \to x_0} f(x) = f(x_0).$$

Beispiel 1: a) (Grenzwert vorhanden und gleich $f(x_0)$)

Die Funktion f mit $f(x) = \begin{cases} \frac{\sin x}{x} & \text{für } x \in \mathbb{R} \setminus \{0\} \\ 1 & \text{für } x = 0 \end{cases}$ ist an der Stelle $x_0 = 0$ stetig,

denn es ist $\lim\limits_{x \to 0} f(x) = 1$ (vgl. S. 94) und $f(0) = 1$.

b) (Grenzwert vorhanden, aber von $f(x_0)$ verschieden; vgl. auch S. 73, Beispiel 2)

Fig. 104.3 zeigt das Schaubild der Funktion f mit $f(x) = [\sin x]$ (vgl. S. 34, Aufg. 19) für $0 \leqq x < 2\pi$.

Für $x_0 = \frac{1}{2}\pi$ ist $\lim\limits_{x \to x_0} f(x) = 0$, dagegen $f(\frac{1}{2}\pi) = 1$. Die Funktion f ist also an der Stelle $\frac{1}{2}\pi$ nicht stetig; sie ist dort unstetig.

Für $x_0 = \frac{3}{2}\pi$ ist sowohl $\lim\limits_{x \to x_0} f(x) = -1$ als auch $f(\frac{3}{2}\pi) = -1$, die Funktion ist also stetig.

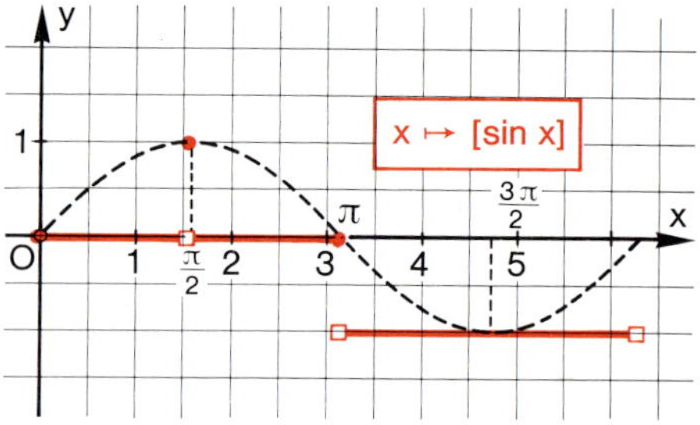

104.3

c) (Grenzwert nicht vorhanden)
Die Funktion $f: x \mapsto [\sin x]$ (Fig. 104.3) hat für $x \to \pi$ keinen Grenzwert, sie ist daher an der Stelle π unstetig.

2 Untersuche die Funktion f mit $f(x) = \begin{cases} x : |x| & \text{falls } x \neq 0 \\ 0 & \text{falls } x = 0 \end{cases}$ für $x_0 = 0$ auf Stetigkeit.

Aufgaben

3 Untersuche, ob die Funktion f an der Stelle x_0 stetig ist. Zeichne ein Schaubild.

a) $f(x) = |x|$; $x_0 = 0$ b) $f(x) = \sqrt{x}$; $x_0 = 0$ c) $f(x) = [x]$; $x_0 = 3$

d) $f(x) = \begin{cases} x^2 & \text{für } x \leqq 1 \\ \sqrt{x} & \text{für } x > 1 \end{cases}$; $x_0 = 1$ e) $f(x) = \begin{cases} \sin x & \text{für } x < \frac{\pi}{4} \\ \cos x & \text{für } x > \frac{\pi}{4} \end{cases}$; $x_0 = \frac{\pi}{4}$

f) $f(x) = \begin{cases} \frac{x^2 - 1}{x - 1} & \text{für } x \neq 1 \\ 1 & \text{für } x = 1 \end{cases}$; $x_0 = 1$ g) $f(x) = \begin{cases} \frac{2x^2 - x - 3}{x + 1} & \text{für } x \neq -1 \\ -5 & \text{für } x = -1 \end{cases}$; $x_0 = -1$

4 Wie muß $t \in \mathbb{R}$ gewählt werden, damit die Funktion f an der Stelle x_0 stetig ist?

a) $f(x) = \begin{cases} x + 1 & \text{für } x < 0 \\ x^2 + t & \text{für } x \geqq 0 \end{cases}$; $x_0 = 0$ b) $f(x) = \begin{cases} t \sin x & \text{für } t \leqq \frac{\pi}{6} \\ t + x & \text{für } t > \frac{\pi}{6} \end{cases}$; $x_0 = \frac{\pi}{6}$

c) $f(x) = \begin{cases} t - x^2 & \text{für } x \leqq 1 \\ \frac{1}{x} & \text{für } x > 1 \end{cases}$; $x_0 = 1$ d) $f(x) = \begin{cases} \frac{x^2 - x - 2}{x + 1} & \text{für } x < -1 \\ t \cdot \frac{x^2 - 2}{x + 2} & \text{für } x \geqq -1 \end{cases}$; $x_0 = -1$

5 a) Untersuche, ob die Funktion $x \mapsto A(x)$, die jedem $x \in \mathbb{R}^+$ den Inhalt der in Fig. 105.1 roten Fläche zuordnet, an der Stelle $x_0 = 2$ stetig ist.
b) P sei ein beliebiger Punkt des Schaubildes der Funktion
$x \mapsto \begin{cases} 1 & \text{für } 0 < x \leqq 2 \\ 2 & \text{für } \quad x > 2 \end{cases}$ (Fig. 105.1).
Durch die Funktion g werde dem x-Wert von P die Steigung der Strecke OP zugeordnet. Bestimme die Definitionsmenge D_g und die Wertemenge W_g. An welcher Stelle $x \in D_g$ ist g unstetig? Zeichne ein Schaubild der Funktion g.

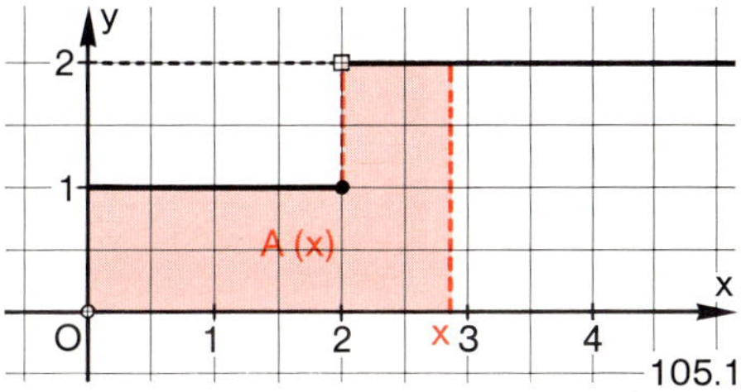

105.1

6 Die Funktion $x \mapsto x \cdot \sin \frac{1}{x}$ ist für $x = 0$ nicht definiert. Kann man für $x = 0$ einen Funktionswert so festlegen, daß eine für alle $x \in \mathbb{R}$ stetige Funktion entsteht? Zeichne ein Schaubild.

7 a) Die Funktion $f: x \mapsto x^2$ mit $D_f = \mathbb{R}$ ist an jeder Stelle $x \in D_f$ stetig. Ist auch die Funktion $g: x \mapsto x^2$ mit $D_g = \mathbb{Q}$ (bei der also, anders als bei f, nur rationale x-Werte zugelassen sind) an jeder Stelle $x_0 \in D_g$ stetig?

b) Die Funktion h mit $D_h = \mathbb{Q}$ sei definiert durch $h(x) = \begin{cases} 1 & \text{für } x < \sqrt{2} \\ 2 & \text{für } x > \sqrt{2} \end{cases}$.

Untersuche, ob die Funktion h an jeder Stelle $x_0 \in D_h$ (also für jede rationale Zahl x_0) stetig ist.

8 a) Beweise: Eine Funktion f sei an der Stelle x_0 stetig und $f(x_0) > 0$. Dann gibt es eine Zahl $\delta > 0$, so daß gilt: $f(x) > 0$ für alle $x \in]x_0 - \delta; x_0 + \delta[$.
b) Zeige durch ein Gegenbeispiel, daß dies nicht zu gelten braucht, wenn f an der Stelle x_0 unstetig ist.

24.2 Stetigkeit und Differenzierbarkeit

9 Ist $f: x \longmapsto |x|$ an der Stelle $x_0 = 0$ stetig? Ist f für $x_0 = 0$ auch differenzierbar?

Für eine an der Stelle x_0 differenzierbare Funktion f gilt nach der Zerlegungsformel (S. 97; Fig. 97.1)

$f(x) = f(x_0) + f'(x_0) \cdot (x - x_0) + r(x) \cdot (x - x_0)$
mit $r(x) \longrightarrow 0$ für $x \longrightarrow x_0$. Dies zeigt:
$\lim\limits_{x \to x_0} f(x) = f(x_0)$.

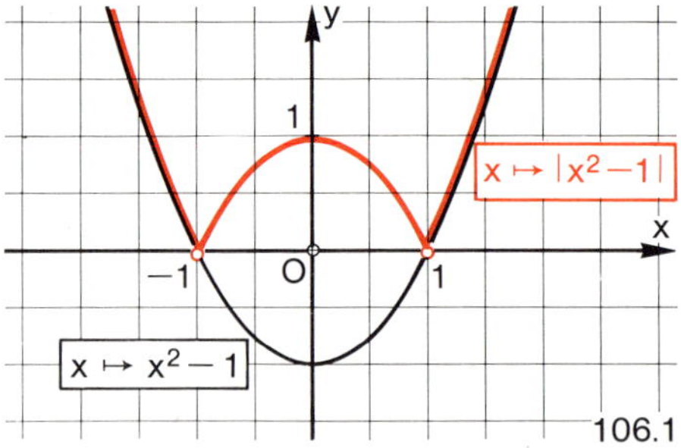

106.1

Satz 1: Ist f in x_0 differenzierbar, dann ist f in x_0 auch stetig.

Der Satz besagt, daß „differenzierbar" eine stärkere Eigenschaft ist als „stetig": Eine in x_0 differenzierbare Funktion ist in x_0 immer auch stetig. Umgekehrt braucht eine in x_0 stetige Funktion dort nicht differenzierbar zu sein (Fig. 106.1; $x_0 = 1$). Man drückt dies auch so aus: Stetigkeit ist eine notwendige, aber nicht hinreichende Bedingung für Differenzierbarkeit.
Da z. B. die Potenzfunktionen $x \longmapsto x^n$ ($n \in \mathbb{N}$) oder die trigonometrischen Funktionen $x \longmapsto \sin(kx)$, $x \longmapsto \cos(kx)$ an jeder Stelle ihrer Definitionsmenge differenzierbar sind, sind sie nach Satz 1 auch überall stetig.

10 $f(x) = \begin{cases} x^2 & \text{für } x \leqq 1 \\ mx + c & \text{für } x > 1 \end{cases}$ Für welche Werte von m und c ist f in $x_0 = 1$ stetig; für welche ist f in $x_0 = 1$ sogar differenzierbar?

24.3 Stetigkeit bei zusammengesetzten Funktionen

Aus den Grenzwertsätzen von S. 76/78 folgt:

Satz 2: a) Sind die Funktionen u und v an der Stelle x_0 stetig, so sind auch $u + v$, $u - v$, $u \cdot v$ und (falls $v(x_0) \neq 0$ ist) $\frac{u}{v}$ in x_0 stetig.
b) Ist v an der Stelle x_0 und u an der Stelle $v(x_0)$ stetig, dann ist auch die Verkettung $u \circ v$ in x_0 stetig.

Beispiel 2: a) Da die Funktionen $x \longmapsto x^n$ ($n \in \mathbb{N}$) und $x \longmapsto c$ für alle $x_0 \in \mathbb{R}$ stetig sind, ist auch $x \longmapsto c \cdot x^n$ stetig; ebenso sind alle ganzrationalen Funktionen $x \longmapsto a_0 + a_1 x + \ldots + a_n x^n$ für jedes $x_0 \in \mathbb{R}$ stetig.
b) Da $v: x \longmapsto x^2 + 1$ z. B. an der Stelle $x_0 = 1$ und $u: x \longmapsto \sqrt{x}$ an der Stelle $v(1) = 2$ stetig sind, ist auch die Funktion $f = u \circ v$ mit $f(x) = \sqrt{x^2 + 1}$ an der Stelle $x_0 = 1$ stetig. Entsprechendes gilt für jede Stelle $x_0 \in \mathbb{R}$; die Funktion f: $x \longmapsto \sqrt{x^2 + 1}$ ist also für alle $x_0 \in \mathbb{R}$ stetig.

24.4 Der Nullstellensatz

11 Gibt es eine Gerade, welche gleichzeitig die Kreis- und die Vierecksfläche in Fig. 107.1 halbiert? Wie läßt sich die Antwort begründen?

107.1

Bei Funktionsuntersuchungen sind Gleichungen zu lösen wie $f(x)=0$ oder $f'(x)=0$. Falls wir, wie z. B. bei der Gleichung $x-\cos x=0$, kein Lösungsverfahren zur Verfügung haben, müssen wir zunächst untersuchen, ob überhaupt eine Lösung existiert. Dabei hilft für stetige Funktionen der folgende Satz.

Satz 3: (Nullstellensatz)
Ist eine Funktion f auf einem (abgeschlossenem) Intervall $[a;b]$ stetig, und haben $f(a)$ und $f(b)$ verschiedene Vorzeichen, so hat f in $[a;b]$ mindestens eine Nullstelle, d. h., es gibt eine Stelle $x^* \in [a;b]$ mit $f(x^*)=0$.

Beweis (Fig. 107.2): Wir konstruieren durch fortgesetzte Intervallhalbierung eine Intervallschachtelung, welche die gesuchte Zahl x^* erfaßt. Es sei $J_1=[a;b]$ und m_1 die Mitte von $[a;b]$. Ist $f(m_1)\neq 0$, so wählen wir als J_2 diejenige Hälfte von J_1, bei der die Funktionswerte an den Intervallenden verschiedene Vorzeichen haben. Entsprechend verfahren wir nun mit J_2, usw. Die so konstruierte Intervallschachtelung hat eine reelle Zahl x^* als Zentrum (Vollständigkeit von $\mathbb{R}$, vgl. S. 61). Wäre $f(x^*)\neq 0$, so müßte es – wegen $\lim_{x\to x^*} f(x)=f(x^*)$ – eine Umgebung von x^* geben, in der $f(x)$ dasselbe Vorzeichen hat; das ist nach Konstruktion der Intervallschachtelung unmöglich. Also muß $f(x^*)=0$ sein.

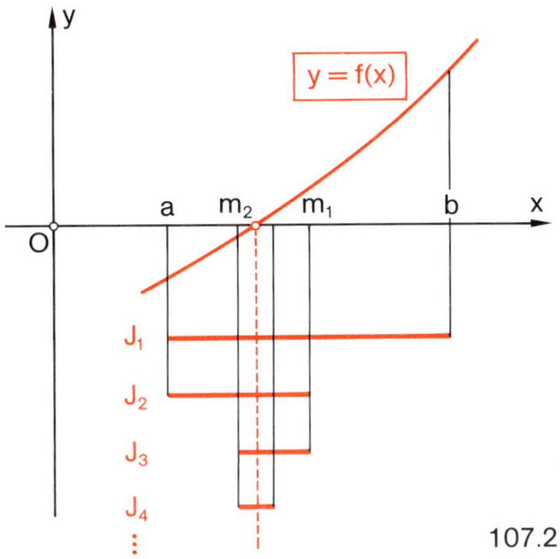

107.2

Bemerkung: Ist f nicht stetig, so braucht keine Nullstelle zu existieren (Fig. 107.3). Daß die Vollständigkeit von $\mathbb{R}$ wesentlich ist, zeigt z. B. die Funktion f mit $f(x)=x^2-2$ und $D_f=[1;2]\cap\mathbb{Q}$; obwohl f in D_f stetig und $f(1)<0$, $f(2)>0$ ist, hat f keine Nullstelle in D_f.

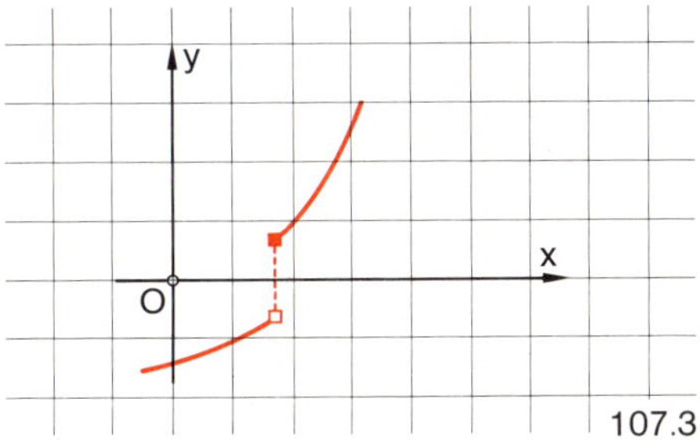

107.3

Beispiel 3: (Nullstellenbestimmung nach dem Halbierungsverfahren)

Wir ermitteln die Lösung der Gleichung

$$x = \cos x \qquad \text{(Fig. 108.1)}$$

bzw. die Nullstelle x^* von

$$f(x) = x - \cos x.$$

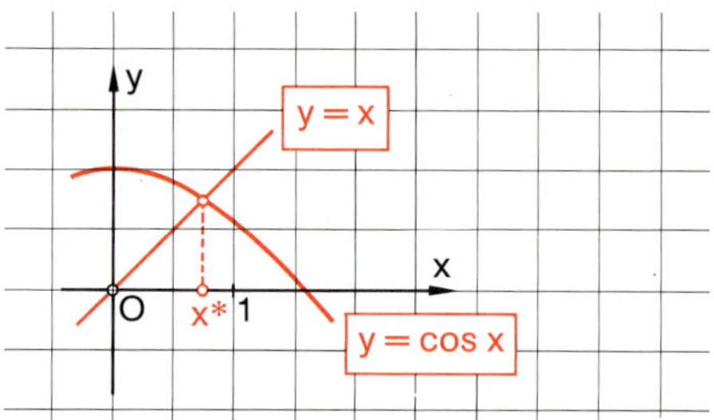

108.1

Fig. 108.1 läßt vermuten, daß x^* zwischen 0,7 und 0,8 liegt. Die Rechnung bestätigt (auf 3 Dez.): $f(0{,}7) = -0{,}065$; $f(0{,}8) = 0{,}103$, also $J_1 = [0{,}7; 0{,}8]$. Weiter folgt:

$m_1 = 0{,}75$	$f(0{,}7) = -0{,}065$	$f(0{,}75) = 0{,}018$	$f(0{,}8) = 0{,}103$	$J_2 = [0{,}7; 0{,}75]$
$m_2 = 0{,}725$	$f(0{,}7) = -0{,}065$	$f(0{,}725) = -0{,}023$	$f(0{,}75) = 0{,}018$	$J_3 = [0{,}725; 0{,}75]$
$m_3 = 0{,}738$	$f(0{,}725) = -0{,}023$	$f(0{,}738) = -0{,}002$	$f(0{,}75) = 0{,}018$	$J_4 = [0{,}738; 0{,}75]$
$m_4 = 0{,}744$	$f(0{,}738) = -0{,}002$	$f(0{,}744) = 0{,}008$	$f(0{,}75) = 0{,}018$	$J_5 = [0{,}738; 0{,}744]$

Auf 2 Dezimalen gerundet ergibt sich $x^* = 0{,}74$.

12 Zeige, daß die Gleichung $x^3 + x - 1 = 0$ im Intervall $[0{,}6; 0{,}7]$ eine Lösung hat. Bestimme die Lösung auf 2 Dezimalen (d. h., auf 2 Dezimalen gerundet).

Aufgaben

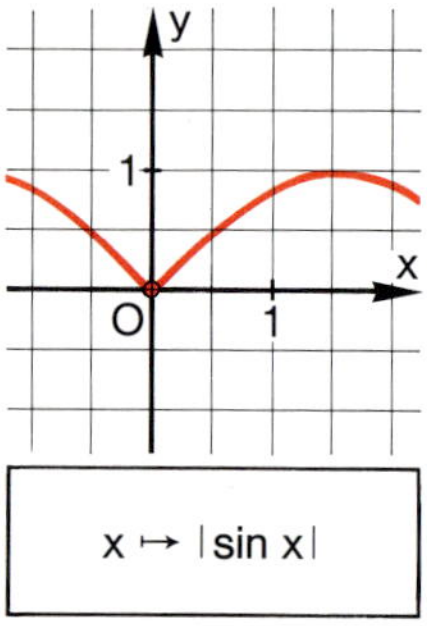

108.2

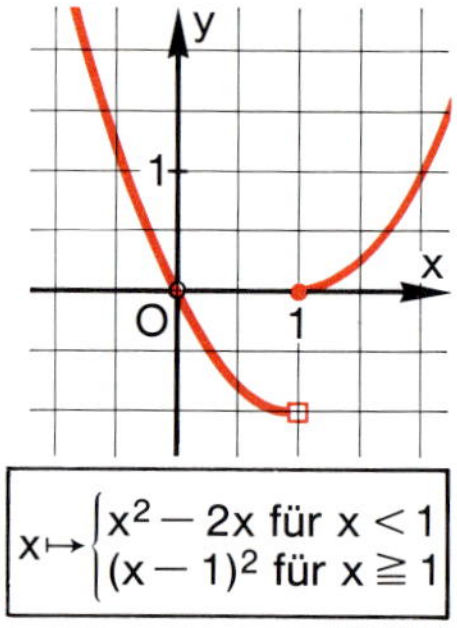

108.3

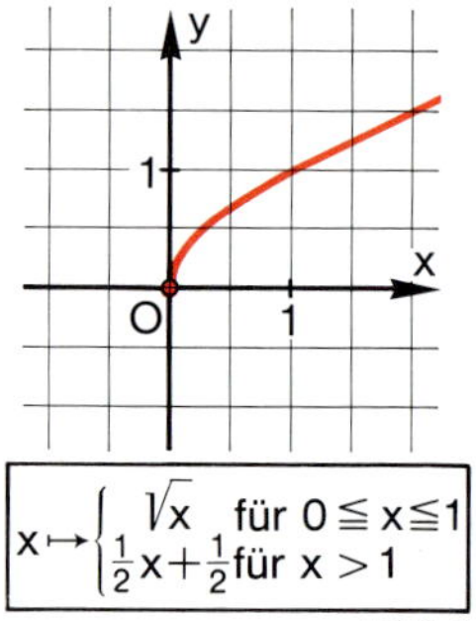

108.4

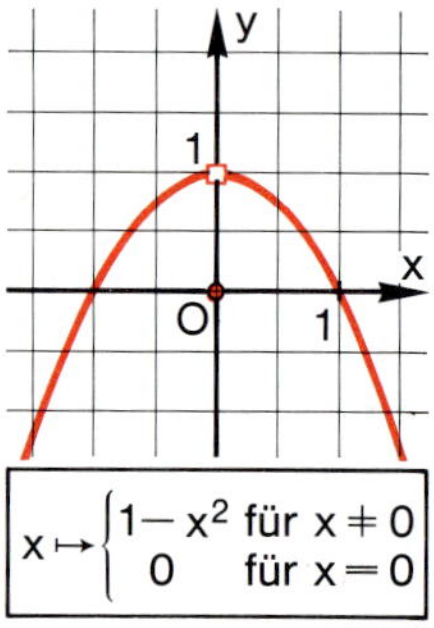

108.5

13 An welchen Stellen $x_0 \in \mathbb{R}$ sind die Funktionen in Fig. 108.2 bis 5 a) stetig und differenzierbar b) stetig, jedoch nicht differenzierbar c) nicht stetig d) nicht differenzierbar?

14 Entwirf ein Schaubild der Funktion f. Ist f an der Stelle x_0 stetig (differenzierbar)?

a) $f(x) = x + |x|$; $x_0 = 0$ b) $f(x) = |x - 1|$; $x_0 = 1$ c) $f(x) = \sqrt{x}$; $x_0 = 0$,

d) $f(x) = \sqrt{|x|}$; $x_0 = 0$ e) $f(x) = 2^{|x|}$; $x_0 = 0$ f) $f(x) = |\lg x|$; $x_0 = 1$

g) $f(x) = \begin{cases} x : |x| & \text{für } x \neq 0 \\ 0 & \text{für } x = 0 \end{cases}$; $x_0 = 0$ h) $f(x) = \begin{cases} x^2 - 9 & \text{für } x \leqq 3 \\ 6x - 18 & \text{für } x > 3 \end{cases}$; $x_0 = 3$

15 Bestimme a in Abhängigkeit von b, so daß die Funktion f in x_0 stetig ist. Ermittle danach denjenigen Wert von b, für den f in x_0 auch differenzierbar ist.

a) $f(x) = \begin{cases} x^2 & \text{für } x \leqq 2 \\ ax + b & \text{für } x > 2 \end{cases}$; $x_0 = 2$ b) $f(x) = \begin{cases} x^3 & \text{für } x \leqq 1 \\ ax^2 + b & \text{für } x > 1 \end{cases}$; $x_0 = 1$

c) $f(x) = \begin{cases} ax + b & \text{für } x < 1 \\ \sqrt{x} & \text{für } x \geqq 1 \end{cases}$; $x_0 = 1$ d) $f(x) = \begin{cases} ax + b & \text{für } x \leqq 1 \\ \frac{1}{x} & \text{für } x > 1 \end{cases}$; $x_0 = 1$

16 Untersuche, ob die Funktion f mit $f(x) = \sqrt{\sin x}$ an der Stelle $x_0 = \pi$ stetig ist.

17 Ermittle die Lösungen der Gleichung $x = \sin 2x$ ($3^x = x^3$) auf 2 Dezimalen.

25 Zu- und Abnehmen. Monotonie

1 Bei einer Funktion f gelte für deren Ableitungsfunktion $f'(2)=3$ und $f'(2{,}1)=3{,}5$. Kann man daraus schließen, daß $f(2{,}1)>f(2)$ ist?

Wie bei Folgen (S. 57) ist bei Funktionen die folgende Sprechweise üblich.

Definition: f sei auf einem Intervall J definiert. Gilt für alle $x_1, x_2 \in J$ mit $x_1 < x_2$

$$\left\{\begin{array}{l} \mathbf{f(x_1) \leqq f(x_2)} \\ \mathbf{f(x_1) \geqq f(x_2)} \end{array}\right\}, \text{ so nennt man f } \left\{\begin{array}{l} \textbf{monoton zunehmend} \text{ (steigend)} \\ \textbf{monoton abnehmend} \text{ (fallend)} \end{array}\right\} \text{ in J.}$$

Gilt statt $f(x_1) \leqq f(x_2)$ bzw. $f(x_1) \geqq f(x_2)$ sogar $f(x_1) < f(x_2)$ bzw. $f(x_1) > f(x_2)$, so spricht man genauer von „strenger" Monotonie.

Ist eine Funktion f in J monoton zunehmend und differenzierbar, so ist wegen

$$\frac{f(x_2)-f(x_1)}{x_2-x_1} \geqq 0 \text{ für alle } x_1, x_2 \in J$$

$$f'(x) \geqq 0 \text{ für alle } x \in J.$$

Frage: Folgt umgekehrt aus $f'(x) \geqq 0$ für alle $x \in J$, daß f in J monoton zunimmt?

Um die Frage zu beantworten, müssen wir umgekehrt von der Ableitung auf den Differenzenquotienten m_s schließen. Fig. 109.1 zeigt, daß i. allg. m_s weder mit $f'(x_1)$ noch mit $f'(x_2)$ übereinstimmt.

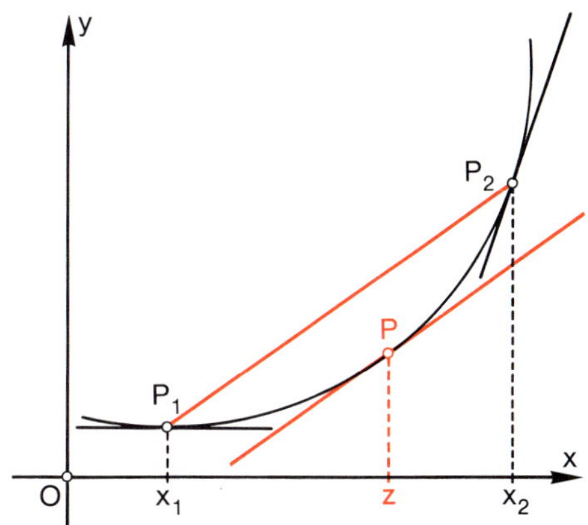

109.1

Dagegen ist anschaulich deutlich (wir verzichten auf einen strengen Beweis), daß es zwischen x_1 und x_2 (mindestens) eine Stelle z gibt, an der die Tangente in $P(z|f(z))$ zur Sekante (P_1P_2) parallel ist. Das bedeutet: Es gibt eine Zwischenstelle z zwischen x_1 und x_2, so daß gilt:

$$\frac{f(x_2)-f(x_1)}{x_2-x_1} = f'(z) \text{ oder } f(x_2)-f(x_1) = f'(z)\cdot(x_2-x_1).$$

Satz 1: (Mittelwertsatz)
Ist f in $[x_1; x_2]$ differenzierbar, dann gibt es zwischen x_1 und x_2 eine Stelle z, für welche gilt:
$$f(x_2)-f(x_1) = f'(z)\cdot(x_2-x_1).$$

Damit haben wir die Möglichkeit, mit Hilfe der Ableitung auf die Änderung der Funktionswerte zu schließen und die obige Frage zu beantworten.
Ist $f'(x) \geqq 0$ für alle $x \in [a; b]$ und ist $x_1, x_2 \in [a; b]$ mit $x_1 < x_2$, so folgt aus Satz 1 unmittelbar $f(x_2)-f(x_1) \geqq 0$, d. h., f ist in $[a; b]$ monoton zunehmend. Im Falle $f'(x) > 0$ für alle $x \in [a; b]$ handelt es sich ersichtlich um strenge Monotonie.

Satz 2: (Monotoniesatz)
Ist f eine in einem Intervall J differenzierbare Funktion und $\begin{Bmatrix} f'(x) > 0 \\ f'(x) < 0 \end{Bmatrix}$ für alle $x \in J$, dann ist f in J streng monoton $\begin{Bmatrix} \text{zunehmend} \\ \text{abnehmend} \end{Bmatrix}$.

Beispiel: Die Funktion f mit $f(x) = \frac{1}{3}x^3 - x$ ist in $\mathbb{R}$ differenzierbar und $f'(x) = x^2 - 1$. Es ist $f'(x) > 0$ für $|x| > 1$ und $f'(x) < 0$ für $|x| < 1$.
Daher ist f für
$|x| > 1$ streng monoton zunehmend,
$|x| < 1$ streng monoton abnehmend.
Fig. 110.1 zeigt das Schaubild von f.

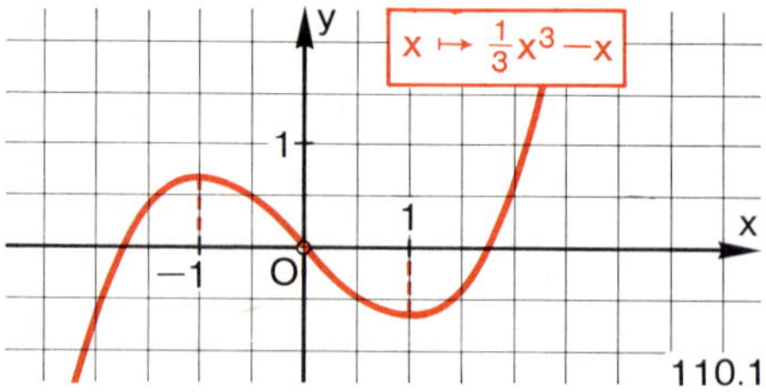

110.1

Beachte: Eine Funktion kann auch dann streng monoton sein, wenn an einer Stelle $x_0 \in J$ die Ableitung null ist, also $f'(x_0) = 0$ gilt (Fig. 110.2).

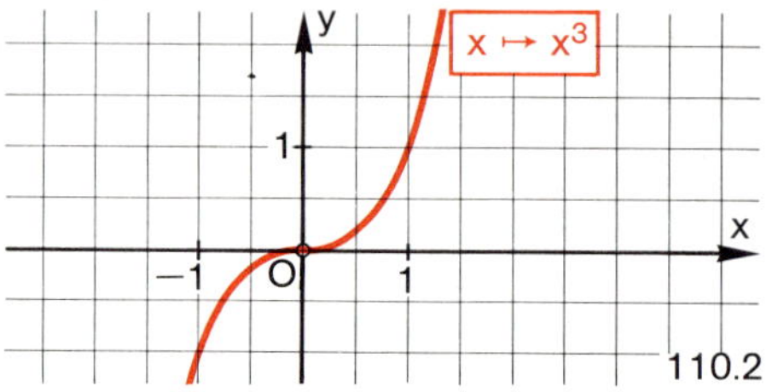

110.2

2 Für welche $x \in \mathbb{R}$ ist $f: x \mapsto \frac{1}{4}x^4 - \frac{1}{2}x^2$ streng monoton zunehmend (abnehmend)?

Aufgaben

3 Für welche x-Werte ist die Funktion f monoton zunehmend (abnehmend)?
a) $f(x) = 4x + x^2$ b) $f(x) = \frac{1}{3}x^3 - 9x + 1$ c) $f(x) = -\frac{1}{8}x^4 + 4x$
d) $f(x) = \frac{1}{5}x^5 - \frac{1}{4}x^4$ e) $f(x) = x + \cos x$ f) $f(x) = x - 2\sin x$
g) $f(x) = \frac{1}{\pi}\cos(\pi x) - x$ h) $f(x) = -\frac{1}{2}\cos 2x - \frac{1}{2}x$ i) $f(x) = \frac{1}{x} - x + \sin x$

4 Verfahre wie in Aufgabe 3. Zeichne mittels Ordinatenaddition ein Schaubild.
a) $f(x) = 1 + \frac{1}{x}$ b) $f(x) = x - \frac{1}{x}$ c) $f(x) = x^2 + \frac{1}{x}$ d) $f(x) = 2 - \frac{1}{x}$ e) $f(x) = \frac{1}{x} - 2x$ f) $f(x) = x^2 - \frac{1}{x}$

5 Gegeben ist die Funktion f mit $f(x) = x^3 - 12x$ (mit $f(x) = x^3 - 2x^2$).
a) Für welche x-Werte ist $f(x) > 0$ ($f(x) < 0$)? Fertige eine Gebietseinteilung an.
b) Für welche x-Werte ist f monoton zunehmend (abnehmend)? Zeichne das Schaubild von f.

6 Eine Funktion f sei differenzierbar und streng monoton zunehmend in D_f. Es kann trotzdem Stellen $x_1, x_2 \in D_f$ geben mit $x_1 < x_2$, aber $f(x_1) > f(x_2)$. Gib ein Beispiel an.

7 Wende den Mittelwertsatz auf die Funktion $f: x \mapsto x^3$ und das Intervall [1; 3] an; welche Aussage macht der Satz in diesem Fall? Bestimme die Stelle z auf 2 Dezimalen.

8 a) f sei eine Funktion mit $1 \leqq f'(x) \leqq 2$ für alle $x \in [3; 5]$. Welche Schranken für $f(5) - f(3)$ ergeben sich daraus nach dem Mittelwertsatz?
b) Begründe (mit Hilfe des Mittelwertsatzes) den sogenannten **Schrankensatz**:
Ist f in $[x_1; x_2]$ differenzierbar und $m \leqq f'(x) \leqq M$ für alle $x \in [x_1; x_2]$, dann gilt
$$m \cdot (x_2 - x_1) \leqq f(x_2) - f(x_1) \leqq M \cdot (x_2 - x_1).$$
c) Gib mit Hilfe des Schrankensatzes eine obere und eine untere Schranke an für $\sqrt{101}$ ($\sqrt{963}$).

26 Vermischte Aufgaben

Ableiten gegebener Funktionen

Gib in Aufgabe 1 bis 3 die ersten drei Ableitungen an.

1 a) $f(x)=\frac{1}{4}x^4-\frac{1}{2}x^3+x$ b) $f(x)=0{,}5\,x^3+2x^2-1$ c) $f(x)=\sqrt{2}\cdot x^5-\frac{1}{2}x^2+2\sqrt{3}$

d) $f(x)=2\,(\frac{1}{2}x^4+3x^3)$ e) $f(x)=5\,(x^3-6x^2+2)$ f) $f(x)=(6x^2-x)\,\sqrt{2}$

g) $f(x)=(1-\frac{1}{2}x)\,(x^2+1)$ h) $f(x)=(3x^2-4)^2$ i) $f(x)=(2-3x)^2(1-x)$

j) $f(x)=\frac{3x^3-6x^2+5}{2}$ k) $f(x)=\frac{(4-2x)(1+x^2)}{3}$ l) $f(x)=(2+\frac{1}{3}x^2)\,\frac{5-2x}{3}$

2 a) $f(x)=ax^3-b$ b) $f(x)=a+cx^2+3x^4$ c) $f(x)=x+bx^3-c\sqrt{2}$

d) $f(x)=k^2+kx$ e) $f(x)=k^3x+k^2x^3$ f) $f(x)=a^2x^3+a^3b^2$

g) $f(x)=(k^2+x^2)\cdot x$ h) $f(x)=(a^3+x^3)^2$ i) $f(x)=c-d^3x$

j) $f(x)=a\frac{c+bx^2}{c}$ k) $f(x)=t^3x\frac{1-tx}{1+t}$ l) $f(x)=1+t\frac{x-t^2x^3}{t+2}$

3 a) $h(x)=6-5x^3$ b) $g(x)=cx^3+0{,}5bx^2+a$ c) $k(x)=b-x(a+x^3)$

d) $h(t)=3t^2-t^3$ e) $g(t)=at^2-\frac{2}{3}bt$ f) $h(a)=ab^2+a^2b+c$

g) $l(r)=rt^4+t$ h) $f(t)=rt^4+t$ i) $g(z)=a^2z+(bz)^2$

j) $g(a)=ax^2+a^2b^2+c^3$ k) $h(b)=ax^2+a^2b^2+c^3$ l) $k(c)=ax^2+a^2b^2+c^3$

4 Leite ab: a) $f(x)=\frac{3}{x}$ b) $f(x)=2x-\frac{4}{x}$

c) $g(t)=t^2-\frac{1}{t}+1$ d) $g(a)=\frac{2}{a}-(ax^2)^2$ e) $f(r)=\frac{s}{r}+\frac{r}{s}+r+s$

f) $h(t)=\frac{2t^2-t+1}{t}$ g) $h(a)=\frac{4a^3+5a^2-2}{a}$ h) $f(z)=\frac{1}{z}(5-3z)^2.$

i) $g(t)=t\cdot\sqrt{x}$ j) $f(x)=3\sqrt{x}$ k) $f(x)=\frac{1}{2}x-\sqrt{x}$

l) $g(t)=t^2+\sqrt{t}$ m) $h(z)=(2+\sqrt{z})^2$ n) $k(r)=(1-2\sqrt{r})^2$

o) $f(x)=\frac{1}{x}+\sqrt{x}$ p) $h(x)=\frac{2}{x}-3\sqrt{x}$ q) $k(t)=\frac{t-5\sqrt{t}}{2\sqrt{t}}.$

5 Gib die ersten beiden Ableitungen an.

a) $f(x)=3\sin x$ b) $f(x)=-\frac{1}{2}\cos x$ c) $f(x)=2\sin x-1{,}5\cos x$

d) $g(x)=\sin(2x)$ e) $g(x)=4\cos(3x)$ f) $h(x)=3\sin(4t)$

g) $h(x)=-\frac{1}{2}\cos(\frac{\pi}{2}x)$ h) $k(t)=\cos t-\frac{1}{2}\sin(2t)$ i) $g(t)=\sin(\frac{\pi}{2}t)-2\cos(\frac{\pi}{4}t)$

j) $f(t)=t-2\cos(\pi t)$ k) $g(x)=x^2-\cos(2x)$ l) $h(x)=3(x^2-\frac{1}{2}\sin(2t))$

6 Ermittle die Ableitung der Funktion f mit Hilfe des Differenzenquotienten.

a) $f(x)=\frac{1}{1+x}$ b) $f(x)=\frac{1}{1+3x}$ c) $f(x)=\frac{1}{x^2}$ d) $f(x)=\frac{1}{x^3}$

e) $f(x)=\frac{1}{\sqrt{x}}$ f) $f(x)=\frac{1}{\sqrt{1+3x}}$ g) $f(x)=x\sqrt{x}$ h) $f(x)=\frac{\sqrt{x}}{x+1}$

7 Gib f′ an: a) $f(x)=\begin{cases}0{,}25x^3 & \text{für } x\leqq 2\\ 0{,}75x^2-1 & \text{für } x>2\end{cases}$ b) $f(x)=\begin{cases}|x|^3 & \text{für } x\leqq 0\\ x^4-x^2 & \text{für } x>0\end{cases}$

8 Ermittle das Schaubild von f′ durch graphisches Differenzieren.

a) $f(x)=\frac{1}{1+x^2};\ x\in[-3;3]$ b) $f(x)=\tan x;\ x\in[-\frac{\pi}{2};\frac{\pi}{2}]$ (wobei $\tan: x\longmapsto\frac{\sin x}{\cos x}$)

9 In einem gegebenen Kreis sei A der Flächeninhalt eines Kreisausschnittes mit Mittelpunktswinkel x. Bestimme die Ableitung der Funktion, die jedem Wert von A den Umfang zuordnet.

Tangente. Normale

10 Berechne für die Funktion f den Funktionswert und die Ableitung an der Stelle x_0.

a) $f(x)=\frac{1}{16}(12x^2-16x+5);\ x_0=\frac{3}{2}$ b) $f(x)=\frac{1}{2}x^3-4x-\frac{4}{27};\ x_0=-\frac{4}{3}$

c) $f(x)=\frac{1}{2}x^4-x^2;\ x_0=0{,}4$ d) $f(x)=0{,}8x^3-\frac{1}{2}x^4;\ x_0=-1\frac{1}{2}$

e) $f(x)=2x^2-x+1;\ x_0=2\sqrt{3}$ f) $f(x)=\frac{2}{3}x^3-\frac{1}{2}x^2;\ x_0=1-\sqrt{2}$

11 Ermittle die Gleichungen der Tangente und der Normalen im Punkt $P(x_0|f(x_0))$ an das Schaubild.

a) $f(x)=3x^2-2x+1;\ x_0=0$ b) $f(x)=x^3-\frac{1}{2}x^2;\ x_0=-1$ c) $f(x)=2x-\frac{1}{3x};\ x_0=1$

d) $f(x)=\frac{1}{x}-\sqrt{x}+1;\ x_0=2{,}25$ e) $f(x)=2\cdot\sin x;\ x_0=\frac{\pi}{6}$ f) $f(x)=-\frac{1}{2}\cos(3x);\ x_0=\frac{\pi}{4}$

12 Welche Steigung hat das Schaubild von f in den Schnittpunkten mit der x-Achse? Zeichne die Tangenten in diesen Schnittpunkten und danach (mittels Ordinatenaddition) das Schaubild von f.

a) $f(x)=x^3-3x$ b) $f(x)=\frac{1}{2}x^4-2x^2$ c) $f(x)=x-\frac{1}{x}$

13 a) Berechne die von $O(0|0)$ verschiedenen Schnittpunkte S_1 und S_2 des Schaubildes von $f: x\mapsto x^3-2x$ mit der Normalen in $O(0|0)$.

b) Zeige: Die Tangenten in S_1 und S_2 sind parallel.

14 Zeichne die Schaubilder von f und g im gleichen Koordinatensystem. Bestimme die Koordinaten der Schnittpunkte beider Schaubilder. Berechne (auf 1 Dezimale) für jeden Schnittpunkt den Winkel α ($0\leqq\alpha\leqq 90°$), den die Tangenten an die Schaubilder einschließen.

a) $f(x)=x^2;\ g(x)=2x-x^2$ b) $f(x)=x^3-x;\ g(x)=1-x^2$

15 Ermittle die Gleichung derjenigen Tangente an das Schaubild von f, welche zur gegebenen Geraden g parallel ist. Gib die Koordinaten des Berührpunktes B an.

a) $f(x)=x^2;\ g: y=2x$ b) $f(x)=\sqrt{x};\ g: y=\frac{1}{3}x-1$

c) $f(x)=\frac{1}{x};\ g: x+4y=0$ d) $f(x)=|x|^3;\ g: y=-12x$

16 a) Zeige: Die Tangenten an das Schaubild von $f: x\mapsto x^2$ in den Punkten $B_1(1|1)$ und $B_2(-\frac{1}{4}|\frac{1}{16})$ sind orthogonal.

b) $B_1(x_1|y_1)$ und $B_2(x_2|y_2)$ seien Punkte auf dem Schaubild von f. Welche Beziehung muß zwischen x_1 und x_2 bestehen, damit die Tangenten in B_1 und B_2 orthogonal sind? Welchem Grenzpunkt nähert sich B_2 in diesem Fall für $x_1\to+\infty$?

c) Welche Koordinaten haben B_1 und B_2, wenn die Tangenten in B_1 und B_2 orthogonal sind und B_1B_2 zur x-Achse parallel ist?

Stetigkeit und Differenzierbarkeit an einer Stelle

17 Untersuche, ob die Funktion f an der Stelle x_0 stetig (differenzierbar) ist.

a) $f(x)=\begin{cases}|x-1| & \text{für } x\leqq 1\\ 1-x^2 & \text{für } x>1\end{cases};\ x_0=1$ b) $f(x)=\begin{cases}\sqrt{x} & \text{für } x\geqq 1\\ \frac{1}{4}x^2+\frac{3}{4} & \text{für } x<1\end{cases};\ x_0=1$

18 Für welche Werte von t ist die Funktion f mit $f(x)=\begin{cases}t\sqrt{x} & \text{für } x\geqq 1\\ \frac{1}{4}(3x^2+4t-3) & \text{für } x<1\end{cases}$ an der Stelle $x_0=1$ stetig? Für welchen dieser t-Werte ist sie in x_0 auch differenzierbar?

19 Zeige am Beispiel von $f(x)=[x^2-3]$ (Gauß-Klammer, vgl. S. 34) an der Stelle $x_0=0$, daß Satz 2 b) von S. 106 nicht umkehrbar ist.

20 In Fig. 113.1 ist $P(x|y)$ ein Punkt auf dem Schaubild der Funktion

$$f: x \longmapsto |2-\tfrac{1}{2}x^2|;\ x \geqq 0.$$

Die Parallelen zu den Koordinatenachsen durch P schließen mit diesen ein Rechteck ein mit dem Flächeninhalt $A(x)$, wobei $A(0)=A(2)=0$ ist. Untersuche, ob die Funktion $x \longmapsto A(x)$ an der Stelle $x_0=2$ stetig (differenzierbar) ist. Führe die Untersuchung auch für die Stelle $x_0=0$ durch.

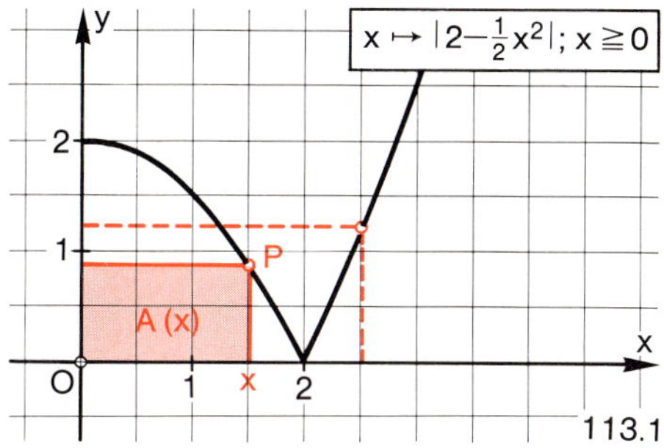

113.1

21 a) Beweise: Sind zwei Funktionen u und v an der Stelle x_0 differenzierbar und gilt $u(x_0)=v(x_0)=0$ und $v'(x_0)\neq 0$, so ist $\lim\limits_{x\to x_0}\frac{u(x)}{v(x)}=\frac{u'(x_0)}{v'(x_0)}$ (Regel von De L' Hospital[1]).

(Anleitung: Zeige zunächst $u(x):v(x)=\frac{u(x)-u(x_0)}{x-x_0}:\frac{v(x)-v(x_0)}{x-x_0}$ für $x\neq x_0$ und $v(x)\neq 0$.)

b) Verwende das Ergebnis von a), um $\lim\limits_{x\to 0}\frac{\sin x}{x}$ und $\lim\limits_{x\to 0}\frac{\cos x-1}{x}$ zu bestimmen (vgl. S. 94).

Stetigkeit und Differenzierbarkeit in einem Intervall

22 An welcher Stelle $x_0\in\mathbb{R}^+$ hat f die Ableitung $f'(x_0)=2$?

a) $f(x)=\frac{1}{2}x^2-x$ b) $f(x)=x+\sqrt{x}$ c) $f(x)=6x+\frac{1}{x}$

23 Gibt es im Intervall $]0;1[$ eine Stelle x_0, an welcher die Tangente an das Schaubild von $f: x\longmapsto\frac{1}{4}x+\sqrt{x}$ zur 1. (zur 2.) Winkelhalbierenden parallel ist?

24 a) Ermittle die Lösung der Gleichung $x^3-3x+1=0$ im Intervall $[0;1]$ auf 2 Dezimalen.
b) Für eine stetige Funktion f gilt $f(1)<0$ und $f(2)>0$. Zur Nullstellenbestimmung in $J_1=[1;2]$ wird das Halbierungsverfahren bis zum Intervall J_{10} (J_n) durchgeführt. Um welchen Betrag weicht dann die Mitte von J_{10} (J_n) vom exakten Nullstellenwert höchstens ab?

25 Untersuche, ob die Funktion f im angegebenen Intervall streng monoton ist.

a) $f(x)=2x^3-x;\ [1;2]$ b) $f(x)=\sqrt{x}-x;\ [1;2]$
c) $f(x)=\frac{1}{x}-x^2;\ [-1;1]$ d) $f(x)=x-\sin x;\ ]0;\frac{\pi}{2}[$

26 Untersuche f auf Monotonie.

a) $f(x)=x^3-12x+3$ b) $f(x)=x^3+3x^2-6$ c) $f(x)=\frac{1}{2}x^4-x^3+1$ d) $f(x)=x-\sqrt{x}$
e) $f(x)=-\frac{1}{x}-\frac{1}{2}x^2$ f) $f(x)=-\frac{1}{x}-\sqrt{x}+1$ g) $f(x)=|x-x^2|$ h) $f(x)=2x^3-3|x|+1$

27 Eine Funktion f mit $D_f=\mathbb{R}$ hat die Ableitung f' mit $f'(x)=x-\sqrt{|x|}$. Was folgt daraus für das Monotonieverhalten der Funktion?

28 Ermittle mit Hilfe des Schrankensatzes (vgl. S. 110; Aufgabe 8) eine untere und eine obere Schranke für $\sqrt{49{,}3}$ (sin 0,001).

29 a) Eine Bewegung erfolgt nach dem Weg-Zeit-Gesetz $t\longmapsto s(t)$ mit $s(t)=0{,}4t^3-4t^2+10$ (t in Sek.; s in m). Zu welchem Zeitpunkt $t_0\in[0;3]$ stimmt die Momentangeschwindigkeit $v(t_0)$ überein mit der Durchschnittsgeschwindigkeit im Zeitintervall $[0;3]$?
b) Welche Aussage macht der Mittelwertsatz, wenn man die Funktion f als Weg-Zeit-Funktion einer Bewegung deutet?

---

1. G. F. A. De L' Hospital (1661 – 1704), französischer Mathematiker

IV Untersuchung ganzrationaler Funktionen

Ganzrationale Funktionen sind besonders einfach aufgebaut. Bisher wissen wir von ihnen, daß sie für alle $x \in \mathbb{R}$ beliebig oft differenzierbar sind. Da aber auch andere Funktionen (z. B. sin und cos) diese Eigenschaft haben, wollen wir nun ganzrationale Funktionen genauer untersuchen und gegen andere Funktionen abgrenzen.

27 Gerade und ungerade Funktionen. Symmetrie

1 Vergleiche bei den folgenden Funktionen die Funktionswerte an den Stellen 1 und -1; 2 und -2; a und $-a$. Welche Bedeutung haben die Ergebnisse für die zugehörigen Schaubilder?
a) $f(x)=x^4+x^2-2$ b) $f(x)=x^3-x$ c) $f(x)=x^3+x^2$

Die Untersuchung einer Funktion f wird erheblich vereinfacht, wenn die Zuordnungsvorschrift erkennen läßt, daß das Schaubild symmetrisch ist.

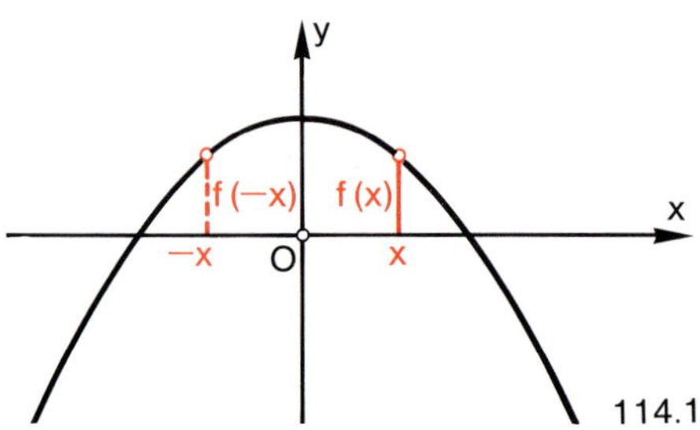

114.1

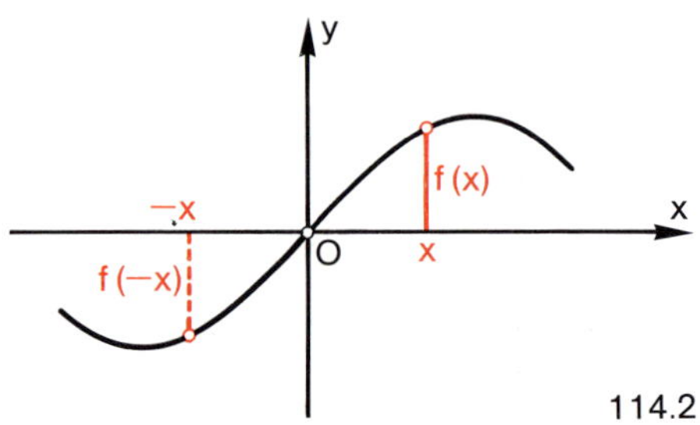

114.2

Dies ist z. B. der Fall, wenn

$$f(-x)=f(x) \text{ für alle } x \in D_f$$

gilt (Fig. 114.1). Das Schaubild ist dann achsensymmetrisch zur y-Achse. Eine Funktion mit dieser Eigenschaft nennt man eine **gerade** Funktion. Gilt dagegen (Fig. 114.2)

$$f(-x)=-f(x) \text{ für alle } x \in D_f,$$

so ist das Schaubild punktsymmetrisch zum Ursprung $O(0|0)$. Eine Funktion mit dieser Eigenschaft nennt man eine **ungerade** Funktion.

Beispiel 1: a) $x \mapsto \cos x$ ist eine gerade Funktion, denn es ist $\cos(-x)=\cos x$ für alle $x \in \mathbb{R}$. Ebenso ist $f: x \mapsto x^4-3x^2+1$ gerade, weil $f(-x)=(-x)^4-3(-x)^2+1=f(x)$ für alle $x \in \mathbb{R}$.

b) $x \mapsto \sin x$ ist eine ungerade Funktion, denn es ist $\sin(-x)=-\sin x$ für alle $x \in \mathbb{R}$. Ebenso ist $f: x \mapsto 2x^3-x$ ungerade, weil $f(-x)=2(-x)^3-(-x)=-2x^3+x=-f(x)$ für alle $x \in \mathbb{R}$.

c) Die Funktion $x \mapsto 2^x$ ist weder gerade noch ungerade. Ebenso ist $f: x \mapsto x^3+x^2+1$ weder gerade noch ungerade.

Bei ganzrationalen Funktionen kann man — wie Beispiel 1 zeigt — an der Polynomdarstellung unmittelbar erkennen, ob eine gerade oder eine ungerade Funktion vorliegt oder eine Funktion, die weder gerade noch ungerade ist.

Satz: Eine ganzrationale Funktion f mit $f(x) = a_n x^n + \ldots + a_0$ ist genau dann
gerade | **ungerade**,
also das Schaubild der Funktion f
symmetrisch zur y-Achse | **symmetrisch zum Ursprung**,
wenn der Funktionsterm f(x) nur x-Potenzen mit
geraden Hochzahlen | **ungeraden Hochzahlen**
enthält. Dabei gilt a_0 (wegen $a_0 = a_0 \cdot x^0$ für $x \neq 0$) als Glied mit gerader Hochzahl.

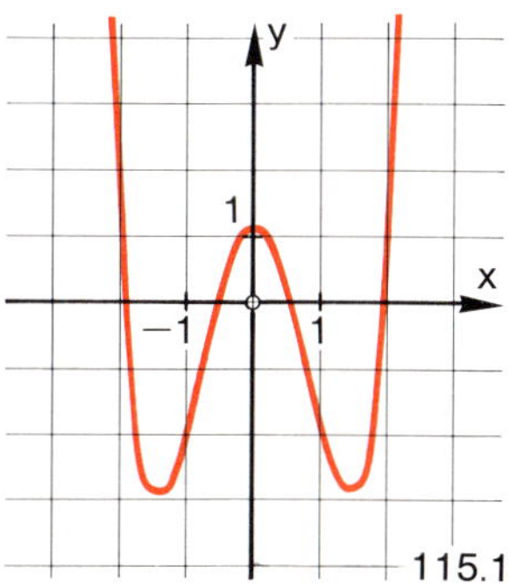

115.1

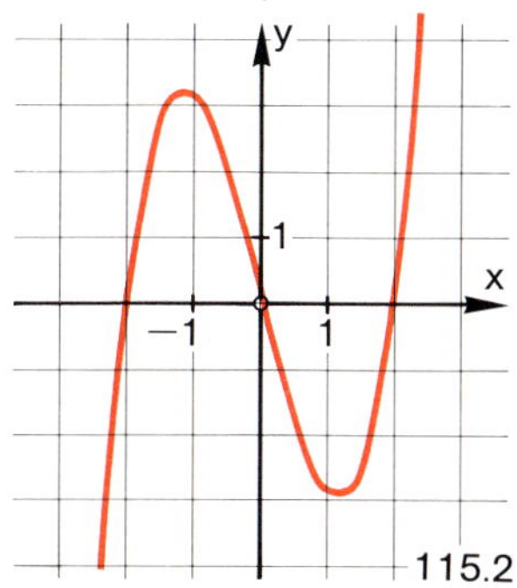

115.2

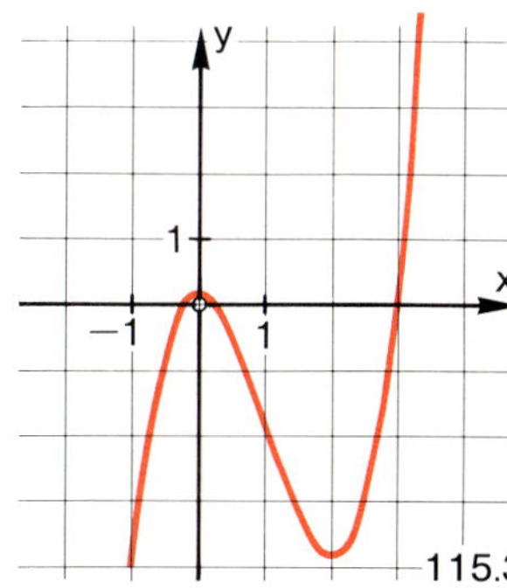

115.3

Beispiel 2: a) Das Schaubild der Funktion f mit $f(x) = x^4 - 4x^2 + 1$ ist nach dem Satz achsensymmetrisch zur y-Achse. Fig. 115.1 zeigt das Schaubild von f.
b) Das Schaubild von g mit $g(x) = x^3 - 4x$ ist nach dem Satz punktsymmetrisch zum Ursprung (Fig. 115.2).
c) Das Schaubild der Funktion h mit $h(x) = x^3 - 3x^2$ ist nach dem Satz weder zur y-Achse noch zum Ursprung symmetrisch. Das Schaubild von h in Fig. 115.3 bestätigt dies.

Beachte: Das Ergebnis in c) bedeutet nicht, daß das Schaubild in Fig. 115.3 keinerlei Symmetrieeigenschaften hat. Es läßt sich zeigen (vgl. Aufgabe 7a)), daß es zum Punkt $P(1|-2)$ symmetrisch ist. Diese Symmetrie läßt sich jedoch nicht unmittelbar an der Polynomdarstellung ablesen.

2 Welche Funktion hat ein zur y-Achse (zum Ursprung) symmetrisches Schaubild?
a) $f(x) = 2 - 3x^4$ b) $f(x) = x^3 - x + 1$ c) $f(x) = (1 - 3x^2)^2$ d) $f(x) = x(2x^2 - \frac{1}{3}x^4)$

Aufgaben

3 Welche der folgenden ganzrationalen Funktionen haben zur y-Achse (zum Ursprung) symmetrische Schaubilder? Zeichne in a) bis i) Schaubilder.
a) $f(x) = x$ b) $f(x) = x^2$ c) $f(x) = x^3$ d) $f(x) = x^4$
e) $f(x) = x + 1$ f) $f(x) = 2x + 3$ g) $f(x) = 3$ h) $f(x) = x^2 - 1$
i) $f(x) = 0{,}5x^2 - x$ j) $f(x) = 7 - x^4 + 2x^6$ k) $f(x) = 0{,}2x^5 - x$ l) $f(x) = 4x^3 + 1$
m) $f(x) = x^3 - 4x^5 - x$ n) $f(x) = \sqrt{2}x - \frac{1}{2}x^3$ o) $f(x) = \frac{1}{6}x^6 - x^2 - \sqrt{2}$ p) $f(x) = x^3(x^2 - 1)$

4 Erstelle für die Funktion f mit $f(x) = 0{,}1x^4 - 2x^2 + 3$ ($f(x) = 0{,}2x^3 - x$) und $-3 \leqq x \leqq 3$ eine Wertetabelle (Schrittweite 0,5). Warum kann man sich bei der Berechnung auf positive x-Werte beschränken? Zeichne ein Schaubild (LE = 1 cm).

5 Untersuche die folgenden Funktionen auf Symmetrie zur y-Achse oder zum Ursprung. Zeichne in a), b), f), i), j), l), m) ein Schaubild.

a) $f(x)=\frac{1}{x}$ b) $f(x)=\frac{1}{x^2}$ c) $f(x)=\frac{1}{x+1}$ d) $f(x)=\frac{1}{x^2+1}$

e) $f(x)=\frac{x}{x^2+1}$ f) $f(x)=\sqrt{x}$ g) $f(x)=\sqrt{x^2+1}$ h) $f(x)=x\sqrt{x^2+2}$

i) $f(x)=2^x$ j) $f(x)=2^{-x^2}$ k) $f(x)=2^x+2^{-x}$ l) $f(x)=|x|$

m) $f(x)=x\cdot|x|$ n) $f(x)=x\cdot\sin x$ o) $f(x)=x\cdot\cos x$ p) $f(x)=\sin x+\cos x$

6 Das Schaubild einer Funktion f ist symmetrisch zur Geraden $x=x_0$, wenn gilt:

$$f(x_0-h)=f(x_0+h) \text{ für alle } h\in\mathbb{R}$$

mit $x_0+h\in D_f$ (Fig. 116.1).
Welche Bedingung ergibt sich für $x_0=0$?
Prüfe, ob das Schaubild der Funktion f zur Geraden g symmetrisch ist.

a) $f(x)=x^2-2x;\ g: x=1$
b) $f(x)=x^2+6x-1;\ g: x=-3$
c) $f(x)=x^4-8x^3+20x^2-16x;\ g: x=2$
d) $f(x)=\frac{x(x+2)}{(x+1)^4};\ g: x=-1$
e) $f(x)=2^x-2^{2-x};\ g: x=1$
f) $f(x)=\sin x+\cos x;\ g: x=\frac{\pi}{4}$
g) $f(x)=x^2-4x-4+\cos(x-2);\ g: x=2$
(Anleitung zu f): Vgl. S. 28; Aufg. 22.)

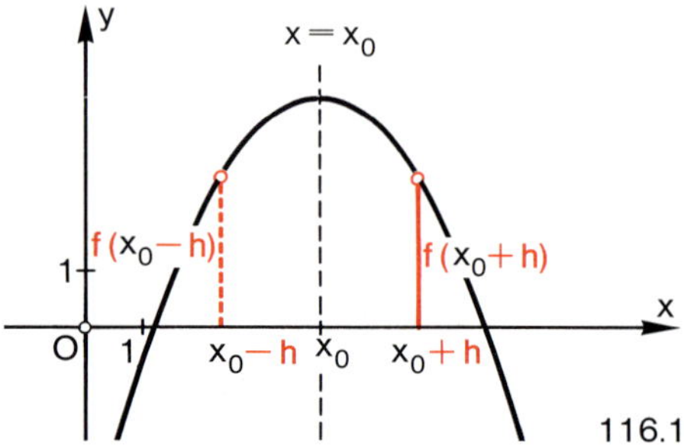

116.1

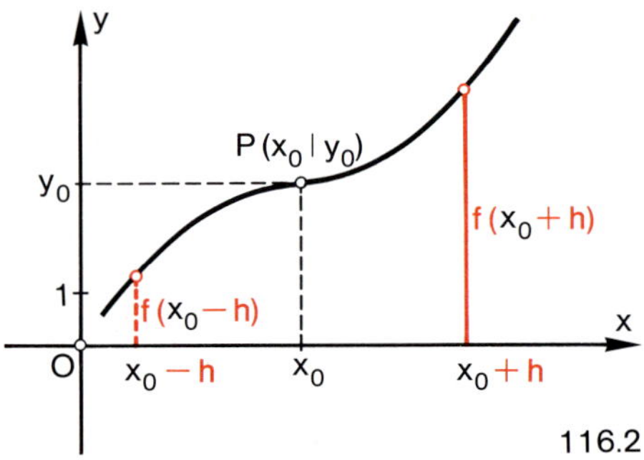

116.2

7 Wie Fig. 116.2 zeigt, ist das Schaubild einer Funktion f symmetrisch zum Punkt $P(x_0|y_0)$, wenn gilt:

$$\frac{1}{2}(f(x_0+h)+f(x_0-h))=y_0$$

für alle $h\in\mathbb{R}$ mit $x_0+h\in D_f$.
Welche Bedingung ergibt sich hieraus, wenn P der Ursprung ist?
Zeige, daß das Schaubild der folgenden Funktion zum Punkt P symmetrisch ist.

a) $f(x)=x^3-3x^2;\ P(1|-2)$ b) $f(x)=2x^3+3x^2+x;\ P(-\frac{1}{2}|0)$

c) $f(x)=\frac{x-2}{x^2-4x};\ P(2|0)$ d) $f(x)=\frac{2^x}{2^x+1};\ P(0|\frac{1}{2})$

8 Welche Symmetrieeigenschaft hat das Schaubild
a) von $f+g$, wenn f und g gerade (ungerade) Funktionen sind
b) von $f\circ g$, wenn f und g gerade (ungerade) Funktionen sind
c) der Ableitung einer ganzrationalen Funktion, welche gerade (ungerade) ist?

9 Beweise: a) Ist das Schaubild einer Funktion f symmetrisch zur y-Achse, dann ist das Schaubild von $x\longmapsto f(x-c)$ symmetrisch zur Geraden $g: x=c$.
b) Ist das Schaubild einer Funktion f symmetrisch zum Ursprung, dann ist das Schaubild von $x\longmapsto f(x-x_0)+y_0$ symmetrisch zum Punkt $P(x_0|y_0)$.

10 Gibt es eine Funktion, welche sowohl gerade als auch ungerade ist?

11 Zeige geometrisch (rechnerisch):
a) Ist eine ungerade Funktion an der Stelle x_0 differenzierbar, so ist $f'(-x_0)=f'(x_0)$.
b) Ist eine gerade Funktion an der Stelle x_0 differenzierbar, so ist $f'(-x_0)=-f'(x_0)$.
c) Gilt auch die Aussage: „Ist f in D_f differenzierbar, und gilt für die Ableitung dabei $f'(-x)=-f'(x)$, so ist f gerade"?

28 Verhalten für $x \to 0$ und $|x| \to +\infty$

1 Berechne für die Funktion f mit $f(x) = x^3 - x$ die Funktionswerte f(100) und f(0,01). Welches der beiden Glieder des Funktionsterms bestimmt jeweils die Größenordnung des berechneten Funktionswertes?

In Fig. 117.1 wurde das Schaubild der ganzrationalen Funktion f mit

$$f(x) = x^4 - x^2 + 2$$

durch Ordinatenaddition aus den Schaubildern der Funktionen u und v mit

$$u(x) = x^4$$
$$v(x) = -x^2 + 2$$

ermittelt. Die Darstellung zeigt: Der Verlauf des Schaubildes von f wird für kleine |x|-Werte im wesentlichen durch v, für große |x|-Werte im wesentlichen durch u bestimmt. Darin zeigt sich etwas für ganzrationale Funktionen Typisches.

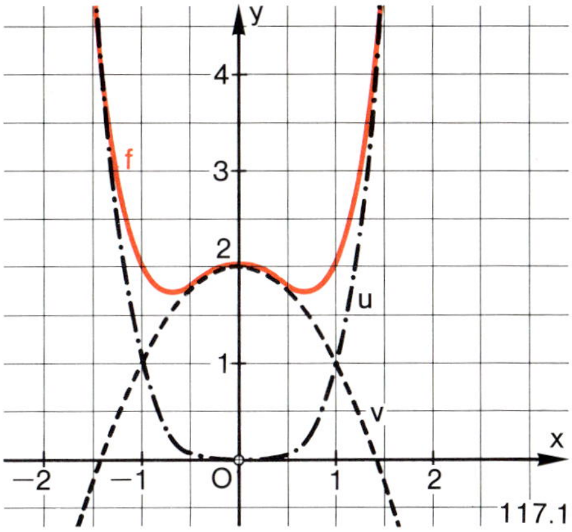

117.1

Verhalten für kleine |x|-Werte: Für f mit $f(x) = a_n x^n + a_{n-1} x^{n-1} + \ldots + a_1 x + a_0$ ist $f(0) = a_0$ und $f'(0) = a_1$, also $y = a_1 x + a_0$ die Gleichung der Tangente im Schnittpunkt des Schaubildes mit der y-Achse. In diesem Sinne sind für kleine |x|-Werte die Glieder mit den niedrigsten x-Potenzen maßgebend.

Verhalten für große |x|-Werte: Die Darstellung $f(x) = x^n\left(a_n + \frac{a_{n-1}}{x} + \ldots + \frac{a_1}{x^{n-1}} + \frac{a_0}{x^n}\right)$ zeigt, daß nun das Glied $a_n x^n$ das Verhalten von f bestimmt.

Das Verhalten einer ganzrationalen Funktion wird näherungsweise für kleine |x|-Werte durch die Glieder mit den niedrigsten x-Potenzen, für große |x|-Werte durch das Glied mit der höchsten x-Potenz bestimmt.

Beispiel 1: $f: x \mapsto x^4 - x^2 + 2x + 1$

Verhalten für kleine |x|-Werte:
Wegen $f(0) = 1$ schneidet das Schaubild von f die y-Achse in P(0|1). Die Tangente in P hat die Steigung 2, also die Gleichung $y = 2x + 1$. (Eine noch bessere Näherung liefert $x \mapsto -x^2 + 2x + 1$.)

Verhalten für große |x|-Werte:
Jetzt ist die Funktion $x \mapsto x^4$ maßgebend. Weil $x^4 \to +\infty$ für $x \to +\infty$ und für $x \to -\infty$, gilt auch $f(x) \to +\infty$ für $x \to +\infty$ und für $x \to -\infty$.
Das Schaubild von f in Fig. 117.2 wurde durch Ordinatenaddition ermittelt.

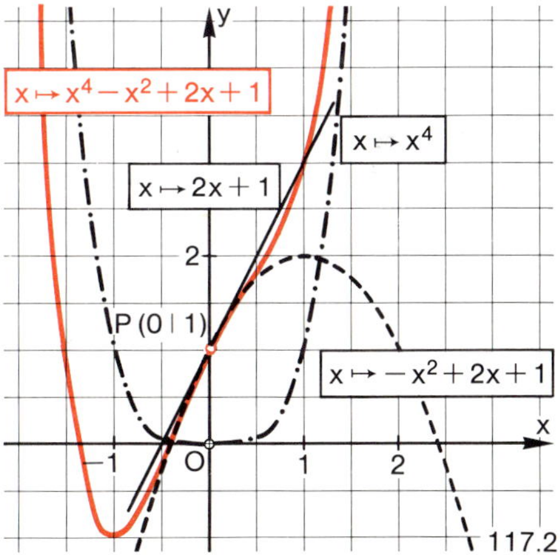

117.2

Beispiel 2: (Entwurf eines Schaubildes)
Das Schaubild der Funktion f mit

$$f(x) = -\frac{1}{4}x^3 + \frac{1}{2}x + 2$$

hat im Schnittpunkt P(0|2) mit der y-Achse die Steigung $\frac{1}{2}$. Damit können wir die Tangente im Punkt P einzeichnen (Fig. 118.1).

Die Funktion $x \mapsto -\frac{1}{4}x^3$ zeigt:

$f(x) \to -\infty$ für $x \to +\infty$;

$f(x) \to +\infty$ für $x \to -\infty$.

In Fig. 118.1 ist dieses Verhalten für große Werte von $|x|$ angedeutet.

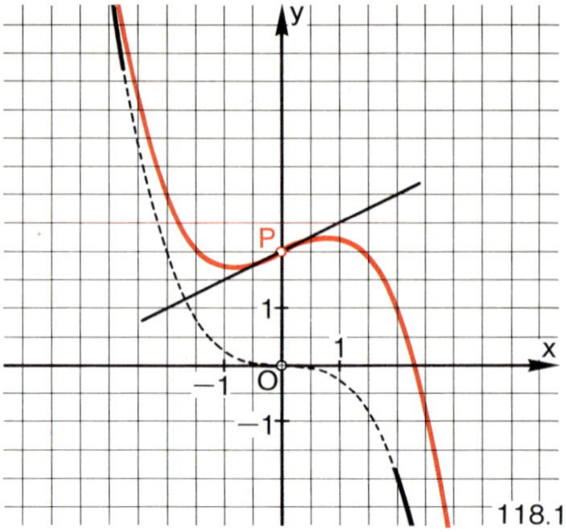

118.1

Da das Schaubild der Funktion $x \mapsto -\frac{1}{4}x^3 + \frac{1}{2}x$ zum Ursprung symmetrisch ist, muß das Schaubild von f zu P(0|2) symmetrisch sein. Also ist ein Kurvenverlauf von der in Fig. 118.1 skizzierten Art naheliegend.

2 Untersuche für $x \to 0$ und für $|x| \to +\infty$:

a) $f(x) = -0{,}1x^5 + x^4 - 2x + 3$ b) $f(x) = 1 - \frac{1}{2}x^2 - 3x^4$ c) $f(x) = (1-3x)\left(\frac{1}{2} - 4x^2\right)$.

Aufgaben

3 Untersuche das Verhalten für $x \to 0$, für $x \to +\infty$ und für $x \to -\infty$.

a) $f(x) = x^3 + 2x^2 + 2x - 1$ b) $f(x) = -3x^4 + 3x^3 - x + 1$ c) $f(x) = 0{,}5x - 2x^2 + 1{,}5x^3$
d) $f(x) = (1-2x)(2+5x^2)$ e) $f(x) = x(1-2x)^2$ f) $f(x) = 1 - (2x-1)(2x^3+1)$
g) $f(x) = 2 + x + \sqrt{2}x - x^4$ h) $f(x) = 3 - \sqrt{2}x^5 + x^3 + x^5$ i) $f(x) = (2 - \sqrt{2}x^2)(x + x^3)$

4 Verfahre wie in Aufgabe 3. Prüfe zusätzlich, ob der Funktionsterm eine Symmetrieeigenschaft des Schaubildes erkennen läßt.

a) $f(x) = 3x - x^3$ b) $f(x) = -2x^4 + \frac{1}{2}x^2$ c) $f(x) = x^3(1-x^2)$
d) $f(x) = 3x^4 - 1$ e) $f(x) = 3 - 2x^2 + \frac{1}{2}x^4$ f) $f(x) = (x + 2x^3)(x^2 - 1)$
g) $f(x) = (1 - 0{,}5x^2)(1 + x^2)$ h) $f(x) = -2(x-3)^2$ i) $f(x) = (2x-1)^3 + 4$

5 In Fig. 118.2 bis 4 sind (wie in Fig. 118.1) Angaben über das Verhalten einer ganzrationalen Funktion von höchstens 4-tem Grad für kleine und für große $|x|$-Werte eingetragen. Welche Folgerungen ergeben sich daraus für die Koeffizienten?

6 Begründe: Das Schaubild einer ganzrationalen Funktion von ungeradem Grad schneidet die x-Achse mindestens einmal. Gilt dies auch, wenn der Grad gerade ist?

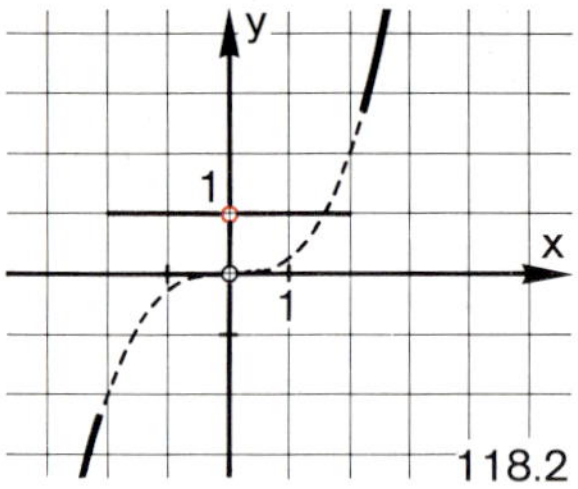

118.2

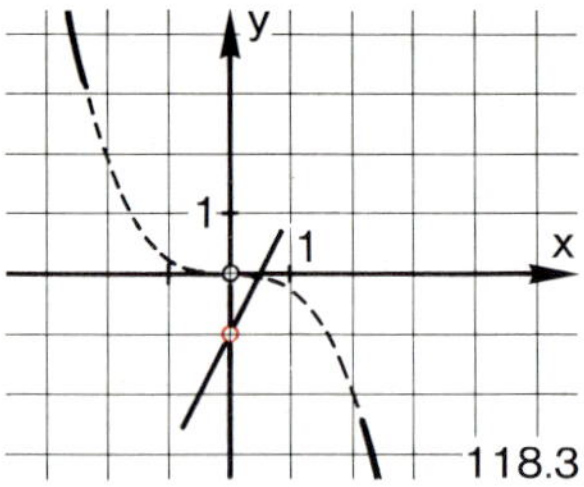

118.3

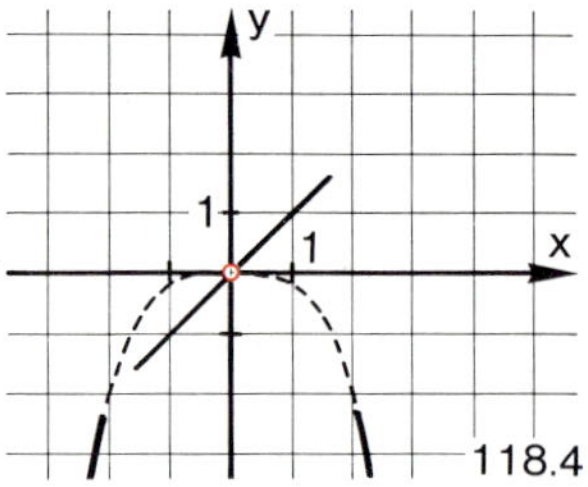

118.4

29 Nullstellen ganzrationaler Funktionen

1 a) Es ist $(x-2)(x+1)(x-5)=x^3-6x^2+3x+10$. Für welche x-Werte nimmt danach der Term $x^3-6x^2+3x+10$ den Wert 0 an?

b) Nenne einen Term, der für $x_1=4$ und für $x_2=-3$ den Wert 0 annimmt.

c) Zeige, daß man den Term x^2-x-6 (wie in a)) als Produkt schreiben kann.

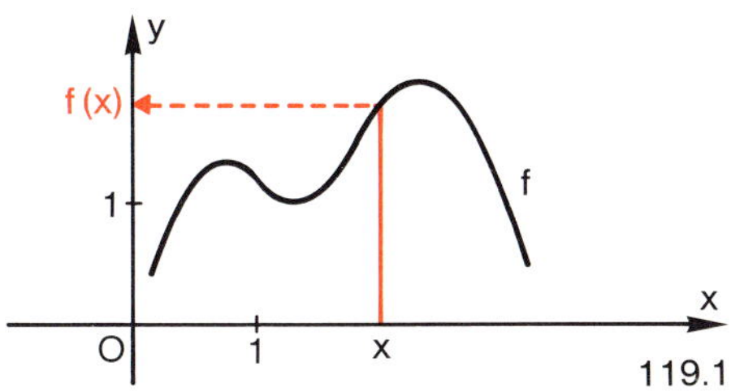

119.1

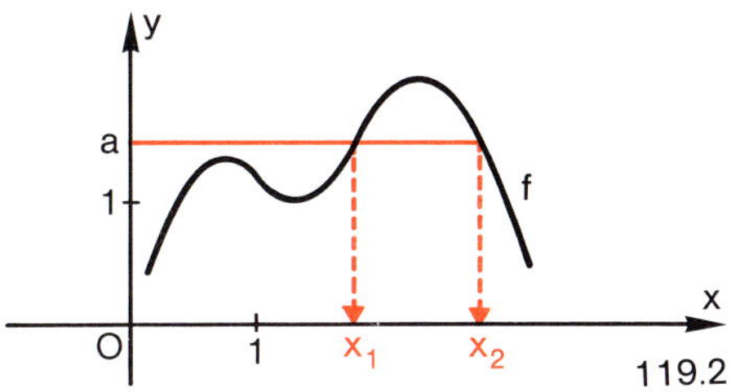

119.2

Bisher haben wir zu gegebenen x-Werten deren Funktionswerte f(x) ermittelt (Fig. 119.1). Oft stellt sich auch das umgekehrte Problem (Fig. 119.2): Gegeben ist ein Funktionswert a einer ganzrationalen Funktion f; gesucht sind alle x-Werte, für welche

$$f(x)=a$$

ist. Da für diese x-Werte die Funktion g mit $g(x)=f(x)-a$ den Wert 0 annimmt, können wir uns auf den Fall $a=0$ beschränken. Anschaulich handelt es sich dann um die Bestimmung der Schnittpunkte des Schaubildes mit der x-Achse.

Definition: Eine Zahl $x_1 \in D_f$, für welche $f(x_1)=0$ ist, heißt **Nullstelle** der Funktion f. Der zugehörige Schnittpunkt des Schaubildes mit der x-Achse ist $N(x_1|0)$.

Beispiel 1: a) Für $f(x)=x^3-3x^2+\frac{5}{4}x+\frac{3}{2}$ ist $f(2)=0$; also ist 2 eine Nullstelle von f. Ebenso sind $-0{,}5$ und $0{,}6$ Nullstellen von f. Das Schaubild von f schneidet daher die x-Achse in den Punkten $N_1(2|0)$, $N_2(-0{,}5|0)$ und $N_3(0{,}6|0)$.

b) Da $\sin(k\pi)=0$ für alle $k \in \mathbb{Z}$, ist jede Zahl $k\pi$ ($k \in \mathbb{Z}$) eine Nullstelle von $x \mapsto \sin x$.

Um die Nullstellen einer Funktion f zu bestimmen, ist die Gleichung $f(x)=0$ zu lösen, also bei ganzrationalen Funktionen 1. Grades eine Gleichung der Form $a_1x+a_0=0$, bei ganzrationalen Funktionen 2. Grades eine Gleichung der Form $a_2x^2+a_1x+a_0=0$.

Bei höherem Grad können wir die Gleichungen i. allg. nicht in üblicher Weise lösen. Ist $f(x)=a_3x^3+a_2x^2+a_1x+a_0$, kann man versuchen, f(x) in ein Produkt zweier ganzrationaler Funktionen 1. und 2. Grades zu zerlegen, d. h. einen „Linearfaktor“ $(x-x_1)$ mit einem bestimmten Wert $x_1 \in \mathbb{R}$ auszuklammern (abzuspalten). In der Regel bleibt dabei ein Rest r, wie ein Koeffizientenvergleich nach dem Ausmultiplizieren zeigt:

$$a_3x^3+a_2x^2+a_1x+a_0=(x-x_1)\cdot(b_2x^2+b_1x+b_0)+r$$

ergibt $a_3=b_2,\ a_2=b_1-x_1b_2,\ a_1=b_0-x_1b_1,\ a_0=r-x_1b_0$

oder $b_2=a_3,\ b_1=a_2+x_1a_3,\ b_0=a_1+x_1a_2+x_1^2a_3$ und $r=a_0+a_1x_1+a_2x_1^2+a_3x_1^3$.

Die letzte Zeile zeigt, daß $r=f(x_1)$ ist und deshalb genau dann verschwindet bzw. die Produktzerlegung gelingt, wenn x_1 Nullstelle von f ist. Allgemein gilt:

Satz 1: Ist x_1 Nullstelle einer ganzrationalen Funktion f vom Grad n, dann läßt sich f(x) in der Form $f(x) = (x - x_1) \cdot g(x)$ schreiben, wobei g(x) ein Polynom vom Grad $n-1$ ist.

Beweis: Ausklammern von $(x - x_1)$ ergibt $f(x) = (x - x_1)g(x) + r$ mit einem Polynom g(x) vom Grad $n-1$ und einem Rest $r \in \mathbb{R}$. Für $x = x_1$ folgt $f(x_1) = r$. Wegen $f(x_1) = 0$ ist $r = 0$. In der Regel bestimmt man g(x) wie in Beispiel 2, indem man die für eine Nullstelle x_1 „aufgehende" Division $f(x) : (x - x_1)$ ausführt (**Polynomdivision**).

Ist x_2 eine zweite Nullstelle der Funktion f in Satz 1, so muß x_2 auch Nullstelle von g sein. Daher gibt es dann eine Darstellung $f(x) = (x - x_1)(x - x_2) \cdot h(x)$.
Mit jeder weiteren Nullstelle von f läßt sich derart ein „Linearfaktor" abspalten. Man nennt dies auch „Faktorisieren einer ganzrationalen Funktion mit Hilfe ihrer Nullstellen". Da sich dabei der Grad des verbleibenden Polynoms (g(x), h(x), ...) jeweils um eins erniedrigt, kann es höchstens n Linearfaktoren geben. Dies zeigt:

Satz 2: Eine ganzrationale Funktion n-ten Grades ($n \in \mathbb{N}$) hat höchstens n Nullstellen.

Bemerkung: Wie Aufgabe 6 auf S. 118 zeigt, besitzt eine ganzrationale Funktion ungeraden Grades mindestens eine Nullstelle.

Beispiel 2: (Anwendung von Satz 1)
Es sei $f(x) = x^3 + 4x^2 + x - 6$.
$x_1 = 1$ ist eine erkennbare Nullstelle.
Danach ermitteln wir das Polynom g(x) von Satz 1 durch Polynomdivision:

$$
\begin{array}{lll}
(x^3 + 4x^2 + x - 6) : (x - 1) = x^2 + 5x + 6 & & \\
-(x^3 - x^2) \longleftarrow & (x-1) \cdot x^2 & \\
\quad 5x^2 + x & & \\
\quad -(5x^2 - 5x) \longleftarrow & (x-1) \cdot 5x & \\
\qquad 6x - 6 & & \\
\qquad -(6x - 6) \longleftarrow & (x-1) \cdot 6 & \\
\qquad\quad 0 & &
\end{array}
$$

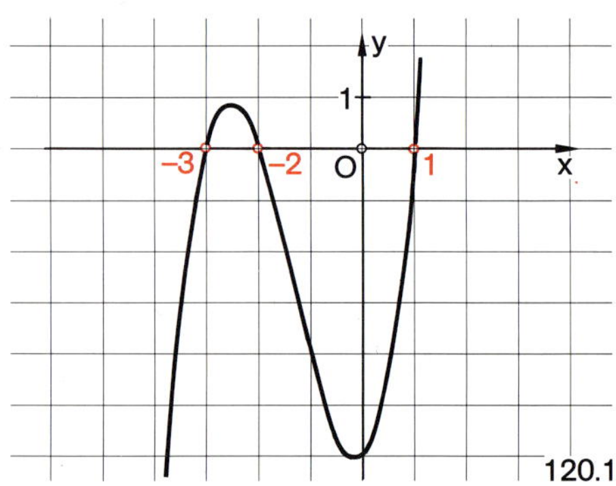

120.1

Also ist $f(x) = (x - 1) \cdot (x^2 + 5x + 6)$. Folglich sind auch solche x-Werte Nullstellen, für welche die zweite Klammer null wird. Die Gleichung $x^2 + 5x + 6 = 0$ hat die Lösungen $x_2 = -2$ und $x_3 = -3$. Somit sind 1, -2 und -3 Nullstellen von f (Fig. 120.1).
Dieses Vorgehen bei ganzrationalen Funktionen 3. Grades setzt voraus, daß eine erste Nullstelle bereits bekannt ist.

Beispiel 3: (Anwendung von Satz 2)
Wir zeigen: Es gibt höchstens eine ganzrationale Funktion vom Grad $\leqq n-1$, deren Schaubild durch n verschiedene Punkte geht (für den Fall $n = 3$ vgl. Aufgabe 3).
Sind nämlich f und g solche Funktionen, so ist $f - g$ entweder die Nullfunktion oder eine ganzrationale Funktion vom Grad $\leqq n-1$, die n Nullstellen hat. Nach Satz 2 kann $f - g$ nur die Nullfunktion sein, d.h., es ist $f = g$.

2 Für $f(x)=x^3-2x^2-25x+50$ ist $f(2)=0$. Bestimme die weiteren Nullstellen von f.

3 Bestimme, falls möglich, eine ganzrationale Funktion 2. Grades durch:
a) $P_1(-1|-2)$, $P_2(0|-3)$, $P_3(2|7)$ b) $P_1(-2|1)$, $P_2(0|7)$, $P_3(-1|4)$.

Aufgaben

4 Prüfe, ob x_1 eine Nullstelle der Funktion f ist.
a) $f(x)=2x^3-4x^2+x+34$; $x_1=-2$ b) $f(x)=-0{,}5x^5-1{,}5x^3+2x-1{,}7$; $x_1=\frac{2}{3}$
c) $f(x)=\frac{1-2x}{x+1}$; $x_1=0{,}5$ d) $f(x)=2^{x-1}-\sqrt{2}\cdot 2^{-2x}$; $x_1=0{,}5$
e) $f(x)=\sqrt{2x^2-5x-3}$; $x_1=-\frac{1}{2}$ f) $f(x)=\sin x+\cos x$; $x_1=\frac{3}{4}\pi$

Ermittle in Aufgabe 5 bis 13 die Nullstellen.

5 a) $f(x)=3x$ b) $f(x)=\frac{1}{2}x-\frac{2}{3}$ c) $f(x)=2-\frac{1}{5}x$
d) $g(x)=0{,}7+\frac{1}{3}x$ e) $f(t)=4t-\frac{1}{2}$ f) $g(a)=0{,}4+0{,}2a$

6 a) $f(x)=(x-2)^2$ b) $f(x)=(2x+5)^2$ c) $f(x)=2(1-\frac{1}{2}x)^2$
d) $f(x)=0{,}4(1{,}2+0{,}4x)^3$ e) $f(t)=(\frac{1}{2}-3x)^4$ f) $f(r)=-5(\frac{2}{3}-4r)^5$

7 a) $f(x)=3x^2$ b) $f(x)=x^2-9$ c) $f(x)=0{,}5-2x^2$
d) $f(t)=6-t^2$ e) $g(t)=0{,}5-4{,}5t^2$ f) $g(z)=0{,}4z^2-0{,}5$

8 a) $f(x)=(1-x^2)^2$ b) $f(x)=(x^2-2)^2$ c) $f(x)=(2x^2-18)^2$
d) $f(x)=(2-3x^2)^2$ e) $g(t)=(0{,}2t^2-5)^3$ f) $g(u)=2(0{,}6u^2-3)^3$

9 a) $f(x)=4x-x^2$ b) $f(x)=\frac{1}{2}x+\frac{2}{3}x^2$ c) $f(x)=0{,}4x^2-0{,}5x$
d) $f(t)=3t^2+\frac{1}{2}t$ e) $g(t)=0{,}2t^2-1{,}2t$ f) $g(t)=2t^2-(1+\sqrt{2})t$
g) $f(x)=x^3-5x^2$ h) $f(x)=2x^5-8x^3$ i) $f(x)=3x^2-\frac{1}{3}x^4$

10 a) $f(x)=x^2-5x+6$ b) $f(x)=x^2-x-30$ c) $f(x)=4x^2+4x-3$
d) $f(x)=12x^2+5x-3$ e) $f(x)=3x^2+4{,}8x-1{,}08$ f) $f(x)=8-\frac{1}{6}x^2-\frac{1}{3}x$
g) $f(t)=t^2+0{,}3t-0{,}1$ h) $g(t)=10t^2-t+2$ i) $g(a)=a^2+\sqrt{2}a-4$

11 a) $f(x)=(1-2x)(x+1)$ b) $f(x)=(3x+1)(4x+6)$ c) $f(x)=(\frac{1}{2}x+1)(2-\frac{2}{3}x)$
d) $g(t)=t(1-2t)$ e) $g(t)=(0{,}2t+1)(3+1{,}2t)$ f) $g(t)=4t(0{,}4+1{,}5t)$

12 a) $f(x)=x^4-13x^2+36$ b) $f(x)=16x^4-40x^2+9$ c) $f(x)=32x^4-2x^2-9$
d) $g(x)=4x^2-0{,}25x^4$ e) $g(t)=40t^4-0{,}1t^2$ f) $g(r)=r^6-19r^3-216$

13 a) $f(x)=x^3-2x^2-8x$ b) $f(x)=x^3-6x^2+5x$ c) $f(x)=4x^3+4x^2-3x$
d) $g(x)=100x^3+80x^2-9x$ e) $g(t)=t^3+0{,}16t-t^2$ f) $g(t)=-2{,}7t^2+1{,}1t+t^3$

14 Bestätige, daß $f(x_1)=0$ ist. Berechne die weiteren Nullstellen durch Polynomdivision.
a) $f(x)=x^3+10x^2+7x-18$; $x_1=1$ b) $f(x)=x^3+5x^2-22x-56$; $x_1=4$
c) $f(x)=x^3-3x^2-6x+18$; $x_1=3$ d) $f(x)=2x^3+4{,}8x^2+1{,}5x-0{,}2$; $x_1=-2$

15 Versuche, eine Nullstelle durch Probieren zu finden. Berechne danach die weiteren Nullstellen.
a) $f(x)=x^3-6x^2+11x-6$ b) $f(x)=x^3+x^2-4x-4$
c) $f(x)=25x^3-75x^2+54x-8$ d) $f(x)=4x^3-13x+6$
e) $f(x)=x^3-10x^2+29x-20$ f) $f(x)=4x^3-8x^2-11x-3$
g) $f(x)=4x^3-3x-1$ h) $f(x)=25x^3+15x^2-9x+1$

16 Begründe mit Hilfe von Satz 1: Ist $f(x)=a_nx^n+a_{n-1}x^{n-1}+\ldots+a_1x+a_0$ ein Polynom mit ganzzahligen Koeffizienten und x_1 eine ebenfalls ganzzahlige Nullstelle von f, dann ist x_1 ein Teiler des Absolutgliedes a_0. Verwende dies, um bei der folgenden Funktion eine Nullstelle durch Probieren zu finden. Gib alle Nullstellen von f an.

a) $f(x)=4x^3-20x^2-x+5$
b) $f(x)=4x^3-24x^2-x+6$
c) $f(x)=2x^3-17x^2+38x-15$
d) $f(x)=4x^4+4x^3-37x^2+41x-12$

17 Bestimme alle x-Werte, für welche die folgende Funktion den gegebenen Funktionswert a annimmt.

a) $f(x)=0{,}5x^2-4x+11;\ a=5$
b) $f(x)=2x^3-4x^2+5x;\ a=3$
c) $f(x)=-3x^3+4x^2+1;\ a=-7$
d) $f(x)=5-2x^2+3x-x^3;\ a=-1165$
e) $f(x)=x^4-4x^3-7x^2+22x;\ a=-24$
f) $f(x)=x^4-3x^3+3x^2-x+2;\ a=2$

18 Berechne die Nullstellen der folgenden Funktion f. Schreibe mit Hilfe der Nullstellen den Funktionsterm f(x) als Produkt von Linearfaktoren (vgl. Satz 1, S. 120). Trage die Nullstellen in ein Koordinatensystem ein; entwirf mit ihrer Hilfe eine Gebietseinteilung. Berechne die Ableitungen von f in den Nullstellen; trage die Tangenten ein. Zeichne ein Schaubild von f (LE = 1 cm).

a) $f(x)=x^3-x^2-2x$
b) $f(x)=x^3-2x^2-x+2$
c) $f(x)=x^4-5x^2+4$
d) $f(x)=\frac{1}{12}x^4-\frac{1}{6}x^3-x^2$

19 Das Schaubild der folgenden Funktion hat drei Schnittpunkte mit der x-Achse. Wie lautet die Gleichung der Normalen im mittleren der Schnittpunkte? In welchen weiteren Punkten schneidet die Normale das Schaubild? (Runde die Koordinaten auf 2 Dezimalen.)

a) $f(x)=x^3-2x^2-8x$
b) $f(x)=-x^3+4x^2+7x-10$

20 Bestimme die gemeinsamen Punkte der Schaubilder von f und g.

a) $f(x)=x^3-3x^2-x+3;\ g(x)=-x^3+3x^2-2x$
b) $f(x)=x^3-4x^2+x-1;\ g(x)=x^2-3x-1$

21 Zeige, daß die Funktion f im angegebenen Intervall eine Nullstelle hat. Ermittle die Nullstelle durch fortgesetzte Intervallhalbierung (vgl. S. 107 ff.) auf 2 Dezimalen genau.

a) $f(x)=x^3-6x+1;\ [0;0{,}5]$
b) $f(x)=2x^5-x^3-10;\ [1;1{,}5]$

22 Durch $f_t: x \mapsto x^3-2tx^2+t^2x$ ist für jeden Wert $t \in \mathbb{R}$ eine ganzrationale Funktion f_t gegeben. Man spricht deshalb in solchen Fällen von einer „Funktionenschar" und nennt t Scharparameter.

a) Gib für $t=0$, $t=1$, $t=2$, $t=-1$ die sich ergebenden Funktionsterme $f_0(x)$, $f_1(x)$, $f_2(x)$ und $f_{-1}(x)$ an.

b) Berechne für beliebiges t die Nullstellen von f_t.

c) Berechne $f'_t(x)$. Zeige: Es ist $f'_t(t)=0$ für alle t.

d) Zeichne mit Hilfe der Ergebnisse in b) und c) die Schaubilder von f_0, f_1, f_2, f_{-1} in dasselbe Koordinatensystem ein.

e) Für welches $t \in \mathbb{R}$ geht das Schaubild von f_t durch P(4|9)? Welche Schaubilder der Schar haben im Ursprung die Steigung 2?

23 Durch $f_t(x)=x^2-tx$ $(t \in \mathbb{R}^+)$ ist eine Funktionenschar gegeben.

a) Zeichne die sich für $t=1$; $t=2$; $t=3$ ergebenden Schaubilder in dasselbe Koordinatensystem (LE = 1cm).

b) Berechne (für allgemeines t) die Schnittpunkte S_1 und S_2 des Schaubildes von f_t mit der x-Achse. Wie lauten die Gleichungen der Tangenten in S_1 und S_2?

c) Wie groß ist der Schnittwinkel der in b) genannten Tangenten für $t=2$? Für welchen Wert von t sind die Tangenten orthogonal?

d) Berechne (für allgemeines t) den Schnittpunkt P der Tangenten in S_1 und S_2.

e) Für welchen Wert von t hat das Dreieck S_1PS_2 den Flächeninhalt 4 FE?

24 Zeige: $f: x \mapsto x^{2n-1}+x+1$ $(n \in \mathbb{N})$ hat nur im Intervall $[-1;0]$ eine Nullstelle.

25 Begründe mit Hilfe von Satz 2: $f: x \mapsto \sin x$ ist keine ganzrationale Funktion.

30 Extremstellen. Extremwerte

30.1 Einführungsbeispiel

Längs einer Hauswand (Fig. 123.1) soll mit 9 m Maschendraht ein rechteckiges Rasenstück eingezäunt werden. Fig. 123.1 zeigt verschiedene Möglichkeiten, wie dies geschehen kann. Berechnen wir für die drei Fälle den Rechtecksinhalt, so finden wir:

Länge	Breite	Flächeninhalt
1,5 m	6 m	9 m²
2,5 m	4 m	10 m²
3,5 m	2 m	7 m².

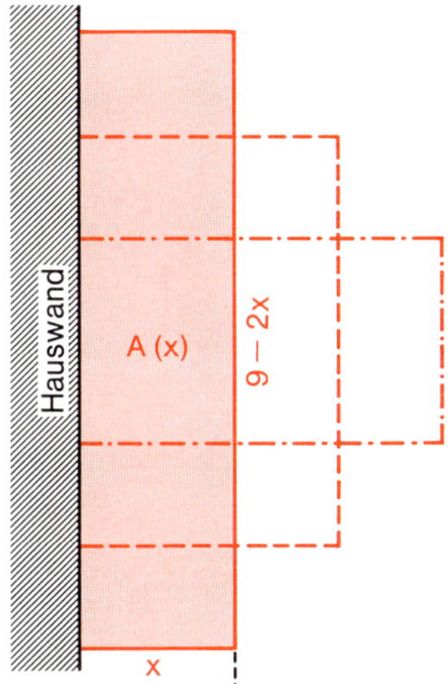

123.1

Obwohl die Gesamtzaunlänge von 9 m stets dieselbe ist, ergeben sich verschiedene Flächeninhalte. Dies führt zur Frage: a) Für welches aller möglichen Rechtecke ist der Flächeninhalt am größten? b) Wie groß kann der Rechtecksinhalt höchstens werden?

Schreiben wir x für die Länge des Rechtecks, so hat es die Breite $9-2x$ und den Flächeninhalt $A(x) = x \cdot (9-2x)$. Damit liegt eine Funktion $x \mapsto A(x)$ vor, die jeder Länge x den zugehörigen Rechtecksinhalt A(x) zuordnet (Fig. 123.2).

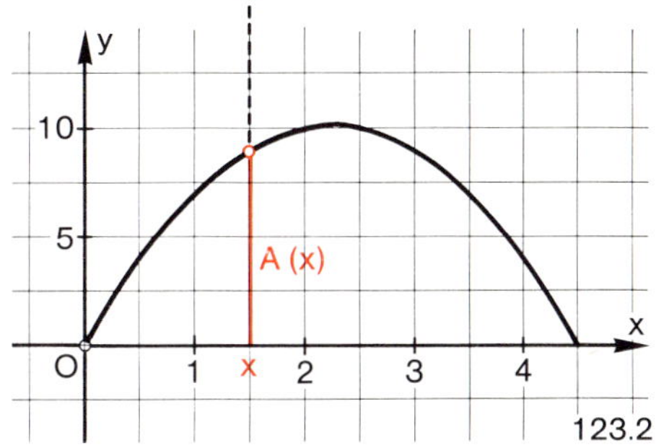

123.2

Die obige Frage besagt:

a) Für welchen x-Wert nimmt die Funktion den größten Funktionswert an?

b) Wie groß ist dieser maximale Funktionswert?

Es handelt sich also darum, einen Funktionswert $f(x_0)$ mit benachbarten Funktionswerten zu vergleichen. Wenn wir dabei im folgenden von einer „Umgebung von x_0" sprechen, so meinen wir damit ein (beliebig kleines) Intervall, das x_0 als inneren Punkt enthält; wir schreiben dafür kurz $U(x_0)$.

Definition: f sei auf einem Intervall J definiert. Dann heißt $f(x_0)$

lokales Maximum	**lokales Minimum**,

wenn es eine Umgebung $U(x_0)$ gibt, so daß für alle $x \in U(x_0) \cap D_f$ gilt:

$\mathbf{f(x_0) \geqq f(x)}$	$\mathbf{f(x_0) \leqq f(x)}$.

Gelten diese Bedingungen sogar für alle $x \in D_f$, dann nennt man $f(x_0)$ globales Maximum (globales Minimum) von f auf J (Fig. 124.1). Der Punkt $P(x_0|f(x_0))$ heißt

Hochpunkt **Tiefpunkt** des Schaubildes.

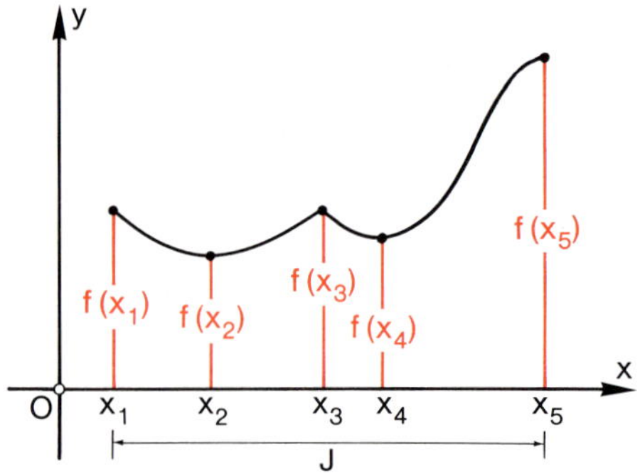

x_1, x_5	Randstellen von J
x_2, x_3, x_4	innere Stellen von J
$f(x_1), f(x_3), f(x_5)$	lokale Maxima
$f(x_2), f(x_4)$	lokale Minima
$f(x_5)$	globales Maximum
$f(x_2)$	globales Minimum

124.1

Ist ein Funktionswert $f(x_0)$ ein Maximum oder ein Minimum, so nennt man ihn auch **Extremwert** und x_0 eine **Extremstelle**.

Beispiel 1: Für die Funktion

$x \longmapsto 2(x - \sqrt{x})$ (Fig. 124.2)

sind die x-Werte $\frac{1}{4}$ und 0 Extremstellen, die zugehörigen Funktionswerte $-\frac{1}{2}$ und 0 Extremwerte. $-\frac{1}{2}$ ist ein lokales und gleichzeitig globales Minimum; 0 ist ein lokales Maximum. Die Funktion hat kein globales Maximum.
Im Schaubild der Funktion ist $T(\frac{1}{4}|-\frac{1}{2})$ Tiefpunkt, O(0|0) Hochpunkt.

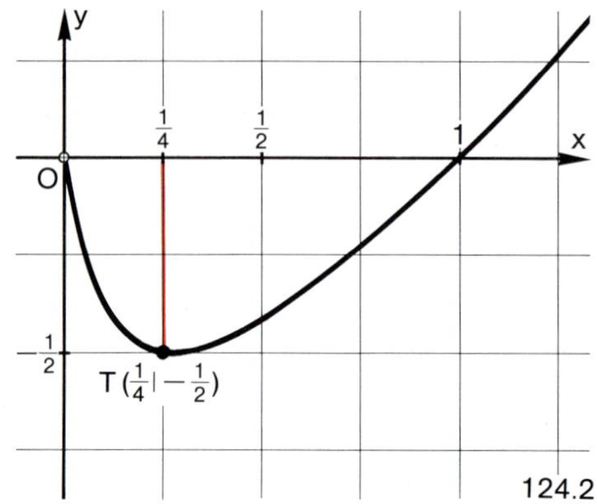

124.2

1 Welche Extremstellen und Extremwerte hat die Funktion f mit $f(x) = \sin x$ und $D_f = [0; 2\pi]$? Um welche Art von Extremwerten handelt es sich?

Aufgaben

2 Nenne (anhand ihrer bekannten Schaubilder) Extremstellen und Extremwerte der folgenden Funktion f, falls solche vorhanden sind.

a) $f(x) = x^2$ b) $f(x) = x^3$ c) $f(x) = \frac{1}{x}$ d) $f(x) = \sqrt{x}$

e) $f(x) = |x|$ f) $f(x) = 2^x$ g) $f(x) = \sin x$ h) $f(x) = \cos x$

3 Hat die Funktion f mit $f(x) = x^2$ im angegebenen Intervall ein lokales (globales) Maximum? Hat sie in dem Intervall ein lokales (globales) Minimum?

a) $[0; 1]$ b) $]0; 1]$ c) $[0; 1[$ d) $]0; 1[$

4 Zeichne ein Schaubild der Funktion f mit $f(x) = x : |x|$. Welche x-Werte sind Extremstellen, welche Funktionswerte sind Extremwerte?

5 a) Zeige rechnerisch: Die Funktion f mit $f(x) = 4x - x^2$ hat an der Stelle $x_1 = 2$ ein globales Maximum. (Anleitung: Berechne $f(2) - f(x)$.)

b) Begründe wie in a), daß die in Fig. 123.2 dargestellte Funktion $x \longmapsto A(x)$ mit $A(x) = x(9 - 2x)$ für $x_1 = \frac{9}{4}$ ihr (globales) Maximum annimmt.

c) Zeige wie in a): Eine Funktion f mit $f(x) = ax^2 + bx$, $a \neq 0$, $b \neq 0$, nimmt für $x_1 = -\frac{b}{2a}$ einen Extremwert an. Wann ist dieser ein Maximum (Minimum)?

30.2 Notwendige Bedingung

6 Für welche x-Werte hat die Funktion f mit $f(x)=x^3-3x$ eine positive, für welche eine negative Ableitung? Was folgt daraus für das Schaubild von f in diesen Bereichen? Wo hat f also vermutlich Extremstellen?

Die Bestimmung von Extremstellen gelingt häufig mit Hilfe der Ableitungsfunktion.

Satz 1: (Notwendige Bedingung für innere Extremstellen)
Eine Funktion f und ihre Ableitung f′ seien auf einem Intervall J definiert. Dann gilt: Hat f an einer inneren Stelle $x_0 \in J$ einen Extremwert, so ist

$$\mathbf{f'(x_0)=0}.$$

Beweis: Hat f an einer inneren Stelle $x_0 \in J$ z.B. ein lokales Maximum, dann gibt es eine Umgebung $U(x_0)$, so daß $f(x)-f(x_0) \leqq 0$ für alle $x \in U(x_0)$ (Fig. 125.1). Für solche x-Werte ist dann

$$\frac{f(x)-f(x_0)}{x-x_0} \quad \begin{matrix} \geqq 0 \text{ für } x < x_0 \\ \leqq 0 \text{ für } x > x_0. \end{matrix}$$

Der linksseitige Grenzwert des Differenzenquotienten muß also $\geqq 0$, der rechtsseitige $\leqq 0$ sein. Da beide mit $f'(x_0)$ übereinstimmen müssen, muß $f'(x_0)=0$ sein. Entsprechend kann man schließen, wenn f an der Stelle x_0 ein Minimum hat.

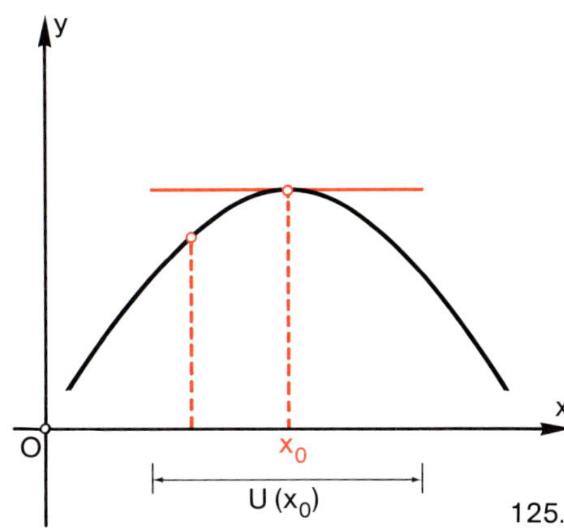

125.1

Bemerkung: $f'(x_0)=0$ bedeutet anschaulich, daß das Schaubild von f im Punkt $P(x_0|f(x_0))$ eine waagrechte (d.h. zur x-Achse parallele) Tangente hat (Fig. 125.1).

Beispiel 2: Im Einführungsbeispiel (vgl. S. 123) wurden wir auf die Funktion $x \mapsto A(x)$ mit $A(x)=9x-2x^2$ geführt. Es ist $A'(x)=9-4x$. Die Bedingung $A'(x)=0$ führt auf $9-4x=0$ oder $x=\frac{9}{4}$. Also kommt nur $\frac{9}{4}$ als Extremstelle in Frage (vgl. Aufg. 5b)).

7 a) In welchen Punkten hat das Schaubild von $f: x \mapsto x^3-3x$ waagrechte Tangenten?
b) Berechne die Differenzen $f(x)-f(1)$ und $f(x)-f(-1)$.
Zeige: $f(x)-f(1)=(x-1)^2\cdot(x+2)$; $f(x)-f(-1)=(x+1)^2\cdot(x-2)$. Wie folgt daraus, daß f(1) ein lokales Minimum und f(−1) ein lokales Maximum ist?

30.3 Hinreichende Bedingungen

8 Skizziere das Schaubild der Funktion f mit $f(x)=x^3$. Hat f eine Extremstelle? Hat das Schaubild eine waagrechte Tangente? Welchen Schluß müssen wir daraus ziehen?

Ist $f'(x_0)=0$, dann hat das Schaubild von f im Punkt $P(x_0|f(x_0))$ eine waagrechte Tangente. Dies bedeutet aber — wie Fig. 126.1 zeigt — noch nicht, daß x_0 eine Extremstelle ist. Anders ausgedrückt: Als (innere) Extremstellen kommen nur solche x-Werte in Frage, für die $f'(x)=0$ ist; aber nicht jeder x-Wert, der diese Bedingung erfüllt, muß auch eine Extremstelle sein. Die Bedingung $f'(x)=0$ ist also zwar **notwendig**, aber **nicht hinreichend** für eine Extremstelle.

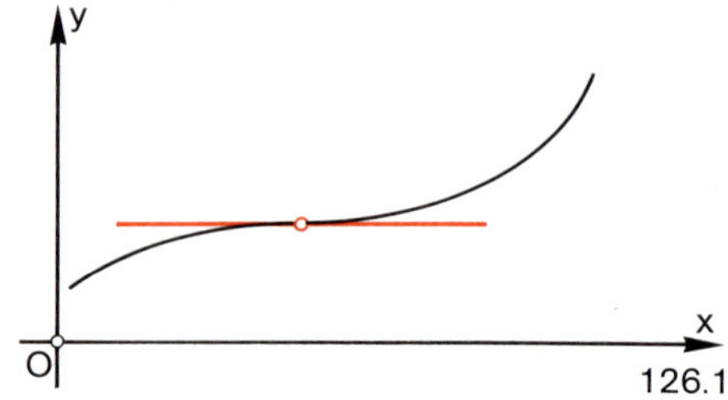

126.1

Welche zusätzlichen Bedingungen (außer $f'(x_0)=0$) garantieren uns, daß x_0 eine Extremstelle ist?

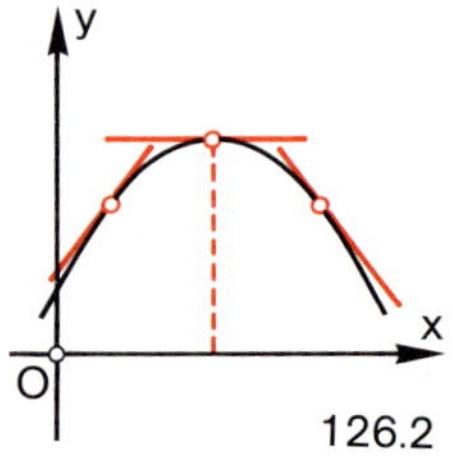

126.2

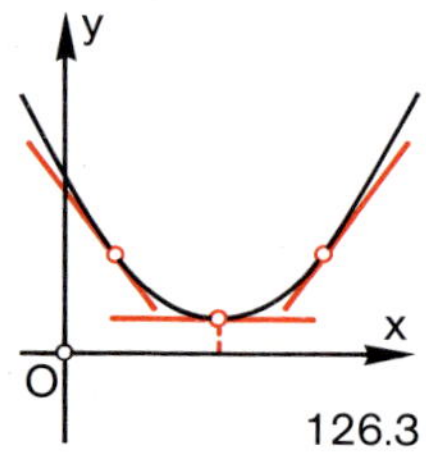

126.3

Letzteres ist dann der Fall, wenn in einer Umgebung $U(x_0)$ die Funktion f links von x_0 monoton zunimmt, rechts von x_0 monoton abnimmt (Fig. 126.2) oder umgekehrt (Fig. 126.3). Dafür ist hinreichend (vgl. Monotoniesatz, S. 110), daß

$$\begin{matrix} f'(x) > 0 \text{ für } x < x_0 \\ f'(x) < 0 \text{ für } x > x_0 \end{matrix} \quad \text{oder} \quad \begin{matrix} f'(x) < 0 \text{ für } x < x_0 \\ f'(x) > 0 \text{ für } x > x_0 \end{matrix} \quad (x \in U(x_0)).$$

Satz 2: (Erste hinreichende Bedingung für innere Extremstellen)
f und f' seien auf einem Intervall J definiert und an einer inneren Stelle $x_0 \in J$ sei $f'(x_0)=0$. Wenn dann $f'(x)$ für zunehmende x-Werte an der Stelle x_0 von positiven zu negativen (von negativen zu positiven) Werten wechselt, so hat f an der Stelle x_0 ein lokales Maximum (lokales Minimum).

Wir drücken dies auch kurz so aus: $f'(x)$ hat an der Stelle x_0 einen **Vorzeichenwechsel** (VZW) von + nach − bzw. von − nach +.

Ein Vorzeichenwechsel von + nach − liegt z. B. vor, wenn $f'(x_0)=0$ und $f''(x_0)<0$ ist, weil dann $f'(x)$ in einer (hinreichend kleinen) Umgebung $U(x_0)$ abnimmt (vgl. Aufgabe 21, S. 128). Entsprechend garantiert $f'(x_0)=0$ und $f''(x_0)>0$, daß $f'(x)$ an der Stelle x_0 einen Vorzeichenwechsel von − nach + hat.

Satz 3: (Zweite hinreichende Bedingung für innere Extremstellen)
f sei auf einem Intervall J zweimal differenzierbar und x_0 eine innere Stelle von J.

Dann gilt: Ist $\left\{\begin{matrix} \mathbf{f'(x_0)=0} \text{ und } \mathbf{f''(x_0)<0} \\ \mathbf{f'(x_0)=0} \text{ und } \mathbf{f''(x_0)>0} \end{matrix}\right\}$, dann ist $f(x_0)$ ein lokales $\left\{\begin{matrix} \textbf{Maximum} \\ \textbf{Minimum} \end{matrix}\right\}$.

Beachte: Satz 2 verwendet Werte von $f'(x)$ aus einer Umgebung von x_0, Satz 3 stattdessen die zweite Ableitung an der Stelle x_0. Wie die folgenden Beispiele zeigen, kann sich im Einzelfall die erste oder die zweite Bedingung als zweckmäßiger erweisen.

Beispiel 3: Für die Funktion f mit

$f(x) = x^3 - 3x^2$

ist jeder x-Wert eine innere Stelle von D_f; die Sätze 1 bis 3 sind also anwendbar.

a) (Anwendung von Satz 1)

$f'(x) = 3x^2 - 6x = 3x(x-2)$

$f'(x) = 0$ für $x_1 = 0,\ x_2 = 2$

Also kommen nur 0 und 2 als Extremstellen in Frage.

b) (Anwendung von Satz 3)

$f''(x) = 6x - 6$

$f''(0) = -6 < 0$, also ist f(0) Maximum,

$f''(2) = 6 > 0$, also ist f(2) Minimum.

Da $f(0) = 0$, $f(2) = -4$, hat das Schaubild von f (Fig. 127.1) den Hochpunkt $H(0|0)$ und den Tiefpunkt $T(2|-4)$.

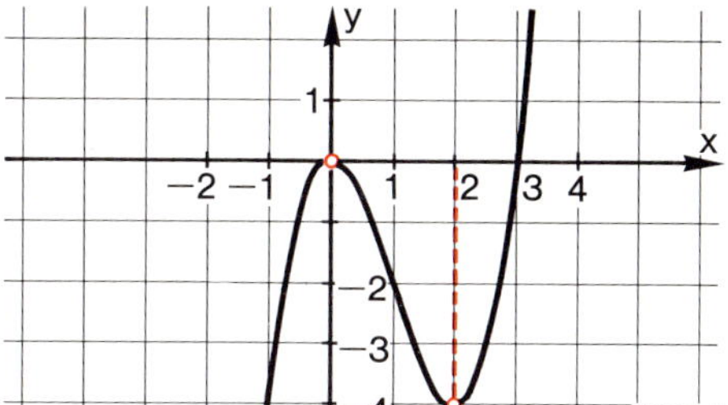

127.1

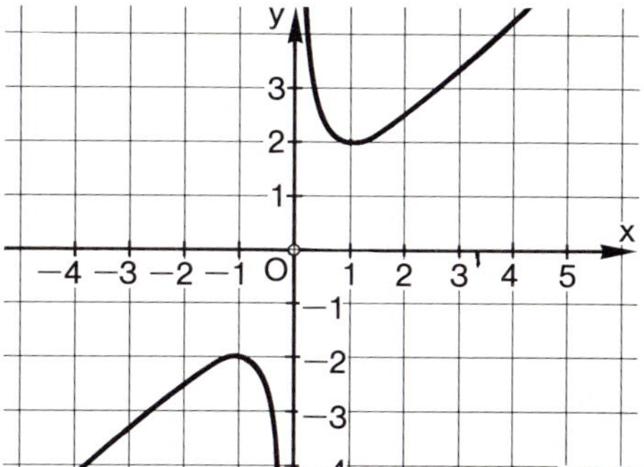

127.2

Beispiel 4: (Anwendung von Satz 2)

$f(x) = x + \frac{1}{x}$

Notwendige Bedingung:

Es ist $f'(x) = 1 - \frac{1}{x^2}$. Die Gleichung $1 - \frac{1}{x^2}$ hat die Lösungen $x_1 = 1$ und $x_2 = -1$.

Hinreichende Bedingung: Da uns $f''(x)$ nicht unmittelbar zur Verfügung steht, verwenden wir Satz 2. Es ist $f'(x) = \frac{x^2-1}{x^2}$. Weil der Nenner stets positiv ist, genügt es, den Zähler zu betrachten. Er zeigt: $f'(x)$ hat bei $x_1 = 1$ einen VZW von − nach +, bei $x_2 = -1$ einen VZW von + nach −. Also ist f(1) ein lokales Minimum, f(−1) ein lokales Maximum. Für das Schaubild ist $T(1|2)$ Tiefpunkt, $H(-1|-2)$ Hochpunkt.

Bemerkung: Die Symmetrieeigenschaft des Schaubildes dient als Kontrolle und bestätigt in diesem Fall (f ist ungerade) die gegenseitige Lage von Hoch- und Tiefpunkt (vgl. Fig. 127.2)

9 Ermittle die Extremstellen und Extremwerte der Funktion f mit $f(x) = 3x^4 + 20x^3 + 36x^2$.

Aufgaben

10 Ermittle die Extrempunkte. Verwende für die hinreichende Bedingung die 2. Ableitung.

a) $f(x) = x^2 - 3x - 4$ b) $f(x) = x^2 - 5x + 5$ c) $f(x) = 2x - 3x^2$
d) $f(x) = 8x^3 - 3x^2$ e) $f(x) = x^3 - 6x$ f) $f(x) = 3x^3 + 2x^2 + 1$
g) $f(x) = x^3 + 3x^2 - 9x$ h) $f(x) = 4x^3 - 18x^2 + 15x + 12$ i) $f(x) = x^4 - 4x^2 + 3$
j) $f(x) = 3x^5 - 25x^3 + 60x + 4$ k) $f(x) = \frac{4}{5}x^5 - \frac{10}{3}x^3 + \frac{9}{4}x$ l) $f(x) = 3x^5 - 10x^3 - 45x + 15$

11 Ermittle die Extrempunkte des Schaubildes. Verwende als hinreichende Bedingung den Vorzeichenwechsel der 1. Ableitung. (Anleitung: Schreibe, wenn möglich, f'(x) als Produkt.)

a) $f(x) = 2x^3 - 3x^2$ b) $f(x) = x^4 - 6x^2 + 1$ c) $f(x) = x^5 - 5x^4 - 2$
d) $f(x) = x^3 - 3x^2 + 1$ e) $f(x) = x^4 + 4x + 3$ f) $f(x) = 2x^3 - 9x^2 + 12x - 4$

12 Untersuche auf Nullstellen und Extremwerte. Zeichne ein Schaubild (LE = 1 cm).

a) $f(x) = x^2 - 6x + 5$ b) $f(x) = -1 + 2x - 0{,}5x^2$ c) $f(x) = 2x - 0{,}5x^3$
d) $f(x) = \frac{1}{4}x^4 - x^3 + x^2$ e) $f(x) = \frac{1}{4}x^4 - \frac{1}{3}x^3 - x^2$ f) $f(x) = 0{,}02x^5 - 0{,}1x^4$

13 Verfahre wie in Aufgabe 12.

a) $f(x)=4x+3x^2$ b) $f(x)=\sqrt{2}x-2x^2$ c) $f(x)=\frac{1}{2}x^2+\frac{3}{5}x-\frac{4}{5}$

d) $f(x)=x^3-3x^2+2$ e) $f(x)=x^3-6x+5$ f) $f(x)=0{,}5x^4-3x^2$

14 Untersuche auf Extrempunkte. Zeichne ein Schaubild (LE = 1 cm).

a) $f(x)=\frac{x}{2}+\frac{2}{x}$ b) $f(x)=\frac{x^2}{8}+\frac{2}{x}$ c) $f(x)=\sqrt{x}-\frac{1}{4}x^2$

d) $f(x)=\sqrt{x}-x$ e) $f(x)=\sin x-0{,}5x$ f) $f(x)=\sin x-x$

15 Ermittle die Nullstellen und Extremwerte. Gib an, ob es sich um lokale oder globale Extremwerte handelt. Zeichne ein Schaubild.

a) $f(x)=0{,}2(x+1)(x-2)(x+6)$ b) $f(x)=(x^2-4)(x^2+9)$ c) $f(x)=x^2(2+x)-4x^2$

d) $f(x)=4x(3+0{,}5x^3)$ e) $f(x)=(x^2-1)^2$ f) $f(x)=(x^3-1)^2$

16 Eine ganzrationale Funktion 3. Grades habe die Nullstellen -1, 1 und 3; ihr Schaubild gehe durch $P(2|-6)$ (durch $P(-2|3)$). Bestimme die Extremstellen. Zeichne ein Schaubild.

17 Eine ganzrationale Funktion 3. Grades sei ungerade und habe im Ursprung die Steigung 2, für $x=3$ die Steigung -2. Bestimme die Extremstellen. Zeichne ein Schaubild.

18 Ist die folgende Bedingung notwendig, hinreichend, notwendig und hinreichend oder weder notwendig noch hinreichend?

	Bedingung	für
a)	Stetigkeit einer Funktion f	Differenzierbarkeit von f
b)	Beschränktheit einer Zahlenfolge	Existenz eines Grenzwertes
c)	Monotonie einer Funktion f in D_f	Existenz einer Nullstelle von f
d)	Existenz von $\lim\limits_{x\to x_0} f(x)$	Stetigkeit von f an der Stelle x_0
e)	Differenzierbarkeit einer Funktion f	Stetigkeit von f
f)	$f(a)\cdot f(b)<0$	Existenz einer Nullstelle von f in $[a;b]$
g)	$f'(x_0)=0$	Existenz einer waagr. Tangente in $P(x_0\|f(x_0))$

19 Gib eine notwendige, aber nicht hinreichende (eine hinreichende, aber nicht notwendige; eine notwendige und hinreichende) Bedingung dafür an, daß

a) eine Zahl $n\in\mathbb{N}$ durch 6 teilbar ist b) ein Trapez ein Rechteck ist

c) eine in $]a;b[$ differenzierbare Funktion in $]a;b[$ monoton zunimmt.

20 p und q seien Aussagen. Gib an, ob in folgenden Fällen die Aussage p eine notwendige, hinreichende oder notwendige und hinreichende Bedingung für q ist.

a) Aus p folgt q b) Aus q folgt p c) Aus p folgt nicht q

21 a) Zeige: Ist f auf $[a;b]$ zweimal differenzierbar und x_0 eine innere Stelle mit $f'(x_0)=0$, so gilt: $f'(x)=[f''(x_0)+r(x)]\cdot(x-x_0)$ mit $\lim\limits_{x\to x_0} r(x)=0$. (Ersetze in der Zerlegungsformel, S. 97, f durch f'.)

b) Wie folgt aus a), daß $f'(x)$ im Falle $f''(x_0)<0$ ($f''(x_0)>0$) an der Stelle x_0 einen Vorzeichenwechsel von + nach − (von − nach +) hat?

22 Der Satz 3, S. 126 besagt: $f'(x_0)=0$ und zugleich $f''(x_0)\neq 0$ ist eine hinreichende Bedingung dafür, daß $f(x_0)$ ein lokaler Extremwert ist. Zeige, daß diese Bedingung nicht notwendig ist. Gib dazu eine Funktion f an, die x_0 als Extremstelle hat, obwohl $f''(x_0)=0$ ist. (Vgl. Aufgabe 18, S. 185).

23 Begründe: Wenn es eine Umgebung $U(x_0)$ gibt, in der $f'(x)>0$ ($f'(x)<0$) ist für $x\neq x_0$ und $f'(x_0)=0$ (so daß also $f'(x)$ an der Stelle x_0 keinen Vorzeichenwechsel hat; Fig. 126.1), dann ist $f(x_0)$ kein Extremwert. (Anleitung: Verwende den Mittelwertsatz, S. 109). Entscheide damit bei der folgenden Funktion, für welche Stellen x_0 mit $f'(x_0)=0$ ein Extremwert vorliegt. Bilde zum Vergleich auch $f''(x_0)$. Skizziere ein Schaubild.

a) $f(x)=x^5$ b) $f(x)=x^4-x^3$ c) $f(x)=x^3-3x^2+3x$

d) $f(x)=\frac{1}{2}x^4-\frac{2}{3}x^3+3$ e) $f(x)=x^5-5x^3+2$ f) $f(x)=\sin x-x$

30.4 Bestimmung aller Extremwerte einer Funktion

24 Zeichne das Schaubild der Funktion $f: x \longmapsto |x|$. Welche Stelle x_0 ist eine Extremstelle? Ist x_0 eine innere Stelle von D_f? Warum kann man x_0 nicht mit Hilfe der Bedingung $f'(x) = 0$ ermitteln?

Bisher haben wir uns mit Extremstellen beschäftigt, die im Innern des Definitionsintervalls J liegen und an denen f differenzierbar ist. Bei ganzrationalen Funktionen f mit $D_f = \mathbb{R}$ ist dies für jeden x-Wert der Fall; hier liefert also die Bedingung $f'(x) = 0$ alle Stellen, die als Extremstellen in Frage kommen.

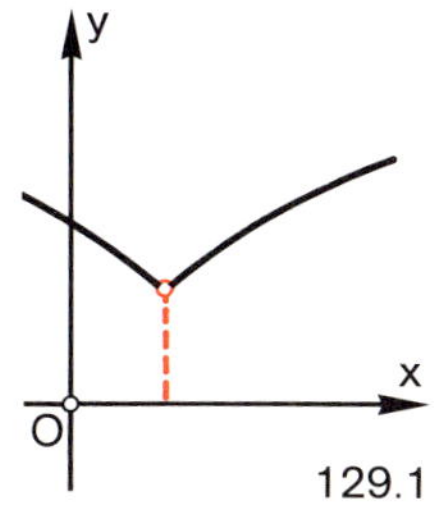

129.1

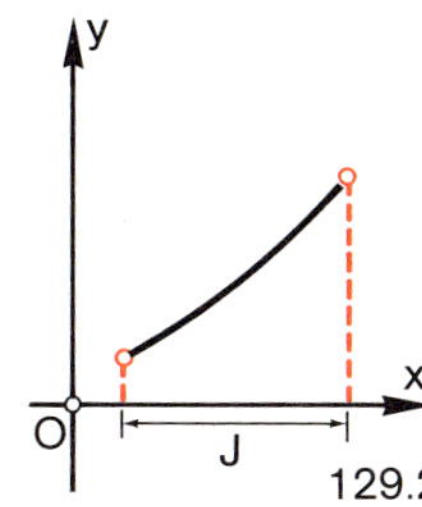

129.2

Bei anderen Funktionen f kann auch ein x-Wert Extremstelle sein, an der f nicht differenzierbar ist (Fig. 129.1). Oder eine Extremstelle x_0 kann eine Randstelle des Definitionsintervalls sein; $f'(x_0)$ braucht dann — wie Fig. 129.2 zeigt — nicht null zu sein. Es ist daher zu beachten:

Bei der Ermittlung von Extremstellen einer Funktion f werden x-Werte, für welche f nicht differenzierbar ist oder welche Randstellen des Definitionsintervalls J sind, durch die Bedingung $f'(x) = 0$ i. allg. nicht erfaßt. Solche Stellen müssen daher gesondert untersucht werden, ob sie Extremstellen sind.

Beispiel 5: $f(x) = |x^3 - 4x|$; $D_f = [0;3]$
Zuerst schreiben wir f(x) betragsfrei. Die Umformung $x^3 - 4x = x(x^2 - 4)$ zeigt:

$$f(x) = \begin{cases} -(x^3 - 4x) & \text{für } 0 \leqq x \leqq 2 \\ x^3 - 4x & \text{für } 2 < x \leqq 3 \end{cases} \quad \text{und}$$

$$f'(x) = \begin{cases} -3x^2 + 4 & \text{für } 0 \leqq x < 2 \\ 3x^2 - 4 & \text{für } 2 < x \leqq 3 \end{cases}$$

f ist in [0;3] stetig, aber an der Stelle $x = 2$ nicht differenzierbar.

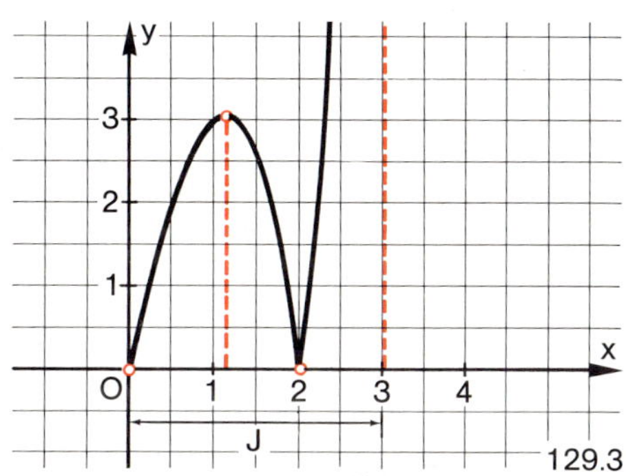

129.3

a) Untersuchung in]0;2[:
$f'(x) = -3x^2 + 4$; $f''(x) = -6x$
Notwendige Bedingung: $-3x^2 + 4 = 0$; $x = \frac{2}{3}\sqrt{3}$
Hinreichende Bedingung: $f''(\frac{2}{3}\sqrt{3}) = -4\sqrt{3}$,
$f(\frac{2}{3}\sqrt{3}) = \frac{16}{9}\sqrt{3}$ ist ein lokales Maximum.

b) Untersuchung in]2;3[: Es ist $f'(x) > 0$, also ist keine Extremstelle vorhanden.

c) Untersuchung an der Stelle $x = 2$:
$f(2) = 0$; da $f(x) \geqq 0$ für alle $x \in D_f$, ist f(2) ein lokales Minimum.

d) Untersuchung an den Randstellen $x = 0$ und $x = 3$:
$f(0) = 0$ ist lokales Minimum, $f(3) = 15$ lokales Maximum (Fig. 129.3).

25 Bestimme den größten (kleinsten) Funktionswert, den die folgende Funktion im angegebenen Intervall annimmt.

a) $f(x)=4x-x^2;\ [1;5]$ b) $f(x)=0{,}5x^3-x^2;\ [0;1{,}5]$ c) $f(x)=x^5-5x^4+1;\ [-0{,}5;\ 5]$

Aufgaben

26 Untersuche die folgende Funktion auf lokale und globale Extremwerte. Bestimme die Extremwerte; gib jeweils an, ob es sich um ein Maximum oder ein Minimum handelt.

a) $f(x)=0{,}5x^3-3x+2$
b) $f(x)=2x^3-3\sqrt{3}x^2+1$
c) $f(x)=x^5-80x$
d) $f(x)=x^6-54x^3+6$
e) $f(x)=x^4-4x^3+4x^2$
f) $f(x)=3x^4-\frac{34}{3}x^3+5x^2+1$
g) $f(x)=x^4-14x^2+24x+1$
h) $f(x)=x^4-\frac{16}{3}x^3-4x^2+32x+5$
i) $f(x)=3x^5-25x^3+60x+10$
j) $f(x)=x^6-1{,}2x^5-3x^4+4x^3+6$

27 Untersuche die Funktion im angegebenen Intervall auf Extremwerte.

a) $f(x)=x^3-4x^2;\ D_f=[1;4]$
b) $f(x)=3x^4-8x^3;\ D_f=[0;3]$
c) $f(x)=0{,}5x^3-3x-1;\ D_f=[-2;2]$
d) $f(x)=x^5-5x;\ D_f=[2;3]$

28 Bestimme Maximum und Minimum im angegebenen Intervall.

a) $f(x)=0{,}25x^3-3x;\ J_1=[-3;3],\ J_2=[-3;5],\ J_3=[-5;5]$
b) $f(x)=\frac{1}{3}x^3-4x^2+12x-6;\ J_1=[1;7],\ J_2=[0;4],\ J_3=[3;9]$
c) $f(x)=-x^3+7{,}5x^2-12x+2;\ J_1=[-0{,}5;0{,}5],\ J_2=[2;5],\ J_3=[1;4]$
d) $f(x)=0{,}25x^4-2x^2+1;\ J_1=[-1;1],\ J_2=[-1;3],\ J_3=[-3;3]$
e) $0{,}25x^4-x^3+1;\ J_1=[0;2],\ J_2=[2;4],\ J_3=[0;4]$

29 Ermittle bei der folgenden Funktion f alle Stellen $x_0\in D_f$ mit $f'(x_0)=0$. Entscheide danach für jede dieser Stellen, ob sie Extremstelle ist oder nicht.

a) $f(x)=x^4$
b) $f(x)=x^5$
c) $f(x)=x^5-x^4$
d) $f(x)=x^4-x^3$
e) $f(x)=-3x^5+4x^3+2$
f) $f(x)=x^6-2{,}4x^5-3x^4+8x^3+3x^2-12x+6$

30 Verfahre wie in Aufgabe 27. Zeichne ein Schaubild.

a) $f(x)=\begin{cases}2-x^2 & \text{für } x\leqq 1\\ x^2 & \text{für } x>1\end{cases};\ D_f=[-1;2]$
b) $f(x)=\begin{cases}x^2+x & \text{für } x<0\\ x^3-x & \text{für } x\geqq 0\end{cases};\ D_f=[-1;1]$
c) $f(x)=\begin{cases}-x^2 & \text{für } x\leqq 0\\ x^2+1 & \text{für } x>0\end{cases};\ D_f=[-1;1]$
d) $f(x)=\begin{cases}1-x^2 & \text{für } x\neq 0\\ 0 & \text{für } x=0\end{cases};\ D_f=[-1;1]$

31 Zeichne das Schaubild und untersuche die Funktion auf Extremwerte.

a) $x\longmapsto\begin{cases}x & \text{für } |x|\leqq 1\\ \frac{1}{x} & \text{für } |x|>1\end{cases}$
b) $x\longmapsto\begin{cases}x^2 & \text{für } x\in[0;1]\\ \frac{1}{x} & \text{für } x>1\end{cases}$

32 Untersuche auf Extremwerte.
(Anleitung: Schreibe den Funktionsterm zunächst betragsfrei.)

a) $f(x)=x^2-|x|$ b) $f(x)=|x^3-x|$ c) $f(x)=|x^2-2x|$
d) $f(x)=|(x-1)(x+2)|$ e) $f(x)=|x^2-2x-3|$ f) $f(x)=|\frac{1}{5}x^5-x^4+x^3|$

33 Zeige, daß folgende Funktion außer Null nur negative bzw. nur positive Funktionswerte hat.

a) $f(x)=2x^2-2x+1$ b) $f(x)=9x^4-6x^3+x^2$ c) $f(x)=x^6-2x^3+2$
d) $f(x)=-x^4-2x^3+3x^2+4x-4$ e) $f(x)=3x^4+4x^3-12x^2+32$

34 Weise nach, daß sich die Schaubilder der Funktionen f und g nicht schneiden.
(Anleitung: Untersuche $f-g$ auf Extremwerte.)

a) $f(x)=x^4;\ g(x)=0{,}5x-0{,}2$ b) $f(x)=x^4+2;\ g(x)=x^3+x$ c) $f(x)=0{,}5x^4+1;\ g(x)=x^3$

35 Bestimme die lokalen und globalen Extremwerte der folgenden Funktion.

a) $f(x)=x+\frac{1}{x}$ b) $f(x)=4x^2-\frac{1}{x}$

c) $f(x)=x-\sqrt{x}$ d) $f(x)=\frac{1}{2x}+\sqrt{x}$

e) $f(x)=\frac{1}{4}x^2-\sqrt{x}$ f) $f(x)=x^3+\frac{27}{x}$

g) $f(x)=\sin x+1;\ D_f=[-2\pi;\ 2\pi]$ h) $f(x)=2\cos x-1;\ D_f=[-2\pi;\ 2\pi]$

i) $f(x)=\sin x+x;\ D_f=[0;\ 2\pi]$ j) $f(x)=\sin x+\cos x;\ D_f=[0;\ 2\pi]$

k) $f(x)=2\sin x+\cos 2x;\ D_f=\mathbb{R}$ l) $f(x)=4\sin x+\sqrt{2}\cos 2x;\ D_f=\mathbb{R}$

(Anleitung zu k) und l): $\sin 2x=2\sin x\cos x$)

36 Beweise: Eine Funktion f sei in einem Intervall J mindestens n-mal differenzierbar und x_0 eine innere Stelle von J. Wenn dann

$$f'(x_0)=f''(x_0)=\ldots=f^{(n-1)}(x_0)=0,\quad \text{aber}\quad f^{(n)}(x_0)\neq 0$$

ist, so ist $f(x_0)$ ein

$$\left\{\begin{array}{ll}\text{Extremwert,} & \text{falls n gerade}\\ \text{kein Extremwert,} & \text{falls n ungerade}\end{array}\right\}.$$

Und zwar ist bei geradem n der Funktionswert $f(x_0)$ ein Maximum (Minimum), falls $f^{(n)}(x_0)<0$ ($f^{(n)}(x_0)>0$) ist.

(Anleitung: Zeige durch wiederholte Anwendung des Mittelwertsatzes (S. 109), daß $f(x)-f(x_0) = f^{(n)}(z_n)\cdot(z_{n-1}-x_0)(z_{n-2}-x_0)\cdot\ldots\cdot(z_1-x_0)(x-x_0)$ gilt mit geeigneten Stellen z_i.)

37 Ein Rechteck hat die Eckpunkte $O(0|0)$, $P(x|0)$, $Q(x|y)$ und $R(0|y)$. Dabei liegt $Q(x|y)$ im 1. Feld auf der Geraden mit der Gleichung $y=-2x+5$. Für welche Lage von Q hat es den größten Flächeninhalt?

38 Bestimme den Scheitel der Parabel $f(x)=ax^2+bx+c$ durch Differenzieren.

39 Die Schaubilder von g und h schneiden sich in den Punkten $S_1(x_1|?)$ und $S_2(x_2|?)$. Aus der Geraden $x=a$ mit $x_1<a<x_2$ schneiden die Schaubilder eine Strecke mit der Länge $f(x)=g(x)-h(x)$ aus (vgl. Fig. 131.1). Berechne a so, daß die Strecke maximale Länge hat; wie lang ist sie in diesem Fall?

a) $g(x)=\frac{1}{12}(x-6)^2+5;\ h(x)=\frac{1}{4}x^2-x+2$

b) $g(x)=\frac{1}{5}(2x+11);\ h(x)=\frac{1}{5}(2x^2-12x+23)$

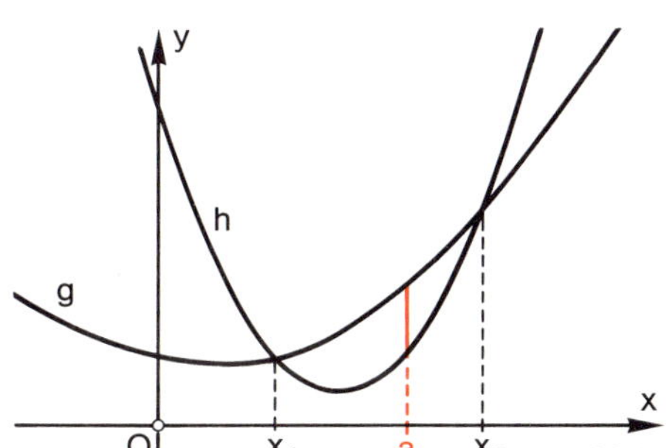

131.1

40 In Fig. 131.2 sind A und B die Aufhängepunkte eines Kabels an zwei vertikalen Masten. Das Kabel hat in dem eingezeichneten Koordinatensystem eine Gleichung der Form:

$y=\frac{1}{25a}x^2-\frac{200+a}{25a}x+8$, mit $0<a<200$.

a) Berechne die Entfernung $\overline{OB}$ der Masten. Der Punkt C des Kabels hat dieselbe Höhe wie B. Wie lang ist OC? Wie kann man demnach a durch Messung ermitteln?

b) Der tiefste Punkt des Kabels hat vom linken Mast den Abstand x_0 und liegt um t tiefer als B. Berechne x_0 und t in Abhängigkeit von a.

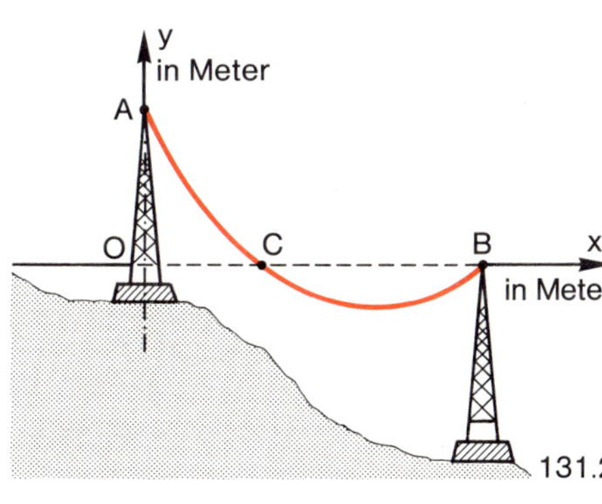

131.2

31 Geometrische Bedeutung der 2. Ableitung

1 Ein Auto durchfährt die Straße in Fig. 132.1 von A nach B. Wo befindet es sich in einer Rechtskurve, wo in einer Linkskurve? An welchen Punkten sind die Vorderräder genau geradeaus gerichtet?

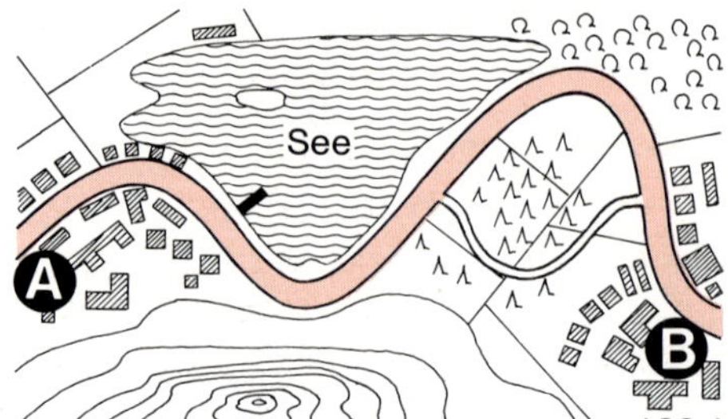

132.1

Ist eine Funktion f in einem Intervall J differenzierbar und gilt für alle $x \in J$

$\begin{Bmatrix} f'(x) > 0 \\ f'(x) < 0 \end{Bmatrix}$, so ist f in J $\begin{Bmatrix} \text{zunehmend} \\ \text{abnehmend} \end{Bmatrix}$.

Im folgenden versuchen wir, diesen Zusammenhang zwischen f′ und f auf f″ und f′ zu übertragen. Er besagt: Ist

$\begin{Bmatrix} f''(x) > 0 \\ f''(x) < 0 \end{Bmatrix}$, so ist f′ in J $\begin{Bmatrix} \text{zunehmend} \\ \text{abnehmend} \end{Bmatrix}$. Für das Schaubild von f bedeutet dies: Im ersten Fall ist das Schaubild „nach links gekrümmt" (Fig. 132.2), im zweiten Fall „nach rechts gekrümmt" (Fig. 132.3).

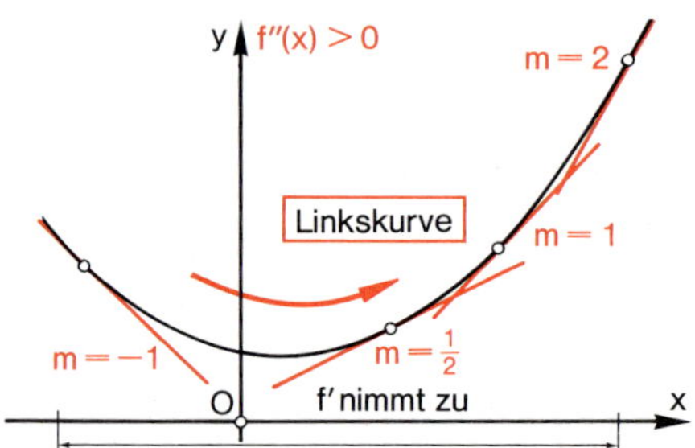

132.2

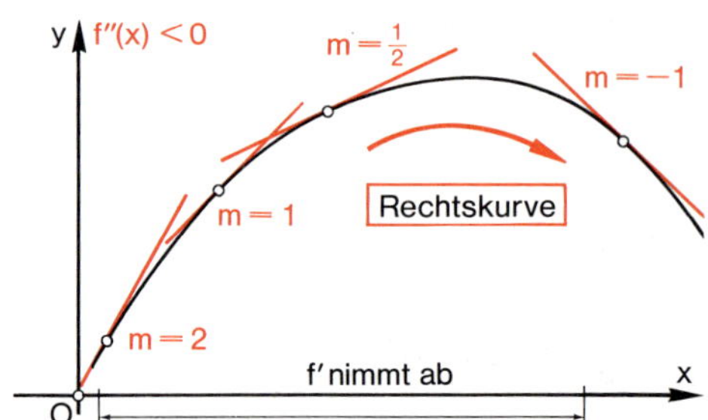

132.3

Definition 1: Ist f′ in J streng monoton zunehmend (abnehmend), so nennt man das Schaubild von f in J eine **Linkskurve** (**Rechtskurve**).

Beachte: Das Vorzeichen der 1. Ableitung zeigt, ob das Schaubild steigt oder fällt, das Vorzeichen der 2. Ableitung, ob es linksgekrümmt oder rechtsgekrümmt ist. Dabei durchlaufen wir das Schaubild stets im Sinne wachsender x-Werte.

Beispiel 1: In Fig. 132.4 ist über dem gezeichneten Intervall das Schaubild von
f eine (steigende) Linkskurve,
g eine (fallende) Linkskurve,
h eine (steigende) Rechtskurve,
l eine (fallende) Rechtskurve.

Nach Definition 1 ist eine Gerade weder eine Rechts- noch eine Linkskurve.

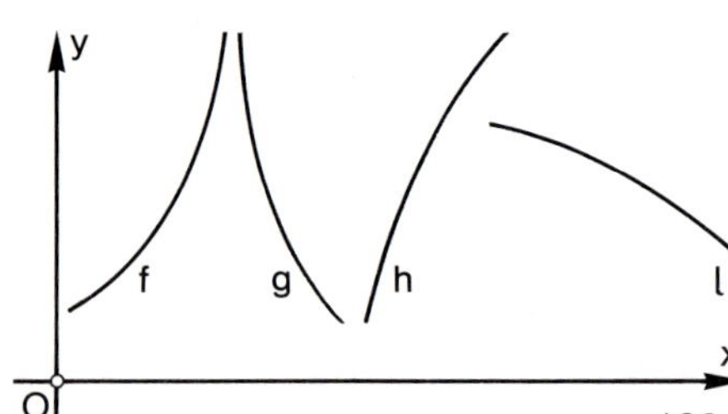

132.4

Definition 2: f sei in einem Intervall J differenzierbar und x_0 eine innere Stelle von J. Dann heißt ein Punkt $P(x_0|f(x_0))$, in dem das Schaubild von einer Linkskurve in eine Rechtskurve übergeht oder umgekehrt, **Wendepunkt** und x_0 **Wendestelle**.

Beim Übergang von einer Linkskurve in eine Rechtskurve geht die Tangentensteigung von zunehmenden Werten (Fig. 132.2) über zu abnehmenden Werten (Fig. 132.3). Daher muß die Tangentensteigung an einer solchen Stelle ein lokales Maximum von f' sein. Entsprechendes gilt beim Übergang von einer Rechts- in eine Linkskurve. Dies zeigt: Die Wendestellen einer Funktion f sind Extremstellen ihrer 1. Ableitung f' und können als solche ermittelt werden.

Satz 1: f sei in einem Intervall J mindestens zweimal differenzierbar. Dann gilt:
a) (Notwendige Bedingung für Wendestellen)
Ist $x_0 \in J$ eine Wendestelle, dann ist $f''(x_0) = 0$.
b) (Hinreichende Bedingung für Wendestellen)
Wenn $f''(x_0) = 0$ und $f''(x)$ an der Stelle $x_0 \in J$ einen Vorzeichenwechsel hat, dann ist x_0 eine Wendestelle.

Ist eine Funktion in einem Intervall mindestens dreimal differenzierbar und ist $f'''(x_0) \neq 0$, so hat $f''(x)$ an der Stelle x_0 gewiß einen Vorzeichenwechsel. Somit erhält man als weitere hinreichende Bedingung:

Satz 2: Ist $f''(x_0) = 0$ und $f'''(x_0) \neq 0$, dann ist x_0 eine Wendestelle.

Beispiel 2: Wir bestimmen die Wendepunkte der Funktion f mit

$$f(x) = 3x^4 - 8x^3 + 6x^2.$$

Ableitungen:

$$f'(x) = 12x^3 - 24x^2 + 12x$$
$$f''(x) = 36x^2 - 48x + 12$$
$$f'''(x) = 72x - 48$$

Notwendige Bedingung:

$$36x^2 - 48x + 12 = 0$$
$$x_1 = 1; \quad x_2 = \tfrac{1}{3}$$

Hinreichende Bedingung:

$$f'''(1) = 24; \quad f'''(\tfrac{1}{3}) = -24$$

Wendepunkte: $W_1(1|1)$; $W_2(\frac{1}{3}|\frac{11}{27})$
(Fig. 133.1)

Bemerkung: Die Tangenten in den Wendepunkten heißen **Wendetangenten**.

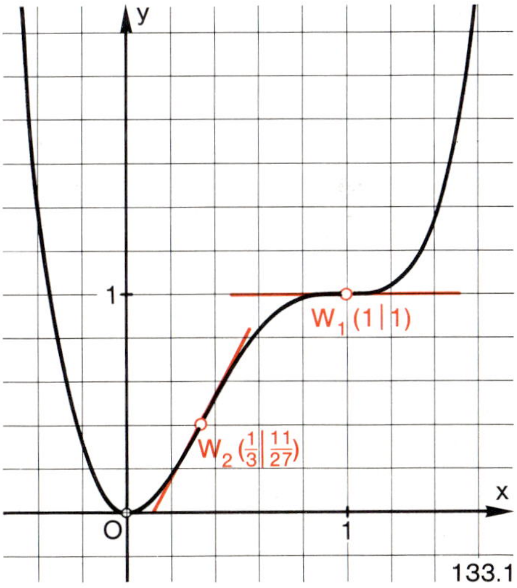

133.1

Beispiel 3: $(f''(x_0) = f'''(x_0) = 0)$

Für $f: x \mapsto 3x^5 - 5x^4$ ist

$$f'(x) = 5x^3(3x-4)$$
$$f''(x) = 60x^2(x-1)$$
$$f'''(x) = 60x(3x-2).$$

Die notwendige Bedingung $f''(x) = 0$ liefert $x_1 = 0$ und $x_2 = 1$ als mögliche Wendestellen. Für $x_2 = 1$ ist die hinreichende Bedingung $f'''(x) \neq 0$ erfüllt, für $x_1 = 0$ jedoch nicht. Weil $f'(0) = 0$ ist und $f'(x)$ bei $x_1 = 0$ einen Vorzeichenwechsel von + nach − hat, liegt nach Satz 2, S. 126 hier ein Maximum vor (Fig. 134.1; vgl. Aufgabe 12).

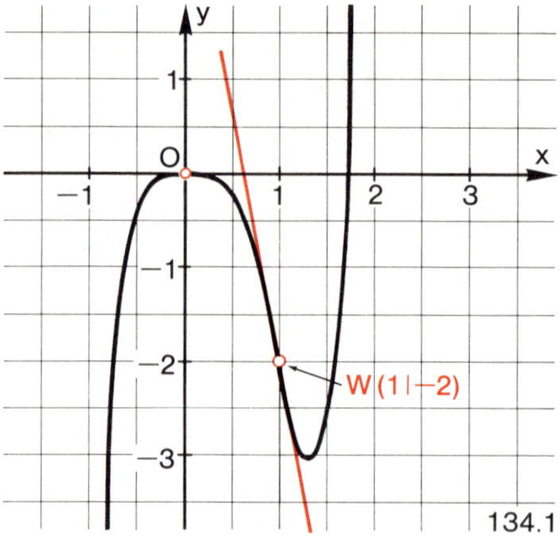

134.1

2 Ermittle für f mit $f(x) = \frac{1}{4}x^4 + x^3 - 6x^2$ die Gleichungen der Wendetangenten.

Aufgaben

3 Ermittle die Wendepunkte. Gib an, in welchen Bereichen das Schaubild von f eine Linkskurve bzw. eine Rechtskurve ist. Skizziere das Schaubild.

a) $f(x) = 2x^2 + 8x - 3$ b) $f(x) = 4 + 2x - x^2$ c) $f(x) = x^3 - x$
d) $f(x) = x^3 + 6x^2$ e) $f(x) = x^4 + x^2$ f) $f(x) = x^4 - 6x^2$
g) $f(x) = \frac{1}{3}x^4 - 2x^2$ h) $f(x) = \frac{1}{2}x^3 - \frac{1}{8}x^4$ i) $f(x) = x^5 - 30x^3$
j) $f(x) = \frac{1}{2}x^2 - \frac{1}{8}x^4$ k) $f(x) = \frac{1}{3}x^6 - 20x^2$ l) $f(x) = -\frac{1}{6}x^3 + \frac{1}{2}x^2 - \frac{3}{2}x + 7$

4 Untersuche auf Wendepunkte und gib die Bereiche an, in denen das Schaubild eine Links- bzw. eine Rechtskurve ist.

a) $f(x) = x^3 - 6x^2 + 20$ b) $f(x) = x^3 + 6x^2 + x - 2$ c) $f(x) = 7 - 15x + 9x^2 - x^3$
d) $f(x) = 5x^4 - 2x^3 + 3x$ e) $f(x) = (x^2 - 9)(x^2 + 1)$ f) $f(x) = (x^2 - 2)(x^2 - 4)$
g) $f(x) = x^4 - 14x^3 + 60x^2 - 13$ h) $f(x) = 2x^5 - 15x^3 + x + 3$
i) $f(x) = 4x(8 + 0{,}25x^3)$ j) $f(x) = x^2(x^2 - 42) + 20(4x - 1)$

5 Gib die Gleichungen der Wendetangenten und der Normalen im Wendepunkt an.

a) $f(x) = \frac{1}{2}x^3 - 3x^2 + 5x$ b) $f(x) = x^3 + 3x^2 + x + 2$ c) $f(x) = x^2 - \frac{1}{3}x^3$
d) $f(x) = -\frac{1}{2}x^3 - 2x^2$ e) $f(x) = x^3(2 + x)$ f) $f(x) = \frac{1}{2}x^4 - x^3 - \frac{1}{2}$
g) $f(x) = \frac{1}{2}x^4 - 4x^3 + 9x^2 - 10$ h) $f(x) = \frac{3}{10}x^5 - 4x^3 + 10$ i) $f(x) = \frac{3}{2}x^4 + \frac{1}{2}x^3 - 3x^2$
j) $f(x) = x^3(\frac{1}{20}x^2 + \frac{1}{4}x + \frac{1}{3})$ k) $f(x) = \frac{1}{20}x^5 - \frac{1}{3}x^3$ l) $f(x) = \frac{1}{20}x^5 + \frac{1}{6}x^4 - \frac{3}{2}x^2$

6 Untersuche die folgende Funktion auf Wendepunkte.

a) $f(x) = 2x^2 - 3x + 1$ b) $f(x) = 3x^3 + x + 1$ c) $f(x) = x^4 + \frac{1}{2}x^2$
d) $f(x) = x^5 - x^4$ e) $f(x) = x^4 - 4x^3 + 6x^2 - 4x + 1$ f) $f(x) = \frac{1}{2}x^6 - 3x^5 + 5x^4$

7 Untersuche auf Wendepunkte. Zeichne ein Schaubild.

a) $f(x) = \begin{cases} x^2 & \text{für } x \leqq 0 \\ -x^2 & \text{für } x > 0 \end{cases}$ b) $f(x) = \begin{cases} x^3 & \text{für } x \leqq 0 \\ x^2 & \text{für } x > 0 \end{cases}$

c) $f(x) = \begin{cases} x^2 & \text{für } x \leqq 1 \\ \frac{2}{3}x^3 + \frac{1}{3} & \text{für } x > 1 \end{cases}$ d) $f(x) = \begin{cases} x^2 & \text{für } x \leqq 0 \\ -x^2 - x & \text{für } x > 0 \end{cases}$

8 Schreibe zunächst betragsfrei; untersuche danach auf Wendepunkte. Zeichne ein Schaubild.

a) $f(x)=x\cdot|x|$ b) $f(x)=x^2\cdot|x|$ c) $f(x)=|x^3+1|$

9 Untersuche wie in Aufgabe 4.

a) $f(x)=\cos x;\ D_f=[0;2\pi]$ b) $f(x)=x+\sin x;\ D_f=[0;2\pi]$

c) $f(x)=1+\frac{1}{2}x^2-\sin x$ d) $f(x)=x^2+\cos x$

10 a) Berechne vom Schaubild der Funktion $f: x\longmapsto\frac{1}{2}x^3-\frac{1}{8}x^4$ $\left(f: x\longmapsto\frac{1}{3}x^4-\frac{8}{3}x^3+6x^2\right)$ den Extrempunkt und die Wendepunkte W_1, W_2.

b) Die Wendetangenten und die Gerade (W_1W_2) bestimmen ein Dreieck. Bestimme die Innenwinkel und den Flächeninhalt des Dreiecks.

c) Das Schaubild von f schneidet aus der Tangente im Wendepunkt mit $x_W<1$ $(x_W>2)$ eine Strecke mit Länge a aus. Berechne a.

d) Die Gerade (W_1W_2) schneidet das Schaubild in S_1 und S_2. Ermittle das Verhältnis $\overline{W_1W_2}:\overline{S_1S_2}$.

11 a) Untersuche das Schaubild von f mit $f(x)=\frac{1}{48}(80-24x^2+x^4)$ auf Symmetrie, Schnittpunkte mit der x-Achse, Extrempunkte und Wendepunkte. Zeichne das Schaubild von f.

b) Für welche reellen Zahlen c hat die Gleichung $x^4-24x^2+80=48c$ vier (drei; zwei; keine) Lösungen? Verwende hierbei Teilaufgabe a).

c) Die Wendetangenten und die Tangenten des Schaubildes in den Extrempunkten bilden ein Trapez. Berechne den Flächeninhalt A und den Umfang U dieses Trapezes.

12 a) Zeige: Eine Funktion f sei in einem Intervall J mindestens n-mal differenzierbar, $f^{(n)}$ sei stetig und x_0 eine innere Stelle von J.

Wenn dann $f''(x_0)=\ldots=f^{(n-1)}(x_0)=0$, aber $f^{(n)}(x_0)\neq 0$ ist,

$$\text{so ist } x_0 \text{ für } \left\{\begin{matrix}\text{n gerade und } f'(x_0)=0 & \text{Extremstelle}\\ \text{n ungerade} & \text{Wendestelle}\end{matrix}\right\}.$$

(Anleitung: Verwende den Satz von S. 131, Aufgabe 36.)

b) Ermittle mit Hilfe von a) die Wendepunkte der Funktion f mit $f(x)=\frac{3}{5}x^5+\frac{1}{2}x^4$ (mit $f(x)=x^6-5x^4+15x^2$).

13 Bestimme alle Wendepunkte des Schaubildes. Weise nach, daß das Schaubild punktsymmetrisch ist zum Wendepunkt.

a) $f(x)=3x-\frac{1}{4}x^3$ b) $f(x)=\frac{1}{4}x^3+\frac{3}{2}x^2-1$ c) $f(x)=\frac{1}{6}(x^3-3x^2-9x+41)$

14 a) Warum hat das Schaubild einer ganzrationalen Funktion 2. Grades keinen Wendepunkt, aber immer ein Maximum oder Minimum?

b) Beweise: Das Schaubild einer ganzrationalen Funktion 3. Grades hat genau einen Wendepunkt und ist zu diesem symmetrisch.

15 Zeige: Wenn bei einer ganzrationalen Funktion 3. Grades das quadratische Glied fehlt, dann liegt der Wendepunkt auf der y-Achse.

16 Wie viele lokale Extremstellen und wie viele Wendestellen kann eine ganzrationale Funktion vom Grad n höchstens haben? Begründe.

17 Gegeben ist die Funktion f mit $f(x)=\begin{cases}4x-x^2 & \text{für } x\leqq 3\\ \frac{18}{x}-3 & \text{für } x>3\end{cases}$.

Untersuche, ob f an der Stelle $x_0=3$ eine Wendestelle hat. Zeichne ein Schaubild.

18 a) Welche Beziehung muß zwischen b und c bestehen, damit das Schaubild von $f: x\longmapsto x^3+bx^2+cx+d$ einen Wendepunkt mit waagrechter Tangente hat?

b) Beweise: Das Schaubild von $f: x\longmapsto ax^5-bx^3+cx$ $(a,b,c\in\mathbb{R}^+)$ hat drei Wendepunkte, die auf einer Geraden durch den Ursprung liegen.

32 Beispiel einer vollständigen Funktionsuntersuchung

Wir wenden die bisherigen Ergebnisse an, um eine ganzrationale Funktion mit Hilfe der Differentialrechnung zu untersuchen und ihr Schaubild zu entwerfen. Bei solchen Funktionsuntersuchungen (Kurvendiskussionen) erweist sich die folgende Reihenfolge als zweckmäßig.

Hinweise	**Beispiel**[1]: $f(x) = 2x^4 + 7x^3 + 5x^2$
1. Ableitungen: Meist genügen die ersten drei Ableitungen f', f'', f'''.	**1. Ableitungen:** $f'(x) = 8x^3 + 21x^2 + 10x = x(8x^2 + 21x + 10)$ $f''(x) = 24x^2 + 42x + 10 = 2(12x^2 + 21x + 5)$ $f'''(x) = 48x + 42 = 6(8x + 7)$
2. Symmetrie: Zum Nullpunkt: $f(-x) = -f(x)$ Zur y-Achse: $f(-x) = f(x)$ Bei ganzrationalen Funktionen gilt: Symmetrie zum Nullpunkt (zur y-Achse) liegt vor, wenn nur ungerade (gerade) Hochzahlen in der Termdarstellung vorkommen. Symmetrien helfen beim Auffinden und der Kontrolle besonderer Punkte.	**2. Symmetrie:** Da sowohl gerade als auch ungerade Hochzahlen auftreten, ist hier keine Symmetrie des Schaubildes erkennbar.
3. Verhalten für $\|x\| \to +\infty$ und $x \to 0$: Die Näherungsfunktionen helfen beim Entwerfen des Schaubildes für große bzw. sehr kleine Werte von $\|x\|$.	**3. Verhalten für $\|x\| \to +\infty$ und $x \to 0$:** Für große $\|x\|$-Werte ist $f(x) \approx 2x^4$, also gilt $f(x) \to +\infty$ sowohl für $x \to +\infty$ als auch für $x \to -\infty$. Für kleine $\|x\|$-Werte ist $f(x) \approx 5x^2$, also geht das Schaubild durch den Ursprung und hat dort eine waagrechte Tangente.
4. Nullstellen: Nullstellen sind Lösungen der Gleichung $f(x) = 0$. Sie sind wichtig für eine Gebietseinteilung und den Vorzeichenwechsel (VZW).	**4. Nullstellen:** Die Gleichung $x^2(2x^2 + 7x + 5) = 0$ hat die Lösungen $x_1 = 0$; $x_2 = -1$; $x_3 = -2{,}5$. Also hat das Schaubild folgende Schnittpunkte mit der x-Achse: $N_1(0\|0)$; $N_2(-1\|0)$; $N_3(-2{,}5\|0)$. Die zugehörigen Steigungen sind $f'(0) = 0$; $f'(1) = 3$; $f'(-2{,}5) = -18{,}75$.
5. Extremstellen: Notwendig: $f'(x_0) = 0$ Hinreichend: VZW von $f'(x)$ bei x_0 oder $f'(x_0) = 0$ und $f''(x_0) < 0$: lokales Maximum $f''(x_0) > 0$: lokales Minimum	**5. Extremstellen:** Notwendige Bedingung: $f'(x_0) = 0$. Die Gleichung $x(8x^2 + 21x + 10) = 0$ ist erfüllt für $x_1 = 0$; $x_4 = -0{,}625$; $x_5 = -2$. Hinreichende Bedingung: $f'(x_0) = 0$; $f''(x_0) \neq 0$. $f''(0) = 10$; $f(0)$ ist lokales Minimum $f''(-0{,}625) = -6{,}875$; $f(-0{,}625)$ ist lokales Maximum $f''(-2) = 22$; $f(-2)$ ist lokales Minimum Extrempunkte: $T_1(0\|0)$ $(= N_1)$; $H(-0{,}625\|0{,}55)$; $T_2(-2\|-4)$

1. Näherungswerte sind auf 2 Dezimalen gerundet.

6. Wendestellen:

Übergänge von einer Rechtskurve in eine Linkskurve bzw. umgekehrt.

Notwendig: $f''(x_0) = 0$

Hinreichend: VZW von $f''(x)$ bei x_0
oder
$f''(x_0) = 0$ und $f'''(x_0) \neq 0$

6. Wendestellen:

Notwendige Bedingung: $f''(x_0) = 0$.
Die Gleichung $2(12x^2 + 21x + 5) = 0$ ist erfüllt für $x_6 = -0{,}28$; $x_7 = -1{,}47$.
Hinreichende Bedingung: $f''(x_0) = 0$; $f'''(x_0) \neq 0$.
$f'''(-0{,}28) = 28{,}56$; $-0{,}28$ ist Wendestelle
$f'''(-1{,}47) = -28{,}56$; $-1{,}47$ ist Wendestelle
Wendepunkte: $W_1(-0{,}28 | 0{,}25)$;
$W_2(-1{,}47 | -2{,}09)$

7. Schaubild:

Wir verwenden die vorhergehenden Ergebnisse und stellen ggf. eine Wertetabelle auf. Man achte beim Schaubild auf geeignete Längeneinteilungen der Achse.

7. Schaubild:

Wir tragen die bisherigen Ergebnisse in das Koordinatensystem ein und berechnen weitere Punkte.

x	0,5	0,75	1	−1,75	−2,25
f(x)	2,25	6,40	14	−3,45	−3,16

Fig. 151.2 zeigt das Schaubild der Funktion f.

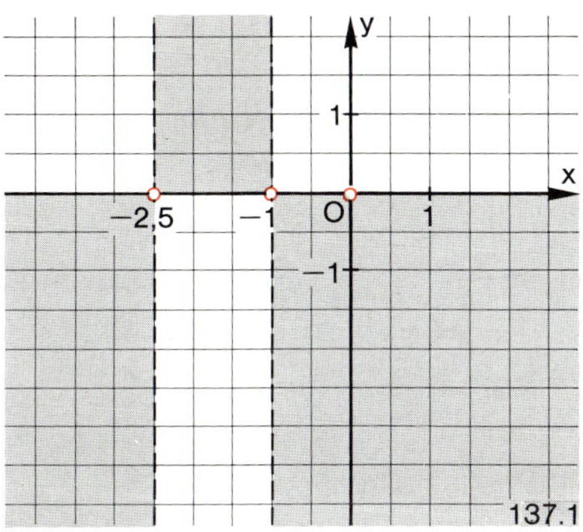

137.1

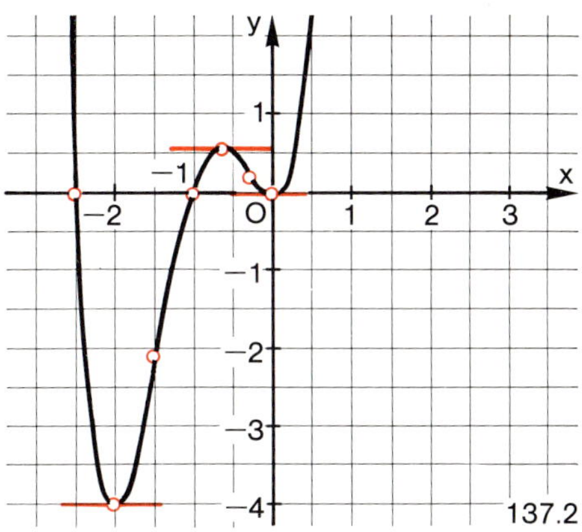

137.2

Bemerkungen: a) Ergänzend könnten wir im Anschluß an die Nullstellenbestimmung eine Gebietseinteilung für das Schaubild von f vornehmen (Fig. 137.1).
b) Führen wir in entsprechender Weise im Anschluß an die Extremstellenbestimmung eine „Gebietseinteilung für die 1. Ableitung" durch, so ergeben sich die Monotoniebereiche der Funktion f.

1 Führe für f mit $f(x) = x^4 + 2x^3$ eine Funktionsuntersuchung durch. Zeichne ein Schaubild (LE = 1 cm).

Aufgaben

Führe für die Funktionen in Aufgabe 2 bis 7 eine Untersuchung durch wie im Beispiel auf S. 136. Zeichne jeweils ein Schaubild.

2 a) $f(x) = \frac{1}{3}x^3 - x$ b) $f(x) = x^3 - 4x$ c) $f(x) = x^3 - 2x^2 + x$

d) $f(x) = \frac{1}{2}x^3 - 4x^2 + 8x$ e) $f(x) = 2x^3 - 3x^2 + 1$ f) $f(x) = \frac{1}{2}x^3 + 3x^2 - 8$

g) $f(x) = 3x^4 + 4x^3$ h) $f(x) = 2 - \frac{5}{2}x^2 + 4x^4$ i) $f(x) = \frac{1}{10}x^5 - \frac{4}{3}x^3 + 6x$

3 a) $f(x)=4-\frac{1}{6}x^3$ b) $f(x)=\frac{1}{9}x^3-3x$ c) $f(x)=\frac{1}{4}x^3-2x$
d) $f(x)=\frac{1}{6}x^3+4x$ e) $f(x)=\frac{1}{10}x^3+\frac{1}{2}x$ f) $f(x)=\frac{1}{2}x^2-\frac{1}{8}x^3$
g) $f(x)=\frac{1}{6}x^3+\frac{1}{4}x^2$ h) $f(x)=\frac{1}{6}x^3-3x^2+2x$ i) $f(x)=\frac{1}{3}x^3-\frac{1}{16}x^4$

4 a) $f(x)=\frac{1}{4}x^4+x^3$ b) $f(x)=\frac{1}{12}x^4-\frac{1}{6}x^3$ c) $f(x)=2-\frac{5}{2}x^2+x^4$
d) $f(x)=5+\frac{3}{4}x^2-x^4$ e) $f(x)=\frac{1}{8}x^4-\frac{3}{4}x^3+\frac{3}{2}x^2$ f) $f(x)=\frac{1}{12}x^4-\frac{1}{6}x^3-\frac{1}{2}x^2$
g) $f(x)=3x^3-\frac{4}{5}x^5$ h) $f(x)=\frac{1}{20}x^5-\frac{1}{6}x^3$ i) $f(x)=0{,}1x^5+3x$

5 a) $f(x)=x^3+5x^2+3x-9$ b) $f(x)=x^4-5x^3+6x^2+4x-8$
c) $f(x)=x^5+x^4-2x^3-2x^2+x+1$ d) $f(x)=x^6-3x^4+3x^2-1$

6 a) $f(x)=\frac{1}{6}(x+1)^2(x-2)$ b) $f(x)=\frac{1}{6}(1+x)^3(3-x)$ c) $f(x)=\frac{1}{4}(1+x^2)(5-x^2)$
d) $f(x)=0{,}5(x^2-1)^2$ e) $f(x)=0{,}1(x^2+1)^2$ f) $f(x)=0{,}1(x^3+1)^2$

7 a) $f(x)=(x-1)(x+2)^2$ b) $f(x)=\frac{1}{2}(x-1)^3(2+x)$ c) $f(x)=\frac{1}{8}(x^2-1)(x^2-9)$
d) $f(x)=(x^3-1)^2$ e) $f(x)=(x^2-1)^3$ f) $f(x)=0{,}1(x-2)^2(x+3)^2$

8 a) Untersuche zuerst auf Wendestellen und danach auf Extremstellen.
(1) $f(x)=0{,}1(x^4-8x^3+36x^2-27)$ (2) $f(x)=0{,}1(x^4-6x^2-8x-3)$
b) Untersuche zuerst auf Extremstellen, dann auf Wendestellen.
(1) $f(x)=x^4-2x^3+2x+4$ (2) $f(x)=x^4+2x^3-3x^2-4x+4$

Führe in Aufgabe 9 bis 12 eine Funktionsuntersuchung durch. Gib an, wo die Funktion stetig bzw. wo sie einmal und wo sie zweimal differenzierbar ist. Zeichne ein Schaubild.

9 a) $f(x)=\begin{cases} x^2 & \text{für } x \leqq 0 \\ 2x^2-x^3 & \text{für } x>0 \end{cases}$ b) $f(x)=\begin{cases} 4x+8 & \text{für } x \leqq -2 \\ 4-x^2 & \text{für } x>-2 \end{cases}$

c) $f(x)=\begin{cases} x^2 & \text{für } x \leqq 1 \\ -\frac{1}{2}x^2+3x-\frac{3}{2} & \text{für } x>1 \end{cases}$ d) $f(x)=\begin{cases} -3x^3 & \text{für } x \leqq 1 \\ \frac{3}{2}(x^2-4x+3) & \text{für } x>1 \end{cases}$

10 a) $f(x)=\begin{cases} 2x^2-4x+3 & \text{für } x<0 \\ -x^2+2x+3 & \text{für } x \geqq 0 \end{cases}$ b) $f(x)=\begin{cases} 2x^2-4x+1 & \text{für } x<1 \\ -x^2+2x-2 & \text{für } x \geqq 1 \end{cases}$

c) $f(x)=\begin{cases} x^3-2x^2 & \text{für } x \geqq 1 \\ 7x+7 & \text{für } x<1 \end{cases}$ d) $f(x)=\begin{cases} 2x^2-x^3 & \text{für } x \leqq 0 \\ x^2-1 & \text{für } x>0 \end{cases}$

11 Bestimme zuerst $t \in \mathbb{R}$ so, daß f in $\mathbb{R}$ stetig ist. Führe danach eine Untersuchung durch.

a) $f(x)=\begin{cases} x^2-4x+4 & \text{für } x \geqq 0 \\ 4x+t & \text{für } x<0 \end{cases}$ b) $f(x)=\begin{cases} -x^2+2x-1 & \text{für } x \leqq 1 \\ tx+1 & \text{für } x>1 \end{cases}$

c) $f(x)=\begin{cases} x^3-2x^2 & \text{für } x \leqq 1 \\ -x^3+t & \text{für } x>1 \end{cases}$ d) $f(x)=\begin{cases} x^3-tx & \text{für } x<1 \\ -x^3+1 & \text{für } x \geqq 1 \end{cases}$

12 a) $f(x)=|x^2-4|$ b) $f(x)=|9-x^2|$ c) $f(x)=|-x^2+5x-4|$
d) $f(x)=|-4+2x-x^2|$ e) $f(x)=|-x^2+2x-1|$ f) $f(x)=|x^2-3x+4|$
g) $f(x)=|x+2|+|x-3|$ h) $f(x)=|2x-1|-|0{,}5x-3|$ i) $f(x)=|x^3-x|$
j) $f(x)=|x^3-2x^2|$ k) $f(x)=x^3+|x|$ l) $f(x)=|x^3|+|x^2-1|$

13 Für welche $x \in \mathbb{R}$ ist das Schaubild eine Linkskurve, für welche eine Rechtskurve?
a) $f(x)=\frac{1}{2}x^4-3x+1$ b) $f(x)=x^4+4x^3$ c) $f(x)=0{,}6x^5-4x^3+1$
d) $f(x)=\frac{1}{2}x^4-4x^3+9x^2$ e) $f(x)=\frac{1}{3}x^4+4x^3+10x^2+4$ f) $g(x)=\frac{1}{2}x^5+\frac{5}{6}x^4-10x^3+20$

14 Für welche x-Werte ist das Schaubild monoton steigend bzw. monoton fallend?

a) $f(x)=x^3-12x$ b) $f(x)=2x^3+x^2+1$ c) $f(x)=3x^4-4x^3+2$

d) $g(x)=\frac{2}{3}x^3-\frac{5}{2}x^2+3x$ e) $h(x)=\frac{3}{2}x^4+10x^3-3x^2-30x$ f) $h(x)=2x^3+12x-3$

15 Bestimme die Gleichung der Tangente t im Punkt $P(u|?)$ des Schaubildes von f. Bestimme zur Geraden g den Schnittpunkt Q mit der Tangente. Untersuche, ob es von Q aus weitere Tangenten an das Schaubild von f gibt, und gib ggf. ihre Gleichungen an.

a) $f(x)=3+x^2$; $u=1$; $g\colon y=x$

b) $f(x)=-2x^2+12x-13$; $u=1$; $g\colon y=-\frac{1}{2}x+6$

c) $f(x)=x^3-6x^2+10x-4$; $u=2$; $g\colon y=x+8$

16 Bestimme die Punkte P des Schaubildes von f so, daß die Tangente in P durch den Ursprung geht.

a) $f(x)=x^2-4x+9$ b) $f(x)=\frac{2}{3}x^3+\frac{9}{2}$ c) $f(x)=\frac{2}{x}-3$

17 a) Bestimme die Gleichung der Tangente vom Punkt $P(0|-12)$ an das Schaubild von f mit $f(x)=4x^3+6$.

b) Verfahre wie in a) mit einem beliebigen Punkt $P(0|v)$ auf der y-Achse.

18 In Fig. 139.1 wurde für eine Funktion f, ihre 1. Ableitung f′ und ihre 2. Ableitung f″ eine Gebietseinteilung durchgeführt (das jeweilige Schaubild verläuft in den nicht schraffierten Gebieten). Welche Informationen über die Funktion f kann man Fig. 139.1 entnehmen? Skizziere das Schaubild von f.

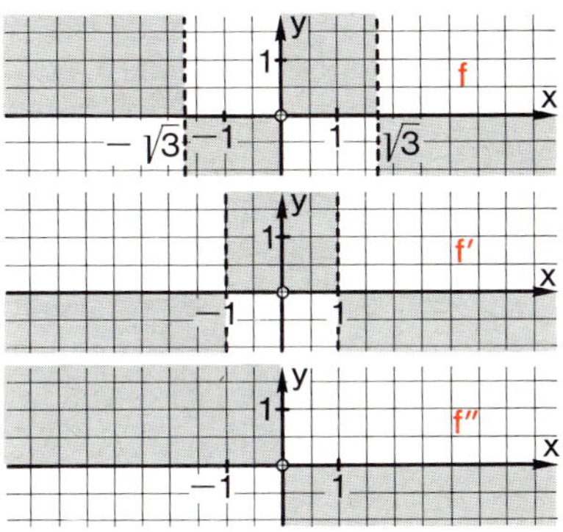

139.1

19 Bestimme diejenigen Punkte des Schaubildes, in denen die Tangente zur 1. Winkelhalbierenden (zur Geraden $g\colon y=\frac{1}{2}x-1$) parallel ist.

a) $f(x)=x^2-x+1$

b) $f(x)=2x^3+3x^2+x-2$

20 Zeige, daß sich die Schaubilder der Funktionen f und g orthogonal schneiden. Zeichne die Schaubilder im gleichen Koordinatensystem.

a) $f(x)=x^2+1$; $g(x)=-\frac{1}{15}x^2+5$ b) $f(x)=x^3-x$; $g(x)=-(2+\sqrt{3})x^3+x$

21 Welche Beziehungen müssen bei einer Funktion f mit $f(x)=x^3+bx^2+cx+d$ die Koeffizienten erfüllen, damit das Schaubild von f

a) zwei (genau eine; keine) waagrechte Tangenten hat

b) eine (keine) waagrechte Wendetangente hat?

22 Welche Bedingungen müssen a,b,c erfüllen, damit das Schaubild der Funktion f mit $f(x)=ax^3+bx+c$ die x-Achse berührt?

23 Wenn ein Körper mit einer Anfangsgeschwindigkeit von $30\,\frac{m}{s}$ senkrecht nach oben geworfen wird, so beträgt seine Höhe nach t Sekunden etwa $h(t)=30t-5t^2$ Meter.

a) Nach wieviel Sekunden erreicht der Körper seine maximale Höhe? Berechne die maximale Höhe.

b) Bei welcher Anfangsgeschwindigkeit beträgt die maximale Höhe 60 m?

c) Wie hoch kann man mit einem Gartenschlauch spritzen, wenn das Wasser mit der Geschwindigkeit $25\,\frac{m}{s}$ aus der Düse kommt?

33 Bestimmung ganzrationaler Funktionen

1 Für eine lineare (quadratische) Funktion f ist $f(1)=3$ und $f(4)=2$. Ist damit bereits festgelegt, welchen Funktionswert sie z. B. für $x=2{,}5$ annimmt?

Beim Bau von Straßen, Brücken, Fahrzeugen, Maschinen usw. treten häufig Linienführungen mit bestimmten Krümmungen auf. Diese kann man mit ganzrationalen Funktionen näherungsweise beschreiben. Es stellt sich dann das Problem, eine ganzrationale Funktion von möglichst niedrigem Grad zu finden, deren Schaubild gewisse vorgegebene Eigenschaften hat.

Beispiel 1: Fig. 140.1 zeigt eine Brücke; sie ist 30 m hoch und hat eine Spannweite von 100 m. Um die Form der gekrümmten Abstützung zu beschreiben, denken wir uns zunächst ein Koordinatensystem eingeführt wie in Fig. 140.1. Die Krümmung des Stützbogens hat große Ähnlichkeit mit einer Parabel 2. Ordnung.

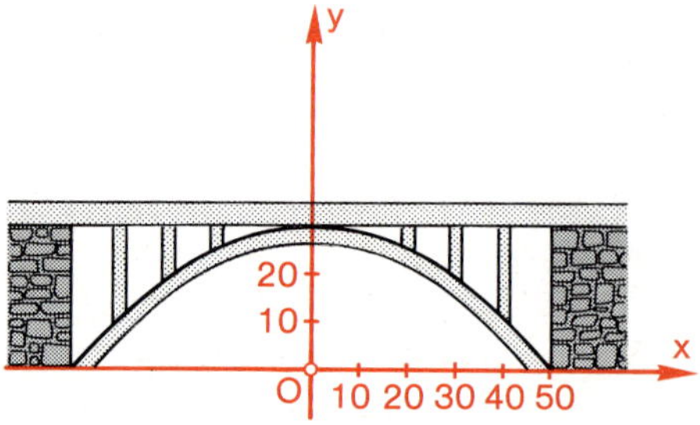

140.1

Daher ist eine Funktion f mit $f(x)=ax^2+bx+c$ zu bestimmen, die für $x=0$ den Wert 30, für $x=50$ und für $x=-50$ den Wert 0 annimmt.
Wegen $f(0)=30$, $f(50)=0$ und $f(-50)=0$ gilt $30=c$, $0=a\cdot 2500+b\cdot 50+c$ und $0=a\cdot 2500-50\cdot b+c$. Aus diesen Gleichungen folgt $c=30$, $b=0$, $a=-0{,}012$. Also ist der Bogen in Fig. 140.1 im angegebenen Koordinatensystem das Schaubild der Funktion f mit $f(x)=-0{,}012x^2+30$; $x\in[-50;50]$. Hieraus ergibt sich nun z. B. $f(20)=25{,}2$; $f(40)=10{,}8$ usw.

Bei einer solchen Funktionsbestimmung stellt sich die Frage, durch wie viele Punkte ihres Schaubildes eine ganzrationale Funktion vom Grad n eindeutig bestimmt ist. Bereits im Beispiel 3 von S. 120 haben wir festgestellt:

Satz: Eine Funktion f mit $f(x)=a_nx^n+a_{n-1}x^{n-1}+\ldots+a_1x+a_0$ $(a_n\neq 0)$ ist durch $(n+1)$ Punkte ihres Schaubildes eindeutig bestimmt.

Um $(n+1)$ unbekannte Koeffizienten $a_n, \ldots, a_0$ zu bestimmen, genügen also $(n+1)$ Punkte, also $(n+1)$ Gleichungen der Form $f(x_i)=y_i$ mit gegebenen Zahlen x_i und y_i.

Dabei ist noch zu beachten: An die Stelle einer Bedingung, daß das Schaubild durch einen gegebenen Punkt gehen soll, kann auch eine andere (von den übrigen unabhängige) Forderung treten wie z. B., daß das Schaubild in einem der restlichen Punkte eine waagrechte Tangente haben soll. Das folgende Beispiel enthält Bedingungen dieser Art; es zeigt gleichzeitig, wie wir vorgehen, um die gesuchten Koeffizienten $a_n, \ldots, a_0$ zu finden.

Beispiel 2: Gesucht ist eine ganzrationale Funktion 3. Grades, deren Schaubild in O(0|0) einen Tiefpunkt und in A(2|1) einen Hochpunkt hat (Fig. 141.1).

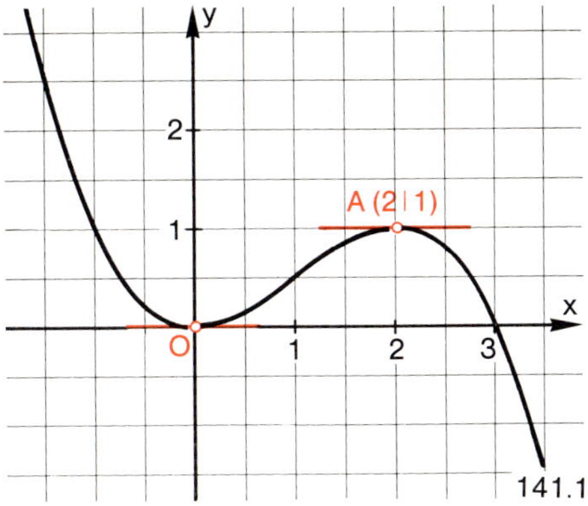

141.1

1. Schritt: Wir notieren die allgemeine Form des gesuchten Funktionsterms:

$$f(x) = a_3x^3 + a_2x^2 + a_1x + a_0.$$

Sie zeigt, daß wir vier unbekannte Koeffizienten bestimmen müssen, daß also der Aufgabenstellung vier Bedingungen zu entnehmen sind.

2. Schritt: Formulieren der notwendigen Bedingungen
   (1) Das Schaubild geht durch O(0|0); d.h., $f(0) = 0$ oder $0 = a_0$.
   (2) Das Schaubild hat in O(0|0) eine waagrechte Tangente; d.h., $f'(0) = 0$ oder, wegen $f'(x) = 3a_3x^2 + 2a_2x + a_1$, $0 = a_1$.
   (3) Das Schaubild geht durch A(2|1); d.h., $f(2) = 1$ oder $1 = 8a_3 + 4a_2$. (I)
   (4) Das Schaubild hat in A(2|1) eine waagrechte Tangente; d.h., $f'(2) = 0$ oder, wegen $a_0 = a_1 = 0$, $0 = 12a_3 + 4a_2$. (II)

3. Schritt: Auflösen des verbleibenden Gleichungssystems

$8a_3 + 4a_2 = 1$	(I)	|	$8a_3 + 4a_2 = 1$	(I)	|	$a_3 = -\frac{1}{4}$
$12a_3 + 4a_2 = 0$	(II)	|	$4a_3 = -1$	(II) − (I)	|	$a_2 = \frac{3}{4}$

$f(x) = -\frac{1}{4}x^3 + \frac{3}{4}x^2$ erfüllt also die notwendigen Bedingungen.

4. Schritt: Überprüfen der hinreichenden Bedingungen (Probe).
Wegen $f''(x) = -1{,}5x + 1{,}5$ ist $f''(0) = 1{,}5 > 0$ und $f''(2) = -1{,}5 < 0$, also O(0|0) ein Tiefpunkt und A(2|1) ein Hochpunkt.

Ergebnis: $f(x) = -\frac{1}{4}x^3 + \frac{3}{4}x^2$ ist der gesuchte Funktionsterm.

Beachte: Eine Angabe wie „Das Schaubild hat in A(2|1) einen Hochpunkt" enthält zwei unabhängige notwendige Bedingungen, nämlich $f(2) = 1$ und $f'(2) = 0$.

Die Wichtigkeit des 4. Schrittes zeigt das folgende Beispiel.

Beispiel 3: Gesucht ist eine zur y-Achse symmetrische ganzrationale Funktion 4. Grades, deren Schaubild in W(0|2) einen Wendepunkt hat und durch P(1|3) verläuft.

1. Schritt: Wegen der Symmetrie gilt $f(x) = ax^4 + bx^2 + c$ (vgl. S. 115, Satz 1).
2. Schritt: (1) $f(0) = 2$ oder $c = 2$
   (2) $f''(x) = 12ax^2 + 2b$, notwendig ist $f''(x_w) = 0$ bzw. $f''(0) = 0$ oder $b = 0$
   (3) $f(1) = 3$ oder $3 = a + 2$
3. Schritt: $f(x) = x^4 + 2$ erfüllt die notwendigen Bedingungen.
4. Schritt: $f''(x) = 12x^2 \geqq 0$ für alle $x \in \mathbb{R}$, in W(0|2) erfolgt also kein Krümmungswechsel. W(0|2) ist kein Wendepunkt, sondern Tiefpunkt des Schaubildes von f.

Ergebnis: Es gibt keine Funktion mit den geforderten Eigenschaften.

2 Eine Parabel 3. Ordnung (d. h. das Schaubild einer ganzrationalen Funktion 3. Grades, vgl. S. 41) hat ihren Tiefpunkt in $O(0|0)$ und in $W(2|3)$ einen Wendepunkt. Ermittle die Funktion.

Aufgaben

Bestimme in den folgenden Aufgaben die gesuchte Funktion.

3 Welche Parabel 2. Ordnung geht
a) durch $O(0|0)$, $A(1|0)$ und $B(2|3)$
b) durch $O(0|0)$, $P(-1|2)$ und $Q(2|1)$
c) durch $P(0|-3)$, $Q(-1|2)$, $R(1|6)$
d) durch $S(-1|-2)$, $T(0|0{,}5)$, $U(2|2{,}5)$
e) durch $A(1|-1)$, $B(2|5)$, $C(2{,}5|8)$
f) durch $S(-1|-3)$, $T(0|-1)$, $U(3|5)$?

4 Eine Parabel 3. Ordnung berührt im Ursprung die x-Achse.
Die Tangente in $P(-3|0)$ ist parallel zur Geraden mit der Gleichung $y=6x$.

5 Eine Parabel 3. Ordnung hat in $P(1|4)$ eine Tangente
a) parallel zur x-Achse und in $Q(0|2)$ ihren Wendepunkt
b) parallel zur 1. Winkelhalbierenden und in $Q(0|2)$ eine Tangente parallel zur x-Achse.

6 Eine Parabel 3. Ordnung hat
a) in $O(0|0)$ die x-Achse und in $A(2|2)$ die 1. Winkelhalbierende als Tangente
b) in $O(0|0)$ die 1. Winkelhalbierende und in $B(2|0)$ die x-Achse als Tangente.

7 Eine Parabel 4. Ordnung hat im Ursprung einen Wendepunkt mit
a) der x-Achse als Wendetangente und in $A(-1|-2)$ einen Tiefpunkt
b) der 2. Winkelhalbierenden als Wendetangente und in $B(\sqrt{2}|2\sqrt{2})$ einen Tiefpunkt.

8 a) Welche ganzrationale Funktion f mit $f(x)=x^4+a_1x+a_0$ hat $x_1=1$ als Extremstelle und $x_2=2$ als Nullstelle? Gib diesen Extremwert an. Gibt es weitere Extremstellen?
b) Beantworte Teilaufgabe a), wenn $x_1=1$ Nullstelle und $x_2=2$ Extremstelle ist.

9 Eine Parabel 3. Ordnung durch $P(0|-5)$ und $Q(1|0)$ berührt die x-Achse in $R(5|0)$.

10 Eine Parabel 3. Ordnung durch $O(0|0)$ hat in $W(1|-2)$ eine Wendetangente mit der Steigung 2.

11 Eine Parabel 3. Ordnung geht durch den Ursprung und hat in $P(-2|4)$ einen Wendepunkt. Die Wendetangente schneidet die x-Achse in $Q(4|0)$.

12 Eine Parabel 2. Ordnung soll für $x\in[0;\pi]$ $(x\in[-\frac{\pi}{2};\frac{\pi}{2}])$ die gleichen Nullstellen und den gleichen Hochpunkt wie die Sinusfunktion (wie die Kosinusfunktion) haben.

13 Für welche ganzrationale Funktion f vom Grad 3 mit $f(0)=-6$ ist die Nullstelle $x_1=3$ gleichzeitig Wendestelle mit der Ableitung 5?

14 Eine Parabel 3. Ordnung hat dieselben Nullstellen wie $x\longmapsto 2x-\frac{1}{2}x^3$. Beide Parabeln stehen im Ursprung senkrecht aufeinander.

15 Eine Parabel 4. Ordnung hat in $O(0|0)$ und im Wendepunkt $W(-2|2)$ Tangenten parallel zur x-Achse.

16 Das Schaubild einer ganzrationalen Funktion 3. Grades ist zum Ursprung symmetrisch und hat in $P(1|1)$ einen Hochpunkt. (Berücksichtige die Symmetrie bereits beim allgemeinen Ansatz.)

17 Eine Parabel 3. Ordnung ist punktsymmetrisch zum Ursprung. Die Wendetangente hat die Steigung $-\frac{9}{16}$; die 1. Winkelhalbierende schneidet die Parabel für $x=\frac{5}{4}$.

18 Eine zur y-Achse symmetrische Parabel 4. Ordnung durch $A(0|2)$ hat in $B(1|0)$ einen Tiefpunkt.

19 Eine zur y-Achse symmetrische Parabel 4. Ordnung hat in $P(2|0)$ eine Wendetangente mit der Steigung $-\frac{4}{3}$.

20 Eine zum Ursprung punktsymmetrische Parabel 5. Ordnung hat in $O(0|0)$ die Gerade $t: y=7x$ als Tangente und in $P(1|0)$ einen Wendepunkt.

21 Das Schaubild einer ganzrationalen Funktion 4. Grades ist zur y-Achse symmetrisch, geht durch den Punkt $P(2|-\frac{1}{2})$ und hat den Wendepunkt $W(\sqrt{3}|5)$.

22 Gibt es eine Parabel 3. Ordnung durch $A(0|-2)$, die in $W(2|0)$ einen Wendepunkt und für $x_1=3$ eine Maximumstelle hat? (Vgl. Beispiel 3, S. 141).

23 Bei einem Versuchswagen zur Erzielung möglichst geringer Verbrauchswerte werden folgende Beobachtungen gemacht:

a) Der Verbrauch (in Liter/100 km) läßt sich in Abhängigkeit von der Geschwindigkeit x (in m/s) durch eine ganzrationale Funktion $f: x \longmapsto ax^2+c$ beschreiben. Die Konstante c kommt vom Rollwiderstand, der Summand ax^2 vom Luftwiderstand. Es gilt: $f(10)=0{,}725$; $f(20)=1{,}1$. Bestimme f.

b) Bei welcher Geschwindigkeit sind die beiden Verbrauchsanteile gleich groß?

c) Wie weit könnte man mit einem Liter Kraftstoff bei einer Geschwindigkeit von 10 m/s (20 m/s) fahren?

24 Der Trägerbogen AB einer Eisenbrücke (Fig. 143.1) soll so konstruiert werden, daß seine obere Randlinie ein symmetrisches Stück einer Parabel 2. Ordnung ist. Es soll $\overline{AB}=49$ m und $h=7$ m betragen.

a) Ermittle die Parabelgleichung, wenn A (wenn die Mitte von AB) Ursprung und (AB) erste Achse des Koordinatensystems ist.

b) In welchem Abstand von der Brückenmitte hat der Bogen die Höhe $\frac{1}{2}h$ über AB?

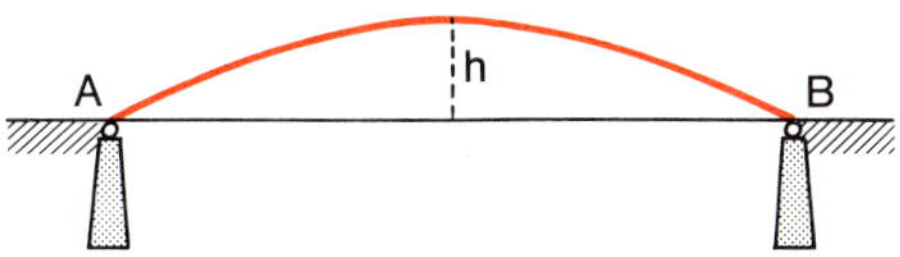

143.1

25 Ein Metallstreifen (Fig. 143.2) ist im Punkt F befestigt und liegt im Abstand von 10 cm im Punkt L lose auf; dabei ist FL horizontal. Infolge einer bestimmten Belastung biegt sich der Streifen so durch, daß die größte Durchbiegung $d=2$ cm beträgt. Beschreibe die Durchbiegung des Metallstreifens gegenüber (FL) durch eine ganzrationale Funktion.

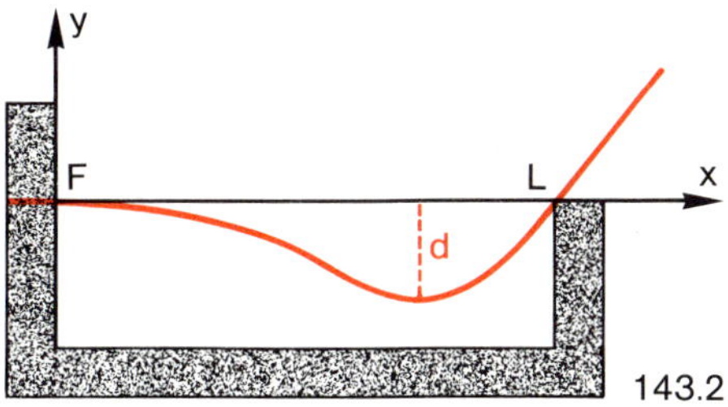

143.2

26 Der Kraftstoffverbrauch der meisten Autos läßt sich durch eine Funktion 2. Grades gut annähern (vgl. Aufgabe 23). Stelle für die in Fig. 143.3 dargestellten 5 Pkw-Typen aus den Verbrauchsangaben für 70 km/h, 90 km/h, 120 km/h jeweils die Verbrauchsfunktion f auf. Vergleiche den tatsächlichen Verbrauch bei 50 km/h und 140 km/h mit den Funktionswerten als Näherungswerten.

Geschwindigkeit km/h	50	70	90	120	140
1,1 l/40 kW (55 PS)	4,6	5,4	6,1	8,0	12,0
1,1 l/43 kW (59 PS)	4,7	5,3	6,4	8,1	10,3
1,3 l/51 kW (69 PS)	4,8	5,5	6,0	7,7	10,3
1,6 l/58 kW (79 PS)	4,9	5,3	6,4	8,2	9,7
1,6 l/71 kW (96 PS)	5,3	6,0	6,9	8,9	11,2

143.3

27 Die geometrische Form der Blätter des Rotors in Fig. 143.4 (DARRIEUS-Windanlage, Argentinien) läßt sich näherungsweise durch eine Parabel 4. Ordnung beschreiben. Der größte Abstand eines Blattes von der Achse beträgt 6 m, die Spannweite 17,5 m. Ermittle die Parabelgleichung so, daß das Schaubild achsensymmetrisch zur y-Achse ist.

143.4

34 Funktionenscharen

1 Eine ganzrationale Funktion 2. Grades hat die Nullstellen 0 und 4. Ist damit die Extremstelle (der Extremwert) der Funktion bereits festgelegt? Zeichne. Versuche, den Funktionsterm zu ermitteln.

Legt man bestimmte Leisten (gleiches Material, gleicher Querschnitt) an ihren Enden auf zwei Schneiden O und A mit dem Abstand $\overline{OA} = a$ cm, so biegen sie sich durch (Fig. 144.1). Wählen wir O als Ursprung und (OA) als x-Achse eines Koordinatensystems, dann gilt für die Durchbiegung d (in cm) an der Stelle x

$$d_a(x) = \frac{1}{1000}(-x^4 + 2ax^3 - a^3x) \qquad (0 \leqq x \leqq a).$$

Der Index a bei $d_a(x)$ deutet an, daß zu jedem Auflageabstand a eine Durchbiegefunktion gehört, z. B.
zu $a = 4$ die Funktion d_4 mit $d_4(x) = 0{,}001(-x^4 + 8x^3 - 64x)$,
zu $a = 6$ die Funktion d_6 mit $d_6(x) = 0{,}001(-x^4 + 12x^3 - 216x)$, usw. (Fig. 144.2).

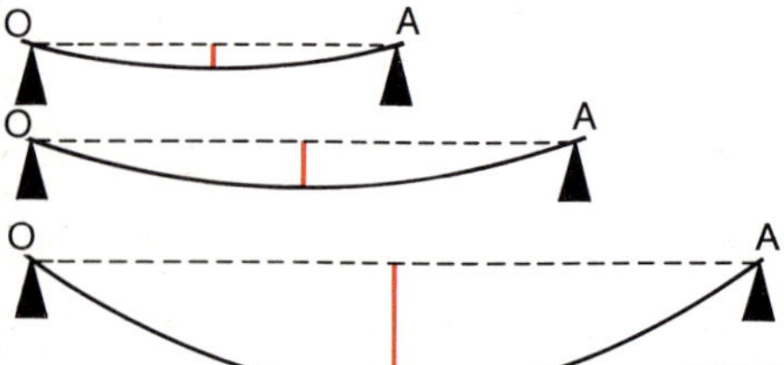

144.1

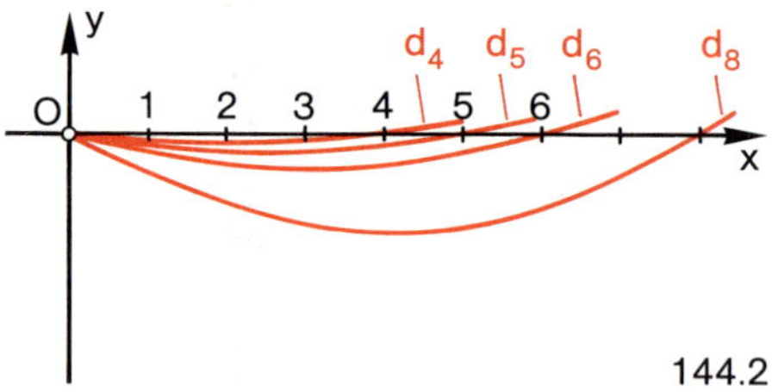

144.2

Enthält ein Funktionsterm außer der Funktionsvariablen x noch eine weitere Variable a (Formvariable; **Parameter**[1]), so gehört zu jedem möglichen Wert von a eine Funktion $x \mapsto f_a(x)$. Die Menge dieser Funktionen nennt man eine **Funktionenschar**, ihre Schaubilder eine **Kurvenschar**.

Soll in Fig. 144.1 z. B. die maximale Durchbiegung berechnet werden, so wäre es unzweckmäßig, bei verschiedenen Funktionen d_a dieselbe Rechnung wiederholt durchzuführen. Stattdessen ergibt sich allgemein für $x = \frac{a}{2}$

$$d_a\left(\frac{a}{2}\right) = \frac{1}{1000}\left(-\left(\frac{a}{2}\right)^4 + 2a\left(\frac{a}{2}\right)^3 - a^3\left(\frac{a}{2}\right)\right) = -\frac{1}{3200}a^4$$

und hieraus durch Einsetzen verschiedener a-Werte unmittelbar die zugehörigen maximalen Durchbiegungen. Z. B. ergibt sich so (auf 2 Dezimalen gerundet):

a	4	5	6	7	8
$\lvert d_a(\frac{a}{2})\rvert$	0,08	0,20	0,41	0,75	1,28

Außerdem erkennt man, daß sich bei Verdoppelung von a die maximale Durchbiegung auf das 16fache vergrößert.

2 Wie groß darf der Auflageabstand höchstens sein, wenn die maximale Durchbiegung nicht mehr als 1 mm betragen soll?

1. para (griech.): neben; metron (griech.): Maß

Aufgaben

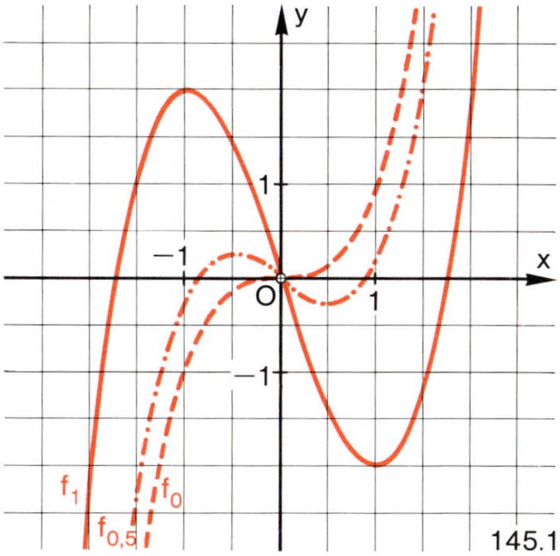

145.1

3 Fig. 145.1 zeigt drei Schaubilder der Funktionenschar mit $f_t(x) = x^3 - 3t^2x$ $(t \in \mathbb{R}_0^+)$. Berechne (für allgemeines t) den Schnittpunkt des Schaubildes K_t von f_t mit der positiven x-Achse sowie seinen Hoch- und Tiefpunkt.
Für welchen Wert von t
a) geht K_t durch $A(3|0)$ (durch $B(2|6{,}25)$)
b) ist die 2. Winkelhalbierende Tangente im Ursprung
c) liegen die Extrempunkte auf der 2. Winkelhalbierenden
d) ist die Tangente im Schnittpunkt mit der positiven x-Achse parallel zur 1. Winkelhalbierenden?

4 Eine Funktionenschar ist für $a \in \mathbb{R} \setminus \{0\}$ gegeben durch $f_a(x) = ax^3 + x^2 - \frac{x}{a}$.
a) Zeige, daß jede zugehörige Parabel genau drei Schnittpunkte mit der x-Achse hat.
b) Zeige, daß jede Parabel genau einen Hochpunkt und einen Tiefpunkt hat. Bestimme diese Punkte.

5 Durch $f_a(x) = x^3 + ax^2 + (a-1)x$ $(a \in \mathbb{R})$ ist eine Funktionenschar gegeben. Die zugehörigen Schaubilder seien K_a.
a) Zeige, daß alle Schaubilder K_a zwei Punkte gemeinsam haben.
b) An welcher Stelle x_0 haben alle Schaubilder K_a die gleiche Steigung? Wie groß ist diese?
c) Die 2. Winkelhalbierende schneidet jedes Schaubild K_a. Für welche a gibt es genau einen (zwei; drei) Schnittpunkte?

6 Gegeben ist die Funktionenschar mit $f_t(x) = tx^2 + x - \frac{2}{t}$, $t \in \mathbb{R} \setminus \{0\}$.
a) Bestimme die Stelle x_0, an der alle Parabeln die gleiche Steigung haben. Wie groß ist diese?
b) Bestimme die Koordinaten des Parabelpunktes P, in dem die Tangente parallel zur x-Achse ist. Für welche t ist P ein Hochpunkt (ein Tiefpunkt)?

7 Durch $f_a(x) = -\frac{1}{2a^2}x^4 + \frac{1}{a}x^3$, $a \in \mathbb{R}^+$ ist eine Funktionenschar gegeben. Die zugehörigen Parabeln seien K_a.
a) Bestimme die Schnittpunkte von K_a mit den Koordinatenachsen, Hoch-, Tief- und Wendepunkte. Zeichne K_2 für $x \in [-2; 4]$.
b) Die Normale von K_a im (von O verschiedenen) Wendepunkt W schneidet die x-Achse in P. Berechne den Flächeninhalt A des Dreiecks OPW. Für welches a beträgt A 13 FE?

8 Durch $f_k(x) = x^2 + kx - k$ $(k \in \mathbb{R})$ ist eine Funktionenschar gegeben. Das Schaubild von f_k sei C_k.
a) Zeichne C_0, C_1, C_{-1} und C_{-2} in dasselbe Koordinatensystem ein (LE = 1 cm).
b) Berechne die Schnittpunkte von C_k mit der x-Achse. Für welche Werte von k sind 2 (1; 0) Schnittpunkte vorhanden?
c) Ermittle den Tiefpunkt von C_k.
d) Zeige, daß alle Kurven C_k durch den Punkt $S(1|1)$ gehen.
e) Für welche k-Werte berührt C_k die x-Achse?
f) Für welchen Wert $k_1 \in \mathbb{R}$ ist das Minimum von f_k am größten?
g) Gib die Gleichung der Kurve an, auf der alle Tiefpunkte der Kurvenschar liegen.
(Anleitung: Drücke die Koordinaten x_T und y_T des Tiefpunktes von C_k durch k aus; eliminiere k.)
Zeichne die Kurve in das vorhandene Koordinatensystem ein.

9 Für jedes $t \in \mathbb{R}^+$ ist durch $f_t(x) = -\frac{1}{18}x^4 + \frac{t}{3}x^3$ eine Funktionenschar festgelegt. Die zugehörige Parabel sei K_t.
a) Führe eine vollständige Kurvendiskussion für K_t durch. Zeichne K_1, $K_{\frac{1}{2}}$ in dasselbe Koordinatensystem (LE = 1 cm).
b) Untersuche, ob alle Schaubilder K_t gemeinsame Punkte haben.
c) Zeige, daß die Hochpunkte aller Parabeln auf dem Schaubild mit der Gleichung $y = \frac{1}{54}x^4$ liegen.
d) Die Tangente im (von O verschiedenen) Wendepunkt von K_t bildet mit den Koordinatenachsen ein Dreieck. Bestimme seinen Flächeninhalt.

10 Berechne in Abhängigkeit von t für das Schaubild K_t von
a) $f_t\colon x \longmapsto 3x^2 - 12x + 4t^2 - 6t,\ t \in \mathbb{R}$ b) $f_t\colon x \longmapsto 3x^2 - 2tx + 4t^2 - 6t,\ t \in \mathbb{R}$
den Tiefpunkt $T(x_t|y_t)$. Für welches t wird y_t am kleinsten?

11 Gegeben sei eine Funktionenschar durch $f_t(x) = tx^4 - 2x^2 + 1$ mit $t \in \mathbb{R}\setminus\{0\}$ mit den Schaubildern K_t.
a) Für welches t hat K_t an der Stelle $x = -2$ eine Tangente mit der Steigung 4? Zeichne die Kurve K_t.
b) An welcher Stelle haben alle Funktionen f_t die gleiche Ableitung m? Berechne m.
c) Für welche t hat K_t keine Wendepunkte?
d) Bestimme t so, daß K_t zwei zueinander orthogonale Wendetangenten hat.

12 Gegeben ist eine Funktionenschar durch $f_t(x) = tx^2 + x$ $(t \in \mathbb{R})$. Das Schaubild von f_t sei K_t.
a) Zeichne $K_{\frac{1}{2}}$, K_1, K_0 und $K_{-\frac{1}{2}}$ in dasselbe Koordinatensystem ein (LE = 1 cm).
b) Welche Kurve K_t geht durch $P(-2|-1)$ (durch $Q(-2|-3)$)?
c) Zeige: Alle Kurven K_t haben die 1. Winkelhalbierende als Tangente.
d) Bestimme den geometrischen Ort aller Extrempunkte der Kurvenschar (d.h. die Menge aller Extrempunkte).
e) Zeige: Für alle $t \in \mathbb{R}$ liegen die Kurven K_t und K_{-t} punktsymmetrisch zum Ursprung.

13 Für jede Zahl $a \in \mathbb{R}$ ist durch $f_a(x) = x^3 + \frac{a}{2}x^2 + (a+1)x$ eine Funktion f_a und ein Schaubild K_a gegeben.
a) Es gibt zwei Punkte, die auf allen Kurven K_a liegen. Gib ihre Koordinaten an.
b) Zeige: Es gibt eine Stelle x_0, für welche die Tangenten aller Kurven K_a parallel sind. Gib x_0 und die Steigung der Tangenten an.
c) Für welche a-Werte schneidet K_a die 2. Winkelhalbierende dreimal (zweimal; einmal)?
d) Skizziere die Kurvenschar. (Anleitung: Zeichne K_{-1}, K_0, K_1, K_2 und K_3.)

14 Eine zur y-Achse symmetrische Parabel 4. Ordnung soll durch den Ursprung gehen und für $x = 1$ einen Wendepunkt haben.
a) Zeige, daß es unendlich viele Parabeln dieser Art gibt. Welche Punkte haben alle diese Parabeln gemeinsam?
b) Für welche dieser Parabeln sind die Wendetangenten orthogonal?
c) Für welche Parabel gehen die Wendetangenten durch $A(0|3)$?

15 Wie ändert sich die Anzahl der lokalen Extrema in Abhängigkeit von a? Führe eine Untersuchung (ohne Schaubild) zunächst mit den gegebenen Werten von a durch und danach für allgemeines a.
a) $x \longmapsto -4a^3x^2 + 8a^2x$; $a = \frac{1}{4};\ -\frac{1}{4};\ \frac{1}{2};\ -\frac{1}{2};\ 1;\ -1$
b) $x \longmapsto x^3 - 3ax^2 + 3x^2 + 3x + 3a$; $a = 0;\ \frac{1}{2};\ -\frac{1}{2};\ 1;\ -1;\ 2;\ -2$

16 a) Wie ist a zu wählen, damit die Funktion $x \longmapsto x + a \cdot \sin x$ mit $a > 0$ relative Extrema besitzt? (Anleitung: Es genügt, $x \in [0;\ 2\pi]$ zu untersuchen.)
b) Sind immer Wendepunkte vorhanden und wo liegen sie? Skizziere das Schaubild für $a = 0{,}5$; $a = 1$ und $a = 2$.

35 Extremwertprobleme

1 Eine Glasscheibe hat die Form eines gleichschenklig-rechtwinkligen Dreiecks (Fig. 147.1). Aus ihr soll ein möglichst großes Stück so ausgeschnitten werden, daß der vorhandene rechte Winkel erhalten bleibt. Wie muß man schneiden? Begründe anschaulich.

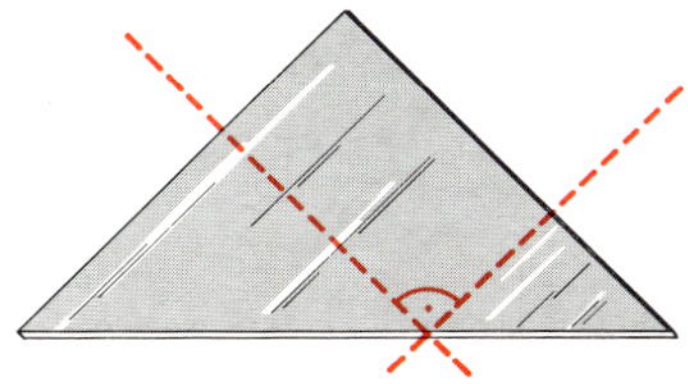

147.1

2 Jedem Rechteck mit dem Umfang 6 cm denken wir uns seinen Flächeninhalt zugeordnet (Fig. 147.2). Warum ist diese Zuordnung noch keine Funktion? Wie läßt sich jedes Rechteck mit dem Umfang 6 cm durch eine einzige Zahl kennzeichnen? Gib eine Funktion an, die jedem solchen Rechteck seinen Flächeninhalt zuordnet.

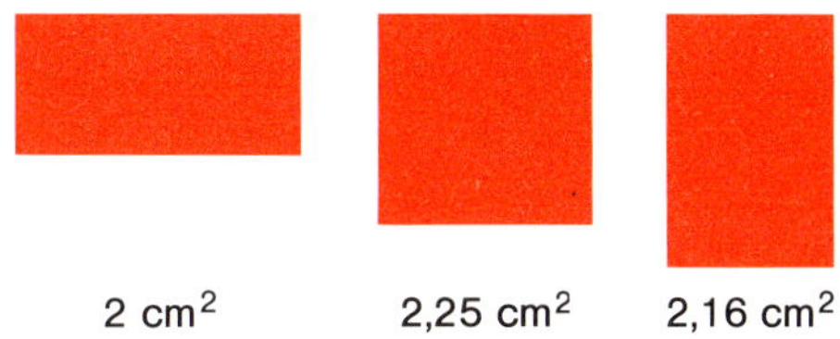

147.2

Bisher haben wir wiederholt Extremwerte bestimmt von Funktionen, die dabei stets vorgegeben waren. Das ist jedoch nicht immer der Fall, wenn nach größten oder kleinsten Werten gefragt ist. Häufig muß die Funktion, deren Extremwerte gesucht sind – die sogenannte **Zielfunktion** – erst ermittelt werden.

Beispiel 1: Fig. 147.3 zeigt für $x \in [0;2]$ den Parabelbogen mit der Gleichung $y = 4 - x^2$. Zu jedem Punkt $P(u|0)$ mit $0 < u < 2$ gibt es ein Rechteck, von dem zwei Seiten auf den Koordinatenachsen und eine Ecke auf dem Parabelbogen liegen.

a) Welches dieser Rechtecke hat den größten Flächeninhalt?

Die Zielfunktion z weist jeder Zahl $u \in]0;2[$ den entsprechenden Rechtecksinhalt zu; es ist also $z(u) = u(4 - u^2)$. Die Untersuchung dieser Funktion zeigt: Der Rechtecksinhalt nimmt für $u_1 = \frac{2}{3}\sqrt{3} \approx 1{,}15$ den maximalen Wert $\frac{16}{9}\sqrt{3} \approx 3{,}08$ an.

b) Welches der genannten Rechtecke hat den größten Umfang?

Jetzt handelt es sich bei der Zielfunktion um die Funktion z, die jeder Zahl $u \in]0;2[$ den entsprechenden Rechtecksumfang zuordnet, also $z(u) = 2u + 2(4 - u^2)$.
Die Untersuchung dieser Funktion ergibt: Der Rechtecksumfang nimmt für die Extremstelle $u_2 = 0{,}5$ den maximalen Wert 8,5 an.

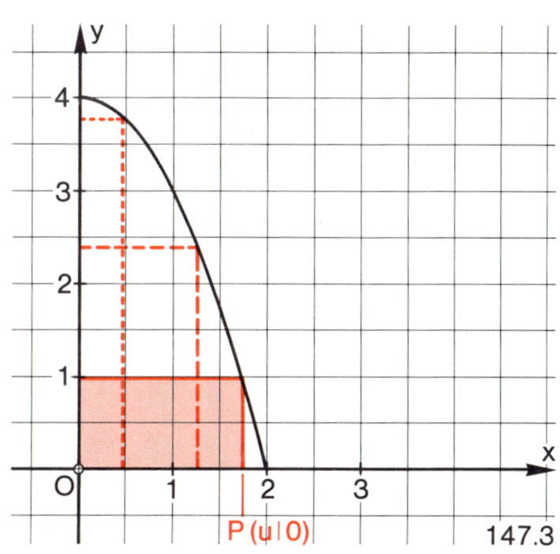

147.3

Meist geht aus der Aufgabenstellung hervor, welche Größe extremal werden soll, d.h., welche Funktionswerte die Zielfunktion hat. Dagegen sagt die Aufgabenstellung i. allg. nichts über die Funktionsvariable x der Zielfunktion. Um die Zielfunktion festzulegen, müssen wir daher auch die Variable x zweckmäßig einführen.

Beispiel 2: Von einem quadratischen Stück Pappe mit der Seitenlänge 10 cm werden an den Ecken Quadrate ausgeschnitten. Wie ist die Seitenlänge dieser Quadrate zu wählen, damit der Rest eine (oben offene) Schachtel mit möglichst großem Rauminhalt ergibt (Fig. 148.1)?

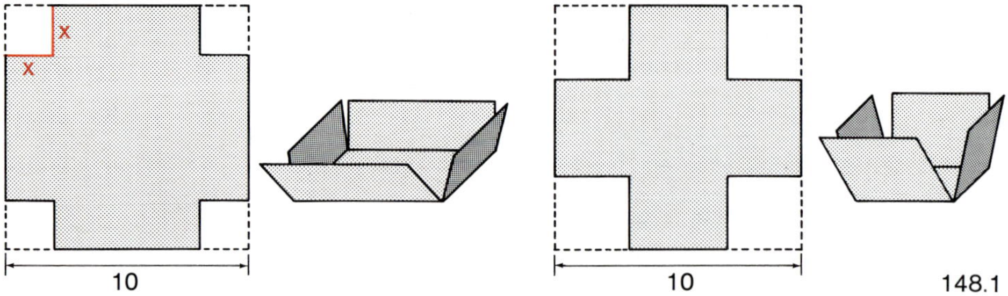

148.1

a) Aufstellen der Zielfunktion $x \mapsto z(x)$

Da der Rauminhalt maximal werden soll, sind die Rauminhalte der möglichen Schachteln die Funktionswerte der Zielfunktion. Diese Rauminhalte hängen von der Seitenlänge der ausgeschnittenen Quadrate ab (Fig. 148.1), daher wählen wir diese Seitenlänge als Funktionsvariable x der Zielfunktion. Nachdem die Bedeutung von x und z(x) geklärt ist, suchen wir nun die Zuordnungsvorschrift (den Funktionsterm).

Bei der Quadratseite x ergibt sich eine Schachtel mit der

Länge $10-2x$, Breite $10-2x$, Höhe x und dem Rauminhalt $(10-2x)^2 \cdot x$.

Für die Zielfunktion ist daher $z(x) = (10-2x)^2 \cdot x$ und $D_z =]0;5[$.

b) Untersuchung der Zielfunktion auf Extremstellen (Fig. 148.2):

$z'(x) = 100 - 80x + 12x^2$;

$z''(x) = -80 + 24x$.

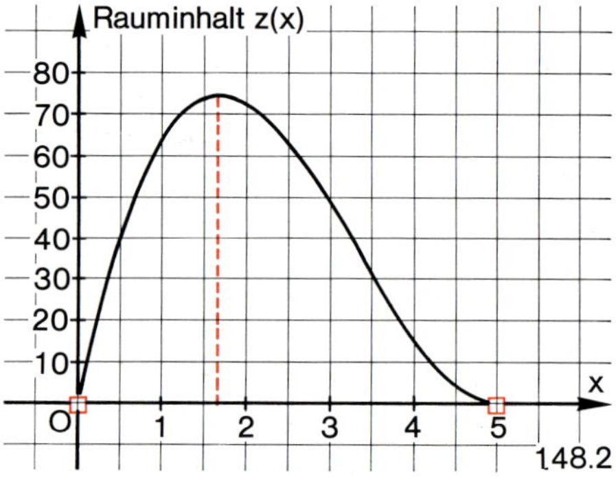

148.2

Notwendige Bedingung: Die Gleichung $100 - 80x + 12x^2 = 0$ hat $x_1 = 5$ und $x_2 = \frac{5}{3}$ als Lösungen. Da $5 \notin D_z$, kommt nur $\frac{5}{3}$ als Extremstelle in Frage.

Hinreichende Bedingung: $z''(\frac{5}{3}) = -40$, also ist $z(\frac{5}{3})$ ein lokales Maximum.

Betrachten wir z auf [0;5], so ist $z(0) = z(5) = 0$ („ausgeartete Schachtel"). Da z stetig ist und $z(\frac{5}{3}) > 0$, ist $z(\frac{5}{3})$ auch globales Maximum aller möglichen Rauminhalte.

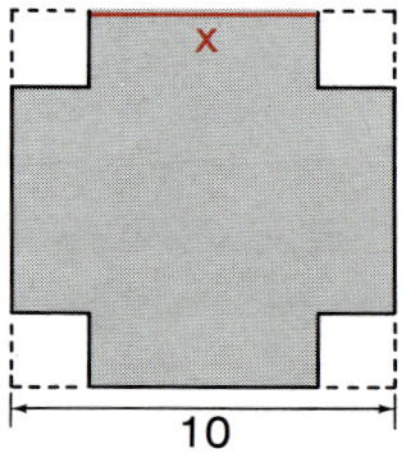

148.3

c) Ergebnis: Der Rauminhalt ist maximal bei der Höhe $\frac{5}{3}$ cm ($\approx 1{,}67$ cm) und der Länge $\frac{20}{3}$ cm ($\approx 6{,}67$ cm); er beträgt dann $\frac{2000}{27}$ cm³ ($\approx 74{,}07$ cm³).

Bemerkung: Statt der Seitenlänge der ausgeschnittenen Quadrate hätten wir auch die Länge der entstehenden Schachtel als Variable x der Zielfunktion wählen können (Fig. 148.3). In diesem Fall ist $z(x) = x^2(\frac{10-x}{2})$ mit $x_1 = \frac{20}{3}$ als Maximumstelle (vgl. c)).

Strategie für das Lösen von Extremwertproblemen

(1) Welche Größe soll extremal werden?

(2) Einführen der Variablen x. (Weshalb kann die in (1) genannte Größe verschiedene Werte annehmen, wovon hängt diese Größe ab?)

(3) Bestimmen der Zielfunktion. (Drücke die Größe, welche extremal werden soll, in x aus. Beachte die Definitionsmenge.)

(4) Untersuche die Zielfunktion auf Extremstellen.

(5) Formuliere das Ergebnis. (Beachte die Maßeinheiten.)

Beispiel 3: Aus einem zylindrischen Stamm mit dem Durchmesser $d = 30\,\text{cm}$ soll ein Balken mit rechteckigem Querschnitt (Fig. 149.1) gesägt werden, der eine möglichst große Tragfähigkeit hat. (Hinweis: Untersuchungen haben ergeben, daß die Tragfähigkeit zur Breite und zum Quadrat der Höhe eines Balkens proportional ist.)

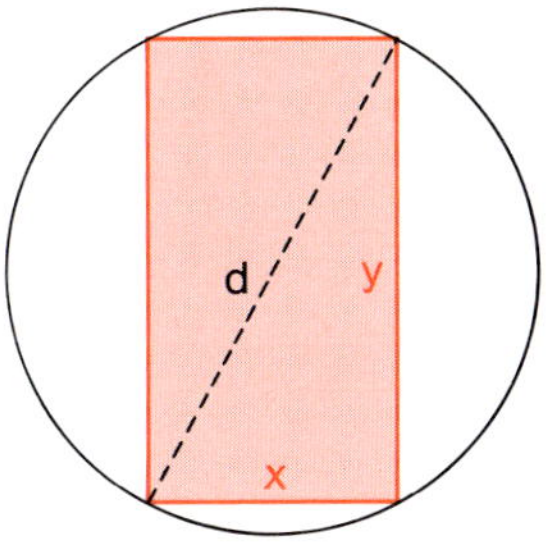

149.1

(1) Die Tragfähigkeit T des Balkens soll maximal werden.

(2) T ist abhängig von der Breite und der Höhe des Balkens.
x sei Variable für die Breite (Fig. 149.1).

(3) Der Hinweis besagt (Fig. 149.1): $T = k \cdot x \cdot y^2$ $(k > 0)$.
Dabei ist jedoch die Höhe y von der gewählten Breite x abhängig. Deshalb müssen wir mit Hilfe der „Nebenbedingung“ $d^2 = x^2 + y^2$ (Pythagoras; Fig. 149.1) auch die Höhe y durch x ausdrücken. Es ist $y^2 = d^2 - x^2 = 900 - x^2$; somit gilt für die Zielfunktion $T(x) = k \cdot x \cdot (900 - x^2)$ mit $D_T =]0;30[$.

(4) $T'(x) = k \cdot (900 - 3x^2)$; $T''(x) = k \cdot (-6x)$
Notwendige Bedingung: $900 - 3x^2 = 0$; $x_1 = 10\sqrt{3}$ $(x_2 = -10\sqrt{3};\ x_2 \notin D_T)$
Hinreichende Bedingung: $T''(10\sqrt{3}) = k \cdot (-60\sqrt{3}) < 0$. Betrachten wir die Zielfunktion im Definitionsintervall $[0;30]$, so ist T auf dem Intervall stetig und am Rand des Definitionsintervalls gilt: $T(0) = T(30) = 0$. Da $T(10\sqrt{3}) > 0$, ist dies ein globales Maximum auf $[0;30]$.

(5) Ergebnis: Die größte Tragfähigkeit hat ein Balken, der $10\sqrt{3}$ cm ($\approx 17{,}3$ cm) breit und $10\sqrt{6}$ cm ($\approx 24{,}5$ cm) hoch ist.

3 Für welches der in Beispiel 1 betrachteten Rechtecke hat das Quadrat über einer Diagonale des Rechtecks den kleinsten Flächeninhalt? Beantworte mit Hilfe dieses Ergebnisses: Welches der in Beispiel 1 betrachteten Rechtecke hat die kürzesten Diagonalen? Für welchen Punkt Q auf dem Parabelbogen in Fig. 147.3 ist der Abstand $\overline{OQ}$ am kleinsten?

4 Aus einem rechteckigen, 10 cm langen und 5 cm breiten Stück Pappe soll wie in Beispiel 2 eine (oben offene) Schachtel mit möglichst großem Rauminhalt hergestellt werden. Wie sind Länge, Breite und Höhe der Schachtel zu wählen?

Aufgaben

5 a) Zeichne für $0 \leqq x \leqq 1$ die Schaubilder der Funktionen $f: x \mapsto x^3$ und $g: x \mapsto x^4$ (LE = 5 cm).
b) An welcher Stelle $u \in [0;1]$ ist die Differenz $f(u) - g(u)$ der Funktionswerte am größten? Wie groß ist die maximale Differenz? (Runde auf 2 Dezimalen.)

6 Wie groß kann der Fehler höchstens werden, wenn man im Intervall $[0;1]$ die Werte der Funktion $f: x \mapsto x^3$ durch die entsprechenden Werte der Funktion $g: x \mapsto x^2$ ersetzt? Sind die Näherungswerte zu groß oder zu klein?

7 Die Funktion $f: x \mapsto \sqrt{x}$ soll im Intervall $[0;1]$ durch eine ganzrationale Funktion g vom Grad 2 angenähert werden so, daß f und g für $x = 0$ den gleichen Funktionswert und für $x = 1$ sowohl den gleichen Funktionswert als auch die gleiche Ableitung haben.
a) Ermittle die Funktion g. Zeichne die Schaubilder von f und g (LE = 5 cm).
b) Mit welchem maximalen Fehler muß man rechnen, wenn f im Intervall $[0;1]$ durch g ersetzt wird? (Runde auf 2 Dezimalen.)

8 In Fig. 150.1 gehört zu jeder Zahl $u \in]0;5[$ ein Rechteck, von dem zwei Seiten auf den Koordinatenachsen liegen und eine Ecke auf der Geraden $g: y = -0{,}4x + 2$.
a) Welches dieser Rechtecke hat den größten Flächeninhalt? Wie groß kann der Flächeninhalt eines solchen Rechtecks höchstens werden?
b) Untersuche, ob auch der Umfang des in a) gefundenen Rechtecks größer ist als die Umfänge aller anderen Rechtecke.

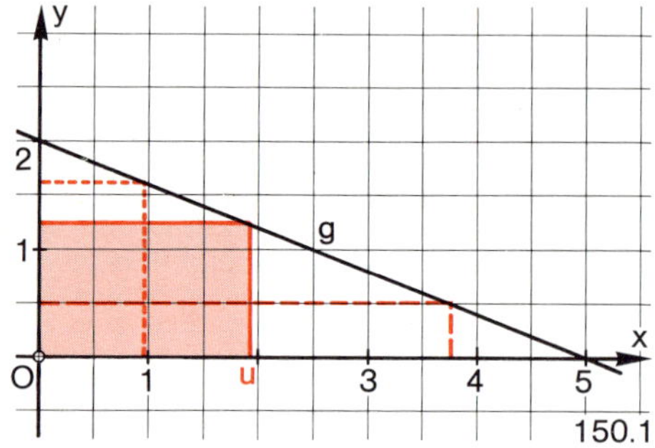

150.1

9 Zeichne für $0 \leqq x \leqq 4$ die Parabel mit der Gleichung $y = -x^2 + 4x$ (LE = 1 cm). $P(u|v)$ sei ein beliebiger Punkt auf dem gezeichneten Parabelbogen.
a) Für welchen Punkt P hat das Rechteck OP_1PP_2 mit $O(0|0)$, $P_1(u|0)$, $P_2(0|v)$ maximalen Flächeninhalt?
b) Für welchen Punkt P hat das Rechteck OP_1PP_2 maximalen Umfang?

10 $P(u|v)$ sei ein beliebiger Punkt auf der Parabel mit der Gleichung $y = -\frac{1}{2}x^2 + 2$; $-2 \leqq x \leqq 2$ (Fig. 150.2).
a) Bestimme P_0 so, daß das Dreieck ABP_0 mit $A(-2|0)$ und $B(u|0)$ den größtmöglichen Flächeninhalt hat. Wie groß ist der maximale Flächeninhalt?
b) Für welchen Punkt P_1 ist im Dreieck ABP die Summe der Kathetenlängen maximal?
c) Wenn sich ein Dreieck ABP um die x-Achse dreht, so entsteht ein Kegel. Wie groß kann der Rauminhalt eines solchen Kegels höchstens werden?

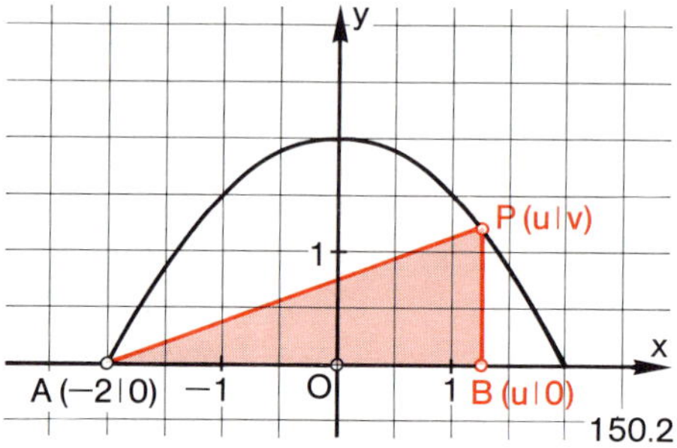

150.2

11 Zeichne das Dreieck ABC mit $A(2|0)$, $B(-2|0)$, $C(0|4)$. P sei ein beliebiger Punkt auf AC, Q der zu P bezüglich der y-Achse spiegelbildliche Punkt. Bestimme P_0 so, daß das Dreieck OP_0Q den größtmöglichen Flächeninhalt hat. Wie groß ist dieser? (Vgl. Aufgabe 11 mit Aufgabe 8.)

12 Zeichne für $0 \leqq x \leqq 2$ die Parabel mit der Gleichung $y = 2x^2 - x^3$. Die Tangente in einem Punkt $P(u|v)$ des gezeichneten Parabelbogens schneide die y-Achse in S. Untersuche die Funktion, die jedem $u \in [0;2]$ den zugehörigen y-Wert von S zuordnet, auf Extremwerte. Für welchen Punkt P_0 liegt S „am tiefsten"?

13 P sei ein beliebiger Punkt auf dem im 1. Feld verlaufenden Bogen der Parabel mit der Gleichung $y = -x^2 + 2$. Die Normale in P schneide die x-Achse in S. Für welchen Punkt P_0 auf dem genannten Parabelbogen liegt S am weitesten „links"?

14 Zerlege die Zahl 12 so in zwei Summanden, daß
a) ihr Produkt möglichst groß wird b) die Summe ihrer Quadrate möglichst klein wird
c) das Produkt eines Summanden mit dem Quadrat des anderen extrem wird.

15 Welche beiden reellen Zahlen mit der Differenz 1 (2; d) haben das kleinste Produkt?

16 Wie groß ist die Summe, die man beim Addieren einer positiven Zahl und ihrer Kehrzahl erhält, mindestens?

17 a) Eine 10 cm lange Strecke soll so in zwei Teile a und b geteilt werden, daß das Rechteck mit der Länge a und der Breite b möglichst großen Flächeninhalt hat.
b) Welches Rechteck mit dem Umfang 15 cm (dem Umfang u) hat den größten Flächeninhalt?
c) Welches Rechteck mit dem Flächeninhalt 15 cm^2 hat den kleinsten Umfang?

18 Längs einer Hauswand soll ein rechteckiges Gartengrundstück so abgesteckt werden, daß zum Einzäunen der drei offenen Seiten eine Rolle mit 20 m Maschendraht ausreicht (Fig. 123.1). Bei welchen Abmessungen wird das Grundstück am größten?

19 Welches Rechteck mit dem Umfang 30 cm hat die kürzeste Diagonale?
(Anleitung: Bei dem gesuchten Rechteck hat das Quadrat über der Diagonalen minimalen Flächeninhalt.)

20 Aus einem 120 cm langen Draht soll das Kantenmodell eines Quaders hergestellt werden, bei dem eine Kante dreimal so lang wie eine andere und der Rauminhalt möglichst groß ist.

21 Welche quadratische Säule mit der Oberfläche 150 dm^2 hat den größten Rauminhalt? Wie groß ist dieser?

22 Welches rechtwinklige Dreieck mit der Hypotenuse $c = 6$ cm erzeugt
a) einen Kegel größten Inhalts, wenn man es um eine Kathete dreht
b) einen Doppelkegel größten Inhalts, wenn man es um die Hypotenuse dreht?

23 a) Zeichne für die durch $f_a(x) = x^3 - (a^2 - a)x$, $a \in \mathbb{R}$ gegebene Funktionenschar die Schaubilder der Funktionen f_{-1}, f_0 und $f_{1,5}$.
b) Für welche Werte von a haben die zugehörigen Schaubilder Wendetangenten mit positiver Steigung?
c) Für welchen Wert von a ist die Steigung der Wendetangente am größten? Wie groß ist diese maximale Steigung? Zeichne die zugehörige Scharkurve in das vorhandene Koordinatensystem ein.

24 Jede der Funktionen
$f_t\colon x \longmapsto tx^3 + (t^2 + 1)x^2 + x;\ t \in \mathbb{R}^+$
hat eine Wendestelle. Für welchen Wert von t liegt die Wendestelle am nächsten bei Null? Gib den zugehörigen Wendepunkt an.

25 a) Zeige: Das Schaubild von
$f_t\colon x \longmapsto -x^4 + 2x^3 - 2tx + t$ (Fig. 151.1)
hat für jedes $t \in \mathbb{R}$ zwei Wendepunkte.
b) Für welchen Wert von t haben die Wendepunkte den kleinsten Abstand voneinander? (Anleitung: Beachte, daß mit dem Abstand auch das Quadrat des Abstandes extremal wird.)

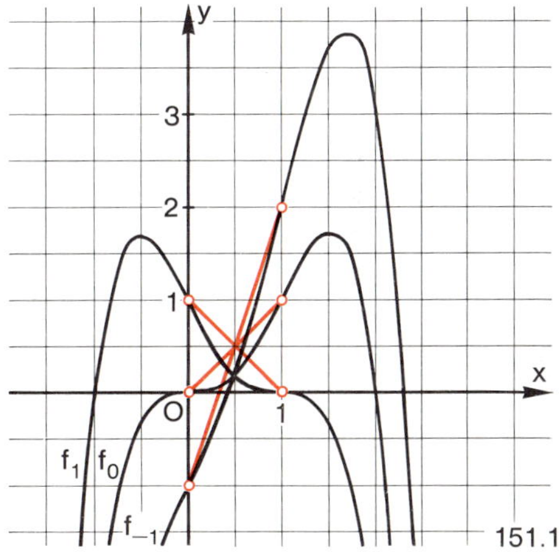

151.1

26 Durch $f_t(x) = x^2 - 4tx - t^2 - 2t$ $(t \in \mathbb{R})$ ist eine Funktionenschar gegeben.

a) Zeichne die Schaubilder von f_{-1}, f_0 und $f_{0,5}$ im gleichen Koordinatensystem.

b) Welche Koordinaten hat der Tiefpunkt des Schaubildes von f_t in Abhängigkeit von t?

c) Für welchen t-Wert liegt der Tiefpunkt am höchsten? Gib f_t für diesen t-Wert an.

27 Von einem rechteckigen, 40 cm langen und 20 cm breiten Stück Pappe werden wie in Fig. 152.1 Quadrate abgeschnitten. Wie groß sind diese zu wählen, damit der Rest eine Schachtel mit möglichst großem Inhalt ergibt, deren Deckel auf drei Seiten übergreift?

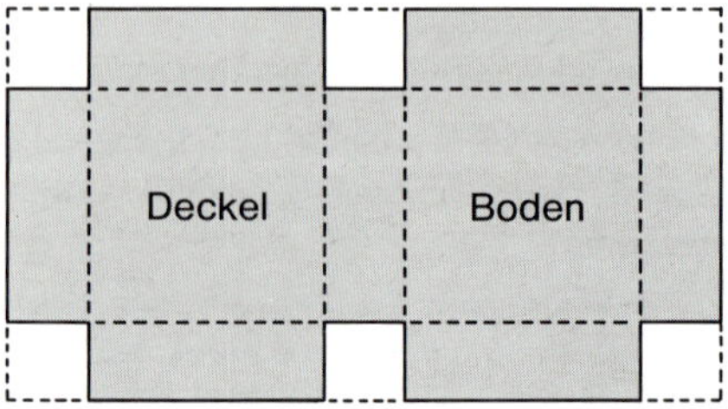

152.1

28 Ein Rechteck ABCD ist 12 cm lang und 8 cm breit; M sei die Mitte von BC (Fig. 152.2). Dem Rechteck soll ein Parallelogramm so einbeschrieben werden, daß zwei Seiten zu DM parallel sind und der Flächeninhalt des Parallelogramms möglichst groß ist.

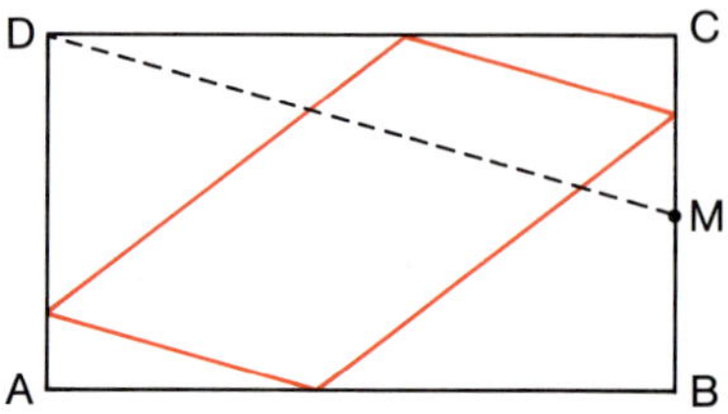

152.2

29 Eine Holzkugel mit dem Radius $r = 4$ cm soll so abgeschliffen werden, daß ein Zylinder (ein Kegel; Fig. 152.3) mit möglichst großem Rauminhalt entsteht. Wie groß sind der Grundkreisradius und die Höhe des entstehenden Körpers? Welchen Rauminhalt hat er?

30 Einem gleichschenkligen Dreieck mit der Grundseite $c = 12$ cm und der Schenkellänge $a = b = 18$ cm ist ein Rechteck mit maximalem Flächeninhalt einzubeschreiben (Fig. 152.4).

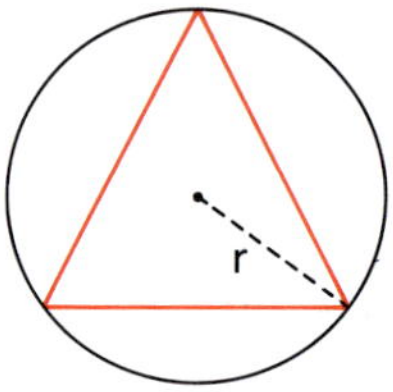

152.3

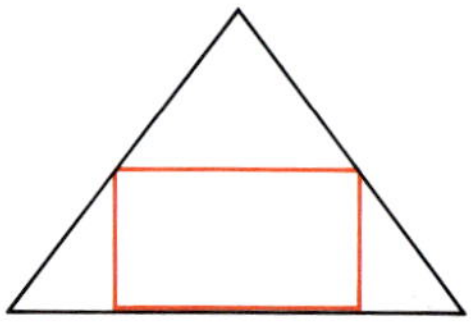
152.4

31 Eine Zündholzschachtel soll 5 cm lang sein und 45 cm^3 Inhalt haben. Bei welcher Breite und Höhe braucht man zur Herstellung am wenigsten Material?

32 Laut Gebührenordnung der Post dürfen bei Briefen in Rollenform die Länge und der zweifache Grundkreisdurchmesser zusammen höchstens 104 cm betragen. Bei welcher Länge und welchem Durchmesser nimmt eine solche Briefrolle am meisten Raum in Anspruch? Wieviel dm^3 beträgt dann der Raumbedarf?

33 Der Querschnitt eines Abwasserkanals hat die Form eines Rechtecks mit aufgesetztem Halbkreis. Beim Bau des Kanals werden die Materialkosten (neben der Länge des Kanals) wesentlich durch den Umfang des Querschnitts bestimmt. Wie muß, bei gegebenem Umfang u, das Verhältnis der Rechteckseiten gewählt werden, damit die Querschnittsfläche (d.h. das Fassungsvermögen des Kanals) möglichst groß wird?

34 Eine Elektronikfirma verkauft monatlich 5000 Stück eines Bauteils zum Stückpreis von 25 DM. Eine Marktforschung hat ergeben, daß sich der monatliche Absatz immer dann um durchschnittlich 500 Stück erhöhen würde, wenn der Stückpreis um 2 DM gesenkt wird. Welcher Stückpreis ist für die Firma am günstigsten?

35 Beim Bau eines Geschäftshochhauses werden die Bauplatz- und Planungskosten mit 1,4 Millionen DM veranschlagt, das Erdgeschoß mit 200000 DM. Jede weitere Etage wird 10000 DM mehr kosten als die vorangehende. Später wird jede Etage monatlich 10000 DM an Miete einbringen. Wieviel Etagen sind zu bauen, wenn ein möglichst günstiges Verhältnis der Baukosten zu den monatlichen Mieteinnahmen erzielt werden soll?

36 Anwendungen bei Bewegungsvorgängen

1 Im Jahre 1978 stellte der Läufer Henry Rono aus Kenia drei neue Weltrekorde auf. Er lief 3000 m in 7 min 32 Sek, 5000 m in 13 min 08 Sek und 10000 m in 27 min 23 Sek. Vergleiche die mittleren Geschwindigkeiten.

Um die Bewegung eines Massenpunktes auf einer geradlinigen Bahn mathematisch zu beschreiben, wird auf der Bahn ein Punkt als Nullpunkt für Entfernungsmessungen festgelegt und außerdem ein Zeitpunkt als Nullpunkt für Zeitmessungen. Wird überdies auf der Bahn eine Bewegungsrichtung als positiv ausgezeichnet, so gehört zu jeder Zeitdauer t eine (mit Vorzeichen versehene) Entfernung s. Sie gibt an, wo sich der Punkt befindet, wenn t Zeiteinheiten seit dem Durchgang durch den Bahnnullpunkt verstrichen sind.

Sind die Einheiten für die Entfernungs- und Zeitmessung vorgegeben, so heißt die Zuordnung $t \mapsto s(t)$ Weg-Zeit-Funktion oder **Weg-Zeit-Gesetz** und ihr Schaubild Weg-Zeit-Diagramm der Bewegung.

Bemerkungen: a) In der Physik gibt man ein Weg-Zeit-Gesetz wie $t \mapsto \frac{1}{2}gt^2$ (freier Fall) häufig in der Form $s(t) = \frac{1}{2}gt^2$ oder durch eine Gleichung $s = \frac{1}{2}gt^2$ an, weil dadurch deutlicher zum Ausdruck kommt, daß es sich um eine Beziehung zwischen Weg und Zeit handelt.
b) Die in der Gleichung $s = \frac{1}{2}gt^2$ auftretenden Buchstaben s und t werden in der Physik meist als Variable für Größen (Weglänge bzw. Zeitdauer) und g als Bezeichnung für die konstante Größe $10\,\frac{\text{m}}{\text{Sek}^2}$ (Erdbeschleunigung) aufgefaßt, so daß deutlicher $s = 5\,\frac{\text{m}}{\text{Sek}^2}t^2$ zu schreiben wäre. Wenn über die verwendeten Einheiten kein Zweifel besteht, ist es jedoch oft bequemer, in einer Gleichung wie $s = \frac{1}{2}gt^2$ die Buchstaben als Variable bzw. Namen für Zahlen aufzufassen (Maßzahlgleichung), die nötigen Rechnungen durchzuführen und erst bei der physikalischen Interpretation der Ergebnisse zur Größenauffassung zurückzukehren. (Vgl. S. 16, Bemerkung b).)

Beispiel 1: Wird ein Körper mit der Anfangsgeschwindigkeit v_0 (in $\frac{\text{m}}{\text{Sek}}$) senkrecht nach oben geworfen, so gilt für ihn

$$s(t) = v_0t - \frac{1}{2}gt^2 \quad \left(g = 10\,\frac{\text{m}}{\text{Sek}^2}\right).$$

Dabei ist t (in Sek) die seit dem Abwurf verstrichene Zeit und s(t) (in m) die zugehörige Höhe des Körpers über der Abwurfstelle. Für $v_0 = 20\,\frac{\text{m}}{\text{Sek}}$ befindet er sich z. B. nach 1 Sek in der Höhe 15 m, nach 2,5 Sek in der Höhe 18,75 m usw. Fig. 153.1 zeigt das Weg-Zeit-Diagramm der Bewegung.

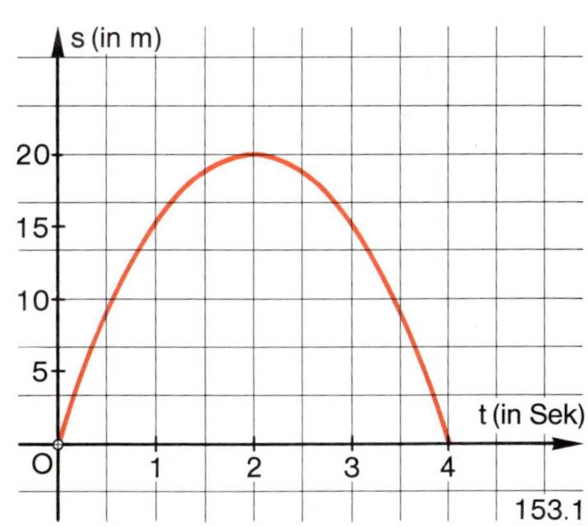

153.1

Die Bestimmung der Momentangeschwindigkeit einer Bewegung zur Zeit t_0 macht experimentell Schwierigkeiten. Bereits auf S. 82ff. haben wir gesehen, wie man bei bekanntem Weg-Zeit-Gesetz die Momentangeschwindigkeit rechnerisch ermitteln kann. Wir fassen nochmals zusammen:

Der Differenzenquotient des Weg-Zeit-Gesetzes

$$\frac{s(t)-s(t_0)}{t-t_0}$$

bedeutet physikalisch die mittlere Geschwindigkeit des Massenpunktes auf der durch $s(t_0)$ und $s(t)$ festgelegten Strecke. Die **Momentangeschwindigkeit** $v(t_0)$ zur Zeit t_0 ergibt sich als Grenzwert der mittleren Geschwindigkeiten für $t \to t_0$; sie ist also die Ableitung des Weg-Zeit-Gesetzes:

$$v(t_0) = \lim_{t \to t_0} \frac{s(t)-s(t_0)}{t-t_0} = s'(t_0).$$

Beispiel 2: a) In Beispiel 1 war $s(t) = v_0 t - \frac{1}{2} g t^2$, somit ist $s'(t) = v_0 - gt$.
Mit $v_0 = 20 \frac{\text{m}}{\text{Sek}}$ ergibt sich für $t_0 = 1$ Sek die Momentangeschwindigkeit $v(1\,\text{Sek}) = s'(1\,\text{Sek}) = 10 \frac{\text{m}}{\text{Sek}}$.

b) Im Umkehrpunkt gilt $s'(t) = 0 \frac{\text{m}}{\text{Sek}}$, also $t = \frac{v_0}{g} = 2$ Sek.
Hieraus ergibt sich die „Steighöhe" $s(2\,\text{Sek}) = 20$ m.

Die bisherigen Überlegungen zeigen: Durch Ableiten des Weg-Zeit-Gesetzes einer Bewegung erhält man das Geschwindigkeit-Zeit-Gesetz. Verfährt man nun beim Geschwindigkeit-Zeit-Gesetz entsprechend, so erkennt man:

$$\frac{v(t)-v(t_0)}{t-t_0}$$

bedeutet physikalisch die mittlere Änderung der Geschwindigkeit (mittlere Beschleunigung) auf der durch $s(t_0)$ und $s(t)$ festgelegten Strecke. Als Grenzwert der mittleren Beschleunigung für $t \to t_0$ ergibt sich die sogenannte **Momentanbeschleunigung** $a(t_0)$ zur Zeit t_0:

$$a(t_0) = \lim_{t \to t_0} \frac{v(t)-v(t_0)}{t-t_0} = v'(t_0) = s''(t_0).$$

Aus dem Weg-Zeit-Gesetz einer Bewegung ergibt sich das
Geschwindigkeit-Zeit-Gesetz als 1. Ableitung und das
Beschleunigung-Zeit-Gesetz als 2. Ableitung.

Beispiel 3: In Fig. 154.1 bewege sich der Punkt P gleichmäßig auf dem Kreis mit $r = 3$ cm. Wir verfolgen die Bewegung seiner Projektion A (seines „Schattens") auf der x-Achse.

Zur Zeit $t = 0$ Sek befinde sich der Punkt P in S; ein Umlauf dauere 4 Sek.

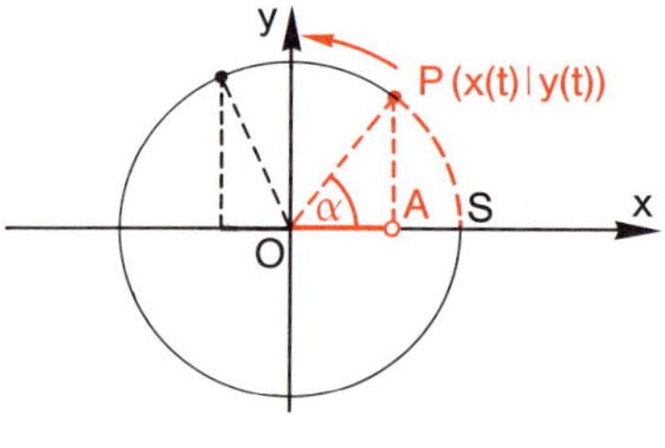

154.1

Da $\frac{t}{\text{Umlaufszeit}} = \frac{\alpha}{2\pi}$ also $\alpha = \frac{2\pi}{4}t = \frac{\pi}{2}t$, ergibt sich bei den angegebenen Einheiten für das Weg-Zeit-Gesetz die Maßzahlgleichung

$$x(t) = 3\cos\left(\frac{\pi}{2}t\right).$$

Hieraus folgt für das

Geschwindigkeit-Zeit-Gesetz $x'(t) = -3\frac{\pi}{2} \cdot \sin\left(\frac{\pi}{2}t\right)$,

Beschleunigung-Zeit-Gesetz $x''(t) = -3\left(\frac{\pi}{2}\right)^2 \cdot \cos\left(\frac{\pi}{2}t\right)$.

Für $t=1$ ist $x(1) = 3 \cdot \cos\frac{\pi}{2} = 0$, d.h., der Punkt A befindet sich im Ursprung. Wegen $x'(1) = -3\frac{\pi}{2} \cdot \sin\frac{\pi}{2} = -3\frac{\pi}{2} \approx -4{,}71$ hat er in diesem Augenblick die Geschwindigkeit $-4{,}71\,\frac{\text{m}}{\text{Sek}}$ und wegen $x''(1) = -3\left(\frac{\pi}{2}\right)^2 \cdot \cos\frac{\pi}{2} = 0$ die Beschleunigung $0\,\frac{\text{m}}{\text{Sek}^2}$.

Für $t=2$ (Umkehrpunkt) ergibt sich entsprechend die Momentangeschwindigkeit $0\,\frac{\text{m}}{\text{Sek}}$ und die Momentanbeschleunigung $-3\left(\frac{\pi}{2}\right)^2$ $\left(\approx -7{,}40\right)\frac{\text{m}}{\text{Sek}^2}$.

2 Zeichne das Weg-Zeit-Diagramm der in Beispiel 3 betrachteten Bewegung. Berechne die Momentangeschwindigkeit und die Momentanbeschleunigung für $t = \frac{1}{2}$.

Aufgaben

3 Eine Kugel rollt auf einer schiefen Ebene. Die dabei gemessenen Werte von t (Zeitdauer in Sek) und s (zurückgelegter Weg in m) erfüllen die Gleichung $s = at^2$ mit $a = 0{,}25\,\frac{\text{m}}{\text{Sek}^2}$.

a) Welchen Weg legt die Kugel in der ersten (zweiten; dritten) Sekunde zurück? Gib die mittlere Geschwindigkeit der Kugel für diese Zeitintervalle an.

b) Berechne die mittleren Geschwindigkeiten der Kugel für die Zeitintervalle $[0;1]$, $[0;2]$ und $[0;3]$. Vergleiche mit den in a) berechneten mittleren Geschwindigkeiten.

c) Gib das Geschwindigkeit-Zeit-Gesetz der Bewegung an. Berechne die Momentangeschwindigkeit für $t = 0;\ 1;\ 2;\ 3$. Vergleiche mit den in b) berechneten mittleren Geschwindigkeiten.

d) Zeige, daß es sich um eine Bewegung mit konstanter Beschleunigung a handelt; gib a an.

4 Beim freien Fall aus der Höhe h_0 (in m) befindet sich ein Körper (wenn man vom Luftwiderstand absieht) nach t Sek in der Höhe $h(t) = h_0 - \frac{1}{2}gt^2$ $\left(g = 10\,\frac{\text{m}}{\text{Sek}^2}\right)$. Es sei $h_0 = 50$ m.

a) In welcher Höhe befindet sich der Körper nach 1 (2; 3) Sek? Nach wieviel Sek schlägt er am Erdboden auf? Zeichne das Weg-Zeit-Diagramm der Fallbewegung.

b) Gib das Geschwindigkeit-Zeit-Gesetz an. Welche Geschwindigkeit hat der Körper nach 1 (2; 3) Sek? Mit welcher Geschwindigkeit schlägt er am Erdboden auf?

5 Bei dem in Beispiel 1 und 2 betrachteten senkrechten Wurf nach oben war

$$s(t) = v_0 t - \frac{1}{2}gt^2 \text{ mit } v_0 = 20\,\frac{\text{m}}{\text{Sek}} \text{ und } g = 10\,\frac{\text{m}}{\text{Sek}^2}.$$

a) Mit welcher mittleren Geschwindigkeit v_m steigt der Körper?

b) In welcher Höhe hat der Körper während des Steigens eine Momentangeschwindigkeit, die mit v_m übereinstimmt?

c) Während des Steigens nimmt die Geschwindigkeit des Körpers ständig ab von v_0 bis $0\,\frac{\text{m}}{\text{Sek}}$. Berechne allgemein die mittlere Geschwindigkeit v_m des Körpers während des Steigvorgangs. In welcher Höhe hat der Körper die Geschwindigkeit v_m?

6 Auf dem Mond gilt für den senkrechten Wurf nach oben das Weg-Zeit-Gesetz $s(t) = v_0 t - \frac{1}{2}at^2$ mit $a = 1{,}7\,\frac{\text{m}}{\text{Sek}^2}$. Wie hoch steigt ein Körper, der mit der Anfangsgeschwindigkeit $v_0 = 20\,\frac{\text{m}}{\text{Sek}}$ hochgeschleudert wird? Vergleiche mit dem Ergebnis in Beispiel 2.

7 a) Ein Fahrzeug bewege sich nach einem Weg-Zeit-Gesetz der Form $s(t) = at^2 + bt + c$ (t in Sek; s in m). Welche physikalische Bedeutung haben die Koeffizienten a, b, c? (Anleitung: Bilde s' und s''.)

b) Ein elektrischer Personenzug fährt mit der konstanten Beschleunigung $0{,}2\,\frac{\text{m}}{\text{Sek}^2}$ an. Wie lange dauert es, bis er die Reisegeschwindigkeit $80\,\frac{\text{km}}{\text{h}}$ erreicht hat?

8 Wie zeigt sich am Weg-Zeit-Diagramm („graphischer Fahrplan") eines Eisenbahnzuges, daß
a) der Zug mit konstanter Geschwindigkeit fährt
b) der Zug einen Aufenthalt hat
c) der Zug seine Geschwindigkeit verringert (erhöht)?

9 Fig. 156.1 zeigt das Weg-Zeit-Diagramm der geradlinigen Bewegung eines Massenpunktes P im Zeitintervall [0;5].

a) Warum geht das Schaubild nicht durch O? Wo befindet sich P zur Zeit $t = 4{,}5$ Sek? Welchen Weg legt P insgesamt zurück?

b) Übertrage Fig. 156.1 (in doppelter Größe) ins Heft. Ermittle zeichnerisch das Geschwindigkeit-Zeit-Diagramm und das Beschleunigung-Zeit-Diagramm.

c) Gib ein möglichst einfaches Weg-Zeit-Gesetz an, welches näherungsweise das in Fig. 156.1 angegebene Diagramm liefert. Vergleiche das sich daraus ergebende Geschwindigkeit-Zeit-Gesetz (Beschleunigung-Zeit-Gesetz) mit dem Ergebnis der Konstruktion in b).

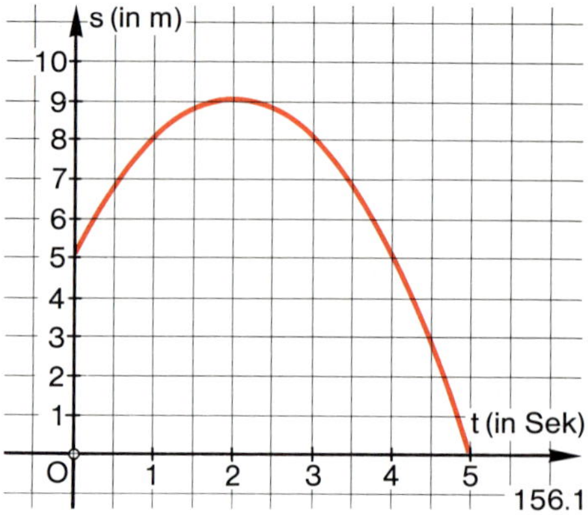

156.1

10 Zur Zeit $t = 0$ Sek setzen sich zwei Körper in Bewegung. Der eine folgt dem Weg-Zeit-Gesetz $s_1(t) = \frac{1}{80}\,\frac{\text{m}}{\text{Sek}^2}\,t^2$, der andere dem Weg-Zeit-Gesetz $s_2(t) = \frac{1}{2}\,\frac{\text{m}}{\text{Sek}}\,t$.

a) Wann und wo überholt der erste Körper den zweiten? Beantworte die Frage rechnerisch und (unabhängig davon) näherungsweise zeichnerisch.

b) Ermittle rechnerisch und zeichnerisch die Geschwindigkeiten der beiden Körper im Zeitpunkt des Überholens.

c) Ermittle ebenso den Zeitpunkt, zu dem beide Körper dieselbe Geschwindigkeit haben.

11 Ein Punkt P bewegt sich wie in Fig. 154.1 gleichmäßig auf einem Kreis mit dem Durchmesser 1 m. Zur Zeit $t = 0$ Sek befindet er sich in S; jeder Umlauf dauert 10 Sek. B sei die Projektion des Punktes P auf die y-Achse.

a) Ermittle das Weg-Zeit-Gesetz, nach dem sich der Punkt B bewegt. Wo befindet sich B zur Zeit $t = 2$ (6; 8; 14) Sek?

b) Mit welcher Momentangeschwindigkeit durchläuft B die Mitte zwischen dem oberen Umkehrpunkt und dem Nullpunkt des Koordinatensystems?

c) Wann und wo erreicht B die größte Geschwindigkeit (die größte Beschleunigung)? Wie groß ist diese?

12 Auf einer Straße ist bei einer Sichtweite von 50 m ein Auto unterwegs, dessen maximale Bremsverzögerung $a = -6\,\frac{\text{m}}{\text{Sek}^2}$ beträgt.

a) Wie schnell darf das Auto höchstens fahren, damit es vor einem unvermittelt auftauchenden Hindernis noch anhalten kann, wenn der Fahrer ohne Reaktionszeit bremst?

b) Wie ändert sich das Ergebnis, wenn die Reaktionszeit zwischen Erfassen des Hindernisses und Bremsbeginn 1 Sek beträgt?

c) Überprüfe die Faustregel: „Sicherheitsabstand zum vorausfahrenden Fahrzeug mindestens halbe Tachoanzeige in Metern".

37 Wirtschaftstheoretische Anwendungen

Um volks- und betriebswirtschaftliche Zusammenhänge zu erforschen, kann man nicht in gleicher Weise experimentell vorgehen wie in der Physik. Man ist darauf angewiesen, sogenannte Modelle zu erstellen, welche mathematisch zugänglich sind und gleichzeitig der Realität ziemlich nahe kommen.
Im folgenden denken wir uns als Modell ein Unternehmen, das nur ein einziges Gut (z. B. Taschenrechner, Stahlrohre, Hartkäse, elektrische Energie, Bekleidungsstoffe) produziert. Das Gut wird gemessen in einer gewissen Mengeneinheit (z. B. 1 Stück, 1 Rohrmeter, 1 kg, 1000 kWh, 1 m^2).

Die Anzahl x der in einer Zeiteinheit produzierten Einheiten eines Wirtschaftsgutes heißt die **Produktionsmenge** (oder der Ausstoß) dieses Gutes in einem Unternehmen.

In der Realität ist x meist eine ganze Zahl. Im Modell ist es jedoch zweckmäßig, für x beliebige reelle Zahlen zuzulassen.

37.1 Kosten. Umsatz. Gewinn

1 Für zwei Unternehmen, die dasselbe Gut herstellen, soll beurteilt werden, welches „günstiger" produziert. Welche Gesichtspunkte müssen dabei in Betracht gezogen werden?

Die Produktion eines Wirtschaftsgutes verursacht zwei Arten von Kosten: Zunächst die fixen Kosten; sie sind von der Produktionsmenge x unabhängig und betreffen anteilmäßige Grundstückskosten, Mieten, Zinsbelastungen, Pflegekosten für Maschinen usw.; sodann die von x abhängigen variablen Kosten; zu ihnen gehören Rohstoffkosten, Lohnkosten, Steuern usw. Fixe Kosten und variable Kosten zusammen ergeben die Gesamtkosten K.

Die Zuordnung $x \mapsto K(x)$ heißt **Kostenfunktion**.
Ihre Definitionsmenge ist ein Intervall $[0; x_M]$, wobei x_M die für das Unternehmen maximale Produktionsmenge ist.

Beispiel 1: Ein Unternehmen stellt Bleistifte her. Dabei werden folgende Kosten ermittelt (Mengeneinheit 1000 Stück; Kosteneinheit 1 DM):

x	0	2	4	8
K(x)	32	96	112	384

Die Kosten werden näherungsweise beschrieben durch die Funktion (Fig. 157.1)

$$x \mapsto 2x^3 - 18x^2 + 60x + 32.$$

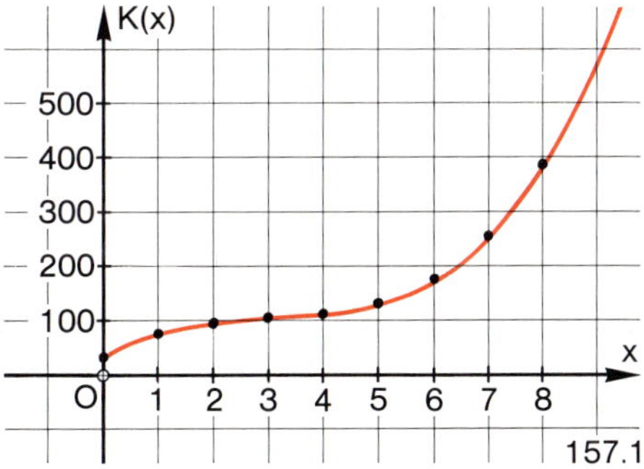

157.1

Das Schaubild in Fig. 157.1 ist „S-förmig". Diese Form tritt bei Kostenfunktionen häufig auf. Bei niedrigen Produktionszahlen liegen die variablen Kosten relativ hoch (weil z. B. vorhandene Produktionsmöglichkeiten nicht voll ausgeschöpft werden); bei wachsendem x steigen sie zunächst langsamer und nehmen später (wenn z. B. Überstunden oder Nachtarbeit anfallen) wieder rascher zu.

Jedes Unternehmen produziert, um sein Gut zu verkaufen. Die dabei erzielten Gesamteinnahmen heißen Umsatz.
Die Zuordnung $x \mapsto U(x)$, welche jeder Produktionsmenge x den durch Verkauf zu erzielenden Umsatz zuordnet, heißt **Umsatzfunktion**. Ist p der Preis je Mengeneinheit, so ist $U(x) = p \cdot x$.

Ein Unternehmen arbeitet nur dann mit Gewinn, wenn der Umsatz U(x) die Kosten K(x) übersteigt. Ob dies der Fall ist oder nicht, hängt zunächst vom Preis p ab. Dieser ist i. allg. jedoch durch die Marktlage mehr oder weniger festgelegt. Deshalb ist es für ein Unternehmen von besonderem Interesse, ob und wie der Gewinn bei gegebenem Preis p von der Produktionsmenge x abhängt.

Die Funktion

$$x \mapsto U(x) - K(x),$$

die der Produktionsmenge x den Gewinn G(x) zuordnet, heißt **Gewinnfunktion**.

Beispiel 2: Fig. 158.1 zeigt neben dem Schaubild der Kostenfunktion aus Beispiel 1 (Fig. 157.1) auch das Schaubild der Umsatzfunktion für $p = 50$ DM je Mengeneinheit.

Man sieht, daß — auf ganze Einheiten gerundet — nur für $2 \leqq x \leqq 8$ mit Gewinn produziert wird (Gewinnzone).

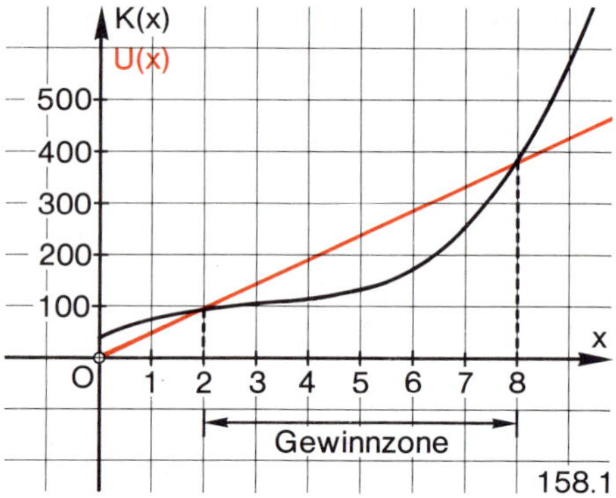

158.1

2 Zeige rechnerisch, daß in Fig. 158.1 das untere Ende der Gewinnzone zwischen 1,8 und 1,9, das obere zwischen 8,1 und 8,2 liegt (vgl. S. 107 ff.).

37.2 Die Frage der günstigsten Produktionsmenge

3 Bei welcher Produktionsmenge x ist im Beispiel von Fig. 158.1 der Gewinn am größten?

Die vorangehenden Überlegungen legen zwei Fragen nahe:
1. Wie groß muß der Preis p mindestens sein, damit das Unternehmen verlustfrei arbeiten kann?
2. Für welche Produktionsmenge x ist (bei gegebenem Preis p) der Gewinn am größten?

Um die erste Frage zu beantworten, müssen wir — anschaulich gesprochen — die Steigung derjenigen Ursprungsgeraden ermitteln, welche das Schaubild der Kostenfunktion berührt (Fig. 159.1; vgl. Beispiel 1).

Ist $P(x|K(x))$ ein beliebiger Punkt des Schaubildes, so gilt für die Steigung von OP

$$\frac{K(x)}{x} = 2x^2 - 18x + 60 + \frac{32}{x}.$$

Setzen wir $k(x) = K(x) : x$, so ist derjenige x-Wert zu bestimmen, für den $k(x)$ minimal wird. Es ist

$$k'(x) = 4x - 18 - \frac{32}{x^2}$$

und $k'(x) = 0$ für $x_1 \approx 4{,}8$ (auf 1 Dezimale gerundet, vgl. S. 107 ff.). Daraus ergibt sich $k(x_1) \approx 26{,}3$. D.h., eine verlustfreie Produktion ist nur möglich, wenn der Preis mindestens 26,30 DM pro 1000 Bleistifte beträgt.

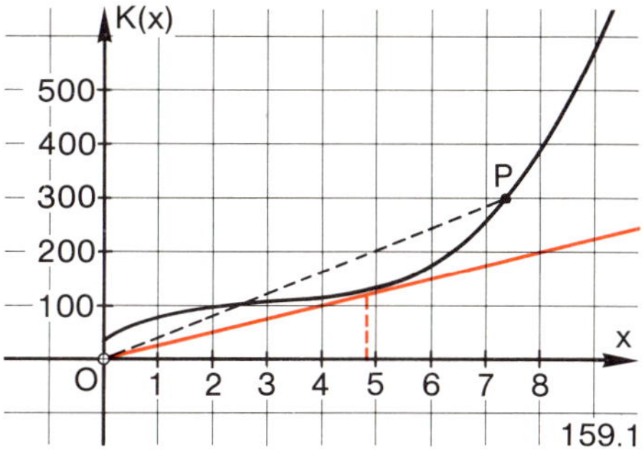

159.1

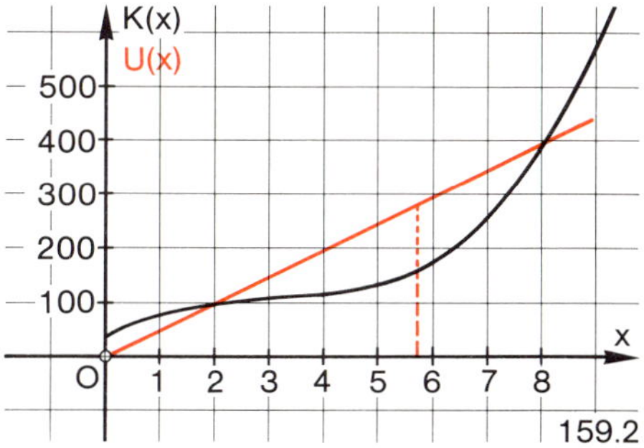

159.2

Im weiteren nehmen wir an, daß der Preis 50 DM je 1000 Bleistifte beträgt (Fig. 159.2), und fragen nach derjenigen Produktionsmenge x, für welche (bei diesem Preis) der Gewinn $G(x) = U(x) - K(x) = 50x - (2x^3 - 18x^2 + 60x + 32)$ am größten ist: Es ist $G'(x) = -6x^2 + 36x - 10$. Die Gleichung $-6x^2 + 36x - 10 = 0$ hat die Lösungen $x_2 \approx 5{,}7$ und $x_3 \approx 0{,}3$; nur x_2 liegt in der Gewinnzone. Da $G''(x) < 0$ ist, erhalten wir somit das Ergebnis: Bei einem Preis von 50 DM je 1000 Bleistifte verspricht eine Produktionsmenge von etwa 5700 Bleistiften je Zeiteinheit den größtmöglichen Gewinn.

Eine entsprechende Überlegung zeigt allgemein:

Beim Preis p ist $G(x) = p \cdot x - K(x)$, also $G'(x) = p - K'(x)$. Damit $G'(x) = 0$ ist, muß $p = K'(x)$ gelten.

Das bedeutet anschaulich (Fig. 159.2): Die günstigste Produktionsmenge liegt (innerhalb der Gewinnzone) dort vor, wo die Tangente an die Kostenkurve zur Umsatzgeraden parallel ist. Wir können daher festhalten:

Für einen maximalen Gewinn muß die Produktionsmenge x so gewählt werden, daß der Preis p mit der Ableitung $K'(x)$ der Kostenfunktion übereinstimmt; es muß also gelten:

$$p = K'(x).$$

4 Eine Kostenfunktion sei gegeben durch $K(x) = \frac{1}{8}x^3 - \frac{3}{2}x^2 + 6x + 12$ mit $x \in [0;11]$, die Umsatzfunktion durch $U(x) = 5x$. Zeichne die Schaubilder beider Funktionen. Ermittle zeichnerisch und rechnerisch die Gewinnzone sowie die Produktionsmenge für den maximalen Gewinn.

Aufgaben

5 Ein Unternehmer stellt Taschenrechner her. Um x Einheiten (1 Einheit = 1000 Taschenrechner) herzustellen, entstehen Gesamtkosten von K(x) Geldeinheiten (1 Geldeinheit = 10000 DM).

a) Erfahrungsgemäß lassen sich die Gesamtkosten darstellen durch eine Kostenfunktion K mit

$$K(x) = 3 + \frac{1}{4}(x-4) + \frac{1}{64}(x-4)^3 \quad \text{für} \quad 0 \leqq x \leqq 10.$$

Wie groß sind die Gesamtkosten, wenn 2 (3; 4; ...; 10) Einheiten produziert werden? Wie hoch sind die fixen Kosten? Zeichne ein Schaubild der Kostenfunktion.

b) Jede Einheit wird zum Preis von $p = 0{,}8$ Geldeinheiten verkauft. Zeichne das Schaubild der Umsatzfunktion in das vorhandene Koordinatensystem ein.

c) Gib die Gewinnfunktion an. Für welche Zahl von Taschenrechnern wird der Gewinn maximal?

6 In einem Unternehmen wurden die Kosten K für vier verschiedene Produktionsmengen x eines Gutes ermittelt. Es ergab sich $K(0) = 12$; $K(1) = 19$; $K(4) = 20$; $K(6) = 21$. Welche ganzrationale Funktion 3. Grades kommt als Kostenfunktion in Frage? Zeichne das Schaubild dieser Funktion für $0 \leqq x \leqq 8$.

7 Ein Unternehmen, das Speiseöl herstellt, rechnet mit der Mengeneinheit 100 Liter und der Geldeinheit 1000 DM. Die Kostenfunktion ist gegeben durch

$$K(x) = \frac{1}{9}x^3 - 5x^2 + 125x + 10125 \quad \text{mit} \quad x \in [0;110].$$

a) Zeichne (mit Hilfe einer Wertetabelle) ein Schaubild der Kostenfunktion.

b) Ermittle zeichnerisch den Mindestpreis p_0, den das Unternehmen erzielen muß, um verlustfrei zu arbeiten. Bei welcher Produktionsmenge x_0 ist dies der Fall?

c) Ermittle den Mindestpreis p_0 und die Produktionsmenge x_0 aus Teilaufgabe b) durch Rechnung.

d) Das Speiseöl wird zum Preis von 1 Geldeinheit je Mengeneinheit verkauft. Gib die Umsatzfunktion an und zeichne ihr Schaubild in das vorhandene Koordinatensystem ein. Ermittle zeichnerisch die Gewinnzone sowie die Produktionsmenge x_1, für welche der Gewinn maximal wird.

e) Bestimme die Produktionsmenge x_1 aus Teilaufgabe d) durch Rechnung.

8 Eine Kostenfunktion ist gegeben durch

$$K(x) = 0{,}05x^3 - 4x^2 + 100x + 2500 \quad \text{mit} \quad x \in [0;70].$$

Zeige, daß das Unternehmen nur verlustfrei arbeiten kann, wenn der Preis mindestens 75 Geldeinheiten je Mengeneinheit beträgt.

9 Die Gesamtkosten K(x) eines Herstellers von Zahnpasta sind gegeben durch $K(x) = x^3 - 15x^2 + 125x + 375$, die Umsatzfunktion U durch $U(x) = 150x$.

a) Zeichne die Schaubilder der Funktionen K und U in ein Koordinatensystem. Weise durch Rechnung nach, daß [5;15] die Gewinnzone ist.

b) Für welche Produktionsmenge ergibt sich der maximale Gewinn?

c) Berechne einen Näherungswert für den Mindestpreis, der gefordert werden muß, damit die Firma ohne Verlust arbeiten kann.

d) Welcher Preis muß mindestens gefordert werden, damit wenigstens die variablen Kosten gedeckt sind?

10 Der Preis, zu dem ein Artikel verkauft wird, kann unter Umständen davon abhängen, wieviel Stück sich in einer Zeiteinheit verkaufen lassen. In einem solchen Fall ist der Preis p von der Produktionsmenge x abhängig. Es sei $p(x) = 80 - 0{,}5x$. Die Kostenfunktion sei gegeben durch $K(x) = 25x + 900$. Ermittle die Gewinnzone. Für welchen Wert von x wird der Gewinn maximal?

11 Bei einer Kostenfunktion K nennt man $x \longmapsto \frac{K(x)}{x}$ Stückkostenfunktion und $x \longmapsto K'(x)$ Grenzkostenfunktion.

a) Berechne für $K\colon x \longmapsto x^3 - 15x^2 + 80x + 500$ das lokale Minimum der Stückkostenfunktion.

b) Zeige, daß das Schaubild der Grenzkostenfunktion durch den lokalen Minimalpunkt geht.

38 Vermischte Aufgaben

1 Welche Symmetrieeigenschaft hat das Schaubild der Funktion f?

a) $f(x)=x^2-3x^4+2$ b) $f(x)=x-4x^3$ c) $f(x)=(x^2-1)^2$
d) $f(x)=x(x^2-1)$ e) $f(x)=(x-2)(x+2)$ f) $f(x)=(3x-2)(6x+4)$
g) $f(x)=|x|$ h) $f(x)=x\cdot|x|$ i) $f(x)=x^2\cdot|x|$

2 Ist die Funktion f gerade (ungerade)? Was folgt daraus für das Schaubild von f?

a) $f(x)=(x-3)^2$ b) $f(x)=(x-3)^4$ c) $f(x)=(x^2-3)^2$
d) $f(x)=(x-3)^3$ e) $f(x)=(x^3-3)^2$ f) $f(x)=3x$
g) $f(x)=\frac{1}{1+x^2}$ h) $f(x)=\frac{x}{1+x^2}$ i) $f(x)=x\cos x$

3 a) Untersuche, ob die Schaubilder der in Aufgabe 2a) bis e) genannten Funktionen zur Geraden mit der Gleichung $x=3$ symmetrisch sind.

b) Weise nach, daß das Schaubild der Funktion g mit $g(x)=x^4+4x^3+6x^2+4x$ zur Geraden mit der Gleichung $x=-1$ symmetrisch ist.

c) Zeige, daß das Schaubild von h mit $h(x)=x^3-9x^2+26x-24$ zu $P(3|0)$ symmetrisch ist.

4 Berechne die Nullstellen der Funktion f. Für welche x-Werte nimmt die Funktion positive (negative) Funktionswerte an? Zeichne eine Gebietseinteilung.

a) $f(x)=x^2(x+3)$ b) $f(x)=(x-1)(x+2)(2x+1)$ c) $f(x)=(x+2)(x^2-2x-15)$
d) $f(x)=(2x-3)(12x^2-13x+3)$ e) $f(x)=(x^2-3)(2x^2+x-15)$ f) $f(x)=6x^3-11x^2-25$
g) $f(x)=21x^2-2x^3-40x$ h) $f(x)=x^4-34x^2+225$ i) $f(x)=2x^4-10{,}5x^2+13{,}5$

5 Gib eine Funktion f mit $f(x)=a_nx^n+a_{n-1}x^{n-1}+\ldots+a_1x+a_0$ von möglichst niedrigem Grad an, welche die angegebenen Nullstellen hat.

a) $x_1=2$; $x_2=-3$; $x_3=6$ b) $x_1=0$; $x_2=1$; $x_3=4$ c) $x_1=5$; $x_2=-2$; $x_3=1$; $x_4=0{,}8$

6 Gib eine ganzrationale Funktion an, welche dieselben Nullstellen hat wie die Funktion f und für $x=a$ den Funktionswert b annimmt.

a) $f(x)=x^2+2x-8$; $a=0$, $b=3$ b) $f(x)=8x^2-2x-15$; $a=1$, $b=9$
c) $f(x)=x^3+x^2-2x$; $a=2$, $b=8$ d) $f(x)=x^3-3x^2-13x+15$; $a=-2$, $b=21$
e) $f(x)=2x-6$; $a=1$, $b=4$ f) $f(x)=3x+5$; $a=-1$, $b=2{,}5$

7 Ermittle zu folgenden Wertepaaren die ganzrationale Funktion f niedrigsten Grades.

a)

x	0	4	10
f(x)	0	4	88

b)

x	−1	0	1	3
f(x)	−2	1	2	46

8 Welche der angegebenen Punkte liegen auf dem Schaubild von f?

a) $f(x)=2x^3-x$; $A(2|14)$, $B(-1|-2)$, $C(\frac{3}{4}|\frac{3}{32})$, $D(-0{,}2|0{,}184)$, $E(\sqrt{2}|3\sqrt{2})$

b) $f(x)=\frac{1}{2}x-0{,}4x^2+x^3$; $A(-0{,}8|-1{,}17)$, $B(\frac{5}{2}|15\frac{7}{8})$, $C(\sqrt{3}|3{,}5\sqrt{3})$, $D(1+\sqrt{2}|6{,}3+4{,}7\sqrt{2})$

9 In welchen Punkten hat das Schaubild von f die angegebene Steigung m?

a) $f(x)=\frac{1}{2}x^3-x^2$; $m=-\frac{1}{2}$ b) $f(x)=\frac{2}{3}x^3-x^2+\frac{1}{2}x-1$; $m=2$

10 Das Schaubild von f mit $f(x)=\frac{1}{2}\sqrt{2}\,x(x^2-1)$ schneidet die x-Achse dreimal. Zeige, daß die Tangenten in aufeinanderfolgenden Schnittpunkten jeweils orthogonal sind. Zeichne (LE = 2 cm).

11 Gegeben ist die Funktion f mit $f(x)=x^3+3x^2$.

a) Ermittle für das Schaubild von f die Gleichung der Normalen in $P(-1|?)$.

b) Die Normale in P schneidet das Schaubild von f noch in zwei weiteren Punkten Q und R. Zeige rechnerisch, daß die Tangenten in Q und R parallel sind.

c) Zeichne das Schaubild von f (LE = 1 cm).

d) g sei eine Gerade mit der Steigung m durch P. Untersuche, wie die Zahl der Schnittpunkte von g mit dem Schaubild von f von der Steigung m der Geraden g abhängt.

12 Führe für die folgende Funktion eine Funktionsuntersuchung durch (vgl. S. 136).

a) $f(x)=\frac{1}{4}x^3-2x^2+16x$

b) $f(x)=\frac{1}{2}x+\frac{1}{2}x^2-\frac{1}{10}x^3$

c) $f(x)=x^3-\frac{1}{4}x^4$

d) $f(x)=\frac{1}{3}x^4-\frac{8}{3}x^3+6x^2$

e) $f(x)=x^4+4x^3+3x^2-4x-4$

f) $f(x)=\frac{1}{6}x^5+\frac{1}{2}x^4-x^3-\frac{5}{3}x^2+\frac{7}{2}x-\frac{3}{2}$

13 Eine Parabel 3. Ordnung hat dieselben Achsenschnittpunkte wie die Parabel mit der Gleichung $y=2x-\frac{1}{3}x^3$. Beide Parabeln schneiden sich im Ursprung orthogonal.

14 Eine zum Ursprung symmetrische Parabel 5. Ordnung hat in $P(-1|1)$ einen Wendepunkt mit der Steigung 3.

15 Eine bezüglich der y-Achse symmetrische Parabel 4. Ordnung hat in P eine Wendetangente mit der Steigung m. Bestimme alle Extrempunkte der Parabel.

a) $P(2|0)$; $m=-\frac{4}{3}$

b) $P(\frac{3}{2}|-3)$; $m=-3$

c) $P(1|0)$; $m=1$

d) $P(\frac{1}{3}|-\frac{1}{3})$; $m=-\frac{8}{9}$

16 a) Bestimme t so, daß die Wendetangente an das Schaubild von f mit $f(x)=x^3-tx^2+1$ durch den Ursprung geht.

b) Untersuche die Funktion aus a) auf Extrem- und Wendestellen. Zeichne ein Schaubild.

c) Zeige, daß die untersuchte Funktion zwischen $-3{,}5$ und -3 eine Nullstelle hat. Bestimme die erste Dezimale dieser Nullstelle.

17 Durch $f_t(x)=tx-x^3$, $t\in\mathbb{R}^+$, ist eine Funktionenschar gegeben. Das Schaubild von f_t sei K_t.

a) Untersuche K_t auf Schnittpunkte mit der x-Achse, Extrem- und Wendepunkte. Zeichne (im gleichen Koordinatensystem; LE = 1 cm) K_1, K_2 und K_4.

b) Zeichne im vorhandenen Koordinatensystem das Schaubild C von g mit $g(x)=\frac{1}{2}(3x^2+7)$.

c) Bestimme t so, daß K_t die Kurve C berührt. Gib den Berührpunkt und die gemeinsame Tangente an; zeichne die Tangente ein.

18 a) Untersuche die Funktion f mit $f(x)=x^3-\frac{1}{4}x^4$ auf Null-, Extrem- und Wendestellen. Zeichne das Schaubild K von f (LE = 1 cm).

b) Ermittle die Gleichungen der Tangenten von K, welche durch den Ursprung gehen.

19 Durch $f_t(x)=x^3-(4t-t^3)x^2$, $t\in\mathbb{R}_0^+$, ist eine Funktionenschar gegeben. K_t sei Schaubild von f_t.

a) Zeichne K_t für $t=0$; 0,5; 1; 2; 2,5 in dasselbe Koordinatensystem (LE = 1 cm).

b) Für welche Kurve K_t liegt der Wendepunkt am weitesten „rechts"?

c) Für welche Kurve K_t liegt der Wendepunkt am „tiefsten"? Vergleiche mit dem Ergebnis in b).

20 Gegeben sind die Funktionen f_k durch $f_k(x)=x^4+kx^3+x^2$, $k\in\mathbb{R}_0^+$.

a) Welche Zahl ist für k zu wählen, damit f_k außer $x_1=0$ noch genau eine weitere Nullstelle x_2 hat? Gib x_2 an.

b) Für welche Zahlen k hat f_k drei Nullstellen (nur eine Nullstelle)?

c) Für welche Zahlen k hat das Schaubild von f_k keinen Wendepunkt?

21 Bei der Herstellung von zylinderförmigen Konservendosen mit vorgeschriebenem Inhalt ist man bemüht, den Durchmesser und die Höhe der Dose so zu wählen, daß der Blechverbrauch möglichst gering ist. Bei welchem Verhältnis des Durchmessers zur Dosenhöhe ist das der Fall?

22 Gibt es eine ganzrationale Funktion, deren Schaubild sowohl achsensymmetrisch zur y-Achse als auch punktsymmetrisch zum Ursprung ist?

23 Begründe: Wenn für eine ganzrationale Funktion f vom Grad n gilt: $f(x_0)=f'(x_0)=0$, dann hat f höchstens $n-1$ verschiedene Nullstellen.

V Weiterführung der Differentialrechnung

Im folgenden handelt es sich zunächst darum, die Ableitungen zusammengesetzter Funktionen zu ermitteln. Im einfachsten Fall $f(x)=u(x)+v(x)$ wissen wir bereits, daß $f'(x)=u'(x)+v'(x)$ gilt. Wir untersuchen nun, wie sich im Falle eines Produktes $f(x)=u(x)\cdot v(x)$, eines Quotienten $f(x)=u(x):v(x)$ oder einer Verkettung $f(x)=u(v(x))$ die Ableitung f' durch u' und v' ausdrücken läßt.

39 Produkt- und Quotientenregel

39.1 Produktregel

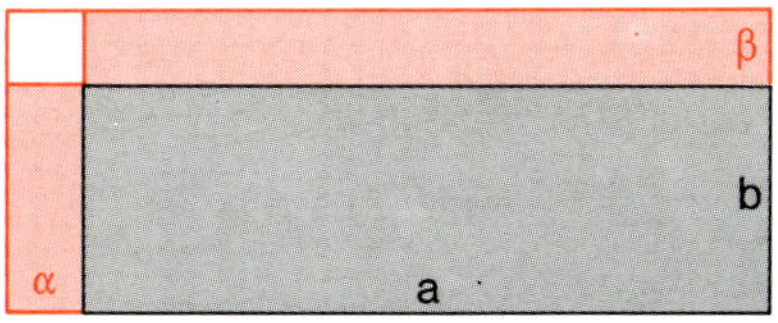

163.1

1 Bilde für $u(x)=x^2$ und $v(x)=x^3$ die Ableitungen u' und v'. Prüfe, ob die Produktfunktion $u\cdot v$ die Ableitung $u'\cdot v'$ hat.

2 Um wieviel ändert sich ein Produkt $a\cdot b$, wenn der Faktor a um α und der Faktor b um β zunimmt (Fig. 163.1)? Welche Näherung ergibt sich für die Änderung des Produkts, wenn die Zunahmen α und β klein sind?

Wir betrachten eine Funktion f mit $f(x)=u(x)\cdot v(x)$, wobei u und v differenzierbar sind, also $\lim\limits_{h\to 0}\frac{u(x+h)-u(x)}{h}$ und $\lim\limits_{h\to 0}\frac{v(x+h)-v(x)}{h}$ existieren.

Die Funktion f hat den Differenzenquotienten

$$\frac{f(x+h)-f(x)}{h}=\frac{u(x+h)\cdot v(x+h)-u(x)\cdot v(x)}{h}.$$

Wir drücken ihn durch die Differenzenquotienten von u und v aus:

$$\begin{aligned}\frac{f(x+h)-f(x)}{h}&=\frac{[u(x+h)-u(x)]\cdot v(x+h)+u(x)\cdot v(x+h)-u(x)\cdot v(x)}{h}\\&=\frac{[u(x+h)-u(x)]\cdot v(x+h)+u(x)\cdot[v(x+h)-v(x)]}{h}\\&=\frac{u(x+h)-u(x)}{h}\cdot v(x+h)+u(x)\cdot\frac{v(x+h)-v(x)}{h}.\end{aligned}$$

Da die Funktionen u und v differenzierbar sind, folgt für $h\to 0$

$$\frac{u(x+h)-u(x)}{h}\to u'(x);\quad v(x+h)\to v(x);\quad \frac{v(x+h)-v(x)}{h}\to v'(x).$$

Damit haben wir den folgenden Satz bewiesen.

Satz 1: (Produktregel)
Sind die Funktionen u und v differenzierbar, so ist auch die Funktion $f=u\cdot v$ differenzierbar und es gilt:

$$\mathbf{f'(x)=u'(x)\cdot v(x)+u(x)\cdot v'(x).}$$

Merke: $(u\cdot v)'=u'\cdot v+u\cdot v'$

Beispiel 1: a) Es sei $f(x) = (x^2+1)\sqrt{x}$.

Wir setzen $u(x) = x^2+1$ und $v(x) = \sqrt{x}$.

Dann ist $u'(x) = 2x$ und $v'(x) = \frac{1}{2\sqrt{x}}$, also nach der

Produktregel $f'(x) = 2x\sqrt{x} + (x^2+1) \cdot \frac{1}{2\sqrt{x}} = \frac{5x^2+1}{2\sqrt{x}}$.

b) Für $f(x) = x \cdot \sin x$ liefert die Produktregel $f'(x) = \sin x + x \cdot \cos x$.

3 Leite ab: a) $f(x) = (2x^2+1) \cdot (4-x^3)$ b) $f(x) = \sin x \cdot \cos x$.

Aufgaben

4 a) Leite die Funktion f mit $f(x) = (3x^2-x)(x^3-1)$ nach der Produktregel ab.
b) Multipliziere erst die Klammern aus und leite danach ohne Produktregel ab. Vergleiche.

5 Leite nach der Produktregel ab und fasse zusammen.

a) $f(x) = (1-2x)(3x+1)$ b) $f(x) = (x^2-4)(x^3+1)$ c) $f(x) = (\frac{1}{2}x-1)(4-0{,}8x^2)$

d) $f(t) = (3t^2+t)(1-t^2)$ e) $g(x) = (x^3+x^2)(1-x)$ f) $h(r) = (1+r^2)^2$

6 a) $f(x) = x\sqrt{x}$ b) $f(x) = x^2\sqrt{x}$ c) $f(x) = (2x-1)\sqrt{x}$

d) $g(t) = (4t^2-1)\sqrt{t}$ e) $g(a) = \sqrt{a}(1-a)$ f) $h(z) = \sqrt{z}(z^2-1)$

7 a) $f(x) = (2x+1) \cdot \frac{1}{x}$ b) $f(x) = \frac{1}{x} \cdot (1-x^3)$ c) $f(x) = \frac{3-x}{x}$

8 a) $f(x) = x \cdot \cos x$ b) $f(x) = (x^2+1)\sin x$ c) $f(x) = \sqrt{x} \cdot \cos x$

d) $g(t) = \sin t \cdot \cos t$ e) $g(t) = \sin^2 t$ f) $g(t) = \cos^2 t$

9 a) $f(x) = mx$ b) $f(x) = ax^2$ c) $s(t) = \frac{1}{2}gt^2$

d) $f(x) = t(x^2-x)$ e) $f(t) = t(x^2-x)$ f) $g(z) = t(x^2-x)$

10 a) $f(x) = x \cdot g(x)$ b) $f(x) = (g(x))^2$ c) $f(x) = g'(x) \cdot g(x)$

11 a) Berechne für die Funktion f mit $f(x) = (x-1)\sqrt{x}$ die Nullstellen.
b) Welche Steigung hat das Schaubild im Schnittpunkt mit der positiven x-Achse?
c) Für welchen x-Wert nimmt f den kleinsten Funktionswert an?
(Anleitung: Prüfe, ob $f'(x)$ das Vorzeichen wechselt.) Gib das Minimum an.
d) Zeichne ein Schaubild von f (LE = 3 cm).

12 In welchen Punkten hat das Schaubild der Funktion f mit $f(x) = (x-1)^2\sqrt{x}$ waagrechte Tangenten? Untersuche jeweils, ob ein Hochpunkt oder ein Tiefpunkt vorliegt.
(Anleitung: Prüfe, ob $f'(x)$ das Vorzeichen wechselt.) Zeichne ein Schaubild von f (LE = 5 cm).

13 Bestimme auf dem Schaubild der Funktion $x \mapsto x\sqrt{x}$ den Punkt $P(u|v)$ mit $u < 4$, für den das Dreieck mit den Ecken $P_1(u|0)$, $P_2(4|0)$ und P maximalen Flächeninhalt hat. Gib den Flächeninhalt dieses Dreiecks an.

14 a) Wie lautet die Produktregel bei drei Faktoren, also für $f(x) = u(x) \cdot v(x) \cdot w(x)$? Leite die Funktion f mit $f(x) = x \cdot \sin x \cdot \cos x$ ab.
b) Zeige, daß für $u(x) \cdot v(x) \cdot w(x) \neq 0$ aus dem Ergebnis von a) folgt: $\frac{(u \cdot v \cdot w)'}{u \cdot v \cdot w} = \frac{u'}{u} + \frac{v'}{v} + \frac{w'}{w}$.
Wie lautet die entsprechende Regel bei n Faktoren $u_1, \ldots, u_n$? Wie läßt sich diese allgemeine Regel begründen? (Vergleiche Anhang A, S. 305 ff.). Ermittle damit die Ableitung der Funktion f mit $f(x) = (\sin x)^n$, $n \in \mathbb{N}$.

39.2 Quotientenregel

15 Um wieviel ändert sich der Wert eines Bruches, wenn der Zähler um α und der Nenner um β zunimmt? Welche Näherung ergibt sich, wenn α und β (im Vergleich mit Zähler und Nenner) klein sind?

Eine Funktion f mit $f(x)=\frac{u(x)}{v(x)}$ hat den Differenzenquotienten

$$\frac{f(x+h)-f(x)}{h}=\frac{1}{h}\left[\frac{u(x+h)}{v(x+h)}-\frac{u(x)}{v(x)}\right]$$
$$=\frac{1}{h}\cdot\frac{u(x+h)v(x)-u(x)v(x+h)}{v(x+h)v(x)}.$$

Wir drücken ihn durch die Differenzenquotienten von u und v aus:

$$\frac{f(x+h)-f(x)}{h}=\frac{1}{h}\cdot\frac{[u(x+h)-u(x)]v(x)+u(x)\cdot v(x)-u(x)\cdot v(x+h)}{v(x+h)v(x)}$$
$$=\frac{\frac{u(x+h)-u(x)}{h}v(x)-u(x)\frac{v(x+h)-v(x)}{h}}{v(x+h)v(x)}.$$

Sind die Funktionen u und v an der Stelle x differenzierbar, so folgt für $h\to 0$ die Regel zur Berechnung von $f'(x)$.

Satz 2: (Quotientenregel)
Sind die Funktionen u und v differenzierbar und ist $v(x)\neq 0$, dann ist auch die Funktion $f=\frac{u}{v}$ differenzierbar, und es gilt:

$$\mathbf{f'(x)=\frac{u'(x)\cdot v(x)-u(x)\cdot v'(x)}{[v(x)]^2}}.$$

Merke: $\left(\frac{u}{v}\right)'=\frac{u'\cdot v-u\cdot v'}{v^2}$

Beispiel 2: Um die Funktion f mit $f(x)=\frac{x^2}{1+3x}$, $x\in\mathbb{R}\setminus\{-\frac{1}{3}\}$, abzuleiten, setzen wir $u(x)=x^2$, $v(x)=1+3x$. Dann ist $u'(x)=2x$ und $v'(x)=3$, somit ist nach der Quotientenregel:

$$f'(x)=\frac{2x(1+3x)-x^2\cdot 3}{(1+3x)^2}=\frac{3x^2+2x}{(1+3x)^2}.$$

Bemerkung: Um Fehler zu vermeiden, notieren wir zuerst den Bruchstrich, dann den Nenner, zuletzt den Zähler; dieser „beginnt" mit u' und unterscheidet sich von der Produktregel durch das Minuszeichen.

Im Sonderfall $f(x)=x^{-n}$ ($n\in\mathbb{N}$; $x\in\mathbb{R}\setminus\{0\}$) ist $u(x)=1$, $v(x)=x^n$, also

$$f'(x)=\frac{0\cdot x^n-1\cdot nx^{n-1}}{x^{2n}}=-nx^{-n-1}.$$

Die Potenzregel gilt also auch für negative ganze Hochzahlen.

Satz 3: (Potenzregel für ganze Hochzahlen)
Für Funktionen f mit $f(x)=x^z$, $z \in \mathbb{Z}$, gilt:

$$\mathbf{f'(x)=z\cdot x^{z-1}}.$$

Beispiel 3: a) $f(x)=x^{-3}$, $f'(x)=-3x^{-4}$
b) $f(x)=\frac{1}{x^2}=x^{-2}$, $f'(x)=-2x^{-3}=\frac{-2}{x^3}$
c) $f(x)=\frac{4}{5x^4}=\frac{4}{5}x^{-4}$, $f'(x)=\frac{4}{5}(-4)x^{-5}=-\frac{16}{5x^5}$

16 Leite ab: a) $f(x)=x^{-1}$ b) $f(x)=\frac{2}{x^5}$ c) $f(x)=\frac{3x+1}{1-x}$.

Aufgaben

17 Leite ab und vereinfache.
a) $f(x)=\frac{2x}{1+3x}$ b) $f(x)=\frac{3-x}{x^2+1}$ c) $f(x)=\frac{x^2}{1+3x^2}$ d) $f(x)=\frac{x^3+x}{x^2-1}$

18 a) $f(x)=\frac{3x^2-1}{x^2+4}$ b) $f(x)=\frac{2-x^3}{2+x^3}$ c) $f(t)=\frac{t-t^3}{t^2+1}$ d) $h(r)=\frac{2r^4}{r^2-1}$

19 a) $f(x)=\frac{6x}{15-x^2}$ b) $s(t)=\frac{4t^2-5}{2t+1}$ c) $h(a)=\frac{2a+a^2}{3a-4}$ d) $z(t)=\frac{t^2-1{,}5t}{1+0{,}8t}$

20 a) $f(x)=\frac{a-bx}{a+bx}$ b) $f(x)=\frac{ax^2+bx+c}{ax^2-bx+c}$ c) $g(t)=\frac{ct^2-d}{ct+d}$ d) $g(x)=\frac{x^{-3}}{x^{-3}-1}$

21 a) $f(x)=\frac{1}{\sin x}$ b) $f(x)=\frac{\sin x}{x}$ c) $f(x)=\frac{x^2}{\cos x}$ d) $f(x)=\frac{\sin x}{\cos x}$

22 a) $f(x)=\frac{\sqrt{x}}{x+1}$ b) $f(x)=\frac{1}{\sqrt{x+1}}$ c) $f(x)=\frac{\sqrt{x}+1}{\sqrt{x}-1}$ d) $g(x)=\frac{\sqrt{x+1}}{\sqrt{x-1}}$

23 a) $f(x)=x^{-1}$ b) $f(x)=x^{-4}$ c) $f(x)=2x^{-3}$ d) $g(x)=\frac{1}{2}x^{-5}$
e) $g(x)=\frac{1}{x^2}$ f) $f(x)=\frac{3}{x^6}$ g) $f(x)=\frac{1}{2x^3}$ h) $f(x)=\frac{5}{3x^4}$
i) $f(t)=at^{-2}$ j) $g(t)=\frac{c}{t^3}$ k) $h(r)=\frac{p}{qr}$ l) $k(s)=\frac{2}{as^2}$

24 Im folgenden seien die Exponenten ganze Zahlen. Leite ab.
a) $f(x)=x^{-p}$ b) $f(x)=x^{-p+1}$ c) $f(x)=x^{-n-1}$ d) $f(x)=x^{1-n}$
e) $f(x)=x^{2+n}$ f) $g(x)=x^{-(1+n)}$ g) $h(x)=x^{-(n-1)}$ h) $f(t)=t^{2n}$
i) $f(t)=t^{2n-1}$ j) $f(r)=r^{2n+1}$ k) $f(u)=u^{1-2k}$ l) $k(a)=a^{-(2+p)}$

25 Schreibe den Quotienten zunächst als Summe, leite danach ab.
a) $f(x)=\frac{x^3+x}{x}$ b) $f(x)=\frac{3x^3-x^2}{2x^2}$ c) $g(x)=\frac{3x^2+x-5}{4x}$ d) $f(x)=\frac{1+x}{x^2}$

26 a) $f(x)=\frac{1}{1+x}-\frac{1}{1-x}$ b) $f(x)=\frac{1}{4x^2}-\frac{1}{2x^2-1}$ c) $s(t)=\frac{t}{a^2-t^2}-\frac{a^2-t^2}{t}$ d) $f(u)=\frac{1}{u^2}-\frac{1}{u^2-1}$

27 Leite zweimal ab:
a) $f(x)=\frac{3}{x^2}$ b) $f(x)=\frac{2x+1}{x^2}$ c) $f(x)=\frac{x^2-x}{x+1}$ d) $f(x)=\frac{x^3}{1+x^3}$
e) $f(x)=\frac{1}{\cos x}$ f) $f(x)=\frac{\cos x}{x}$ g) $f(x)=\frac{\cos x}{\sqrt{x}}$ h) $f(x)=\frac{\cos x}{\sin x}$.

28 Welche Ableitung hat die Funktion f an der Stelle $x_1 = 1$, welche an der Stelle $x_2 = -2$? Gib die Gleichungen der Tangenten und der Normalen an das Schaubild von f in den Punkten $P(1|f(1))$ und $Q(-2|f(-2))$ an.

a) $f(x) = \frac{4}{3x^2}$ b) $f(x) = \frac{x}{x+1}$ c) $f(x) = \frac{3x^2}{3+x^2}$ d) $f(x) = \frac{4x^3-2}{x}$

29 Leite ab: a) $f(x) = \frac{3a}{b+x^2}$ b) $f(a) = \frac{3a}{b+x^2}$ c) $f(b) = \frac{3a}{b+x^2}$ d) $f(t) = \frac{3a}{b+x^2}$.

30 Ermittle die Ableitung der Funktion f mit $f(x) = \frac{1+3x}{1-2x}$

a) (ohne Quotientenregel) mit Hilfe des Differenzenquotienten von f

b) mit der Quotientenregel.

31 a) Zeige mit Hilfe der Quotientenregel: Ist eine Funktion f differenzierbar und $f(x) \neq 0$, dann gilt für ihre Kehrwertfunktion $g = \frac{1}{f}$: $g'(x) = -\frac{f'(x)}{[f(x)]^2}$.

b) Führe den in a) verlangten Nachweis (ohne Verwendung der Quotientenregel) mit Hilfe des Differenzenquotienten.

c) Ermittle die Ableitung der Kehrwertfunktion von $f(x) = x^2 + 1$ (von $f(x) = x \cdot \cos x$).

d) Eine Funktion f sei zweimal differenzierbar und $f(x) \neq 0$, g sei die Kehrwertfunktion $\frac{1}{f}$. Drücke $g''(x)$ durch $f(x)$, $f'(x)$ und $f''(x)$ aus.

e) Zeige: Wenn für eine Stelle x_0 mit $f(x_0) \neq 0$

$$f'(x_0) = 0 \text{ und } f''(x_0) > 0 \quad (f''(x_0) < 0)$$

gilt (die Funktion f hat dann an der Stelle x_0 ein Minimum (Maximum)), so hat die Kehrwertfunktion g an dieser Stelle ein Maximum (Minimum). Bestätige die Aussage an einem Beispiel.

32 Untersuche, für welche Werte $x \in \mathbb{R} \setminus \{-1\}$ die Funktion f mit $f(x) = \frac{|x|}{x+1}$ differenzierbar ist. Gib $f'(x)$ an.

33 Für eine Funktion f mit $f(x) = \frac{u(x)}{v(x)}$, $v(x) \neq 0$, gilt $f(x) \cdot v(x) = u(x)$. Wie folgt daraus (unter der Voraussetzung, daß u, v und f differenzierbare Funktionen sind) die Quotientenregel?

34 Eine Sammellinse mit der Brennweite f erzeugt von einem Gegenstand, der sich im Abstand g $(g > f)$ vor der Linse befindet, ein Bild im Abstand b (Fig. 167.1). Dabei stehen g und b in der Beziehung

$$\frac{1}{g} + \frac{1}{b} = \frac{1}{f} \text{ (Linsengleichung).}$$

a) Gib b als Funktion von g an. Wie groß ist für $f = 5$ cm und $g = 7$ cm die Entfernung des Gegenstandes von seinem Bild?

b) Wo muß sich der Gegenstand befinden, wenn die Entfernung des Gegenstandes von seinem Bild möglichst klein sein soll? Wie groß ist diese Entfernung mindestens?

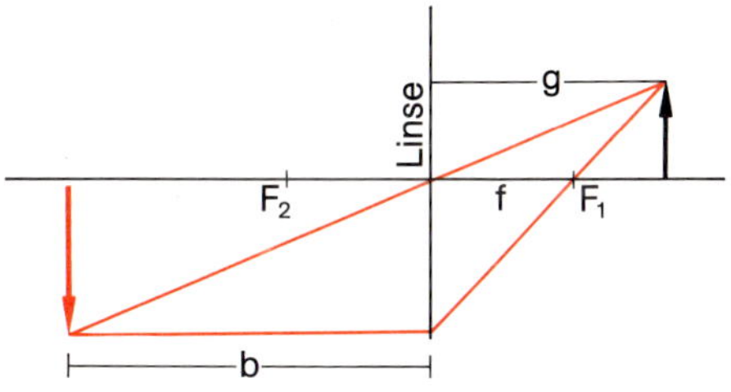

167.1

35 a) Zeige: Für jede Zahl $x \in \mathbb{R} \setminus \{1\}$ und alle $n \in \mathbb{N}$ gilt

$$1 + x + x^2 + x^3 + \ldots + x^n = \frac{1-x^{n+1}}{1-x}. \qquad (*) \quad \text{(vgl. S. 66, Beispiel 6)}$$

b) Welche Gleichung ergibt sich aus (*), wenn man beide Seiten ableitet? Berechne mit ihrer Hilfe die Summe $1 + 2 \cdot 0{,}5 + 3 \cdot 0{,}5^2 + \ldots + 10 \cdot 0{,}5^9$.

c) Verwende das Ergebnis in b), um für die Summe $1 + 2x + 3x^2 + 4x^3 + \ldots + n \cdot x^{n-1}$ mit $|x| < 1$ und hinreichend großem n eine einfache Näherungsformel herzuleiten. Was ergibt sich bei festem x (mit $|x| < 1$) für $n \to +\infty$?

40 Kettenregel

40.1 Darstellung einer Funktion als Verkettung

1 Gib Funktionen an, deren Funktionswerte man mit Hilfe der Tasten $\boxed{+}$, $\boxed{-}$, $\boxed{\times}$, $\boxed{\div}$, $\boxed{1/x}$, $\boxed{\sqrt{\ }}$ des Taschenrechners ermitteln kann.

2 Bilde für die Funktionen u, v mit $u(x) = 2x + 1$ und $v(x) = x^2$ die Verkettungen $u \circ v$ und $v \circ u$.

Funktionen f, g, ... mit Funktionstermen wie z. B.

$$f(x) = \sqrt{x^2 + 1} \quad \text{oder} \quad g(x) = \cos 3x$$

können wir uns durch Verketten einfacherer Funktionen entstanden denken; es ist

$$f(x) = u(v(x)) \text{ mit } v(x) = x^2 + 1 \text{ und } u(x) = \sqrt{x},$$
$$g(x) = u(v(x)) \text{ mit } v(x) = 3x \quad \text{ und } u(x) = \cos x.$$

In beiden Fällen sind die „äußere" Funktion u und die „innere" Funktion v differenzierbar und ihre Ableitungen bekannt.
Frage: Sind die Funktionen f und g ebenfalls differenzierbar, und lassen sich gegebenenfalls die Ableitungen f′ und g′ mit Hilfe von u′ und v′ ermitteln?

Im folgenden handelt es sich zunächst darum, zu einer gegebenen Funktion f eine (äußere) Funktion u und eine (innere) Funktion v zu finden, so daß gilt:

$$f(x) = u(v(x)).$$

Aufgaben

3 Gib u(x) und v(x) an, so daß $f(x) = u(v(x))$ ist.

a) $f(x) = (x+1)^2$ b) $f(x) = \sqrt{2x}$ c) $f(x) = \sqrt{|x|}$ d) $f(x) = \sin(2x+1)$
e) $f(x) = \frac{1}{x+1}$ f) $f(x) = \frac{2}{\sqrt{x}}$ g) $f(x) = \frac{1}{x^n}$ h) $f(x) = \frac{4}{\cos x}$

4 Verfahre wie in Aufgabe 3.

a) $f(x) = (x^2 - 1)^3$ b) $f(x) = \sqrt{x^4 + 2}$ c) $f(x) = \cos \frac{\pi}{2} x$ d) $f(x) = (\sin x)^2$
e) $f(x) = |x - x^2|$ f) $f(x) = \cos|x|$ g) $f(t) = 2^{3t+1}$ h) $g(t) = \sqrt{3^t}$
i) $h(t) = \frac{1}{2\sqrt{t}}$ j) $g(t) = \frac{1}{|t|}$ k) $f(u) = \sqrt{\frac{u}{u+1}}$ l) $s(t) = \sin \frac{1}{t}$

5 Gib Funktionen u, v, w an, so daß $f = u \circ v \circ w$ gilt.

a) $f(x) = (1 + \sqrt{x})^2$ b) $f(x) = \frac{1}{\sqrt{2x+1}}$ c) $f(x) = \sin(1 + x^2)$ d) $f(x) = 2^{\sqrt{3x+1}}$
e) $f(x) = \frac{1}{\cos \pi x}$ f) $f(x) = \frac{1}{\sqrt{\cos x}}$ g) $f(x) = \sqrt{\sin 2x}$ h) $f(x) = (1 + |x|)^3$
i) $f(x) = \frac{1}{\sqrt{2x}}$ j) $f(x) = 3^{\sqrt{|x|}}$ k) $f(x) = \cos|3x - 1|$ l) $f(x) = 2^{\sin x^2}$

6 Welche „Funktionstasten" müssen auf einem Taschenrechner vorhanden sein, damit
a) die Zahl $2^{\sin\sqrt{0{,}5}}$ berechnet werden kann
b) eine Lösung der Gleichung $\sin 10^x = \frac{1}{2}\sqrt{2}$ berechnet werden kann?

7 Eine Temperatur von x Grad Celsius beträgt in der Kelvin-Skala $(x + 273)$ Grad Kelvin, in der Fahrenheit-Skala $(32 + 1{,}8x)$ Grad Fahrenheit. Nach welcher Vorschrift werden Temperaturangaben der Kelvin-Skala in solche der Fahrenheit-Skala umgerechnet?

40.2 Ableiten einer Verkettung

8 Prüfe anhand eines Beispiels, ob die Vermutung zutrifft, daß eine Funktion $h = u \circ v$ die Ableitung $u' \circ v'$ hat.

9 Leite $f(x) = (ax+b)^2$ nach der Produktregel ab. Verwende das Ergebnis, um für $f(x) = (ax+b)^3 = (ax+b)^2 \cdot (ax+b)$ die Ableitung zu bestimmen. Verfahre entsprechend bei $f(x) = (ax+b)^4$. Welches Ergebnis erwartet man danach bei $f(x) = (ax+b)^n$? Versuche, die Vermutung in Worten auszudrücken.

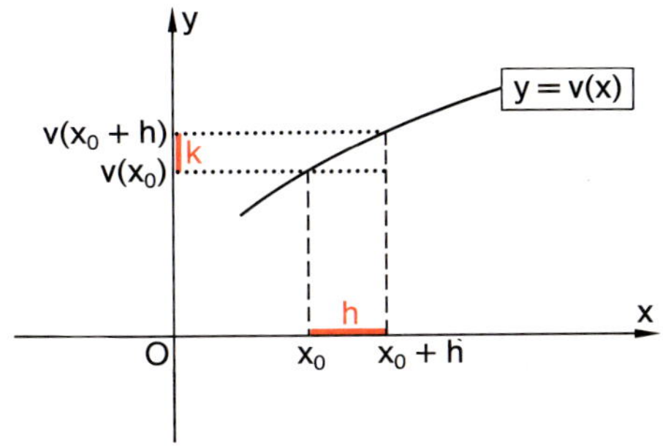

169.1

Es sei $f(x) = u(v(x))$ mit einer inneren Funktion v, die an der Stelle x_0 differenzierbar ist, und einer äußeren Funktion u, die an der Stelle $v(x_0)$ differenzierbar ist. Die Funktion f hat für $x = x_0$ den Differenzenquotienten

$$\frac{f(x_0+h) - f(x_0)}{h} = \frac{u(v(x_0+h)) - u(v(x_0))}{h}.$$

Wir versuchen nun, diesen Differenzenquotienten so umzuformen, daß der Differenzenquotient von v an der Stelle x_0 und der Differenzenquotient von u an der Stelle $v(x_0)$ auftritt. Setzen wir $v(x_0+h) - v(x_0) = k$ (Fig. 169.1), so ist

$$\frac{f(x_0+h) - f(x_0)}{h} = \frac{u(v(x_0)+k) - u(v(x_0))}{k} \cdot \frac{v(x_0+h) - v(x_0)}{h}. \qquad (*)$$

Da mit $h \to 0$ (wegen der Stetigkeit von v) auch $k \to 0$ gilt, folgt für $h \to 0$:

$$f'(x_0) = u'(v(x_0)) \cdot v'(x_0).$$

Satz: (Kettenregel)
Ist die Funktion v an der Stelle x und die Funktion u an der Stelle v(x) differenzierbar, dann ist auch die Verkettung f mit $f(x) = u(v(x))$ an der Stelle x differenzierbar und es gilt: $\mathbf{f'(x) = u'(v(x)) \cdot v'(x)}$.

In Worten: Die Ableitung der Verkettung f (an der Stelle x) ist gleich der Ableitung der äußeren Funktion u (an der Stelle v(x)) mal der Ableitung der inneren Funktion v (an der Stelle x).

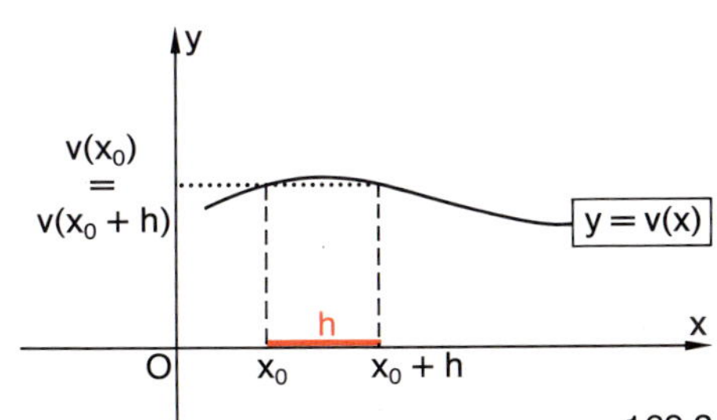

169.2

Bei der Herleitung der Kettenregel wurde vorausgesetzt, daß für $h \neq 0$ auch $k \neq 0$ (also $v(x_0+h) - v(x_0) \neq 0$) ist. Andernfalls (Fig. 169.2) ist die Umformung (*) nicht möglich. Die Herleitung hat also nur für solche Funktionen Beweiskraft, für welche in einer Umgebung von x_0 mit $h \neq 0$ auch $k \neq 0$ ist (z. B. für streng monotone Funktionen v). Man kann jedoch zeigen (vgl. Aufgabe 27, S. 171), daß die Kettenregel unter den im Satz genannten Voraussetzungen immer gilt.

Beispiel: Im folgenden ist $f(x)=u(v(x))$.

	f(x)	v(x)	u(x)	v′(x)	u′(x)	u′(v(x))	f′(x)
a)	$(5x-1)^3$	$5x-1$	x^3	5	$3x^2$	$3(5x-1)^2$	$15(5x-1)^2$
b)	$\frac{1}{1-x}$	$1-x$	$\frac{1}{x}$	-1	$-\frac{1}{x^2}$	$\frac{-1}{(1-x)^2}$	$\frac{1}{(1-x)^2}$
c)	$\sqrt{1+x^2}$	$1+x^2$	$\sqrt{x}$	$2x$	$\frac{1}{2\sqrt{x}}$	$\frac{1}{2\sqrt{1+x^2}}$	$\frac{x}{\sqrt{1+x^2}}$
d)	$\sin 3x$	$3x$	$\sin x$	3	$\cos x$	$\cos 3x$	$3\cos 3x$

10 Lege für die folgenden Funktionen eine Tabelle an wie im Beispiel.

a) $f(x)=(1-x^2)^3$ b) $f(x)=\frac{1}{x+x^2}$ c) $f(x)=\sqrt{2x}$ d) $f(x)=\cos(1-x)$

Aufgaben

11 Leite ab und vereinfache.

a) $f(x)=(1+2x)^2$ b) $f(x)=(3-x)^3$ c) $f(x)=(x+x^2)^2$ d) $f(x)=(1+x^3)^4$

e) $g(x)=(x^3-2x)^4$ f) $g(x)=(5x+x^2)^3$ g) $f(t)=(t^3-4t^2)^2$ h) $g(t)=(a^3-t^3)^4$

i) $f(x)=(2-3x+x^2)^3$ j) $h(x)=(1-x+\frac{1}{2}x^3)^2$ k) $f(a)=(-\frac{1}{2}a^2+a\sqrt{2})^4$ l) $f(x)=(x\sqrt{2}-x^2)^3$

12 a) $f(x)=(2-3x)^{-2}$ b) $f(x)=(\frac{1}{2}x-5x^3)^{-3}$ c) $f(t)=(1-2t^2)^{-4}$ d) $h(t)=(t-t^2)^{-1}$

e) $f(x)=\frac{1}{(1-2x)^2}$ f) $f(x)=\frac{2}{(x+x^2)^3}$ g) $h(x)=\frac{5}{2(1+3x^2)^4}$ h) $f(t)=\frac{\sqrt{2}}{3(t+2t^2)^3}$

i) $f(x)=\frac{1}{(2+x-x^2)^3}$ j) $f(x)=\frac{a+1}{(a^2-x+x^2)^2}$ k) $s(t)=\frac{1}{a+bt}$ l) $s(t)=\frac{a}{(bt+t)^2}$

13 a) $f(x)=\sqrt{3x}$ b) $f(x)=\sqrt{5x}$ c) $f(t)=\sqrt{at}$ d) $h(r)=\sqrt{a^2r}$

e) $f(x)=\sqrt{1+2x}$ f) $g(x)=\sqrt{1-x^2}$ g) $h(x)=\sqrt{x+x^2}$ h) $f(t)=\sqrt{t+t^3+1}$

i) $f(x)=\sqrt{x^2+5x^3}$ j) $g(x)=\sqrt{2x-6x^4}$ k) $h(t)=\sqrt{1-t+t^2}$ l) $f(r)=\sqrt{r^3-1}$

14 a) $f(x)=\sin 2x$ b) $f(x)=\cos\frac{\pi}{2}x$ c) $f(x)=\sin\left(\frac{1}{2}x+\frac{\pi}{2}\right)$ d) $s(t)=\cos(1-t)$

e) $f(x)=\sin x^2$ f) $g(t)=\cos\frac{\pi}{2}t^2$ g) $s(t)=3\sin(1-\frac{1}{2}t^2)$ h) $f(t)=\frac{1}{2}\sin\sqrt{2}t^2$

15 a) $f(x)=(1+\sqrt{x})^2$ b) $f(x)=(2\sqrt{x}-x)^3$ c) $f(x)=2(x^2-3\sqrt{x})^2$ d) $g(t)=(t^3-\sqrt{t})^{-2}$

e) $f(x)=(\sin x)^2$ f) $g(x)=(\cos x)^3$ g) $h(x)=2\sin^3 x$ h) $f(x)=\frac{1}{2}\cos^4 x$

16 a) $f(x)=(2x-1)(3x+4)^2$ b) $f(x)=(5-4x)^3(1-x)$ c) $f(x)=(1{,}5x+6)^2(5-0{,}4x)^2$

d) $f(x)=(x-x^2)^3(1+3x)^2$ e) $f(x)=(1-x)\sqrt{2x}$ f) $g(x)=(1+2x)\sqrt{1+x^2}$

g) $f(x)=3x\sqrt{1+3x}$ h) $f(x)=(3+4x)^2\sqrt{x}$ i) $f(x)=(1+x^2)^3\sqrt{2x+1}$

j) $f(x)=(1+2x)\sin 2x$ k) $f(x)=(1-x)^2\cos\frac{1}{2}x$ l) $f(x)=\sin 2x\cdot\cos 2x$

17 a) $f(x)=\frac{(2x+1)^2}{3x-5}$ b) $f(x)=\frac{1+2x}{(2-x)^2}$ c) $f(x)=\frac{(1-2x)^2}{(3+5x)^2}$

d) $f(x)=\left(\frac{3x+2}{4x-2}\right)^2$ e) $f(x)=\left(\frac{1-2x}{2-x}\right)^2$ f) $f(x)=\frac{x}{\sqrt{1+2x}}$

g) $h(x)=\frac{\sqrt{1+2x^2}}{3x}$ h) $g(x)=\frac{\sqrt{2+3x}}{\sqrt{2-3x}}$ i) $f(t)=\frac{(2t+1)^2}{\sqrt{1-t}}$

18 a) $f(x)=x\cdot\sin 2x$ b) $f(x)=x^2\cdot\cos\frac{1}{2}x$ c) $f(x)=\frac{\sin 2x}{x}$

19 a) $f(x)=(1+\sqrt{3x})^2$ b) $f(x)=\sqrt{2+(1-x)^2}$ c) $f(x)=(\sin 2x)^2$

d) $f(x)=\left(\frac{2}{\sqrt{3x+1}}\right)^3$ e) $f(x)=\sqrt{1-\sin^2 x}$ f) $f(x)=\sin\sqrt{1-x}$

20 Es sei $g(x)=1-2x^2$. Gib $f(x)$ und $f'(x)$ an.

a) $f(x)=g(3x)$ b) $f(x)=g(1-x)$ c) $f(x)=g\left(\frac{1}{x}\right)$ d) $f(x)=g(\sqrt{x})$

21 g sei eine differenzierbare Funktion. Leite ab:

a) $f(x)=g(3x)$ b) $f(x)=g(3-2x)$ c) $f(x)=g(\sqrt{x})$ d) $f(x)=g(\sin x)$.

22 Gib $f'(x)$ an, wenn g und h differenzierbare Funktionen sind.

a) $f(x)=(g(x))^2$ b) $f(x)=\sqrt{g(x)}$ c) $f(x)=x\cdot(g(x))^2$ d) $f(x)=(g(h(x)))^2$

e) $f(x)=\frac{(g(x))^2}{x}$ f) $f(x)=\left(\frac{g(x)}{h(x)}\right)^2$ g) $f(x)=(g(x))^2\cdot(h(x))^2$ h) $f(x)=\left(h\left(\frac{1}{x}\right)\right)^2$

23 Leite die Funktion f mit $f(x)=u(v(x))$ zweimal ab.

24 a) Schreibe $f(x)=|1-x^3|$ betragsfrei. Ermittle danach $f'(x)$. Gib die Definitionsmengen D_f und $D_{f'}$ an. Zeichne ein Schaubild von f.

b) Zeige, daß man f als Verkettung $u\circ v$ auffassen und f' auch nach der Kettenregel berechnen kann. Für welchen x-Wert ist die Kettenregel nicht anwendbar? Warum?

25 a) Zeige, daß für die Bestimmung von Extremstellen bei Funktionen f mit $f(x)=u(v(x))$ und $u'(x)\neq 0$ in D_u gilt: Ist $v'(x_0)=0$, $v''(x_0)\neq 0$, so hat die Funktion f an der Stelle x_0 einen Extremwert. (D. h., es genügt dann, die innere Funktion v auf Extremstellen zu untersuchen.)

b) Untersuche (mit Hilfe von a)) die Funktion f mit $f(x)=\sqrt{x^2-2x+3}$ auf Minima oder Maxima.

26 Nach dem Newtonschen Gravitationsgesetz ziehen sich zwei kugelförmige Körper mit den Massen m_1 und m_2 mit der Kraft

$$F=\gamma\cdot\frac{m_1\cdot m_2}{d^2}$$

an (d Mittelpunktsabstand, γ Gravitationskonstante).

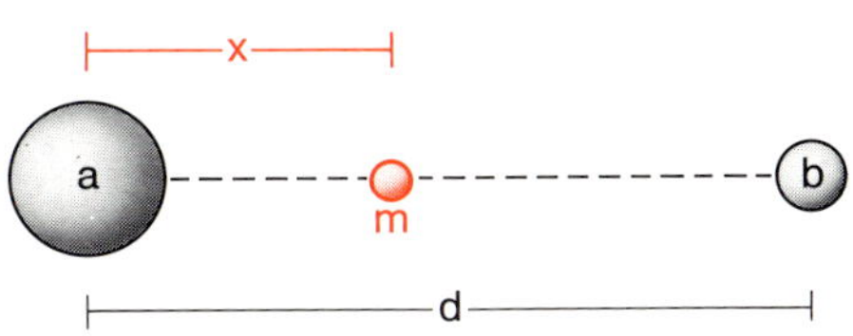

171.1

a) Zwischen zwei Körpern K_1, K_2 mit den Massen a bzw. b befindet sich ein dritter Körper K mit der Masse m im Abstand x von K_1 (Fig. 171.1). Welche Kraft F(x) wirkt auf den Körper K? An welcher Stelle P zwischen K_1 und K_2 heben sich die auf K wirkenden Anziehungskräfte gegenseitig auf? Wo befindet sich P, wenn a viermal so groß ist wie b?

b) Wie ändert sich F(x), wenn K die Strecke von K_1 nach K_2 durchläuft? An welcher Stelle Q erfährt K dabei die geringste Kraftänderung? Wann ist $P=Q$?

27 Beweise, daß die Kettenregel für alle Funktionen gilt, welche die im Satz von S. 169 genannten Voraussetzungen erfüllen. (Anleitung: Bei der Herleitung des Satzes von S. 169 läßt sich das Auftreten von Nennern vermeiden, wenn man die Differenzierbarkeit einer Funktion f statt durch $\lim_{h\to 0}\frac{f(x+h)-f(x)}{h}=m$ bzw. $\frac{f(x+h)-f(x)}{h}=m+r(h)$ mit $r(h)\to 0$ für $h\to 0$ mittels Umformung so ausdrückt: f ist genau dann differenzierbar, wenn es eine feste Zahl m gibt, so daß in einer Umgebung von x gilt: $f(x+h)=f(x)+m\cdot h+r(h)\cdot h$ mit $r(h)\to 0$ für $h\to 0$ (vgl. S. 97; Zerlegungsformel).

Drücke für $f=u\circ v$ die Differenzierbarkeit von v an der Stelle x und die Differenzierbarkeit von u an der Stelle v(x) in dieser Weise aus. Leite daraus eine entsprechende Darstellung für f her.)

41 Gebrochenrationale Funktionen

1 Die Funktion f mit $f(x) = \frac{1}{x}$ ist die einfachste gebrochenrationale Funktion. Zeichne ein Schaubild von f. Worin unterscheidet sich dieses Schaubild vom Schaubild einer ganzrationalen Funktion?

Funktionen f, die sich durch einen Funktionsterm der Form

$$f(x) = \frac{a_0 + a_1x + a_2x^2 + \ldots + a_nx^n}{b_0 + b_1x + b_2x^2 + \ldots + b_mx^m} \qquad (b_m \neq 0)$$

beschreiben lassen, heißen **rationale** Funktionen. Das Nennerpolynom kann konstant sein; es handelt sich dann um eine **ganzrationale** Funktion, wie wir sie bereits untersucht haben. Ist dagegen die Darstellung von f nur mit einem Nennerpolynom möglich, dessen Grad mindestens 1 ist, so spricht man von einer **gebrochenrationalen** Funktion. Solche Funktionen sind nach Satz 2 von S. 165 an jeder Stelle $x \in \mathbb{R}$, für welche der Nenner nicht null wird, differenzierbar (also auch stetig); im folgenden werden wir sie näher untersuchen.

Während eine ganzrationale Funktion für alle $x \in \mathbb{R}$ definiert ist, gehören bei einer gebrochenrationalen Funktion f mit

$$f(x) = \frac{p(x)}{q(x)}$$

nur solche x-Werte zur **Definitionsmenge** D_f, für die $q(x) \neq 0$ ist. Hat q(x) den Grad m, so kann es (höchstens) m x-Werte geben, für welche f nicht definiert ist. Infolgedessen kann das Schaubild von f aus mehreren Teilen (Zweigen) bestehen.

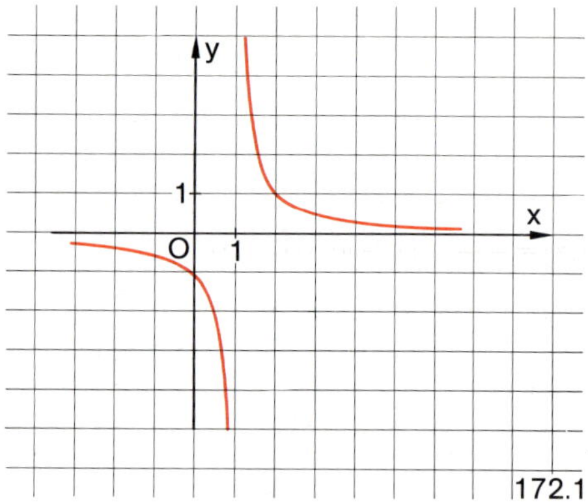

172.1

Beispiel 1: a) $f(x) = \frac{1}{x-1}$

Es ist $x - 1 = 0$ für $x_1 = 1$, also $D_f = \mathbb{R}\setminus\{1\}$.
Das Schaubild von f hat zwei Zweige (Fig. 172.1).

b) $f(x) = \frac{x}{x^2-1}$

$D_f = \mathbb{R}\setminus\{1; -1\}$; das Schaubild von f hat drei Zweige (Fig. 174.1).

c) $f(x) = \frac{1+x}{1+x^2}$

Da $1 + x^2 \neq 0$ für alle $x \in \mathbb{R}$, ist $D_f = \mathbb{R}$. Das Schaubild von f hat (wie eine ganzrationale Funktion) genau einen Zweig.

Wir verfolgen nun das Verhalten einer gebrochenrationalen Funktion am „Rand" der Definitionsmenge. Ist x_1 eine Nullstelle des Nenners, also $q(x_1) = 0$, aber $p(x_1) \neq 0$, so gilt: $\quad |f(x)| \to +\infty$ für $x \to x_1$.
Man nennt dann x_1 eine **Polstelle** und sagt: Die Funktion f hat an der Stelle x_1 einen Pol.

Beispiel 2:
(Pol mit bzw. ohne Vorzeichenwechsel)

a) $f(x)=\frac{1}{x-1}$ (Fig. 172.1)

An der Stelle 1 hat f einen Pol.
Für $x \to 1$, $x > 1$ gilt $f(x) \to +\infty$,
für $x \to 1$, $x < 1$ gilt $f(x) \to -\infty$.
Man sagt: Die Funktion f hat an der Stelle 1 einen Pol mit Vorzeichenwechsel (VZW).

b) $g(x)=\frac{1}{(x+2)^2}$ (Fig. 173.1)

Die Funktion g hat an der Stelle -2 einen Pol ohne Vorzeichenwechsel.

c) $h(x)=\frac{x+1}{x^2-x^3}=\frac{x+1}{x^2(1-x)}$

Die Stellen $x_1=0$ und $x_2=1$ sind Polstellen. Bei x_1 handelt es sich um einen Pol ohne, bei x_2 um einen Pol mit Vorzeichenwechsel.

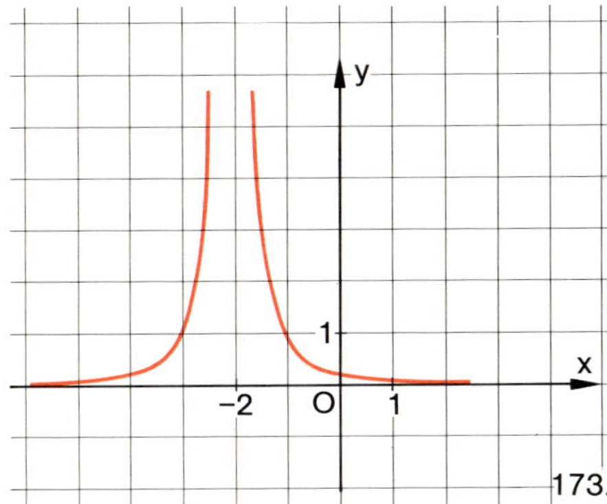

173.1

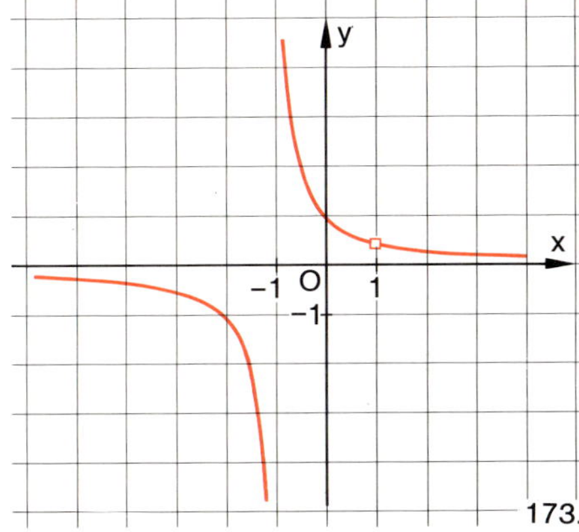

173.2

Beispiel 3:
($x_1 \notin D_f$, x_1 jedoch keine Polstelle)

$f(x)=\frac{x-1}{x^2-1}$; $D_f=\mathbb{R}\setminus\{1;-1\}$

Da der Nenner sich als Produkt $(x-1)(x+1)$ schreiben läßt, kann man mit $x-1$ kürzen:

$f(x)=\frac{x-1}{(x+1)(x-1)}=\frac{1}{x+1}$ in D_f.

Dies zeigt: $\lim\limits_{x \to 1} f(x)=\frac{1}{2}$. An der Stelle $x_1=1$ hat f daher keinen Pol. Fig. 173.2 zeigt das Schaubild von f; der Punkt $P(1|\frac{1}{2})$ gehört nicht zum Schaubild. An der Stelle $x_2=-1$ hat f einen Pol mit Vorzeichenwechsel.

Bemerkung: Ist x_1 Nullstelle des Nenners und auch des Zählers, läßt sich stets der Linearfaktor $x-x_1$ im Nenner und Zähler abspalten und kürzen (vgl. Satz 1, S. 120).

Nach dem Verhalten in der Nähe einer Polstelle betrachten wir nun das Verhalten einer gebrochenrationalen Funktion für $x \to +\infty$ oder $x \to -\infty$. Anders als bei ganzrationalen Funktionen kann sich das Schaubild einer gebrochenrationalen Funktion dabei zunehmend der x-Achse (oder einer anderen Geraden) annähern (Fig. 173.1/2). Eine solche Gerade heißt **Asymptote** (vgl. S. 69). Genauer: Gibt es eine lineare Funktion l, so daß

$$\lim_{x \to +\infty}[f(x)-l(x)]=0 \quad \text{oder} \quad \lim_{x \to -\infty}[f(x)-l(x)]=0$$

ist, so nennt man das Schaubild von l eine Asymptote des Schaubildes von f.
Sinngemäß nennt man, wenn x_1 Polstelle ist, auch die Gerade $x=x_1$ eine (sogenannte senkrechte) Asymptote.

Beispiel 4: a) (Grad p(x) < Grad q(x))
Für $f(x) = \frac{x}{x^2-1}$ ist $f(x) = \frac{1}{x - \frac{1}{x}}$ in $D_f \setminus \{0\}$,
wie Kürzen mit der höchsten x-Potenz des Zählers zeigt. Also ist wegen

$$\lim_{x \to +\infty} f(x) = \lim_{x \to -\infty} f(x) = 0$$

die x-Achse (eine sog. waagrechte) Asymptote (Fig. 174.1). Die Stellen 1 und -1 sind Polstellen, die Geraden mit den Gleichungen $x = 1$ und $x = -1$ also senkrechte Asymptoten.

b) (Grad p(x) = Grad q(x)).
Für $f(x) = \frac{3x}{2x-4}$ ist $f(x) = \frac{3}{2 - \frac{4}{x}}$ in $D_f \setminus \{0\}$,

also $\lim_{x \to +\infty} f(x) = \lim_{x \to -\infty} f(x) = \frac{3}{2}$.

Somit ist die Gerade mit der Gleichung $y = 1{,}5$ eine waagrechte, die Gerade $x = 2$ ist senkrechte Asymptote (Fig. 174.2).

c) (Grad p(x) = Grad q(x) + 1)
$f(x) = \frac{2x^2+x}{2x-1}$
Da der Grad des Zählers größer ist als der Grad des Nenners, können wir durch Polynomdivision umformen und erhalten
$\frac{2x^2+x}{2x-1} = x + 1 + \frac{1}{2x-1}$. Dies zeigt:

$$\lim_{x \to +\infty} (f(x) - (x+1)) =$$
$$\lim_{x \to -\infty} (f(x) - (x+1)) = 0;$$

also ist $y = x + 1$ eine (sog. schiefe) Asymptote. Die Gerade $x = 0{,}5$ ist senkrechte Asymptote (Fig. 174.3).

d) (Grad p(x) > Grad q(x) + 1)

$$f(x) = \frac{x^3+x+1}{x} = x^2 + 1 + \frac{1}{x} \qquad (*)$$

Da der ganzrationale Anteil $x^2 + 1$ nicht linear ist, gibt es keine waagrechte oder schiefe Asymptote. Die Kurve mit der Gleichung $y = x^2 + 1$ ist Näherungskurve für $x \to +\infty$ und für $x \to -\infty$. Die y-Achse ist senkrechte Asymptote (Fig. 174.4).

Bemerkung: Die Darstellung (*) legt nahe, das Schaubild von f durch Ordinatenaddition zu ermitteln.

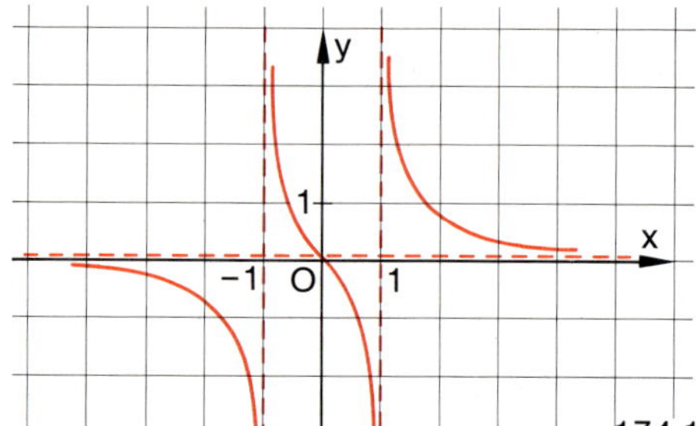

174.1

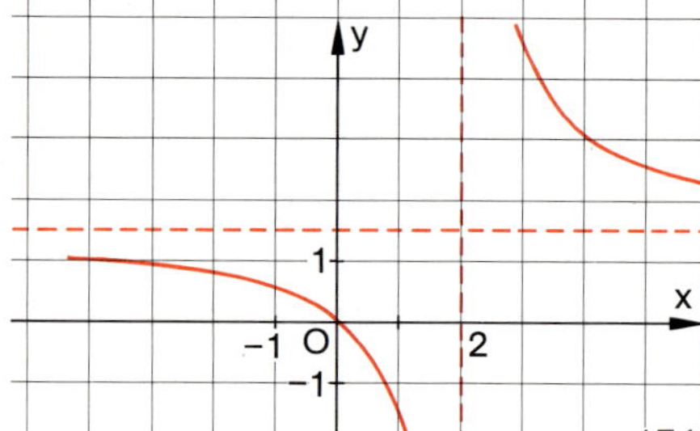

174.2

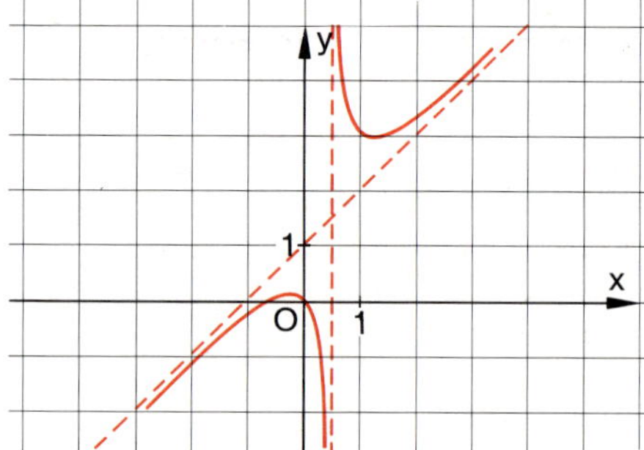

174.3

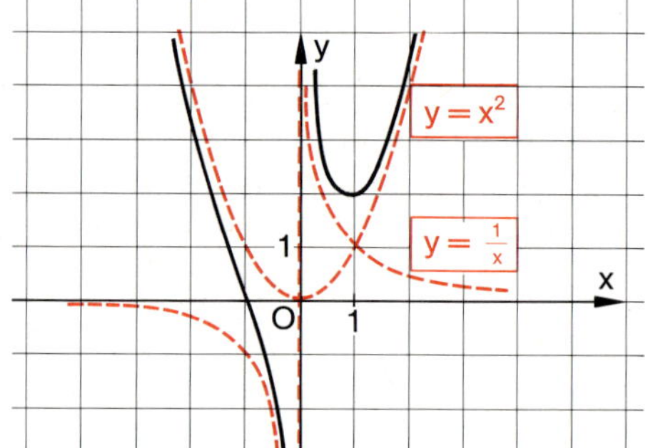

174.4

Satz: Das Schaubild einer gebrochenrationalen Funktion f mit

$$f(x)=\frac{a_0+a_1x+\ldots+a_nx^n}{b_0+b_1x+\ldots+b_mx^m}\quad (a_n,b_m \neq 0) \text{ hat im Falle}$$

$n<m$ die x-Achse als waagrechte Asymptote,

$n=m$ die Gerade mit der Gleichung $y=\frac{a_n}{b_m}$ als waagrechte Asymptote,

$n=m+1$ eine schiefe Asymptote, die man durch Polynomdivision erhält.

Im Falle $n>m+1$ gibt es eine Parabel als Näherungskurve für große $|x|$-Werte (vgl. Aufgabe 9, S. 179).

2 Ermittle für die folgende Funktion f die Definitionsmenge, Polstellen und Asymptoten. Skizziere das Schaubild von f.

a) $f(x)=\frac{1}{x-1}$ b) $f(x)=\frac{x}{x-1}$ c) $f(x)=\frac{x^2}{x-1}$ d) $f(x)=\frac{x^3}{x^2-1}$ e) $f(x)=\frac{x^4}{x^2-1}$

Aufgaben

3 Gib die (maximale) Definitionsmenge an.

a) $f(x)=\frac{1}{2x-3}$ b) $f(x)=\frac{x}{1+3x}$ c) $f(x)=\frac{2x}{x^2-3}$ d) $f(x)=\frac{1+x}{x^2+3}$

e) $f(x)=\frac{1}{x^2-x}$ f) $g(x)=\frac{x}{x^2+x-2}$ g) $h(t)=\frac{t+1}{t^2+2t+2}$ h) $f(x)=\frac{2x}{2x^2+x-1}$

4 Untersuche die Funktion auf Polstellen.

a) $f(x)=\frac{x}{2+5x}$ b) $f(x)=\frac{x+2}{x^2-3}$ c) $f(x)=\frac{x+1}{x^2-1}$ d) $f(x)=\frac{x^2-4}{x+2}$

e) $g(x)=\frac{x-1}{x^2+x-2}$ f) $g(t)=\frac{t^2-t-2}{t+1}$ g) $h(x)=\frac{2x-2}{x^2-2x+1}$ h) $f(x)=\frac{x+2}{x^3+8}$

5 Vereinfache durch Polynomdivision.

a) $\frac{2x^2-x-1}{x-1}$ b) $\frac{2x^3+x^2+2x+1}{1+2x}$ c) $\frac{x^3+8}{x+2}$ d) $\frac{15x^3-17x^2-6x+8}{4-5x}$

e) $\frac{\frac{1}{8}x^2-\frac{3}{2}x+4}{x-4}$ f) $\frac{0{,}3x^2+3{,}2x+2}{x+10}$ g) $\frac{0{,}1x^2+1{,}8x-4}{0{,}5x-1}$ h) $\frac{x^3-2x^2-4x+8}{(1-0{,}5x)^2}$

6 Forme den Funktionsterm durch Polynomdivision um.

a) $f(x)=\frac{x^2+1}{x}$ b) $f(x)=\frac{2x+3}{4x}$ c) $f(x)=\frac{x^2+x}{x-1}$ d) $f(x)=\frac{x^3+2x-1}{4-5x}$

e) $f(x)=\frac{8x^4-6x^3-1}{3-4x}$ f) $f(x)=\frac{x^6-x^4-2x^2+3}{x^2-1}$ g) $f(x)=\frac{2x^2-ax}{x-a}$ h) $f(x)=\frac{rx^2+r^3}{(x-r)^2}$

7 Untersuche, ob Asymptoten vorhanden sind. Gib gegebenenfalls ihre Gleichungen an.

a) $f(x)=\frac{2}{3x}$ b) $f(x)=\frac{4}{3x^2}$ c) $f(x)=\frac{1}{1-x}$ d) $f(x)=\frac{2}{(x-2)^2}$

e) $f(x)=x+\frac{1}{x}$ f) $g(x)=\frac{1}{2}x+1-\frac{1}{x}$ g) $h(x)=2x-\frac{1}{x+1}$ h) $f(t)=-3+\frac{1}{2t}$

i) $f(x)=x^2-\frac{2}{2x+4}$ j) $f(x)=\frac{1}{2+4x^2}$ k) $h(t)=\frac{4t}{2t+1}$ l) $k(a)=\frac{2a-1}{1+5a}$

m) $g(x)=\frac{3x^2-1}{x+6x^2}$ n) $f(x)=\frac{x^2}{x-1}$ o) $f(x)=\frac{1-2x^2}{x+1}$ p) $f(x)=\frac{x^3}{1-2x^2}$

8 Ermittle Polstellen und Asymptoten. Entwirf danach durch Ordinatenaddition ein Schaubild.

a) $f(x) = -1 + \frac{1}{x}$ b) $f(x) = 2 - \frac{1}{x}$ c) $f(x) = \frac{1}{2}x + \frac{1}{x}$ d) $f(x) = \frac{1}{2}x - \frac{1}{x}$

e) $f(x) = 1 + \frac{1}{x^2}$ f) $f(x) = 2 - \frac{1}{x^2}$ g) $f(x) = x + \frac{1}{x^2}$ h) $f(x) = x - \frac{1}{x^2}$

i) $f(x) = \frac{1 - x^2}{2x}$ j) $f(x) = \frac{2x^3 - 1}{x^2}$ k) $f(x) = \frac{x^3 + 2x^2 + 2}{2x^2}$ l) $f(x) = \frac{x^2 - x^3 - 2}{x^2}$

9 Untersuche die Funktion f auf Nullstellen, Polstellen und Asymptoten.

a) $f(x) = \frac{x-2}{2x+1}$ b) $f(x) = \frac{3x^2 - 2x - 1}{x^2 - x - 2}$ c) $f(x) = \frac{x^2}{x^3 - 1}$

d) $f(x) = \frac{x^2 - 1}{x^2 + 1}$ e) $f(x) = x - 4 + \frac{6}{x+1}$ f) $f(x) = 1 + \frac{1 - 2x}{x^2 - 1}$

g) $f(x) = 1 + \frac{2}{x^2 + 1}$ h) $f(x) = \frac{x^2 + 2x - 3}{x - 1}$ i) $f(x) = \frac{x^4 - 3x^2 - 4}{x^2 - 4}$

10 Gib gebrochenrationale Funktionen an, deren Schaubilder im wesentlichen den in Fig. 176.1 bis 176.3 dargestellten Verlauf zeigen.

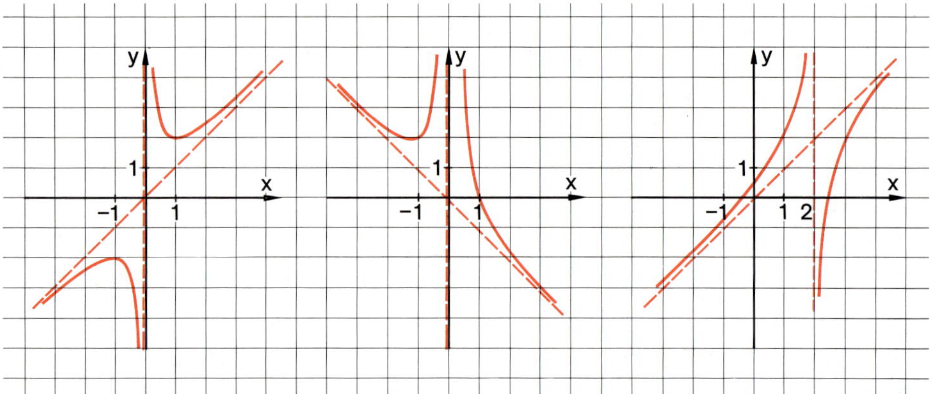

176.1 176.2 176.3

11 Gib eine gebrochenrationale Funktion an, welche x_1 und x_2 als Nullstellen sowie x_3 und x_4 als Polstellen hat.

a) $x_1 = 1;\ x_2 = -2;\ x_3 = 4;\ x_4 = -5$ b) $x_1 = 0{,}5;\ x_2 = 0;\ x_3 = \sqrt{2};\ x_4 = -1$

12 Gib eine gebrochenrationale Funktion an, deren Schaubild

a) die Geraden $g: y = 1 - x$ und $h: x = -1$ als Asymptoten hat

b) die x-Achse in $A(1|0)$ schneidet und die Geraden $g: y = 3$ und $h: x = 2$ als Asymptoten hat.

13 a) Zeige, daß die Schaubilder aller Funktionen f_t mit $f_t(x) = \frac{2x^2 - (2t+1)x}{x - t}$, $t \in \mathbb{R}$, eine gemeinsame Asymptote haben. Gib ihre Gleichung an.

b) Welche der Funktionen f_t hat die Nullstelle 1?

c) Welche der Funktionen f_t hat die Polstelle 2?

14 Die (nicht gebrochenrationale) Funktion f mit $f(x) = 2^{\frac{1}{x}}$ hat die Definitionsmenge $\mathbb{R} \setminus \{0\}$. Untersuche das Verhalten der Funktion f für $x \to 0,\ x > 0$ und für $x \to 0,\ x < 0$. Hat f an der Stelle 0 einen Pol? (Anleitung: Vgl. S. 104 und S. 172.)

15 a) Zeige, daß für die Funktionen f und g mit $f(x) = \frac{1}{x^2 + 1}$ und $g(x) = \frac{x^2}{x^2 + 1}$ gilt $f'(x) = g'(x)$ für alle $x \in \mathbb{R}$.

b) Was bedeutet $f'(x) = g'(x)$ für den Verlauf der Schaubilder von f und g?

c) Beweise die in b) vermutete Beziehung zwischen f und g durch Termumformung.

42 Beispiel einer vollständigen Funktionsuntersuchung

$f(x) = \frac{p(x)}{q(x)}$ **Beispiel:** $f(x) = \frac{x^3}{x^2-4}$

1. Definitionsmenge: $D_f = \mathbb{R} \setminus \{x \mid q(x) = 0\}$	**1. Definitionsmenge:** $D_f = \mathbb{R} \setminus \{2; -2\}$
2. Symmetrie: Zum Ursprung: $f(-x) = -f(x)$ für alle $x \in D_f$ zur y-Achse: $f(-x) = f(x)$ für alle $x \in D_f$	**2. Symmetrie:** $f(-x) = \frac{(-x)^3}{(-x)^2-4} = -\frac{x^3}{x^2-4} = -f(x)$ für alle $x \in D_f$ Das Schaubild ist punktsymmetrisch zum Ursprung.
3. Polstellen; senkrechte Asymptoten: x_0 mit $q(x_0) = 0$ und $\lvert f(x) \rvert \to +\infty$ für $x \to x_0$. $x = x_0$ senkrechte Asymptote	**3. Polstellen; senkrechte Asymptoten:** $x^2 - 4 = 0$ liefert $x_1 = 2$ (Pol mit VZW) $x_2 = -2$ (Pol mit VZW)
4. Verhalten für $x \to +\infty$ und $x \to -\infty$: Es gibt eine waagrechte Asymptote, falls Zähler und Nenner vom gleichen Grad sind, schiefe Asymptote, falls der Grad des Zählers um 1 größer ist als der Grad des Nenners.	**4. Verhalten für $x \to +\infty$ und $x \to -\infty$:** Polynomdivision ergibt $\frac{x^3}{x^2-4} = x + \frac{4x}{x^2-4}$; somit ist die Gerade mit der Gleichung $y = x$ schiefe Asymptote.
5. Nullstellen: $x_0 \in D_f$ mit $p(x_0) = 0$	**5. Nullstellen:** $x^3 = 0$ ergibt $x_3 = 0$.
6. Ableitungen: Höhere Ableitungen ermitteln wir (wegen des zunehmenden Rechenaufwandes) nur, soweit diese von der Fragestellung her unumgänglich sind.	**6. Ableitungen:** $f'(x) = \frac{x^4 - 12x^2}{(x^2-4)^2} = \frac{x^2(x^2-12)}{(x^2-4)^2}$ $f''(x) = \frac{8x^3 + 96x}{(x^2-4)^3} = \frac{8x(x^2+12)}{(x^2-4)^3}$
7. Extremstellen: Notwendige Bedingung: $f'(x_0) = 0$ Hinreichende Bedingung: VZW von $f'(x)$ bei x_0 oder $f'(x_0) = 0$; $f''(x_0) > 0$: lokales Minimum $f'(x_0) = 0$; $f''(x_0) < 0$: lokales Maximum	**7. Extremstellen:** Notwendige Bedingung: $x^2(x^2-12) = 0$; $x_3 = 0$; $x_4 = 2\sqrt{3}$; $x_5 = -2\sqrt{3}$ Hinreichende Bedingung: $f''(0) = 0$ (weitere Untersuchung in 8.) $f''(2\sqrt{3}) = \frac{4}{3}\sqrt{3}$; $f(2\sqrt{3})$ ist lokales Minimum $f''(-2\sqrt{3}) = -\frac{4}{3}\sqrt{3}$; $f(-2\sqrt{3})$ ist lokales Maximum Extrempunkte: $T(2\sqrt{3} \mid 3\sqrt{3})$; $H(-2\sqrt{3} \mid -3\sqrt{3})$
8. Wendestellen: Notwendige Bedingung: $f''(x_0) = 0$ Hinreichende Bedingung: VZW von $f''(x)$ bei x_0, oder $f''(x_0) = 0$ und $f'''(x_0) \neq 0$.	**8. Wendestellen:** Notwendige Bedingung: $8x(x^2+12) = 0$; $x_3 = 0$ Hinreichende Bedingung: VZW von $f''(x)$ bei $x_3 = 0$ Wendepunkt: $W(0 \mid 0)$

9. Schaubild:
Wir verwenden die bisherigen Ergebnisse und stellen ergänzend eine Wertetabelle auf, wobei wir die Funktionswerte sinnvoll runden.

9. Schaubild: (Fig. 178.2)
Wegen der Symmetrie genügt $x \in \mathbb{R}^+$.

x	0,8	1	1,5	2,5	3	3,5	4	5
f(x)	−0,2	−0,3	−1,9	6,9	5,4	5,2	5,3	6,0

Bemerkungen: a) Bei einer Funktionsuntersuchung vermitteln Symmetrie, Polstellen und Asymptoten zunächst eine erste Übersicht über den Gesamtverlauf. Diese Übersicht kann danach (bei der Bestimmung von Extremwerten usw.) zur Kontrolle der Rechnung dienen.
b) Falls sich f(x) in einfacher Weise faktorisieren läßt, empfiehlt es sich, vorab eine Gebietseinteilung vorzunehmen. Im vorliegenden Beispiel läßt sich f(x) in der Form

$$f(x) = \frac{x^3}{(x+2)(x-2)}$$

schreiben. Dies zeigt, daß f(x) das Vorzeichen wechselt, wenn eine der Geraden mit den Gleichungen $x = 2$, $x = 0$, $x = -2$ überschritten wird. Da f(x) für sehr große x-Werte offenbar positiv ist, ergibt sich somit die Gebietseinteilung von Fig. 178.1.

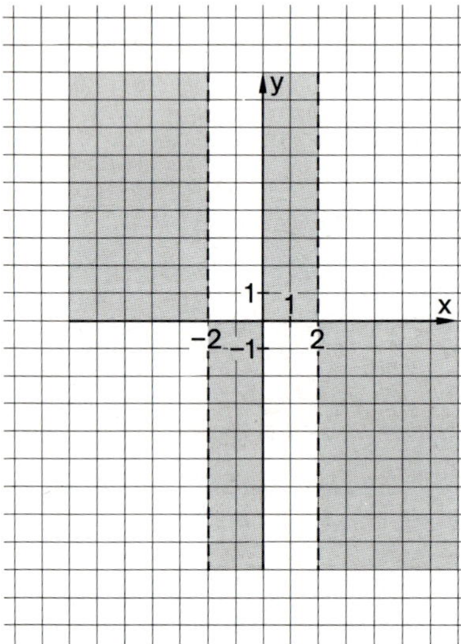

178.1

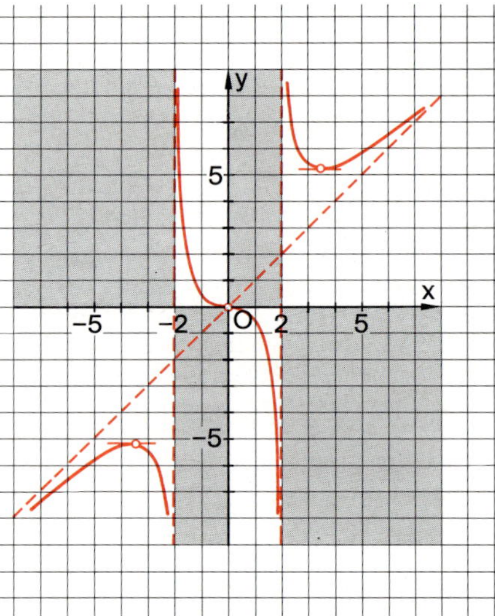

178.2

1 a) Führe für die Funktion f mit

$$f(x) = \frac{x^2}{x^2-4}$$

eine vollständige Funktionsuntersuchung durch.
b) Beantworte mit Hilfe des Schaubildes von f die folgenden Fragen.
Für welche Zahlen $c \in \mathbb{R}$ ist eine Gleichung der Form $\frac{x^2}{x^2-4} = c$ lösbar, für welche ist sie nicht lösbar?
Wie viele Lösungen kann eine solche Gleichung höchstens haben?
Für welche Werte von c hat eine solche Gleichung zwei Lösungen, für welchen Wert von c hat sie genau eine Lösung?

Aufgaben

Führe bei den Funktionen in Aufgabe 2 bis 6 eine Untersuchung durch wie im Beispiel auf S. 177/178.

2 a) $f(x)=\frac{x^2}{x-1}$ b) $f(x)=\frac{8}{4-x^2}$ c) $f(x)=\frac{36}{x^2+9}$ d) $f(x)=\frac{2-x^2}{x^2-9}$

3 a) $f(x)=\frac{x^2-4}{x^2+2}$ b) $f(x)=\frac{x^2-4x+3}{x-2}$ c) $f(x)=\frac{x^2-x}{x^2-x-6}$ d) $f(x)=\frac{x^2+3x-4}{x^2-x-6}$

4 a) $f(x)=\frac{x}{x^2+1}$ b) $f(x)=\frac{4x}{(x-1)^2}$ c) $f(x)=\frac{x^2}{(x-2)^2}$ d) $f(x)=\frac{(x+1)^3}{4(x-1)^2}$

5 a) $f(x)=x+\frac{4}{x}$ b) $f(x)=\frac{3}{x}-\frac{12}{x^3}$ c) $f(x)=\frac{4}{x^2}-\frac{4}{x^4}$ d) $f(x)=\frac{-x^3+2}{2x}$

6 a) $f(x)=\frac{3(2x-3)}{(x-3)^2}$ b) $f(x)=\frac{x^2+3x+2}{x^2-2x-3}$ c) $f(x)=\frac{x^3-8}{4x}$ d) $f(x)=\left(\frac{x-1}{x+1}\right)^2$

7 Ermittle die Gleichungen der Tangenten in den Schnittpunkten des Schaubildes mit den Koordinatenachsen. Skizziere das Schaubild.

a) $f(x)=\frac{2-2x^2}{x^2+1}$ b) $f(x)=\frac{x^3-x^2-2x}{(x-1)^2}$ c) $f(x)=4x-5+\frac{1}{x}$ d) $f(x)=\frac{-x^3-3x^2}{(x+1)^2}$

8 Gib die Wertemenge der Funktion an.

a) $f(x)=x-\frac{1}{x}$ b) $f(x)=x+\frac{1}{x}$ c) $f(x)=\frac{2}{x^2+1}$ d) $f(x)=\frac{x-1}{(x-2)^2}$

9 Gib für große $|x|$-Werte eine ganzrationale Näherungsfunktion an (d. h., eine ganzrationale Funktion g mit $\lim\limits_{|x|\to+\infty}(f(x)-g(x))=0$.)

a) $f(x)=\frac{x^3-1}{x}$ b) $f(x)=\frac{2+x^2-x^3}{2x-2}$ c) $f(x)=\frac{2x^4+4x-1}{x^2-1}$ d) $f(x)=\frac{(x^2-1)(x+1)}{x-2}$

10 Entwirf mittels Ordinatenaddition ein Schaubild.

a) $f(x)=\frac{1}{2}x+\frac{1}{x}$ b) $f(x)=-x-\frac{2}{x}$ c) $f(x)=\frac{x^3+x^2-1}{x^2}$ d) $f(x)=\frac{1+x^2-x^4}{x^2}$

11 Ermittle die Bereiche, in denen die Funktion f monoton zunimmt bzw. abnimmt.

a) $f(x)=\frac{1}{x}-\frac{1}{x^2}$ b) $f(x)=\frac{1}{x^2}-\frac{1}{x^3}$ c) $f(x)=\frac{16}{x^2}+\frac{1}{3}x^3$ d) $f(x)=\frac{x^2-x}{(x+1)^2}$

12 Untersuche, ob die Funktion f einen größten Funktionswert (globales Maximum) oder einen kleinsten Funktionswert (globales Minimum) hat. Gib ggf. diese Funktionswerte an. Skizziere das Schaubild

a) $f(x)=\frac{x^2-1}{x^4}$ b) $f(x)=x+1+\frac{1}{x}$ c) $f(x)=\frac{4}{x^2+2}$ d) $f(x)=\frac{x^2-1}{x^2+1}$

13 Zeige, daß das Schaubild der Funktion f mit $f(x)=\frac{x^2-2x+2}{x-1}$ $\left(\text{mit } f(x)=\frac{1}{x^2-2x+2}\right)$ zum Punkt P(1|0) (zur Geraden $x=1$) symmetrisch ist (vgl. S. 116).

14 Welche Funktion f, deren Funktionsterm die Form

$$f(x)=\frac{a+bx}{x^2};\quad a,b\in\mathbb{R}$$

hat, nimmt für $x=1$ den (lokalen) Extremwert 2 an? Handelt es sich um ein Maximum oder um ein Minimum?

15 Welche Funktion f_t der Form $f_t(x) = \frac{1}{1+tx^2}$; $t \in \mathbb{R}^+$ hat ein Schaubild, dessen Wendetangenten die Steigung 1 bzw. -1 haben?

16 Durch $f_t(x) = \frac{t^2x^2-1}{x^2+1}$; $t \in \mathbb{R}_0^+$ ist eine Schar von gebrochenrationalen Funktionen f_t und die dazugehörige Kurvenschar der Schaubilder gegeben.
a) Welche Kurve der Schar schneidet die x-Achse in $N_1(1|0)$ und $N_2(-1|0)$?
b) Welche Kurve hat die Gerade $y = 2$ als Asymptote?
c) Bei welcher Kurve der Schar sind die Schnittpunkte mit der x-Achse gleichzeitig Wendepunkte?
d) Welche Kurve hat keine Schnittpunkte mit der x-Achse?

17 Für jedes $t \in \mathbb{R}^+$ ist eine Funktion f_t gegeben durch $f_t(x) = \frac{x^2-9}{t}$ sowie deren Kehrwertfunktion g_t mit $g_t(x) = \frac{t}{x^2-9}$. Die Schaubilder von f_t und g_t seien K_t bzw. C_t.
a) Gib die Nullstellen, die Extremstelle und den Extremwert von f_t an. Welche Bedeutung haben diese Stellen für g_t?
b) Zeichne die Schaubilder K_5 und C_5 für $|x| \leqq 5$ in dasselbe Koordinatensystem (LE = 0,5 cm).
c) Ermittle die Anzahl der gemeinsamen Punkte von K_t und C_t in Abhängigkeit von t.
d) Für welche Werte von t schneiden sich K_t und C_t in zwei Schnittpunkten orthogonal?

18 K_a sei das Schaubild der Funktion f_a mit $f_a(x) = \begin{cases} \frac{4a}{x} - a & \text{für } x > 0 \\ -\frac{4a}{x} + a & \text{für } x < 0 \end{cases}$; $a \in \mathbb{R}^+$.

a) Alle Kurven K_a haben einen Punkt T gemeinsam. Bestimme die Koordinaten von T und die Asymptoten der Kurve K_a. Zeichne die Kurve K_1 (LE = 1 cm).
b) Die Tangente an die Kurve K_a im Punkt T schneidet K_a in einem Punkt N. Bei welchem Wert für a ist die Gerade (TN) Normale in N? Welche Koordinaten hat N?
c) Welche Beziehung muß zwischen den positiven Zahlen u und v bestehen, damit sich die Tangenten an K_1 in den Punkten $P(u|?)$ und $Q(-v|?)$ auf der y-Achse schneiden? Für welche Werte u gibt es solche Punkte?

19 Durch $f_t(x) = \frac{16}{x^2-t}$ ist für $t \in \mathbb{R}^+$ eine Funktion f_t gegeben. Ihr Schaubild sei K_t
a) Gib die Asymptoten und den Hochpunkt H_t von K_t an. Zeichne K_4 (LE = 0,5 cm).
Zeige, daß Kurven K_t und K_{t^*} für $t \neq t^*$ keinen Punkt gemeinsam haben.
b) Auf jeder Kurve K_t gibt es außer H_t zwei weitere Punkte P_t und Q_t, für welche die Normale durch den Ursprung O geht. Berechne die Koordinaten von P_t und Q_t. Auf welcher Linie liegen alle diese Punkte?
c) C_t sei der Kreis um den Ursprung, der durch P_t und Q_t geht. Für welchen Wert von t liegt H_t auf diesem Kreis? Für welche Werte t haben K_t und C_t vier (zwei) Punkte gemeinsam? Für welchen Wert von t schneiden sich K_t und C_t rechtwinklig?

20 Für jedes $t \in \mathbb{R}$ ist eine Funktion f_t gegeben durch $f_t(x) = \frac{4x^3 + tx - t^3}{x}$. Ihr Schaubild sei K_t.
a) Untersuche f_t auf Extremwerte. Hat f_t ein globales Minimum? Hat f_t ein globales Maximum?
b) Welche der Funktionen f_t hat den kleinsten Extremwert? An welcher Stelle wird er angenommen? Wie groß ist dieser Extremwert?
c) Bestimme den geometrischen Ort der Extrempunkte aller Kurven K_t. Für welche Werte von t liegen die Extrempunkte unterhalb der x-Achse?
d) Zeige, daß die Wendepunkte aller Kurven K_t auf einer Geraden liegen. Ist jeder Punkt dieser Geraden Wendepunkt einer Kurve K_t?

21 Zeichne das Schaubild K der Funktion f mit $f(x)=\frac{4}{x^2+1}$. Welches zur y-Achse symmetrische Dreieck, von dem eine Ecke im Ursprung und die beiden anderen auf K liegen, hat den größten Flächeninhalt?

22 Welche Punkte der Kurve $K: y=\frac{2}{x^2}$ liegen am nächsten beim Ursprung?

(Anleitung: Beachte, daß mit f auch f^2 die Ableitung 0 hat. (Vgl. S. 171, Aufgabe 25.))

23 a) Welches Rechteck mit dem Flächeninhalt 18 cm^2 hat den kleinsten Umfang?

b) Welche senkrechte Säule mit quadratischer Grundfläche und dem Rauminhalt 8 dm^3 hat die kleinste Oberfläche?

24 Der Querschnitt eines unterirdischen Entwässerungskanals ist ein Rechteck mit aufgesetztem Halbkreis. Wie sind Breite und Höhe des Rechtecks zu wählen, damit die Querschnittsfläche 8 m^2 groß ist und zur Ausmauerung des Kanals möglichst wenig Material benötigt wird?

25 Wie sind die Ausmaße einer zylindrischen Dose mit Deckel (ohne Deckel) zu wählen, damit sie den Inhalt 1 dm^3 hat und zu ihrer Herstellung möglichst wenig Material benötigt wird (Fig. 181.1)?

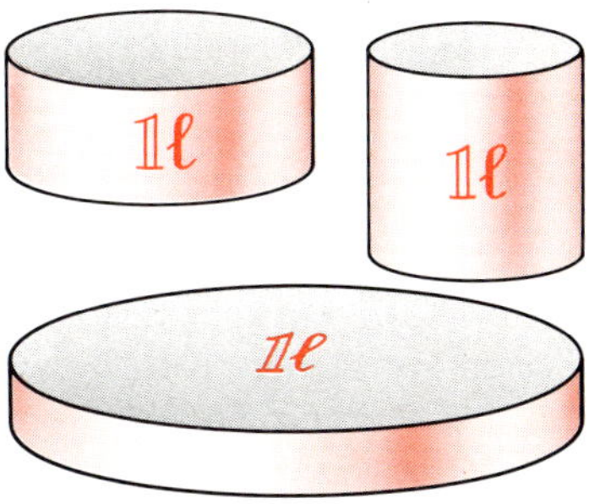

181.1

26 Welche Gerade durch P(2|1) begrenzt mit den (positiven) Koordinatenachsen

a) ein Dreieck mit minimalem Flächeninhalt

b) ein Dreieck, das bei Rotation um die x-Achse einen Kegel mit minimalem Rauminhalt erzeugt?

27 Julius Pflüger stellte im Jahre 1915 eine „Schönheitsbedingung" für „einfache geometrische Gebilde" auf. Danach ist eine geschlossene Figur mit gegebenem Umfang dann „am schönsten", wenn sie eine möglichst große Fläche begrenzt. Weil ähnliche Figuren dasselbe Schönheitsmaß haben sollten, definierte er den Quotienten

$T=\frac{A}{U^2}$ (A: Flächeninhalt; U: Umfang) als „ästhetische Maßzahl".

a) Berechne T für ein gleichseitiges Dreieck, ein regelmäßiges Sechseck und einen Kreis.

b) Welches Rechteck mit der festen Länge a und der Breite x ist „am schönsten"?

c) Welches gleichschenklige Dreieck mit der festen Grundseite a ist „am schönsten"?

d) Zeige: Ein Kreisausschnitt ist „am schönsten", wenn sein Bogen gleich lang ist wie die beiden geradlinigen Begrenzungsstücke zusammen.

28 Zwei mit der Geschwindigkeit v (in $\frac{km}{h}$) fahrende Autos sollten den Sicherheitsabstand $s=\frac{v^2}{100}+\frac{v}{3,6}+6$ (in m) einhalten. Dabei ist $\frac{v^2}{100}$ m der Bremsweg, $\frac{v}{3,6}$ m der sog. Reaktionsweg und 6 m der Platzbedarf eines stehenden Autos. Da ein Auto in 1 Std. eine Strecke von $1000 \cdot v$ m zurücklegt, passieren dann stündlich $\frac{1000 \cdot v}{s}$ Autos eine Meßstelle. Dieser Quotient heißt „Verkehrsdichte".

Bei welcher Geschwindigkeit v ist die Verkehrsdichte am größten? Wie viele Autos passieren dann stündlich die Meßstelle?

29 Werden zwei Ohmsche Widerstände R_1 und R_2 parallel geschaltet, so gilt für den Gesamtwiderstand R der Schaltung: $\frac{1}{R}=\frac{1}{R_1}+\frac{1}{R_2}$.

Ein Widerstand R_1, der mit 4,000 Ω angegeben ist, und ein Widerstand R_2, der zu 2 Ω gemessen wurde, werden parallelgeschaltet. Wie wirkt sich ein Meßfehler von ± 0,02 Ω bei R_2 auf den Gesamtwiderstand aus? Wieviel Prozent beträgt der relative Fehler des Gesamtwiderstandes?

43 Trigonometrische Funktionen

43.1 Funktionsuntersuchungen

1 Nenne Eigenschaften der trigonometrischen Funktionen sin und cos.

Die trigonometrischen Funktionen sin und cos sind für alle $x \in \mathbb{R}$ definiert.
Das Schaubild von sin ist punktsymmetrisch zu O, das Schaubild von cos ist achsensymmetrisch zur y-Achse.
Beide Funktionen haben unendlich viele Nullstellen (= Wendestellen) und unendlich viele lokale Extremstellen; die globalen Extremwerte sind jeweils +1 und −1.
Die Funktionen sin und cos sind differenzierbar; es ist

$$\sin' x = \cos x \qquad \cos' x = -\sin x.$$

Mit Hilfe der Ketten-, Produkt- oder Quotientenregel erhält man hieraus die Ableitungen zusammengesetzter Funktionen.

Beispiel 1: a) $f(x) = \sin \frac{\pi}{2} x$ b) $g(x) = \sin x \cdot \cos x$ c) $h(x) = \frac{\sin x}{x}$

$f'(x) = \frac{\pi}{2} \cos \frac{\pi}{2} x$ $g'(x) = \cos^2 x - \sin^2 x$ $h'(x) = \frac{x \cos x - \sin x}{x^2}$

Die auffälligste und wichtigste Eigenschaft, die bei trigonometrischen Funktionen auftritt, ist die Periodizität. Solche Funktionen eignen sich daher insbesondere zur mathematischen Beschreibung sich wiederholender Vorgänge (z. B. Kreisbewegungen, Schwingungen). Ist p die Periodenlänge einer Funktion, so genügt es, diese auf einem Intervall der Länge p zu untersuchen.

Im folgenden untersuchen wir zunächst eine Funktion, deren Funktionsterm die Form $f(x) = a \cdot \sin(bx + c)$ hat. Solche Funktionen treten besonders häufig auf; man kann zeigen (vgl. Aufgabe 17), daß jede Funktion f mit $f(x) = a_1 \cdot \sin bx + a_2 \cdot \cos bx$ auch in der Form $f(x) = a \cdot \sin(bx + c)$ dargestellt werden kann.

Beispiel 2: $f(x) = 3\sin\left(2x - \frac{\pi}{2}\right)$

1. Periode:
Da die Sinusfunktion die Periode 2π hat, markieren x_1 und x_2 „Anfang" und „Ende" einer Periode, wenn gilt:

$$2x_1 - \frac{\pi}{2} = 0 \text{ bzw. } x_1 = \frac{1}{4}\pi \quad \text{und} \quad 2x_2 - \frac{\pi}{2} = 2\pi \text{ bzw. } x_2 = \frac{5}{4}\pi.$$

Somit hat f die Periode $p = x_2 - x_1 = \pi$.
Wir untersuchen f weiterhin auf dem Intervall $[0;\pi[$.

2. Nullstellen:
Da die Sinusfunktion die Nullstellen $k\pi$ ($k \in \mathbb{Z}$) hat, ist $f(x) = 0$ erfüllt für alle x mit

$$2x - \frac{\pi}{2} = k\pi \quad \text{bzw.} \quad x = (2k+1)\frac{\pi}{4} \qquad (k \in \mathbb{Z}).$$

Von diesen liegen in $[0;\pi[$ nur die (sich für $k = 0$ und $k = 1$ ergebenden) Werte

$$x_1 = \frac{1}{4}\pi \quad \text{und} \quad x_3 = \frac{3}{4}\pi.$$

3. Ableitungen:
$f'(x) = 6\cos\left(2x - \frac{\pi}{2}\right)$; $f''(x) = -12\sin\left(2x - \frac{\pi}{2}\right)$; $f'''(x) = -24\cos\left(2x - \frac{\pi}{2}\right)$

4. Extremstellen:

Notwendige Bedingung: $f'(x)=0$, also $6\cos\left(2x-\frac{\pi}{2}\right)=0$, ist erfüllt für alle x mit

$$2x-\frac{\pi}{2}=(2k+1)\frac{\pi}{2} \quad \text{bzw.} \quad x=(k+1)\frac{\pi}{2} \qquad (k\in\mathbb{Z}).$$

Von diesen liegen in $[0;\pi[$ die (sich für $k=-1$ und $k=0$ ergebenden) Werte

$$x_4=0 \quad \text{und} \quad x_5=\frac{\pi}{2} \quad \text{mit } f(0)=-3 \text{ und } f\left(\frac{\pi}{2}\right)=3.$$

Hinreichende Bedingung:

$f''(0)=12$; $f(0)$ ist lokales Minimum,

$f''\left(\frac{\pi}{2}\right)=-12$; $f\left(\frac{\pi}{2}\right)$ ist lokales Maximum.

Extrempunkte: $H(0|-3)$, $T\left(\frac{\pi}{2}|3\right)$

5. Wendestellen:

Notwendige Bedingung:

$f''(x)=0$ führt auf $x=\frac{1}{4}\pi$ oder $x=\frac{3}{4}\pi$.

Hinreichende Bedingung:

$f'''\left(\frac{1}{4}\pi\right)=-24$; $f'''\left(\frac{3}{4}\pi\right)=24$; somit

Wendepunkte: $W_1\left(\frac{1}{4}\pi|0\right)$, $W_2\left(\frac{3}{4}\pi|0\right)$

6. Schaubild:

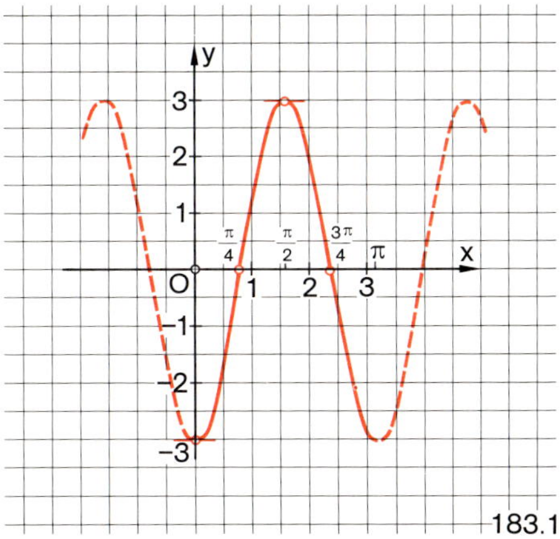

183.1

Wir berechnen ergänzend die Steigungen der Wendetangenten: $f'\left(\frac{1}{4}\pi\right)=6$; $f'\left(\frac{3}{4}\pi\right)=-6$. Fig. 183.1 zeigt das Schaubild von f.

Bemerkung: Die wesentlichen Ergebnisse der Untersuchung lassen sich auch ohne Rechnung finden, wenn man beachtet, wie das Schaubild von f aus dem bekannten Schaubild der Sinusfunktion hervorgeht (vgl. S. 43). Fig. 183.2 zeigt jeweils eine Periode.

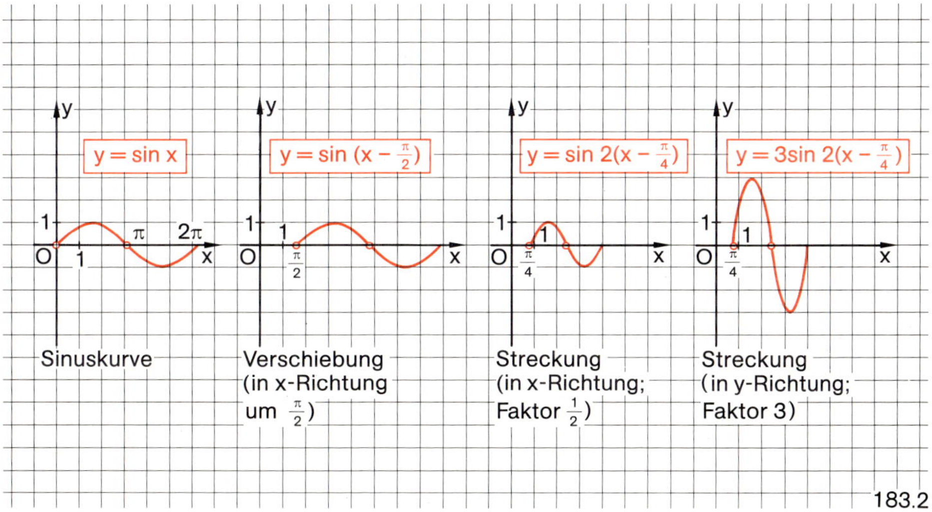

183.2

Merke: Eine Funktion f mit $f(x)=\sin(bx+c)$ hat die Periode $p=\frac{2\pi}{b}$.

Beispiel 3: $f(x) = \sin x + 2\cos x$
Um das Schaubild dieser Funktion zu ermitteln, zeichnen wir die bekannten Schaubilder von

$$f_1(x) = \sin x \quad \text{und}$$
$$f_2(x) = 2\cos x$$

in dasselbe Koordinatensystem (Fig. 184.1). Danach ermitteln wir das Schaubild von

$$f = f_1 + f_2$$

durch Ordinatenaddition.

Bemerkung: Zur exakten Bestimmung z. B. der Nullstellen und Extremstellen ist eine rechnerische Untersuchung notwendig. Sie folgt in 43.2, Beispiel 5, nachdem weitere Hilfsmittel zur Verfügung stehen.

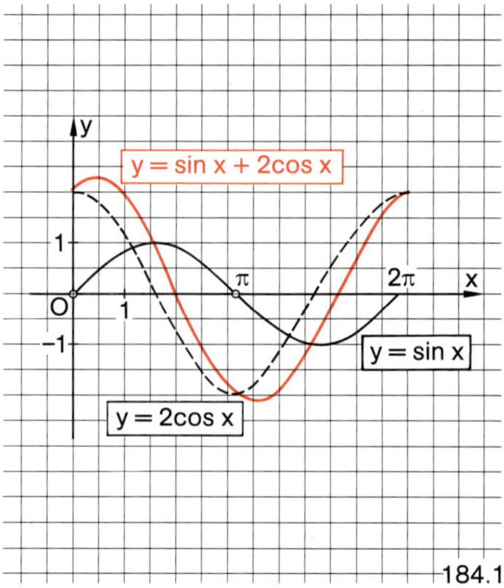

184.1

2 Leite zweimal ab.

a) $f(x) = \cos 2x$ b) $g(x) = \sin(\frac{\pi}{2} - x)$ c) $h(x) = x \sin x$ d) $k(x) = x \cos(-x)$

3 Führe für die Funktion f mit $f(x) = 2\cos(\frac{1}{2}x + \pi)$ und $x \in [-2\pi; 2\pi[$ eine Untersuchung durch wie in Beispiel 2. Zeichne ein Schaubild (LE = 1 cm).

Aufgaben

4 Zeichne ein Schaubild der Funktion f im Periodenintervall $[0; p[$.

a) $f(x) = 3\sin x$ b) $f(x) = -2\cos x$ c) $f(x) = 1 + \sin x$ d) $f(x) = 2 - \cos x$

e) $f(x) = \sin(x - \pi)$ f) $f(x) = \cos(x + \frac{\pi}{2})$ g) $f(x) = 2\sin(x - \frac{\pi}{2})$ h) $f(x) = \sin 2x$

i) $f(x) = \cos\frac{1}{2}x$ j) $f(x) = -3\sin\frac{2}{3}x$ k) $f(x) = 4\sin(\frac{1}{2}x - \pi)$ l) $f(x) = -2\cos(2x + \frac{\pi}{2})$

5 Gib die Periode p an. Leite zweimal ab.

a) $f(x) = 4\cos x$ b) $f(x) = \cos 3x$ c) $f(x) = \sin\frac{2}{3}x$ d) $f(x) = \cos(-2x)$

e) $f(x) = \sin(x - \frac{\pi}{4})$ f) $f(x) = 2\cos(1 - x)$ g) $f(x) = \sin(2x - \pi)$ h) $f(x) = 3\cos(\frac{\pi}{2} - 4x)$

i) $f(x) = \cos\frac{\pi}{2}x$ j) $f(x) = \sin x + \cos x$ k) $f(x) = \sin x + \sin 2x$ l) $f(x) = \sin^2 x$

6 Untersuche das Schaubild im Periodenintervall $[0; p[$ auf Schnittpunkte mit der x-Achse samt Steigungen sowie auf Extrem- und Wendepunkte. Zeichne das Schaubild.

a) $f(x) = \sin 4x$ b) $f(x) = \sin 0{,}5x$ c) $f(x) = 2\sin(-x)$

d) $f(x) = 3\cos 0{,}5x$ e) $f(x) = -2\sin 2x$ f) $f(x) = -2{,}5\sin(3x - \pi)$

g) $f(x) = 4\sin(\frac{2}{3}x - \pi)$ h) $f(x) = -3{,}5\cos(\frac{3}{2}x + \frac{\pi}{2})$ i) $f(x) = \sin(\frac{\pi}{2} - \frac{2}{3}x)$

7 Zeichne mittels Ordinatenaddition im Periodenintervall $[0; p[$ ein Schaubild.

a) $f(x) = \sin x + \cos x$ b) $f(x) = \sin x - \cos x$ c) $f(x) = 2\sin x + \cos x$

d) $f(x) = 3\sin x - \cos x$ e) $f(x) = \sin x + \sin 2x$ f) $f(x) = \cos x - \sin 2x$

g) $f(x) = 1 + \sin\frac{\pi}{2}x$ h) $f(x) = 3 - \frac{1}{2}\cos\frac{1}{2}x$ i) $f(x) = 4 - 1{,}5\sin(2x - \frac{\pi}{4})$

8 Untersuche die folgende Funktion auf Extrem- und Wendestellen. Zeichne mittels Ordinatenaddition ein Schaubild.

a) $f(x) = x + \sin x$ b) $f(x) = x - \sin x$ c) $f(x) = \frac{1}{2}x - 2\cos\frac{1}{2}x$

9 Untersuche das Schaubild der folgenden Funktion auf Periodizität, Symmetrie zum Ursprung bzw. zur y-Achse, Schnittpunkte mit der x-Achse, Extrem- und Wendepunkte. Zeichne ein Schaubild.

a) $f(x) = 3\sin x \cdot \cos x$ b) $f(x) = \sin^2 x$ c) $f(x) = \cos^3 x$

(Anleitung: Beachte, daß $\sin^2 x + \cos^2 x = 1$ gilt für alle $x \in \mathbb{R}$.)

10 Welche Kurve mit einer Gleichung der Form $y = a \cdot \sin bx$ hat die Periode π ($\frac{\pi}{2}$; $\frac{\pi}{3}$; 4π; 3) und im Ursprung die Steigung 2?

11 Welche Beziehung besteht zwischen b_1 und b_2, wenn sich die zu $f(x) = \sin b_1 x$ und $g(x) = \sin b_2 x$ gehörenden Schaubilder im Ursprung orthogonal schneiden?

12 a) Welche Parabel 2. Ordnung berührt die Sinuskurve $K: y = \sin x$ in $O(0|0)$ und $A(\pi|0)$? Liegt der Scheitel der Parabel oberhalb oder unterhalb der Sinuskurve?

b) Die Funktion sin soll im Intervall $[0; \frac{\pi}{2}]$ durch eine ganzrationale Funktion g 2. Grades angenähert werden, so daß beide Funktionen für $x = 0$ in den Funktionswerten und den 1. Ableitungen sowie für $x = \frac{\pi}{2}$ in den Funktionswerten übereinstimmen. Ermittle g.

13 Zeichne für $x \in [0; 2\pi[$ die Schaubilder der Funktionen f und g mit $f(x) = \sin x$, $g(x) = \sin(x - \frac{\pi}{3})$.

Für welche $x \in [0; 2\pi[$ ist die Differenz $f(x) - g(x)$ am größten? Wie groß ist die maximale Differenz?

14 Zeichne die Kosinuskurve $K: y = \cos x$ für $x \in [0; \frac{\pi}{2}]$ (LE = 2 cm) sowie in einem beliebigen Punkt $P(u|v)$ der gezeichneten Kurve die Normale. Ihr Schnittpunkt mit der x-Achse sei S. Kann man P so wählen, daß S eine negative Abszisse hat? Untersuche, wie sich die Lage von S ändert, wenn P den gezeichneten Kurvenbogen durchläuft.

15 Wie ist bei einem gleichschenkligen Dreieck mit der Schenkellänge s der Basiswinkel α zu wählen, damit der Flächeninhalt des Dreiecks maximal wird?

16 Aus vier gleich breiten Brettern soll eine oben offene symmetrische Rinne (Fig. 185.1) hergestellt werden, so daß zwei ihrer Wände parallel sind. Wie ist der Winkel α der beiden anderen Wände zu wählen, damit das Fassungsvermögen der Rinne möglichst groß wird?

17 Zeige, daß man die Funktion f mit

$f(x) = \sin x + \sqrt{3}\cos x$ auch in der Form

$$f(x) = 2\sin\left(x + \frac{\pi}{3}\right)$$

darstellen kann. (Anleitung: Verwende das Additionstheorem der Sinusfunktion $\sin(x + y) = \sin x \cdot \cos y + \cos x \cdot \sin y$.)

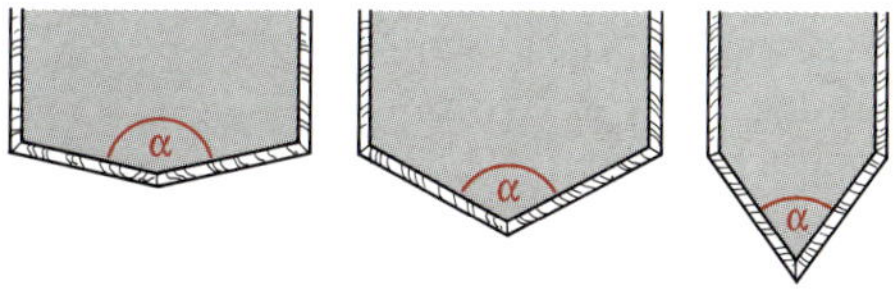

185.1

18 a) Begründe am Funktionsterm von $f(x) = \begin{cases} 2x^2 + x^2 \sin\frac{1}{x} & \text{für } x \neq 0 \\ 0 & \text{für } x = 0 \end{cases}$, daß die Funktion f im Nullpunkt ein lokales (sogar globales) Minimum besitzt.

b) Bilde f' und zeige, daß f' in jeder noch so kleinen einseitigen Nullumgebung sowohl positive als auch negative Werte annimmt.

c) Wieso zeigt die Funktion f, daß der Vorzeichenwechsel von f' an der Stelle x_0 nicht notwendig dafür ist, daß $f(x_0)$ lokaler Extremwert ist? (Vgl. Satz 2, S. 126).

43.2 Die Tangensfunktion

19 Was bedeutet das Verkehrsschild in Fig. 186.1? Warum verwendet man nicht eine tatsächlich zu fahrende Strecke von 100 m, sondern eine gedachte horizontale Strecke von 100 m Länge als Bezugsstrecke? Welcher Steigungswinkel α entspricht einer Steigung von 100 %?

186.1

Ist $P(u|v)$ ein Punkt des Einheitskreises, also $u = \cos x$, $v = \sin x$ (Fig. 186.2), so heißt der Quotient $v:u$ Tangens von x. Es ist also: $\mathbf{\tan x = \frac{\sin x}{\cos x}}$.

tan x wird in Fig. 186.2 durch die Strecke AT veranschaulicht; im angegebenen Fall ist $\alpha = 60°$, also $x = \frac{\pi}{3} \approx 1{,}05$; die Strecke AT hat die Länge $\overline{AT} \approx 1{,}73$ LE. Daher ist $\tan \frac{\pi}{3} \approx 1{,}73$.

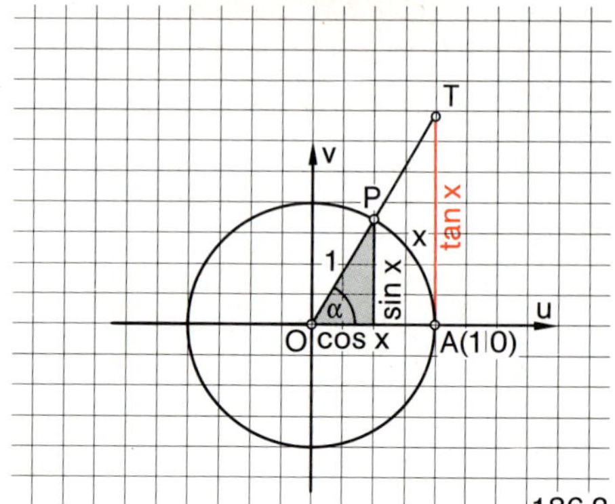

186.2

Die Funktion $x \mapsto \tan x$ heißt **Tangensfunktion**. Sie ist definiert für alle x mit $\cos x \neq 0$, d. h., $x \neq (2k+1)\frac{\pi}{2}$, $k \in \mathbb{Z}$.

Wegen $\sin(\pi + x) = -\sin x$ und $\cos(\pi + x) = -\cos x$, ist $\tan(x + \pi) = \tan x$; die Tangensfunktion ist periodisch mit der Periode π. Es genügt daher, sie z. B. auf dem Intervall $]-\frac{\pi}{2}; \frac{\pi}{2}[$ zu betrachten.

Für $x \to \frac{\pi}{2}$ gilt $\tan x \to +\infty$, für $x \to -\frac{\pi}{2}$ entsprechend $\tan x \to -\infty$. Die Geraden mit den Gleichungen $x = \frac{\pi}{2}$ und $x = -\frac{\pi}{2}$ sind senkrechte Asymptoten.

Da $\sin(-x) = -\sin x$, $\cos(-x) = \cos x$, ist $\tan(-x) = -\tan x$; das Schaubild der Funktion tan (Fig. 186.3) ist daher punktsymmetrisch zum Ursprung.

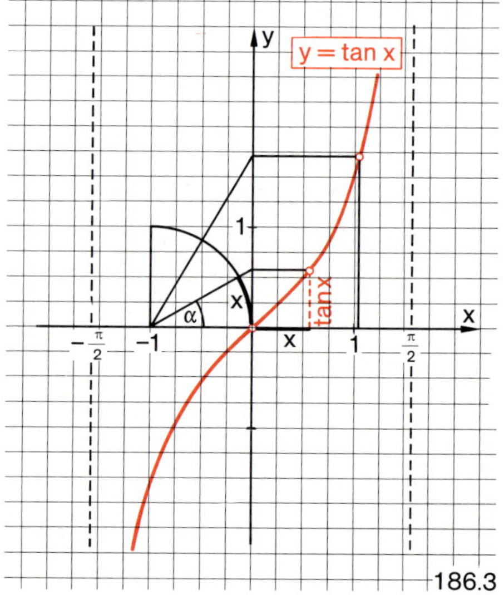

186.3

Nach Satz 2 von S. 165 ist die Tangensfunktion an jeder Stelle ihrer Definitionsmenge differenzierbar. Die Quotientenregel liefert: $\tan' x = \frac{\cos x \cdot \cos x + \sin x \cdot \sin x}{\cos^2 x} = \frac{1}{\cos^2 x}$.

Satz: Für die Tangensfunktion gilt: $\mathbf{\tan' x = \frac{1}{\cos^2 x}}$.

Beispiel 4: (Tangenskurve)
Das in Fig. 186.3 dargestellte Schaubild der Funktion f mit $f(x) = \tan x$ hat im Ursprung die Steigung $f'(0) = 1$, für $x = \frac{\pi}{6} \approx 0{,}52$ $(\alpha = 30°)$ die Steigung $f'(\frac{\pi}{6}) = \frac{4}{3}$ und für $x = \frac{\pi}{3} \approx 1{,}05$ $(\alpha = 60°)$ die Steigung $f'(\frac{\pi}{3}) = 4$.

Beispiel 5: $f(x) = \sin x + 2\cos x$ (Fig. 184.1)
Da sowohl sin als auch cos die Periode 2π haben, gilt dasselbe für die Funktion f. Wir berechnen Null-, Extrem- und Wendestellen von f im Intervall $[0;2\pi[$.

1. Nullstellen:
Die Gleichung $\sin x + 2\cos x = 0$ formen wir so um, daß nur noch eine einzige trigonometrische Funktion auftritt. Dazu dividieren wir die Gleichung durch cos x (was für $x \neq (2k+1)\frac{\pi}{2}$, $k \in \mathbb{Z}$ erlaubt ist) und erhalten

$$\tan x + 2 = 0; \quad \tan x = -2; \quad x = -1{,}11 + k\pi \text{ (auf 2 Dezimalen; } k \in \mathbb{Z}).$$

In $[0;2\pi[$ liegen die (sich für $k = 1$ und $k = 2$ ergebenden) x-Werte

$$x_1 = 2{,}03; \quad x_2 = 5{,}17 \text{ (auf 2 Dezimalen).}$$

Da wir bisher die x-Werte $(2k+1)\frac{\pi}{2}$ ausgeschlossen haben, müssen wir prüfen, ob sich unter diesen weitere Nullstellen befinden. Das ist nicht der Fall.

2. Extremstellen:

$$f'(x) = \cos x - 2\sin x; \quad f''(x) = -\sin x - 2\cos x; \quad f'''(x) = -\cos x + 2\sin x$$

Notwendige Bedingung: $\cos x - 2\sin x = 0$ führt nach Division durch cos x auf

$$1 - 2\tan x = 0; \quad \tan x = 0{,}5; \quad x = 0{,}46 + k\pi \text{ (auf 2 Dezimalen; } k \in \mathbb{Z}).$$

In $[0;2\pi[$ liegen die (sich für $k = 0$ und $k = 1$ ergebenden) x-Werte

$$x_3 = 0{,}46; \quad x_4 = 3{,}61 \text{ (auf 2 Dezimalen).}$$

Für die (bisher ausgeschlossenen) Werte $(2k+1)\frac{\pi}{2}$ ist $f'(x) \neq 0$.
Hinreichende Bedingung: $f''(0{,}46) = -2{,}24$; $f''(3{,}61) = 2{,}24$
Extrempunkte: $H(0{,}46|2{,}24)$ ist Hochpunkt; $T(3{,}61|-2{,}24)$ ist Tiefpunkt.

3. Wendestellen:
Wegen $f''(x) = -f(x)$ und $f'''(x) = -f'(x)$ sind die Nullstellen auch Wendestellen.

20 Untersuche die Funktion f mit $f(x) = \cos x - \sin x$ auf Null-, Extrem- und Wendestellen. Zeichne mittels Ordinatenaddition ein Schaubild.

Aufgaben

21 Gib die folgenden Tangenswerte (ggf. auf 2 Dezimalen gerundet) an.
a) $\tan 0{,}5$ b) $\tan \frac{1}{4}\pi$ c) $\tan 1$ d) $\tan 1{,}5$ e) $\tan 1{,}6$ f) $\tan 3$
g) $\tan \pi$ h) $\tan 10$ i) $\tan(-0{,}8)$ j) $\tan(-\pi)$ k) $\tan(-8{,}7)$ l) $\tan(-\frac{3}{4}\pi)$

22 Bestimme die Lösungen im Intervall $[0;2\pi[$. Runde ggf. auf 2 Dezimalen.
a) $\tan x = 1$ b) $\tan x = 2$ c) $\tan x = -0{,}4$ d) $\tan x = -2{,}5$
e) $\tan(x - \frac{1}{2}\pi) = 1$ f) $\tan(x-1) = 1{,}24$ g) $\tan 2x = 4{,}61$ h) $\tan(2x - \frac{1}{4}\pi) = 1{,}75$

23 Ermittle die Lösungen im Intervall $[0;2\pi[$. Runde ggf. auf 2 Dezimalen.
a) $\sin x + \cos x = 0$ b) $2\sin x + \cos x = 0$ c) $1{,}2\sin x + 1{,}6\cos x = 0$ d) $\sin 2x - \cos 2x = 0$

24 Untersuche die folgende Funktion. Zeichne ein Schaubild (LE = 1 cm).
a) $f(x) = \sin x + \cos x$ b) $f(x) = \cos x - 2\sin x$ c) $f(x) = 2\cos 2x - 3\sin 2x$
d) $f(x) = \cos^2 x - \sin^2 x$ e) $f(x) = \tan \frac{1}{2}x$ f) $f(x) = \tan^2 x$

25 Untersuche das Schaubild der Funktion f mit $f(x) = 2x - \tan x$ für $x \in]-\frac{\pi}{2}; \frac{\pi}{2}[$ auf Hoch-, Tief- und Wendepunkte. Zeichne ein Schaubild (LE = 2 cm).

26 Untersuche das Schaubild der Funktion f mit $f(x) = \sin x + \tan x$ für $x \in [0; 2\pi[$ auf Schnittpunkte mit der x-Achse sowie Extrem- und Wendepunkte. Zeichne ein Schaubild.

27 Zeige, daß die in Beispiel 3 behandelte Funktion f mit $f(x) = \sin x + 2\cos x$ auch in der Form $f(x) = 2{,}24 \cdot \sin(x + 1{,}11)$ dargestellt werden kann (gerundet auf 2 Dezimalen; vgl. Aufgabe 17). Führe mit dieser neuen Darstellung eine Funktionsuntersuchung durch. Vergleiche mit den Ergebnissen in Beispiel 5.

28 Stelle die Funktion f mit $f(x) = \sin x + 2\sin(x - \frac{\pi}{3})$ in der Form $f(x) = a \cdot \sin(x + c)$ dar. Entwirf mit Hilfe der neuen Darstellung ein Schaubild der Funktion f.
(Anleitung: Wende auf $\sin(x - \frac{\pi}{3})$ und $\sin(x + c)$ das Additionstheorem der Sinusfunktion an; vgl. Aufgabe 17. Leite aus den beiden sich für $f(x)$ ergebenden Darstellungen zwei Gleichungen für a und c her; bestimme daraus a und c. Runde ggf. auf 2 Dezimalen.)

29 Verfahre wie in Aufgabe 28.
a) $f(x) = -2\sin x + \sin(x + 0{,}7)$ b) $f(x) = 3\sin x + \cos(x + 2{,}5)$
c) $f(x) = \frac{1}{2}\sin x + \cos(x - \frac{\pi}{6})$ d) $f(x) = \sin x + \sin(x - \frac{\pi}{4}) + \sin(x - \frac{3}{4}\pi)$

30 Untersuche das Schaubild der Funktion f mit $f(x) = \sin x + \sin(x - \frac{\pi}{4}) + \cos x$ für $0 \leqq x < 2\pi$ auf Nullstellen, Extrem- und Wendepunkte. Zeichne das Schaubild (LE = 2 cm).

31 Durch zwei Drähte D_1 und D_2 (Fig. 188.1) fließen Wechselströme J_1 bzw. J_2 (in Ampere), deren Abhängigkeit von der Zeit t (in Sekunden) durch
$J_1 = 2\sin 20\pi t$ bzw. $J_2 = 3\sin(20\pi t + \frac{\pi}{4})$
gegeben ist. Beide Ströme sind im Draht D_3 zum Strom $J = J_1 + J_2$ vereinigt.
a) Gib die Momentanwerte von J für die Zeitpunkte t = 0; 0,02; 0,04; 0,06 an.
b) Berechne den sog. Scheitelwert (Maximalwert) der Stromstärke J. (Anleitung: Stelle J(t) in der Form $J(t) = a \cdot \sin(20\pi t + c)$ dar.)

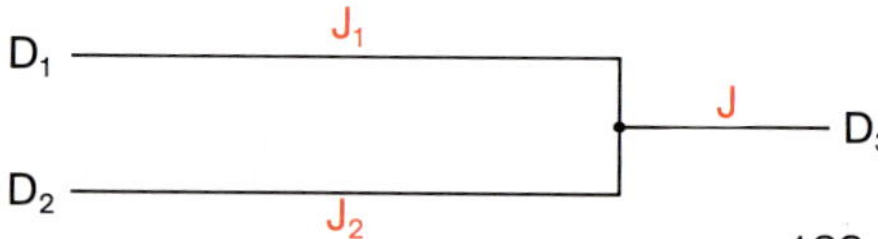

188.1

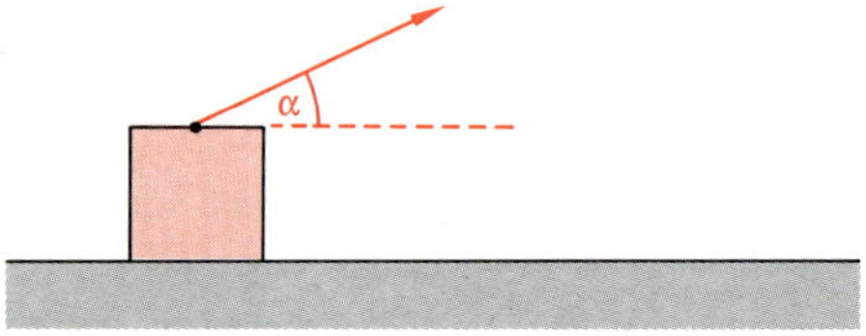

188.2

32 Auf einen Körper mit der Gewichtskraft G (in Newton) auf horizontaler Unterlage wirke eine Kraft F, die mit der Horizontalen einen Winkel α bildet (Fig. 188.2). Um den Körper horizontal auf der Unterlage zu verschieben, ist die Kraft
$$F(\alpha) = \frac{\mu G}{\cos\alpha + \mu \sin\alpha} \quad (0 \leqq \alpha \leqq 90°)$$
erforderlich (μ Gleitreibungszahl).
a) Es sei G = 100 N, μ = 0,4. Berechne F(α) für α = 10°, α = 30° und α = 50°. Für welchen Winkel α ist die erforderliche Kraft F(α) minimal? Um wieviel Prozent ist die ermittelte Minimalkraft kleiner als die bei horizontaler Kraftrichtung erforderliche Kraft F(0°)?
b) Bei welcher Gleitreibungszahl μ ist die Minimalkraft 80 % von F(0°)?
(Anleitung: Beachte, daß $\cos\alpha \cdot \sqrt{1 + \tan^2\alpha} = 1$ gilt. Begründung?)

44 Vermischte Aufgaben

1 a) Zeichne das Schaubild K der Funktion f mit $f(x)=\frac{1}{x^2}$.

b) Für welche Punkte $P(u|v)$ und $Q(-u|v)$ von K sind die Tangenten orthogonal?

c) K hat drei Tangenten, welche durch $P(\frac{5}{7}|\frac{4}{7})$ gehen. Gib ihre Gleichungen an sowie ihre Berührpunkte.

d) Wie ist c zu wählen, damit das Schaubild der Funktion g mit $g(x)=c-x^2$ die Kurve K berührt? Gib für diesen Fall die Berührpunkte an. Zeichne das dazugehörige Schaubild von g in das vorhandene Achsenkreuz ein.

2 K sei das Schaubild der Funktion f mit $f(x)=\frac{2}{x^2}$.

a) Die Tangente in einem Punkt $P(u|v)$ $(u>0)$ von K schneidet K in einem weiteren Punkt Q. Berechne die Koordinaten von Q in Abhängigkeit von u.

b) Die Tangenten in P und Q begrenzen mit der x-Achse ein Dreieck. Untersuche, wie sich der Flächeninhalt des Dreiecks ändert, wenn P die Kurve K durchläuft.

c) Für welche Punkte P^* und Q^* ist das in b) betrachtete Dreieck rechtwinklig?

3 a) Zeichne das Schaubild K_f der Funktion f mit $f(x)=\frac{1}{1+x^2}$.

b) Welche Parabeln mit einer Gleichung der Form $y=1-ax^2$ haben mit K_f mehr als einen Punkt gemeinsam?

c) Die Funktion f soll in einer Umgebung U von $x=0$ durch eine ganzrationale Funktion g mit $g(x)=1-ax^2$ möglichst gut angenähert werden. Wie ist a zu wählen? Zeige, daß für die gewählte Funktion g sowohl $g'(0)=f'(0)$ als auch $g''(0)=f''(0)$ gilt. Prüfe, ob für $x=0$ auch die dritten Ableitungen übereinstimmen.

d) Wie groß darf die Umgebung U höchstens sein, wenn die Differenz $f(x)-g(x)$ für $x\in U$ höchstens 0,01 betragen soll (2 Dezimalen)?

4 Gegeben ist die Funktion f mit $f(x)=\frac{1}{8}\cdot\frac{x^3}{x-2}$.

a) Untersuche f auf Asymptoten sowie Null-, Extrem- und Wendestellen. Entwirf eine Gebietseinteilung. Zeichne ein Schaubild von f (LE = 1 cm).

b) Gib für große $|x|$-Werte eine ganzrationale Näherungsfunktion g an mit $\lim\limits_{|x|\to+\infty}[f(x)-g(x)]=0$. Für welche x-Werte ist $|f(x)-g(x)|$ kleiner als 0,01?

c) Die Gerade mit der Gleichung $y=4$ schneidet das Schaubild von f in drei Punkten. Berechne ihre Abszissen (von denen eine ganzzahlig ist).

d) f kann für verschiedene x-Werte denselben Funktionswert c annehmen. Für welche Werte von c gibt es drei solche x-Werte, für welche gibt es genau einen solchen x-Wert? Für welches $c\in\mathbb{R}$ gibt es zwei solche x-Werte; um welche beiden x-Werte handelt es sich?

5 a) Untersuche das Schaubild K_t von f_t mit $f_t(x)=\frac{2x}{x^2+t^2}+\frac{1}{t}$ für $t\in\mathbb{R}^+$ auf gemeinsame Punkte mit den Koordinatenachsen, Asymptoten, Extrem- und Wendepunkte. Gib die Gleichungen der Wendetangenten an. Zeichne K_1 (LE = 1 cm).

b) Zeige, daß das Schaubild K_t zu einem seiner Wendepunkte symmetrisch ist.

c) Weise nach, daß die Verbindungsgerade der Wendepunkte von K_t für jedes $t\in\mathbb{R}^+$ Tangente ist an das Schaubild der Funktion g mit $g(x)=-\frac{1}{2x}$.
Gib die Koordinaten der Berührpunkte an.

d) Für welchen Wert von t sind die beiden parallelen Wendetangenten von K_t zur dritten Wendetangente orthogonal? Welchen Abstand voneinander haben die beiden parallelen Wendetangenten bei der zugehörigen Kurve K_t?

6 a) Zeige: Die Funktionen f_n mit $f_n(x)=(1+x)^n-(1+nx)$, $n\in\mathbb{N}\setminus\{1\}$, haben für alle $x\in\mathbb{R}$ mit $x>-1$ nur einen einzigen Extremwert.

b) Folgere aus a) die sogenannte Ungleichung von BERNOULLI[1] (vgl. Anhang A, Beispiel 3, S. 307): Für alle $n\in\mathbb{N}\setminus\{1\}$ und alle $x\in\mathbb{R}\setminus\{0\}$ mit $x>-1$ ist $(1+x)^n>1+nx$.

c) Zeige: Für ungerades n haben die Funktionen f_n für $x\leqq-1$ einen zweiten Extremwert.

d) Zeichne Schaubilder von f_2, f_3 und f_4 im Intervall $[-4;2]$.

7 K sei das Schaubild der Funktion f mit $f(x)=\frac{x^2-18}{x-5}$.

a) Ermittle die Asymptoten, die Schnittpunkte mit der x-Achse und die Extrempunkte von K. Zeige, daß K zum Schnittpunkt der Asymptoten symmetrisch ist. Zeichne die Kurve K (LE = 0,25 cm).

b) Aus welchen Parallelen zur x-Achse schneidet K jeweils eine Strecke der Länge 1,5 LE aus?

c) Die Kurve K und die x-Achse begrenzen eine Fläche. Dieser kann man ein Rechteck so einbeschreiben, daß jeweils eine Rechtecksseite auf der x-Achse und zwei Ecken auf K liegen. Bestimme die Koordinaten der Ecken des Rechtecks mit maximalem Flächeninhalt. Wie groß ist der Flächeninhalt des Rechtecks?

d) Untersuche, ob es unter den in c) genannten Rechtecken ein Rechteck gibt mit extremalem Umfang.

8 Zu jedem $t\in\mathbb{R}$ ist eine Funktion f_t gegeben durch $f_t(x)=x-t\cdot\sin x$. Das Schaubild von f_t sei K_t.

a) Zeichne für $0\leqq x\leqq 2\pi$ die Schaubilder K_2 und K_{-2} in dasselbe Koordinatensystem.

b) Berechne denjenigen Wert von t, für welchen K_t im Intervall $]0;2\pi]$ die x-Achse berührt. (Runde auf 3 Dezimalen.)

9 Die Tragfähigkeit T eines Balkens mit rechteckigem Querschnitt ist proportional zur Breite b und zum Quadrat der Höhe h (Fig. 190.1), d. h., es gilt

$$T=k\cdot b\cdot h^2.$$

a) Aus einem zylindrischen Stamm mit dem Durchmesser d = 60 cm soll ein Balken mit möglichst großer Tragfähigkeit geschnitten werden. Wie sind b und h zu wählen? Berechne das Verhältnis h : b für diesen Balken.

b) Für die Durchbiegung d eines Balkens der Länge l, der Breite b und der Höhe h unter der Last L gilt:

$$d=c\cdot L\cdot\frac{l^3}{h^3b}.$$

Wie ändert sich die Durchbiegung, wenn man l, h und b jeweils verdoppelt?

Wie ändert sie sich, wenn man einen Balken mit dem in a) ermittelten Seitenverhältnis h : b von einer der beiden möglichen Lagen (Fig. 190.1) in die andere kippt?

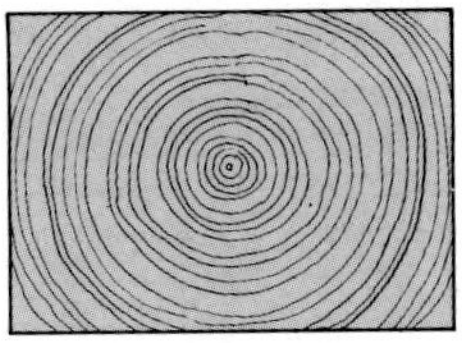

190.1

10 Auf einem runden Tisch vom Radius r liegt am Rand eine Solarzelle. Über der Tischmitte hängt eine in der Höhe verstellbare Lampe. Wie hoch muß sie über der Tischmitte angebracht werden, damit die Beleuchtungsstärke maximal ist? Die Beleuchtungsstärke E einer Lichtquelle mit der Lichtstärke J (in candela) beträgt

$$E=J\cdot\frac{\cos\varphi}{a^2}\quad\text{(in lux)};$$

dabei ist a die Entfernung von der Lichtquelle zum beleuchteten Objekt und φ der Winkel zwischen dem Lichtbündel zum Objekt und der Normalen zum Tisch.

---

1. JAKOB BERNOULLI (1654 – 1705), Schweizer Mathematiker.

VI Flächenberechnung

45 Der Flächeninhalt als Grenzwert

1 Fig. 191.1 und Fig. 191.2 zeigen den Umriß des Steinhuder Meeres bei Hannover aus einer Landkarte im Maßstab 1:200000. Welche Schranken für die Größe des Sees ergeben sich aus Fig. 191.1, welche ergeben sich aus Fig. 191.2? Wie läßt sich die Größe des Sees noch genauer bestimmen?

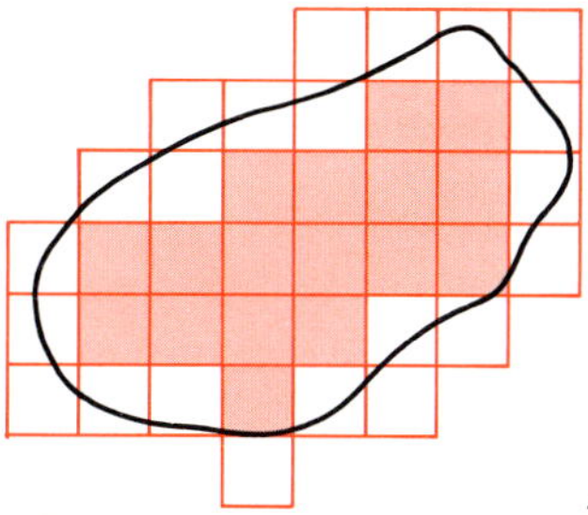

191.1

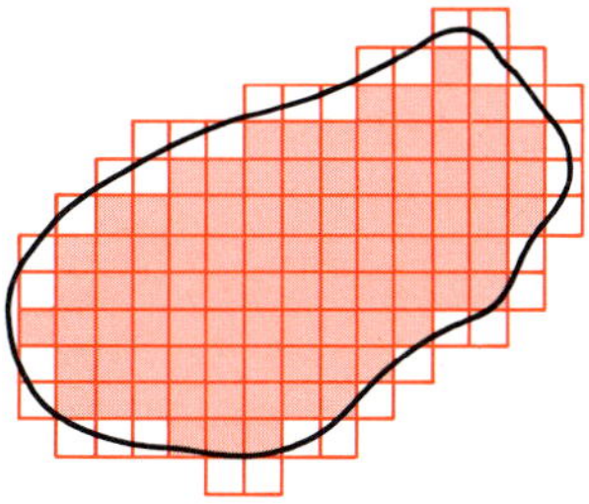

191.2

In der Elementargeometrie haben wir gelernt, wie der Flächeninhalt von geradlinig begrenzten Flächen zu berechnen ist. Im folgenden beschäftigen wir uns mit der Frage, wie man die Inhalte von krummlinig begrenzten Flächen bestimmen kann. Dazu betrachten wir zunächst Flächen wie in Fig. 191.3, die vom Schaubild einer Funktion f mit $f(x) \geqq 0$, zwei Parallelen zur y-Achse und der x-Achse begrenzt werden.

Um für den Inhalt A dieser Fläche einen ersten Näherungswert zu ermitteln, wurden ihr in Fig. 191.3 Rechtecke einbeschrieben. Die Breite (und damit die Anzahl) dieser Rechtecke können wir wählen; ihre Höhen ergeben sich danach mit Hilfe der Funktion f: Jedes Rechteck soll möglichst hoch sein, aber noch ganz zur betrachteten Fläche gehören. In Fig. 191.3 ergeben die vier Rechtecksinhalte zusammen die sogenannte **Untersumme** $U_4 = 7{,}25$. Diesen Näherungswert für A können wir systematisch verbessern, indem wir z. B. die Rechtecksbreiten halbieren und damit die Anzahl der Rechtecke verdoppeln. In Fig. 191.4 erhalten wir so die Untersumme $U_8 = 7{,}95$. Setzen wir das Verfahren fort, so werden wir auf eine monoton zunehmende, nach oben beschränkte **Folge $U_4, U_8, U_{16}, U_{32}, \ldots$ von Untersummen** geführt.

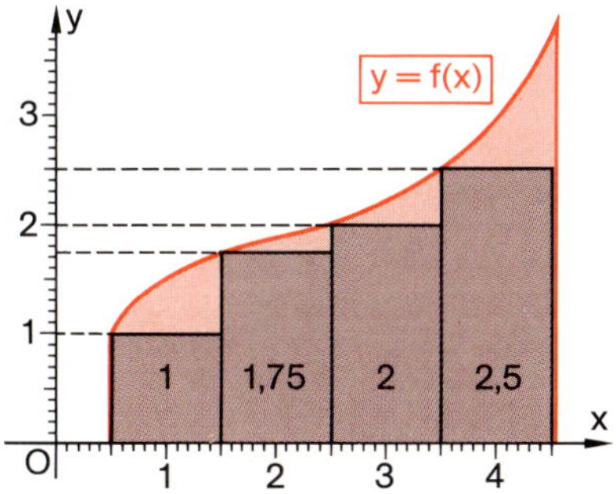

$U_4 = 7{,}25$ 191.3

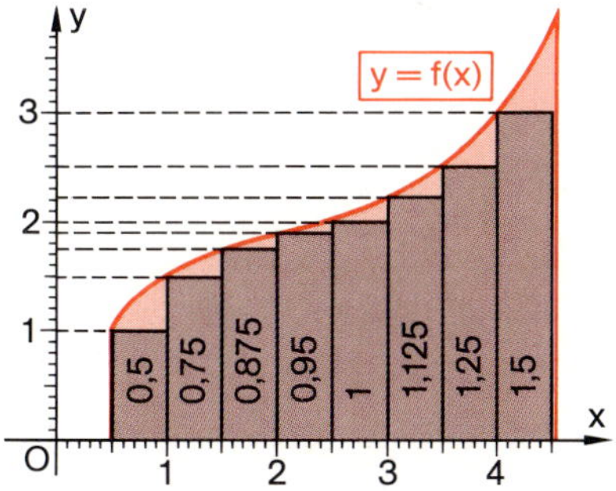

$U_8 = 7{,}95$ 191.4

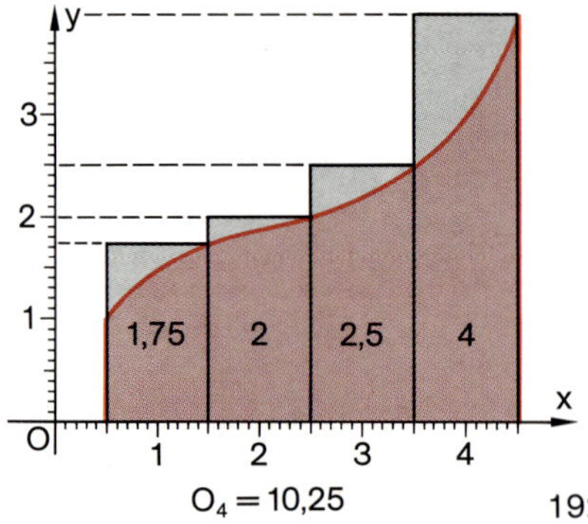

192.1

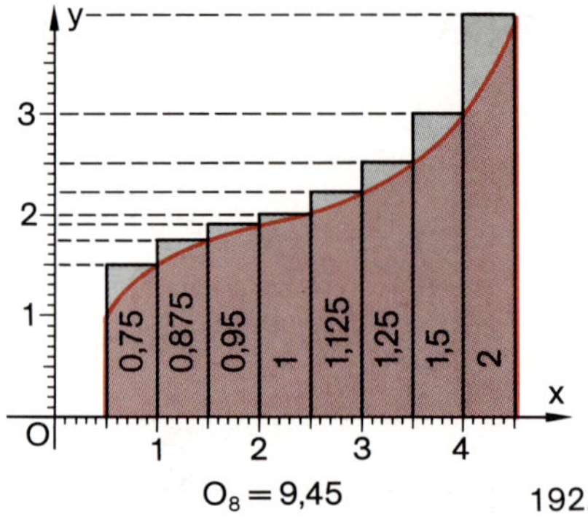

192.2

Fig. 192.1/2 zeigen eine andere Möglichkeit, den gesuchten Inhalt A der betrachteten Fläche anzunähern. Weil hier die Summen der Rechtecksinhalte jeweils größer sind als A, spricht man nun von **Obersummen**. Jetzt ergibt sich eine monoton abnehmende, nach unten beschränkte **Folge $O_4, O_8, O_{16}, O_{32}, \ldots$ von Obersummen**.

Der gesuchte Flächeninhalt A ist der gemeinsame **Grenzwert** einer in der beschriebenen Weise ermittelten Folge von Untersummen oder von Obersummen.

Beispiel 1: (Dreiecksinhalt als Grenzwert)

Das rot schraffierte Dreieck in Fig. 192.3 hat den Flächeninhalt $A = \frac{1}{2}b^2$. Wir zeigen nun, daß sich dieser Flächeninhalt auch als Grenzwert berechnen läßt. Enthält eine Untersumme U_n bzw. eine Obersumme O_n die Inhalte von n gleich breiten Rechtekken (Fig. 192.3/4), so gilt:

$$U_n = \frac{b}{n}\cdot 0 + \frac{b}{n}\cdot\frac{b}{n} + \frac{b}{n}\cdot 2\frac{b}{n} + \ldots + \frac{b}{n}(n-1)\frac{b}{n} = \frac{b^2}{n^2}(0+1+2+\ldots+(n-1))$$

$$O_n = \frac{b}{n}\cdot\frac{b}{n} + \frac{b}{n}\cdot 2\frac{b}{n} + \frac{b}{n}\cdot 3\frac{b}{n} + \ldots + \frac{b}{n}\cdot n\frac{b}{n} = \frac{b^2}{n^2}(1+2+3+\ldots+n).$$

Wegen $1+2+3+\ldots+(n-1) = \frac{1}{2}(n-1)n$ bzw. $1+2+3+\ldots+n = \frac{1}{2}n(n+1)$ (vgl. Aufg. 7) folgt

$$U_n = \frac{b^2}{n^2}\cdot\frac{1}{2}(n-1)n = \frac{1}{2}b^2\left(1-\frac{1}{n}\right) \qquad O_n = \frac{b^2}{n^2}\cdot\frac{1}{2}n(n+1) = \frac{1}{2}b^2\left(1+\frac{1}{n}\right).$$

Die verwendeten Rechtecke werden um so schmaler, je größer n ist. Daher gilt:

$$A = \lim_{n\to+\infty} U_n = \lim_{n\to+\infty} O_n = \frac{1}{2}b^2.$$

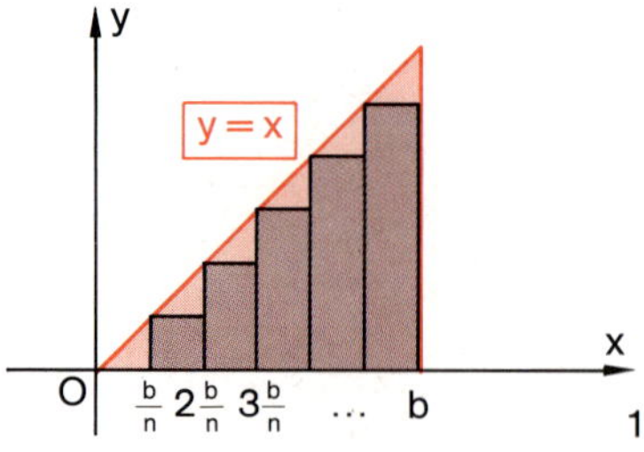

192.3

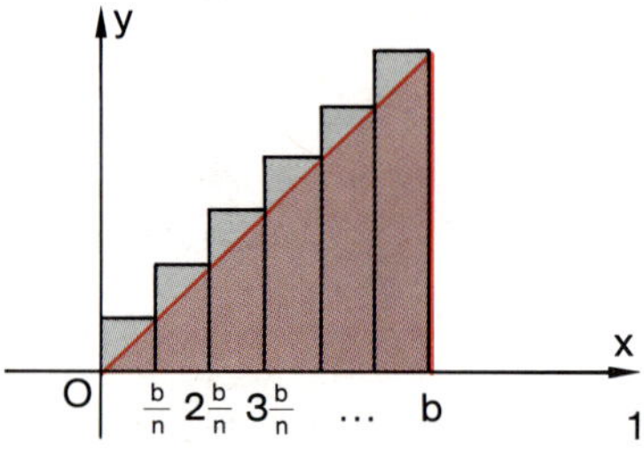

192.4

Beispiel 2: (Parabel als Randkurve)

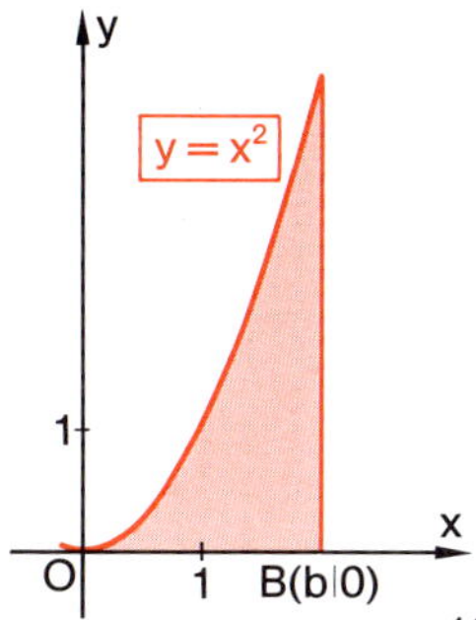

193.1

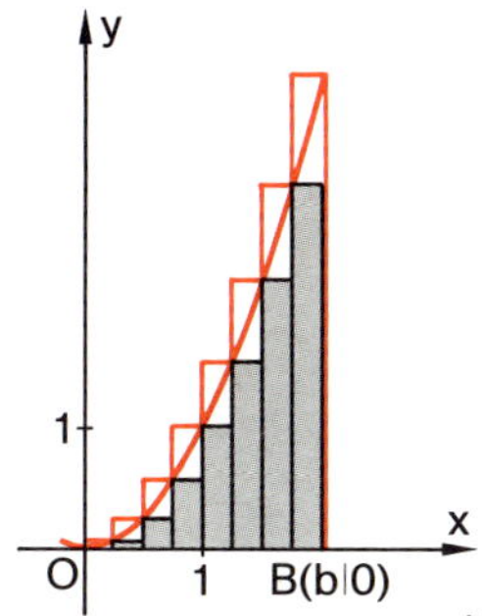

193.2

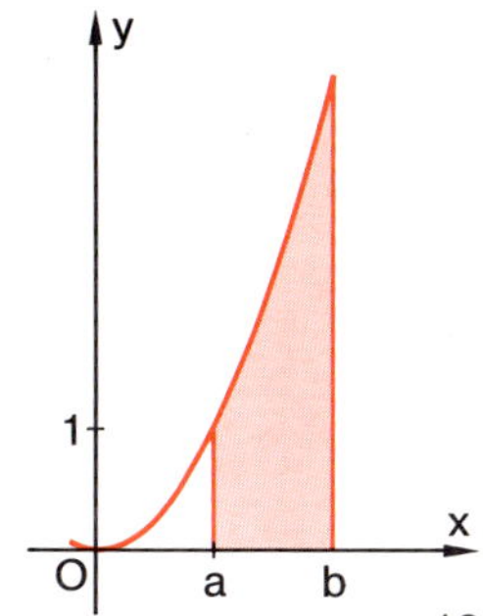

193.3

Wir berechnen den Inhalt A der in Fig. 193.1 schraffierten Fläche, die von der Parabel mit der Gleichung $y=x^2$, der Geraden mit der Gleichung $x=b$ und der x-Achse begrenzt ist. Wird das Intervall $[0;b]$ in n gleiche Teile unterteilt, so gilt für die zugehörige

Untersumme U_n (Fig. 193.2)

$$U_n=\frac{b}{n}\left(\frac{b}{n}\right)^2+\frac{b}{n}\left(2\frac{b}{n}\right)^2+\ldots+\frac{b}{n}\left((n-1)\frac{b}{n}\right)^2$$
$$=\frac{b^3}{n^3}(1^2+2^2+\ldots+(n-1)^2)$$

Obersumme O_n (Fig. 193.2)

$$O_n=\frac{b}{n}\left(\frac{b}{n}\right)^2+\frac{b}{n}\left(2\frac{b}{n}\right)^2+\frac{b}{n}\left(3\frac{b}{n}\right)^2+\ldots+\frac{b}{n}\left(n\frac{b}{n}\right)^2$$
$$=\frac{b^3}{n^3}(1^2+2^2+3^2+\ldots+n^2).$$

Wegen $1^2+2^2+\ldots+(n-1)^2=\frac{1}{6}(n-1)n(2n-1)$ bzw.

$1^2+2^2+\ldots+n^2=\frac{1}{6}n(n+1)(2n+1)$ (vgl. Aufg. 7) folgt

$$U_n=\frac{b^3}{6}\cdot\frac{n-1}{n}\cdot\frac{n}{n}\cdot\frac{2n-1}{n}=\frac{b^3}{6}\left(1-\frac{1}{n}\right)\left(2-\frac{1}{n}\right)$$

$$O_n=\frac{b^3}{6}\cdot\frac{n}{n}\cdot\frac{n+1}{n}\cdot\frac{2n+1}{n}=\frac{b^3}{6}\left(1+\frac{1}{n}\right)\left(2+\frac{1}{n}\right).$$

Die verwendeten Rechtecke werden um so schmaler, je größer n ist. Der gesuchte Flächeninhalt A ergibt sich als Grenzwert für $n\to+\infty$:

$$\mathbf{A}=\lim_{n\to+\infty}U_n=\lim_{n\to+\infty}O_n=\mathbf{\frac{1}{3}b^3}.$$

Für Flächen wie in Fig. 193.3 folgt daraus durch Differenzbildung

$$A=\frac{1}{3}b^3-\frac{1}{3}a^3;$$

z. B. ergibt sich im Fall $a=1$, $b=2$ der Flächeninhalt $A=\frac{1}{3}\cdot 2^3-\frac{1}{3}\cdot 1^3=\frac{7}{3}$.

2 Berechne (mit Hilfe des Ergebnisses in Beispiel 2) den Inhalt der Fläche, welche von der Parabel $K: y=x^2$, den Geraden mit den Gleichungen $x=a$ und $x=b$ sowie der x-Achse begrenzt wird, für

a) $a=0;\ b=2$ b) $a=2;\ b=5$ c) $a=0{,}4;\ b=1{,}5$ d) $a=1;\ b=\sqrt{3}$.

Aufgaben

3 a) Die Geraden mit den Gleichungen $y=x+1$ und $x=4$ begrenzen mit den Koordinatenachsen eine trapezförmige Fläche. Veranschauliche die Fläche in einem Koordinatensystem. Welche Untersummen U_2, U_4, U_{10} (welche Obersummen O_2, O_4, O_{10}) ergeben sich, wenn man das Intervall $[0;4]$ in 2 bzw. 4 bzw. 10 gleiche Teile unterteilt?

b) Ermittle allgemein die Untersumme U_n und die Obersumme O_n, wenn das Intervall $[0;4]$ in n gleiche Teile unterteilt wird. Bestimme $\lim\limits_{n\to+\infty}U_n$ und $\lim\limits_{n\to+\infty}O_n$. (Anleitung: Vgl. Beispiel 1, S. 192.)

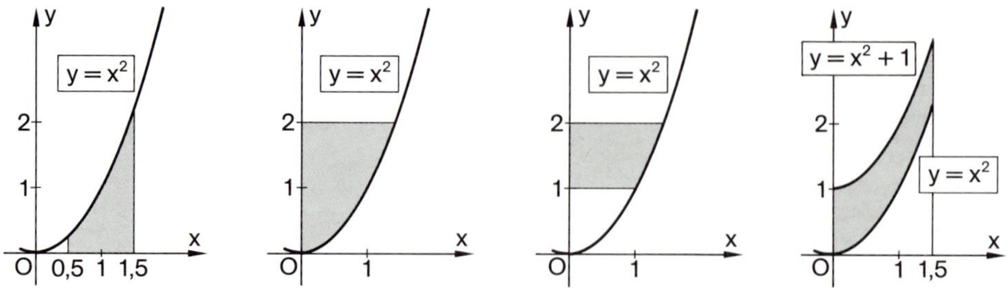

194.1

4 Berechne den Inhalt der Fläche, welche von der Parabel K: $y=\frac{1}{2}x^2$, $x \geqq 0$, der Geraden mit der Gleichung $x=b$ $(b>0)$ und der x-Achse begrenzt wird, mit Hilfe von Untersummen bzw. Obersummen. (Anleitung: Verfahre wie in Beispiel 2, S. 193.)

5 Berechne die Inhalte der in Fig. 194.1 schraffierten Flächen mit Hilfe des Ergebnisses von Beispiel 2 sowie geeigneter Differenz- oder Summenbildung.

6 a) Zeige: Die Fläche, welche die Parabel mit der Gleichung $y=-x^2+c$ $(c>0)$ und die x-Achse einschließen, hat den Flächeninhalt $A=\frac{4}{3}c\sqrt{c}$.

b) Welche Parabel P_1: $y=-x^2+c$ halbiert die Fläche, welche die Parabel P_2: $y=-x^2+4$ mit der x-Achse einschließt?

7 a) Es ist $(k-1)^2=k^2-2k+1$. Notiere untereinander die sich für $k=1;2;3;\ldots;n$ ergebenden Gleichungen. Zeige, daß durch „Addieren" dieser Gleichungen
$0=n^2-2(1+2+3+\ldots+n)+n$ folgt und hieraus

$$1+2+3+\ldots+n \quad =\frac{1}{2}n(n+1).$$

Berechne damit die Summe der ersten hundert natürlichen Zahlen.

b) Es ist $(k-1)^3=k^3-3k^2+3k-1$. Notiere die sich für $k=1;2;\ldots;n$ ergebenden Gleichungen. Zeige, daß durch „Addieren" dieser Gleichungen
$0=n^3-3(1^2+2^2+\ldots+n^2)+3(1+2+\ldots+n)-n$ folgt und hieraus

$$1^2+2^2+3^2+\ldots+n^2=\frac{1}{6}n(n+1)(2n+1).$$

Berechne damit die Summe der ersten hundert Quadratzahlen.

c) Zeige durch entsprechendes Vorgehen wie in a) und b), daß gilt:

$$1^3+2^3+3^3+\ldots+n^3=\frac{1}{4}n^2(n+1)^2.$$

Berechne die Summe der ersten hundert Kubikzahlen.

8 a) Die Kurve mit der Gleichung $y=x^3$, die Gerade mit der Gleichung $x=b$ $(b>0)$ und die x-Achse begrenzen eine Fläche (Fig. 194.2). Berechne den Inhalt dieser Fläche als Grenzwert von Untersummen oder von Obersummen. (Anleitung: Beachte die Formel von Aufgabe 7c).)

b) Verwende das Ergebnis, um den Inhalt der Fläche zu berechnen, die im 1. Feld von den Kurven mit den Gleichungen

$y=x^2$ und $y=x^3$ (Fig. 194.3)

eingeschlossen wird.

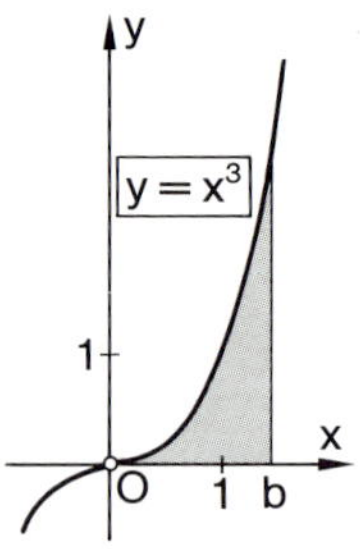

194.2

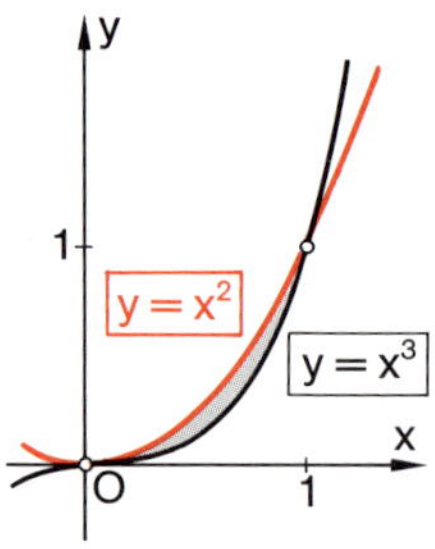

194.3

46 Flächeninhaltsfunktionen

1 Es sei A(x) der Inhalt des in Fig. 195.1 schraffierten Dreiecks. Berechne A(x) für $x=1;\ 2;\ 3$; lege eine Tabelle an. Skizziere das Schaubild der Funktion $x \mapsto A(x)$, die jeder Stelle x den Flächeninhalt des zugehörigen Dreiecks zuordnet. Für welchen Wert von x ist $A(x)=4{,}5$?

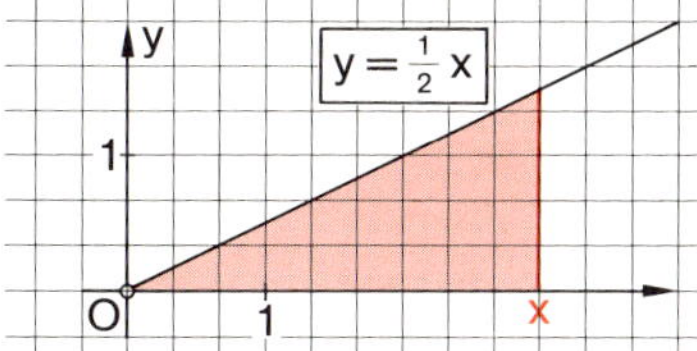

195.1

Die Funktion f sei auf dem Intervall [a;b] definiert und es sei $f(x) \geqq 0$ für $x \in [a;b]$. Die Fläche zwischen dem Schaubild von f und der x-Achse über dem Teilintervall [a;x] habe den Inhalt A(x) (Fig. 195.2). Dann nennt man die Funktion

$x \mapsto A(x)$ (Fig. 195.3)

Flächeninhaltsfunktion zur **Randfunktion** f über dem Intervall [a;b]. Für $x=a$ ist $A(a)=0$; für $x=b$ ist A(b) der Inhalt der Fläche über dem ganzen Intervall [a;b].

Bei gegebener Randfunktion f gehört zu jeder Stelle $a^* \in [a;b]$ eine Flächeninhaltsfunktion über $[a^*;b]$. Wir schreiben deshalb genauer $A_{a^*}(x)$ (Fig. 197.4) und sprechen von der Flächeninhaltsfunktion „zur Stelle a*".

Damit ist dann $A(x) = A_a(x)$.

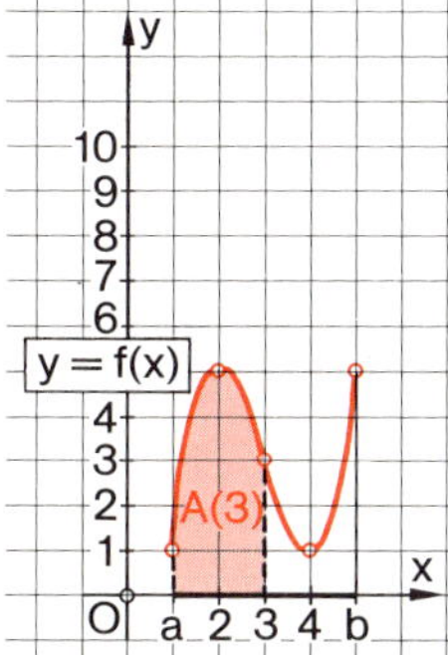

195.2

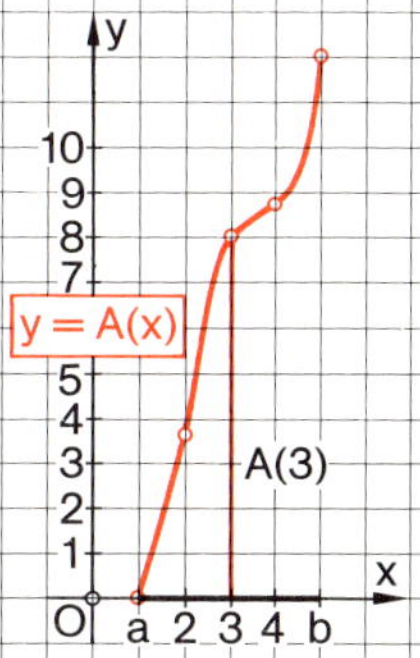

195.3

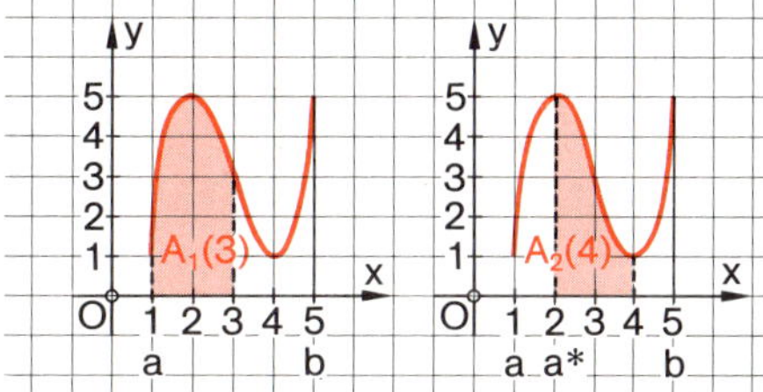

195.4

Beispiel 1: Die folgenden Flächeninhaltsfunktionen ergeben sich unmittelbar aus der geometrischen Veranschaulichung oder aus den bisherigen Überlegungen zur Flächenberechnung.

$f(x)=1$;	$a=0$;	$A_0(x) = x$
	$a=1$;	$A_1(x) = x-1$
$f(x)=x$;	$a=0$;	$A_0(x) = \frac{1}{2}x^2$
	$a=2$;	$A_2(x) = \frac{1}{2}x^2-2$
	$a=3$;	$A_3(x) = \frac{1}{2}x^2-\frac{9}{2}$
$f(x)=x+1$;	$a=0$;	$A_0(x) = \frac{1}{2}x^2+x$
	$a=1$;	$A_1(x) = \frac{1}{2}x^2+x-\frac{3}{2}$
$f(x)=x^2$;	$a=0$;	$A_0(x) = \frac{1}{3}x^3$
	$a=2$;	$A_2(x) = \frac{1}{3}x^3-\frac{8}{3}$
	$a=3$;	$A_3(x) = \frac{1}{3}x^3-9$
$f(x)=x^3$;	$a=0$;	$A_0(x) = \frac{1}{4}x^4$
	$a=0{,}5$;	$A_{0,5}(x) = \frac{1}{4}x^4-\frac{1}{64}$
	$a=2$;	$A_2(x) = \frac{1}{4}x^4-4$
	$a=4$;	$A_4(x) = \frac{1}{4}x^4-64$

Beispiel 2: $(a<0)$

Wir ermitteln für die Randfunktion f mit $f(x)=x^2$ die Flächeninhaltsfunktion zur Stelle $a=-1$. Da das Schaubild von f zur y-Achse symmetrisch ist, gilt

$$A_{-1}(0)=A_0(1) \qquad \text{(Fig. 196.1)}$$

und daher für $x>0$:

$$A_{-1}(x)=A_0(1)+A_0(x)=\frac{1}{3}+\frac{1}{3}x^3,$$

für $-1\leqq x\leqq 0$ (Fig. 196.2):

$$A_{-1}(x)=A_0(1)-A_0(-x)$$
$$=\frac{1}{3}-\frac{1}{3}(-x)^3,$$

also $\quad A_{-1}(x)=\frac{1}{3}x^3+\frac{1}{3}$ für alle $x\geqq -1$.

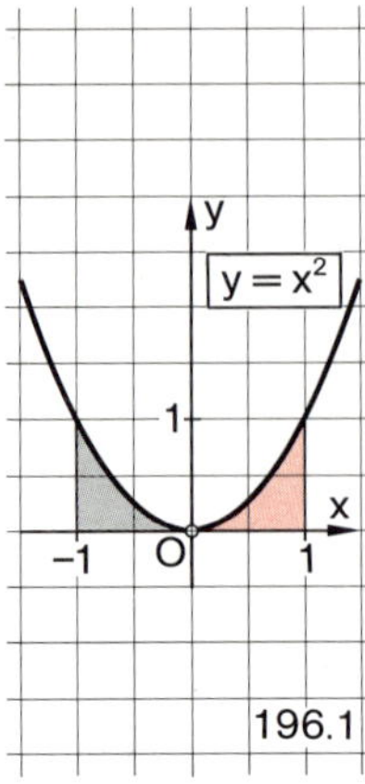

196.1

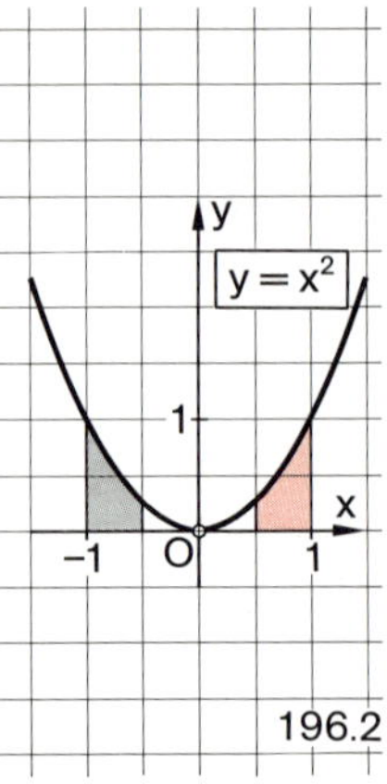

196.2

Ein Vergleich der in Beispiel 1/2 genannten Funktionen A_a mit der jeweils zugehörigen Funktion f läßt einen überraschenden Zusammenhang zwischen einer Flächeninhaltsfunktion A_a und ihrer Randfunktion f vermuten: In allen genannten Fällen ist

$$A'_a(x)=f(x).$$

Wir untersuchen nun, ob dies allgemein gilt. Dabei nehmen wir an, daß die Randfunktion f stetig ist.

Eine Flächeninhaltsfunktion A_a hat an der Stelle x den Differenzenquotienten

$$\frac{A_a(x+h)-A_a(x)}{h}.$$

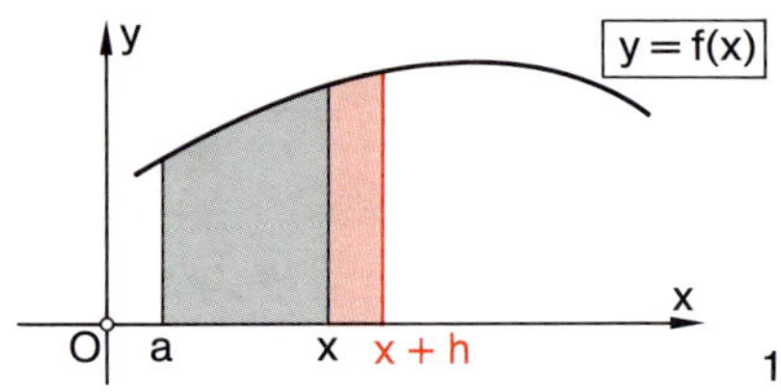

196.3

Darin bedeutet $A_a(x+h)-A_a(x)$ für $h>0$ den Inhalt des in Fig. 196.3 rot schraffierten Streifens und h die Breite dieses Streifens. Ist M das Maximum, m das Minimum der Randfunktion f in $[x;x+h]$, dann gilt

$$m\cdot h\leqq A_a(x+h)-A_a(x)\leqq M\cdot h \quad \text{oder} \quad m\leqq\frac{A_a(x+h)-A_a(x)}{h}\leqq M.$$

Diese Abschätzung gilt auch für $h<0$ (Begründung?). Für $h\to 0$ strebt, da f stetig ist, sowohl m als auch M gegen f(x). Damit hat sich die Vermutung $A'_a(x)=f(x)$ bestätigt.

Satz: Ist A_a Flächeninhaltsfunktion zu der stetigen Randfunktion f über dem Intervall $[a;b]$, dann ist die Funktion A_a differenzierbar und es gilt:

$$\mathbf{A'_a(x)=f(x).}$$

Beispiel 3: (Differenzierbarkeit von A_a)

Die Randfunktion f mit

$$f(x)=\begin{cases} x \text{ für } x\leqq 1 \\ 1 \text{ für } x>1 \end{cases}; \quad x\in\mathbb{R}_0^+ \text{ (Fig. 196.4)}$$

ist stetig, aber an der Stelle 1 nicht differenzierbar.

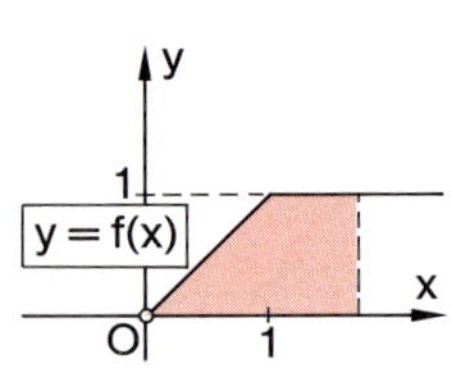

196.4

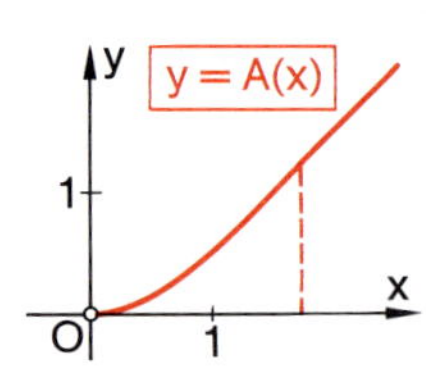

196.5

Für $a=0$ ist $A_0(x)=\begin{cases}\frac{1}{2}x^2 & \text{für } x\leqq 1\\ \frac{1}{2}+(x-1) & \text{für } x>1\end{cases}$.

Die Funktion A_0 ist an der Stelle 1 differenzierbar mit $A_0'(1)=f(1)=1$ (Fig. 196.5).

2 a) Gib für die Randfunktion f mit $f(x)=\frac{1}{2}x+1$ ($x\in\mathbb{R}_0^+$) die Flächeninhaltsfunktionen A_0, A_1, $A_{1,5}$ und A_5 an.
b) Berechne $A_1(2)$, $A_{1,5}(4)$ und $A_5(7)$. Deute diese Flächeninhalte am Schaubild von f.

Aufgaben

3 Gib zur folgenden Randfunktion f die Flächeninhaltsfunktionen A_0 und A_1 an.
a) $f(x)=2$ b) $f(x)=\frac{1}{4}x$ c) $f(x)=x+2$ d) $f(x)=\frac{1}{4}x+1$
e) $f(x)=x^2+1$ f) $f(x)=x^2+2$ g) $f(x)=(x+1)^2$ h) $f(x)=(x+2)^2$

4 Die folgende Funktion A_a ist für $x\geqq a$ eine Flächeninhaltsfunktion. Gib die zugehörige Randfunktion an.
a) $A_0(x)=2x$ b) $A_1(x)=2x-2$ c) $A_0(x)=x^2$ d) $A_0(x)=\frac{1}{2}x^2+x$
e) $A_0(x)=x^3$ f) $A_2(x)=\frac{1}{8}x^3-1$ g) $A_0(x)=x^3+x$ h) $A_3(x)=\frac{1}{3}x^3-\frac{3}{2}x-\frac{9}{2}$

5 Die Funktion A_0 mit $A_0(x)=\frac{1}{4}x^4-\frac{1}{2}x^2+x$ ist für $x\in\mathbb{R}_0^+$ eine Flächeninhaltsfunktion. Ermittle die zugehörige Randfunktion f; zeichne für $0\leqq x\leqq 2$ ein Schaubild von f. Berechne den Inhalt der Fläche zwischen dem Schaubild von f und der x-Achse über dem folgenden Intervall.
a) [0;1] b) [0;2] c) [1;2] d) [2;5]

6 Gegeben ist die Randfunktion f mit

$$f(x)=\begin{cases}1 & \text{für } 0\leqq x\leqq 1\\ -x+2 & \text{für } 1<x\leqq 2\\ \frac{1}{2}x-1 & \text{für } 2<x\end{cases} \quad \text{(Fig. 197.1).}$$

a) Ermittle die zu f gehörenden Flächeninhaltsfunktionen A_2, A_1 und A_0.
b) Gib $A_0(1)$, $A_0(1{,}5)$, $A_0(4)$, $A_1(2{,}5)$ an sowie $A_0'(1)$, $A_0'(2)$, $A_1'(2)$ und $A_1'(3)$. Zeichne für $0\leqq x\leqq 4$ ein Schaubild der Funktion A_0 (LE = 2 cm).

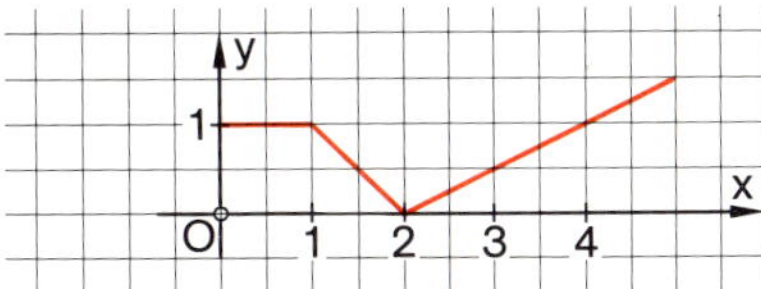

197.1

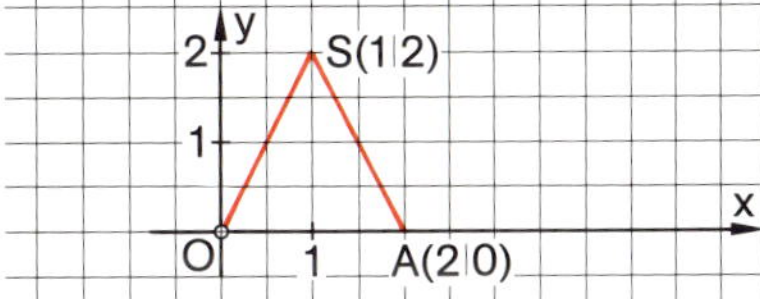

197.2

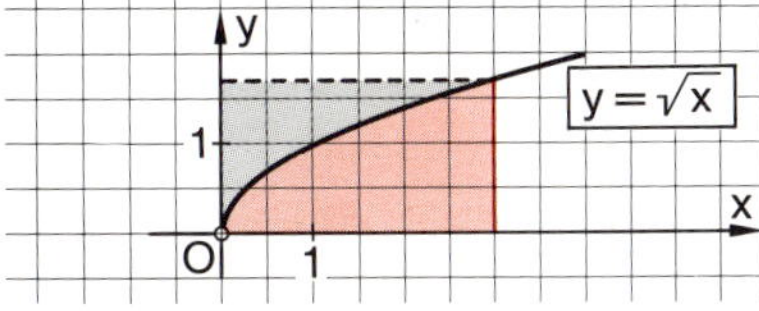

197.3

7 In Fig. 197.2 ist der Streckenzug OSA Schaubild einer Randfunktion f.
a) Gib f(x) an.
b) Ermittle die zu f gehörende Flächeninhaltsfunktion A_0.
c) Berechne den Inhalt der Fläche zwischen dem Schaubild von f und der x-Achse über dem Intervall [0;1,5].
d) Weise nach, daß die Funktion A_0 an der Stelle 1 differenzierbar ist.

8 a) Bestimme für die Randfunktion f mit $f(x)=\sqrt{x}$ (Fig. 197.3) die Flächeninhaltsfunktion A_0. (Anleitung: Verwende die in Fig. 197.3 grau schraffierte Fläche.)
b) Berechne den Inhalt der Fläche zwischen dem Schaubild von f und der x-Achse über [1;4].

9 Gib eine Funktion f an und eine Stelle $x_0\in D_f$, an der die Funktion f einmal, jedoch nicht zweimal differenzierbar ist.

47 Stammfunktionen

1 Gib eine Funktion F an, so daß gilt:
a) $F'(x) = x$ b) $F'(x) = 2x + 1$ c) $F'(x) = x^2 - 1$ d) $F'(x) = 2x^3 + x$.

Wenn wir bei gegebener Randfunktion f mit $D_f = [a;b]$ die Flächeninhaltsfunktion zur Stelle a kennen, dann können wir für jedes Teilintervall von D_f (Fig. 198.1) den Inhalt der Fläche zwischen dem Schaubild von f und der x-Achse berechnen. Es hängt also alles davon ab, die Flächeninhaltsfunktion A_a zu finden. Der Satz von S. 196 gibt einen Hinweis: Es muß sich um eine Funktion handeln, welche die gegebene Randfunktion f als Ableitung hat.

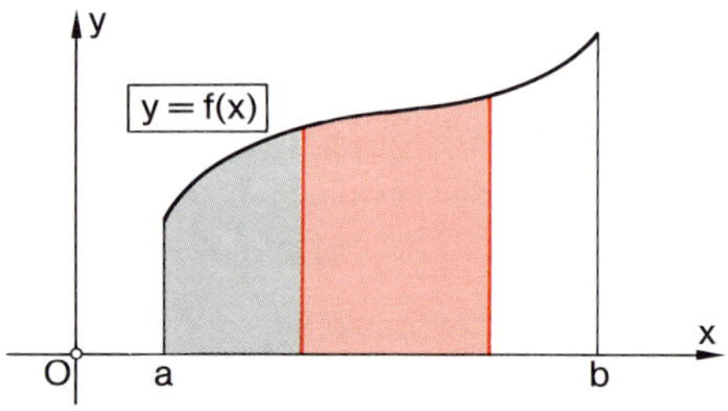

198.1

Definition: Jede Funktion F, welche in einem Intervall J definiert ist, und für die
$$F'(x) = f(x) \quad \text{für alle} \quad x \in J$$
gilt, nennt man eine **Stammfunktion von f** in J.

Beachte: Ist f eine stetige Randfunktion mit $f(x) \geqq 0$ in $[a;b]$ und A_a die zugehörige Flächeninhaltsfunktion zur Stelle a, dann ist A_a eine Stammfunktion von f.
Ebenso ist dann jede Flächeninhaltsfunktion A_c mit $c \in [a;b]$ eine Stammfunktion von f in $[c;b]$. Die obige Definition verlangt jedoch weder, daß $f(x) \geqq 0$ gilt in J, noch daß f stetig ist.

Beispiel 1: a) Die Funktion $F: x \mapsto \frac{1}{3}x^3$, $x \in \mathbb{R}$, ist eine Stammfunktion der Funktion $f: x \mapsto x^2$, denn es ist $F'(x) = f(x)$ für alle $x \in \mathbb{R}$. Ebenso ist jede Funktion F^* mit $F^*(x) = \frac{1}{3}x^3 + c$ eine Stammfunktion von f.
b) Wegen $\sin' = \cos$ ist die Sinusfunktion eine Stammfunktion der Kosinusfunktion.
c) Für $f: x \mapsto x - 3x^2 + 2$ und $g: x \mapsto 1 - 6x$ ist $f'(x) = g(x)$ für alle $x \in \mathbb{R}$. Daher ist f eine Stammfunktion von g. Ebenso ist z. B. $f^*: x \mapsto x - 3x^2 - 5$ eine Stammfunktion von g.

Ist sowohl F als auch G eine Stammfunktion von f in J, dann hat die Differenzfunktion $G - F$ für alle $x \in J$ die Ableitung 0. Die Funktion $G - F$ muß infolgedessen eine konstante Funktion sein (vgl. Aufgabe 18, S. 201) und somit $G(x) = F(x) + c$.

Satz 1: Ist F Stammfunktion von f in J, dann gilt für jede weitere Stammfunktion G von f
$$G(x) = F(x) + c, \; x \in J$$
mit einer Konstanten c.

Beispiel 2: Für $f: x \mapsto \frac{2}{(x+1)^2}, x > -1$, ist sowohl $F: x \mapsto \frac{x-1}{x+1}$ als auch $G: x \mapsto \frac{-2}{x+1}$ eine Stammfunktion. F und G können sich daher nur um eine additive Konstante unterscheiden. Tatsächlich ist $F(x) - G(x) = 1$.

Wir stellen nun Stammfunktionen einiger häufig vorkommender Funktionen zusammen. Nach Satz 1 genügt es, jeweils eine der Stammfunktionen anzugeben. Aus

g(x)	c	x	x^2	x^3	...	$\frac{1}{x}$	$\sqrt{x}$	sin x	cos x	tan x
g′(x)	0	1	2x	$3x^2$	...	$-\frac{1}{x^2}$	$\frac{1}{2\sqrt{x}}$	cos x	− sin x	$\frac{1}{\cos^2 x}$

folgt durch Vergleich von g′(x) mit g(x):

f(x)	**0**	**1**	**x**	$\mathbf{x^2}$	**...**	$\frac{1}{x^2}$	$\frac{1}{\sqrt{x}}$	**cos x**	**sin x**	$\frac{1}{\cos^2 x}$
F(x)	**c**	**x**	$\frac{1}{2}x^2$	$\frac{1}{3}x^3$	**...**	$-\frac{1}{x}$	$2\sqrt{x}$	**sin x**	**− cos x**	**tan x**

Allgemein ergibt sich so, wenn F, U, V Stammfunktionen von f, u, v bezeichnen:

Satz 2: a) Für $\mathbf{f(x) = x^n}$ ist $\mathbf{F(x) = \frac{1}{n+1} x^{n+1}}$, falls $n \in \mathbb{Z} \setminus \{-1\}$.

b) Für $\mathbf{f(x) = u(x) + v(x)}$ ist $\mathbf{F(x) = U(x) + V(x)}$

$\mathbf{f(x) = c \cdot u(x)}$ $\qquad$ $\mathbf{F(x) = c \cdot U(x)}$.

c) Bei Verkettungen mit einer **linearen** Funktion gilt:

Für $\mathbf{f(x) = u(rx+s)}$ ist $\mathbf{F(x) = \frac{1}{r} U(rx+s)}$.

Beispiel 3:

a)

f(x)	x^4	x^6	x^{-2}	x^{-3}	x^{-4}	$\frac{1}{x^5}$	$\frac{1}{x^7}$
F(x)	$\frac{1}{5}x^5$	$\frac{1}{7}x^7$	$-x^{-1}$	$-\frac{1}{2}x^{-2}$	$-\frac{1}{3}x^{-3}$	$-\frac{1}{4x^4}$	$-\frac{1}{6x^6}$

b) Eine ganzrationale Funktion f mit $f(x) = a_0 + a_1x + a_2x^2 + \ldots + a_nx^n$ hat die Funktion F mit $F(x) = a_0x + \frac{1}{2}a_1x^2 + \frac{1}{3}a_2x^3 + \ldots + \frac{1}{n+1}a_nx^{n+1}$ als Stammfunktion.

c) $f(x) = (2x+4)^3$ kann als Verkettung $u(v(x))$ mit $u(x) = x^3$ und $v(x) = 2x + 4$ aufgefaßt werden. Daher ist $F(x) = \frac{1}{2} \cdot \frac{1}{4}(2x+4)^4 = \frac{1}{8}(2x+4)^4$.

Bemerkung: Obwohl nachweislich jede stetige Funktion f Stammfunktionen hat, ist es oft schwer, manchmal sogar unmöglich, diese mit Hilfe der uns bekannten Funktionen anzugeben.

2 Gib eine Stammfunktion F von f an.

a) $f(x) = x - x^2 + 2x^3$ b) $f(x) = 3x^2 - \sin x$ c) $f(x) = (3x-1)^4$ d) $f(x) = 3\cos 2x$

Aufgaben

Gib in Aufgabe 3 bis 9 jeweils eine Stammfunktion an.

3 a) $f(x) = 3x$ b) $f(x) = \frac{1}{2}x$ c) $f(x) = \sqrt{2}x$ d) $f(x) = 4$ e) $f(x) = 0$

f) $f(x) = 2x - 1$ g) $f(x) = 2(x-4)$ h) $f(x) = (1-3x)2$ i) $f(x) = \frac{1+2x}{2}$ j) $f(x) = \frac{x-2}{4}$

k) $f(x) = ax + 1$ l) $f(x) = mx + c$ m) $f(x) = a - bx$ n) $f(x) = 3k - kx$ o) $f(t) = 4t$

p) $f(t) = at - 3$ q) $f(t) = 2t - b$ r) $g(a) = 2a - c$ s) $h(r) = b$ t) $k(t) = r + s$

4 a) $f(x) = x^3$ b) $f(x) = 3x^4$ c) $f(x) = \frac{1}{2}x^2$ d) $f(x) = \sqrt{3}x^5$ e) $f(x) = ax^4$

f) $g(x) = \frac{2}{3}x^6$ g) $h(t) = 2at^2$ h) $f(r) = cr^6$ i) $g(a) = at^2$ j) $f(s) = s^2t^3$

k) $f(x) = ab^2x^3$ l) $f(a) = ab^2x^3$ m) $f(b) = ab^2x^3$ n) $f(t) = ab^2x^3$ o) $f(x) = (ab^2x^3)^2$

5 Im folgenden seien die Hochzahlen ganze Zahlen, die von -1 verschieden sind.

a) $f(x) = x^n$ b) $f(x) = x^{n+1}$ c) $f(x) = x^{n-1}$ d) $f(x) = x^{n-2}$ e) $f(x) = x^{2n}$

f) $f(x) = x^{2n-1}$ g) $f(x) = x^{2k+1}$ h) $f(x) = x^{1-n}$ i) $f(x) = x^{2-n}$ j) $f(x) = x^{3-2k}$

k) $f(x) = 3x^{-n}$ l) $f(t) = \frac{1}{2}t^{-n-1}$ m) $f(r) = ar^{2(1-n)}$ n) $g(x) = \frac{1}{2}x^{-2+n}$ o) $g(t) = ct^{-1+3k}$

6 a) $f(x) = \frac{1}{x^2}$ b) $f(x) = \frac{1}{x^3}$ c) $f(x) = \frac{2}{x^4}$ d) $f(x) = \frac{3}{4x^4}$ e) $f(x) = \frac{-2}{3x^5}$

f) $f(x) = \frac{a}{x^2}$ g) $f(x) = \frac{c}{tx^3}$ h) $f(x) = \frac{3}{x^n}$ i) $f(x) = \frac{-2}{3x^{n-1}}$ j) $f(x) = \frac{4}{cx^{2-n}}$

k) $f(a) = \frac{1}{2a^2}$ l) $f(t) = \frac{2}{ct^3}$ m) $g(r) = c \cdot \frac{2}{3r^n}$ n) $g(s) = \frac{c+1}{cs^{2n}}$ o) $h(c) = \frac{k}{2c^{1-n}}$

7 a) $f(x) = \frac{2}{x^2}$ b) $f(x) = \frac{3}{-2x^2}$ c) $f(t) = \frac{-2}{5t^2}$ d) $g(r) = \frac{a}{-2r^2}$ e) $g(t) = \frac{3}{ct^2}$

f) $f(x) = \frac{1}{2\sqrt{x}}$ g) $f(x) = \frac{2}{\sqrt{x}}$ h) $f(x) = \frac{4}{3\sqrt{x}}$ i) $f(x) = \frac{-1}{5\sqrt{t}}$ j) $h(r) = \frac{5}{cr^2}$

k) $f(x) = 2\cos x$ l) $f(x) = \frac{1}{2}\sin x$ m) $f(t) = c \cdot \sin t$ n) $g(t) = \pi \cdot \cos t$ o) $h(t) = \frac{1}{c}\sin t$

p) $f(x) = \frac{2}{\cos^2 x}$ q) $f(x) = \frac{1}{2\cos^2 x}$ r) $f(t) = \frac{-2}{3\cos^2 t}$ s) $g(t) = \frac{a}{b\cos^2 t}$ t) $f(x) = \frac{t}{\cos^2 t}$

8 a) $f(x) = \frac{1}{2} - 3x + 4x^3$ b) $f(x) = \frac{2}{3}x^2 + 0{,}5x^4 - 2$ c) $f(x) = \frac{4}{5}x - \frac{1}{8}x^3$ d) $f(x) = 2x(1-x^2)$

e) $f(x) = ax^3 - cx^2$ f) $f(x) = \frac{1}{2}a + cx + 2dx^4$ g) $f(x) = (1-2x)x^2$ h) $f(x) = a_0 + a_1x - a_2x^3$

i) $f(x) = \frac{1}{2}x - \frac{1}{x^2}$ j) $f(t) = t - \frac{1}{\sqrt{t}} + 1$ k) $g(t) = (t + \frac{1}{t})(t - \frac{1}{t})$ l) $g(x) = \frac{1 + x\sqrt{x} + x^3}{x^2}$

9 a) $f(x) = (1+2x)^3$ b) $f(x) = (2-3x)^5$ c) $f(t) = 3(1-t)^4$ d) $g(t) = (2 - \frac{1}{2}t)^2$

e) $f(x) = \frac{2}{(3-4x)^2}$ f) $g(x) = \frac{-3}{\sqrt{1-2x}}$ g) $g(t) = 2 \cdot \frac{1}{\sqrt{3-t}}$ h) $f(x) = \frac{c}{\sqrt{b-5x}}$

i) $f(x) = \cos 2x$ j) $f(x) = 3\sin \frac{1}{2}x$ k) $h(x) = \frac{1}{2}\cos(1-x)$ l) $h(x) = -3\sin(3x - \frac{\pi}{2})$

10 Gib jeweils zwei verschiedene Stammfunktionen an.

a) $f(x)=7-2x^2+\frac{1}{3}x^3$ b) $f(x)=x-\sin x$ c) $g(x)=2\sin\frac{1}{2}x-\cos 2x$ d) $f(x)=3$

11 Zeige, daß die folgenden Funktionen F und G Stammfunktionen derselben Funktion f sind. Gib f(x) an.

a) $F(x)=\frac{x^2-1}{x^2+1}$; $G(x)=-\frac{x^2+3}{x^2+1}$ b) $F(x)=\cos 2x$; $G(x)=-2\sin^2 x$

12 a) Welche Stammfunktion der Funktion f mit $f(x)=1-2x^2+x^3$ nimmt an der Stelle 1 den Funktionswert 2 an?

b) Die Funktion f mit $f(x)=x-\cos x$ hat eine Stammfunktion, deren Schaubild durch $P(\pi|\frac{1}{2}\pi^2)$ geht. Gib diese Stammfunktion an.

13 Gegeben ist die Funktion $f\colon x\mapsto x^2-x$.

a) Welche Stammfunktion F von f nimmt an der Stelle 2 den Funktionswert 1 an? Welche Steigung hat F an der Stelle 2?

b) Welche Stammfunktion G von f hat ein Schaubild, dessen Wendepunkt auf der Geraden mit der Gleichung $y=2$ liegt?

c) Welche Stammfunktionen von f haben Schaubilder, welche die Gerade $g\colon y=2x-\frac{1}{3}$ berühren? Gib die Berührungspunkte an.

14 a) Das Schaubild einer Stammfunktion der Funktion $f\colon x\mapsto x^3$ hat in den Schnittpunkten mit der x-Achse Tangenten, die orthogonal zueinander sind. Um welche Stammfunktion handelt es sich?

b) Welche Stammfunktionen der Funktion $f\colon x\mapsto 1-3x$ haben nur negative Funktionswerte?

c) Welche Stammfunktionen der Funktion $f\colon x\mapsto x^2$ haben an ihrer Nullstelle die Ableitung 1?

15 Die Funktion f mit

$$f(x)=\begin{cases}1 & \text{für } 0\leqq x<1\\ 2 & \text{für } 1\leqq x\leqq 2\end{cases}\quad \text{(Fig. 201.1)}$$

besitzt im Intervall $[0;2]$ eine Flächeninhaltsfunktion A_0. Gib $A_0(x)$ an.
Zeige, daß A_0 keine Stammfunktion von f im Intervall $[0;2]$ ist.

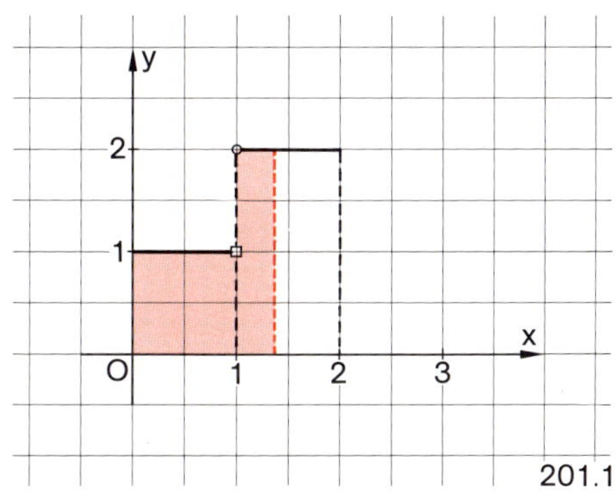

201.1

16 Die Funktion f mit

$$f(x)=\begin{cases}1 & \text{für } 0\leqq x<1\\ x & \text{für } 1\leqq x\leqq 2\end{cases}$$

besitzt im Intervall $[0;2]$ eine Flächeninhaltsfunktion A_0. Gib $A_0(x)$ an.
Zeige, daß A_0 eine Stammfunktion von f in $[0;2]$ ist.

17 Für jedes $c\in\mathbb{R}$ ist die Funktion F mit $F(x)=-\frac{1}{x}+c$ sowohl für $x\in\mathbb{R}^+$ als auch für $x\in\mathbb{R}^-$ eine Stammfunktion der Funktion f mit $f(x)=\frac{1}{x^2}$. Gib eine Funktion G an mit $G'(x)=f(x)$ für alle $x\in\mathbb{R}\setminus\{0\}$, welche sich nicht in der Form $G(x)=-\frac{1}{x}+c$ für alle $x\in\mathbb{R}\setminus\{0\}$ darstellen läßt. Warum ist dies kein Widerspruch zu Satz 1 von S. 198?

18 Ist eine Funktion F in $[a;b]$ differenzierbar, so gilt:

$$F(b)=F(a)+F'(z)(b-a) \quad \text{für eine Stelle } z\in[a;b]$$

(Mittelwertsatz der Differentialrechnung; vgl. S. 109).
Was folgt daraus, wenn $F'(x)=0$ ist für alle $x\in[a;b]$? Begründe damit den Satz 1 auf S. 198.

48 Berechnung von Flächeninhalten

48.1 Bestimmung der Flächeninhaltsfunktion A_a

1 Die Funktion $F: x \mapsto 3x - 2$ ist eine Stammfunktion von $f: x \mapsto 3$. Berechne $F(3)$, $F(2)$, $F(1)$ und $F(0)$. Für welche Stelle a gilt $F(a) = 0$? Wie lassen sich die Ergebnisse am Schaubild von f anschaulich deuten?

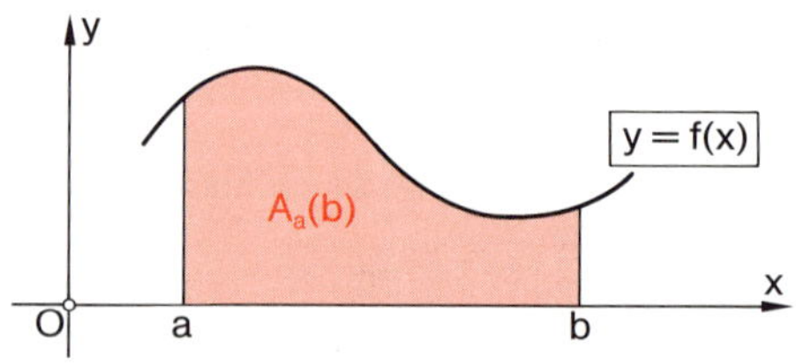

202.1

Wir kommen nun auf das ursprüngliche Problem zurück, den Inhalt von Flächen (Fig. 202.1) zu berechnen. Dazu müssen wir unter den Stammfunktionen der Randfunktion f diejenige finden, welche die Flächeninhaltsfunktion A_a zur „Anfangsstelle" a ist.
Da für alle $x \in [a;b]$ die gesuchte Funktion A_a differenzierbar (also auch stetig) und $\lim\limits_{x \to a} A_a(x) = 0$ ist, muß A_a diejenige Stammfunktion von f sein, welche an der Stelle a den Wert 0 annimmt. Haben wir also irgend eine Stammfunktion F gefunden und ist $A_a(x) = F(x) + c$, so muß $F(a) + c = 0$ und daher $c = -F(a)$ sein. Somit gilt für die gesuchte Flächeninhaltsfunktion $A_a(x) = F(x) - F(a)$. Daraus folgt:

Satz: (Hauptsatz für Flächeninhalte)
Ist F eine beliebige Stammfunktion der in $[a;b]$ stetigen Randfunktion f mit $f(x) \geqq 0$, dann gilt für den Inhalt $A_a(b)$ (lies: A von a bis b) der Fläche zwischen dem Schaubild von f und der x-Achse über dem Intervall $[a;b]$ (Fig. 202.1):

$$\mathbf{A_a(b) = F(b) - F(a).}$$

Auf S. 192 haben wir gesehen, daß es sich bei Flächeninhalten um Grenzwerte handelt; deren Berechnung war jedoch recht mühsam. Der Satz gibt uns nun die Möglichkeit, solche Grenzwerte in sehr viel einfacherer Weise zu ermitteln, falls wir zur stetigen Randfunktion f eine Stammfunktion F angeben können.

Beispiel 1: $f(x) = 3x - x^2$; $a = 1$, $b = 2{,}5$
Um den Inhalt $A_1(2{,}5)$ der in Fig. 202.2 schraffierten Fläche zu berechnen, ermitteln wir zuerst eine Stammfunktion F von f:

$$F(x) = \tfrac{3}{2}x^2 - \tfrac{1}{3}x^3.$$

Danach gilt nach dem obigen Satz:
$A_1(2{,}5) = F(2{,}5) - F(1)$
$A_1(2{,}5) = (\tfrac{3}{2} \cdot 2{,}5^2 - \tfrac{1}{3} \cdot 2{,}5^3) - (\tfrac{3}{2} \cdot 1^2 - \tfrac{1}{3} \cdot 1^3)$
$A_1(2{,}5) = \tfrac{25}{6} - \tfrac{7}{6} = 3.$
Der gesuchte Flächeninhalt beträgt 3 FE.

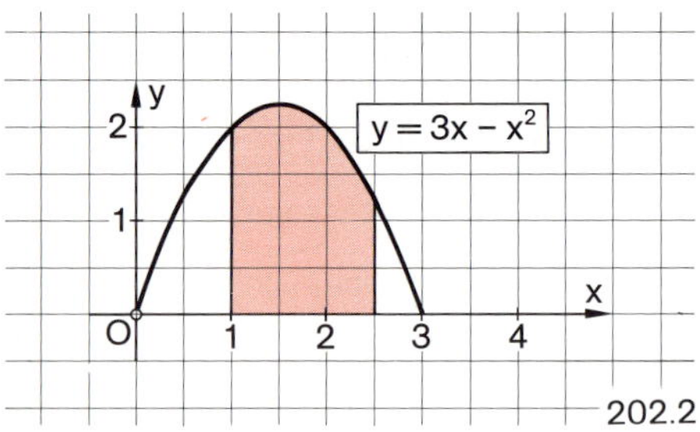

202.2

Mit einer anderen Stammfunktion, z. B. $G(x) = \tfrac{3}{2}x^2 - \tfrac{1}{3}x^3 + 1$, hätten wir dasselbe Ergebnis erhalten.

Beispiel 2: Wir berechnen den Inhalt der Fläche, welche das Schaubild der Funktion f mit $f(x)=3x^2-x^3$ mit der x-Achse einschließt (Fig. 203.1).

1. Schritt: Bestimmung der Nullstellen

$$x^2(3-x)=0$$
$$x_1=0;\ x_2=3$$

2. Schritt: Flächenberechnung

$$F(x)=x^3-\frac{1}{4}x^4$$
$$A_0(3)=F(3)-F(0)$$
$$A_0(3)=\left(27-\frac{81}{4}\right)-(0)$$
$$A_0(3)=\frac{27}{4}$$

Ergebnis: Der gesuchte Flächeninhalt beträgt 6,75 FE.

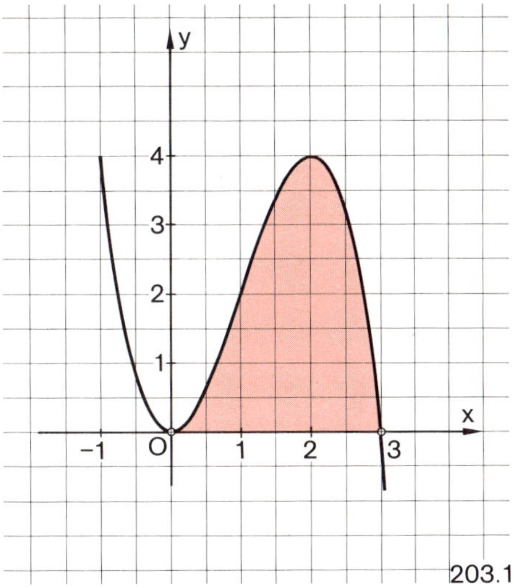

203.1

2 Berechne den Inhalt der Fläche, welche das Schaubild der Funktion $f\colon x \mapsto 2x-\frac{1}{2}x^2$ mit der x-Achse einschließt.

Aufgaben

3 Skizziere zunächst das Schaubild der folgenden Funktion f über dem angegebenen Intervall [a;b]. Berechne sodann den Inhalt der Fläche zwischen dem Schaubild von f, der x-Achse sowie den Geraden mit den Gleichungen $x=a$ und $x=b$.

a) $f(x)=x+1$; [1;2,5]
b) $f(x)=\frac{1}{2}x^2-2x+3$; [1;4]
c) $f(x)=-2x^2+4x+2$; [0;1,5]
d) $f(x)=x^2-x^3$; [0,5;1]
e) $f(x)=\frac{1}{x^2}$; [1;5]
f) $f(x)=\frac{1}{\sqrt{x}}$; [1;4]
g) $f(x)=\sin x+1$; $[0;\frac{3}{2}\pi]$
h) $f(x)=x+\sin x$; $[0;\pi]$

4 Verfahre wie in Aufgabe 3.

a) $f(x)=1+x-\frac{1}{4}x^3$; [−1;2]
b) $f(x)=1+x-\frac{1}{4}x^3$; [−2;0]
c) $f(x)=x^2(4-x^2)$; [−2;−1]
d) $f(x)=(x+2)^3$; [−2;−0,5]

5 Berechne den Inhalt der Fläche, welche das Schaubild von f mit der x-Achse einschließt. (Anleitung: Beachte die Symmetrie des Schaubildes.)

a) $f(x)=4-x^2$
b) $f(x)=4x^2-x^4$
c) $f(x)=16-8x^2+x^4$

6 Berechne zunächst die Nullstellen von f; skizziere danach das Schaubild. Berechne dann den Inhalt der Fläche, welche das Schaubild mit der x-Achse einschließt.

a) $f(x)=2+x-x^2$
b) $f(x)=4-3x-x^2$
c) $f(x)=x^3-\frac{1}{4}x^4$
d) $f(x)=40x-13x^2-\frac{27}{x^2}$
e) $f(x)=\frac{13x^2-4x^3-9}{x^2}$
f) $f(x)=7-x-\frac{6}{\sqrt{x}}$

7 Bestimme $b>0$ so, daß die Fläche zwischen der Parabel mit der Gleichung $y=x^2$, der x-Achse und der Geraden mit der Gleichung $x=b$ den Inhalt 9 FE hat.

8 a) Untersuche die Funktion f mit $f(x)=\frac{1}{3}x^3-2x^2+3x+1$ auf Extremwerte. Zeichne ein Schaubild von f (LE = 1 cm).
b) Das Schaubild von f, die x-Achse und die Parallelen zur y-Achse durch die Extrempunkte begrenzen eine Fläche. Berechne den Inhalt dieser Fläche.

9 Welche Parabel mit einer Gleichung der Form $y=(x-c)^2$, $c>0$, begrenzt mit den Koordinatenachsen eine Fläche mit dem Inhalt 9 FE?

10 Bestimme $c>1$ so, daß die Kurve $K\colon y=\frac{c}{(2x+1)^2}-1$ mit den Koordinatenachsen eine Fläche mit dem Inhalt 2 FE einschließt.

48.2 Berechnung weiterer Flächeninhalte

Bisher haben wir stets $f(x)\geqq 0$ vorausgesetzt; die Flächen, deren Inhalt zu berechnen war, lagen oberhalb der x-Achse. Die folgenden Beispiele zeigen, wie man die gefundene Methode verwenden kann, um auch andere Flächen zu berechnen.

Beispiel 3: (Flächen unterhalb der x-Achse)

Wir berechnen die rot schraffierte Fläche in Fig. 204.1 für $f(x)=-\frac{1}{4}x^2$. Durch Spiegelung an der x-Achse ergibt sich eine Fläche mit demselben Inhalt A, die wir berechnen können. Ist F eine Stammfunktion von f, so ist $-F$ eine Stammfunktion von $-f$ und somit

$A=(-F(b))-(-F(a))=-(F(b)-F(a))$

oder $F(b)-F(a)=-A$.

Dasselbe Vorgehen wie in 48.1 liefert jetzt also $-A$, daher gilt:

$$\mathbf{A=|F(b)-F(a)|}.$$

In unserem Fall ist

$A=|(-\frac{1}{12}\cdot 3^3)-(-\frac{1}{12}\cdot 1{,}5^3)|=|-\frac{63}{32}|=\frac{63}{32}.$

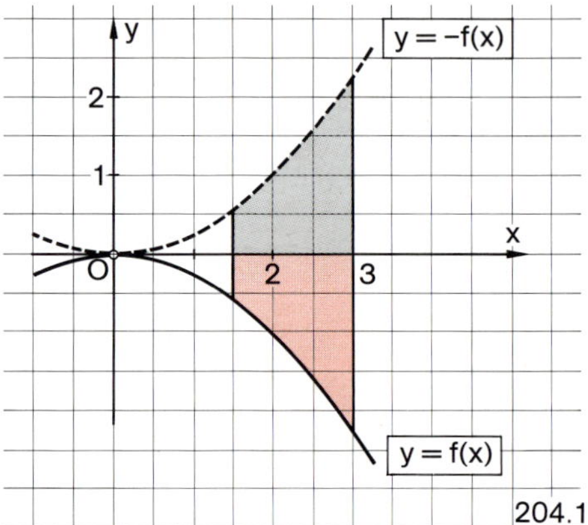

204.1

Beispiel 4: (Flächen teils unterhalb, teils oberhalb der x-Achse)

Bei Flächen wie in Fig. 204.2 müssen wir beide Teilflächen **getrennt berechnen**.

Für $f(x)=-x^3+4x^2-3x$

ist $F(x)=-\frac{1}{4}x^4+\frac{4}{3}x^3-\frac{3}{2}x^2$.

Für den Inhalt A der Gesamtfläche gilt:

$A=|F(1)-F(0)|+(F(2)-F(1))$

$A=|\frac{-5}{12}-0|\qquad+(\frac{2}{3}-\frac{-5}{12})$

$A=\frac{3}{2}.$

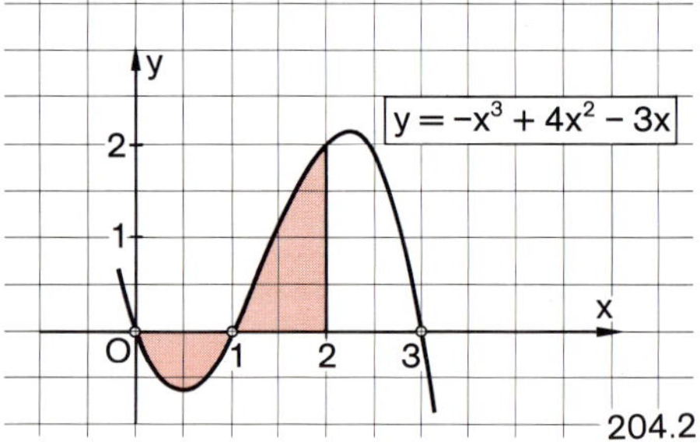

204.2

Das Beispiel zeigt: Soll die Fläche berechnet werden, welche das Schaubild einer Funktion f im Intervall [a;b] mit der x-Achse einschließt, so müssen wir zunächst untersuchen, ob das Schaubild von f in [a;b] die x-Achse schneidet.

Beispiel 5: (Flächen zwischen Kurven)
In Fig. 205.1 seien F, G Stammfunktionen zur oberen bzw. unteren Randfunktion. Dann gilt für die zum Teilintervall [2;3] gehörende Fläche

$$A_1 = (F(3) - F(2)) - (G(3) - G(2)),$$

zum Teilintervall [1;2] gehörende Fläche

$$A_2 = (F(2) - F(1)) + |G(2) - G(1)|$$
$$= (F(2) - F(1)) - (G(2) - G(1)),$$

also für die Gesamtfläche

$$A = A_1 + A_2 = (F(3) - G(3)) - (F(1) - G(1)).$$

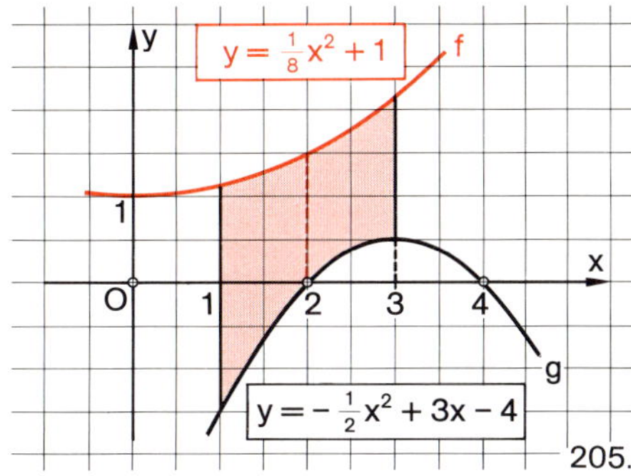

205.1

Wir brauchen also nur die Differenzfunktion **obere Randfunktion minus untere Randfunktion** zu bilden und wie in 48.1 zu verfahren.
In Fig. 205.1 ist

$$d(x) = f(x) - g(x) = (\tfrac{1}{8}x^2 + 1) - (-\tfrac{1}{2}x^2 + 3x - 4) = \tfrac{5}{8}x^2 - 3x + 5,$$

$$D(x) = \tfrac{5}{24}x^3 - \tfrac{3}{2}x^2 + 5x, \text{ also}$$

$$A = D(3) - D(1) = (\tfrac{5}{24} \cdot 3^3 - \tfrac{3}{2} \cdot 3^2 + 5 \cdot 3) - (\tfrac{5}{24} \cdot 1^3 - \tfrac{3}{2} \cdot 1^2 + 5 \cdot 1) = \tfrac{41}{12}.$$

Beispiel 6: (Fläche zwischen zwei sich schneidenden Kurven)
Um die in Fig. 205.2 schraffierte Fläche zu berechnen, bestimmen wir zuerst die Schnittpunktsabszissen der Schaubilder von f und g mit

$f(x) = x^3 - 6x^2 + 9x$ und $g(x) = -\frac{1}{2}x^2 + 2x$.

$$x^3 - 6x^2 + 9x = -\tfrac{1}{2}x^2 + 2x \text{ gibt}$$
$$x(2x^2 - 11x + 14) = 0, \quad \text{also}$$
$$x_1 = 0;\ x_2 = 2;\ x_3 = \tfrac{7}{2}.$$

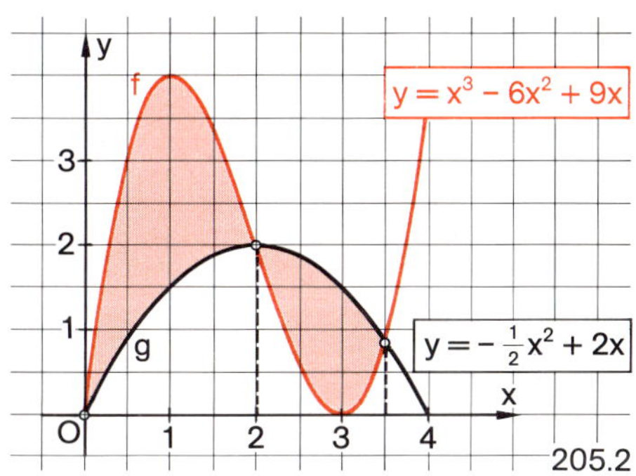

205.2

Für $0 \leqq x \leqq 2$ ist $f(x) \geqq g(x)$ und

$$d(x) = f(x) - g(x) = x^3 - \tfrac{11}{2}x^2 + 7x, \text{ also}$$
$$D(x) = \tfrac{1}{4}x^4 - \tfrac{11}{6}x^3 + \tfrac{7}{2}x^2.$$

Für $2 \leqq x \leqq \frac{7}{2}$ ist $g(x) \geqq f(x)$ und

$$d^*(x) = g(x) - f(x) = -x^3 + \tfrac{11}{2}x^2 - 7x, \text{ also}$$
$$D^*(x) = -\tfrac{1}{4}x^4 + \tfrac{11}{6}x^3 - \tfrac{7}{2}x^2.$$

Nach dem Vorgehen in Beispiel 5 folgt für den gesuchten Flächeninhalt A:

$$A = [D(2) - D(0)] + [D^*(\tfrac{7}{2}) - D^*(2)]$$
$$A = \tfrac{937}{192} \approx 4{,}88.$$

11 Zeichne für $0 \leqq x \leqq 4$ die Schaubilder K_f und K_g der Funktionen f und g mit $f(x) = 4x - x^2$ und $g(x) = x^2 - 2x$. Berechne den Inhalt der Fläche, die begrenzt wird

a) von K_g und der x-Achse
b) von K_g, der x-Achse und der Geraden $x = 3$
c) von K_f und K_g
d) von K_f, K_g und der x-Achse.

Aufgaben

Berechne in Aufgabe 12 und 13 zunächst die Nullstellen und skizziere das Schaubild von f. Berechne sodann den Inhalt der Fläche, welche das Schaubild mit der x-Achse einschließt.

12 a) $f(x)=\frac{1}{2}x^2-3x$ b) $f(x)=\frac{1}{2}x^2-\frac{1}{2}x-3$ c) $f(x)=x^4-4x^2$

d) $f(x)=\frac{1}{2}x^4+x^3$ e) $f(x)=6x+4x^2+\frac{2}{3}x^3$ f) $f(x)=\frac{1}{4}x^4-\frac{5}{2}x^2-6$

g) $f(x)=-3x-7+\frac{4}{x^2}$ h) $f(x)=2x+\frac{12}{\sqrt{x}}-14$ i) $f(x)=\frac{4}{\pi^2}x^2-1-\cos x$

13 a) $f(x)=-x^3+4x^2-3x$ b) $f(x)=x^3+3x^2-x-3$ c) $f(x)=x^4-3x^3+2x^2$

d) $f(x)=x^4-3x^3-x^2+3x$ e) $f(x)=x^5-5x^3+4x$ f) $f(x)=x^5-x^3$

14 a) Wie groß ist die Fläche, welche die Sinuskurve für $0 \leqq x \leqq \pi$ mit der x-Achse einschließt?
b) Berechne den Inhalt der Fläche, welche das Schaubild der Funktion f mit $f(x)=\cos 2x$ mit den positiven Koordinatenachsen einschließt.

15 Berechne den Inhalt der Fläche, die vom Schaubild von f und der Geraden g begrenzt wird.

a) $f(x)=6-\frac{1}{2}x^2$; $g: y=2$ b) $f(x)=3x-x^2$; $g: y=x$

c) $f(x)=x^2$; $g: y=\frac{3}{2}x+1$ d) $f(x)=x^2-1$; $g: y=3$

e) $f(x)=2-\frac{1}{2}x^2$; $g: y=-\frac{5}{2}$ f) $f(x)=4-\frac{1}{4}x^2$; $g: y=\frac{3}{2}x$

16 Wie groß ist die Fläche, welche von den Schaubildern von f und g begrenzt wird?
a) $f(x)=x^2$; $g(x)=4x-x^2$ b) $f(x)=x^2$; $g(x)=3x^2-x^3$
c) $f(x)=x^2-\frac{2}{3}x^3$; $g(x)=-\frac{1}{3}x^2+\frac{2}{3}x$ d) $f(x)=2x^2-3$; $g(x)=8x-x^2$
e) $f(x)=x^3-x$; $g(x)=1-x^2$ f) $f(x)=\sin x$; $g(x)=2\pi x-x^2$

17 Ermittle zunächst die Schnittpunkte der Schaubilder von f und g, skizziere die Schaubilder. Berechne sodann den Inhalt der Fläche, welche von den beiden Schaubildern begrenzt wird.
a) $f(x)=x^3-x$; $g(x)=3x$ b) $f(x)=x^3-x$; $g(x)=2x+2$
c) $f(x)=4x^2-x^4$; $g(x)=2x+x^2$ d) $f(x)=x^3-2x^2$; $g(x)=4x-x^3$

18 Berechne den Inhalt der Fläche, die vom Schaubild von f, dem Schaubild von g und der x-Achse begrenzt wird.
a) $f(x)=x^2$; $g(x)=2x-x^2$ b) $f(x)=x^3$; $g(x)=2-x$
c) $f(x)=x^3$; $g(x)=\frac{1}{2}x^2+\frac{3}{2}x$ d) $f(x)=\frac{8}{x^2}$; $g(x)=15x-7x^2$

19 Berechne den Inhalt der Fläche
a) zwischen dem Schaubild von f mit $f(x)=\frac{1}{4}x^4-2x^2+4$ und der Tangente im Hochpunkt
b) zwischen dem Schaubild von f mit $f(x)=2x-\frac{1}{3}x^3$ und der Normalen im Wendepunkt.

20 a) Das Schaubild K der Funktion f mit $f(x)=x^3-8x^2+12x$, die x-Achse und die Geraden mit den Gleichungen $x=-2$ und $x=-1$ umschließen eine Fläche. Berechne ihren Inhalt.
b) Die Kurve K und die x-Achse begrenzen eine Fläche. Berechne ihren Inhalt.
c) Durch den Punkt $P(2|f(2))$ geht eine Gerade g mit der Steigung 7. Berechne den Inhalt der von K und g begrenzten Fläche.

21 Eine zur y-Achse symmetrische Parabel 4. Ordnung hat in $A(2|0)$ einen Wendpunkt und geht durch $B(4|-3)$. Wie groß ist die Fläche zwischen der Kurve und ihren Wendetangenten?

22 Eine Parabel 3. Ordnung berührt die x-Achse in O und schneidet sie in $P(6|0)$ unter einem Winkel von 45°. Welche Fläche schließt die Parabel mit der Tangente in P ein?

49 Vermischte Aufgaben

1 a) Zeichne das Dreieck mit den Ecken $O(0|0)$, $A(1|0)$, $B(1|1)$. Bestimme $n \in \mathbb{N}$ so, daß die Parabel $K: y = x^n$ die Fläche des Dreiecks OAB halbiert.
b) Zeichne das Quadrat mit den Ecken $A(-1|0)$, $B(1|0)$, $C(1|2)$, $D(-1|2)$. Eine zur y-Achse symmetrische Parabel 2. Ordnung geht durch A und B und halbiert die Fläche des Quadrates ABCD. Ermittle die Gleichung der Parabel.

2 a) Bestimme die Gleichung der Parabel 3. Ordnung, welche die Parabel mit der Gleichung $y = \frac{1}{4}x^2$ im Ursprung O berührt und in $H(5|\frac{25}{4})$ ihren Hochpunkt hat.
b) Berechne den Inhalt A_1 der Fläche, die von beiden Kurven umschlossen wird.
c) Bestimme $u > 5$ so, daß die Gerade mit der Gleichung $x = u$ mit den beiden Kurven eine Fläche mit dem Inhalt $A_2 = A_1$ begrenzt.

3 Zeichne die Parabel $K: y = 4x - x^3$ für $0 \leqq x \leqq 2$. Bestimme u (mit $0 < u < 2$) so, daß die von K und der x-Achse im 1. Feld eingeschlossene Fläche durch die Gerade mit der Gleichung $x = u$ halbiert wird. (Runde auf 2 Dezimalen.)

4 Zeichne das Schaubild der Funktion f mit $f(x) = x^5 - x^3 + \frac{1}{4}x$ für $0 \leqq x \leqq 1$ (LE = 10 cm). Berechne die Fläche, die von der Tangente im Ursprung und dem Schaubild begrenzt wird.

5 a) Eine Parabel 4. Ordnung schneidet die x-Achse in $P(4|0)$ und hat im Ursprung einen Wendepunkt mit waagrechter Tangente. Sie schließt mit der x-Achse im 1. Feld eine Fläche von 6,4 Flächeneinheiten ein. Stelle die Gleichung der Parabel auf; zeichne die Parabel.
b) Wo trifft die schiefe Wendetangente die Parabel zum zweiten Mal? Wie groß ist die Fläche, welche diese Wendetangente mit der Parabel einschließt?

6 Wie groß ist die Fläche, welche $K: y = x^2$, die Tangente in $P(2|4)$ und die x-Achse einschließen?

7 Berechne die Fläche, die von $K_1: y = 4x^2$, $K_2: y = \frac{1}{4}x^2$ und $K_3: y = \frac{4}{x^2}$ begrenzt wird.

8 a) Welche Parabel $K: y = c - x^2$ $(c > 0)$ schließt mit der x-Achse eine 2 FE große Fläche ein?
b) Bestimme diejenige Parabel $K: y = ax^2 - 4a$ $(a > 0)$, welche mit der x-Achse eine 3 FE große Fläche einschließt.

9 Zeige, daß alle Parabeln der Form $y = \frac{2}{t^2}x - \frac{1}{t^3}x^2$ $(t > 0)$ mit der x-Achse gleich große Flächen einschließen.
Wie groß ist der Inhalt dieser Flächen? Auf welcher Kurve liegen alle Scheitel dieser Parabeln?

10 a) Die Gerade $g: y = \frac{2}{3}x + \frac{1}{3}$ und die Parabel $K: y = -\frac{1}{3}x^2 + 2x + 2$ begrenzen eine Fläche F. Berechne ihren Inhalt.
b) Bestimme diejenige Gerade mit der Gleichung $x = u$, welche die Fläche F halbiert.
c) Die Parallele zur x-Achse durch den Parabelpunkt mit der Abszisse t und die Parabel begrenzen eine Fläche, die ebenso groß ist wie die Fläche F. Berechne t.

11 Durch $y = (x - t)^2$ ist für jeden Wert von t eine Parabel gegeben, die zusammen mit der x-Achse und den Geraden mit den Gleichungen $x = 0$ und $x = 6$ eine Fläche begrenzt. Für welchen Wert von t ist diese Fläche am kleinsten? Welchen Inhalt hat sie in diesem Fall?

12 Bestimme $t > 1$ so, daß die von der Parabel $K: y = tx - x^2$ und der x-Achse eingeschlossene Fläche von der 1. Winkelhalbierenden halbiert wird.

13 a) Die Schaubilder der Funktionen $f_a: x \longmapsto a \cdot \sin x$ und $g_a: x \longmapsto -\frac{1}{a} \cdot \sin x$ begrenzen für $x \in [0;\pi]$ eine Fläche. Berechne den Inhalt dieser Fläche in Abhängigkeit von a. Wie groß ist der Inhalt für $a = 4$? Für welche Werte von a beträgt der Inhalt 5 FE?
b) Für welche Werte von a ist der ermittelte Flächeninhalt minimal? Gib den minimalen Inhalt an.

14 Das Schaubild K einer Funktion f mit $f(x)=ax-bx^3$ geht durch $P(1|1)$ und $Q(u|0)$ mit $u>1$. Ermittle a und b (in Abhängigkeit von u). Berechne den Inhalt A(u) der Fläche, die K im 1. Feld mit der x-Achse einschließt. Für welchen Wert von u ist der Inhalt A(u) minimal? Wie groß ist der minimale Flächeninhalt?

15 Das Schaubild K_t einer ganzrationalen Funktion 2. Grades ist symmetrisch zur y-Achse, nach unten geöffnet und geht durch $P(1|1)$ und $Q(0|t)$.

a) Gib die Schar der Funktionen an, welche diese Bedingungen erfüllen.

b) Bestimme denjenigen Wert t^* des Scharparameters t, für den das Schaubild K_{t^*} mit der x-Achse eine Fläche kleinsten Inhaltes umschließt. Gib den minimalen Inhalt an.

16 a) Wie groß ist der Inhalt A_1 der Fläche, die vom Schaubild K der Funktion $f: x \longmapsto \frac{4}{x^2}+x$, den Geraden mit den Gleichungen $x=1$ und $x=4$ sowie der schiefen Asymptote von K begrenzt wird?

b) Die Gerade durch die Punkte $P(1|f(1))$, $Q(4|f(4))$ von K und die Kurve K bestimmen eine Fläche; ihr Inhalt sei A_2. Berechne A_2 sowie das Verhältnis $A_1 : A_2$.

17 Die Kurven $K_1\colon y=x^2$ und $K_2\colon y=\frac{1}{x^2}$, die positive x-Achse sowie die Gerade mit der Gleichung $x=b$ $(b>1)$ begrenzen eine Fläche.

a) Berechne den Inhalt A dieser Fläche (in Abhängigkeit von b).

b) Für welchen Wert von b beträgt der Flächeninhalt 1 FE? Für welchen Wert von b beträgt der Flächeninhalt 1,3 FE?

c) Untersuche, ob sich der Flächeninhalt für $b \to +\infty$ einem Grenzwert nähert.

18 Eine zur y-Achse symmetrische Parabel P_1 von 2. Ordnung verläuft durch $O(0|0)$ und $A(1|1)$; eine andere zur y-Achse symmetrische Parabel P_2 von 2. Ordnung geht durch $B(1|2)$ und $C(4|0)$. Berechne die Fläche, welche von P_1 und P_2 sowie den Strecken AB und OC begrenzt wird.

19 a) Bestimme diejenige Stammfunktion F von $f: x \longmapsto 3x^2-6x$, deren Schaubild durch $P(-1|-2)$ geht. Verwende diese Stammfunktion, um den Inhalt der Fläche zu berechnen, die vom Schaubild von f und der x-Achse begrenzt wird.

b) Berechne den Inhalt der Fläche zwischen dem Schaubild von F und der x-Achse.

c) Welche Stammfunktion von f hat ein Schaubild, dessen Tiefpunkt auf der x-Achse liegt?

20 Ein Wasser führender Stollen hat einen parabolischen Querschnitt mit 4 m Sohlenbreite und 3,8 m Scheitelhöhe. Wieviel m^3 Wasser kann der Stollen in einer Sekunde führen bei einer Höchstgeschwindigkeit des Wassers von 3,5 m/sek und einer Füllung bis zu drei Viertel der Scheitelhöhe?

21 a) Zeichne für $0 \leqq x \leqq 4$ das Schaubild der Funktion $f: x \longmapsto 2x^2-\frac{1}{2}x^3$. Berechne den Inhalt der Fläche zwischen dem Schaubild von f und der x-Achse. Wie hoch ist ein Rechteck mit der Länge 4 LE, das denselben Flächeninhalt A hat?

b) Der Fahrtenschreiber eines Testautos hat bei einem Startvorgang über 10 Sekunden eine Geschwindigkeit-Zeit-Kurve aufgezeichnet, die sich näherungsweise durch die Funktion v mit $v(t)=30\sin\frac{\pi}{20}t$ (t in Sek., v in m/sek) beschreiben läßt. Berechne den Inhalt A der Fläche, welche die Geschwindigkeit-Zeit-Kurve über dem Intervall $[0;10]$ mit der t-Achse einschließt. Welche Höhe hat ein Rechteck über dem Intervall $[0;10]$ der t-Achse, das denselben Flächeninhalt A hat? Welche physikalische Bedeutung hat die Höhe dieses Rechtecks? Welche physikalische Bedeutung hat der Flächeninhalt A?

22 Schreibe die Fläche aus Aufgabe 21 a) in der allgemeinen Form

$$F(b)-F(a)=f(x^*)\cdot(b-a)$$

und vergleiche mit Satz 1 auf Seite 109 (Mittelwertsatz der Differentialrechnung). Formuliere den Sachverhalt der obigen Gleichung in Worten.

VII Integrale und ihre Berechnung

50 Integrale

Die Art und Weise, wie wir in Kapitel VI vorgegangen sind, um die Inhalte von krummlinig begrenzten Flächen zu bestimmen, erweist sich auch in vielen anderen Fällen als bedeutsam. Nicht nur Flächeninhalte, sondern auch viele andere wichtige Größen, sind Grenzwerte von Unter- bzw. Obersummen und lassen sich — wie Flächeninhalte — mittels Stammfunktionen berechnen.

50.1 Beispiele

1 Die Summen $s_1=\frac{1}{3}+\frac{1}{3}$; $s_2=\frac{1}{4}+\frac{1}{4}+\frac{1}{4}$; $s_3=\frac{1}{5}+\frac{1}{5}+\frac{1}{5}+\frac{1}{5}$; $s_4=\frac{1}{6}+\frac{1}{6}+\frac{1}{6}+\frac{1}{6}+\frac{1}{6}$; ... sind die ersten Glieder einer Folge (s_n). Wie ändert sich mit wachsendem n die Anzahl der Summanden von s_n, wie die Größe der einzelnen Summanden? Untersuche, ob (s_n) einen Grenzwert hat.

Beispiel 1: (Weg bei nichtkonstanter Geschwindigkeit)
Ein Auto, das mit einer konstanten Geschwindigkeit v fährt, legt in der Zeit t den Weg $s=v\cdot t$ zurück. In Fig. 209.1 entspricht dem Weg die schraffierte Fläche. Ist die Geschwindigkeit des Autos nicht konstant (Fig. 209.2), dann läßt sich der Weg s nicht mehr in dieser Weise berechnen. Wir erhalten dann einen Näherungswert für s, wenn wir das Zeitintervall $[0;t]$ durch Teilpunkte $0=t_0;t_1;t_2;\ldots;t_n=t$ zerlegen und annehmen, daß das Auto in jedem Teilintervall $[t_i;t_{i+1}]$ mit konstanter Geschwindigkeit fährt. Im Fall von Fig. 209.2 erhalten wir so für s die Untersumme

$$U=v(t_0)(t_1-t_0)+v(t_1)(t_2-t_1)+\ldots$$
$$+v(t_{n-1})(t_n-t_{n-1}).$$

bzw. die Obersumme

$$O=v(t_1)(t_1-t_0)+v(t_2)(t_2-t_1)+\ldots$$
$$+v(t_n)(t_n-t_{n-1}).$$

Die Näherungswerte U und O fallen umso genauer aus, je feiner wir die Zerlegung des Zeitintervalls $[0;t]$ wählen (Fig. 209.3). Bei schrittweiser Verfeinerung der Zerlegung derart, daß dabei die Maximallänge der Teilintervalle schließlich beliebig klein wird (**Zerlegungsfolge**), ergibt sich eine Folge von Untersummen und eine Folge von Obersummen. Der gesuchte **Gesamtweg** s ist der gemeinsame **Grenzwert** dieser Folgen. Er entspricht in Fig. 209.2/3 dem Inhalt der Fläche zwischen der Geschwindigkeit-Zeit-Kurve und der Zeitachse über dem Intervall $[0;t]$.

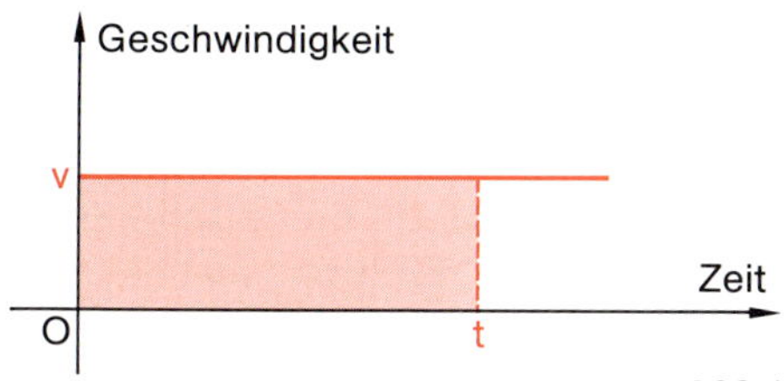

209.1

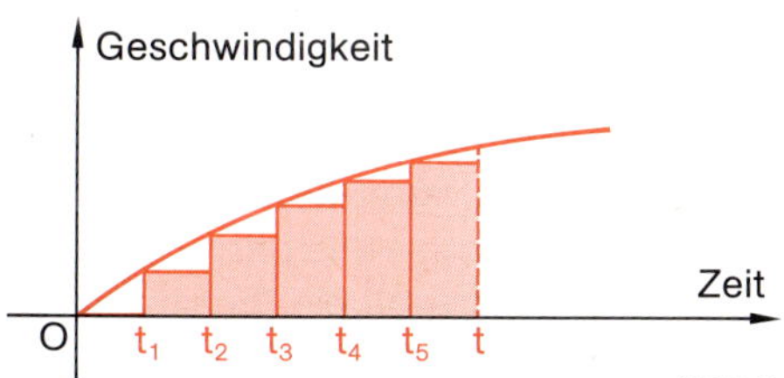

209.2

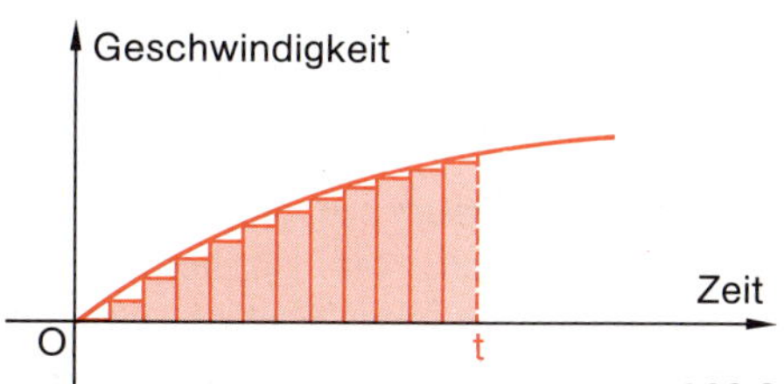

209.3

Beispiel 2: (Arbeit bei nichtkonstanter Kraft)

Um einen Körper um eine Strecke s zu verschieben (Fig. 210.1), muß in Richtung des Weges eine Kraft F aufgewendet werden. Falls F während des Bewegungsvorganges konstant ist, gilt für die dabei verrichtete Arbeit $W = F \cdot s$. Diese Art, die verrichtete Arbeit zu berechnen, versagt, wenn (wie in Fig. 210.2) die Kraft F nicht konstant ist. Beim Dehnen einer Schraubenfeder um die Länge s nimmt sie mit wachsender Verlängerung x der Feder zu (Fig. 210.3): Es gilt $F(x) = D \cdot x$ (D: Federkonstante). Wir denken uns deshalb die Gesamtarbeit W als Summe von Teilarbeiten, bei denen die Feder jeweils nur um ein kleines Stück gedehnt wird. Für jede dieser Teilarbeiten können wir die zugehörige Kraft als näherungsweise konstant ansehen und die Arbeit als Produkt von Kraft und Weg berechnen. Wie in Beispiel 1 gelangen wir so zu einer Untersumme bzw. Obersumme für W (Fig. 210.3). Diese fällt um so genauer aus, je feiner wir die Zerlegung der Gesamtarbeit – und damit des Intervalls [0;s] für die Kraft – wählen. Die gesuchte **Gesamtarbeit** W erweist sich als **Grenzwert** von Unter- bzw. Obersummen. Ihr entspricht in Fig. 210.3 der Inhalt der Fläche unter dem Schaubild der Kraftfunktion über dem Intervall [0;s].

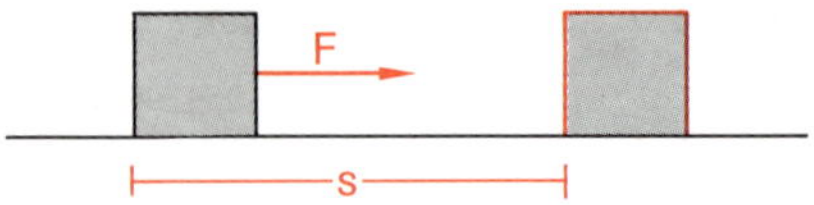

210.1

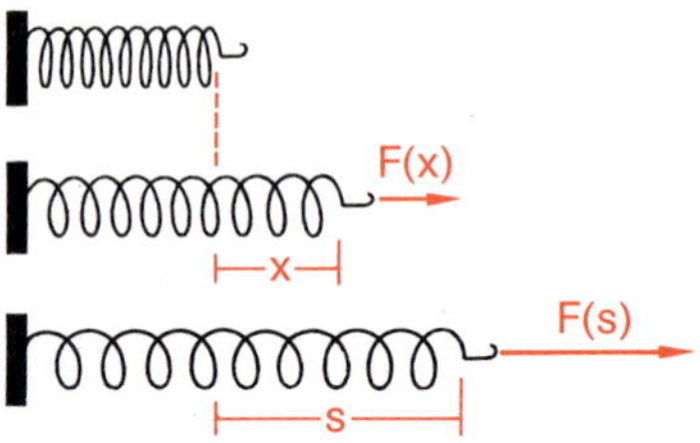

210.2

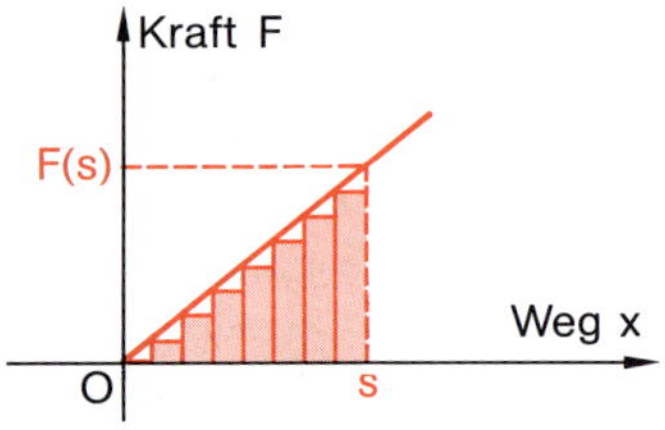

210.3

Beispiel 3: (Masse bei nichtkonstanter Dichte)

Ein aus einem Material der Dichte ρ bestehender Stab mit dem Rauminhalt V (Fig. 210.4) hat die Masse $m = V \cdot \rho$. Wenn die Dichte nicht konstant ist, sondern z. B. längs des Stabes gemäß der Funktion $x \mapsto \rho(x)$ abnimmt (inhomogene Legierung; Fig. 210.5), dann läßt sich die Masse des Stabes nicht mehr in dieser Weise berechnen. Wir denken uns dann den Stab in Scheiben geschnitten (Fig. 210.6) und innerhalb jeder Scheibe die Dichte konstant. Danach wenden wir auf jede Scheibe die Formel $m = V \cdot \rho$ an, wobei wir für ρ einmal den im Bereich der Scheibe minimalen, einmal den maximalen Wert verwenden. Auf diese Weise ergibt sich für die Gesamtmasse des Stabes eine Unter- und eine Obersumme. Diese werden um so genauer, je dünner wir die Scheiben wählen. Die gesuchte **Gesamtmasse** m des Stabes ist der **Grenzwert** einer Folge von Unter- bzw. Obersummen.

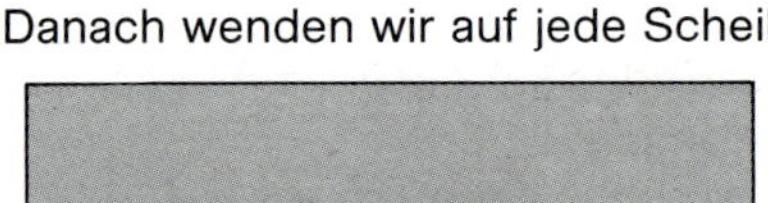
210.4

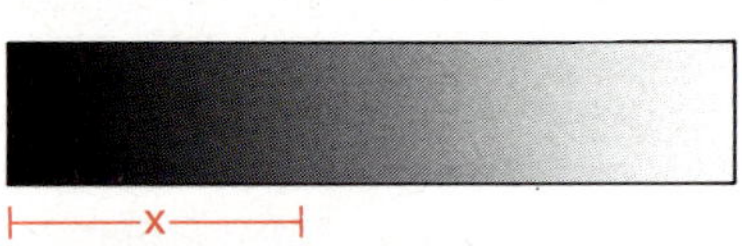

210.5

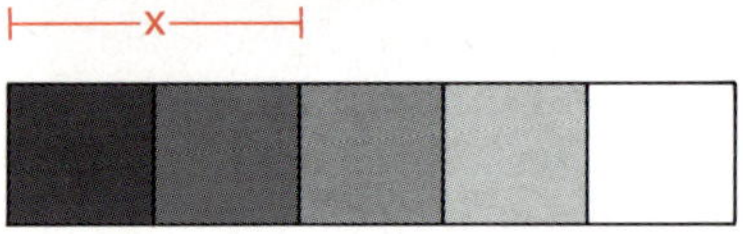
210.6

2 Zeige, daß man in Beispiel 3 die gesuchte Gesamtmasse bei einem geeigneten Achsenkreuz als Flächeninhalt deuten kann.

Aufgaben

3 Bei einem Pkw erhöht sich die Geschwindigkeit während des Startvorgangs gemäß $v(t)=3t$ (t in Sek; v in m/Sek). Welche Untersumme U und welche Obersumme O ergibt sich für den in den ersten 10 Sekunden zurückgelegten Weg, wenn man das Zeitintervall $[0;10]$ in 10 gleiche Teile unterteilt? (Anleitung: Vgl. Beispiel 1.)

4 Eine Schraubenfeder mit der Federkonstante $D=100$ (in N/m) wird aus dem entspannten Zustand um 0,05 m gedehnt. Teile das Intervall $[0;0{,}05]$ in 10 gleiche Teile und berechne die zugehörige Untersumme (Obersumme) für die verrichtete Arbeit. (Anleitung: Vgl. Beispiel 2.)

5 In Beispiel 3, Fig. 210.5, handle es sich um einen Rundstab mit $r=0{,}5$ cm.
Die Dichte ρ (in g/cm³) nehme zwischen Anfang und Ende des Stabes von 9 auf 7 linear ab.
a) Ermittle die Funktion $x \longmapsto \rho(x)$.
b) Welche Untersumme (Obersumme) für die Masse des Stabes erhält man, wenn man die Stablänge von 10 cm in 10 gleiche Teile unterteilt?
c) Welche Untersumme (Obersumme) ergibt sich in b), wenn die Dichte längs des Stabes nicht gleichmäßig, sondern gemäß der Dichtefunktion ρ mit $\rho(x)=0{,}01x^2-0{,}3x+9$ abnimmt?

50.2 Definition

In den vorangehenden Beispielen führten praktische Fragestellungen zu einer Vorgehensweise, die sich auch in vielen anderen Fällen als naheliegend erweist. Wir stellen dieses Vorgehen nun allgemein dar.

Gegeben sei eine auf einem Intervall $[a;b]$ **stetige** Funktion f, die weder positiv noch monoton zu sein braucht. (In Kapitel VII war f die Randfunktion; in Abschnitt 50.1, Beispiel 1, war f die Geschwindigkeitsfunktion, in Beispiel 2 die Kraftfunktion, in Beispiel 3 die Dichtefunktion.)

Durch $x_0 < x_1 < \ldots < x_n$ mit $x_0=a$, $x_n=b$ nehmen wir eine **Zerlegung** des Intervalls $[a;b]$ vor und bilden für diese Zerlegung die

Untersumme $U=m_1(x_1-x_0)+m_2(x_2-x_1)+\ldots+m_n(x_n-x_{n-1})$ und die

Obersumme $O=M_1(x_1-x_0)+M_2(x_2-x_1)+\ldots+M_n(x_n-x_{n-1})$,

wobei m_i das Minimum, M_i das Maximum der Funktion f auf $[x_{i-1};x_i]$ bedeutet.
Nun verfeinern wir die Zerlegung schrittweise (Zerlegungsfolge, vgl. S. 209) und betrachten die sich dadurch ergebende **Folge** (U_K) von **Untersummen** bzw. (O_K) von **Obersummen**. Man kann zeigen: Wenn f stetig ist, dann sind diese Folgen konvergent und haben denselben **Grenzwert**; dieser Grenzwert ändert sich nicht, wenn man eine andere Zerlegungsfolge wählt.

Definition 1: Die Funktion f sei auf dem Intervall $[a;b]$ stetig. Dann nennt man den gemeinsamen Grenzwert der Folgen (U_K) und (O_K) das **Integral** der Funktion f zwischen der (unteren) Grenze a und der (oberen) Grenze b und schreibt dafür

$$\int_a^b f(x)\,dx \quad \text{(lies: Integral f(x) dx von a bis b).}$$

Das Integralzeichen $\int$ (langgezogenes S) soll an die vorangehende Bildung von Unter- und Obersummen erinnern, dx an die dabei verwendeten Differenzen $x_i - x_{i-1}$. Das Wort „Integral" hängt zusammen mit integratio (lat.): „Wiederherstellung (eines zuvor Zerlegten) zu einem Ganzen"; f(x) wird auch „**Integrand**" und x „**Integrationsvariable**" genannt.

Beachte: Da die Berechnung von Unter- bzw. Obersummen unabhängig ist von der Wahl der Funktionsvariablen bei f, bedeutet $\int_a^b f(x)\,dx$ dasselbe wie z. B. $\int_a^b f(t)\,dt$. Man darf also bei einem Integral die „Integrationsvariable" nach Belieben wählen.

Beispiel 4:

a) (Flächeninhalt als Integral)

Nach den Ergebnissen in Abschnitt 45 ist der Inhalt A der Fläche zwischen einer stetigen Randfunktion f mit $f(x) \geqq 0$ (Fig. 212.1) und der x-Achse über einem Intervall [a;b] ein Integral. Im Falle $f(x) = x^2$; $a = 1$, $b = 2$ können wir also schreiben:

$$A_1(2) = \int_1^2 x^2\,dx.$$

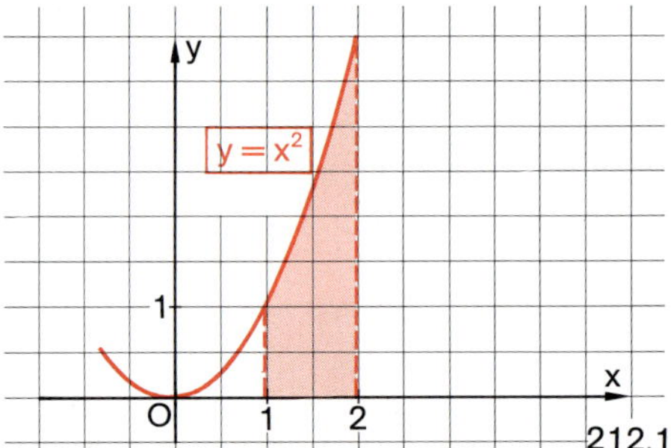

212.1

Bei dieser anschaulichen Deutung eines Integrals ist jedoch zu beachten: In Fig. 212.2 bedeutet $\int_1^2 (2 - x^2)\,dx$ nicht den Gesamtinhalt der schraffierten Flächen. Da in den zugehörigen Unter- und Obersummen die zur Fläche unterhalb der x-Achse gehörenden Summanden negativ sind, bedeutet das angegebene Integral die Differenz der Inhalte beider Teilflächen. Im angegebenen Fall ist, wie Fig. 212.2 zeigt, das Integral negativ.

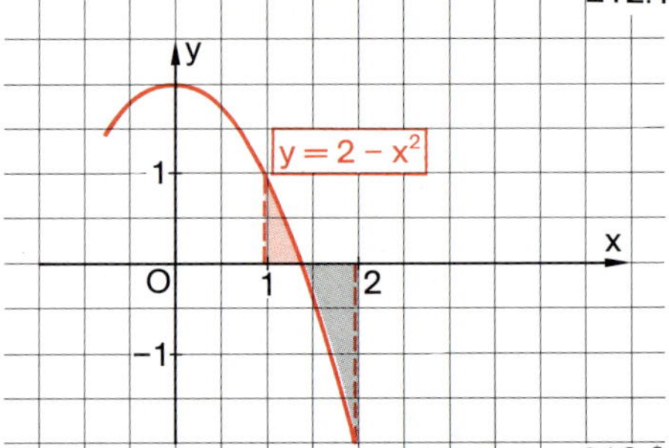

212.2

b) (Weg als Integral)

In 50.1, Beispiel 1, bedeutet $\int_{t_1}^{t_2} v(t)\,dt$ bei gegebener Geschwindigkeitsfunktion v die Länge des zwischen den Zeitpunkten t_1 und t_2 zurückgelegten Weges.

c) (Arbeit als Integral)

In 50.1, Beispiel 2, bedeutet $\int_{x_1}^{x_2} F(x)\,dx$ die beim Dehnen der Feder von der Verlängerung x_1 auf die Verlängerung x_2 verrichtete Arbeit.

d) (Masse als Integral)

In 50.1, Beispiel 3, bedeutet $\int_{x_1}^{x_2} \pi r^2 \rho(x)\,dx$ die Masse des Stabes zwischen den Stellen x_1 und x_2, falls es sich um einen Rundstab mit dem Radius r handelt.

Bemerkung: Bei der Definition des Integrals wurde vorausgesetzt, daß die Funktion f in [a;b] stetig ist. Die Definition läßt sich wörtlich auf nur „stückweise stetige" Funktionen f (Fig. 213.1) verallgemeinern. (Solche Funktionen haben höchstens endlich viele Stellen $x \in [a;b]$, für welche die einseitigen Grenzwerte von f zwar existieren, aber verschieden sind.)

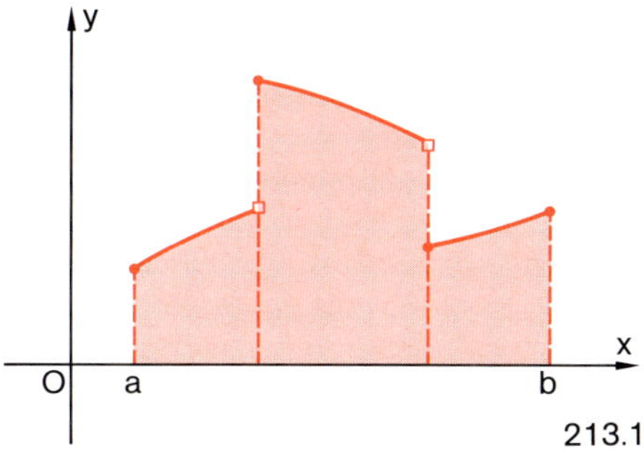

213.1

6 Schreibe den Inhalt der Fläche zwischen dem Schaubild f mit $f(x)=\frac{1}{2}x$ und der x-Achse über dem Intervall [a;b] als Integral. Bestimme das Integral mit Hilfe von Flächeninhalten.

a) $a=0;\ b=2$ b) $a=1;\ b=3$ c) $a=-1;\ b=0$ d) $a=-1;\ b=4$

Aufgaben

7 Deute die folgenden Integrale anhand einer Figur als Flächeninhalte.

a) $\int_2^3 x\,dx$ b) $\int_{-1}^2 x^2\,dx$ c) $\int_0^4 2\,dx$ d) $\int_{-2}^5 dt$ e) $\int_1^3 (1+\frac{1}{2}t)\,dt$ f) $\int_{-2}^0 |u|\,du$

8 Gib für die Funktion f, deren Schaubild in Fig. 213.2 dargestellt ist, den Wert des folgenden Integrals an.

a) $\int_0^4 f(x)\,dx$ b) $\int_2^8 f(x)\,dx$ c) $\int_{-4}^6 f(x)\,dx$

213.2

9 Gib für die in Fig. 213.3 dargestellte Funktion g den Wert des folgenden Integrals an.

a) $\int_0^3 g(x)\,dx$ b) $\int_4^8 g(x)\,dx$ c) $\int_0^6 g(x)\,dx$

d) $\int_{-2}^0 g(x)\,dx$ e) $\int_{-1}^4 g(x)\,dx$ f) $\int_{-2}^8 g(x)\,dx$

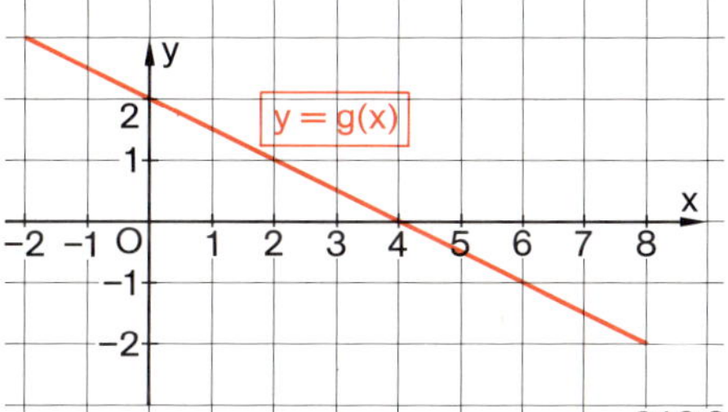

213.3

10 Bei der Funktion f von Fig. 213.2 bedeute x die Zeit (in Sek), f(x) die Geschwindigkeit (in m/Sek) eines sich geradlinig bewegenden Körpers. Beschreibe den Bewegungsablauf (in Worten). Wieviel Meter legt der Körper zwischen den Zeitpunkten $x_1=2$ und $x_2=7$ zurück?

11 In Fig. 213.3 bedeute x die Zeit (in Sek), g(x) die Geschwindigkeit (in m/Sek) eines sich geradlinig bewegenden Körpers.

a) Beschreibe den Bewegungsablauf (in Worten).

b) Wieviel Meter legt der Körper zwischen den Zeitpunkten $x_1=0$ und $x_2=8$ zurück?

c) Wo befindet sich der Körper zum Zeitpunkt $x_3=3$ $(x_4=6;\ x_5=8)$?

12 Der Querschnittsinhalt q(x) (in dm^2) eines metallischen Rundstabes der Länge 20 dm nimmt von $q(0)=1$ auf $q(20)=0{,}4$ gleichmäßig ab. Die Dichte des Materials beträgt 7,8 kg/dm^3.

a) Zeige: Die Masse m (in kg) des Stabes läßt sich als Integral der Funktion $x \longmapsto 7{,}8 \cdot q(x)$ zwischen den Grenzen 0 und 20 auffassen.

b) Deute die Masse m des Stabes als Flächeninhalt; berechne damit die Masse m.

13 Ein 4 m langes, nach unten hängendes Seil wird (wie in Fig. 214.1) über eine Rolle gezogen. Ein Seilstück der Länge 1 dm erfährt die Gewichtskraft 0,8N.

a) Wie ändert sich die beim Ziehen aufzuwendende Kraft F?

b) Zeige: Die Arbeit W, die verrichtet werden muß, um das Seil vollständig hochzuziehen, läßt sich als Integral auffassen. Bestimme W.

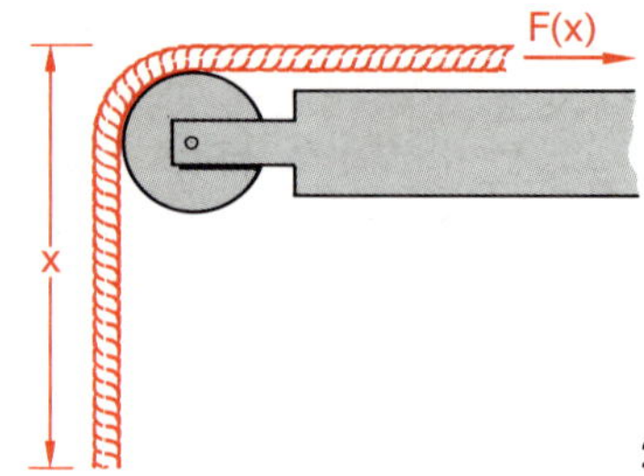

214.1

50.3 Eigenschaften von Integralen

14 Gib (ohne längere Rechnung) für das Integral

$$\int_1^4 \sqrt{x}\, dx$$

eine untere und eine obere Schranke an.

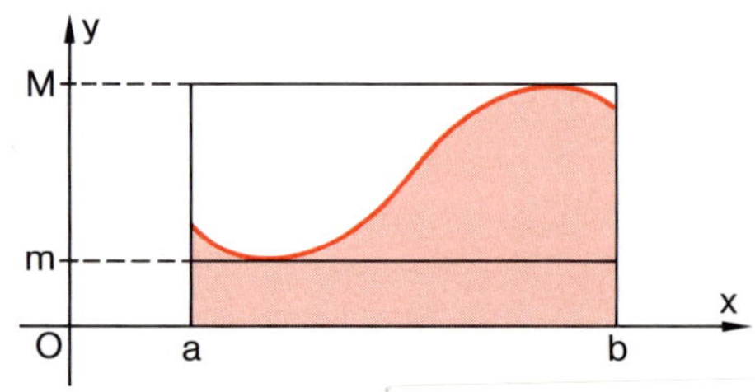

214.2

Bei Integralen, deren Wert wir nicht kennen, ist oft eine Abschätzung von Vorteil.

Ist $\quad m \leqq f(x) \leqq M$ für alle $x \in [a;b]$, so gilt für jede Untersumme

$U \geqq m(x_1 - x_0) + \ldots + m(x_n - x_{n-1})$

$U \geqq m(b-a)$ (Fig. 214.2)

und entsprechend für jede Obersumme

$O \leqq M(b-a)$.

Daraus folgt:

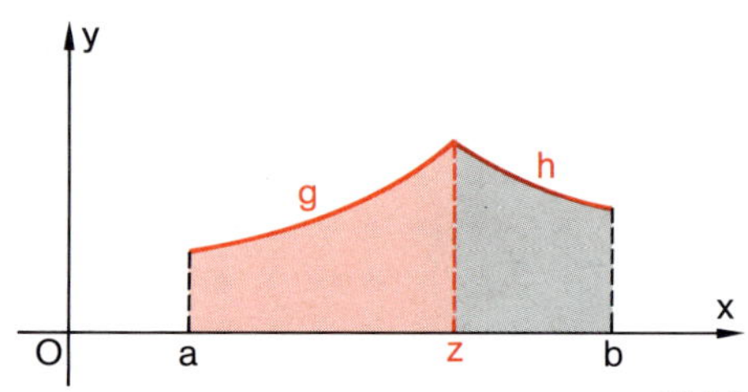

214.3

Satz 1: (Abschätzbarkeit)
Ist $m \leqq f(x) \leqq M$ für alle $x \in [a;b]$, so gilt

$$m(b-a) \leqq \int_a^b f(x)\, dx \leqq M(b-a).$$

Beispiel 5: Die Funktion f mit $f(x) = \frac{1}{1+x^2}$ ist für $x \in \mathbb{R}_0^+$ monoton abnehmend. Im Intervall $[3;7]$ ist daher $f(7) \leqq f(x) \leqq f(3)$ oder $0{,}02 \leqq f(x) \leqq 0{,}1$ und somit

$$0{,}02 \cdot 4 \leqq \int_1^3 \frac{1}{1+x^2}\, dx \leqq 0{,}1 \cdot 4 \quad \text{oder} \quad 0{,}08 \leqq \int_1^3 \frac{1}{1+x^2}\, dx \leqq 0{,}4.$$

Ist die Funktion f auf einem Intervall J stetig, aber für $a \in J$, $b \in J$ und $a < z < b$ auf $[a;z]$ durch den Funktionsterm $g(x)$, auf $[z;b]$ dagegen durch den Funktionsterm $h(x)$ gegeben (Fig. 214.3), dann stellt sich die Frage, ob das Integral $I = \int_a^b f(x)\, dx$ mit Hilfe der Integrale $I_1 = \int_a^z g(x)\, dx$ und $I_2 = \int_z^b h(x)\, dx$ ermittelt werden kann.

Betrachten wir für das Intervall $[a;b]$ eine Zerlegungsfolge, bei welcher alle Zerlegungen die Stelle z als Teilpunkt haben, so zeigt der Grenzwertsatz für die Summe zweier konvergenter Folgen: $I = I_1 + I_2$. Damit dies auch im Falle $z = a$ oder $z = b$ und auch im Falle $z > b$ oder $z < a$ gültig bleibt, vereinbaren wir:

Definition 2: $\int_a^a f(x)\,dx = 0;\qquad \int_b^a f(x)\,dx = -\int_a^b f(x)\,dx$

Danach können wir für jede Lage von $z \in J$ feststellen:

Satz 2: (Intervalladditivität)
Ist die Funktion f auf einem Intervall J stetig und $a \in J, b \in J, z \in J$, so gilt

$$\int_a^z f(x)\,dx + \int_z^b f(x)\,dx = \int_a^b f(x)\,dx.$$

Beweis: Im Falle $a < b < z$ gilt zunächst

$$\int_a^b f(x)\,dx + \int_b^z f(x)\,dx = \int_a^z f(x)\,dx \quad \text{oder} \quad \int_a^b f(x)\,dx = \int_a^z f(x)\,dx - \int_b^z f(x)\,dx.$$

Mit Definition 2 folgt daraus

$$\int_a^b f(x)\,dx = \int_a^z f(x)\,dx + \int_z^b f(x)\,dx.$$

Entsprechend überlegt man im Falle $z < a < b$.

15 Schreibe als ein einziges Integral:

a) $\int_1^2 x^2\,dx + \int_2^4 x^2\,dx$ b) $\int_1^4 x^2\,dx - \int_2^4 x^2\,dx$ c) $\int_{-2}^0 x^2\,dx - \int_{-1}^0 x^2\,dx - \int_3^{-1} x^2\,dx.$

Aufgaben

16 Gib (wie in Beispiel 5) eine obere und eine untere Schranke an für:

a) $\int_1^3 (1+x^2)\,dx$ b) $\int_1^4 (x+x^2)\,dx$ c) $\int_2^4 \sqrt{9+x^2}\,dx$ d) $\int_0^2 \sqrt{9-x^2}\,dx.$

17 Bestimme zuerst das Minimum und das Maximum des Integranden im Integrationsintervall; schätze dann ab.

a) $\int_0^3 \left(x - \frac{x^2}{9}\right) dx$ b) $\int_1^3 |x-2|\,dx$ c) $\int_{\frac{\pi}{2}}^{2\pi} \sqrt{4-\cos x}\,dx$ d) $\int_{\frac{\pi}{6}}^{\frac{\pi}{3}} (\sin t)^3\,dt$

18 Weise nach, daß gilt: $0{,}78 \leqq \int_0^{\frac{\pi}{2}} \frac{1}{\sqrt{4-\cos^2 x}}\,dx \leqq 0{,}91.$

19 Schreibe als ein einziges Integral:

a) $\int\limits_1^3 \sqrt{x}\,dx - \int\limits_4^3 \sqrt{x}\,dx$ b) $\int\limits_{-3}^0 3x^2\,dx - \int\limits_{-2}^0 3x^2\,dx$ c) $\int\limits_0^\pi \sin t\,dt - \int\limits_{-\pi}^{2\pi} \sin t\,dt - \int\limits_{2\pi}^{\pi} \sin x\,dx.$

20 Gib für die Funktion f, deren Schaubild in Fig. 216.1 dargestellt ist, den Wert des folgenden Integrals an.

a) $\int\limits_0^2 f(x)\,dx$ b) $\int\limits_{-2}^5 f(x)\,dx$ c) $\int\limits_2^9 f(x)\,dx$

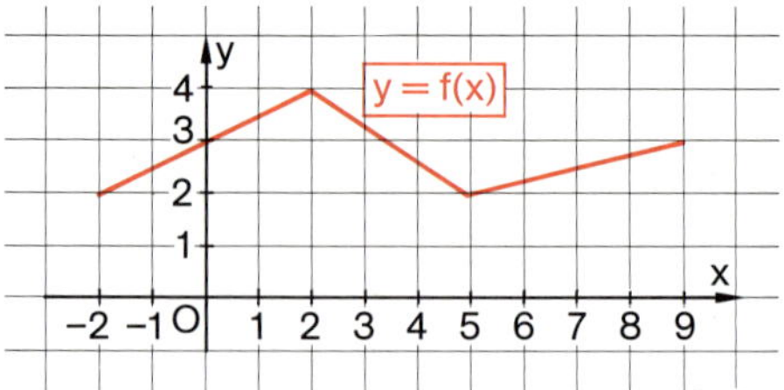

216.1

21 Gib für die in Fig. 216.2 dargestellte Funktion g den Wert des folgenden Integrals an.

a) $\int\limits_0^3 g(x)\,dx$ b) $\int\limits_0^4 g(x)\,dx$ c) $\int\limits_0^9 g(x)\,dx$

d) $\int\limits_{-2}^2 g(x)\,dx$ e) $\int\limits_{-2}^4 g(x)\,dx$ f) $\int\limits_{-2}^9 g(x)\,dx$

g) $\int\limits_2^1 g(x)\,dx$ h) $\int\limits_9^4 g(x)\,dx$ i) $\int\limits_9^1 g(x)\,dx$

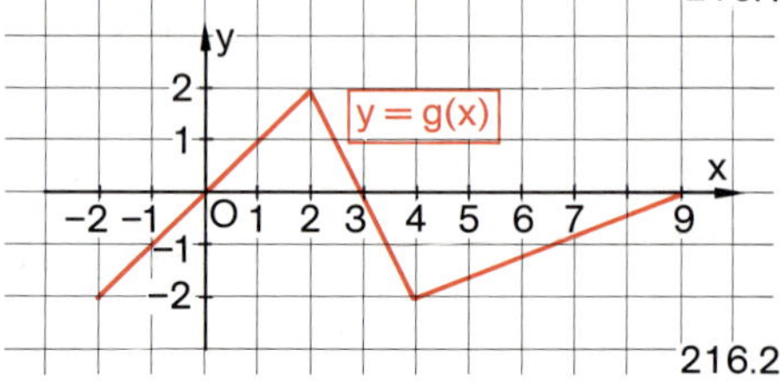

216.2

22 Die Funktion f sei in einem Intervall J stetig und $a, b, c, d \in J$. Zeige:

a) $\int\limits_a^b f(x)\,dx + \int\limits_c^d f(x)\,dx = \int\limits_a^d f(x)\,dx + \int\limits_c^b f(x)\,dx.$

b) Die Differenz $\int\limits_a^t f(x)\,dx - \int\limits_b^t f(x)\,dx$ hat für alle $t \in J$ denselben Wert.

23 a) Zeige: Ist $f(x) \leqq g(x)$ für alle $x \in [a;b]$, dann gilt:

$$\int\limits_a^b f(x)\,dx \leqq \int\limits_a^b g(x)\,dx.$$

b) Verwende die Ungleichung $\frac{1}{x} \leqq \frac{1}{\sqrt{x}}$ für $x \geqq 1$, um den Inhalt zwischen dem Schaubild der Funktion $x \longmapsto \frac{1}{x}$ und der x-Achse über dem Intervall $[a;b]$ abzuschätzen.

24 Ein voller zylindrischer Wassertank mit dem Radius r und der Höhe h wird über den oberen Rand mit einer schwimmenden Pumpe leergepumpt (Fig. 216.3).

a) Welche Untersumme ergibt sich für die zu verrichtende Arbeit W, wenn man sich den Inhalt des Tanks in n gleiche Schichten zerlegt denkt?

(Anleitung: Wird ein Körper gegen seine Gewichtskraft G um die Höhe h angehoben, so wird die Arbeit $G \cdot h$ verrichtet. $1\,m^3$ Wasser hat die Gewichtskraft 9800 Newton.)

b) Berechne W als Grenzwert der in a) ermittelten Untersummen für $n \to +\infty$.

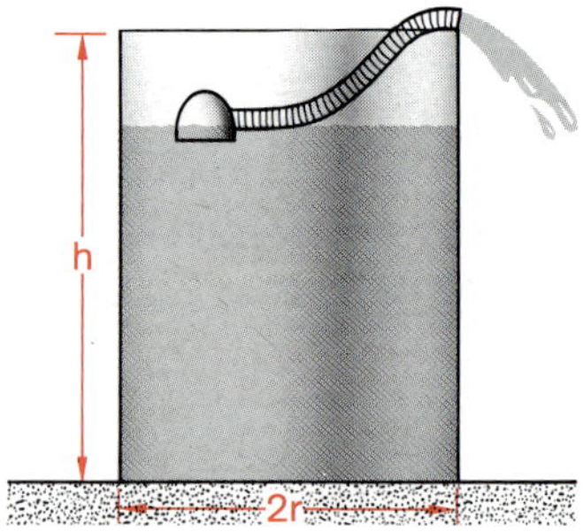

216.3

51 Hauptsatz der Differential- und Integralrechnung

51.1 Integralfunktionen

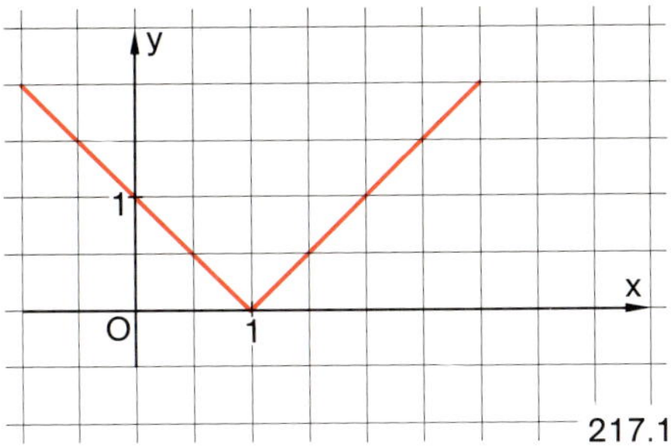

217.1

1 Fig. 217.1 zeigt das Schaubild der Funktion f mit $f(x) = |x-1|$.

a) Bestimme $\int_1^b f(x)\,dx$ für $b=2$ (4;1;0;−1).

b) Zeichne (im gleichen Koordinatensytem) die Schaubilder f und $b \mapsto \int_1^b f(x)\,dx$.

Wir verfolgen nun anhand von Beispielen, wie sich bei einer gegebenen Funktion f das Integral $\int_a^b f(x)\,dx$ ändert, wenn wir die untere Grenze a festhalten und die obere Grenze b variieren. Um dies deutlicher zu machen, schreiben wir statt $\int_a^b f(x)\,dx$ im folgenden $\int_a^x f(t)\,dt$. Dabei nehmen wir an, daß f in einem (beschränkten oder unbeschränkten) Intervall J definiert und stetig ist.

Anders als bei Flächeninhaltsfunktionen (vgl. S. 195), wo wir ähnlich vorgegangen sind, lassen wir nun auch zu, daß $f(x) < 0$ oder $x < a$ ist.

Definition: Die Funktion f sei in einem Intervall J stetig und $a \in J$. Dann heißt die Funktion

$$I_a : x \mapsto \int_a^x f(t)\,dt$$

Integralfunktion von f zur unteren Grenze a.

Bemerkung: Sind I_a und I_b Integralfunktionen zur Funktion f, so ist

$$I_a(x) - I_b(x) = \int_a^x f(t)\,dt - \int_b^x f(t)\,dt = \int_a^x f(t)\,dt + \int_x^b f(t)\,dt = \int_a^b f(t)\,dt;$$

die beiden Integralfunktionen unterscheiden sich also nur um eine additive Konstante.

Beispiel 1: (Vergleich mit Flächeninhaltsfunktionen)

Im Falle $f(x) \geqq 0$ ist I_a für $x > a$ die (nur für $x > a$ definierte) Flächeninhaltsfunktion zur Stelle a. Für $x < a$ bedeutet $I_a(x)$ den negativen Inhalt der Fläche zwischen dem Schaubild von f und der x-Achse über dem Intervall $[x;a]$.

Beispiel 2: (Integralfunktion einer stückweise linearen Funktion)

Die Funktion f sei gegeben durch $f(t) = \begin{cases} t \text{ für } t \leqq 1 \\ 1 \text{ für } t > 1 \end{cases}$ (Fig. 218.1).

Wir ermitteln die Integralfunktion I_2 der Funktion f mit Hilfe von Flächenbetrachtungen in Fig. 218.1.

Für $x \geqq 2$ ist $I_2(x) = (x-2) \cdot 1 = x-2$.

Für $1 \leqq x \leqq 2$ ist $I_2(x) = -(2-x) = x-2$.

Für $0 \leqq x \leqq 1$: $I_2(x) = -\left(1 + \frac{1}{2} - \frac{1}{2}x^2\right) = \frac{1}{2}x^2 - \frac{3}{2}$.

Für $x \leqq 0$: $I_2(x) = -\frac{3}{2} - \left(-\frac{1}{2}x^2\right) = \frac{1}{2}x^2 - \frac{3}{2}$.

Insgesamt ergibt sich somit

$$I_2(x) = \begin{cases} \frac{1}{2}x^2 - \frac{3}{2} & \text{für } x \leqq 1 \\ x-2 & \text{für } x > 1 \end{cases};$$

Fig. 218.2 zeigt das Schaubild der Funktion I_2.

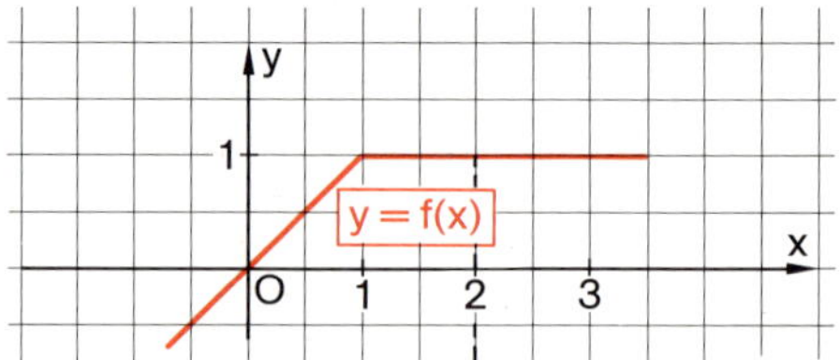

218.1

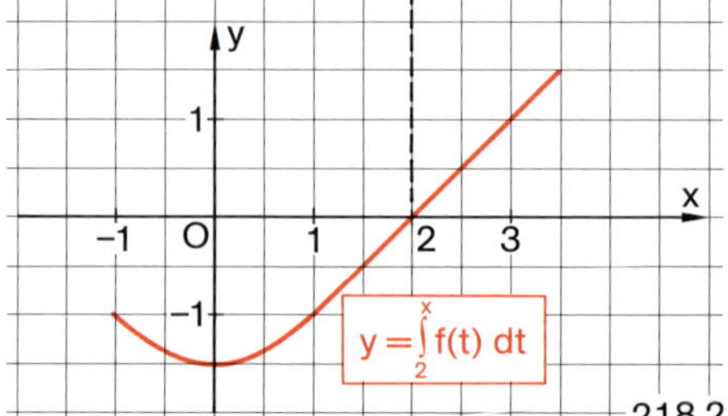

218.2

2 Gib für die Funktion f mit $f(x) = |x-1|$ (Fig. 217.1) die Integralfunktion I_2 an.

Aufgaben

3 Zeichne das Schaubild der Funktion f mit $f(x) = 2$. I_a sei die Integralfunktion von f zur unteren Grenze a. Bestimme $I_0(1)$, $I_0(3)$, $I_0(-2)$ sowie $I_3(5)$, $I_3(3)$ und $I_3(1)$.

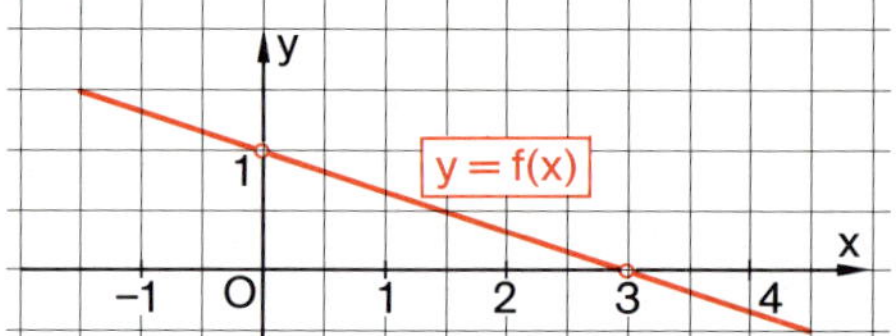

218.3

4 Die Funktion f hat das in Fig. 218.3 dargestellte Schaubild.

a) Gib $I_0(3)$, $I_0(4)$, $I_0(2)$ und $I_0(-1)$ an.

b) Für welche x-Werte gilt $I_0(x) = 0$?

c) Für welche x-Werte gilt $I_0(x) = \frac{3}{4}$?

d) Zeichne (im gleichen Koordinatensystem) die Schaubilder der Funktionen f und I_0.

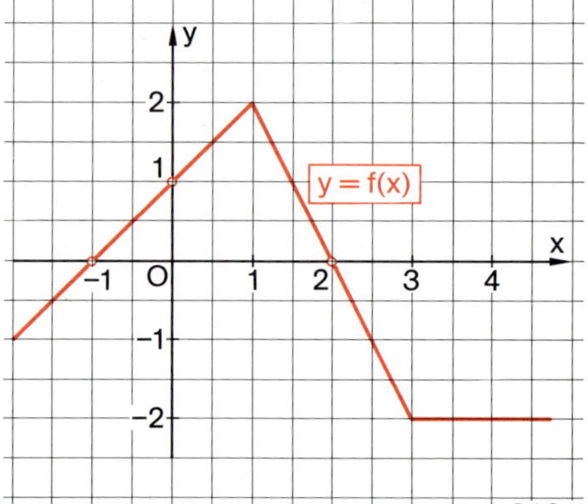

218.4

5 Fig. 218.4 zeigt das Schaubild einer stückweise linearen Funktion f. I_1 sei die Integralfunktion von f zur unteren Grenze 1.

a) Gib $I_1(2)$, $I_1(3)$, $I_1(4)$, $I_1(0)$, $I_1(-1)$, $I_1(-3)$ und $I_1(-4)$ an.

b) Für welche x-Werte gilt $I_1(x) > 0$, für welche $I_1(x) < 0$, für welche $I_1(x) = 0$?

c) Gib $I_1(x)$ an. Zeichne ein Schaubild von I_1.

6 a) Zeige, daß das Schaubild der Funktion f mit $f(x) = x^2 - x^4$ zur y-Achse symmetrisch ist.

b) Wie folgt (mittels einer Flächenbetrachtung) aus a), daß

$$\int_0^{-x} f(t)\,dt = -\int_0^x f(t)\,dt \quad \text{für alle } x \in \mathbb{R}$$

gilt? Was besagt diese Gleichung für das Schaubild der Integralfunktion I_0 von f?

7 Gib eine Funktion f an mit $D_f = \mathbb{R}$, für deren Integralfunktion I_0 gilt:

$$I_0(x) \geqq 0 \text{ für alle } x \in \mathbb{R}.$$

8 Im Schaubild von Fig. 217.2 bedeute x für $x \geqq -1$ die Zeit (in Sek) und f(x) die Geschwindigkeit (in m/Sek) eines sich geradlinig bewegenden Körpers.

a) Beschreibe (in Worten) den Bewegungsablauf.

b) Der Körper befinde sich zum Zeitpunkt $x_0 = 0$ im Punkt A. Wie weit ist der Körper zum Zeitpunkt $x_1 = 2$ von A entfernt? Wieviel Sekunden nach dem Durchgang durch A befindet sich der Körper wiederum in A? Welche Geschwindigkeit hat er dann?

c) Wie lang ist der Weg, den der Körper zwischen den beiden Durchgängen durch A zurücklegt? Wie läßt sich der zwischen dem Zeitpunkt $x_0 = 0$ und einem beliebigen Zeitpunkt x $(x > 0)$ zurückgelegte Gesamtweg des Körpers mathematisch angeben?

9 Für $x \in \mathbb{R}_0^+$ sei $f(x) = \begin{cases} 1 \text{ für } x \leqq 1 \\ 2 \text{ für } x > 1 \end{cases}$. Zeige, daß die Integralfunktion I_0 von f an der Stelle 1 stetig ist. Zeichne ein Schaubild von I_0.

51.2 Der Hauptsatz

10 Fig. 219.1 zeigt für eine unbekannte Funktion f das Schaubild der Integralfunktion I_0 zur unteren Grenze $a = 0$. Welche Informationen über f liefert dieses Schaubild?

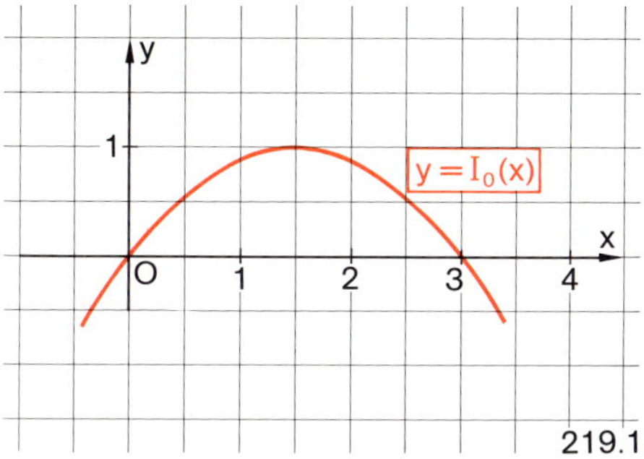

219.1

Wir beschäftigen uns nun mit der Berechnung von Integralen. Die Bestimmung eines Integrals als Grenzwert von Unter- bzw. Obersummen gelingt praktisch nur in einfachen Fällen und ist meist recht mühsam (vgl. Beispiel 2, S. 193). Bei Flächeninhalten (also speziellen Integralen) gelang die Bestimmung in überraschend einfacher Weise auf einem ganz anderen Weg, nämlich mit Hilfe einer Stammfunktion (vgl. S. 202). Wir untersuchen nun, ob man allgemein Integrale auf diesem Weg berechnen kann.

Die Funktion f sei auf einem Intervall J stetig und $a \in J$. Dann hat die Integralfunktion I_a den Differenzenquotienten

$$\frac{I_a(x+h) - I_a(x)}{h} = \frac{1}{h}\left[\int_a^{x+h} f(t)\,dt - \int_a^{x} f(t)\,dt\right] = \frac{1}{h}\left[\int_x^{a} f(t)\,dt + \int_a^{x+h} f(t)\,dt\right] = \frac{1}{h}\int_x^{x+h} f(t)\,dt.$$

Weil f stetig ist, nimmt f zwischen x und $x+h$ einen kleinsten Funktionswert m und einen größten Funktionswert M an. Nach Satz 1 von S. 214 gilt dann

für $h > 0$: $\quad m \cdot h \leqq \int_x^{x+h} f(t)\,dt \leqq M \cdot h$; $\qquad$ für $h < 0$: $\quad m \cdot (-h) \leqq \int_{x+h}^{x} f(t)\,dt \leqq M \cdot (-h)$,

also in beiden Fällen $m \leqq \frac{1}{h} \int_x^{x+h} f(t)\,dt \leqq M$.

Für $h \to 0$ strebt, da f stetig ist, sowohl m als auch M gegen f(x).

Also ist die Funktion I_a differenzierbar und $I_a'(x) = f(x)$.

Satz 1: Die Funktion f sei auf einem Intervall J stetig und $a \in J$.

Dann ist die Integralfunktion I_a mit $I_a(x) = \int\limits_a^x f(t)\,dt$ auf J differenzierbar und es gilt

$$\mathbf{I'_a(x) = f(x).}$$

Bemerkung: Wegen der Beziehung $I'_a(x) = f(x)$ bezeichnet man für stetige Funktionen die Integration auch als „Umkehrung der Differentiation".

Satz 1 zeigt: Bei gegebener Funktion f ist die gesuchte Integralfunktion I_a eine Stammfunktion von f. Ist nun irgend eine Stammfunktion F von f bekannt, so ist $I_a(x) = F(x) + c$. Wegen $I_a(a) = 0$ gilt $c = -F(a)$ und somit $I_a(x) = F(x) - F(a)$. Insbesondere ist $I_a(b) = F(b) - F(a)$.

Satz 2: (Hauptsatz der Differential- und Integralrechnung)
Ist die Funktion f auf einem Intervall J stetig und F eine Stammfunktion von f, dann gilt für alle $a \in J, b \in J$

$$\int\limits_{\mathbf{a}}^{\mathbf{b}} \mathbf{f(x)\,dx = F(b) - F(a).}$$

Statt $F(b) - F(a)$ schreibt man auch $\Big[F(x)\Big]_a^b$; es ist dann also $\int\limits_a^b f(x)\,dx = \Big[F(x)\Big]_a^b$.

Beispiel 3: (Berechnung eines Integrals mit Hilfe einer Stammfunktion)

Wir berechnen das Integral der Funktion f mit $f(x) = -4x + x^2$ zwischen den Grenzen $a = -1$ und $b = 2$.
Dazu ermitteln wir zunächst eine Stammfunktion von f, z. B. ist F mit $F(x) = -2x^2 + \frac{1}{3}x^3$ eine solche.
Danach folgt aus dem Hauptsatz:

$$\int\limits_{-1}^{2} (-4x + x^2)\,dx = \Big[-2x^2 + \frac{1}{3}x^3\Big]_{-1}^{2} = (-2 \cdot 4 + \frac{1}{3} \cdot 8) - (-2 - \frac{1}{3}) = -3.$$

11 Berechne: a) $\int\limits_{-2}^{1} (4 - x^3)\,dx$ b) $\int\limits_{0}^{1} (x^3 - x^2)\,dx$ c) $\int\limits_{3}^{1} \frac{1}{x^2}\,dx$.

Aufgaben

12 Berechne die folgenden Integrale.

a) $\int\limits_{1}^{4} (1 - \frac{1}{3}x^2)\,dx$ b) $\int\limits_{0}^{1} (5x^4 - 3x^2)\,dx$ c) $\int\limits_{2}^{4} \frac{1}{t^2}\,dt$ d) $\int\limits_{1}^{2} (\frac{1}{\sqrt{u}} - u)\,du$

13 a) $\int\limits_{1}^{-2} (x^2 - 1)\,dx$ b) $\int\limits_{-1}^{-2} (\frac{1}{x^2} + \frac{1}{x^3})\,dx$ c) $\int\limits_{-0,5}^{-1} (\frac{1}{t^4} + \frac{1}{2}t^2 + 1)\,dt$ d) $\int\limits_{0}^{2\pi} \cos t\,dt$

14 a) $\int_0^1 (2-3x)^3\,dx$ b) $\int_0^{-1} \frac{1}{(1-x)^2}\,dx$ c) $\int_0^1 \frac{1}{\sqrt{2+4t}}\,dt$ d) $\int_1^{\sqrt{2}} a\left(1-\frac{1}{a^3}\right)da$

15 a) $\int_2^3 \frac{x^3-1}{x^2}\,dx$ b) $\int_1^{1+\sqrt{2}} \left(t^2-\frac{1}{t^2}\right)dt$ c) $\int_4^6 \frac{2r-1}{5r^3}\,dr$ d) $\int_0^{\frac{3}{2}\pi} (x-\sin x)\,dx$

16 a) $\int_{-2}^0 |x|\,dx$ b) $\int_{-3}^1 |x|\,dx$ c) $\int_{-1}^0 (x-|x|)\,dx$ d) $\int_{-1}^1 |x-x^2|\,dx$

51.3 Folgerungen aus dem Hauptsatz

17 a) Berechne $\int_0^1 3x^2\,dx$ und $3\cdot\int_0^1 x^2\,dx$. Vergleiche.

b) Berechne $\int_0^1 (x^2+x)\,dx$ sowie $\int_0^1 x^2\,dx$ und $\int_0^1 x\,dx$. Vergleiche.

Die Berechnung eines Integrals wird oft vereinfacht, wenn man beachtet:
Sind F und G Stammfunktionen von f bzw. g, dann ist $c\cdot F$ eine Stammfunktion von $c\cdot f$ und $F+G$ eine Stammfunktion von $f+g$. Daher besagen die Gleichungen
$c\cdot F(b)-c\cdot F(a)=c\cdot[F(b)-F(a)]$ und
$F(b)-F(a)+G(b)-G(a)=F(b)+G(b)-[F(a)+G(a)]$:

Satz 3: Sind die Funktionen f und g auf einem Intervall J stetig, dann gilt für alle $c\in\mathbb{R}$ und alle $a, b\in J$

$$\int_a^b c\cdot f(x)\,dx = c\cdot\int_a^b f(x)\,dx \quad\text{und}\quad \int_a^b f(x)\,dx+\int_a^b g(x)\,dx=\int_a^b [f(x)+g(x)]\,dx.$$

Beispiel 4: $\int_1^2 \left(2x+\frac{1}{x}\right)dx-\int_1^2\left(\frac{1}{x}+2x^2\right)dx$

$$=\int_1^2\left(2x+\frac{1}{x}\right)dx+\int_1^2\left(-\frac{1}{x}-2x^2\right)dx=\int_1^2\left(2x+\frac{1}{x}-\frac{1}{x}-2x^2\right)dx$$

$$=\int_1^2 (2x-2x^2)\,dx=2\cdot\int_1^2 (x-x^2)\,dx$$

$$=2\cdot\left[\frac{1}{2}x^2-\frac{1}{3}x^3\right]_1^2=2\left[\left(\frac{1}{2}\cdot 4-\frac{1}{3}\cdot 8\right)-\left(\frac{1}{2}-\frac{1}{3}\right)\right]=-\frac{5}{3}$$

Bisher haben wir den Hauptsatz verwendet, um Integrale (als Zahlen) zu bestimmen.
In der Form $F(x)=F(a)+\int_a^x f(t)\,dt$ zeigt der Hauptsatz, wie eine Funktion (nämlich F) durch ihre Ableitung und einen Funktionswert bestimmt ist.

Satz 4: Ist die Ableitung f′ einer Funktion f auf einem Intervall J stetig und $x_0 \in J$, so gilt für alle $x \in J$

$$f(x) = f(x_0) + \int_{x_0}^{x} f'(t)\,dt.$$

Beispiel 5: (Freier Fall)

Ein aus der Höhe h_0 (in m) frei fallender Körper befindet sich nach t Sek Fallzeit in der Höhe h(t). Er hat dann die Geschwindigkeit $v(t) = h'(t) = -gt$ $(g \approx 9{,}81\ \text{m/Sek}^2)$.

Nach Satz 4 gilt daher $h(t) = h(0) + \int_0^t g \cdot u\,du = h_0 - \frac{1}{2}gt^2$.

Danach hat ein aus 60 m Höhe (im luftleeren Raum) fallender Körper nach 2 Sek Fallzeit noch eine Höhe von etwa 40,4 m.

18 Welche Funktion f mit $D_f = \mathbb{R}$ hat die Ableitung f′ mit $f'(x) = 1 - x$ und nimmt für $x_0 = 1$ den Funktionswert $f(1) = 2$ an?

Aufgaben

19 Berechne die folgenden Integrale. (Anleitung: Fasse zuerst zu einem möglichst einfachen Integral zusammen.)

a) $\int_0^1 (2-x)\,dx + \int_0^1 (2x-2)\,dx$ b) $\int_{-1}^2 (x^2-1)\,dx - \int_{-1}^2 (1-x)^2\,dx$ c) $\int_1^2 \frac{x-1}{x^2}\,dx - \int_1^2 \frac{x+1}{x^2}\,dx$

d) $\int_0^2 \frac{1+2x}{\sqrt{x+1}}\,dx - \int_0^2 \frac{2+2x}{\sqrt{x+1}}\,dx$ e) $\int_1^4 (1+\sqrt{x})^2\,dx - \int_1^4 (1+\sqrt{x})\,dx$ f) $\int_0^1 (x^3-2x)\,dx + \int_0^1 x(2-x^2)\,dx$

20 a) $\int_1^3 (x^2+1-2x)\,dx + \int_1^3 (x-1)^2\,dx$ b) $\int_0^1 |x-1|\,dx + \int_0^1 (1-x)\,dx$ c) $\int_0^{\frac{\pi}{2}} \sin x\,dx + \int_0^{\frac{\pi}{2}} \sin(\pi - x)\,dx$

21 a) $3\int_{-1}^1 (x^2-2x)\,dx - 2\int_{-1}^1 (2x-x^2)\,dx$ b) $\frac{1}{2}\int_{-2}^{-1} \frac{1}{x^2}\,dx + \frac{1}{3}\int_{-2}^{-1} \frac{2}{x^2}\,dx$ c) $\frac{1}{4}\int_1^2 \frac{2-4x^2}{x^2}\,dx + \frac{1}{5}\int_1^2 \left(2-\frac{1}{x^2}\right)dx$

d) $\frac{1}{2}\cdot\int_1^2 \frac{6-2\sqrt{x}}{\sqrt{x}}\,dx - \frac{2}{5}\cdot\int_1^2 \left(\frac{12}{\sqrt{x}}-4\right)dx$ e) $\int_1^2 \frac{3x^3-8}{4x^2}\,dx - \frac{1}{2}\cdot\int_1^2 \left(\frac{2}{x^2}-\frac{3x}{4}\right)dx$ f) $4\cdot\int_1^3 dx + 4\cdot\int_1^3 (t^2-1)\,dt$

22 a) $3\cdot\int_0^1 x^2\,dx + 2\cdot\int_1^2 x^2\,dx - \int_0^1 x^2\,dx$ b) $\int_1^4 \left(1-\frac{2}{\sqrt{x}}\right)dx + 2\cdot\int_1^4 \frac{1}{\sqrt{r}}\,dr + \int_4^9 ds$

23 Aus welcher Höhe müssen Fallschirmspringer zur Übung frei herabspringen, um mit derselben Geschwindigkeit (7m/Sek) am Boden anzukommen wie beim Fallschirmsprung aus großer Höhe?

24 Für eine wissenschaftliche Untersuchung werden in einem Experiment Bakterien gezüchtet, die sich von Tag zu Tag vermehren. Sind seit Beginn des Experiments t Tage vergangen, so beträgt die Zuwachsrate $300t^2 - 20t$ Bakterien/Tag. Wie groß ist die Anzahl der Bakterien nach x Tagen, wenn bei Beginn des Experimentes 100 Bakterien vorhanden waren?

25 Bei einer bestimmten Mäuseart nimmt das Gewicht während der ersten 20 Wochen nach der Geburt mit einer sich ändernden wöchentlichen Wachstumsrate zu; sie beträgt, wenn seit der Geburt t Wochen vergangen sind, $0{,}3 + 0{,}04t^2$ g/Woche. Welches Gewicht hat eine Maus, die bei der Geburt 10 g wiegt, nach 20 Wochen erreicht?

52 Berechnung von Integralen

52.1 Ergänzungen zur Flächenberechnung

1 Gib für f in Fig. 223.1 den Wert des Integrals $\int\limits_0^b f(x)\,dx$ an für $b = 2$ $(3;\ 4;\ 5;\ 6;\ -1)$.

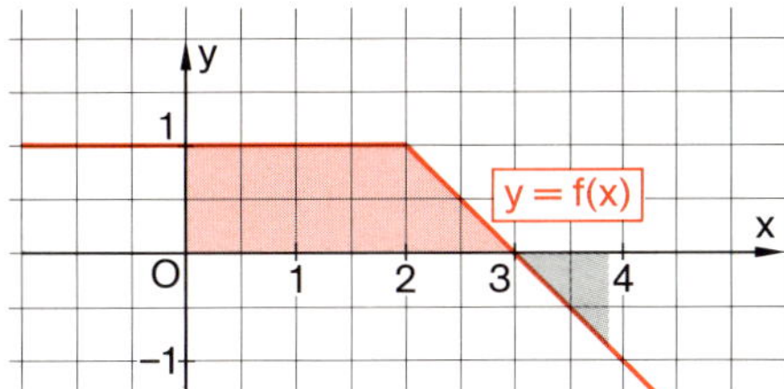

223.1

Ist f in einem Intervall $[a;b]$ stetig und $f(x) \geqq 0$, so ist der Inhalt der Fläche zwischen dem Schaubild von f und der x-Achse über $[a;b]$ das Integral von f zwischen den Grenzen a und b.

Beispiel 1: (Integralschreibweise)
Das Schaubild von f mit

$$f(x) = \tfrac{1}{2}x^2 - \tfrac{1}{8}x^3 \qquad \text{(Fig. 223.2)}$$

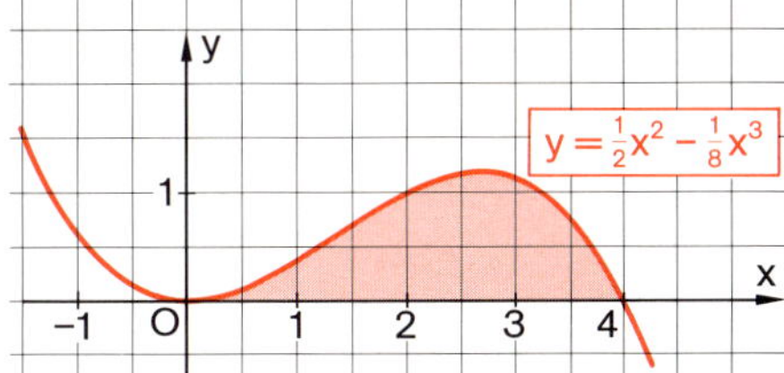

223.2

schließt mit der x-Achse eine Fläche ein. Für ihren Inhalt A gilt wegen $f(x) \geqq 0$ in $[0;4]$:

$$A = \int\limits_0^4 \left(\frac{1}{2}x^2 - \frac{1}{8}x^3\right) dx$$

$$A = \left[\frac{1}{6}x^3 - \frac{1}{32}x^4\right]_0^4$$

$$A = \left(\frac{1}{6}\cdot 64 - \frac{1}{32}\cdot 256\right) - (0)$$

$$A = \frac{8}{3}.$$

Die Fläche hat den Inhalt $\frac{8}{3}$ FE.

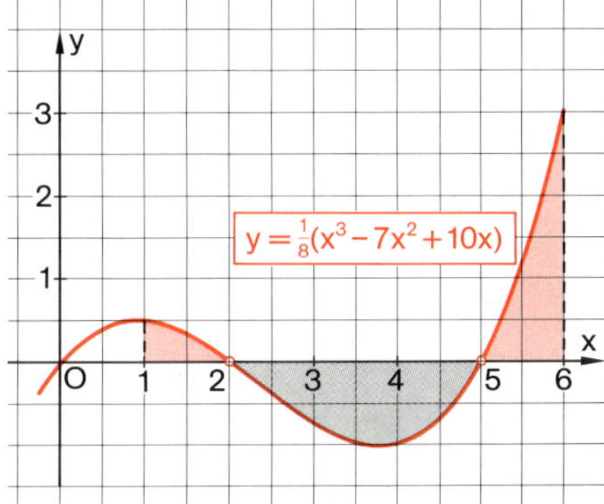

223.3

Nimmt f in $[a;b]$ auch negative Werte an (Fig. 223.3), dann liefert das Integral von f zwischen den Grenzen a und b nicht den Inhalt A der Gesamtfläche zwischen dem Schaubild von f und der x-Achse, sondern die Differenz der Inhalte der Flächen oberhalb und der Flächen unterhalb der x-Achse. In diesem Fall müssen wir, um A zu ermitteln, zunächst die Nullstellen von f in $[a;b]$ bestimmen und dann die Teilflächen getrennt berechnen.

Satz 1: Hat f in $[a;b]$ die Nullstellen $x_1, x_2, \ldots, x_k$ mit $x_1 < x_2 < \ldots < x_k$, dann gilt für den Inhalt A der Fläche, welche das Schaubild von f mit der x-Achse einschließt:

$$A = \left|\int\limits_a^{x_1} f(x)\,dx\right| + \left|\int\limits_{x_1}^{x_2} f(x)\,dx\right| + \ldots + \left|\int\limits_{x_k}^{b} f(x)\,dx\right|.$$

Beispiel 2: (Fläche zwischen Schaubild und x-Achse)

Die Funktion f mit $f(x)=\frac{1}{8}(x^3-7x^2+10x)$ (Fig. 223.3) hat in $[1;6]$ die Nullstellen $x_1=2$ und $x_2=5$. Daher gilt für den Inhalt A der in Fig. 223.3 schraffierten Fläche:

$$A=\left|\frac{1}{8}\cdot\int_1^2 (x^3-7x^2+10x)dx\right|+\left|\frac{1}{8}\cdot\int_2^5 (x^3-7x^2+10x)\,dx\right|+\left|\frac{1}{8}\cdot\int_5^6 (x^3-7x^2+10x)\,dx\right|$$

$$A=\frac{29}{96}+\left|-\frac{189}{96}\right|+\frac{125}{96}$$

$$A=\frac{343}{96}\approx 3{,}57.$$

2 Zeige: Das Integral der Funktion f mit $f(x)=\frac{1}{8}(x^3-7x^2+10x)$ (Fig. 223.3) zwischen den Grenzen $a=0$ und $b=6$ hat den Wert null. Wie läßt sich dieses Ergebnis anhand von Fig. 223.3 geometrisch deuten?

Aufgaben

3 Berechne den Inhalt der Fläche zwischen dem Schaubild von f und der x-Achse über dem Intervall $[a;b]$. Skizziere zuerst das Schaubild von f.

a) $f(x)=\frac{1}{x^2}-x;\ a=\frac{1}{2},\ b=1$
b) $f(x)=x^2+\frac{1}{\sqrt{x}};\ a=1,\ b=4$
c) $f(x)=\frac{1}{x^3}-x^2;\ a=1,\ b=2$
d) $f(x)=\cos x-1;\ a=0,\ b=2\pi$

4 Welchen Inhalt hat die Fläche, die das Schaubild von f mit der x-Achse einschließt? Skizziere zuerst das Schaubild von f.

a) $f(x)=4x^2-x^3$
b) $f(x)=3x^3-x^4$
c) $f(x)=x-x^4$
d) $f(x)=\frac{1}{2}x^3-2x^2$
e) $f(x)=x^3-4x^2+3x$
f) $f(x)=x^3+2x^2-x-2$
g) $f(x)=\frac{1}{5}x^4-\frac{6}{5}x^2+1$
h) $f(x)=\frac{1}{5}x^3-x^2-\frac{4}{5}x+4$
i) $f(x)=\frac{4}{3\pi^2}x^2-\frac{4}{3}+|\sin x|$

5 Berechne den Inhalt der Fläche, die von den Schaubildern von f und g sowie den Geraden mit den Gleichungen $x=a$ und $x=b$ begrenzt wird.

a) $f(x)=x^2+1;\ g(x)=\frac{1}{4}x^2;\ a=-1;b=2$
b) $f(x)=4-x^2;\ g(x)=1;\ a=0;b=1$
c) $f(x)=x^3;\ g(x)=x+1;\ a=0;b=1$
d) $f(x)=-x;\ g(x)=4x-x^2;\ a=0;b=4$
e) $f(x)=\frac{1}{x^2};\ g(x)=-x^2;\ a=1;b=2$
f) $f(x)=x^2-x^4;\ g(x)=x^2-1;\ a=-\frac{1}{2}\sqrt{2};\ b=\frac{1}{2}\sqrt{2}$

6 Die Schaubilder von f und g schließen eine Fläche ein. Berechne ihren Inhalt.

a) $f(x)=x^2;\ g(x)=3x-2x^2$
b) $f(x)=4-x^2;\ g(x)=x^2-2x$
c) $f(x)=x^3-x;\ g(x)=1-x^2$
d) $f(x)=(x^2-1)^2;\ g(x)=2x^2+1$
e) $f(x)=-\frac{1}{x^2};\ g(x)=2{,}5x-5{,}25$
f) $f(x)=-x^2+4x+\sqrt{x};\ g(x)=\sqrt{x}$

7 Bestimme den Inhalt der Fläche, welche von den Schaubildern von f und g begrenzt wird.

a) $f(x)=\frac{1}{3}(x^3-7x);\ g(x)=2$
b) $f(x)=4x-x^3;\ g(x)=-9x+12$
c) $f(x)=x^3-x;\ g(x)=-x^3+x^2+2x$
d) $f(x)=x^3-5x^2+4x-\sqrt{x};\ g(x)=-\sqrt{x}$
e) $f(x)=\frac{16}{x^2}-6;\ g(x)=11-x^2$
f) $f(x)=x+\frac{1}{x^2};\ g(x)=\frac{1}{2}(5-x^2)$

8 Die Schaubilder von f und g begrenzen mit der x-Achse eine Fläche. Berechne ihren Inhalt.

a) $f(x)=x^2;\ g(x)=-\frac{1}{2}x+\frac{3}{2}$
b) $f(x)=x^2;\ g(x)=4x-4$
c) $f(x)=4-\frac{1}{4}x^2;\ g(x)=\frac{1}{4}x^2-\frac{1}{2}x+1$
d) $f(x)=\sqrt{x};\ g(x)=-x+2$
e) $f(x)=x^3-3x;\ g(x)=2$
f) $f(x)=\sin\frac{\pi}{4}x;\ g(x)=\frac{1}{2}x^2-\frac{1}{2}x$

9 a) Wie groß ist die Fläche zwischen dem Schaubild von $f: x \mapsto x(x-3)^2$ und der Tangente im Hochpunkt?

b) Ermittle den Inhalt der Fläche, welche das Schaubild der Funktion $f: x \mapsto x - x^3$ mit der Normalen im Wendepunkt einschließt?

10 Eine zur y-Achse symmetrische Parabel 2. Ordnung schneidet die Parabel $P: y = x^2$ in $A(1|1)$ orthogonal. Wie groß ist die von den beiden Kurven eingeschlossene Fläche?

11 Eine Parabel 3. Ordnung geht durch O und $A(-9|0)$ und hat in $W(-3|6)$ ihren Wendepunkt. Wie groß ist die Fläche, die sie mit der Tangente in A einschließt?

12 Eine zur y-Achse symmetrische Parabel 4. Ordnung berührt die x-Achse in $A(2|0)$ und geht durch $B(0|2)$. Wie groß ist die Fläche zwischen der Kurve und ihren Wendetangenten?

13 Bestimme $t > 0$ so, daß die Fläche zwischen dem Schaubild der Funktion $f: x \mapsto x^2 + 1$, der x-Achse und den Geraden mit den Gleichungen $x = -1$ und $x = t$ den Inhalt 6 FE hat.

14 Welche Parabel mit einer Gleichung der Form $y = ax - x^2$ (und $a > 0$) schließt mit der x-Achse eine Fläche mit dem Inhalt 4,5 FE ein?

15 Welche Parabel $P_t: y = tx - x^2$ (mit $t > 0$) schließt mit der x-Achse eine ebenso große Fläche ein wie die Sinuskurve $K: y = \sin x$ über dem Intervall $[0; \pi]$?

16 Welche Parallele zur y-Achse halbiert die Fläche zwischen der Kurve $K: y = 2x - x^2$ und der 1. Winkelhalbierenden?

17 Bestimme diejenige Ursprungsgerade, welche die Fläche zwischen der Parabel $K: y = 4x - x^2$ und der x-Achse halbiert.

18 Für welchen Wert von u ist in Fig. 225.1 die graue Fläche gleich groß wie die rote?

19 Zeige: Die Ursprungsgerade durch den Punkt $P(1|2)$ begrenzt mit der Kurve $K: y = 3x^2 - x^3$ zwei Flächenstücke, die gleich groß sind.

20 Gegeben ist das Dreieck OAB mit $A(1|2)$ und $B(-1|2)$ (Fig. 225.2). Eine Parabel K 2. Ordnung berührt (OA) in A und (OB) in B. Zeige: K teilt die Dreiecksfläche im Verhältnis 2 : 1.

21 Welche Parabel $P: y = ax^2$ halbiert die Fläche, welche die Kurve $K: y = 2x - x^2$ mit der x-Achse einschließt?

22 Fig. 225.3 zeigt Parabeln mit Gleichungen der Form $y = c - ax^2$, $a \in \mathbb{R}^+$.

a) Bestimme c in Abhängigkeit von a so, daß die dargestellte Parabel P_a die Gerade durch A und B berührt.
(Anleitung: Beim Schnitt einer Parabel mit der Geraden (AB) darf sich nur ein einziger gemeinsamer Punkt ergeben.)

b) Berechne den Inhalt der Fläche, welche eine Parabel P_a im 1. Feld mit den Koordinatenachsen einschließt.

c) Für welche der Parabeln P_a ist der in b) berechnete Flächeninhalt am größten? Wie groß ist er in diesem Fall? Vergleiche mit Fig. 225.3.

d) Welche der Parabeln P_a hat ihren Scheitel im Ursprung O? Welcher Grenzfigur nähern sich die Schaubilder der Parabeln P_a für $a \to +\infty$? Welche Parabel P_a berührt die Gerade (AB) im Punkt $Q(2{,}5|1{,}5)$?

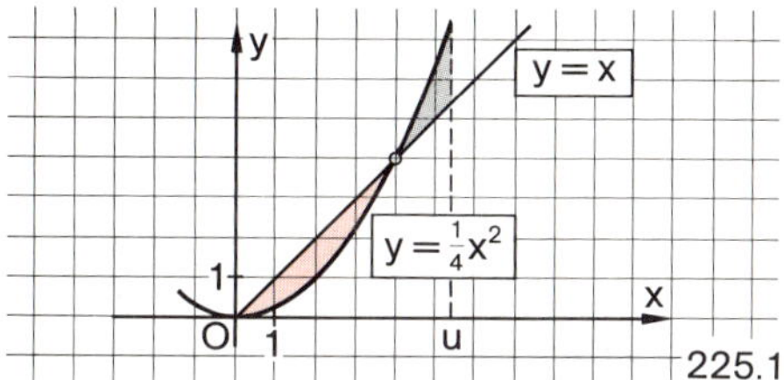

225.1

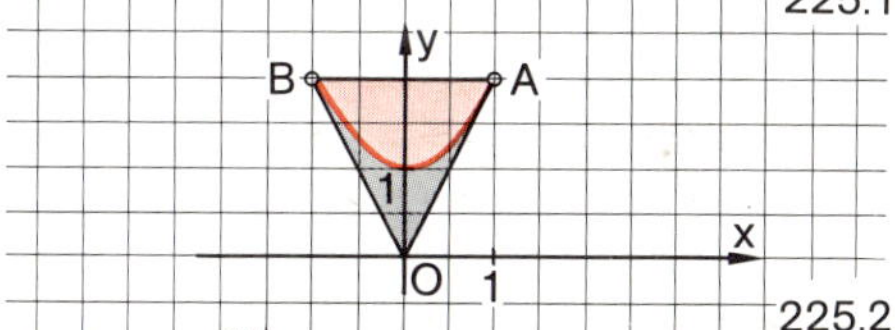

225.2

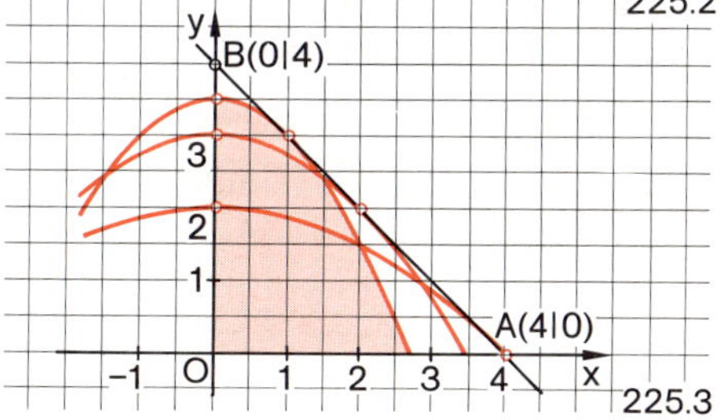

225.3

52.2 Berechnung von Rauminhalten

23 Bei dem Kreiskegel in Fig. 226.1 ist $r = h$. Berechne die Untersumme für den Rauminhalt, wenn dem Kegel n gleich dicke zylinderförmige Scheiben einbeschrieben werden. Gegen welchen Grenzwert strebt diese Untersumme für $n \to +\infty$?
(Anleitung: Verwende die Formel für die Summe der Quadratzahlen von S. 194, Aufgabe 7.)

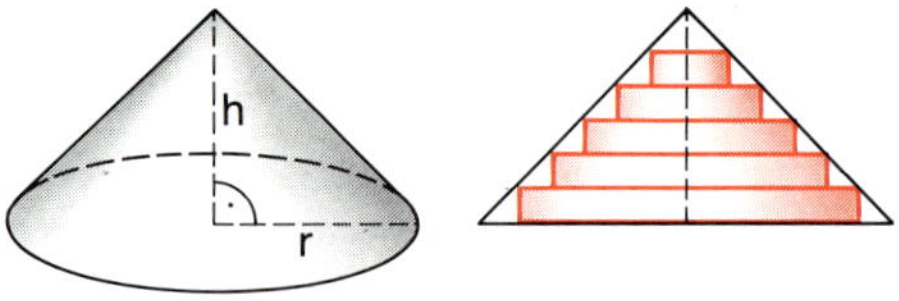

226.1

Auch der Rauminhalt V eines Körpers ist ein Integral. Um dies einzusehen, betrachten wir als Beispiel den Körper in Fig. 226.2; er entsteht, wenn die Fläche zwischen dem Schaubild der Funktion $f: x \mapsto \sqrt{x}$ über dem Intervall $[0;b]$ um die x-Achse rotiert. Indem wir dem Körper n gleich dicke zylinderförmige Scheiben einbeschreiben (Fig. 226.3) oder umbeschreiben, gelangen wir zu einer Untersumme U bzw. Obersumme O für V. Erzeugt ein Schnitt orthogonal zur x-Achse eine Schnittfäche mit dem Inhalt q(x), so gilt:

$$U = q(0) \cdot d + q(d) \cdot d + q(2d) \cdot d + \ldots + q((n-1) \cdot d) \cdot d$$

$$O = q(d) \cdot d + q(2d) \cdot d + q(3d) \cdot d + \ldots + q(nd) \cdot d.$$

Der gesuchte Rauminhalt V erweist sich als Grenzwert einer Folge von Untersummen bzw. Obersummen für $n \to +\infty$, also als **Integral der Querschnittsfunktion** $x \mapsto q(x)$.

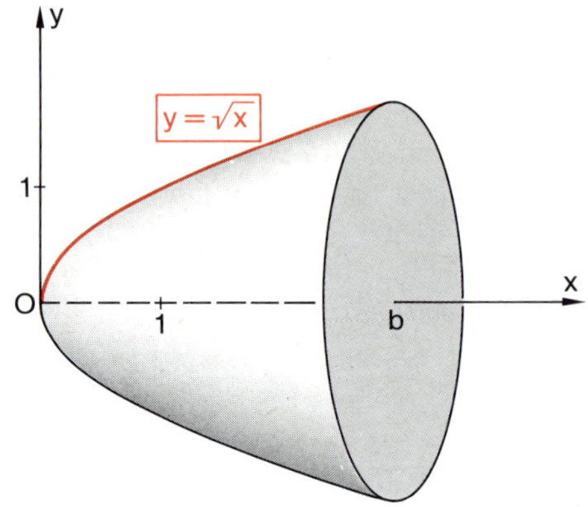

226.2

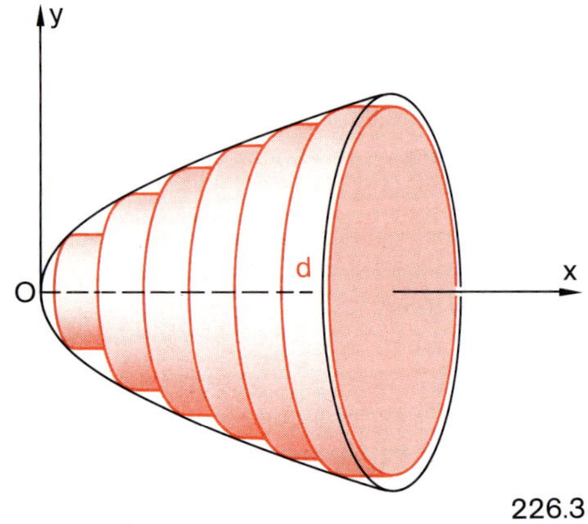

226.3

Rotiert die Fläche zwischen dem Schaubild einer Funktion f und der x-Achse über $[a;b]$ um die x-Achse, so ist

$$q(x) = \pi[f(x)]^2.$$

Da mit der Funktion f auch die Funktion q stetig ist, gilt dann also:

Satz 2: Ist f in $[a;b]$ stetig, so entsteht bei Rotation der Fläche zwischen dem Schaubild von f und der x-Achse über $[a;b]$ ein Körper mit dem Rauminhalt

$$\mathbf{V = \pi \cdot \int_a^b [f(x)]^2\, dx}.$$

Beispiel 3: (Rotationskörper)

Bei dem Körper in Fig. 226.2 ist $f(x)=\sqrt{x}$, daher gilt z. B. für $b=3$:

$$V=\pi\cdot\int_0^3 x\,dx=\pi\left[\frac{1}{2}x^2\right]_0^3=\pi\left[\left(\frac{9}{2}\right)-(0)\right]=\frac{9}{2}\pi.$$

Der Körper hat also einen Rauminhalt von etwa 14,14 VE.

Die Hinführung zu Satz 2 läßt erkennen, daß der Rauminhalt eines Körpers auch dann Integral der Querschnittsfunktion ist, wenn die Querschnittsflächen keine Kreise sind. Für beliebige Körper gilt:

Satz 3: Hat ein Körper bei Schnitten orthogonal zur x-Achse die stetige Querschnittsfunktion $x\mapsto q(x)$ mit $x\in[a;b]$, dann hat er den Rauminhalt

$$\mathbf{V=\int_a^b q(x)\,dx}.$$

Beispiel 4: (Bremsschuh)

Der Körper in Fig. 227.1 hat die Form eines sog. Bremsschuhs, wie er zur Sicherung abgestellter Lkws verwendet wird. Wählt man die x-Achse wie in Fig. 227.2, dann sind die Querschnittsflächen orthogonal zur x-Achse Rechtecke; für $x=4$ ergibt sich ein Quadrat, für $x=0$ eine Strecke (ausgeartetes Rechteck). An der Stelle x ist die Querschnittsfläche ein Rechteck mit den Seiten 2 dm und $\frac{1}{8}x^2$ dm, also ist $q(x)=2\cdot\frac{1}{8}x^2=\frac{1}{4}x^2$

und somit $V=\int_0^4 \frac{1}{4}x^2\,dx=\frac{1}{4}\cdot\int_0^4 x^2\,dx$

$$V=\frac{1}{4}\left[\frac{1}{3}x^3\right]_0^4=\frac{1}{4}\left[\left(\frac{1}{3}\cdot 64\right)-(0)\right]$$

$$V=\frac{16}{3}.$$

Der Rauminhalt beträgt also $5\frac{1}{3}$ dm³.

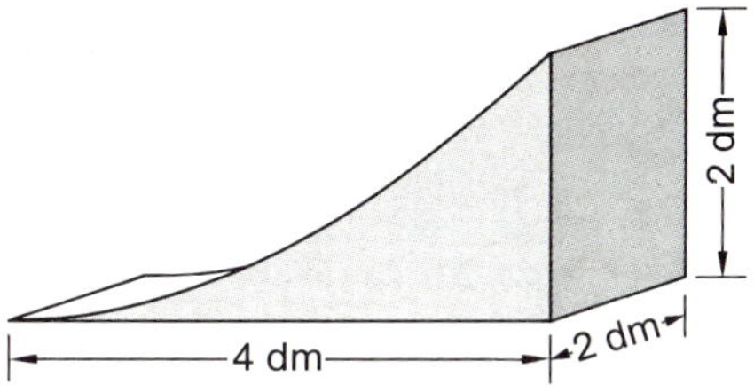

227.1

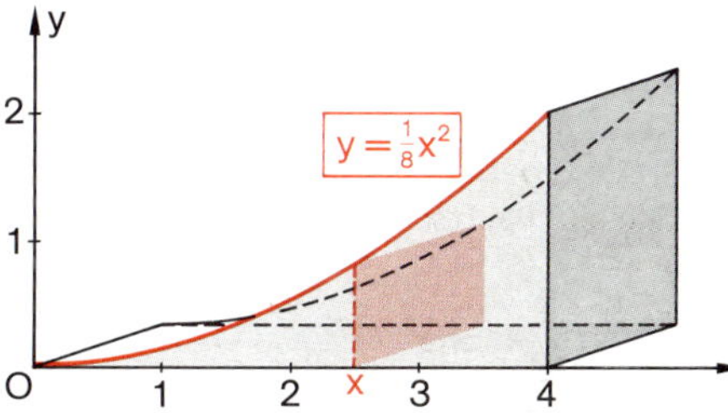

227.2

Bemerkung: Satz 3 bestätigt das **Prinzip von Cavalieri**[1]; danach haben Körper denselben Rauminhalt, wenn sie in gleichem Abstand von einer gedachten Ebene stets gleichgroße Schnittflächen besitzen.

24 Das Schaubild der Funktion f mit $f(x)=4-x^2$ schließt mit der x-Achse eine Fläche ein. Berechne den Rauminhalt des Körpers, der entsteht, wenn diese Fläche um die x-Achse rotiert. (Anleitung: Beachte die Symmetrie des Rotationskörpers.)

1. Bonaventura Cavalieri (1598 – 1647), ital. Mathematiker

Aufgaben

25 Berechne den Rauminhalt des Drehkörpers, der entsteht, wenn die Fläche zwischen dem Schaubild von f und der x-Achse über dem Intervall [a;b] um die x-Achse rotiert.
(Anleitung: Skizziere zunächst das Schaubild von f.)

a) $f(x)=x^2$; $a=1$; $b=2$
b) $f(x)=2-\frac{1}{2}x^2$; $a=-2$; $b=2$
c) $f(x)=1+x^2-x^3$; $a=0$; $b=1$
d) $f(x)=\sqrt{x+1}$; $a=-1$; $b=3$
e) $f(x)=x+\frac{1}{x}$; $a=1$; $b=4$
f) $f(x)=x\sqrt{x-1}$; $a=1$; $b=2$
g) $f(x)=\sqrt{9-x^2}$; $a=-3$; $b=3$
h) $f(x)=(x-\frac{1}{x})^2$; $a=0{,}5$; $b=2$

26 Verfahre wie in Aufgabe 25.

a) $f(x)=x^2-4$; $a=-2$; $b=2$
b) $f(x)=x\sqrt{x+1}$; $a=-1$; $b=0$
c) $f(x)=\frac{1}{x}-x^2$; $a=\frac{1}{2}$; $b=2$
d) $f(x)=x^3+x^2-2x$; $a=-2$; $b=1$

27 Die Schaubilder von f und g begrenzen mit der x-Achse eine Fläche. Bestimme den Rauminhalt des Drehkörpers, der entsteht, wenn diese Fläche um die x-Achse rotiert.

a) $f(x)=\frac{1}{2}x^2$; $g(x)=-\frac{1}{2}x+3$
b) $f(x)=3-\frac{1}{2}x^2$; $g(x)=x^2$

28 a) Beschreibe (in Worten) den Körper, der entsteht, wenn das in Fig. 228.1 schraffierte Rechteck um die x-Achse rotiert. Berechne den Rauminhalt dieses Drehkörpers zunächst ohne, dann mit Hilfe der Integralrechnung.
b) Zeige: Wenn die in Fig. 228.2 schraffierte Fläche um die x-Achse rotiert, dann entsteht ein Körper mit dem Rauminhalt

$$V=\pi\cdot\int_a^b([f(x)]^2-[g(x)]^2)\,dx.$$

Berechne V für $f(x)=x^2+1$; $g(x)=x^2$; $a=0$; $b=2$.

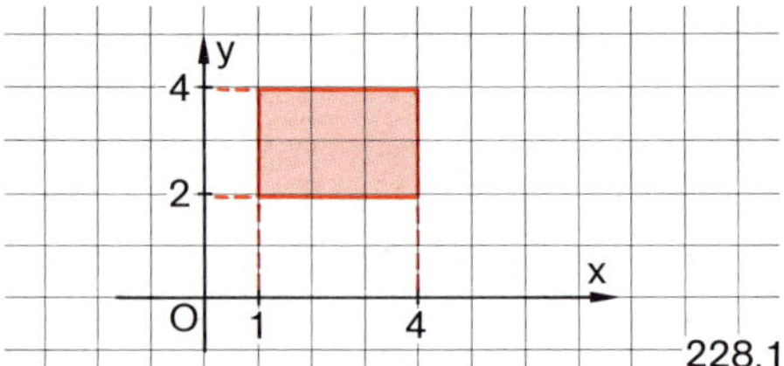

228.1

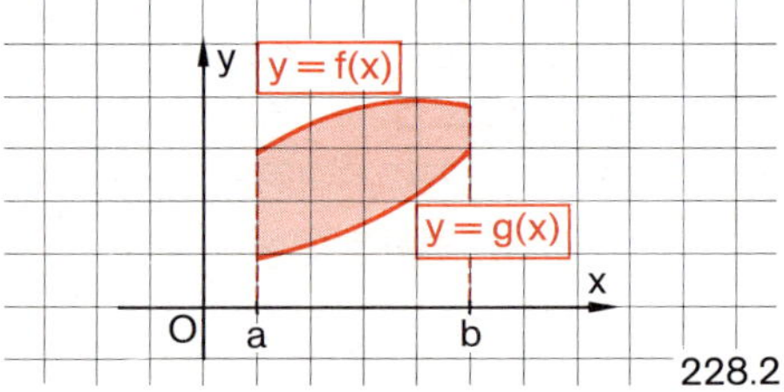

228.2

29 Die Fläche zwischen den Schaubildern von f und g über dem Intervall [a; b] rotiert um die x-Achse. Berechne den Inhalt des entstehenden Drehkörpers. (Anleitung: Skizziere zunächst die Schaubilder von f und g.)

a) $f(x)=\frac{4}{x}$; $g(x)=1$; $a=2$; $b=4$
b) $f(x)=\sqrt{x}$; $g(x)=3$; $a=0$; $b=\sqrt{2}$
c) $f(x)=x-\frac{1}{4}x^2$; $g(x)=-\frac{1}{8}x^2+\frac{1}{2}x+1$; $a=0$; $b=2$
d) $f(x)=x^2+1$; $g(x)=\sqrt{x}$; $a=1$; $b=3$

30 Welchen Rauminhalt hat der Drehkörper, der entsteht, wenn die Fläche zwischen den Schaubildern von f und g um die x-Achse rotiert? Zeichne zuerst.

a) $f(x)=\frac{1}{2}x$; $g(x)=\sqrt{x}$
b) $f(x)=3x^2-x^3$; $g(x)=x^2$
c) $f(x)=3x^2-x^3$; $g(x)=2x$
d) $f(x)=x(x-2)^2+2$; $g(x)=\frac{1}{2}x^2+\frac{1}{2}x+2$

31 Die Schaubilder von f und g schließen mit der x-Achse eine Fläche ein. Wie groß ist der Drehkörper, der entsteht, wenn diese Fläche um die x-Achse rotiert?

a) $f(x)=2-\frac{1}{2}x^2$; $g(x)=-x+2{,}5$
b) $f(x)=\sqrt{x}$; $g(x)=\frac{1}{4}x^2-2$

32 Leite mit Hilfe der Integralrechnung die Formel her für die Rauminhaltsberechnung bei einem Zylinder (einem Kegel, einer Kugel, einem Kegelstumpf).
(Anleitung: Führe ein geeignetes Koordinatensystem ein.)

33 Ein Stromlinienkörper entsteht durch Rotation des Schaubildes der Funktion f mit $f(x)=\frac{1}{4}(x-4)\sqrt{x}$ für $0 \leqq x \leqq 4$ um die x-Achse. Zeichne ein Schaubild von f. Bestimme den größten Durchmesser und den Rauminhalt des Körpers.

34 Die Grundfläche des Körpers in Fig. 229.1 ist ein Kreis mit dem Radius r. Die zum Durchmesser AB parallelen und zur Grundfläche orthogonalen Schnitte sind Quadrate. Wie lautet die Formel für die Berechnung des Rauminhaltes bei einem solchen Körper? Berechne den Rauminhalt für $r=5$ cm.

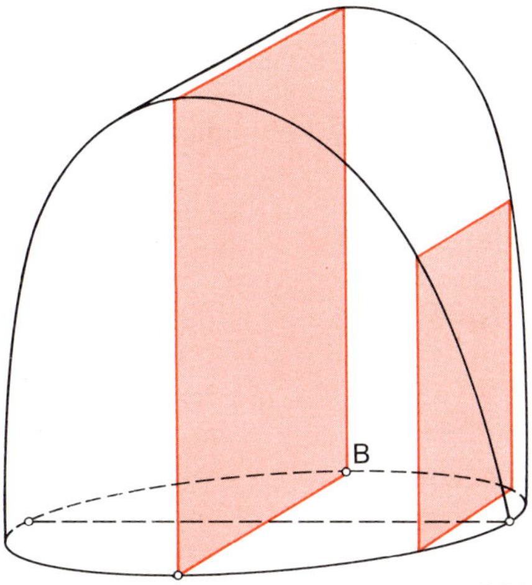

229.1

52.3 Weitere Beispiele

Bereits auf S. 209/210 haben Beispiele gezeigt, daß Integrale nicht nur als Flächen- oder Rauminhalte auftreten. Wir sind nun in der Lage, die dort erwähnten Integrale zu berechnen und durch weitere Beispiele zu ergänzen.

Beispiel 5: (Weg bei nichtkonstanter Geschwindigkeit)
In 50.1, Beispiel 1 (S. 209), hat sich gezeigt: Bewegt sich ein Körper zwischen den Zeitpunkten t_1 und t_2 geradlinig mit positiver Geschwindigkeit v(t), dann ist der zurückgelegte Weg das Integral der Geschwindigkeit-Zeit-Funktion v zwischen den Grenzen t_1 und t_2.
Wechselt die Geschwindigkeit des Körpers unterwegs von positiven zu negativen Werten (Umkehrung der Bewegungsrichtung wie z. B. beim senkrechten Wurf nach oben), so liefert das Integral die Differenz des mit positiver und des mit negativer Geschwindigkeit zurückgelegten Weges.

a) Ein im luftleeren Raum aus der Ruhelage frei fallender Körper (Fig. 229.2) hat nach t Sek eine Geschwindigkeit mit dem Betrag $v(t)=g \cdot t$ ($g \approx 9{,}81$ m/Sek²). Für den bis dahin zurückgelegten Weg ergibt sich:

$$s(t)=\int_0^t v(u)\,du=\int_0^t g \cdot u\,du=\tfrac{1}{2}gt^2.$$

229.2

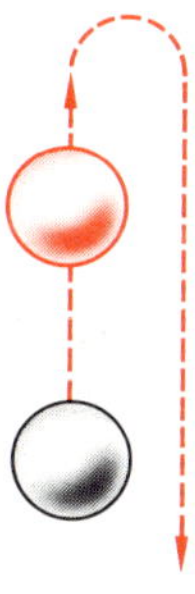
229.3

b) Beim senkrechten Wurf nach oben (Fig. 229.3) mit der positiven Abwurfgeschwindigkeit $v(0)=v_0$ hat der Körper t Sek nach dem Abwurf die Geschwindigkeit $v(t)=v_0-g \cdot t$. Jetzt liefert

$$\int_0^t v(u)\,du=\int_0^t (v_0-g \cdot u)\,du=\left[v_0u-\tfrac{1}{2}g \cdot u^2\right]_0^t=v_0t-\tfrac{1}{2}gt^2$$

die Höhe des Körpers über der Abwurfstelle nach t Sek.

Beispiel 6: (Arbeit bei nichtkonstanter Kraft)
In 50.1, Beispiel 2 (S. 210) hat sich gezeigt: Beim Dehnen einer entspannten Schraubenfeder um die Länge s ist die dabei verrichtete Arbeit W das Integral der Kraftfunktion $x \mapsto D \cdot x$ zwischen den Grenzen 0 und s. Es gilt also:

$$W = \int_0^s D \cdot x \, dx = \frac{1}{2} D s^2.$$

Beispiel 7: (Masse bei nichtkonstanter Dichte)
In 50.1, Beispiel 3 (S. 210), geht es um die Frage, wie man die Gesamtmasse m eines Stabes der Länge l berechnen kann, dessen Dichte längs des Stabes gemäß einer Funktion $x \mapsto \rho(x)$ variiert (Fig. 230.1). Wir nehmen an, daß die Dichte von 9 g/cm³ für $x = 0$ auf 7 g/cm³ für $x = l$ gleichmäßig abnimmt.
Es ist dann $\rho(x) = 9 - 0{,}1x$.

230.1

Wir nehmen weiter an, daß es sich um einen Rundstab mit $r = 1$ cm und $l = 20$ cm handelt. Dann führt eine Zerlegung des Stabes in n Scheiben gleicher Dicke d auf die Untersumme $U = \pi r^2 d \cdot \rho(d) + \pi r^2 d \cdot \rho(2d) + \ldots + \pi r^2 d \cdot \rho(nd)$.

Sie zeigt, daß die Masse m das Integral der Funktion $x \mapsto \pi r^2 \rho(x)$ zwischen den Grenzen 0 und l ist:

$$m = \int_0^l \pi r^2 \rho(x) \, dx = \pi \cdot 1^2 \int_0^{20} (9 - 0{,}1x) \, dx \approx 503.$$

Der Stab hat also eine Masse von etwa 503 g.

Beispiel 8: (Transport eines Satelliten)
Um einen Satelliten mit der Masse m (z. B. $m = 1000$ kg) in eine Höhe von z. B. 30000 km zu befördern, muß die Anziehungskraft F der Erde überwunden werden. Diese nimmt mit wachsender Höhe des Satelliten ab. Ist h sein Abstand vom Erdmittelpunkt, so gilt nach dem Newtonschen Gravitationsgesetz:

$$F(h) = 4 \cdot 10^{17} \cdot \frac{1}{h^2} \quad \text{(h in m; F in Newton)}.$$

Um die Arbeit W zu ermitteln, die aufgewendet werden muß, um den Satelliten in die gewünschte Höhe H von der Erde (Fig. 230.2) zu bringen, denken wir uns das Intervall $[r; H]$ ($r = 6{,}4 \cdot 10^6$, Erdradius) in n Teilintervalle $[h_i; h_{i+1}]$ mit $h_0 = r$ und $h_n = H$ unterteilt. Danach ist

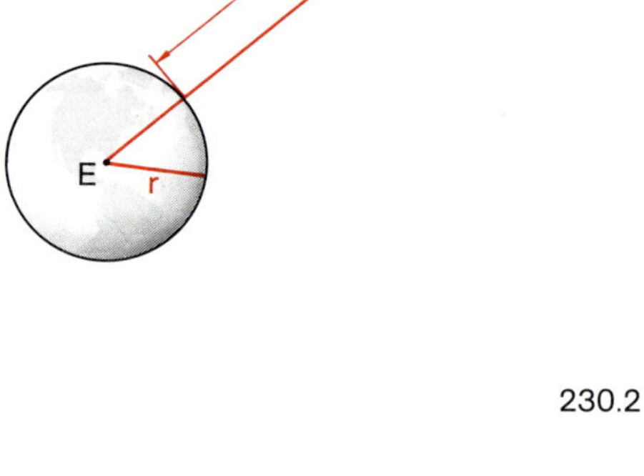

230.2

$O = F(h_0)(h_1 - h_0) + F(h_1)(h_2 - h_1) + \ldots + F(h_{n-1})(h_n - h_{n-1})$ eine Obersumme

$U = F(h_1)(h_1 - h_0) + F(h_2)(h_2 - h_1) + \ldots + F(h_n)(h_n - h_{n-1})$ eine Untersumme

für die gesuchte Arbeit W. Diese Summen nähern sich W beliebig genau an, sofern die Zerlegung des Intervalls $[r;H]$ fein genug gewählt wird. Dies zeigt: W ist das Integral der Funktion $h \mapsto F(h)$ zwischen den Grenzen r und H. Damit können wir die Arbeit W folgendermaßen berechnen:

$$W = \int_r^H F(h)\,dh = 4 \cdot 10^{17} \int_r^H \frac{1}{h^2}\,dh = 4 \cdot 10^{17} \cdot \left[-\frac{1}{h}\right]_{6{,}4 \cdot 10^6}^{36{,}4 \cdot 10^6} \approx 5{,}2 \cdot 10^{10} \quad \text{(in Nm)}.$$

Beispiel 9: (Ausströmende Flüssigkeit)
Aus einem großen, zylinderförmigen Wasserbehälter (Fig. 231.1) fließt am Boden durch eine kleine Öffnung Wasser aus. Die Geschwindigkeit v, mit der das Wasser aus der Öffnung strömt, hängt von der momentanen Höhe h des Wasserspiegels ab; nach dem Gesetz von TORRICELLI[1] gilt: $v(h) = \sqrt{2gh} = 44{,}3\sqrt{h}$ (h in cm; v in cm/Sek).

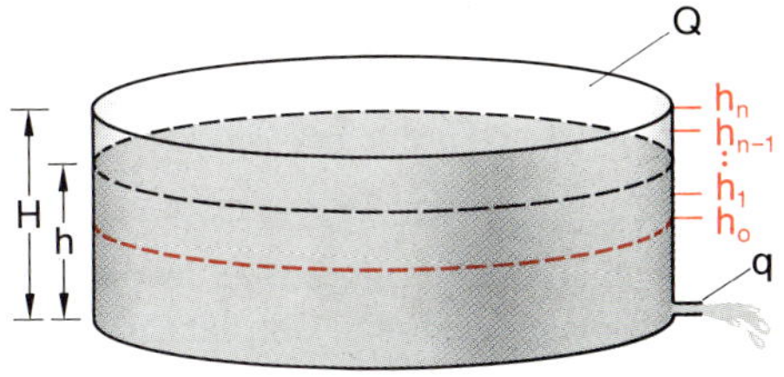

231.1

Frage: Wie lange dauert es, bis der Wasserspiegel von der ursprünglichen Höhe H auf die Hälfte abgesunken ist, wenn der Behälter den Querschnittsinhalt Q, die Öffnung den Querschnittsinhalt q hat?

Wir betrachten die Funktion, die jeder Höhe h die Zeit t zuordnet, die verstreicht, bis der Wasserspiegel von der ursprünglichen Höhe H auf die Höhe h abgesunken ist. Zerlegen wir das Intervall $[\frac{1}{2}H;H]$ in n Teilintervalle $[h_i;h_{i+1}]$ mit $h_0 = \frac{1}{2}H$ und $h_n = H$, so beträgt die Ausflußgeschwindigkeit v(h) im Intervall $[h_i;h_{i+1}]$ höchstens $44{,}3\sqrt{h_{i+1}}$ und mindestens $44{,}3\sqrt{h_i}$. Also liegt die Zeit, in der das Wasservolumen $Q \cdot (h_{i+1} - h_i)$ abfließt, zwischen $\frac{Q \cdot (h_{i+1} - h_i)}{q \cdot 44{,}3\sqrt{h_{i+1}}}$ und $\frac{Q \cdot (h_{i+1} - h_i)}{q \cdot 44{,}3\sqrt{h_i}}$.

Somit ist $U = \frac{Q \cdot (h_1 - h_0)}{q \cdot 44{,}3\sqrt{h_1}} + \frac{Q \cdot (h_2 - h_1)}{q \cdot 44{,}3\sqrt{h_2}} + \ldots + \frac{Q \cdot (h_n - h_{n-1})}{q \cdot 44{,}3\sqrt{h_n}}$ eine Untersumme

$O = \frac{Q \cdot (h_1 - h_0)}{q \cdot 44{,}3\sqrt{h_0}} + \frac{Q \cdot (h_2 - h_1)}{q \cdot 44{,}3\sqrt{h_1}} + \ldots + \frac{Q \cdot (h_n - h_{n-1})}{q \cdot 44{,}3\sqrt{h_{n-1}}}$ eine Obersumme

für die gesuchte Gesamtzeit T. Die Näherungswerte U und O werden um so genauer, je feiner das Intervall $[\frac{1}{2}H;H]$ zerlegt wird. T ist also das Integral der Funktion $h \mapsto \frac{Q}{q \cdot 44{,}3\sqrt{h}}$ zwischen den Grenzen $\frac{1}{2}H$ und H. Wir berechnen nun dieses Integral:

$$T = \frac{Q}{q \cdot 44{,}3} \int_{\frac{1}{2}H}^{H} \frac{1}{\sqrt{h}}\,dh = \frac{Q}{q \cdot 44{,}3}\left[2\sqrt{h}\right]_{\frac{1}{2}H}^{H} = \frac{Q}{q \cdot 44{,}3}(2 - \sqrt{2})\sqrt{H}.$$

Hat der Behälter einen Durchmesser von 5 m (also $Q = \pi \cdot 250^2$), der anfangs bis zur Höhe $H = 3$ m gefüllt ist, und ist ferner die Öffnung ein Kreis mit dem Durchmesser 2 cm (also $q = \pi \cdot 1^2$), so ergibt sich $T \approx 3$ h 59 min.

---

1. EVANGELISTA TORRICELLI (1608–1647), ital. Physiker

Beispiel 10: („Fastendiät“)
Personen, die vorübergehend eine Fastendiät einhalten, nehmen erfahrungsgemäß nicht gleichmäßig, sondern im Laufe der Zeit immer weniger ab. Wir nehmen an, daß bei einem bestimmten Diätvorschlag die wöchentliche Abnahmerate

$$r(t) = 1000 - 50t^2 \qquad \text{(t in Wochen; r in g/Woche)}$$

zugesichert wird. (Das bedeutet z. B. für $t=2$: Wenn eine Person eine Woche lang mit derselben Schnelligkeit abnehmen würde wie am 14. Tag, dann würde die Gesamtabnahme 800 g betragen.)

Wir ermitteln nun die Gesamtabnahme A in den ersten 4 Wochen bei dieser Diät. Dazu denken wir uns das Intervall $[0;4]$ in n Teilintervalle $[t_i;t_{i+1}]$ mit $t_0=0$ und $t_n=4$ zerlegt. Dann ist

$$O = r(t_0)(t_1-t_0) + r(t_1)(t_2-t_1) + \ldots + r(t_{n-1})(t_n-t_{n-1}) \quad \text{eine Obersumme,}$$

$$U = r(t_1)(t_1-t_0) + r(t_2)(t_2-t_1) + \ldots + r(t_n)(t_n-t_{n-1}) \quad \text{eine Untersumme}$$

für A. Diese Näherungswerte fallen um so genauer aus, je feiner das Intervall $[0;4]$ zerlegt wird. A ist also das Integral der Funktion $r \mapsto r(t)$ zwischen den Grenzen 0 und 4. Somit gilt:

$$A = \int_0^4 (1000-50t^2)\,dt = \left[1000t - \frac{50}{3}t^3\right]_0^4 \approx 2933.$$

Die Abnahme in den ersten 4 Wochen beträgt etwa 2900 g.

Beispiel 11:
(Mittlerer Wasserverbrauch)
Der Wasserverbrauch w (in m^3/h) einer Wohnsiedlung ändert sich im Laufe eines Tages kontinuierlich. Der Gesamtverbrauch (in m^3) zwischen den Uhrzeiten t_1 und t_2 ist das Integral der Funktion $t \mapsto w(t)$ zwischen den Grenzen t_1 und t_2 (Begründung?). Als „mittleren Wasserverbrauch im Intervall $[t_1;t_2]$“ bezeichnet man denjenigen Verbrauch $\overline{w}$, der, zwischen t_1 und t_2 gleichbleibend, zum selben Gesamtverbrauch führen würde.
Es ist also

$$\overline{w} = \frac{1}{t_2-t_1}\int_{t_1}^{t_2} w(t)\,dt.$$

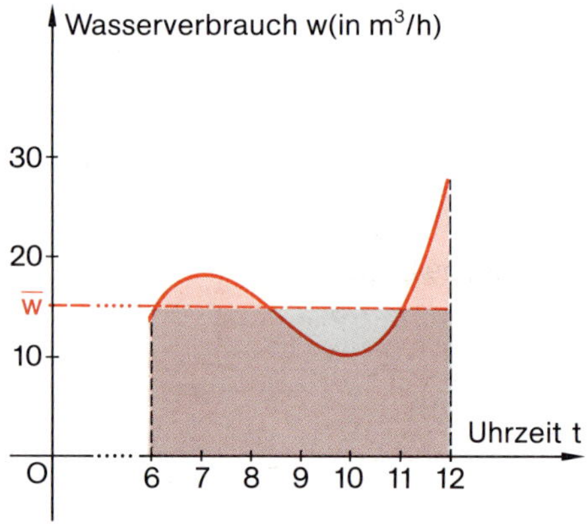

232.1

Fig. 232.1 zeigt ein Beispiel mit $w(t) = 0{,}7t^3 - 18t^2 + 150t - 390$ und $t_1=6$, $t_2=12$. In diesem Fall ist

$$\overline{w} = \frac{1}{6}\int_6^{12} (0{,}7t^3 - 18t^2 + 150t - 390)\,dt = 15.$$

Der mittlere Wasserverbrauch zwischen 6 Uhr und 12 Uhr beträgt also 15 m^3/h. In Fig. 232.1 hat die rot schraffierte Fläche denselben Flächeninhalt wie das grau schraffierte Rechteck.

Aufgaben

35 Beim Landeanflug eines Flugzeugs wird für die Dauer von 5 Minuten die Sinkgeschwindigkeit v durch $v(t) = 3 - 10^{-6}(t-150)^3$ (t in Sek; v in m/Sek) beschrieben.

a) Wann sinkt das Flugzeug im Zeitintervall [0;300] am raschesten? Wie groß ist dann die Geschwindigkeit?

b) Wieviel verliert das Flugzeug während der genannten Zeit an Höhe?

c) Wie groß ist die durchschnittliche Sinkgeschwindigkeit in dieser Zeit?

36 Eine zylinderförmige, aufrecht stehende Tonne mit dem Durchmesser 0,8 m und der Höhe $h = 1$ m ist bis 20 cm unter den oberen Rand mit Wasser gefüllt. Welche Arbeit wird verrichtet, wenn man das Wasser über den oberen Tonnenrand abpumpt?
(Anleitung: 1 m^3 Wasser hat die Gewichtskraft 9800 Newton.)

37 In einem Wasserbecken der in Fig. 233.1 angegebenen Form, dessen horizontale Schnitte Kreise sind, steht das Wasser 10 m tief. Eine Wasserpumpe befindet sich 2 m über dem Wasserspiegel. Welche Arbeit muß verrichtet werden, um das Becken leerzupumpen?
(Anleitung: Vgl. Aufg. 36.)

38 Ein aufrecht stehender, 5 dm hoher zylinderförmiger Behälter mit dem lichten Durchmesser $d = 2$ dm ist mit einem Material gefüllt, dessen Dichte nach oben hin gemäß der Dichtefunktion ρ mit $\rho(h) = 6{,}0 - 0{,}2h^2$ (h in dm; ρ in kg/dm^3) abnimmt. Welche Masse hat die Füllung?

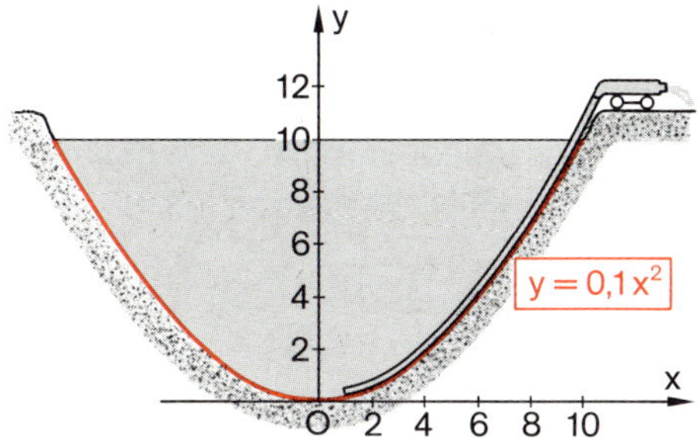

233.1

39 Bei einer Messung der Außentemperatur ϑ (lies: theta) jeweils am Ende einer Stunde ergab sich für einen Zeitraum von 6 Stunden die in Fig. 233.2 angegebene Tabelle.

a) Welche Durchschnittstemperatur $\bar{\vartheta}$ ergibt sich, wenn man nur die niedrigste und die höchste gemessene Temperatur in Betracht zieht? Welche Durchschnittstemperatur erhält man, wenn man alle gemessenen Temperaturwerte mittelt?

b) Fig. 233.3 zeigt die Temperaturkurve, wie sie ein Thermograph aufgezeichnet hat. Welche Durchschnittstemperatur hätte sich bei halbstündigem Ablesen ergeben?

Zeige: Bei n Ablesungen nach jeweils gleichen Zeitintervallen zwischen den Zeitpunkten $t_0 = a$ und $t_n = b$ beträgt die Durchschnittstemperatur

$$\frac{1}{n}\left[\vartheta(t_1) + \vartheta(t_2) + \ldots + \vartheta(t_n)\right] =$$

$$\frac{1}{b-a}\left[\vartheta(t_1)\frac{b-a}{n} + \vartheta(t_2)\frac{b-a}{n} + \ldots + \vartheta(t_n)\frac{b-a}{n}\right].$$

Wie erhält man danach die exakte Durchschnittstemperatur $\bar{\vartheta}$ zwischen den Zeitpunkten a und b? Berechne $\bar{\vartheta}$ für $a = 0$, $b = 6$ und $\vartheta(t) = 25 - 4\cos\frac{\pi}{4}t$.

Zeit t (in h)	Temperatur ϑ (in °C)
1	18
2	20
3	25
4	28
5	23
6	21

233.2

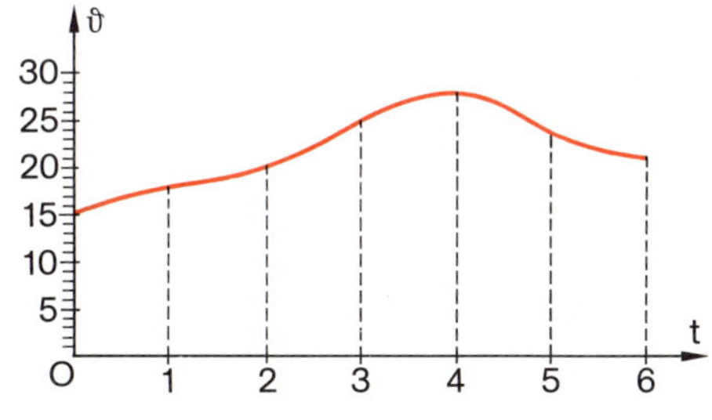

233.3

53 Uneigentliche Integrale

53.1 Integration über ein unbeschränktes Intervall

1 Die Luft wird mit zunehmender Höhe h immer „dünner", d. h., ihre Dichte ρ nimmt gemäß einer Funktion $h \mapsto \rho(h)$ ab. Zeige: Die Masse einer Luftsäule mit dem Querschnitt q und der (vom Erdboden aus gemessenen) Höhe H ist das Integral der Funktion $h \mapsto q \cdot \rho(h)$ zwischen den Grenzen 0 und H. Wie hätte man vorzugehen, um die Gesamtmasse einer (nach oben unbeschränkten) Luftsäule mit dem Querschnitt q zu ermitteln?

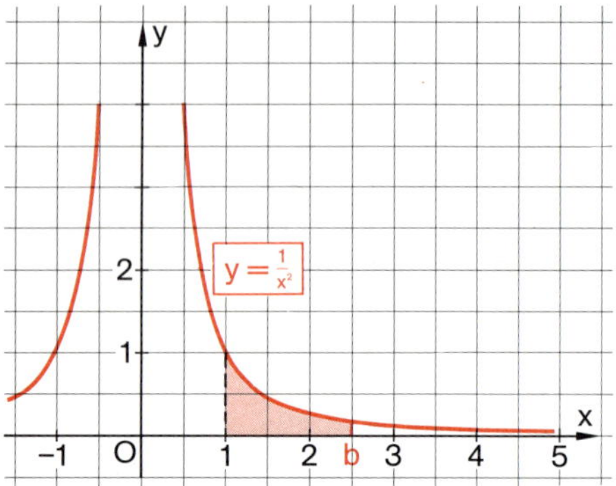

234.1

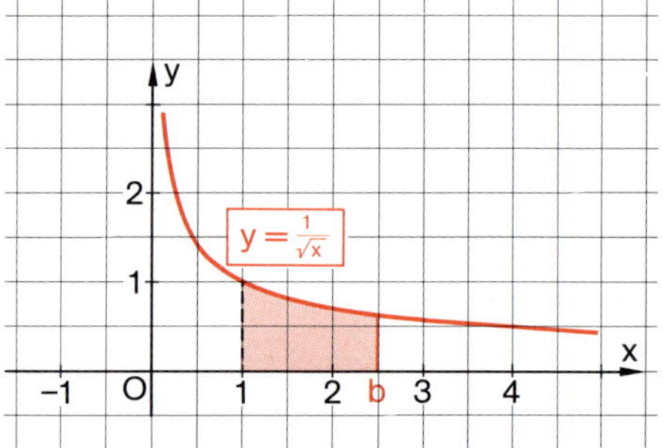

234.2

Fig. 234.1 zeigt das Schaubild der Funktion f mit $f(x)=\frac{1}{x^2}$. Die Fläche zwischen dem Schaubild und der x-Achse über dem Intervall [1; b] hat den Inhalt

$$\int_1^b \frac{1}{x^2}\,dx = \left[-\frac{1}{x}\right]_1^b = 1-\frac{1}{b}.$$

Dieses Ergebnis zeigt: Für $b \to +\infty$ strebt das Integral gegen einen Grenzwert; es ist

$$\lim_{b\to+\infty} \int_1^b \frac{1}{x^2}\,dx = \lim_{b\to+\infty}\left(1-\frac{1}{b}\right)=1.$$

In Fig. 234.1 hat also die „ins Unendliche reichende" Fläche zwischen dem Schaubild von f und der x-Achse über dem Intervall $[1;+\infty[$ den Flächeninhalt 1 FE.

Eine entsprechende Überlegung für die Funktion g mit $g(x)=\frac{1}{\sqrt{x}}$ (Fig. 234.2) ergibt:

$$\int_1^b \frac{1}{\sqrt{x}}\,dx = \left[2\sqrt{x}\right]_1^b = 2\sqrt{b}-2.$$

Dieses Integral hat für $b \to +\infty$ keinen Grenzwert. Die Fläche zwischen dem Schaubild von g und der x-Achse über $[1;+\infty[$ hat also keinen (endlichen) Flächeninhalt.

Definition 1: Ist die Funktion f auf einem Intervall $[a;+\infty[$ stetig und hat das Integral von f zwischen den Grenzen a und b für $b \to +\infty$ einen Grenzwert, dann nennt man diesen Grenzwert das **uneigentliche Integral** von f über $[a;+\infty[$ und schreibt dafür

$$\int_a^{+\infty} f(x)\,dx.$$

Beispiel 1: (Berechnung eines uneigentlichen Integrals)
Um das uneigentliche Integral von f mit $f(x)=x^{-3}$ über dem Intervall $[2;+\infty[$ zu ermitteln, berechnen wir zunächst das Integral zwischen den Grenzen 2 und b:

$$\int_2^b x^{-3}\,dx=\left[-\frac{1}{2}x^{-2}\right]_2^b=\frac{1}{8}-\frac{1}{2b^2}.$$

Danach folgt für $b\to+\infty$:

$$\int_2^{+\infty} x^{-3}\,dx=\lim_{b\to+\infty}\left(\frac{1}{8}-\frac{1}{2b^2}\right)=\frac{1}{8}.$$

Beispiel 2: (Transport eines Satelliten; vgl. 52.3, Beispiel 8, S. 230)
Auf einen Körper der Masse $m=1000\,\text{kg}$, der vom Erdmittelpunkt den Abstand h ($h>r$, $r\approx 6{,}4\cdot 10^6$ Erdradius) hat, wirkt die Erdanziehungskraft

$$F(h)=4\cdot 10^{17}\frac{1}{h^2} \qquad \text{(h in m; F in Newton).}$$

Wir berechnen die Arbeit, die aufgewendet werden muß, um den Körper aus dem Anziehungsbereich der Erde hinauszubefördern.
Um den Körper in die (vom Erdmittelpunkt aus gemessene) Höhe H zu bringen, muß die Arbeit $W=4\cdot 10^{17}\int_r^H \frac{1}{h^2}\,dh=4\cdot 10^{17}\left[-\frac{1}{h}\right]_r^H=4\cdot 10^{17}\left(\frac{1}{r}-\frac{1}{H}\right)$ (in Newtonmeter) verrichtet werden. Hieraus folgt für $H\to+\infty$:

$$\lim_{H\to+\infty} W=\lim_{H\to+\infty} 4\cdot 10^{17}\left(\frac{1}{r}-\frac{1}{H}\right)=\frac{4\cdot 10^{17}}{r}=6{,}3\cdot 10^{10}.$$

Die gesuchte Arbeit beträgt etwa $6{,}3\cdot 10^{10}$ Nm.

2 Bestimme die uneigentlichen Integrale $\int_{-1}^{-\infty}\frac{x-1}{x^3}\,dx$ und $\int_{-\infty}^{-2}\frac{x-1}{x^3}\,dx$.

Aufgaben

3 Berechne die folgenden uneigentlichen Integrale.

a) $\int_1^{+\infty}\frac{3}{x^4}\,dx$ b) $\int_{-1}^{-\infty}4x^{-5}\,dx$ c) $\int_{-2}^{-\infty}\frac{1}{2}t^{-5}\,dt$ d) $\int_2^{+\infty}\frac{3}{t^2}\,dt$

e) $\int_0^{+\infty}\frac{2}{(1+2x)^2}\,dx$ f) $\int_0^{-\infty}\frac{1}{(2-x)^3}\,dx$ g) $\int_{+\infty}^{3}\frac{2}{3(5-2t)^2}\,dt$ h) $\int_{-\infty}^{0}\frac{-1}{(1-\sqrt{2}t)^4}\,dt$

4 Zeichne das Schaubild von f sowie die schiefe bzw. waagrechte Asymptote. Untersuche, ob die Fläche zwischen dem Schaubild und der Asymptote über dem angegebenen Intervall einen endlichen Inhalt hat. Gib gegebenenfalls den Inhalt an.

a) $f(x)=x+\frac{1}{x^2}$; $[1;+\infty[$ b) $f(x)=\frac{3x^2+4}{x^2}$; $[2;+\infty[$

c) $f(x)=\frac{4x^3-8x^2+5x}{(1-2x)^2}$; $[1;+\infty[$ d) $f(x)=\frac{-x^3+2x^2-3x+8}{2(1-x)^2}$; $]-\infty;0]$

5 Die Fläche zwischen dem Schaubild von f und der x-Achse über dem angegebenen Intervall rotiert um die x-Achse. Skizziere das Schaubild von f. Untersuche, ob der entstehende („ins Unendliche reichende") Drehkörper einen endlichen Rauminhalt hat. Gib ihn ggf. an.

a) $f(x)=\frac{1}{x}$; $[1;+\infty[$ b) $f(x)=\frac{2}{x\sqrt{x}}$; $[2;+\infty[$

c) $f(x)=\frac{1}{1-|x|}$; $]-\infty;-2]$ d) $f(x)=\frac{x+1}{x^2}$; $]-\infty;-1]$

6 a) Zeichne das Schaubild der Funktion f mit $f(x)=\frac{1}{1+x^2}$.

b) Zeige: $\frac{1}{(1+x)^2} \leqq \frac{1}{1+x^2} \leqq \frac{1}{x^2}$ für alle $x \in \mathbb{R}^+$.

c) Wie folgt aus b), daß das uneigentliche Integral $\int_1^{+\infty} f(x)\,dx$ existiert? Welche Schranken für dieses uneigentliche Integral ergeben sich aus der Abschätzung in b)?

7 Ein Körper erzeugt bei Schnitten parallel zu einer gegebenen Ebene E als Schnittflächen gleichseitige Dreiecke. Hat die schneidende Ebene von E den Abstand x ($x \geqq 1$), so hat das Schnittflächendreieck die Seitenlänge $\frac{1}{x}$.

a) Skizziere das Schrägbild eines solchen Körpers. Sind alle Körper der beschriebenen Art zueinander ähnlich?

b) Welchen Rauminhalt hat ein solcher Körper, wenn seine Grundfläche von E den Abstand 1, seine Deckfläche den Abstand 4 hat?

c) Untersuche, ob der Rauminhalt eines solchen Körpers für $x \to +\infty$ beliebig groß wird.

53.2 Integration einer unbeschränkten Funktion

8 Ein Körper bewegt sich geradlinig und mit wachsender Geschwindigkeit von A nach B (Fig. 236.1); seine Geschwindigkeit in Abhängigkeit von der zurückgelegten Strecke x sei $v(x)=\sqrt{x}$. Zeige: Hat der Körper bereits eine Teilstrecke a zurückgelegt, so braucht er für den Rest der Strecke noch die Zeit $T=\int_a^s \frac{1}{\sqrt{x}}\,dx$. Wie läßt sich die für die ganze Strecke AB benötigte Zeit T* ermitteln?

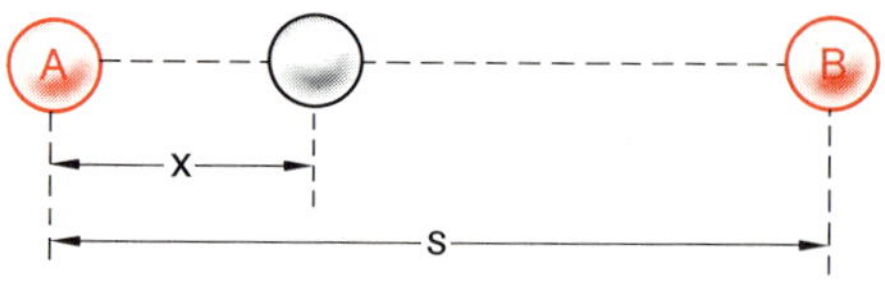

236.1

Das Integral der Funktion f mit $f(x)=\frac{1}{\sqrt{x}}$ zwischen den Grenzen a und b ist für alle $a>0$, $b \geqq a$ definiert, nicht jedoch für $a=0$; es gilt nämlich $f(x) \to +\infty$ für $x \to 0$ (Fig. 236.2). Berechnen wir z. B. das Integral zwischen den Grenzen a (mit $0<a<1$) und 1:

$$\int_a^1 \frac{1}{\sqrt{x}}\,dx = \left[2\sqrt{x}\right]_a^1 = 2-2\sqrt{a},$$

so zeigt sich:

$$\lim_{a\to 0} \int_a^1 \frac{1}{\sqrt{x}}\,dx = \lim_{a\to 0}(2-2\sqrt{a}) = 2.$$

In Fig. 236.3 hat also die „nach oben ins Unendliche reichende" Fläche zwischen dem Schaubild von f und der x-Achse über dem Intervall]0;1] den Inhalt 2 FE.

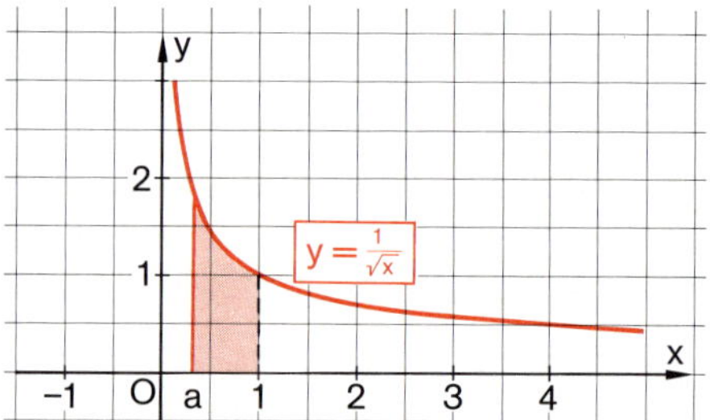

236.2

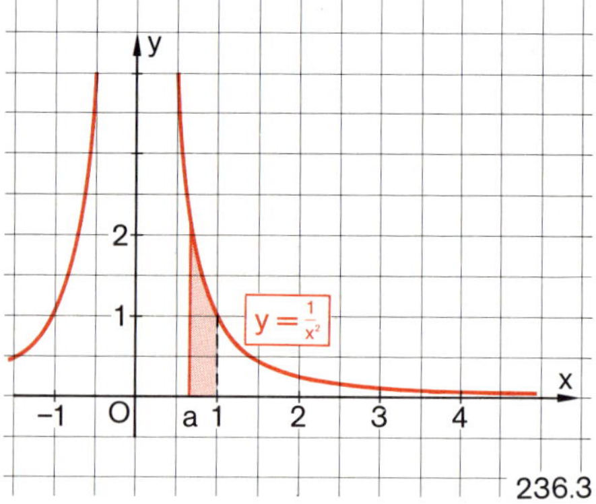

236.3

Ein entsprechendes Vorgehen bei der Funktion g mit $g(x)=\frac{1}{x^2}$ ergibt (Fig. 236.3):

$$\int_a^1 \frac{1}{x^2}\,dx = \left[-\frac{1}{x}\right]_a^1 = \frac{1}{a} - 1.$$

Dieses (von a abhängige) Integral hat für $a \to 0$ keinen Grenzwert. In Fig. 236.3 hat die „ins Unendliche reichende" Fläche zwischen dem Schaubild von g und der x-Achse über dem Intervall $]0;1]$ keinen (endlichen) Flächeninhalt.

Definition 2: Die Funktion f sei auf einem Intervall $]a;\, b]$ stetig. Wenn das Integral von f zwischen den Grenzen u (mit $a < u < b$) und b für $u \to a$ einen Grenzwert hat, so nennt man diesen Grenzwert das **uneigentliche Integral** von f über $]a;\, b]$ und schreibt für ihn

$$\int_a^b f(x)\,dx.$$

Beispiel 3: (Berechnung eines uneigentlichen Integrals)

Um das uneigentliche Integral der Funktion f mit $f(x) = x - \frac{1}{\sqrt{x}}$ zwischen den Grenzen 0 und 1 zu ermitteln, berechnen wir für $0 < u < 1$ zunächst

$$\int_u^1 \left(x - \frac{1}{\sqrt{x}}\right) dx = \left[\frac{1}{2}x^2 - 2\sqrt{x}\right]_u^1 = -\frac{3}{2} - \frac{1}{2}u^2 + 2\sqrt{u}.$$

Hieraus folgt dann

$$\lim_{u \to 0}\left(-\frac{3}{2} - \frac{1}{2}u^2 + 2\sqrt{u}\right) = -\frac{3}{2}, \quad \text{also} \quad \int_0^1 \left(x - \frac{1}{\sqrt{x}}\right) dx = -\frac{3}{2}.$$

Beispiel 4: (Ausströmende Flüssigkeit; vgl. 52.3, Beispiel 9, S. 231)

Die Zeit, in welcher der Wasserspiegel im Behälter von der ursprünglichen Höhe H auf die Höhe u absinkt, beträgt (in Sek)

$$T(u) = \frac{Q}{q \cdot 44{,}3} \int_u^H \frac{1}{\sqrt{h}}\,dh = \frac{Q}{q \cdot 44{,}3}\left(2\sqrt{H} - 2\sqrt{u}\right).$$

Um die Zeit zu ermitteln, die verstreicht, bis der Behälter vollständig geleert ist, müssen wir den Grenzwert von T für $u \to 0$ bestimmen.

$$\lim_{u \to 0} T(u) = \lim_{u \to 0} \frac{Q}{q \cdot 44{,}3}\left(2\sqrt{H} - 2\sqrt{u}\right) = \frac{2 \cdot Q}{q \cdot 44{,}3}\sqrt{H}.$$

Bei dem auf S. 231 angegebenen Behälter (mit $Q = \pi \cdot 250^2$; $q = \pi$; $H = 300$) dauert es etwa 13 h 35 min, bis er vollständig geleert ist.

9 Berechne die uneigentlichen Integrale $\int_{-1}^{0} \frac{1}{\sqrt{1+x}}\,dx$ und $\int_{0}^{1} \frac{1}{\sqrt{1-x}}\,dx$. Welchen Wert hat danach das (beidseitig uneigentliche) Integral $\int_{-1}^{1} \left(\frac{1}{\sqrt{1+x}} + \frac{1}{\sqrt{1-x}}\right) dx$?

Aufgaben

10 Berechne die folgenden uneigentlichen Integrale.
(Anleitung: Untersuche zunächst, an welcher Grenze der Integrand nicht definiert ist.)

a) $\int_0^1 \frac{1+\sqrt{x}}{\sqrt{x}}\,dx$ b) $\int_0^2 \left(x^2+\frac{1}{\sqrt{x}}\right)dx$ c) $\int_2^3 \frac{5}{\sqrt{3t-6}}\,dt$ d) $\int_0^1 \frac{1}{\sqrt{1-x}}\,dx$

11 Bestimme die folgenden uneigentlichen Integrale.
(Anleitung: Forme den Integranden zunächst um.)

a) $\int_0^4 \frac{x^3-6x^2+9x-4}{x^2-5x+4}\,dx$ b) $\int_0^{\frac{\pi}{2}} \frac{1}{\sqrt{1+(\tan x)^2}}\,dx$ c) $\int_0^{\frac{\pi}{2}} \frac{\sin 2x}{\cos x}\,dx$

12 Untersuche, ob das uneigentliche Integral der Funktion f in dem angegebenen Intervall existiert.
(Anleitung zu c): Verwende eine Abschätzung.)

a) $f(x)=\frac{1}{(x-1)^2}$; $[0;1[$ b) $f(x)=\frac{1}{(\cos x)^2}$; $[0;\frac{\pi}{2}[$ c) $f(x)=\frac{x-1}{\sqrt{x}-1}$; $]1;2]$

13 Zeichne ein Schaubild der folgenden Funktion f. Untersuche, ob die (ins Unendliche reichende) Fläche zwischen dem Schaubild und der x-Achse über dem angegebenen Intervall einen endlichen Inhalt hat.

a) $f(x)=\frac{x^3+x^2-2}{x^2}$; $]0;1]$ b) $f(x)=x-\frac{3}{2}+\frac{1}{\sqrt{2x}}$; $]0;\frac{1}{2}]$ c) $f(x)=\frac{\sin x}{\sqrt{1-(\sin x)^2}}$; $[0;\frac{\pi}{2}[$

14 Zeichne ein Schaubild der Funktion f mit $f(x)=\frac{x^3+1}{x^2}$ sowie die Asymptoten des Schaubildes.

a) Zeige, daß die Fläche zwischen dem Schaubild und der schiefen Asymptote über dem Intervall $[1;+\infty[$ einen Inhalt hat. Gib den Inhalt an.
b) Untersuche, ob die Fläche zwischen dem Schaubild von f und dem Schaubild der Funktion g mit $g(x)=\frac{1}{x^2}$ über dem Intervall $]0;1]$ einen Inhalt hat. Gib ggf. den Inhalt an.

15 Die Fläche zwischen dem Schaubild der folgenden Funktion f und der x-Achse über dem angegebenen Intervall rotiert um die x-Achse. Untersuche, ob der dabei entstehende (ins Unendliche reichende) Drehkörper einen endlichen Inhalt hat. Gib gegebenenfalls den Inhalt an.

a) $f(x)=x-\frac{1}{x}$; $]0;1]$ b) $f(x)=\sqrt{x}+\frac{1}{x}$; $]0;4]$ c) $f(x)=\frac{1}{\cos\frac{1}{2}x}$; $[0;\pi[$

16 Die (ins Unendlich reichende) Fläche zwischen den Schaubildern der Funktionen $f\colon x \longmapsto \frac{x^4+1}{x^2}$ und $g\colon x \longmapsto x^2$ über dem Intervall $[1;+\infty[$ rotiere um die x-Achse. Untersuche, ob der dabei entstehende Rotationskörper einen Inhalt hat.

17 Zeige durch eine geeignete Abschätzung des Integranden, daß das uneigentliche Integral der Funktion f mit $f(x)=\frac{1}{\sqrt{\sin\frac{\pi}{2}x}}$ über dem Intervall $]0;1]$ existiert.
Gib eine obere Schranke für dieses uneigentliche Integral an.
(Anleitung: Für $0 \leqq x \leqq 1$ gilt $\sin\frac{\pi}{2}x \geqq x$. Begründung?)

18 a) Zeige: Für $0<x\leqq\frac{\pi}{2}$ ist die Funktion $F\colon x \longmapsto \frac{\sin x}{x}$ eine Stammfunktion von $f\colon x \longmapsto \frac{\cos x}{x}-\frac{\sin x}{x^2}$.

b) Ermittle mit Hilfe von a) das uneigentliche Integral der Funktion f über dem Intervall $]0;\frac{\pi}{2}]$.

19 Es sei $0<a<b$. Für welche ganzen Zahlen m mit $m \neq -1$ existiert a) $\lim\limits_{b\to\infty}\int_a^b x^m\,dx$ b) $\lim\limits_{a\to 0}\int_a^b x^m\,dx$?

54 Integrierbarkeit einer Funktion

Wenn das Integral einer Funktion f zwischen den Grenzen a und b existiert, d. h., wenn für jede Zerlegungsfolge die dazugehörende Folge (U_k) von Untersummen und die dazugehörende Folge (O_k) von Obersummen unabhängig von der gewählten Zerlegungsfolge denselben Grenzwert haben, dann sagt man:

Die Funktion f ist im Intervall [a;b] **integrierbar.**

Diese Festsetzung der Integrierbarkeit einer Funktion ist allgemeiner als die bislang benutzte, denn es wird nicht mehr vorausgesetzt, daß die Funktion f stetig ist.

Wir wollen einige Folgerungen und Beobachtungen aus obiger Definition ohne Nachweis zusammenstellen und in den Aufgaben z. T. mit Beispielen belegen.

Ist eine Funktion f auf [a;b] stetig, dann ist sie dort integrierbar, wie wir auf S. 211 ohne Beweis festgestellt haben. Da nun jede differenzierbare Funktion stetig ist, ist eine differenzierbare Funktion auch integrierbar.

Umgekehrt gibt es jedoch integrierbare Funktionen, die nicht stetig, also erst recht nicht differenzierbar sind (vgl. Aufgabe 1, S. 240). Diesen Sachverhalt bringt Figur 239.1 zum Ausdruck.

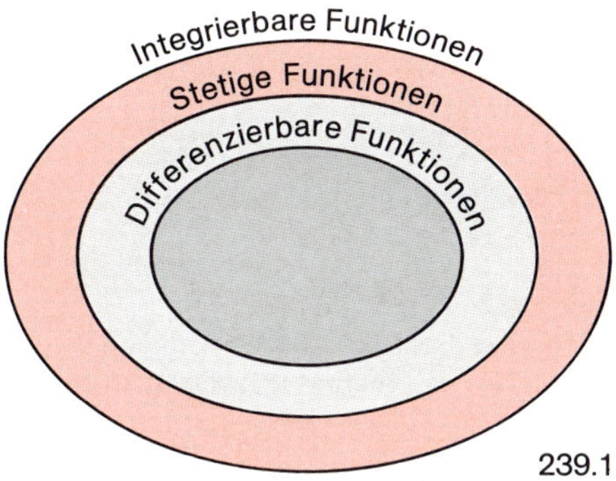

239.1

Wenn eine Funktion differenzierbar ist, dann ist sie auch integrierbar.
Dagegen braucht eine integrierbare Funktion weder differenzierbar noch stetig sein.

Jede über [a;b] stetige Funktion besitzt sogar Stammfunktionen (vgl. S. 220). Leider kann man sie nicht immer mit bekannten Funktionen angeben. In solchen Fällen kann der Wert von $\int_b^a f(x)\,dx$ nur näherungsweise bestimmt werden. Ein mögliches Verfahren hierzu wird im Anhang C, S. 312 ff. vorgestellt.

Ist eine Funktion f auf [a;b] stückweise stetig, dann besitzt f dort eine Integralfunktion (vgl. S. 217, Beispiel 2), jedoch im allgemeinen keine Stammfunktion. Eine Integralfunktion braucht an einer Unstetigkeitsstelle von f nämlich nicht differenzierbar zu sein (vgl. Aufgabe 1, S. 240). Damit ist der Hauptsatz der Differential- und Integralrechnung auf solche Funktionen nicht mehr anwendbar.

Der Hauptsatz der Differential- und Integralrechnung gilt nur für solche Funktionen, die sowohl integrierbar sind als auch Stammfunktionen besitzen.

Der folgende Sachverhalt kann mit den in diesem Buch bereitgestellten Mitteln nicht mehr belegt werden.
Ist eine Funktion f auf [a;b] monoton (d. h. monoton wachsend oder monoton fallend) oder auch nur stückweise monoton, so kann man zeigen, daß f auch dann noch integrierbar ist. Bemerkenswert ist, daß in dieser Aussage die Stetigkeit von f keine Rolle mehr spielt. Die Voraussetzungen an f können sogar noch weiter abgeschwächt werden.
Das Problem, welche Funktionen genau die integrierbaren sind, ist sehr kompliziert und erst von dem französischen Mathematiker H. LEBESGUE etwa 1910 umfassend gelöst worden.
Ein Beispiel für eine nicht-integrierbare Funktion bietet Aufgabe 4. Wie kurios integrierbare Funktionen aussehen können, zeigen die Aufgaben 5 und 6.

Aufgaben

1 Zeige, daß f mit $D_f = [0;2]$ und $f(x) = \begin{cases} 0, \text{ für } x < 1 \\ 1, \text{ für } x \geqq 1 \end{cases}$ integrierbar ist, jedoch keine Stammfunktion besitzt.

2 Untersuche, ob die Funktion f mit $D_f = [0;2]$ und $f(x) = \begin{cases} 1, \text{ für } x \leqq 1 \\ x, \text{ für } x > 1 \end{cases}$ Stammfunktionen besitzt.

3 a) Zeige, daß für $f(t) = t$ die Funktion $F(x) = \frac{1}{2}x^2 + 1$ zwar Stammfunktion, jedoch keine Integralfunktion ist.
(Anleitung: Schreibe $I_a(x)$ für f auf und vergleiche den Term mit dem für F(x).)
b) Wie ist das Ergebnis in Einklang zu bringen mit den Ausführungen nach Satz 1 auf S. 220?

4 Die Funktion f mit $D_f = [0;3]$ und
$$f(x) = \begin{cases} 1, \text{ falls } x \text{ rational} \\ 2, \text{ falls } x \text{ irrational} \end{cases}$$
ist an jeder Stelle $x \in [0;3]$ unstetig.
Zeige, daß f nicht integrierbar ist.
(Anleitung: Zeige, daß $U_n = 3$, $O_n = 6$ ist für alle Zerlegungen von [0;3]).

5 Die im Intervall [0;1] definierte Funktion f mit
$$f(x) = \begin{cases} 0, \text{ für } x = 0 \\ 0, \text{ für } x = \frac{1}{n} \\ 1, \text{ für } x \neq \frac{1}{n} \end{cases}$$
ist an unendlich vielen Stellen $x \in [0;1]$ unstetig (vgl. Aufgabe 4). Zeige, daß f integrierbar ist (Fig. 240.1).

6 Zeige, daß auch (vgl. Aufgabe 5) die Funktion f mit $D_f = [0;1]$ und
$$f(x) = \begin{cases} 0, \text{ für } x = 0 \\ 0, \text{ für } x = \frac{1}{n} \\ 1 - x, \text{ für } x \in \left]\frac{1}{2n}; \frac{1}{2n-1}\right[\\ x, \text{ für } x \in \left]\frac{1}{2n+1}; \frac{1}{2n}\right[\end{cases}$$
integrierbar ist (Fig. 240.2).

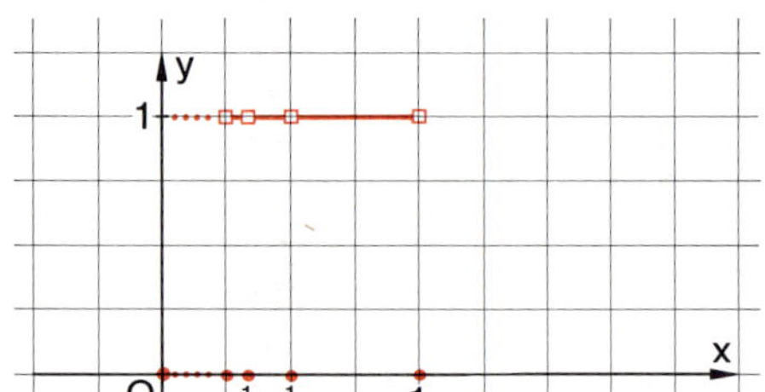

240.1

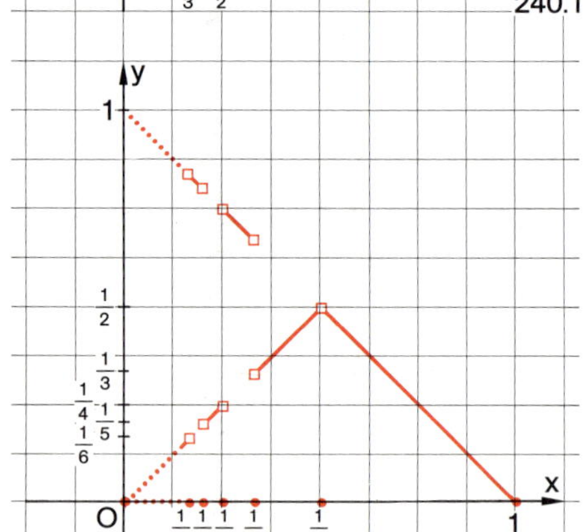

240.2

55 Vermischte Aufgaben

Flächeninhalte

1 Das Schaubild einer Funktion f mit $f(x)=ax^3+bx^2+cx$ hat bei $x=1$ einen Hochpunkt, bei $x=2$ einen Wendepunkt und schließt mit der x-Achse eine Fläche ein mit dem Inhalt 9 FE. Gib f(x) an.

2 Das Schaubild einer ganzrationalen Funktion 4. Grades geht durch $A(4|0)$, berührt die x-Achse im Ursprung O, hat in O einen Wendepunkt und schließt mit der x-Achse im 4. Feld eine Fläche ein vom Inhalt 16 FE. Gib f(x) an.

3 a) Welche Parabeln 2. Ordnung durch O begrenzen im 1. Feld mit der x-Achse eine Fläche mit dem Inhalt 36 FE? (Anleitung: Wähle die Abszisse des von O verschiedenen Schnittpunktes mit der x-Achse als Scharparameter t.)
b) Welche dieser Parabeln hat im Ursprung die Steigung 6?
c) Welcher Grenzlage nähern sich die Parabeln für $t \to +\infty$ (für $t \to 0$)?
d) Auf welcher Kurve liegen die Hochpunkte aller Parabeln der Schar?

4 a) Zeige: Alle Parabeln P_t mit einer Gleichung der Form

$$y=\frac{16}{t^2}\left(x-\frac{1}{t^2}x^3\right);\ t \in \mathbb{R}^+$$

begrenzen im 1. Feld mit der x-Achse gleich große Flächen. Wie groß sind diese Flächen? Zeichne P_4 und P_2 in dasselbe Koordinatensystem ein (LE = 1 cm).
b) Ermittle die Gleichungen der Tangenten an P_t im Ursprung und im Schnittpunkt mit der positiven x-Achse. Untersuche, ob die im 1. Feld liegende Fläche zwischen diesen Tangenten und der Parabel P_t für alle Werte von t gleich groß ist.
c) Die in b) genannten Tangenten und P_t begrenzen noch eine weitere, von der in b) genannten verschiedene Fläche. Untersuche, ob der Inhalt dieser Fläche für alle Werte von t gleich groß ist.

5 a) Zeichne für $-2 \leqq x \leqq 3$ ein Schaubild der Funktion f mit $f(x)=x\cdot|x|$ (LE = 0,5 cm). Berechne den Inhalt der Fläche, die von diesem Schaubild, der x-Achse und den Geraden mit den Gleichungen $x=-2$ und $x=3$ begrenzt wird.
b) Wie lautet die Gleichung der Geraden g durch die Punkte $A(-2|f(-2))$ und $B(3|f(3))$? Berechne den Inhalt der Fläche, die von g und dem Schaubild von f begrenzt wird.

6 Gegeben sind die Funktionen f_t mit $f_t=x(x-t)^2$ und die Funktionen g_t mit $g_t=x(x^2-t^2)$, $t \in \mathbb{R}^+$. Die zum gleichen Parameterwert t gehörenden Schaubilder von f_t und g_t schließen eine Fläche ein. Ermittle den Inhalt dieser Fläche sowie die Gleichung der Ursprungsgeraden, welche diese Fläche halbiert.

7 Zeichne für $0{,}5 \leqq x \leqq 3$ die Schaubilder der Funktionen f und g mit

$$f(x)=x+\frac{1}{x^2}; \qquad g(x)=x-\frac{1}{x^3}$$

in dasselbe Koordinatensystem (LE = 1 cm). Untersuche, ob die für $x \geqq 1$ zwischen den Schaubildern von f und g gelegene Fläche einen Inhalt hat.

8 a) Die Kurve $K\colon y=\frac{1}{\cos^2 x}$, die y-Achse und die Gerade mit der Gleichung $y=4$ begrenzen im 1. Feld eine Fläche. Berechne ihren Inhalt.
b) Wie groß ist der prozentuale Fehler, wenn man bei der Flächenberechnung den Kurvenbogen von K zwischen $A(0|1)$ und $B(?|4)$ durch den Bogen einer Parabel 2. Ordnung ersetzt, die in A ihren Tiefpunkt hat?

9 Berechne den Inhalt der Fläche, die von den Kurven $K_1\colon y=\frac{1}{x^2}$ und $K_2\colon y=\frac{1}{\sqrt{x}}$ sowie der Geraden $g\colon y=4$ begrenzt wird.

Rauminhalte

10 Die Fläche, welche vom Schaubild der Funktion $f: x \mapsto \frac{1}{x}$, den Koordinatenachsen sowie den Geraden mit den Gleichungen $x=3$ und $y=2$ begrenzt wird, rotiert um die x-Achse. Dadurch entsteht der massive Fuß einer Stehlampe. Berechne seinen Rauminhalt.

11 Zeige mit Hilfe der Integralrechnung: Ein Kegelstumpf (Fig. 242.1) mit dem kleinen Radius r, dem großen Radius R und der Höhe h hat den Rauminhalt

$$V=\frac{\pi h}{3}\,(r^2+r\,R+R^2).$$

(Anleitung: Beachte Fig. 242.2.)

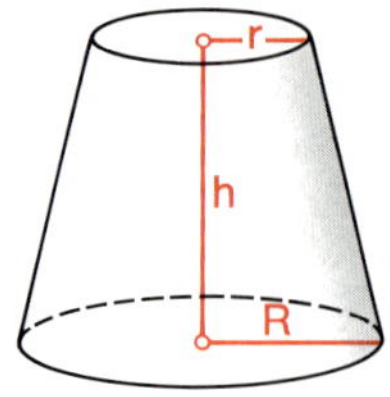

242.1

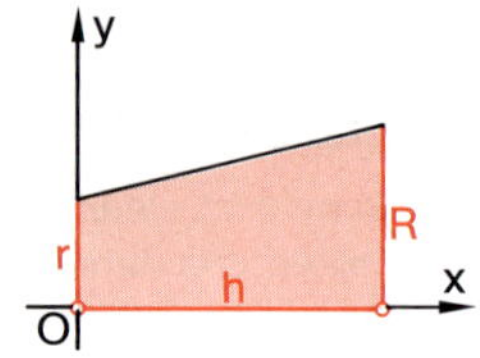

242.2

12 a) Ein Faß (Fig. 242.3) hat den kleinen Durchmesser $d=1{,}20$ m, den großen Durchmesser $D=1{,}60$ m und die Höhe $h=2$ m. Berechne den Rauminhalt des Fasses.
(Anleitung: Führe wie in Fig. 242.2 ein Koordinatensystem ein; verwende eine Parabel 2. Ordnung.)
b) Wie groß ist der prozentuale Fehler, wenn man für die Inhaltsberechnung das Faß durch einen Zylinder ersetzt mit dem Durchmesser $\frac{1}{2}(d+D)$?

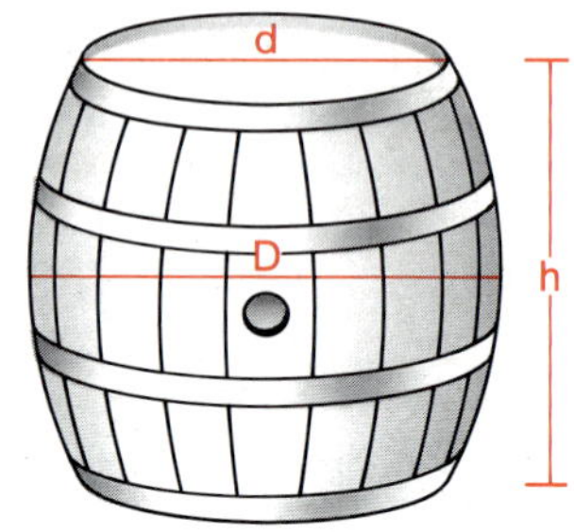

242.3

13 a) Leite mit Hilfe der Integralrechnung eine Formel her zur Berechnung des Rauminhaltes einer Kugelkappe der Höhe h (Fig. 242.4) bei einer Kugel mit dem Radius r.
b) Zeige mit Hilfe des Ergebnisses in a), daß für den Rauminhalt eines Kugelausschnitts der Höhe h (Fig. 242.5) gilt:

$$V=\frac{2}{3}\pi r^2 h.$$

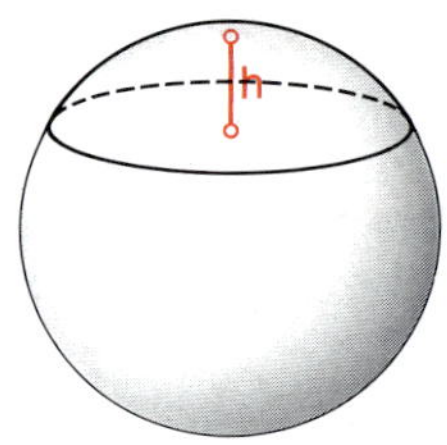

242.4

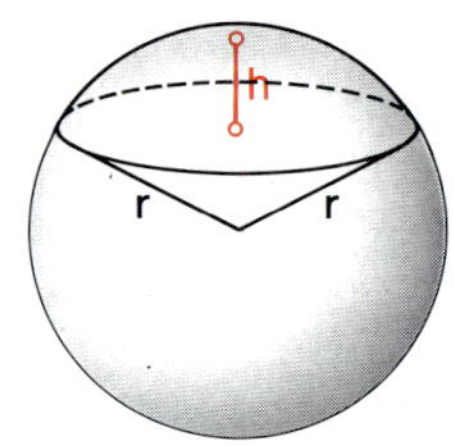

242.5

14 a) Zeichne für $x \in [0;3]$ ein Schaubild der Funktion f mit $f(x)=x(x-1)(x-3)$.
b) Die Fläche zwischen dem gezeichneten Schaubild und der x-Achse rotiere um die x-Achse. Berechne den Rauminhalt des entstehenden Körpers.

15 Fig. 242.6 zeigt einen Körper mit kreisförmiger Grundfläche, bei dem ebene Schnitte orthogonal zur Grundfläche und parallel zum festen Durchmesser AB als Schnittflächen gleichseitige Dreiecke ergeben.

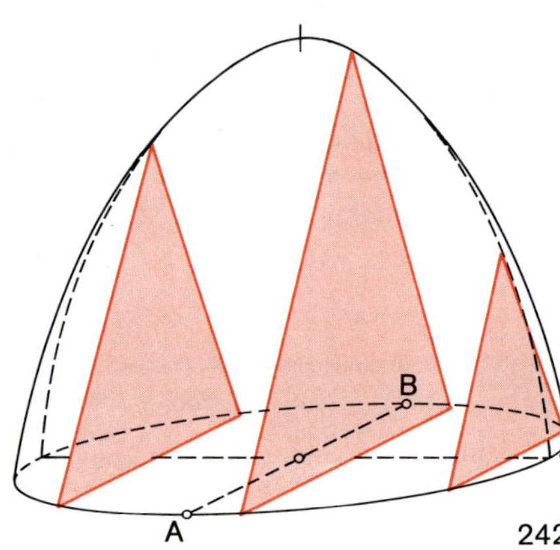

242.6

a) Berechne den Rauminhalt eines solchen Körpers in Abhängigkeit vom Radius r des Grundkreises.
b) Der Körper in Fig. 242.6 wird in der Höhe h mit einer Parallelebene zur Grundfläche geschnitten. Untersuche, ob die entstehende Schnittfläche (wie die Grundfläche) kreisförmig ist.

Extremwerte

16 Welche Parabel 2. Ordnung, die durch O geht und ihren Scheitel auf der Geraden $g: y=4-x$ im 1. Feld hat, schließt mit der x-Achse eine möglichst große Fläche ein? Gib den maximalen Flächeninhalt an.

17 Das Schaubild der Funktion f_a mit $f_a(x)=a\cdot\cos\frac{\pi}{2}x$, $(a\in\mathbb{R}^+)$, die Normale in $A(1|0)$ und die y-Achse schließen eine Fläche ein. Bestimme a so, daß der Inhalt dieser Fläche minimal wird. Gib den minimalen Inhalt an.

18 Für welchen Wert von t mit $t>1$ wird der Inhalt der Fläche, die das Schaubild der Funktion f_t mit $f_t(x)=(1-t)x^2-tx$ und die x-Achse einschließen, minimal? Gib den minimalen Inhalt an.

19 Das Schaubild der Funktion f mit $f(x)=36x-x^3$ schließt mit der x-Achse im 1. Feld eine Fläche ein. Aus dieser Fläche soll parallel zur y-Achse ein Streifen der Breite 3 so ausgeschnitten werden, daß dessen Fläche möglichst groß ist. Ermittle die Gleichungen der beiden Randgeraden des Streifens.

20 Die Parabel $K_t: \frac{1}{t^2}x-x^3$, $(t\in\mathbb{R}^+)$ und die x-Achse begrenzen eine Fläche im 1. Feld.

a) Gibt es einen t-Wert, für den der Inhalt dieser Fläche extremal wird?

b) Durch Rotation dieser Fläche um die x-Achse entsteht ein Drehkörper. Untersuche, ob es einen t-Wert gibt, für den der Inhalt dieses Drehkörpers maximal wird.

21 Jede zur y-Achse symmetrische Parabel 2. Ordnung durch $P(1|1)$ begrenzt mit der x-Achse und den Geraden mit den Gleichungen $x=1$ und $x=-1$ eine Fläche, die bei Rotation um die x-Achse einen Drehkörper erzeugt. Bestimme diejenige der Parabeln, für die der Rauminhalt dieses Drehkörpers minimal wird. Zeichne diese Parabel.

22 Für welchen x-Wert nimmt die Funktion f mit $D_f=\mathbb{R}_0^+$ und $f(x)=\int_0^x (t-\sqrt{t})\,dt$ den kleinsten Funktionswert an?

Weitere Integrale

23 Auf einer Baustelle wird ein mit Wasser gefüllter Eimer (Gewichtskraft 100 N) in 16 Sek auf 20 m Höhe gleichmäßig gehoben. Der Eimer ist undicht und verliert je Sek 0,2 ℓ Wasser. (1 ℓ Wasser hat die Gewichtskraft 10 N.)

a) Gib die Gewichtskraft des Eimers in Abhängigkeit von der Höhe x über dem Boden an.

b) Berechne die aufgewendete Hubarbeit W.

c) Welche Hubarbeit ist zu verrichten, wenn der Eimer so ausläuft, daß er in 12 m Höhe leer ist? (Gewichtskraft des leeren Eimers 10 N.)

24 In der sibirischen Stadt Jakutsk läßt sich die Lufttemperatur f(x) in °C in Abhängigkeit von der Zeit x (in Kalendertagen des Jahres) näherungsweise durch

$$f(x)=-31{,}5\cdot\cos\frac{2\pi}{365}x-12{,}5 \qquad (0\leqq x\leqq 365)$$

für ein Jahr beschreiben.

a) Zeichne ein Schaubild der Funktion f. (1 cm für 30 Tage bzw. 4 °C.)

b) Berechne die mittlere Jahrestemperatur in Jakutsk. (Anleitung: Vgl. S. 233, Aufgabe 39.)

25 In einem Fertigungsbetrieb werden für eine Serie von x Geräten die Herstellungskosten je Gerät (in DM) angenähert beschrieben durch die Funktion f mit

$$f(x)=20+\frac{4000}{\sqrt{x+50}} \qquad (x>1).$$

a) Wie hoch sind die Herstellungskosten je Gerät, wenn 50 (100; 1000) hergestellt werden?

b) Zeige anhand des Schaubildes von f, daß sich die bei der Herstellung von n Geräten anfallenden Gesamtkosten K als Flächeninhalt deuten lassen. Berechne K für $n=100$.

VIII Umkehrfunktionen

56 Ableiten einer Umkehrfunktion

56.1 Existenz der Umkehrfunktion

1 In einem Selbstbedienungsladen ist jede Ware mit einem Preisetikett versehen. An der Kasse werden nur die Preise der gekauften Waren auf einem Kassenzettel ausgedruckt und addiert. Kann man anhand des Kassenzettels im nachhinein feststellen, welche Waren gekauft wurden?

Eine Funktion f ordnet jedem $x \in D_f$ eindeutig einen Wert $f(x) \in W_f$ zu. Wenn dabei für $x_1 \neq x_2$ stets auch $f(x_1) \neq f(x_2)$ gilt (oder gleichbedeutend, daß $f(x_1) = f(x_2)$ nur für $x_1 = x_2$ erfüllt ist), dann ist die umgekehrte Zuordnung

$$f(x) \longmapsto x$$

ebenfalls eine Funktion. Sie heißt **Umkehrfunktion** von f und wird mit $\bar{f}$ (lies: f quer) bezeichnet (vgl. S. 45). Ihre Definitionsmenge ist W_f, ihre Wertemenge D_f.

Fig. 244.1 zeigt das Schaubild einer Funktion, die im Intervall [1;4] eine Umkehrfunktion besitzt. Bei der Funktion in Fig. 244.2 ist dies nicht der Fall, weil z. B. der Funktionswert 3 für drei verschiedene x-Werte angenommen wird.
Dagegen sind streng monotone Funktionen wie in Fig. 244.1 umkehrbar eindeutig (vgl. S. 45).

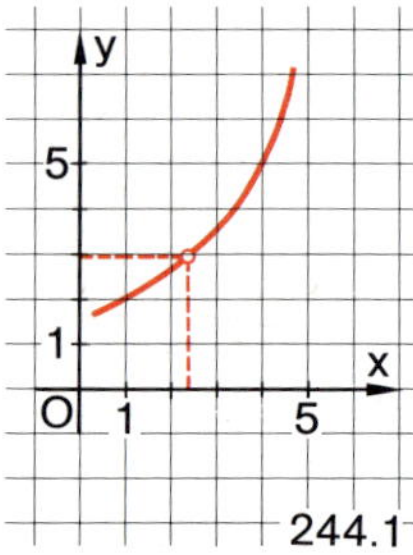

244.1

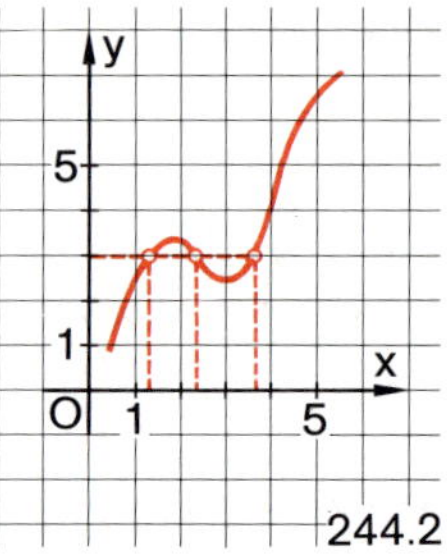

244.2

Satz 1: Jede **streng monotone** Funktion f besitzt eine Umkehrfunktion $\bar{f}$.
Insbesondere hat also jede in einem Intervall J differenzierbare Funktion f mit

$$f'(x) > 0 \quad (\text{bzw. } f'(x) < 0) \quad \text{für alle} \quad x \in J$$

eine Umkehrfunktion.

Beachte: Die strenge Monotonie ist für die Existenz einer Umkehrfunktion zwar hinreichend, aber keineswegs notwendig. Es gibt auch nicht monotone Funktionen, die eine Umkehrfunktion besitzen (vgl. Aufgabe 7, S. 245).

Beispiel 1: (Existenznachweis mittels Satz 1)
Die Funktion g mit $g(x) = \frac{x}{\sqrt{x}+1}$ hat das Intervall $[0; +\infty[$ als Definitionsmenge. Aus $g'(x) = \frac{\sqrt{x}+2}{2(\sqrt{x}+1)^2} > 0$ für alle $x \in [0; +\infty[$ folgt nach Satz 1, daß g umkehrbar ist.

2 Zeige, daß die Funktion f mit $f(x) = 1 - \frac{1}{\sqrt{x}}$ eine Umkehrfunktion hat. Bestimme die Umkehrfunktion $\bar{f}$ wie in Beispiel 1, S. 46.

Aufgaben

3 Zeichne das Schaubild von f. Die Funktion f besitzt eine Umkehrfunktion $\bar{f}$. Gib $\bar{f}(x)$ sowie $D_{\bar{f}}$ an. Zeichne das Schaubild von $\bar{f}$ in das vorhandene Achsenkreuz ein.

a) $f(x) = -\frac{1}{2}x + 4;\ D_f = \mathbb{R}$ b) $f(x) = \frac{1}{2}(3x-4);\ D_f = \mathbb{R}$ c) $f(x) = x^2 - 1;\ D_f = \mathbb{R}_0^+$

d) $f(x) = 2 + \frac{1}{x};\ D_f = \mathbb{R}\setminus\{0\}$ e) $f(x) = \frac{2}{4-x};\ D_f = \mathbb{R}\setminus\{4\}$ f) $f(x) = \frac{x}{2+x};\ D_f = \mathbb{R}\setminus\{-2\}$

g) $f(x) = \sqrt{x} + 1;\ D_f = \mathbb{R}_0^+$ h) $f(x) = \sqrt{x+4};\ D_f = \{x \mid x \geqq -4\}$ i) $f(x) = 1 - x^2;\ D_f = \mathbb{R}_0^-$

4 Erstelle eine Wertetabelle für die Funktion f. Zeichne mit ihrer Hilfe die Schaubilder der Funktion f und ihrer Umkehrfunktion $\bar{f}$ in dasselbe Koordinatensystem ein.

a) $f(x) = x^3;\ D_f = \mathbb{R}^+$ b) $f(x) = \frac{1}{10}(x^3 + \frac{1}{x^3});\ D_f = \{x \mid x \geqq 1\}$ c) $f(x) = 2x + \sin x;\ D_f = \mathbb{R}$

5 Gib die Umkehrfunktion $\bar{f}$ samt ihrer Definitionsmenge an.

a) $f(x) = x^2;\ D_f = \mathbb{R}_0^-$ b) $f(x) = x^3;\ D_f = \mathbb{R}$ c) $f(x) = \frac{1}{8}x^3 - 2;\ D_f = \mathbb{R}$

6 Untersuche, ob die Funktion f umkehrbar ist.

a) $f(x) = x - \frac{1}{x};\ D_f = \mathbb{R}^+$ b) $f(x) = \frac{-2x}{1+x^2};\ D_f = \mathbb{R}$ c) $f(x) = \int\limits_0^x |\sin t|\, dt;\ D_f = \mathbb{R}$

7 Zeichne das Schaubild der Funktion f mit $f(x) = \begin{cases} x & \text{für } 0 \leqq x \leqq 1 \\ 3-x & \text{für } 1 < x < 2 \end{cases}$.
Die Funktion f ist umkehrbar, obwohl sie in $D_f = [0;2[$ nicht monoton ist. Gib $\bar{f}(x)$ an.

8 Auf welchen Intervallen ist f umkehrbar? Gib $\bar{f}(x)$ und $D_{\bar{f}}$ an.

a) $f(x) = 4x - x^2$ b) $f(x) = \frac{2x}{x-1}$ c) $f(x) = x \cdot |x|$

9 Gib $\bar{f}(x)$ an für $f(x) = \sqrt{x-1}$. Bilde $f(\bar{f}(x))$ und $\bar{f}(f(x))$. Verfahre ebenso für $g(x) = \frac{x}{1+x}$.

10 Fig. 245.1 zeigt eine Wanne mit parabelförmigem Querschnitt; die Wanne ist 3 m lang.
a) Wieviel m^3 Wasser faßt die Wanne?
b) Wieviel m^3 befinden sich in der Wanne, wenn sie bis zur Höhe h (in m) gefüllt ist?
c) Wie kann man bei gegebenem Wasserinhalt V auf die Füllhöhe h schließen? Zeichne die Schaubilder der Funktionen $h \mapsto V$ und $V \mapsto h$ in dasselbe Koordinatensystem.

11 Die Funktion f sei für $x \in [a;b]$; $a,b\,\mathbb{R}_0^+$ stetig und streng monoton zunehmend, also umkehrbar. Es sei $f(a) = y_a$, $f(b) = y_b$.

a) Zeige anhand von Fig. 245.2/3: Für den Inhalt A der Fläche zwischen dem Schaubild von f, der y-Achse sowie den Geraden $g\colon y = y_a$ und $h\colon y = y_b$ gilt

$$A = \int\limits_{y_a}^{y_b} \bar{f}(x)\, dx.$$

b) Berechne den Inhalt der in Fig. 245.2 rot schraffierten Fläche für $f(x) = \sqrt{x}$, $a = 1$, $b = 4$.

Bemerkung: Um deutlich zu machen, daß die Integrationsgrenzen Funktionswerte von f sind, schreibt man (da man die Integrationsvariable beliebig wählen darf) besser

$$A = \int\limits_{y_a}^{y_b} \bar{f}(y)\, dy \quad \text{oder kurz} \quad A = \int\limits_{y_a}^{y_b} x\, dy.$$

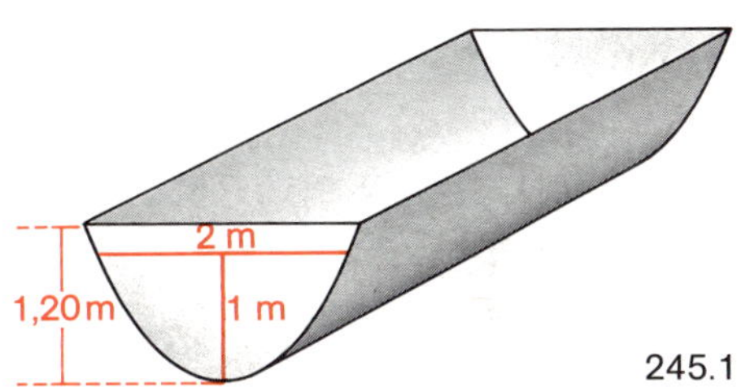

245.1

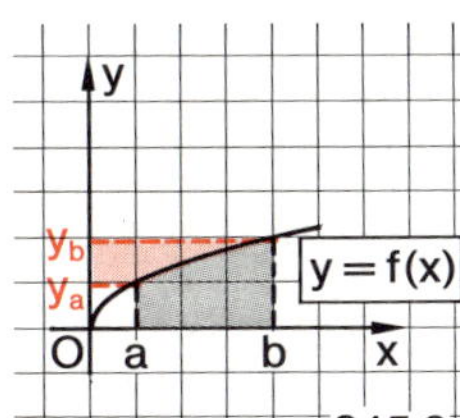

245.2

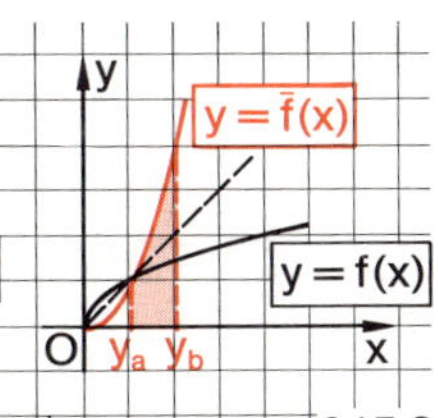

245.3

12 a) Zeige anhand von Fig. 246.1/2: Wenn die in Fig. 246.1 rot schraffierte Fläche um die y-Achse rotiert, dann gilt für den Rauminhalt des entstehenden Drehkörpers:

$$V = \pi \int_{y_a}^{y_b} [\bar{f}(x)]^2\, dx.$$

b) Berechne den Rauminhalt des Drehkörpers in Fig. 246.1 für $f(x) = \sqrt{x}$, $a = 1$, $b = 4$.

Bemerkung: Entsprechend wie in Aufgabe 11 schreibt man bei Rotationen um die y-Achse meist

$$V = \pi \int_{y_a}^{y_b} [\bar{f}(y)]^2\, dy \qquad \text{oder}$$

$$\mathbf{V = \pi \int_{y_a}^{y_b} x^2\, dy}.$$

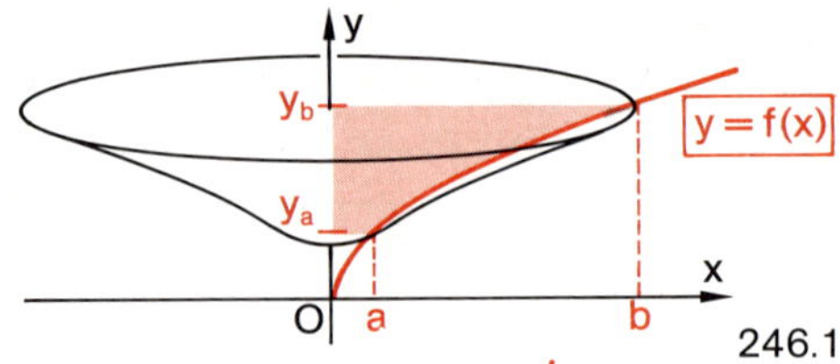

246.1

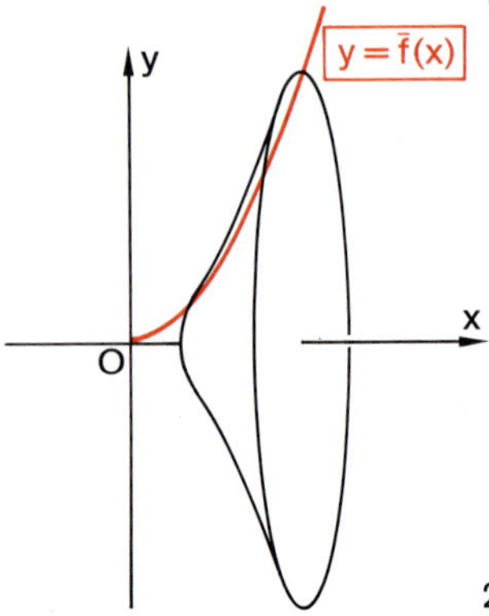

246.2

13 Das Schaubild der Funktion f mit $f(x) = 2x^2 - 1$ begrenzt mit der x-Achse eine Fläche. Berechne den Rauminhalt des Drehkörpers, der bei Rotation dieser Fläche um die y-Achse (um die x-Achse) entsteht.

14 Das Schaubild von f, die y-Achse und die Geraden $g: y = f(a)$ und $h: y = f(b)$ begrenzen eine Fläche. Berechne den Rauminhalt des Körpers, der bei Rotation dieser Fläche um die y-Achse entsteht.

a) $f(x) = \sqrt{2x}$; $a = \frac{1}{2}$, $b = 2$

b) $f(x) = \frac{1}{2}x^2 - 2$; $a = 1$, $b = 2$

c) $f(x) = \frac{1}{4}x + 1$; $a = 1$, $b = 3$

d) $f(x) = \sqrt[3]{x-1}$; $a = 2$, $b = 9$

e) $f(x) = -\frac{1}{x}$; $a = 1$, $b = 2$

f) $f(x) = \frac{1}{(1-x^2)^2}$; $x < -1$; $a = -2$, $b = -1{,}5$

15 a) Zeichne das Schaubild K der Funktion f mit $f(x) = 4 - \frac{1}{4}x^2$, $x \in \mathbb{R}_0^+$. Schraffiere die Fläche, die von K, den Geraden $g: y = f(1)$ und $h: y = f(3)$ sowie der y-Achse begrenzt wird.

b) Berechne $\pi \int_{f(1)}^{f(3)} [\bar{f}(y)]^2\, dy$. Weshalb ist dieses Integral negativ? Wie erhält man den Rauminhalt des Körpers, der bei Rotation der schraffierten Fläche um die y-Achse entsteht?

56.2 Ableitungsregel für die Umkehrfunktion

16 Gib zwei Ursprungsgeraden an, die zur 1. Winkelhalbierenden symmetrisch liegen.

17 Wie erkennt man an den Steigungen zweier Ursprungsgeraden, deren Gleichungen gegeben sind, daß die Ursprungsgeraden

a) zur y-Achse symmetrisch sind

b) zur x-Achse symmetrisch sind

c) zur 1. Winkelhalbierenden symmetrisch sind

d) zueinander orthogonal sind?

In vielen Fällen haben wir es mit der Umkehrfunktion einer Funktion f zu tun, deren Ableitung f′ wir kennen, während uns die Ableitung der Umkehrfunktion nicht bekannt ist. Wir untersuchen deshalb, ob man von der Ableitung von f auf die Ableitung von $\bar{f}$ schließen kann.

Da das Schaubild einer Umkehrfunktion $\bar{f}$ durch Spiegelung an der 1. Winkelhalbierenden aus dem Schaubild von f hervorgeht, ist geometrisch klar: Hat das Schaubild von f in einem Punkt P eine Tangente, dann hat das Schaubild von $\bar{f}$ im Spiegelpunkt P′ ebenfalls eine Tangente (Fig. 247.1). Dabei ist allerdings zu beachten: Ist die Tangente in P parallel zur x-Achse (waagrechte Tangente), dann ist die Tangente in P′ parallel zur y-Achse (senkrechte Tangente) und hat daher keine Steigung.

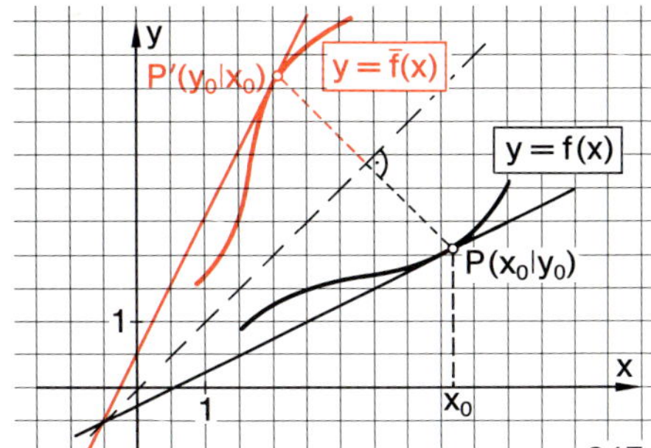

247.1

Für die Funktionen f und $\bar{f}$ bedeutet dies: Ist f an der Stelle x_0 differenzierbar und ist $f'(x_0) \neq 0$, dann ist $\bar{f}$ an der Stelle $y_0 = f(x_0)$ ebenfalls differenzierbar.
Wir verzichten auf einen rechnerischen Beweis und wenden uns der Frage zu, wie die Ableitung von f an der Stelle x_0 mit der Ableitung von $\bar{f}$ an der Stelle $y_0 = f(x_0)$ zusammenhängt (Fig. 247.1).

Dazu betrachten wir die Funktion F mit $F(x) = \bar{f}(f(x))$. Sie ordnet jeden x-Wert sich selbst zu, also ist $F(x) = x$ und $F'(x) = 1$. Leiten wir die Funktion F nach der Kettenregel ab, so ergibt sich $F'(x) = \bar{f}'(f(x)) \cdot f'(x)$. Somit gilt: $\bar{f}'(f(x)) \cdot f'(x) = 1$. Für Fig. 247.1 bedeutet dies: $\bar{f}'(y_0) \cdot f'(x_0) = 1$, d. h., die Tangentensteigung in P′ ist der Kehrwert der Tangentensteigung in P.

Satz 2: Ist die Funktion f in einem Intervall J umkehrbar und differenzierbar mit $f'(x) \neq 0$ für $x \in J$, dann ist die Umkehrfunktion $\bar{f}$ ebenfalls differenzierbar, und es gilt mit $y = f(x)$

$$\bar{f}'(y) = \frac{1}{f'(x)}.$$

Beispiel 2: (Ableitung der Umkehrfunktion)
Die Funktion f mit $f(x) = x^3$, $x \in \mathbb{R}^+$ hat die Umkehrfunktion $\bar{f}$ mit $\bar{f}(x) = \sqrt[3]{x}$ (Fig. 247.2), deren Ableitung wir nicht kennen. Wir ermitteln $\bar{f}'$ mit Hilfe von Satz 2.

1. Schritt: Wir setzen $f(x) = y$ und schreiben $\bar{f}(y) = \sqrt[3]{y}$.
2. Schritt: Wir berechnen $\bar{f}'(y)$ nach Satz 2.
   $\bar{f}'(y) = \frac{1}{f'(x)} = \frac{1}{3x^2}$
3. Schritt: Wir ersetzen x durch $\bar{f}(y)$.
   $\bar{f}'(y) = \frac{1}{3(\sqrt[3]{y})^2} = \frac{1}{3\sqrt[3]{y^2}}.$

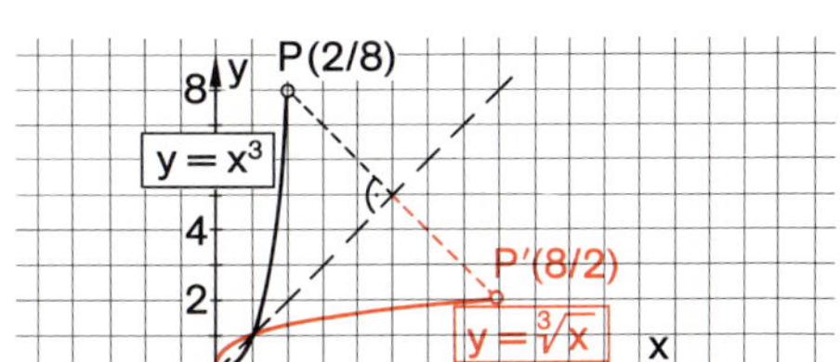

247.2

Bemerkung: Die von f bzw. $\bar{f}$ gelieferte Zuordnung ist unabhängig davon, ob x oder y (oder irgend eine andere Variable) als Funktionsvariable verwendet wird. Sollen insbesondere beide Funktionen im gleichen Koordinatensystem veranschaulicht werden, so ist beidemal x Funktionsvariable (Fig. 247.1). Unser Ergebnis lautet dann:
Für die Funktion $\bar{f}$ mit $\bar{f}(x) = \sqrt[3]{x}$, $x \in \mathbb{R}^+$ gilt $\bar{f}'(x) = \frac{1}{3 \cdot \sqrt[3]{x^2}}$.

Beispiel 3: ($\bar{f}'(y_0)$ für eine gegebene Stelle y_0)

Die Funktion f mit $f(x) = \cos x$, $x \in [0; \frac{\pi}{2}]$ hat eine Umkehrfunktion $\bar{f}$, deren Funktionsterm $\bar{f}(y)$ wir jedoch nicht angeben können. Trotzdem läßt sich mit Hilfe von Satz 2 z. B. für $y_0 = \frac{1}{2}$ die Ableitung $\bar{f}'\left(\frac{1}{2}\right)$ bestimmen. Wegen $\frac{1}{2} = \cos\frac{\pi}{3}$ ist $\bar{f}\left(\frac{1}{2}\right) = \frac{\pi}{3}$ und somit

$$\bar{f}'\left(\frac{1}{2}\right) = \frac{1}{-\sin\frac{\pi}{3}} = \frac{1}{-\frac{1}{2}\sqrt{3}} = -\frac{2}{3}\sqrt{3}.$$

18 Ermittle $g'(x)$ für die Funktion g mit $g(x) = \sqrt[4]{x}$. (Anleitung: Vgl. Beispiel 2.)

Aufgaben

19 Die Funktion f mit $f(x) = x^3$, $x \in \mathbb{R}_0^+$ hat die Umkehrfunktion $\bar{f}$ mit $\bar{f}(x) = \sqrt[3]{x}$. Ermittle:

a) $\bar{f}'(1)$ b) $\bar{f}'\left(\frac{27}{8}\right)$ c) $\bar{f}'(4)$ d) $\bar{f}'\left(\frac{1}{2}\right)$ e) $\bar{f}'\left(\sqrt{2}\right)$ f) $\bar{f}'(t)$.

20 Ermittle $\bar{f}(x)$ für $f(x) = x^3 - 1$, $x \in \mathbb{R}^+$. Bestimme $\bar{f}'(7)$, $\bar{f}'(26)$, $\bar{f}'(2{,}375)$, $\bar{f}'(1)$ und $\bar{f}'(2)$.

21 Die Funktion $f\colon x \longmapsto x + x^2$ hat für $x \in \mathbb{R}^+$ eine Umkehrfunktion $\bar{f}$. Bestimme die Ableitung der Umkehrfunktion an der Stelle $\frac{3}{4}$

a) ohne Verwendung des Funktionsterms $\bar{f}(y)$ b) mit Hilfe des Funktionsterms $\bar{f}(y)$.

22 Welche Ableitung hat die Umkehrfunktion von $f\colon x \longmapsto x + x^3$ an den Stellen 2 und -10?

23 Die Funktion f mit $f(x) = \sin x$ ist für $x \in [0; \frac{\pi}{2}]$ umkehrbar. Gib die Ableitung der Umkehrfunktion an den Stellen $\frac{1}{2}$, $\frac{1}{2}\sqrt{2}$ und 0,84 an.

24 a) Zeige: Die Funktion $f\colon x \longmapsto \frac{1}{\sqrt{x}}$ ist umkehrbar. b) Gib die Umkehrfunktion $\bar{f}$ an.

c) Ermittle die Ableitung $\bar{f}'$ der Umkehrfunktion auf zwei Arten.

25 Die Funktion f habe die Umkehrfunktion $\bar{f}$; im Punkt $P_0(x_0|y_0)$ des Schaubildes K_f von f sei eine Tangente vorhanden mit der Steigung m. Wie lautet die Gleichung der Tangente in dem P_0 entsprechenden Punkt des Schaubildes $K_{\bar{f}}$ von $\bar{f}$?

a) $P_0(1|4)$; $m = 3$ b) $P_0(-3|0)$; $m = -\frac{1}{2}$ c) $P_0(0|0)$; $m = 1$ d) $P_0(\sqrt{3}|-1)$; $m = \sqrt{2}$

26 a) Die Gerade $g\colon y = \frac{1}{2}x + 1$ ist Tangente im Punkt $P_0(4|y_0)$ an das Schaubild K_f einer Funktion f. Gib die Gleichung der g entsprechenden Tangente an das Schaubild $K_{\bar{f}}$ der Umkehrfunktion $\bar{f}$ an. In welchem Punkt berührt sie $K_{\bar{f}}$?

b) Welche Beziehung besteht zwischen den Steigungen einander entsprechender Tangenten an K_f und $K_{\bar{f}}$? Besteht diese Beziehung auch zwischen den Steigungen der zugehörigen Normalen?

27 Beweise: Ist die Funktion f auf einem Intervall J differenzierbar mit $f'(x) > 0$ für $x \in J$ (also streng monoton zunehmend), dann ist die Umkehrfunktion $\bar{f}$ ebenfalls streng monoton zunehmend.

28 In einen kugelförmigen Tank mit dem Radius 2 m werden pro Minute 200 Liter Öl gepumpt. Berechne die Geschwindigkeit (in cm/min) mit der die Füllhöhe zunimmt, wenn der Tank halb voll ist.

(Anleitung: Ermittle zunächst die Funktion, die jeder Füllhöhe h die entsprechende Füllzeit t zuordnet. Die gesuchte Geschwindigkeit ergibt sich als Ableitung der Umkehrfunktion.)

57 Ableiten von Wurzelfunktionen

1 Bisher haben wir gefunden: Für $f(x)=\sqrt{x}$ gilt $f'(x)=\frac{1}{2\sqrt{x}}$, für $f(x)=\sqrt[3]{x}$ gilt $f'(x)=\frac{1}{3\sqrt[3]{x^2}}$.
Schreibe die Wurzeln als Potenzen mit gebrochenen Hochzahlen. Prüfe, ob die Ergebnisse der (bisher nur für ganze Hochzahlen bewiesenen) Potenzregel entsprechen.

Die Funktion $\bar{f}$ mit $\bar{f}(y)=\sqrt[n]{y}=y^{\frac{1}{n}}$, $(n \in \mathbb{N};\ y \in \mathbb{R}^+)$ ist die Umkehrfunktion der Funktion f mit $f(x)=x^n$. Nach Satz 2 von S. 247 ist $\bar{f}$ differenzierbar. Für die Ableitung $\bar{f}'$ gilt

$$\bar{f}'(y)=\frac{1}{f'(x)}=\frac{1}{nx^{n-1}} \quad \text{mit } x=\sqrt[n]{y}\text{, also} \quad \bar{f}'(y)=\frac{1}{n(\sqrt[n]{y})^{n-1}}=\frac{1}{ny^{1-\frac{1}{n}}}=\frac{1}{n}y^{\frac{1}{n}-1}.$$

Dies zeigt, daß die Potenzregel auch für Hochzahlen der Form $\frac{1}{n}$, $(n \in \mathbb{N})$ gilt. Wir prüfen nun, ob sie sogar für beliebige gebrochene Hochzahlen $\frac{p}{q}$ gilt.

Eine Funktion f mit $f(x)=x^{\frac{p}{q}}=\left(x^{\frac{1}{q}}\right)^p$, $(x \in \mathbb{R}^+)$ können wir auffassen als Verkettung von Funktionen u und v mit $u(x)=x^p$ und $v(x)=x^{\frac{1}{q}}$. Da beide Funktionen differenzierbar sind, folgt nach der Kettenregel

$$f'(x)=u'(v(x))\cdot v'(x)=p\left(x^{\frac{1}{q}}\right)^{p-1}\cdot\frac{1}{q}x^{\frac{1}{q}-1}, \quad \text{also} \quad f'(x)=\frac{p}{q}x^{\frac{p}{q}-1}.$$

D.h., die Potenzregel gilt nicht nur bei ganzen, sondern auch bei gebrochenen Hochzahlen.

Satz: (Potenzregel für rationale Hochzahlen)
Für eine Funktion f mit $f(x)=x^r$, $(x \in \mathbb{R}^+;\ r \in \mathbb{Q})$ gilt

$$\mathbf{f'(x)=rx^{r-1}}.$$

Folgerung: Die Funktion F mit $F(x)=\frac{1}{r+1}x^{r+1}$, $(r \neq -1)$ ist eine Stammfunktion von f.
Damit können wir für viele Funktionen, bei denen die Funktionsvariable x im Radikand einer Wurzel auftritt (sog. **Wurzelfunktionen**), Ableitung und Stammfunktionen angeben. Wir schreiben dazu die Wurzel als Potenz und wenden die Potenzregel an.

Beispiel 1: (Anwendung der Potenzregel)
Um die Funktion f mit $f(x)=\sqrt[3]{x^2}$, $x \in \mathbb{R}^+$ abzuleiten, schreiben wir zunächst $f(x)=x^{\frac{2}{3}}$.
Danach liefert die Potenzregel die Ableitung f′ und eine Stammfunktion F

$$f'(x)=\frac{2}{3}x^{-\frac{1}{3}}=\frac{2}{3\sqrt[3]{x}} \quad \text{bzw.} \quad F(x)=\frac{3}{5}x^{\frac{5}{3}}=\frac{3}{5}x\cdot\sqrt[3]{x^2}.$$

Beachte: Während der Term $\sqrt[3]{x^2}$ für alle $x \in \mathbb{R}$ definiert ist, ist beim Übergang zur Potenzschreibweise $x^{\frac{2}{3}}$ vorausgesetzt, daß die Basis positiv ist.

Beispiel 2: (Verbindung von Potenzregel und Kettenregel)
Für $f(x)=\frac{1}{\sqrt{x^2+x}}=(x^2+x)^{-\frac{1}{2}}$, $x \in \mathbb{R}^+$ folgt $f'(x)=-\frac{1}{2}(x^2+x)^{-\frac{3}{2}}\cdot(2x+1)=\frac{-2x-1}{2\sqrt{(x^2+x)^3}}$.

2 Ermittle $f'(x)$ für: a) $f(x)=\sqrt[4]{x^3}$ b) $f(x)=\sqrt[3]{1+x^2}$ c) $f(x)=\sqrt[4]{(1-x)^3}$.

Aufgaben

3 Leite ab: a) $f(x)=x^{\frac{5}{3}}$ b) $f(x)=x^{\frac{1}{2}}$ c) $f(x)=x^{\frac{3}{4}}$ d) $f(x)=x^{\frac{2}{5}}$
e) $f(x)=x^{\frac{5}{6}}$ f) $f(x)=x^{1,2}$ g) $f(x)=x^{0,3}$ h) $f(x)=x^{-\frac{1}{2}}$ i) $f(x)=x^{-\frac{1}{3}}$
j) $f(x)=x^{-\frac{2}{3}}$ k) $f(x)=x^{-\frac{1}{5}}$ l) $f(x)=3x^{\frac{3}{2}}$ m) $f(x)=\frac{1}{4}x^{-\frac{3}{4}}$ n) $f(t)=\sqrt{2}t^{-\frac{3}{2}}$.

4 a) $f(x)=\sqrt[3]{x}$ b) $f(x)=\sqrt[4]{x}$ c) $f(t)=\sqrt[6]{t}$ d) $f(x)=\sqrt[3]{x^2}$ e) $f(x)=\sqrt{x^3}$
f) $f(x)=\sqrt[3]{x^4}$ g) $f(x)=\sqrt{x^5}$ h) $s(t)=\sqrt[4]{t^5}$ i) $g(r)=\sqrt[3]{r^5}$ j) $h(u)=\sqrt[5]{u^3}$

5 a) $f(x)=\frac{1}{\sqrt{x}}$ b) $f(x)=\frac{1}{\sqrt[3]{x}}$ c) $f(x)=\frac{1}{\sqrt[4]{x}}$ d) $f(t)=\frac{1}{\sqrt[5]{t}}$ e) $g(x)=\frac{1}{\sqrt{x^3}}$
f) $h(x)=\frac{2}{\sqrt{x^5}}$ g) $f(t)=\frac{-3}{\sqrt[3]{t^2}}$ h) $f(x)=\frac{4}{\sqrt[4]{x^3}}$ i) $w(x)=\frac{2}{3\sqrt[5]{x}}$ j) $z(r)=\frac{-4}{5\sqrt[3]{r}}$

6 a) $f(x)=x\cdot\sqrt{x}$ b) $f(x)=x^2\cdot\sqrt[4]{x^3}$ c) $f(x)=x\cdot\sqrt[3]{x}$ d) $f(x)=2x^2\cdot\sqrt{x}$
e) $f(x)=\frac{x^2}{\sqrt{x}}$ f) $g(x)=\frac{x^3}{\sqrt[3]{x}}$ g) $h(t)=\frac{2t}{\sqrt[4]{t^3}}$ h) $s(x)=\frac{\sqrt[3]{x}}{x}$

7 Im folgenden seien die Variablen in den Exponenten ganze Zahlen.
a) $f(x)=x^{\frac{1}{n}}$ b) $f(x)=x^{\frac{2}{q}}$ c) $f(x)=x^{1+\frac{1}{q}}$ d) $f(x)=x^{\frac{1}{n+1}}$
e) $f(x)=x^{-\frac{1}{n}}$ f) $g(x)=x^{-\frac{p}{q}}$ g) $h(x)=2x^{\frac{2-m}{2}}$ h) $w(t)=ct^{-\frac{m}{n}+2}$
i) $f(x)=\sqrt[n]{x}$ j) $f(x)=\sqrt[2n]{x}$ k) $f(x)=\sqrt[r]{x^4}$ l) $g(x)=\sqrt[2n]{x^3}$
m) $f(x)=\frac{1}{\sqrt[n]{x}}$ n) $f(x)=\frac{1}{\sqrt[q]{x^p}}$ o) $f(x)=\frac{4}{\sqrt[n]{x^{n-1}}}$ p) $g(r)=\frac{r}{\sqrt[p]{r^2}}$

8 a) $f(x)=\sqrt{3x}$ b) $f(x)=\sqrt[3]{8-4x}$ c) $f(x)=\sqrt[4]{a^2-x^2}$ d) $f(x)=\sqrt[3]{(1+2x)^2}$
e) $f(x)=\sqrt{\sin x}$ f) $f(x)=\sqrt[3]{2+\cos x}$ g) $f(x)=\frac{1}{\sqrt{4-x}}$ h) $f(t)=\frac{1}{\sqrt[3]{t^2-b^2}}$
i) $f(x)=\sin\sqrt{x}$ j) $f(x)=\cos\sqrt[3]{x}$ k) $f(x)=(1+\sqrt[3]{x})^3$ l) $f(x)=\sqrt{1+\sqrt{x}}$
m) $f(x)=\frac{1}{\sqrt{\sin x}}$ n) $f(x)=\frac{1}{\sqrt[n]{\cos x}}$ o) $f(x)=\tan\frac{1}{\sqrt{x}}$ p) $f(x)=\sqrt{\tan\frac{1}{x}}$

9 a) $f(x)=x^2\sqrt{1+x^2}$ b) $f(x)=x\sqrt{(a-x)^3}$ c) $f(x)=(x+5)^4\sqrt{x}$ d) $f(x)=(5x-6)\sqrt[3]{x^2}$
e) $f(x)=\sqrt{x}\sin x$ f) $f(x)=x\sqrt{\cos x}$ g) $f(x)=(2x-1)\sqrt{1+3x}$ h) $f(t)=t\cdot\sqrt{1+\tan t}$

10 a) $f(x)=\frac{\sqrt{x}}{1+2x}$ b) $f(x)=\frac{3x+1}{\sqrt{x+1}}$ c) $f(x)=\frac{x}{\sqrt[3]{1+2x}}$ d) $f(x)=\frac{\sqrt{2x^2+1}}{x^2}$
e) $f(x)=\sqrt{\frac{x-1}{x+1}}$ f) $g(t)=\sqrt[3]{\frac{2-t}{1+3t}}$ g) $f(x)=\sqrt{\frac{\sin x}{x}}$ h) $f(r)=\frac{\sqrt{1+2r}}{\sqrt{1+r}}$

11 a) $f(a)=\frac{a+\sqrt{b}}{c+\sqrt{d}}$ b) $g(b)=\frac{a+\sqrt{b}}{c+\sqrt{d}}$ c) $h(c)=\frac{a+\sqrt{b}}{c+\sqrt{d}}$ d) $k(d)=\frac{a+\sqrt{b}}{c+\sqrt{d}}$

12 Gib für die in Aufgabe 3 bis 7 angegebenen Funktionen jeweils eine Stammfunktion an.

13 Gib für die folgende Funktion f eine Stammfunktion an. (Anleitung: Vgl. S. 199, Satz 2c).)
a) $f(x)=\sqrt{2x}$ b) $f(x)=\sqrt{1+3x}$ c) $f(x)=\sqrt[3]{1-x}$ d) $f(x)=\sqrt[4]{5+3x}$
e) $f(x)=\frac{1}{\sqrt{5x}}$ f) $f(x)=\frac{3}{\sqrt{1-x}}$ g) $f(x)=\frac{1}{\sqrt[3]{4x+2}}$ h) $f(x)=\frac{4}{\sqrt{1-2x}}$
i) $f(x)=\sqrt{\frac{3}{4x}}$ j) $f(x)=\sqrt{\frac{5}{2+3x}}$ k) $f(x)=\sqrt[3]{\sqrt{1+2x}}$ l) $f(x)=\frac{x+1}{\sqrt{2x}}$

58 Untersuchung von Wurzelfunktionen

1 Das Schaubild in Fig. 251.1 veranschaulicht die Lösungsmenge einer Gleichung der Form $y=f(x)$. Warum kann f weder eine ganzrationale noch eine gebrochenrationale Funktion sein?

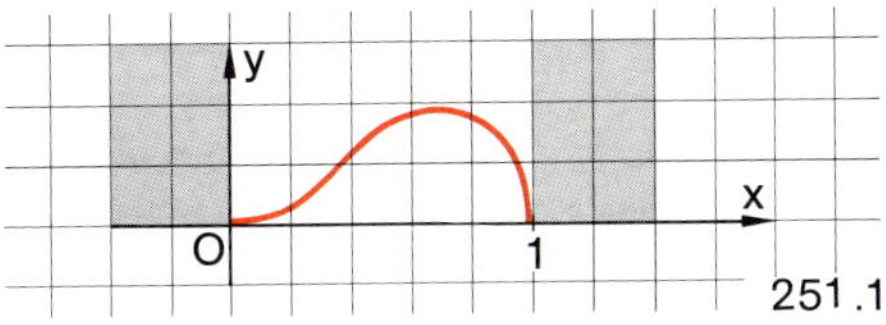

251.1

Anders als bei gebrochenrationalen Funktionen, deren **Definitionsmenge** alle reellen Zahlen bis auf höchstens endlich viele Ausnahmen umfaßt, kann es bei Wurzelfunktionen ganze Intervalle der x-Achse geben, für welche der Funktionsterm nicht definiert ist. Z. B. ist die Funktion f mit $f(x)=\sqrt{x^2-1}$ für $|x|<1$ nicht definiert.
Ein weiterer Unterschied betrifft die **Differenzierbarkeit**. Während eine rationale Funktion an jeder Stelle $x \in D_f$ differenzierbar ist, kann eine Wurzelfunktion am Rand eines Definitionsintervalls zwar noch definiert, muß aber nicht differenzierbar sein. Z. B. ist die Funktion f mit $f(x)=\sqrt{x}$ an der Stelle 0 definiert, aber nicht differenzierbar. Das Verhalten einer Wurzelfunktion am Rand der Definitionsmenge erfordert meist eine gesonderte Untersuchung. Ist insbesondere D_f unbeschränkt, so kann das Schaubild waagrechte oder schiefe **Asymptoten** besitzen. Deren Ermittlung ist jedoch nicht mehr in ebenso einfacher Weise (z. B. nicht mehr durch Polynomdivision) möglich wie bei gebrochenrationalen Funktionen.
Bemerkung: Die Wurzelfunktionen bilden keine in gleicher Weise übersichtliche „Funktionenfamilie" wie z. B. die gebrochenrationalen Funktionen. Wir beschränken uns im folgenden auf typische Beispiele.

Beispiel 1: (Vollständige Funktionsuntersuchung)

$$f(x)=\frac{1}{3}x\sqrt{16-x^2}$$

1. Definitionsmenge: $16-x^2 \geqq 0$ für $x \in [-4;4]$; $D_f=[-4;4]$.
2. Symmetrie: Punktsymmetrie zu O, weil $f(-x)=-f(x)$ für alle $x \in D_f$.
3. Nullstellen: $\frac{1}{3}x\sqrt{16-x^2}=0$ für $x_1=0$; $x_2=4$; $x_3=-4$.
4. Ableitungen: $f'(x)=\frac{2}{3}\cdot\frac{8-x^2}{\sqrt{16-x^2}}$, $f''(x)=\frac{2}{3}\cdot\frac{x(x^2-24)}{(16-x^2)\sqrt{16-x^2}}$
5. Extremstellen:

Notwendige Bedingung: $8-x^2=0$; $x_4=2\sqrt{2}$; $x_5=-2\sqrt{2}$

Hinreichende Bedingung:

$f''(2\sqrt{2})=-\frac{4}{3}$; $f(2\sqrt{2})$ ist lokales Maximum. $f''(-2\sqrt{2})=\frac{4}{3}$; $f(-2\sqrt{2})$ ist lokales Minimum.

Extrempunkte: $H(2\sqrt{2}|\frac{8}{3})$, $T(-2\sqrt{2}|-\frac{8}{3})$

6. Wendestellen:

Notwendige Bedingung: $x(x^2-24)=0$; $x_1=0$; $x^2-24<0$ für $x \in D_f$.

Hinreichende Bedingung: $f''(x)$ hat bei $x_6=0$ einen Vorzeichenwechsel.

Wendepunkt: $W(0|0)$ mit der Steigerung $\frac{4}{3}$

7. Verhalten für $x \to 4$ bzw. $x \to -4$:

$$\lim_{x\to 4} f(x)=0=f(4); \lim_{x\to -4} f(x)=0=f(-4)$$

$$f'(x)\to -\infty \text{ für } x\to 4;\; f'(x)\to -\infty \text{ für } x\to -4.$$

Die Funktion f ist an den Stellen 4 und -4 stetig, aber nicht differenzierbar.

8. Schaubild (Fig. 252.1):
Wegen der Punktsymmetrie zu O genügt es, eine Wertetabelle für $x \in [0;4]$ zu erstellen.

x	1	1,5	2	2,5	3	3,5
f(x)	1,29	1,85	2,31	2,60	2,65	2,26

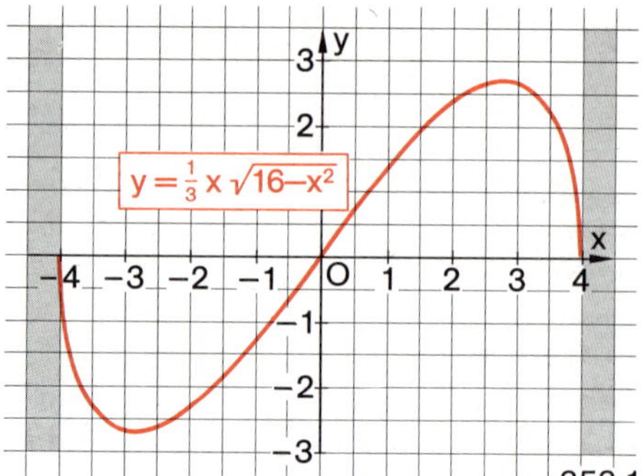

252.1

Beispiel 2: (Ermitteln von Asymptoten)

$$f(x)=\sqrt{x^2+x}$$
$$D_f=\mathbb{R}_0^+ \cup \{x|x \leqq -1\}$$

Da D_f unbeschränkt ist, untersuchen wir $f(x)$ für $x \to +\infty$ und $x \to -\infty$.

Für sehr große x-Werte ist $\sqrt{x^2+x} \approx x$. Um zu prüfen, ob die Gerade mit der Gleichung $y=x$ Asymptote ist für $x \to +\infty$, untersuchen wir die Differenz

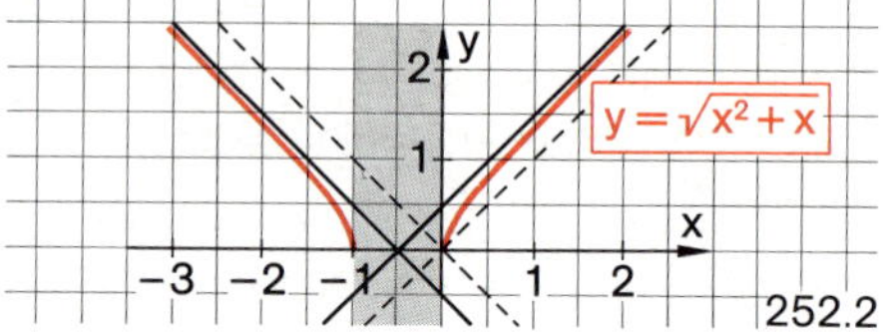

252.2

$$\sqrt{x^2+x}-x=\frac{(\sqrt{x^2+x}-x)(\sqrt{x^2+x}+x)}{\sqrt{x^2+x}+x}=\frac{x}{x(\sqrt{1+\frac{1}{x}}+1)}=\frac{1}{\sqrt{1+\frac{1}{x}}+1}.$$

Für $x \to +\infty$ strebt dieser Term nicht gegen 0, sondern gegen $\frac{1}{2}$. Dies zeigt, daß die Gerade mit der Gleichung $y=x$ keine Asymptote ist, wohl aber die Gerade mit der Gleichung $y=x+\frac{1}{2}$ (Fig. 252.2). Für $x \to -\infty$ siehe Aufgabe 2.

2 Zeige, daß das Schaubild in Fig. 252.2 die Gerade mit der Gleichung $y=-x-\frac{1}{2}$ als Asymptote hat für $x \to -\infty$. (Anleitung: Beachte, daß für negative x-Werte $\sqrt{x^2}=-x$ gilt.)

Aufgaben

3 Gib die maximale Definitionsmenge des folgenden Terms an.

a) $\sqrt{x}$ b) $\sqrt{-x}$ c) $\sqrt{x^2}$ d) $\sqrt{-x^2}$ e) $\sqrt{|x|}$ f) $\sqrt[3]{x}$

g) $\sqrt[6]{x^2}$ h) $x^{\frac{1}{3}}$ i) $x^{\frac{2}{3}}$ j) $\sqrt{x-2}$ k) $\sqrt{2x-5}$ l) $\sqrt{x(x-1)}$

m) $\sqrt{x^2-9}$ n) $\sqrt{4-x^2}$ o) $\sqrt{1+x^2}$ p) $\sqrt{16-9x^2}$ q) $\sqrt{4x+x^2}$ r) $\sqrt{x^2-4x+4}$

s) $\sqrt{x^2+x^3}$ t) $\sqrt{x}\cdot\sqrt{x-2}$ u) $\sqrt{x(x-2)}$ v) $\sqrt{x-1}+\sqrt{x}$ w) $\sqrt{x^4-x^2}$ x) $\sqrt{x^3+x}$

4 Zeichne ein Schaubild der Funktion f.

a) $f(x)=\sqrt{x}$ b) $f(x)=\sqrt{-x}$ c) $f(x)=-\sqrt{x}$ d) $f(x)=-\sqrt{-x}$

e) $f(x)=\sqrt{|x|}$ f) $f(x)=\sqrt{x-3}$ g) $f(x)=\sqrt{2-x}$ h) $f(x)=\sqrt{1+x}$

i) $f(x)=\sqrt{-1-x}$ j) $f(x)=\sqrt{4x}$ k) $f(x)=\sqrt{2x-4}$ l) $f(x)=\sqrt[3]{x}$

5 Zeichne mittels Ordinatenaddition ein Schaubild der Funktion f.

a) $f(x)=2+\sqrt{x}$ b) $f(x)=\frac{1}{2}x+\sqrt{x}$ c) $f(x)=x-\sqrt{x}$ d) $f(x)=\sqrt{x}-x^2$

e) $f(x)=\frac{1}{x}+\sqrt{x}$ f) $f(x)=\frac{1}{\sqrt{x}}-x$ g) $f(x)=\frac{x+1}{\sqrt{x}}$ h) $f(x)=\frac{1+|x|}{\sqrt{|x|}}$

6 Untersuche, ob das Schaubild von f senkrechte Asymptoten besitzt. Gib gegebenenfalls ihre Gleichungen an. (Anleitung: Beachte die Definitionsmenge D_f.)

a) $f(x)=\frac{\sqrt{x+2}}{x}$ b) $f(x)=\frac{2x+3}{\sqrt{x}}$ c) $f(x)=x^2+\frac{1}{2\sqrt{x}}$ d) $f(x)=\frac{x}{\sqrt{4-x^2}}$

e) $f(x)=\frac{1}{\sqrt{x-x^2}}$ f) $f(x)=\frac{x}{\sqrt{1+x^2}}$ g) $f(x)=\frac{\sqrt{x}}{x^2+x-2}$ h) $f(x)=\frac{x+1}{\sqrt{2x^2+x-1}}$

7 Untersuche das Verhalten von f und f′ am Rand der Definitionsmenge (also bei unbeschränkter Definitionsmenge insbesondere für $x \to +\infty$ bzw. $x \to -\infty$).

a) $f(x)=\sqrt{x}$ b) $f(x)=\sqrt{2x-1}$ c) $f(x)=\sqrt{1-x^2}$ d) $f(x)=\sqrt{x^2-1}$

e) $f(x)=x+\sqrt{x}$ f) $f(x)=\sqrt{x^2-x}$ g) $f(x)=\sqrt{x^3-2x^2}$ h) $f(x)=\sqrt{2x^2+10x+4{,}5}$

8 Zeige, daß das Schaubild der Funktion f die angegebene Gerade g als Asymptote hat. (Anleitung: Vgl. Beispiel 2.)

a) $f(x)=\sqrt{x+1}-\sqrt{x}$; $g\colon y=0$ b) $f(x)=\sqrt{x^2-2x-3}$; $g_1\colon y=x-1$; $g_2\colon y=-x+1$

c) $f(x)=\frac{3x}{\sqrt{x^2+9}}$; $g_1\colon y=3$; $g_2\colon y=-3$ d) $f(x)=\frac{x^2}{\sqrt{x^2+1}}$; $g_1\colon y=x$; $g_2\colon y=-x$

Führe für die Funktionen in Aufgabe 9 bis 11 eine vollständige Funktionsuntersuchung durch (Definitionsmenge; Symmetrie; Null-, Extrem- und Wendestellen; Asymptoten). Zeichne ein Schaubild. (Anleitung: Prüfe jeweils durch eine Probe, ob die sich aus notwendigen Bedingungen wie $f'(x)=0$ oder $f''(x)=0$ ergebenden x-Werte tatsächlich Lösungen dieser Gleichungen sind und auch zur Definitionsmenge gehören.)

9 a) $f(x)=x-\sqrt{x}$ b) $f(x)=\sqrt{4-x^2}$ c) $f(x)=\sqrt{2x}-x^2$ d) $f(x)=\frac{1}{3}\sqrt{x^3}$

e) $f(x)=\frac{1}{3}\sqrt{x^3-3x^2}$ f) $f(x)=\frac{1}{2}x\sqrt{16-x^2}$ g) $f(x)=\frac{1}{3}x\sqrt{6x-x^2}$ h) $f(x)=\frac{1}{4}\sqrt{x^4+3x^3}$

10 a) $f(x)=\frac{(4-x)^2}{2\sqrt{x}}$ b) $f(x)=\frac{3x}{\sqrt{25-x^2}}$ c) $f(x)=\frac{3x}{\sqrt{9+x^2}}$ d) $f(x)=\sqrt{\frac{4-x}{4+x}}$

11 a) $f(x)=x+\frac{1}{\sqrt{x}}$ b) $f(x)=\sqrt{x+1}+\sqrt{1-x}$ c) $f(x)=\frac{1}{4}x^2+\sqrt{16-x^2}$ d) $f(x)=\frac{1}{4}x^2-\sqrt{16-x^2}$

Zeichne die Schaubilder der Funktionen in c) und d) in dasselbe Koordinatensystem ein.

Funktionenscharen

12 Für jedes $t \in \mathbb{R}^+$ ist eine Funktion f_t gegeben durch $f_t(x)=\frac{4}{\sqrt{2tx-x^2}}$.

a) Gib die Definitionsmenge von f_t an. Untersuche f_t auf Nullstellen, Extrema und Asymptoten. Zeichne die Schaubilder K_1, K_2 und K_3 der Funktionen f_1, f_2 und f_3.

b) Auf welcher Kurve liegen die Extrempunkte aller Schaubilder K_t?

c) Untersuche, ob zwei verschiedene Schaubilder einen gemeinsamen Punkt haben.

13 a) Untersuche das Schaubild K_t der Funktion $f_t\colon x \mapsto \frac{8}{x}(\sqrt{x}-t)$, $t \in \mathbb{R}^+$ auf Schnittpunkte mit der x-Achse, Extrem- und Wendepunkte. Gib die Asymptoten an. Zeichne K_1.

b) Auf welcher Kurve liegen die Hochpunkte aller Schaubilder K_t?

c) Welche Kurven K_t verlaufen unterhalb der Geraden $g\colon y=1$?

d) Für welchen Wert von t berührt die Kurve K_t die Gerade $h\colon y=\frac{1}{4}x$?

14 Durch $f_t(x)=\frac{8}{t}\left(1-\sqrt{\frac{x}{t}}\right)$, $t \in \mathbb{R}^+$ sind Funktionen f_t mit ihren Schaubildern K_t gegeben.

a) Untersuche f_t auf Definitions- und Wertemenge. Zeichne K_4.

b) Zeige, daß für alle t die Tangente im Schnittpunkt von K_t mit der x-Achse die Hyperbel mit der Gleichung $y=\frac{1}{x}$ berührt.

Flächeninhalte

15 a) Berechne den Inhalt der Fläche, welche das Schaubild K der Funktion $f\colon x \mapsto x-\sqrt{x}$ mit der x-Achse einschließt.

b) Für welchen Wert von z $(z>1)$ schließen K, die x-Achse und die Gerade $g\colon x=z$ im 1. Feld eine Fläche ein mit dem in a) berechneten Inhalt?

16 Jede Kurve $K_t\colon y=\frac{8}{t}\left(1-\sqrt{\frac{x}{t}}\right),\ t\in\mathbb{R}^+$ begrenzt mit den Koordinatenachsen eine Fläche. Skizziere K_4. Zeige, daß die genannte Fläche für alle Kurven K_t gleich groß ist.

17 Das Schaubild K der Funktion $f\colon x \mapsto \frac{x+1}{\sqrt{4x}}$, die Parallele zur y-Achse durch den Tiefpunkt von K, die Gerade $g\colon x=z,\ (0<z<1)$ und die x-Achse begrenzen eine Fläche. Berechne ihren Inhalt $A(z)$. Bestimme $\lim\limits_{z\to 0} A(z)$.

18 Berechne den Inhalt der Fläche, die vom Schaubild der Funktion $f\colon x \mapsto \sqrt{2x+3}$, der x-Achse und der 1. Winkelhalbierenden begrenzt wird.

Rauminhalte

19 Das Schaubild von f mit $f(x)=\sqrt{x(4-x^2)}$ und die x-Achse begrenzen eine Fläche. Berechne den Rauminhalt des Drehkörpers, der entsteht, wenn diese Fläche um die x-Achse rotiert.

20 Die Kurven $K\colon y=\sqrt{6x-8}$ und $L\colon y=\frac{1}{\sqrt{2}}x\sqrt{x}$ und die x-Achse begrenzen eine Fläche. Welchen Rauminhalt hat der Drehkörper, der entsteht, wenn diese Fläche um die x-Achse rotiert?

21 Die von den Kurven $K\colon y=x^2$ und $L\colon y=\sqrt{5x+6}$ begrenzte Fläche rotiere um die x-Achse. Berechne den Rauminhalt des entstehenden Drehkörpers.

22 Das Schaubild der Funktion f mit $f(x)=2-\sqrt{x+1}$ schließt mit den Koordinatenachsen im 1. Feld eine Fläche ein. Skizziere das Schaubild.

a) Berechne den Inhalt dieser Fläche.

b) Berechne den Rauminhalt des Körpers, der bei Rotation der Fläche um die x-Achse entsteht.

c) Wie groß ist der Körper, der bei Rotation dieser Fläche um die y-Achse entsteht?

Extremwerte

23 a) Zeichne $K_1\colon y=\sqrt{10-2x}$ und $K_2\colon y=-\sqrt{10-2x}$ für $x>0$ im gleichen Achsenkreuz.

b) Ein gleichschenkliges Dreieck mit der Spitze in O hat eine Ecke auf K_1 und eine Ecke auf K_2. Bestimme diese beiden Ecken so, daß der Dreiecksinhalt maximal wird.

c) Gibt es unter den gleichschenkligen Dreiecken der beschriebenen Art solche, für welche der Umfang ein lokales Extremum U_{max} bzw. U_{min} hat? Gibt es Dreiecke, deren Umfang größer als U_{max} bzw. kleiner als U_{min} ist?

24 Aus einem Kreis mit dem Radius 6 cm soll das Netz einer senkrechten quadratischen Pyramide mit möglichst großem Rauminhalt ausgeschnitten werden.

25 Ein Körper bewegt sich geradlinig mit der Geschwindigkeit c_1 von $A(0|a)$ nach $P(u|0)$ und mit der Geschwindigkeit c_2 von P nach $B(l|-b)$ (Fig. 254.1). Zeige: Die benötigte Gesamtzeit von A nach B ist minimal, wenn $\sin\alpha : \sin\beta = c_1 : c_2$ gilt (Snelliussches[1] Brechungsgesetz).

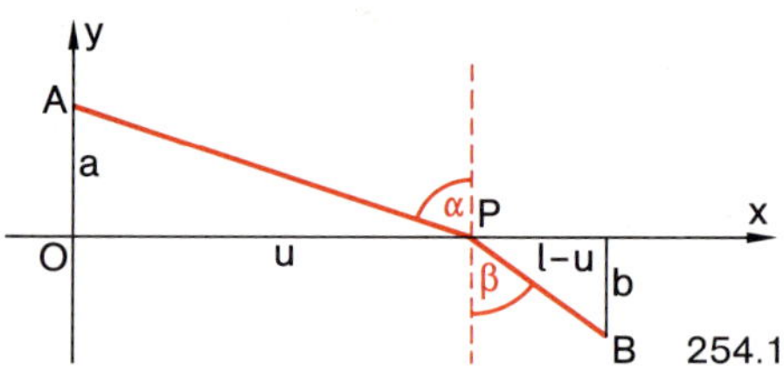

254.1

1. Snellius (1580–1626), niederländischer Naturforscher und Mathematiker

59 Vermischte Aufgaben

Funktionsuntersuchungen

1 Gegeben ist die Funktion f mit $f(x) = -x + 3 - \frac{4}{x^2}$.
Ihr Schaubild sei K.

a) Untersuche f auf Nullstellen und Extremwerte. Gib die Asymptoten von K an. Begründe, daß K immer unterhalb der schiefen Asymptote verläuft. Zeichne K.

b) Die schiefe Asymptote, die Kurve K und die Geraden $g\colon y = 0$ und $h\colon x = z$, $(z > 3)$ begrenzen eine Fläche. Berechne ihren Inhalt A(z). Hat A(z) für $z \to +\infty$ einen Grenzwert?

c) Zeige, daß f für $x \in]0;2]$ eine Umkehrfunktion $\bar{f}$ besitzt. Gib die Gleichung der Tangente an das Schaubild $\bar{K}$ von $\bar{f}$ im Punkt $\bar{P}(-2|1)$ an.

2 a) Gib für die Funktion f mit $f(x) = \sqrt{(1-x)(x+3)}$ die Definitionsmenge und die Wertemenge an. Untersuche f auf Extremwerte. Zeichne das Schaubild von f.

b) Zeige, daß das Schaubild von f achsensymmetrisch ist.

c) In welchen Intervallen ist f umkehrbar? Gib die Umkehrfunktionen an. Zeichne ihre Schaubilder in das vorhandene Achsenkreuz ein.

d) Das Schaubild einer der Umkehrfunktionen schneidet die x-Achse. Bestimme den Schnittwinkel α (in Grad).

3 Gegeben ist die Funktion f mit $f(x) = \sqrt{\frac{x-1}{5-x}}$.

a) Bestimme die Definitionsmenge und die Wertemenge von f. Untersuche das Monotonieverhalten von f. Wie verhält sich f′ an den Rändern der Definitionsmenge? Zeichne das Schaubild K von f.

b) Die Normale in einem beliebigen Punkt $P(u|v)$ von K schneide die x-Achse im Punkt $S(x_s|0)$. Wie verhält sich S für $u \to 1$ bzw. für $u \to 5$? Wie verhält sich S, wenn u die Definitionsmenge monoton zunehmend durchläuft?

c) Bestimme die Umkehrfunktion $\bar{f}$ von f samt Definitions- und Wertemenge. Ermittle auf zwei verschiedene Arten die Ableitung $\bar{f}'$ der Umkehrfunktion.

4 Die Funktion f ist gegeben durch $f(x) = \frac{1}{2}\sqrt{|x^2 - 4x|}$.

a) Untersuche f auf Nullstellen und Extremwerte. Für welche x-Werte ist f nicht differenzierbar? Weise nach, daß das Schaubild von f achsensymmetrisch ist. Zeichne das Schaubild.

b) Bestimme in einem Punkt $P(u|v)$ des Schaubildes mit $u > 4$ die Gleichung der Tangente sowie den Schnittpunkt $S(x_s|0)$ der Tangente mit der x-Achse in Abhängigkeit von u.

c) Gegen welchen Grenzwert strebt x_s für $u \to +\infty$? Gegen welchen Grenzwert strebt $f'(u)$ für $u \to +\infty$? Wie läßt sich mit Hilfe dieser Grenzwerte die Asymptote des Schaubildes für $x \to +\infty$ gewinnen? Gib die Gleichung der Asymptote an.

d) Wie lautet die Gleichung der Asymptote des Schaubildes für $x \to -\infty$? Zeichne beide Asymptoten in das vorhandene Achsenkreuz ein.

5 Für jedes $t \in \mathbb{R}$ ist eine Funktion f_t gegeben durch $f_t(x) = \frac{tx}{\sqrt{1+tx^2}}$.
Das Schaubild von f_t sei K_t.

a) Untersuche K_t für $t > 0$ auf Monotonie. Welche Steigung hat K_t im Ursprung? Ermittle die Asymptoten von K_t. Zeichne K_1.

b) Verfahre mit der Kurve K_t für $t < 0$ wie in a). Zeichne K_{-1} im vorhandenen Achsenkreuz.

c) Beschreibe (in Worten), wie sich die Kurven K_t ändern, wenn t die reellen Zahlen durchläuft.

d) Zeige, daß für jedes $t \neq 0$ die Kurven K_t und $K_{-\frac{1}{t}}$ kongruent sind.

(Anleitung: Verwende die Umkehrfunktion $\bar{f}_t$ von f_t.)

Flächen- und Rauminhalte

6 Das Schaubild der Funktion f_K mit $f_K(x) = k\sqrt{x} - 3x$ und die x-Achse begrenzen eine Fläche.
a) Berechne den Inhalt. Für welchen Wert von k ergibt sich der Inhalt 8 FE?
b) Die Fläche mit dem Inhalt 8 FE rotiert um die x-Achse. Welchen Rauminhalt hat der entstehende Drehkörper?

7 a) Welchen Inhalt hat die Fläche, die das Schaubild der Funktion f mit $f(x) = 6x - x^2$ und die x-Achse einschließen?
b) Berechne den Rauminhalt des Körpers, der bei Rotation der Fläche um die x-Achse entsteht.
c) Die genannte Fläche rotiere um die y-Achse. Welchen Rauminhalt hat der dabei erzeugte Drehkörper?

8 a) Das Schaubild der Funktion $f: x \mapsto \frac{1}{10}(16-4x)\sqrt{x}$, die x-Achse und die Gerade $g: x = b$, $(b > 4)$ begrenzen eine Fläche, die teils oberhalb und teils unterhalb der x-Achse liegt. Bestimme b so, daß diese beiden Teilflächen gleich groß sind.
b) Die in a) genannten gleich großen Teilflächen rotieren zusammen um die x-Achse. Welchen Rauminhalt hat der dabei entstehende Drehkörper?

Extremwerte

9 Durch die Gleichung $y = 2\sqrt{\frac{4-x}{x}}$ ist eine Kurve K gegeben.
a) Für welche x-Werte existieren Kurvenpunkte? Skizziere die Kurve K.
b) Gib die Gleichung der Tangente in einem Kurvenpunkt $P(u|v)$ an. Berechne den Schnittpunkt der Tangente mit der x-Achse. Für welchen Kurvenpunkt P^* liegt dieser Schnittpunkt am weitesten rechts?
Gib die maximale Schnittpunktsabszisse an. Welche Bedeutung hat P^* für K?

10 Für jedes $a \in \mathbb{R}^+$ sind Funktionen f_a, g_a und h_a gegeben durch

$$f_a(x) = a^4x^2 - a^2; \quad g_a(x) = 2 - 2\sqrt{ax}; \quad h_a(x) = 2 - 2\sqrt{-ax}.$$

a) Skizziere die Schaubilder der drei Funktionen für $a = 1$ und (in einem neuen Koordinatensystem) für $a = 0{,}5$.
b) Für welchen Wert von a hat die von den drei Schaubildern begrenzte Fläche den kleinsten Inhalt?
Gib den minimalen Inhalt an.

11 Welches gleichschenklige Dreieck mit dem Flächeninhalt 9 cm^2 hat die kürzesten Schenkel? Gib die minimale Schenkellänge und die Länge der Grundseite an.

Umkehrfunktionen

12 a) Bilde $f(g(x))$ und $g(f(x))$ für $f(x) = \frac{x}{x+1}$; $g(x) = \frac{x}{1-x}$, $x \in \mathbb{R}\setminus\{1; -1\}$. Was folgt aus dem Ergebnis für die Funktionen f und g?
b) Prüfe, ob die Funktionen $f: x \mapsto x + \frac{1}{x}, x > 1$ und $g: x \mapsto x - \frac{1}{x}, x > 2$ Umkehrfunktionen voneinander sind.

13 a) Zeige, daß die Funktion f mit $f(x) = \sqrt{9-x^2}$; $0 \leqq x \leqq 3$ mit ihrer Umkehrfunktion identisch ist. Gilt dies auch für die Funktion g mit $g(x) = \sqrt{9-x^2}$; $-3 \leqq x \leqq 0$?
b) Welche Bedingung müssen im Term $f(x) = \frac{ax+b}{cx+d}$ die Konstanten a, b, c, d erfüllen, damit die Funktion f und ihre Umkehrfunktion f übereinstimmen?
c) Welche linearen Funktionen mit $f(x) = mx + c, m \neq 0$ stimmen mit ihrer Umkehrfunktion überein?

IX Exponential- und Logarithmusfunktion

60 Die natürliche Exponentialfunktion

60.1 Die Eulersche Zahl[1] e

1 Zeige, daß man sowohl die Funktion $x \mapsto 2^x$ als auch die Funktion $x \mapsto 3^x$ in der Form $x \mapsto 10^{kx}$ darstellen kann. Läßt sich jede Exponentialfunktion in dieser Form darstellen? Welchen Vorteil bringt eine solche Darstellung der Exponentialfunktionen mittels ein und derselben Basis?

Bei Exponentialfunktionen $x \mapsto a^x$ (vgl. S. 21) stellt sich zunächst die Frage, wie man Funktionswerte ermittelt, da sich diese i. allg. nicht ohne weiteres berechnen lassen. Dabei ist wichtig, daß es genügt, die Funktionswerte bezüglich einer festen Basis b zu kennen; jede Exponentialfunktion $x \mapsto a^x$ läßt sich nämlich wegen

$$a = b^{{}^b\log a}; \quad a^x = (b^{{}^b\log a})^x = b^{({}^b\log a)\cdot x}$$

in der Form $x \mapsto b^{kx}$ darstellen. Hat man also die Funktionswerte bezüglich einer festen Basis b (z. B. für $b = 10$) auf dem Taschenrechner oder tabelliert zur Verfügung, so lassen sich damit die Funktionswerte auch zu anderen Basen bestimmen.
Es handelt sich danach nur noch darum, die zu verwendende Basis b möglichst geschickt zu wählen, d. h. so, daß sich die nachfolgenden Rechnungen – insbesondere das Ableiten – möglichst einfach gestalten.

Eine Exponentialfunktion f mit $f(x) = a^x$ hat an der Stelle x_0 den Differenzenquotienten
$\frac{f(x_0+h)-f(x_0)}{h} = \frac{a^{x_0+h}-a^{x_0}}{h} = a^{x_0}\cdot\frac{a^h-1}{h}$.

Wenn $\frac{a^h-1}{h}$ für $h \to 0$ gegen einen Grenzwert g strebt, so ist die Funktion f an der Stelle x_0 differenzierbar mit $f'(x_0) = a^{x_0}\cdot g$. Dieses Ergebnis würde im Falle $g = 1$ offenbar besonders einfach. Speziell für $x_0 = 0$ wäre dann $f'(0) = 1$. Damit stellt sich die Frage: Gibt es eine Basis a so, daß die zugehörige Exponentialfunktion für $x_0 = 0$ die Ableitung 1 hat, ihr Schaubild also die Gerade mit der Gleichung $y = x + 1$ in $A(0|1)$ berührt?

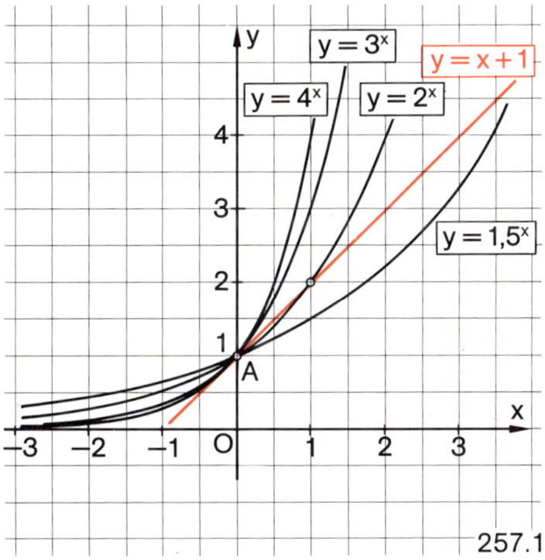

257.1

Fig. 257.1 läßt vermuten, daß es eine solche Exponentialfunktion gibt, und daß deren Basis eine Zahl zwischen 2 und 3 ist. Um näheren Aufschluß zu gewinnen, betrachten wir auf der Geraden $t: y = x + 1$ die Punktfolge (Fig. 258.1)

$$P_1(1|1+1);\quad P_2\left(\tfrac{1}{2}\middle|1+\tfrac{1}{2}\right);\quad P_3\left(\tfrac{1}{3}\middle|1+\tfrac{1}{3}\right);\quad \ldots;\ P_n\left(\tfrac{1}{n}\middle|1+\tfrac{1}{n}\right);\ \ldots,$$

1. L. Euler (1707 – 1783), Schweizer Mathematiker und Physiker

deren Punkte sich dem Punkt A(0|1) nähern. Durch jeden dieser Punkte geht eine Exponentialkurve; wir berechnen die zugehörigen Basen. Für die Kurve durch P_n gilt $1+\frac{1}{n}=a^{\frac{1}{n}}$; also $a=(1+\frac{1}{n})^n$. Zu den angegebenen Punkten gehören daher die Basen

$$a_1=(1+1)^1 = 2; \quad a_2=(1+\tfrac{1}{2})^2 = 2{,}25; \quad a_3=(1+\tfrac{1}{3})^3 = 2{,}37\ldots; \quad \ldots;\ a_n=(1+\tfrac{1}{n})^n;\ \ldots$$

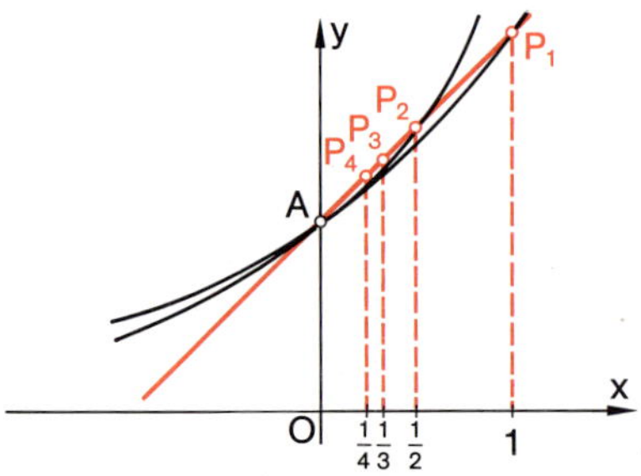

258.1

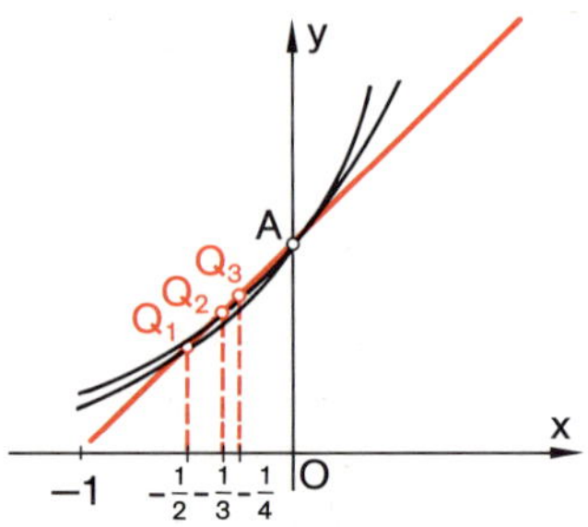

258.2

Betrachten wir entsprechend in Fig. 258.2 die Folge der Punkte Q_n mit

$$Q_1(-\tfrac{1}{2}|1-\tfrac{1}{2});\quad Q_2(-\tfrac{1}{3}|1-\tfrac{1}{3});\quad Q_3(-\tfrac{1}{4}|1-\tfrac{1}{4});\quad \ldots;\ Q_n(-\tfrac{1}{n+1}|1-\tfrac{1}{n+1});\ \ldots$$

und berechnen wieder die Basen b_n der zugehörigen Exponentialkurven, so ist

$$b_1=(1+1)^2 = 4;\quad b_2=(1+\tfrac{1}{2})^3 = 3{,}375;\quad b_3=(1+\tfrac{1}{3})^4 = 3{,}16\ldots;\quad \ldots;\ b_n=(1+\tfrac{1}{n})^{n+1};\ \ldots$$

Die Folge (b_n) ist monoton abnehmend, während die Folge (a_n) monoton zunimmt (Aufgabe 4, S. 259); außerdem gilt $b_n > a_n$ für alle $n \in \mathbb{N}$ und $b_n - a_n \to 0$ für $n \to +\infty$ (Aufgabe 4, S. 259). Dies zeigt: Beide Folgen sind konvergent und haben denselben Grenzwert. Man kann zeigen, daß der Grenzwert eine irrationale Zahl ist.

Satz 1: Die Folge (a_n) mit $a_n=(1+\frac{1}{n})^n$ ist konvergent.

Ihr Grenzwert heißt **Eulersche Zahl** und wird mit **e** bezeichnet; es ist

$$\lim_{n\to+\infty}\left(1+\frac{1}{n}\right)^n = e = 2{,}71828$$

Damit ist zwar noch nicht gezeigt, daß die Exponentialfunktion mit dieser Basis e für $x=0$ die Ableitung 1 hat (vgl. Aufgabe 6, S. 259); aber es liegt nahe, im weiteren diese spezielle Exponentialfunktion $x \mapsto e^x$ genauer zu untersuchen.

2 Berechne für die Folgen (a_n) und (b_n) mit dem Taschenrechner die Glieder a_{10}, a_{100}, a_{1000}, a_{10000} sowie b_{10}, b_{100}, b_{1000}, b_{10000}.

Aufgaben

3 a) Zeige, daß die Exponentialkurve $K: y=2{,}25^x$ die Gerade $t: y=x+1$ im Punkt P(0,5|?) schneidet (Fig. 257.1).

b) Welche Exponentialkurve schneidet die Gerade $t: y=x+1$ im Punkt S(0,01|1,01)? Welche Exponentialkurve schneidet t in T(−0,001|0,999)? (Runde auf 2 Dezimalen.)

4 Zeige, daß

a) die Folge (a_n) mit $a_n = (1+\frac{1}{n})^n$ monoton zunimmt.

(Anleitung: Zeige, daß $\frac{a_n}{a_{n-1}} = (1-\frac{1}{n^2})^n \cdot \frac{n}{n-1}$ gilt; wende die Ungleichung von Bernoulli (vgl. Aufgabe 6, S. 190) an.)

b) die Folge (b_n) mit $b_n = (1+\frac{1}{n})^{n+1}$ monoton abnimmt.

(Anleitung: Zeige, daß $\frac{b_{n-1}}{b_n} = (1+\frac{1}{n^2-1})^{n+1} \cdot \frac{n-1}{n}$ gilt; wende die Ungleichung von Bernoulli an.)

c) $b_n > a_n$ für alle $n \in \mathbb{N}$ d) $b_n - a_n \to 0$ für $n \to +\infty$.

5 $P(x_1|y_1)$ und $Q(x_2|y_2)$ seien beliebige Punkte auf der Exponentialkurve $K: y = a^x$; $M(x_M|y_M)$ sei die Mitte der Strecke PQ. Zeige: K ist eine Linkskurve, d. h. $y_M > a^{x_M}$
(Anleitung: Betrachte $y_M - a^{x_M}$ und verwende die zweite binomische Formel.)

6 Für jedes $a \in \mathbb{R}$ sei $f_a(x) = \begin{cases} a \text{ für } x \neq 0 \\ 1 \text{ für } x = 0 \end{cases}$; das Schaubild von f_a sei K_a.

Wie ist a zu wählen, damit K_a durch den Punkt $P_n(\frac{1}{n}|?)$ auf der Geraden $g: y = x+1$ geht? Gegen welchen Grenzwert a^* strebt a für $n \to +\infty$ (d. h., für $P_n \to A(0|1)$)? Hat K_{a^*} für $x = 0$ dieselbe Steigung wie g? Vergleiche mit den Überlegungen, die zum Satz 1 geführt haben.

60.2 Die Funktion $x \mapsto e^x$

7 Zeichne mit Hilfe des Näherungswertes 2,718 für e das Schaubild der Funktion $x \mapsto e^x$ (LE = 1 cm). Trage in das vorhandene Koordinatensystem die Gerade $t: y = x+1$ ein.

Die Exponentialfunktion mit der Eulerschen Zahl e als Basis, also die Funktion

$$\mathbf{x \mapsto e^x};\ x \in \mathbb{R}$$

heißt **natürliche Exponentialfunktion**. Sie wird auch mit exp bezeichnet. Ihre Funktionswerte sind auf dem Taschenrechner mittels der Tasten [e^x] bzw. [exp] bzw. [INV] [ln] abrufbar. Wir untersuchen, ob diese Funktion für $x = 0$ die Ableitung 1 hat.

Mit $f(x) = e^x$ gilt für den Differenzenquotienten an der Stelle x:

$\frac{f(x+h)-f(x)}{h} = \frac{e^{x+h}-e^x}{h} = e^x \cdot \frac{e^h-1}{h}$, speziell für $x = 0$ also $\frac{f(0+h)-f(0)}{h} = \frac{e^h-1}{h}$.

Um das Verhalten dieses Quotienten für $h \to 0$ zu beurteilen, beachten wir: Da das Schaubild von $x \mapsto e^x$ eine Linkskurve ist (vgl. Aufgabe 5), verläuft es nach den Überlegungen in 60.1 „oberhalb" der Geraden $t: y = x+1$; d. h., für $h \in]-1;1[$ gilt: $e^h \geqq h+1$ und ebenso $e^{-h} \geqq -h+1$ bzw. $e^h \leqq \frac{1}{1-h}$, insgesamt also (Fig. 259.1)

$$h+1 \leqq e^h \leqq \frac{1}{1-h};\quad h \leqq e^h - 1 \leqq \frac{h}{1-h},$$

$$1 \leqq \frac{e^h-1}{h} \leqq \frac{1}{1-h} \text{ für } h > 0 \text{ bzw.}$$

$$1 \geqq \frac{e^h-1}{h} \geqq \frac{1}{1-h} \text{ für } h < 0.$$

Dies zeigt: $\lim\limits_{h \to 0} \frac{e^h-1}{h} = 1$.

Damit hat sich unsere Vermutung bestätigt: Das Schaubild der Funktion $f: x \mapsto e^x$ hat in $A(0|1)$ die Gerade $t: y = x+1$ als Tangente.

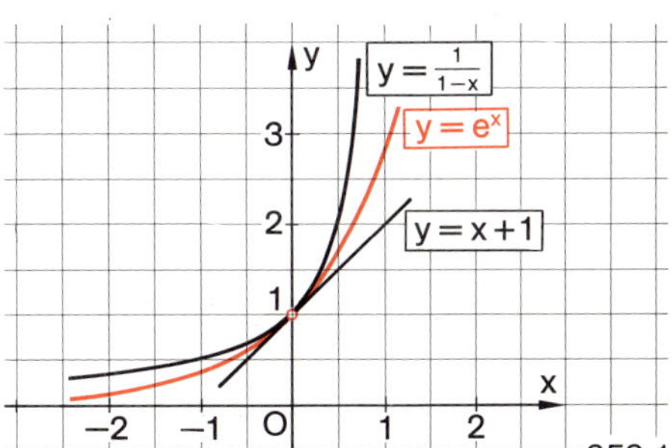

259.1

Betrachten wir danach wieder den Differenzenquotienten an einer Stelle x, so folgt:

Satz 2: Die natürliche Exponentialfunktion mit $f(x) = e^x$ ist an jeder Stelle $x \in \mathbb{R}$ differenzierbar (also insbesondere stetig) und es gilt

$$\mathbf{f'(x) = e^x};$$

die Funktion stimmt also mit ihrer Ableitung überein.

Mit $f'(x) = e^x$ gilt auch $f''(x) = e^x$, $f'''(x) = e^x$, usw.; die natürliche Exponentialfunktion ist also beliebig oft differenzierbar und stimmt mit allen Ableitungen überein. Entsprechend sind auch ihre Stammfunktionen von der Form $F(x) = e^x + c$.

Beispiel: (Ableiten zusammengesetzter Funktionen)

a) Für $f(x) = e^{-x}$ gilt nach der Kettenregel: $f'(x) = e^{-x} \cdot (-1) = -e^{-x}$.

b) Für $f(x) = e^{kx}$ folgt nach der Kettenregel: $f'(x) = k \cdot e^{kx}$.

c) Für $f(x) = e^{-x^2}$ liefert die Kettenregel: $f'(x) = e^{-x^2} \cdot (-2x) = -2xe^{-x^2}$.

8 Leite ab: a) $f(x) = 3e^x$ b) $f(x) = e^{3x}$ c) $f(x) = e^{-\frac{1}{2}x}$ d) $f(x) = e^{1+2x}$
e) $f(x) = e^{1-x}$ f) $f(x) = e^{x^2}$ g) $f(x) = e^{\sqrt{x}}$ h) $f(x) = (e^x)^2$ i) $f(x) = x \cdot e^{-x}$.

Aufgaben

9 Gib die folgenden Zahlen (mit Hilfe des Taschenrechners) auf 2 Dezimalen gerundet an.
a) e b) e^2 c) $\frac{1}{e}$ d) $\frac{1}{e^2}$ e) $\sqrt{e}$ f) $\frac{1}{\sqrt{e}}$ g) $\sqrt[3]{e}$ h) $2\sqrt[3]{e^2}$ i) $1 - e^{-1}$

10 Erstelle eine Wertetabelle ($x \in [-2;2]$, Schrittweite 0,5). Zeichne ein Schaubild (LE = 1 cm).
a) $f(x) = e^{2x}$ b) $f(x) = e^{\frac{1}{2}x}$ c) $f(x) = e^{-\frac{1}{3}x}$ d) $f(x) = 2e^{0,4x}$

11 Leite ab:
a) $f(x) = 4e^x$ b) $f(x) = 1 - 2e^x$ c) $f(x) = x + e^{-x}$ d) $f(x) = x^2 - e^{-2x}$ e) $f(x) = e^{2x-1}$
f) $f(x) = e^{-(1+3x)}$ g) $f(x) = 2e^{\sqrt{2x}}$ h) $f(x) = e^{-tx}$ i) $f(t) = e^{-t^2}$ j) $g(h) = e^{1-h^2}$.

12 a) $f(x) = xe^x$ b) $f(x) = x^2e^x$ c) $f(x) = x^2e^{-x}$ d) $f(x) = e^x\sqrt{x}$ e) $f(x) = e^{-x} \cdot \sqrt[3]{x}$
f) $f(x) = \frac{e^x}{x}$ g) $f(x) = \frac{e^{-x}}{x^2}$ h) $f(x) = \frac{e^{2x}}{\sqrt{x}}$ i) $f(x) = \frac{e^{3x}}{1+2x}$ j) $f(t) = \frac{e^{-t}}{1+t}$
k) $f(x) = \frac{1-x}{e^x}$ l) $f(x) = \frac{1+e^x}{1-e^x}$ m) $f(x) = \frac{e^x + e^{-x}}{e^x - e^{-x}}$ n) $f(t) = \frac{e^{2t}}{1+e^{-t}}$ o) $g(t) = \frac{t+e^t}{2e^{-t}}$

13 a) $f(x) = \frac{xe^x}{1+e^x}$ b) $f(x) = \frac{x+e^{-x}}{xe^x}$ c) $f(x) = \frac{1+x^2}{1-e^{-x}}$ d) $f(x) = e^{-x} \sin x$ e) $f(t) = \frac{e^t + t}{\cos t}$

14 a) $f(x) = (1+e^x)^2$ b) $f(x) = (e^x + e^{-x})^2$ c) $f(x) = \sqrt{1+e^{-x}}$ d) $g(t) = \sqrt{1-e^{-t^2}}$ e) $h(x) = e^{(2x-1)^2}$
f) $f(x) = e^{-\frac{1}{2}(x-1)^2}$ g) $f(x) = e^{\sqrt{x}}$ h) $f(x) = e^{-\sqrt{1-2x}}$ i) $f(t) = e^{-\frac{1}{2t}}$ j) $g(t) = e^{-\frac{2}{\sqrt{t}}}$

15 Gib eine Stammfunktion an. Überprüfe durch Ableiten.
a) $f(x) = 3e^{-x}$ b) $f(x) = e^{-2x}$ c) $f(x) = 1 + e^{-x}$ d) $f(x) = e^{1-3x}$ e) $f(x) = e + e^{-\frac{1}{2}x}$
f) $f(x) = \frac{1}{e^x}$ g) $f(x) = \frac{1}{e^{-2x}}$ h) $f(x) = \frac{2}{e^{-kx}}$ i) $f(x) = e^x - \frac{1}{e^{2x}}$ j) $f(x) = (1+e^{-x})^2$

16 Gib sowohl die Ableitung als auch eine Stammfunktion an.
a) $f(x) = 1 + e^{-x} + 2e^{2x}$ b) $f(x) = (3 - e^{-x})^2$ c) $f(x) = (e^x + e^{-x})^2$ d) $f(x) = x^2 - (e^{-2x})^2$

17 Gegeben ist die Funktion f mit $f(x)=e^{-0{,}8x}$.
Berechne für alle ganzzahligen x-Werte aus dem Intervall $[-3;3]$ die Funktionswerte und die Werte der Ableitung (Tabelle). Trage die zugehörigen Punkte und Tangenten in ein Koordinatensystem ein. Zeichne danach das Schaubild von f.

18 Welche Tangente der Exponentialkurve $K\colon y=e^x$ geht durch den Ursprung? Gib die Gleichung der Tangente und den Berührpunkt an.

19 a) Welche Kurve $K\colon y=e^{kx}$ hat im Schnittpunkt mit der y-Achse die Steigung 2?
b) Welche Kurve $K\colon y=c\cdot e^x$ geht durch den Punkt $P(2|1)$?
c) Für welche Funktion f mit $f(x)=c\cdot e^{kx}$ gilt $f(0)=3$ und $f'(0)=0{,}5$?

20 Beschreibe (in Worten), wie das Schaubild der Funktion g aus dem Schaubild der Funktion f mit $f(x)=e^x$ hervorgeht.
a) $g(x)=e^x+1$ b) $g(x)=e^{x+1}$ c) $g(x)=2e^x$ d) $g(x)=e^{2x}$
e) $g(x)=e^{-x}$ f) $g(x)=-e^{-x}$ g) $g(x)=e^{-2x}$ h) $g(x)=e^{-\frac{1}{2}x}$

21 Wie lautet die Gleichung der Kurve, die entsteht, wenn man die Kurve $K\colon y=e^x$
a) in Richtung der negativen y-Achse um 3 verschiebt
b) in Richtung der positiven x-Achse um 2 verschiebt
c) orthogonal zur x-Achse mit dem Faktor 4 streckt
d) orthogonal zur y-Achse mit dem Faktor 4 streckt?

22 Die Tangente in einem Punkt $P(u|v)$ an das Schaubild von $x\longmapsto e^x$ schneide die x-Achse in S. Gib die Abszisse von S in Abhängigkeit von u an. Wie läßt sich danach die Tangente in einem gegebenen Punkt des Schaubildes konstruieren?

23 a) Berechne den Inhalt A der Fläche zwischen dem Schaubild von $x\longmapsto e^{-x}$ und der x-Achse über dem Intervall $[0;4]$. Runde auf 2 Dezimalen.
b) Welcher Inhalt $A(b)$ ergibt sich, wenn man das Intervall $[0;4]$ durch das Intervall $[0;b]$ ersetzt? Was ergibt sich für $b\to+\infty$?

24 Berechne (2 Dezimalen):
a) $\int_{-10}^{2}\frac{1}{2}e^x\,dx$ b) $\int_{0}^{1}e^{t+1}\,dt$ c) $\int_{-1}^{1}e^{-\frac{1}{2}x}\,dx$ d) $\int_{0}^{2}e^{1-2x}\,dx$
e) $\int_{0}^{1}(e^{-2x}+1)\,dx$ f) $\int_{-1}^{0}\frac{1}{2}(e^t+e^{-t})\,dt$ g) $\int_{-2}^{2}(e^x+e^{-x})^2\,dx$ h) $\int_{0}^{1}(t-e^{-t})\,dt$.

25 Die vom Schaubild der Funktion $x\longmapsto e^{-x}$, der x-Achse sowie den Geraden mit den Gleichungen $x=0$ und $x=2$ begrenzte Fläche rotiert um die x-Achse. Wie groß ist der Rauminhalt des dabei entstehenden Drehkörpers?

26 Eine an ihren Enden befestigte, freihängende Kette (Kabel, Seil) bildet eine sog. Kettenlinie, d.h., eine Kurve, die sich in einem Koordinatensystem wie in Fig. 261.1 durch eine Gleichung der Form $y=a(e^{kx}+e^{-kx})$ beschreiben läßt.
a) Es sei $a=11$, $k=0{,}04$. Der Abstand der beiden Befestigungsmasten betrage 40 m. In welcher Höhe ist das Seil befestigt? Wie weit hängt das Seil durch?
b) Welchen Winkel α mit der Vertikalen bildet das Seil im Aufhängepunkt A?
c) Vergleiche die Kettenlinie aus a) mit einer Parabel 2. Ordnung, die ebenfalls durch A und B geht und in A mit der Vertikalen denselben Winkel α bildet wie die Kettenlinie. Wie weit unterhalb von AB liegt der Scheitel der Parabel?

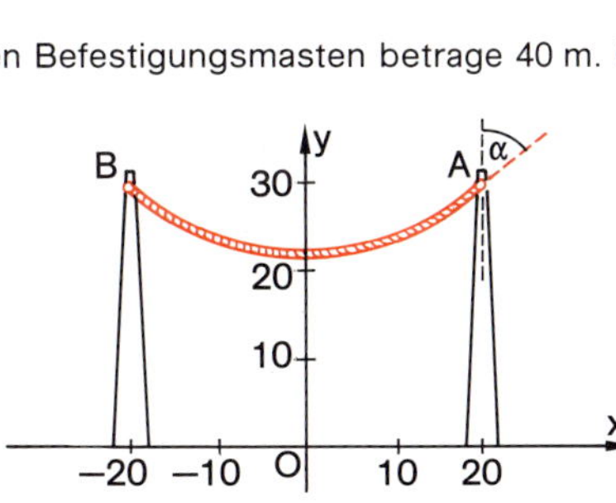

261.1

61 Die natürliche Logarithmusfunktion

61.1 Die Umkehrfunktion der natürlichen Exponentialfunktion

1 Verwende Fig. 259.1, um die Zahl 2,5 (die Zahl 0,25) näherungsweise als Potenz der Eulerschen Zahl e darzustellen.

Da die natürliche Exponentialfunktion streng monoton wächst, besitzt sie nach Satz 1, S. 244 eine eindeutig bestimmte Umkehrfunktion; sie heißt **natürliche Logarithmusfunktion** und wird mit

$$\mathbf{x \mapsto \ln x}; \; x \in \mathbb{R}^+$$

bezeichnet[1] (statt $_e\log x$ schreibt man kürzer $\ln x$).

Es ist die Funktion, die jeder positiven Zahl x diejenige Hochzahl y zur Basis e zuordnet, für die $x = e^y$ gilt.

Z. B. ist $42 = e^{3,7376\ldots}$, also ist $\ln(42) = 3,7376$.

Die Funktionswerte von ln sind auf dem Taschenrechner mittels der Tasten [ln] bzw. [INV] [e^x] bzw. [INV] [exp] abrufbar.

Fig. 262.1 zeigt das Schaubild der Funktion $x \mapsto \ln x$.

Um die Ableitung der natürlichen Logarithmusfunktion zu ermitteln, verwenden wir den Satz über die Ableitung der Umkehrfunktion. Danach gilt

$\bar{f}'(y) = \frac{1}{f'(x)}$ mit $y = f(x)$ bzw. $x = \bar{f}(y)$.

Im vorliegenden Fall ist $f(x) = e^x$ und $\bar{f}(y) = \ln y$, also

$$\bar{f}'(y) = \frac{1}{e^x} \text{ mit } x = \ln y$$
$$= \frac{1}{e^{\ln y}} = \frac{1}{y}.$$

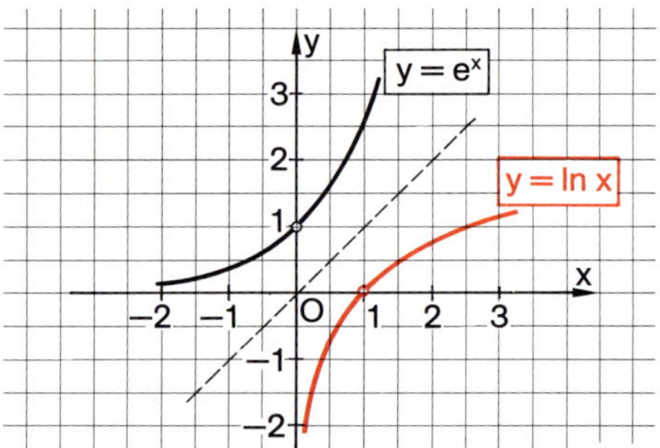

262.1

Schreiben wir wieder (wie in Fig. 262.1) x für die Funktionsvariable der Umkehrfunktion, so können wir feststellen:

Satz 1: Für die natürliche Logarithmusfunktion f mit $f(x) = \ln x$ gilt:

$$\mathbf{f'(x) = \frac{1}{x}}; \qquad x \in \mathbb{R}^+.$$

Beispiel 1: a) Für $f(x) = \ln x$ ist $f'(1) = 1$; das Schaubild (Fig. 262.1) hat also im Schnittpunkt mit der x-Achse die Steigung 1.

b) Für $f(x) = \ln x^2$ folgt nach der Kettenregel $f'(x) = \frac{1}{x^2} \cdot 2x = \frac{2}{x}$. Dieses Ergebnis erhält man auch, wenn man zuerst umformt; es ist $f(x) = 2\ln x$ für $x \in \mathbb{R}^+$ und $f(x) = 2\ln(-x)$ für $x \in \mathbb{R}^-$, somit $f'(x) = \frac{2}{x}$ für $x \in \mathbb{R} \setminus \{0\}$.

---

1. ln von Logarithmus naturalis (lat.)

Mit Satz 1 haben wir in der Funktion ln für $x \in \mathbb{R}^+$ auch eine Stammfunktion der Funktion $f: x \mapsto \frac{1}{x}$, zu der wir bisher keine Stammfunktion angeben konnten, gefunden. Allerdings trifft dies nur für $x \in \mathbb{R}^+$ zu, da ln x für $x \in \mathbb{R}_0^-$ nicht definiert ist. Für $x \in \mathbb{R}^-$ ist jedoch $F(x) = \ln(-x)$ definiert und es gilt $F'(x) = \frac{1}{-x} \cdot (-1) = \frac{1}{x}$.

Satz 2: Die Funktion $f: x \mapsto \frac{1}{x}$ hat für $x \in \mathbb{R}^+$ und für $x \in \mathbb{R}^-$ die Funktion F mit

$$\mathbf{F(x) = \ln |x|}$$

als Stammfunktion.

Beispiel 2: (ln als Stammfunktion)
Wir berechnen den Inhalt der Fläche zwischen dem Schaubild der Funktion $x \mapsto \frac{1}{x}$ und der x-Achse (Fig. 263.1)

a) über dem Intervall [1;3]:

$$A_1 = \int_1^3 \frac{1}{x}\,dx = \Big[\ln|x|\Big]_1^3$$
$$= \ln 3 - \ln 1 = \ln 3 \approx 1{,}10$$

b) über dem Intervall [−2; −0,5]:

$$A_2 = \left|\int_{-2}^{-0{,}5} \frac{1}{x}\,dx\right| = \left|\Big[\ln|x|\Big]_{-2}^{-0{,}5}\right|$$
$$= |\ln 0{,}5 - \ln 2| = 2\ln 2 \approx 1{,}39.$$

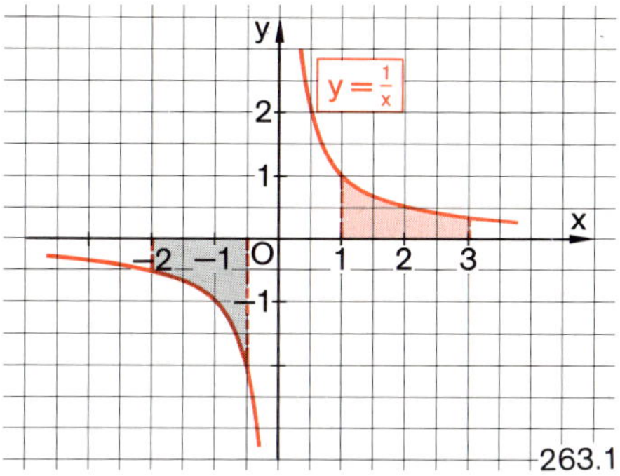

263.1

Bemerkung: a) Die Berechnung von $\int_a^b \frac{1}{x}\,dx$ ist nur möglich, wenn die Grenzen a und b dasselbe Vorzeichen haben.
b) Eine Stammfunktion von ln können wir bisher noch nicht angeben.

2 Leite ab: a) $f(x) = 3\ln x$ b) $f(x) = \ln 3x$ c) $f(x) = \ln x^3$ d) $f(x) = \ln(1-x)$ e) $f(x) = (\ln x)^2$.

Aufgaben

3 Gib (auf 2 Dezimalen gerundet) an:
a) $\ln 2$ b) $\ln 23{,}4$ c) $\ln \sqrt{8}$ d) $\ln \frac{2}{3}$ e) $\ln 0{,}05$ f) $\ln(1+\sqrt{2})$ g) $\ln(\sqrt{3}-\sqrt{2})$.

4 Vereinfache: a) $\ln e$ b) $\ln e^2$ c) $\ln \sqrt{e}$ d) $\ln 1$ e) $\ln e^{-2}$
f) $\ln \frac{1}{e}$ g) $\ln \frac{1}{e^2}$ h) $\ln \frac{1}{\sqrt{e}}$ i) $\ln \frac{1}{\sqrt[3]{e}}$ j) $\ln \frac{1}{e\sqrt{e}}$ k) $\left|\ln \frac{1}{e}\right|$.

5 Vereinfache: a) $e^{\ln 2}$ b) $e^{\ln 3}$ c) $e^{-\ln 2}$ d) $e^{-\ln 4}$ e) $e^{3\ln 2}$
f) $e^{-2\ln 3}$ g) $e^{-\frac{1}{2}\ln 4}$ h) $e^{-\frac{1}{3}\ln 1}$ i) $e^{-0{,}2\ln 32}$ j) $2e^{\ln 0{,}5}$ k) $3e^{-\ln 0{,}2}$.

6 Gib die Lösung der folgenden Gleichung (auf 2 Dezimalen gerundet) an.
a) $\ln x = 3{,}40$ b) $\ln x = -2{,}573$ c) $\ln(x-1) = 0{,}75$ d) $\ln 4x = 1{,}387$
e) $\ln(1-2x) = -5$ f) $\ln(3x-2) = \sqrt{2}$ g) $3\ln x^3 = 4$ h) $\sqrt{\ln(1-x)} = 1{,}2$
i) $0{,}5e^x = 10$ j) $3e^{x-1} = 5$ k) $0{,}2e^{1-2x} = \sqrt{3}$ l) $e^{\sqrt{x}} = \pi$

7 Leite ab:

a) $f(x)=1+2\ln x$ b) $f(x)=\ln 4x$ c) $f(x)=\ln\frac{x}{2}$ d) $f(x)=\ln(-2x)$ e) $f(x)=\ln\sqrt{2x}$

f) $f(x)=\ln\frac{1}{x}$ g) $f(x)=\ln\sqrt{x}$ h) $f(x)=\ln(1-3x^2)$ i) $f(x)=\ln\sqrt{1-x}$ j) $f(x)=3\ln\sqrt{ax}$

k) $f(x)=(\ln x)^3$ l) $f(x)=(\ln x)^{-1}$ m) $f(x)=\sqrt{\ln x}$ n) $f(x)=\ln\sin x$ o) $f(x)=\sin\ln x$.

8 a) $f(x)=x\ln x$ b) $f(x)=x^2\ln x$ c) $f(x)=\sqrt{x}\ln x$ d) $f(x)=\sqrt{2x}\ln x$ e) $f(x)=\sqrt{x}\ln 2x$

f) $f(x)=\frac{1}{\ln x}$ g) $f(x)=\frac{\ln x}{x}$ h) $f(x)=\frac{1+x}{\ln(1-x)}$ i) $f(t)=\frac{\ln t^2}{t}$ j) $h(a)=\frac{\ln 2a}{\sqrt{a}}$

9 a) $f(x)=\ln x^4$ b) $f(x)=\ln x$ c) $f(x)=\ln\frac{1}{x}$ d) $f(x)=\ln\frac{c}{x^2}$ e) $f(x)=\ln\frac{x}{x+1}$

f) $f(x)=\ln\frac{1+x}{1-x}$ g) $f(x)=\ln(1-x)^2$ h) $f(x)=\ln\frac{\sqrt{x}}{1+2x}$ i) $f(x)=\ln\sqrt{\frac{x}{x-1}}$ j) $f(t)=\ln\frac{1}{\sqrt{2t+1}}$

10 Gib für jedes Intervall, in dem die Funktion f definiert ist, eine Stammfunktion F von f an.

a) $f(x)=\frac{2}{x}$ b) $f(x)=\frac{2}{3x}$ c) $f(x)=x-\frac{1}{x}$ d) $f(x)=\frac{1}{x-1}$ e) $f(x)=\frac{1}{(x-1)^2}$

f) $f(x)=\frac{1}{2x-1}$ g) $f(x)=\frac{3}{1-2x}$ h) $f(x)=\frac{1}{2+3x}$ i) $f(t)=\frac{4}{3t+\sqrt{2}}$ j) $g(s)=\left(1-\frac{1}{2}s\right)^{-1}$

11 Forme zuerst mittels Polynomdivision um; verfahre danach wie in Aufgabe 10.

a) $f(x)=\frac{2x+1}{x+1}$ b) $f(x)=\frac{2-x}{1-x}$ c) $f(x)=\frac{x^2+x+1}{x+1}$ d) $f(x)=\frac{x^3+1}{x-2}$ e) $f(x)=\frac{x-1}{2x+1}$

12 Beschreibe (in Worten), wie das Schaubild von g aus dem von f mit $f(x)=\ln x$ hervorgeht.

a) $g(x)=\ln x-1$ b) $g(x)=\ln(x-1)$ c) $g(x)=2\ln x$ d) $g(x)=-\ln x$ e) $g(x)=\ln(-x)$

f) $g(x)=-\ln(-x)$ g) $g(x)=\ln 2x$ h) $g(x)=\ln\frac{1}{4}x$ i) $g(x)=\ln(1-x)$ j) $g(x)=\ln(1+2x)$

13 a) In welchem Punkt hat das Schaubild K_f von $f: x\mapsto\ln x$ die Steigung 1 ($\frac{1}{2}$; $\sqrt{5}$; 4)?

b) Wie lautet die Gleichung der Tangente im Punkt $P(e|1)$ an das Schaubild von f?

c) Wie lautet die Gleichung der Tangente von $A(0|1)$ aus an das Schaubild von f?

14 Das Schaubild von $f: x\mapsto\ln(ax+b)$ geht mit der Steigung 2 durch $A(1|\ln 2)$. Gib f an.

15 Welche Parabeln $P: y=ax^2+c$ schneiden die Kurve $K: y=\ln x$ orthogonal? Für welche dieser Parabeln liegt der Schnittpunkt mit K auf der x-Achse?

16 In welchem Punkt und unter welchem Winkel schneiden sich die Schaubilder der Funktionen $f: x\mapsto\ln(x+4)$ und $g: x\mapsto\ln(8-x)$?

17 Berechne: a) $\int_1^4\frac{5}{x}\,dx$ b) $\int_{-4}^{-1}\frac{x+4}{2x}\,dx$ c) $\int_0^3\frac{1}{x+3}\,dx$ d) $\int_0^1\frac{1}{4-3x}\,dx$ e) $\int_2^4\frac{x^2+4x+3}{2x}\,dx$

f) $\int_{-4}^{-1}\frac{1}{|x|}\,dx$ g) $\int_0^2\ln e^x\,dx$ h) $\int_1^{2e}\left(\frac{1}{t^2}+\frac{1}{t}\right)dt$ i) $\int_4^1\frac{1+\sqrt{t}}{t}\,dt$ j) $\int_{-2}^{-1}\frac{1+|x|}{x^2}\,dx$.

18 Wenn wir eine Masse von 14 g in der Hand halten, so muß eine Masse von mindestens 1 g hinzukommen, damit wir einen Belastungsunterschied empfinden. Bei anfänglich 28 g empfinden wir erst bei zusätzlich 2 g, bei anfänglich 56 g erst bei zusätzlich 4 g einen Belastungsunterschied, usw. (Vgl. Psycho-physisches Grundgesetz von WEBER-FECHNER.)

a) Welche zusätzliche Masse ist bei anfänglich 112 g (224 g; 448 g) mindestens notwendig, um einen Belastungsunterschied wahrzunehmen?

b) Nach dem Vorangehen ist der Empfindungsunterschied beim Übergang von 28 g zu 30 g ebenso groß wie z. B. beim Übergang von 56 g zu 60 g. Eine unserem Empfinden angepaßte Meßskala sollte daher jeder Masse m eine Maßzahl f(m) so zuordnen, daß z. B. gilt: $f(30)-f(28)=f(60)-f(56)$. Gib eine solche Zuordnung f an.

61.2 Die allgemeine Exponential- und Logarithmusfunktion

19 Stelle die Zahl 3 als Potenz mit der Basis e dar. Wie läßt sich danach die Funktion $x \mapsto 3^x$ als Exponentialfunktion mit der Basis e darstellen?

Um die allgemeine Exponentialfunktion f mit $f(x) = a^x$ abzuleiten, stellen wir sie als Exponentialfunktion mit der Basis e dar. Es ist

$$f(x) = a^x = (e^{\ln a})^x = e^{x \ln a}.$$

Daraus folgt nach der Kettenregel

$$f'(x) = e^{x \ln a} \cdot \ln a = a^x \cdot \ln a.$$

Auch eine Stammfunktion F der Funktion f läßt sich so gewinnen:

$$F(x) = e^{x \ln a} \cdot \frac{1}{\ln a} = \frac{a^x}{\ln a}.$$

Schließlich läßt sich in entsprechender Weise die allgemeine Logarithmusfunktion f mit $f(x) = {}_a\log x$ als Logarithmusfunktion zur Basis e darstellen. Aus ${}_a\log x = u$ oder $a^u = x$ ergibt sich durch Logarithmieren $u \cdot \ln a = \ln x$ bzw.

$$\mathbf{{}_a\log x = \frac{\ln x}{\ln a}}.$$

Daraus folgt: $$f'(x) = \frac{1}{\ln a} \cdot \frac{1}{x} = \frac{1}{x \ln a}.$$

(Da uns bislang keine Stammfunktion der Funktion ln bekannt ist, können wir auch für f keine Stammfunktion angeben.)

Satz 3: a) Die allgemeine Exponentialfunktion $f\colon x \mapsto a^x$ ist für alle $x \in \mathbb{R}$ differenzierbar; für die Ableitung f′ und eine Stammfunktion F gilt:

$$\mathbf{f'(x) = a^x \cdot \ln a; \qquad F(x) = \frac{a^x}{\ln a}}.$$

b) Die allgemeine Logarithmusfunktion $f\colon x \mapsto {}_a\log x$ ist für alle $x \in \mathbb{R}^+$ differenzierbar und es gilt:

$$\mathbf{f'(x) = \frac{1}{x \cdot \ln a}}.$$

Bemerkung: Die Potenzfunktion f mit $f(x) = x^r$, $x \in \mathbb{R}^+$ mit beliebiger reeller Hochzahl r läßt sich in der Form $f(x) = e^{\ln x^r} = e^{r \ln x}$ schreiben. Daraus folgt für die Ableitung

$$f'(x) = e^{r \ln x} \cdot \frac{r}{x} = x^r \cdot \frac{r}{x} = r \cdot x^{r-1}.$$

Die Potenzregel, deren Gültigkeit bislang nur für rationale Hochzahlen r nachgewiesen wurde, gilt also auch für irrationale Hochzahlen.

20 a) Welche Steigung hat das Schaubild von f mit $f(x) = 2^x$ im Schnittpunkt mit der y-Achse?
b) Welche Steigung hat die Kurve $K\colon y = {}_3\log x$ im Schnittpunkt mit der x-Achse?

Aufgaben

21 Gib (auf 2 Dezimalen gerundet) an:

a) $2^{\sqrt{2}}$ b) $0{,}8^{1-\sqrt{2}}$ c) $(\sqrt{3})^{\sqrt{2}}$ d) $\pi^{\sqrt{2}}$ e) $(\sqrt{5})^{\pi}$ f) π^e

g) ${}_2\log 3$ h) ${}_3\log 5$ i) ${}_8\log 0{,}8$ j) $\lg 15$ k) ${}_{12}\log 7$ l) ${}_4\log \sqrt{2}$.

22 Erstelle für die Funktion $f: x \mapsto {}_2\log(1-2x)$ eine Wertetabelle ($x \in [-2; 0{,}5[$; Schrittweite 0,25). Zeichne das Schaubild von f.

23 Gib die Ableitung und eine Stammfunktion an.

a) $f(x) = x^{\sqrt{2}}$ b) $f(x) = x^{1+\sqrt{2}}$ c) $f(t) = t^{\sqrt{2}-1}$ d) $f(t) = t^{\pi-2}$

e) $f(x) = (2x)^{\sqrt{2}}$ f) $f(x) = (3x)^{-1}$ g) $f(x) = \left(\frac{1}{2}x\right)^{-\sqrt{2}}$ h) $f(a) = (1-a)^{-\pi}$

i) $f(x) = \frac{1}{x^e}$ j) $f(x) = \frac{2}{x^{\sqrt{2}}}$ k) $f(x) = \frac{x-1}{3x^{1-\sqrt{3}}}$ l) $f(x) = \frac{2x-3}{x^{\pi}}$

24 Es ist $a^x = (e^{\ln a})^x = e^{x \ln a}$. Stelle entsprechend mit der Basis e dar; gib danach die Ableitung und eine Stammfunktion an.

a) $f(x) = 4^x$ b) $f(x) = \left(\frac{2}{3}\right)^x$ c) $f(x) = 2{,}5^x$ d) $f(t) = b^t$

e) $f(x) = 2^{x+1}$ f) $f(x) = 3^{x-2}$ g) $f(x) = 2^{3x}$ h) $f(t) = 3^{1-2t}$

i) $f(x) = \left(3^{\frac{1}{2}x}\right)^4$ j) $f(x) = \sqrt{2^{-3x}}$ k) $f(x) = (\sqrt{3})^{x\sqrt{2}}$ l) $f(a) = x^{1-a}$

25 Es ist ${}_a\log x = (\ln x) : (\ln a)$. Ermittle mit Hilfe dieser Beziehung die Ableitung.

a) $f(x) = {}_2\log x$ b) $f(x) = {}_3\log x$ c) $f(x) = {}_2\log(x-1)$ d) $f(x) = {}_2\log(1-x)$

e) $f(x) = {}_2\log 2x$ f) $f(x) = {}_5\log(1-2x)$ g) $f(x) = {}_2\log x^3$ h) $f(x) = {}_3\log(1-x^2)$

26 Vom Ursprung aus soll die Tangente an die Kurve $K: y = a^x$ mit $a = \sqrt{e}$ gelegt werden. Gib die Gleichung der Tangente und ihren Berührpunkt an.

27 Die y-Achse schließt mit den Schaubildern der Funktionen $f: x \mapsto \left(\frac{3}{4}\right)^x$ und $g: x \mapsto 4\left(\frac{3}{2}\right)^{-x}$ eine Fläche ein. Berechne ihren Inhalt. (Runde auf 2 Dezimalen.)

28 Für welche Funktion f mit $f(x) = a^{-x}$ gilt: $\lim\limits_{t \to +\infty} \int_0^t f(x)\,dx = 1$?

29 Um Funktionswerte der Funktion $f: x \mapsto {}_2\log x$ für $x \in [4; 8]$ näherungsweise zu berechnen, wird f so durch eine lineare Funktion g ersetzt, daß $g(4) = f(4)$ und $g(8) = f(8)$ ist. Wie groß ist der dabei entstehende Fehler höchstens (3 Dezimalen)? Sind die Näherungswerte zu groß oder zu klein?

30 a) Für welche Basen a schneiden sich die Schaubilder von f und g mit $f(x) = a^x$, $g(x) = a^{-x}$ orthogonal?

b) Zeige, daß sich die Schaubilder der Funktionen $f: x \mapsto (e^2)^x$ und $g: x \mapsto (\sqrt{e})^{-x}$ orthogonal schneiden. Zeichne die beiden Schaubilder.

c) Welche Beziehung muß zwischen den Basen a und b der Funktionen $f: x \mapsto a^x$ und $g: x \mapsto b^{-x}$ bestehen, damit sich die Schaubilder von f und g orthogonal schneiden? (Anleitung: Stelle a und b in der Form e^u bzw. e^v dar.)

31 a) Das Schaubild K der Funktion f mit $f(x) = \ln x$ geht durch $P_0(1|0)$ und $Q_0(e|1)$. Bestimme den Berührpunkt $B(x_B|y_B)$ der zu P_0Q_0 parallelen Tangente an K.

b) Es sei $Q(u|v)$ ein beliebiger (von P_0 verschiedener) Punkt auf der Kurve K. Bestimme den Berührpunkt $B(x_B|y_B)$ der zu P_0Q parallelen Tangente an K in Abhängigkeit von u.

c) Was folgt aus b) für den Grenzwert $\lim\limits_{u \to 1} \frac{u-1}{\ln u}$?

d) Es sei nun $Q(u|v)$ ein beliebiger (von $P_0(1|0)$ verschiedener) Punkt auf dem Schaubild K der Funktion $f: x \mapsto {}_a\log x$. Berechne den Berührpunkt B der zu P_0Q parallelen Tangente an K. Was folgt aus dem Ergebnis für den Grenzwert $\lim\limits_{u \to 1} \frac{u-1}{{}_a\log u}$?

32 Zeige, daß $a^{\frac{1}{\ln a}}$ für alle $a \in \mathbb{R}^+ \setminus \{1\}$ dieselbe Zahl darstellt. Um welche Zahl handelt es sich? Was folgt daraus für $a^{\frac{1}{{}_b\log a}}$, ($a \in \mathbb{R}^+ \setminus \{1\}$, $b \in \mathbb{R}^+$)?

62 Funktionsuntersuchungen

Im folgenden führen wir anhand von Beispielen vollständige Funktionsuntersuchungen durch bei Funktionen, die mit der Funktion exp bzw. ln verwandt sind.

62.1 Die Funktion exp und verwandte Funktionen

Beispiel 1: $f(x)=(e^{-x}-1)^2$

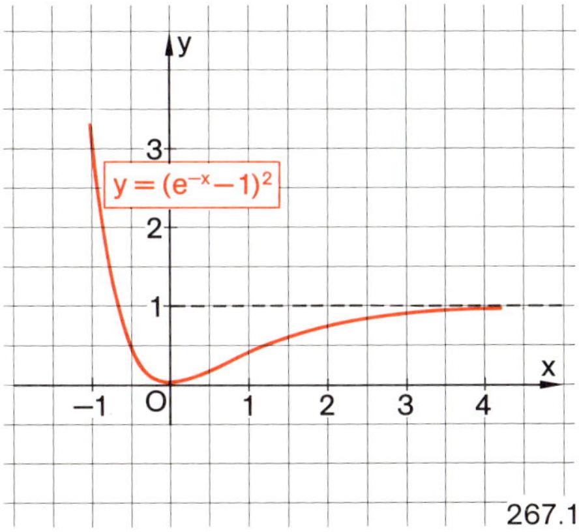

267.1

1. Asymptoten:
$f(x)\to 1$ für $x\to +\infty$;
$f(x)\to +\infty$ für $x\to -\infty$
$g\colon y=1$ ist Asymptote für $x\to +\infty$.
2. Nullstellen:
$(e^{-x}-1)^2=0$; $e^{-x}-1=0$; $e^{-x}=1$
$x_1=0$ ist Nullstelle, $O(0|0)$ gemeinsamer Punkt des Schaubildes mit der x-Achse.
3. Ableitungen:
$f'(x)\ =2(e^{-x}-1)(-e^{-x})=2(-e^{-2x}+e^{-x})$;
$f''(x)\ =2(2e^{-2x}-e^{-x})=2e^{-x}(2e^{-x}-1)$;
$f'''(x)=2(-4e^{-2x}+e^{-x})=2e^{-x}(-4e^{-x}+1)$
4. Extremstellen:
Notwendige Bedingung: $2(e^{-x}-1)(-e^{-x})=0$; $e^{-x}-1=0$; $e^{-x}=1$; $x_2=0$
Hinreichende Bedingung: $f''(0)=2$; $f(0)=0$ ist lokales Minimum.
$O(0|0)$ ist Tiefpunkt.
5. Wendestellen:
Notwendige Bedingung: $2(e^{-x})(2e^{-x}-1)=0$; $2e^{-x}-1=0$; $e^{-x}=\frac{1}{2}$; $x_3=\ln 2$
Hinreichende Bedingung: $f'''(\ln 2)=2(-4e^{-2\ln 2}+e^{-\ln 2})=2(-4e^{-\ln 4}+e^{-\ln 2})=2(-4\cdot\frac{1}{4}+\frac{1}{2})=-1$; $W(\ln 2|\frac{1}{4})$ ist Wendepunkt.
6. Schaubild: (Fig. 267.1)

Beispiel 2: $f(x)=\frac{1}{2}\cdot\frac{e^{-\frac{1}{2}x}}{1-e^{\frac{1}{2}x}}$

1. Definitionsmenge:
Für $1-e^{\frac{1}{2}x}=0$ ist die Funktion f nicht definiert; $D_f=\mathbb{R}\setminus\{0\}$.
2. Verhalten am Rand von D_f; Asymptoten:
Für $x\to +\infty$ gilt $f(x)\to 0$; für $x\to -\infty$ gilt $f(x)\to +\infty$; für $x\to 0, x>0$ gilt $f(x)\to -\infty$; für $x\to 0, x<0$ gilt $f(x)\to +\infty$.
Die x-Achse ist Asymptote für $x\to +\infty$. An der Stelle $x_1=0$ hat f einen Pol mit Vorzeichenwechsel; die y-Achse ist senkrechte Asymptote.
3. Nullstellen:
Weil $e^{-\frac{1}{2}x}\neq 0$ ist für alle $x\in D_f$, hat f keine Nullstellen.
4. Ableitungen:

$$f'(x)=\frac{1}{4}\cdot\frac{2-e^{-\frac{1}{2}x}}{\left(1-e^{\frac{1}{2}x}\right)^2};\qquad f''(x)=\frac{1}{8}\cdot\frac{4e^{\frac{1}{2}x}+e^{-\frac{1}{2}x}-3}{\left(1-e^{\frac{1}{2}x}\right)^3}$$

5. Extremstellen:
Notwendige Bedingung:
$2-e^{-\frac{1}{2}x}=0; \quad e^{-\frac{1}{2}x}=2; \quad -\frac{1}{2}x=\ln 2;$
$x_2=-2\ln 2\approx -1{,}39$
Hinreichende Bedingung:
$f''(-2\ln 2)=\frac{1}{8}\cdot\frac{4e^{-\ln 2}+e^{\ln 2}}{\left(1-e^{-\ln 2}\right)^3}=1;$
$f(-2\ln 2)=2$ ist lokales Minimum,
$T(-2\ln 2|2)$ ist Tiefpunkt.
6. Wendestellen:
Notwendige Bedingung: $4e^{\frac{1}{2}x}+e^{-\frac{1}{2}x}-3=0$

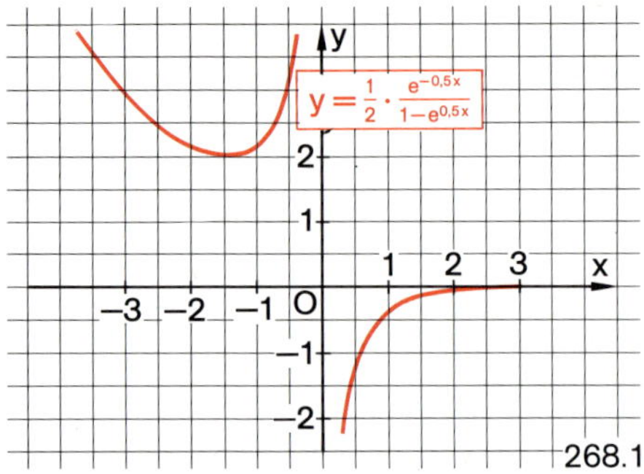

268.1

Durchmultiplizieren mit $e^{\frac{1}{2}x}$ liefert
$4e^x-3e^{\frac{1}{2}x}+1=0$, mit $e^{\frac{1}{2}x}=u$ also $4u^2-3u+1=0$.
Diese quadratische Gleichung hat keine Lösung; es gibt daher keine Wendestellen.
7. Schaubild: (Fig. 268.1)

Aufgaben

1 Gib einfacher an:
a) $e^{\ln 3}$ b) $e^{\ln\frac{1}{2}}$ c) $e^{-\ln 4}$ d) $e^{2\ln 3}$ e) $e^{\frac{1}{2}\ln 4}$ f) $e^{\frac{1}{3}\ln 5}$
g) $e^{-\ln\sqrt{2}}$ h) $e^{-3\ln 2}$ i) $e^{-\frac{1}{2}\ln 9}$ j) $e^{-\frac{1}{3}\ln 8}$ k) $e^{a\ln b}$ l) $e^{-t\ln c}$
m) $e^{2\ln\frac{1}{2}}$ n) $e^{\frac{1}{2}\ln\frac{1}{4}}$ o) $e^{-\frac{1}{3}\ln\frac{1}{8}}$ p) $e^{-\ln 0{,}5}$ q) $e^{-0{,}5\ln 0{,}25}$ r) $e^{-2\ln\sqrt{5}}$.

2 Vereinfache: a) $\ln e^4$ b) $\ln e^{-3}$ c) $\ln e^{\frac{1}{4}}$ d) $\ln\sqrt{e}$ e) $\ln e^{0{,}4}$
f) $\ln\sqrt[3]{e^2}$ g) $\ln 2e^3$ h) $\ln 3e^{-1}$ i) $\ln 2\sqrt{e}$ j) $\ln ae^b$ k) $\ln\sqrt{e^k}$
l) $\ln\frac{1}{\sqrt{e}}$ m) $\ln\frac{1}{\sqrt{e^3}}$ n) $\ln\frac{1}{2}\sqrt[3]{e}$ o) $\ln\frac{2}{3}\sqrt{e}$ p) $\ln\frac{3\sqrt{e}}{4}$ q) $\ln\frac{1}{2}\cdot\frac{1}{\sqrt[4]{e}}$.

3 Löse die folgenden Gleichungen.
a) $e^{3x}=2$ b) $e^{2x}=1$ c) $e^{-\frac{1}{2}x}-3=0$ d) $e^{2x-1}=4$
e) $2e^{1-x}=1$ f) $\frac{1}{2}e^{-\frac{1}{2}x}=\frac{1}{3}$ g) $3e^{-0{,}4x+1}=2$ h) $2e^{x^2}=6$

4 a) $\ln 2x=1$ b) $\ln 3x=-1$ c) $\ln\frac{1}{2}x=-0{,}5$ d) $2\ln x=1$
e) $\ln(x-1)=0$ f) $3\ln(1-x)=0$ g) $-\frac{1}{2}\ln(1-x^2)=1$ h) $2\ln x=\ln 2x$

5 a) $e^x(1-e^x)=0$ b) $2e^{2x}-e^x=0$ c) $e^x-e^{-x}=0$ d) $2e^{2x}-e^{-x}=0$
e) $e^{2x}-5e^x+6=0$ f) $2e^x-3e^{-x}+5=0$ g) $e^x+1=12e^{-x}$ h) $e^{2x}+36e^{-2x}=13$

6 a) Ermittle die Gleichung der Wendetangente für das in Fig. 267.1 angegebene Schaubild. (Verwende die Ergebnisse in Beispiel 1.)
b) Der Schnittpunkt des Schaubildes mit seiner waagrechten Asymptote sei S. Berechne die Koordinaten von S.
c) Das Schaubild in Fig. 267.1, die waagrechte Asymptote und die Gerade mit der Gleichung $x=b$, $(b>0)$ begrenzen eine Fläche. Berechne ihren Inhalt $A(b)$ sowie $\lim_{b\to+\infty} A(b)$.

7 a) Untersuche die Funktion f mit $f(x)=x+e^{-x}$ auf Extrem- und Wendestellen. Zeige, daß das Schaubild für $x\to+\infty$ die Gerade $g: y=x$ als Asymptote hat. Zeichne das Schaubild von f (LE = 1 cm).
b) Das Schaubild von f, die Gerade g und die y-Achse begrenze eine (ins Unendliche reichende) Fläche. Untersuche, ob diese Fläche einen Inhalt hat.

8 Gegeben ist die Funktion f mit $f(x) = e^x(e^x - 2)$. Das Schaubild von f sei K.

a) Untersuche K auf Schnittpunkte mit den Koordinatenachsen, Asymptoten, Extrem- und Wendepunkte. Welche Wertemenge hat f? Zeichne K.

b) Berechne den Inhalt A(u) der Fläche, die von K, den Koordinatenachsen und der Geraden mit der Gleichung $x = u$, $(u < 0)$ begrenzt wird.

c) Untersuche das Verhalten von A(u) für $u \to -\infty$.

9 Für jedes $t > 0$ ist eine Funktion f_t gegeben durch $f_t(x) = e - e^{tx}$. Das Schaubild von f_t sei K_t.

a) Untersuche K_t auf Schnittpunkte mit den Koordinatenachsen (samt den Steigungen in diesen Punkten) und Asymptoten. Zeichne K_1.

b) Zeige: Die Tangenten aller Kurven K_t im Schnittpunkt von K_t mit der x-Achse haben einen Punkt gemeinsam. Gib diesen Punkt an.

c) Die Tangente und die Normale im Schnittpunkt von K_t mit der y-Achse schneiden aus der x-Achse eine Strecke aus. Für welche Kurve K_t wird die Länge dieser Strecke extremal? Handelt es sich um ein Maximum oder um ein Minimum? Gib den Extremwert der Streckenlänge an.

10 a) Untersuche die Funktion f mit $f(x) = e^{\frac{x}{x+2}}$ auf ihre Definitionsmenge sowie das Verhalten am Rand von D_f. Gib die Asymptoten an.

b) Untersuche das Verhalten von f' für $x \to -2$. Bestimme den Wendepunkt des Schaubildes von f. Zeichne das Schaubild.

c) Die Tangente an das Schaubild von f in einem Punkt $P(u|v)$ mit $u > -2$ schneide die x-Achse in $N(t|0)$. Wie groß kann t höchstens werden?

11 Gegeben ist die Funktion f mit

$$f(x) = \frac{4e^x}{(e^x + 1)^2}.$$

Ihr Schaubild sei K.

a) Untersuche K auf Schnittpunkte mit den Koordinatenachsen, Asymptoten, Extrem- und Wendepunkte. Zeige, daß K zur y-Achse symmetrisch ist. Zeichne K.

b) Weise nach, daß für $t > 0$ jede Kurve K_t: $y = \frac{4e^x}{(e^x + t)^2}$ zur Geraden mit der Gleichung $x = \ln t$ symmetrisch ist. Auf welcher Kurve liegen die Extrempunkte aller Kurven K_t?

12 a) Untersuche die Funktion f_t mit $f_t(x) = (t - e^x)^2$; $t \in \mathbb{R}$ auf Asymptoten, Null-, Extrem- und Wendestellen. Zeichne die Schaubilder von f_1 und f_{-1} im gleichen Koordinatensystem.

b) Beschreibe (in Worten), wie sich die zugehörigen Schaubilder ändern, wenn t die reellen Zahlen durchläuft.

c) Welche Bedingung müssen t und t* erfüllen, damit sich die zugehörigen Schaubilder schneiden? Welche Schaubilder schneiden sich auf der y-Achse? Gibt es Schaubilder, die sich auf der y-Achse orthogonal schneiden?

d) Für $t > 0$ begrenzt das Schaubild f_t, seine Asymptote und die Gerade mit der Gleichung $x = u$, $(u < 0)$ eine Fläche. Berechne den Rauminhalt V(u) des Drehkörpers, der entsteht, wenn diese Fläche um die Asymptote des Schaubildes rotiert. Bestimme $\lim\limits_{u \to -\infty} V(u)$.

(Anleitung: Verschiebe das Schaubild von f_t so, daß seine Asymptote mit der x-Achse zusammenfällt.)

13 a) In der Wahrscheinlichkeitsrechnung spielt die sog. Gaußfunktion φ mit

$$\varphi(x) = \frac{1}{\sqrt{2\pi}} e^{-\frac{1}{2}x^2}$$

eine grundlegende Rolle. Untersuche das Schaubild von φ auf Asymptoten, Extrem- und Wendepunkte. Zeichne das Schaubild (LE = 5 cm).

b) Beschreibe (ohne erneute Rechnung) das Schaubild der Funktion f mit $f(x) = \frac{1}{b} \varphi\left(\frac{x-a}{b}\right)$.

62.2 Die Funktion ln und verwandte Funktionen

Beispiel 3: $f(x) = \ln(1 + x^2)$

1. Definitionsmenge:
Wegen $1 + x^2 > 0$ für alle $x \in \mathbb{R}$ ist $D_f = \mathbb{R}$.
2. Symmetrie:
Es ist $f(-x) = f(x)$ für alle $x \in D_f$, das Schaubild ist also symmetrisch zur y-Achse.
3. Verhalten für $|x| \to +\infty$:
$f(x) \to +\infty$
4. Nullstellen:
$\ln(1 + x^2) = 0$; $1 + x^2 = 1$; $x_1 = 0$
5. Ableitungen:
$f'(x) = \frac{2x}{1+x^2}$; $\quad f''(x) = \frac{2(1-x^2)}{(1+x^2)^2}$
6. Extremstellen:
Notwendige Bedingung: $2x = 0$; $x_2 = 0$
Hinreichende Bedingung: $f''(0) = 2$; $O(0|0)$ ist Tiefpunkt.
7. Wendestellen:
Notwendige Bedingung: $1 - x^2 = 0$; $x_3 = 1$; $x_4 = -1$
Hinreichende Bedingung: $f''(x)$ wechselt bei x_3 und x_4 das Vorzeichen, also sind $W_1(1|\ln 2)$ und $W_2(-1|\ln 2)$ Wendepunkte.
8. Schaubild: (Fig. 270.1)

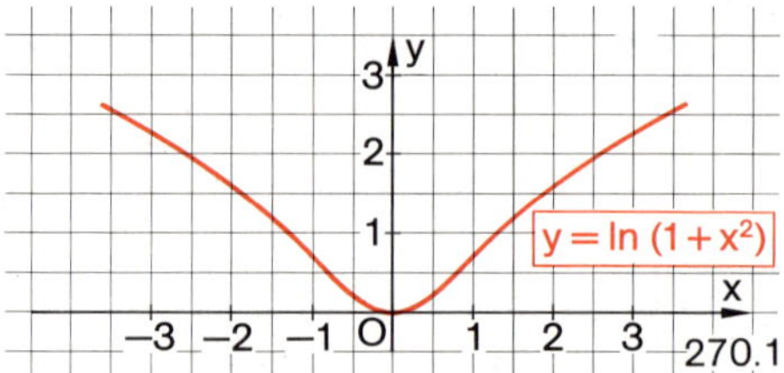

270.1

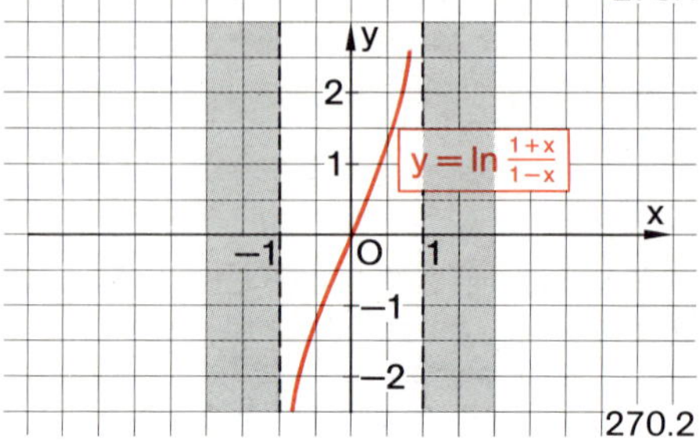

270.2

Beispiel 4: $f(x) = \ln \frac{1+x}{1-x}$

1. Definitionsmenge:
$\frac{1+x}{1-x} > 0$ für $-1 < x < 1$; $D_f =]-1;1[$.
Für $x \in D_f$ ist $1 + x > 0$ und $1 - x > 0$; man kann also $f(x)$ in der Form $f(x) = \ln(1 + x) - \ln(1 - x)$ schreiben.
2. Symmetrie:
$f(-x) = \ln(1 - x) - \ln(1 + x) = -f(x)$ für alle $x \in D_f$; das Schaubild von f ist symmetrisch zum Ursprung.
3. Verhalten am Rand von D_f; Asymptoten:
Für $x \to 1$ gilt $f(x) \to +\infty$; für $x \to -1$ gilt $f(x) \to -\infty$.
Die Geraden mit den Gleichungen $x = 1$ und $x = -1$ sind senkrechte Asymptoten.
4. Ableitungen:
$f'(x) = \frac{1}{1+x} + \frac{1}{1-x} = \frac{2}{1-x^2}$; $\quad f''(x) = \frac{4x}{(1-x^2)^2}$
5. Extremstellen:
$f'(x) \neq 0$ für alle $x \in D_f$; es gibt keine Extremstellen.
6. Wendestellen:
Notwendige Bedingung: $4x = 0$; $x_1 = 0$
Hinreichende Bedingung: $f''(x)$ wechselt an der Stelle x_1 das Vorzeichen.
$O(0|0)$ ist Wendepunkt.
7. Schaubild: (Fig. 270.2)

Aufgaben

14 a) Untersuche die Funktion f mit $f(x) = (\ln x)^2$ auf Asymptoten, Null-, Extrem- und Wendestellen. Zeichne ein Schaubild von f.

b) Welche (von der x-Achse verschiedene) Ursprungsgerade berührt das Schaubild von f? Gib den Berührpunkt an.

c) Zeichne das Schaubild der Funktion $g: x \longmapsto \ln x$ in das vorhandene Achsenkreuz ein. Wo schneiden sich die Schaubilder von f und g?

d) Die Schaubilder von f und g umschließen eine Fläche. Welche Parallele zur y-Achse schneidet aus dieser Fläche eine Strecke maximaler Länge aus? Gib die maximale Streckenlänge an.

15 Gegeben ist die Funktion $f: x \longmapsto \ln \frac{x+1}{x^2}$.

a) Für welche $x \in \mathbb{R}$ ist f definiert? Untersuche das Verhalten von f am Rand der Definitionsmenge. Zeige, daß f keine Extremstellen, aber eine Wendestelle hat. Zeichne ein Schaubild der Funktion f.

b) Für welche Werte $m \in \mathbb{R}$ gibt es eine Tangente mit der Steigung m an das Schaubild von f?

c) Weise nach, daß f sowohl im Intervall $]-1;0[$ als auch im Intervall $]0;+\infty[$ eine Umkehrfunktion besitzt. Gib die beiden Umkehrfunktionen an.

16 Für $t \in \mathbb{R}^+$ sind Funktionen f_t gegeben durch $f_t(x) = \frac{1}{2}(tx - \ln x)$.
Das Schaubild von f_t sei K_t.

a) Zeichne K_1. Berechne den Tiefpunkt von K_t. Für welchen Wert von t liegt der Tiefpunkt auf der Geraden mit der Gleichung $y = 1$; für welchen Wert von t liegt er auf der x-Achse?

b) Untersuche, ob es Kurven K_t gibt, die einen Wendepunkt haben.

c) Für welche Werte von t hat K_t mit der x-Achse keinen Punkt gemeinsam?

d) Von $A(0|\frac{1}{2})$ aus wird an jede Kurve K_t die Tangente gelegt. Berechne die Koordinaten der Berührpunkte. Gib den geometrischen Ort aller Berührpunkte an.

17 Es sei a die Quadratwurzel aus dem natürlichen Logarithmus einer reellen Zahl, b der natürliche Logarithmus der Quadratwurzel dieser Zahl.

a) Zeige, daß es zwei reelle Zahlen z_1 und z_2 gibt, für die a und b übereinstimmen.

b) Wie groß kann der Unterschied zwischen a und b bei Zahlen aus dem Intervall $[z_1; z_2]$ höchstens werden?

18 Im Koordinatensystem von Fig. 271.1 ist die x-Achse eine gewöhnliche Zahlengerade, während die y-Achse eine sog. logarithmische Skala trägt, d. h., die Strecke vom Ursprung bis zu einer Marke y hat die Länge ln y (gemessen in der Längeneinheit der x-Achse).

a) Zeichne ein Koordinatensystem wie in Fig. 271.1; setze das System auf die restlichen drei Felder fort.

b) Trage die Schaubilder der Funktionen $x \longmapsto x$ und $x \longmapsto e^x$ ein.

c) Zeige: Hat eine Funktion f in diesem Koordinatensystem ein geradliniges Schaubild, so gilt: $f(x) = ce^{kx}$ mit bestimmten Zahlen c und k. Bestimme c und k für die in Fig. 271.1 angegebene Gerade g.

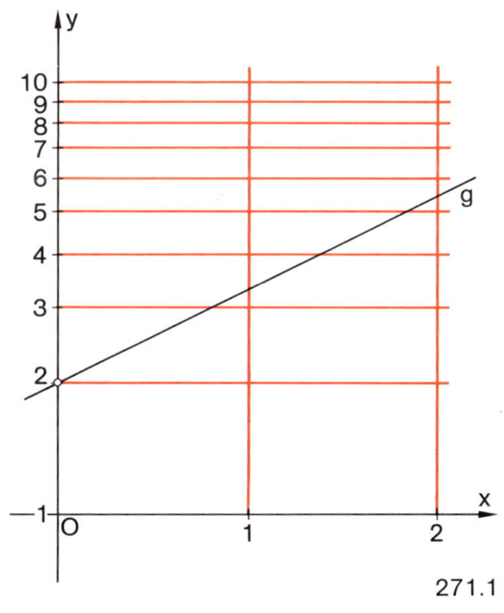

271.1

62.3 Spezielle Grenzwerte

19 Berechne x^2, e^{-x} und $x^2 \cdot e^{-x}$ für $x=1;\ 2;\ 5;\ 10$ (Tabelle). Verfahre ebenso bei x^3, e^{-x} und $x^3 \cdot e^{-x}$ sowie bei x^6, e^{-x} und $x^6 \cdot e^{-x}$.

Bei der Untersuchung von Funktionen wie $x \mapsto x^n \cdot e^{-x}$, $n \in \mathbb{N}$ läßt sich das Verhalten für $x \to +\infty$ nicht ohne weiteres beurteilen, da mit wachsendem x der erste Faktor größer, der zweite kleiner wird. Entsprechendes gilt z. B. für $x \mapsto x^n \cdot \ln x$ und $x \to 0$. Um Aufschluß zu gewinnen, untersuchen wir die Funktion f mit $f(x)=x^n \cdot e^{-x}$, $n \in \mathbb{N}$. Für ihre Ableitung gilt $f'(x)=x^{n-1}e^{-x}(n-x)$. Es ist $f'(n)=0$; außerdem hat $f'(x)$ an der Stelle n einen Vorzeichenwechsel von + nach −. Daher ist $f(n)=n^n \cdot e^{-n}$ ein lokales Maximum. Dieses ist, da f für $x<n$ monoton zunimmt und für $x>n$ monoton abnimmt, sogar ein globales Maximum, und es gilt

$$x^n e^{-x} \leqq n^n e^{-n} \quad \text{oder} \quad x^{n-1}e^{-x} \leqq n^n e^{-n} \cdot \frac{1}{x} \quad \text{für alle } x \in \mathbb{R}^+.$$

Dies zeigt: $x^{n-1}e^{-x} \to 0$ für $x \to +\infty$ bei jeder Hochzahl $n-1 \in \mathbb{N}_0$.

Mit Hilfe dieses Ergebnisses können wir nun auch das Verhalten von $x^n \cdot \ln x$, $n \in \mathbb{N}$ für $x \to 0$ beurteilen. Setzen wir nämlich $\ln x = -\frac{1}{n}t$, also $x = e^{-\frac{1}{n}t}$, so ist $e^{-t} \cdot \left(-\frac{1}{n}t\right)$ für $t \to +\infty$ zu untersuchen. Nach dem Vorangehenden folgt: $x^n \cdot \ln x \to 0$ für $x \to 0$.

Die angestellten Überlegungen bleiben gültig, wenn man darin n durch irgend eine Zahl $r \in \mathbb{R}^+$ ersetzt.

Satz: Für alle $r \in \mathbb{R}^+$ gilt

$$\lim_{x \to +\infty} \mathbf{x^r \cdot e^{-x} = 0} \qquad \text{und} \qquad \lim_{x \to 0} \mathbf{x^r \cdot \ln x = 0}.$$

Bemerkung: Setzt man in der zweiten Grenzwertaussage $x=\frac{1}{t}$, so folgt für $t \to +\infty$: $\left(\frac{1}{t}\right)^r \cdot \ln\frac{1}{t} \to 0$ oder $\frac{\ln t}{t^r} \to 0$ und hieraus $\frac{t^r}{\ln t} \to +\infty$.

In der Form $\frac{x^r}{e^x} \to 0$ für $x \to +\infty$ und $\frac{x^r}{\ln x} \to +\infty$ für $x \to +\infty$

besagt der Satz, daß e^x für $x \to +\infty$ „schneller", $\ln x$ für $x \to +\infty$ „langsamer" wächst als jede Potenz x^r, $r \in \mathbb{R}^+$.

20 Untersuche das Verhalten von f für $x \to +\infty$.

a) $f(x)=\frac{x^4}{e^x}$ b) $f(x)=\frac{e^x}{x^3}$ c) $f(x)=\frac{\sqrt{x}}{\ln x}$ d) $f(x)=\frac{\ln x}{x}$ e) $f(x)=\sqrt{\frac{\ln x}{x}}$

Aufgaben

21 Untersuche für $x \to +\infty$ und für $x \to 0$.

a) $\sqrt{x} \cdot e^{-x}$ b) $x^5 e^{-x}$ c) $(x^2+x)e^{-x}$ d) $(1+x)^3 e^{-x}$ e) $x^{2,5}e^{-x}$

f) $\frac{x}{e^x}$ g) $\frac{x\sqrt{x}}{3e^x}$ h) $\frac{x^2-x^3}{e^x}$ i) $\frac{x}{e^{2x}}$ j) $\frac{x}{\sqrt{e^x}}$

k) $\frac{x^2+x}{e^x}$ l) $\frac{x^2e^x}{e^{2x}-x}$ m) $\frac{x}{e^x-1}$ n) $\frac{e^{\sqrt{x}}}{xe^x}$ o) $\frac{(e^x-1)^2}{x^2}$

22 Untersuche für $x \to +\infty$ und für $x \to 0$.

a) $x \cdot \ln x$ b) $x^5 \ln x$ c) $\sqrt{x} \ln x$ d) $\sqrt{2x} \ln x$ e) $x \ln (x+2)$

f) $\frac{x}{\ln x}$ g) $\frac{\sqrt{x}}{\ln x}$ h) $\frac{x+1}{\ln x}$ i) $\frac{x}{\ln 2x}$ j) $\frac{\ln 2x}{x+1}$

23 Untersuche die Funktion f mit $f(x) = x \cdot \ln x$ auf Null-, Extrem- und Wendestellen sowie das Verhalten für $x \to 0$ und $x \to +\infty$. Zeichne ein Schaubild von f (LE = 2 cm).

24 Untersuche die Funktion f mit $f(x) = 2x^2 e^{-x}$ auf Null-, Extrem- und Wendestellen sowie das Verhalten für $x \to +\infty$ und $x \to -\infty$. Zeichne ein Schaubild.

25 Führe für die Funktion $f\colon x \mapsto 5x^2 \cdot \ln x$ eine vollständige Funktionsuntersuchung durch. Zeichne ein Schaubild von f (LE = 4 cm).

26 Untersuche die folgende Funktion f (Definitionsmenge; Symmetrie; Asymptoten; Null-, Extrem- und Wendestellen; Verhalten am Rand von D_f). Zeichne ein Schaubild.

a) $f(x) = xe^{-x^2}$ b) $f(x) = \frac{x^2-4}{e^x}$ c) $f(x) = \frac{e^x}{x-1}$ d) $f(x) = e^{\frac{1}{x}}$

e) $f(x) = x \ln \frac{1}{x}$ f) $f(x) = \frac{x}{\ln x^2}$ g) $f(x) = x^2 \cdot \ln |x|$ h) $f(x) = x \ln |x|$

27 a) Untersuche die Funktion $f\colon x \mapsto xe^{-x}$. Zeichne ein Schaubild von f.

b) Wie lautet die Gleichung der Tangente in einem beliebigen Punkt $P(u|v)$ an das Schaubild? Berechne den Schnittpunkt S der Tangente in P mit der y-Achse in Abhängigkeit von u. Wie verhält sich S für $u \to -\infty$ (für $u \to 0$; $u \to +\infty$)?

c) Durch welche Punkte der y-Achse gehen 2 (1; 0) Tangenten des Schaubildes?

28 a) Die Tangente in einem Punkte $P(u|v)$ der Kurve $K\colon y = \ln x$ schneide die y-Achse in Q; die Parallele zur x-Achse durch P schneide die y-Achse in R (Fig. 273.1). Weise nach, daß die Strecke QR für alle $P \in K$ gleich lang ist. Wie läßt sich danach die Tangente in einem gegebenen Punkt $P \in K$ konstruieren?

b) Die Normale in P schneide die x-Achse in S; die Parallele zur y-Achse durch P schneide die x-Achse in T (Fig. 273.1). Für welchen Punkt $P \in K$ hat das Dreieck TSP den größten Flächeninhalt? Gib den maximalen Dreiecksinhalt an.

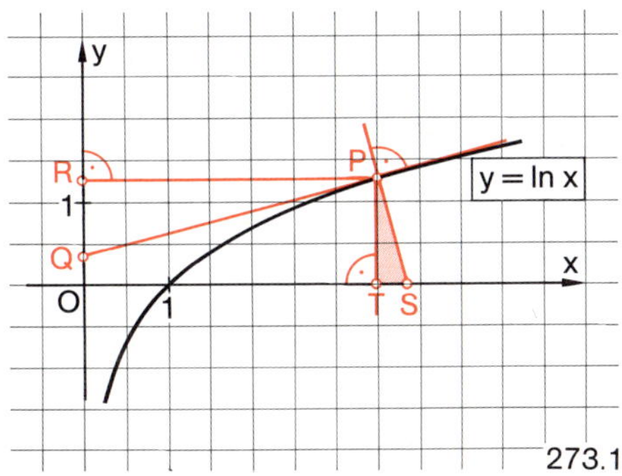

273.1

29 a) An die Kurve $K\colon y = e^x + 1$ wird in einem Punkt P die Tangente gelegt; sie schneide die x-Achse in Q. Wie lang ist die Strecke PQ mindestens?

b) Die Tangente in P, die Parallele zur y-Achse durch P und die x-Achse begrenzen ein Dreieck. Für welchen Kurvenpunkt P wird der Flächeninhalt dieses Dreiecks minimal? Wie groß ist er in diesem Fall?

c) Für welchen Kurvenpunkt P wird der Flächeninhalt des von der Tangente in P, der Normalen in P und der x-Achse begrenzten Dreiecks am kleinsten?
(Anleitung: Verwende z. B. das Newton-Verfahren (vgl. S. 309); runde auf 1 Dezimale.)

30 Gegeben ist die Funktion f mit $f(x) = x \cdot e^{\frac{1}{x}}$.

a) Untersuche das Verhalten der Funktion f sowie ihrer Ableitung f′ für $x \to +\infty$ (für $x \to 0$, $x > 0$; für $x \to 0$, $x < 0$; für $x \to -\infty$). (Anleitung: Setze $x = \frac{1}{t}$.)

b) Zeige, daß das Schaubild von f die Gerade $g\colon y = x + 1$ sowohl für $x \to +\infty$ als auch für $x \to -\infty$ als Asymptote hat.

c) Ermittle den kleinsten positiven Funktionswert von f. Zeichne ein Schaubild von f.

63 Vermischte Aufgaben

1 Skizziere das Schaubild der folgenden Funktion f.

a) $f(x)=e^{x-1}$ b) $f(x)=e^{2-x}$ c) $f(x)=e^{|x|}$ d) $f(x)=e^{-|x|}$

e) $f(x)=\ln(x-1)$ f) $f(x)=\ln(2-x)$ g) $f(x)=\ln|1-x|$ h) $f(x)=|\ln(1-x)|$

2 Schreibe den folgenden Funktionsterm in der Form $f(x)=c\cdot e^{kx}$.

a) $f(x)=e^{2x+1}$ b) $f(x)=e^{2-x}$ c) $f(x)=0{,}4^{2(x-1)}$ d) $f(x)=\frac{1}{2}e^{x+\ln 2}$

3 Schreibe den folgenden Funktionsterm in der Form $f(x)=e^{ax+b}$.

a) $f(x)=2e^{x}$ b) $f(x)=3e^{x+1}$ c) $f(x)=2(\sqrt{e})^{x}$ d) $f(x)=(2\sqrt{e})^{x}$

4 Skizziere das Schaubild von f.

a) $f(x)=\ln x^2$ b) $f(x)=\ln x^2-1$ c) $f(x)=\ln(x^2-1)$ d) $f(x)=\ln|x^2-1|$

5 Schreibe f(x) als Summe; zeichne danach das Schaubild mittels Ordinatenaddition.

a) $f(x)=\ln 2x$ b) $f(x)=\ln x(1-x)$ c) $f(x)=\ln(4x-x^2)$ d) $f(x)=\ln\frac{x}{1-x}$

6 Für welche $x\in\mathbb{R}$ gilt $f(x)=g(x)$ für die folgenden Funktionen f und g?

a) $f(x)=\ln x^2$; $g(x)=2\ln x$ b) $f(x)=\ln(x^2-x)$; $g(x)=\ln x+\ln(x-1)$

c) $f(x)=\ln\frac{1-x}{1+x}$; $g(x)=\ln(1-x)-\ln(1+x)$ d) $f(x)=\ln\left|\frac{1-x}{1+x}\right|$; $g(x)=\ln|1-x|-\ln|1+x|$

7 a) Skizziere das Schaubild der Funktion f mit $f(x)=(x-1)\,|\ln x|$.

b) Ist f an der Stelle $x_0=1$ stetig?

c) Ist f an der Stelle $x_0=1$ differenzierbar?

d) Ist f an der Stelle $x_0=1$ zweimal differenzierbar? Hat das Schaubild von f für $x_0=1$ einen Wendepunkt?

8 Weise nach, daß die Gerade $g\colon y=-ex+2$ die Kurve $K\colon y=|\ln x|$ berührt. Gib die Koordinaten des Berührpunktes B an (e Eulersche Zahl).

9 Welche der Geraden $g_c\colon y=x+c$ berührt das Schaubild der Funktion $f\colon x\mapsto e^{\frac{1}{2}x}$? Gib den Berührpunkt an.

10 Bestimme a so, daß sich die Kurven $K\colon y=\ln 2x$ und $L\colon y=ax^2$ berühren. Gib den Berührpunkt an.

Funktionsuntersuchungen. Scharen

11 a) Untersuche die Funktion f mit $f(x)=e^{\sqrt{x}}$ auf Null-, Extrem- und Wendestellen sowie das Verhalten von f und f′ für $x\to 0$. Zeichne ein Schaubild von f.

b) Zeige, daß f eine Umkehrfunktion $\bar{f}$ hat. Gib $\bar{f}(x)$ an.

12 a) Untersuche die Funktion $f\colon x\mapsto e^{x}+e^{-x}-2$ (Definitionsmenge; Symmetrie; Monotonie; Null-, Extrem- und Wendestellen). Zeichne ein Schaubild.

b) Welche ganzrationale Funktion g 2. Ordnung stimmt für $x_0=0$ sowohl im Funktionswert als auch in den beiden ersten Ableitungen mit f überein? Zeichne das Schaubild von g in das vorhandene Koordinatensystem ein.

c) Die Normale in einem beliebigen (vom Ursprung verschiedenen) Punkt $P(u|v)$ des Schaubildes von f schneide die y-Achse in $S(0|c)$. Gegen welchen Grenzpunkt strebt S, wenn P sich dem Ursprung nähert?

13 a) Untersuche die Funktion f mit $f(x)=\ln|1-\frac{1}{x}|$ (Definitionsmenge; Asymptoten; Null-, Extrem- und Wendestellen). Zeichne ein Schaubild von f.

b) Weise nach, daß das Schaubild von f zum Wendepunkt symmetrisch ist.

14 Gegeben ist die Funktion $f: x \longmapsto \ln(e^x - 1)$.
a) Weise nach, daß f monoton zunimmt. Für welche x-Werte sind die Funktionswerte von f positiv, für welche sind sie negativ?
b) Ermittle die Asymptoten des Schaubildes von f. Zeichne das Schaubild.
c) Bestimme die Umkehrfunktion $\bar{f}$ von f.
d) Zeige: Ein Funktionswert von f′ kann nicht auch Funktionswert von $\bar{f}'$ sein.

15 a) Stelle $f(x) = x^x$, $(x \in \mathbb{R}^+)$ in der Form $f(x) = e^{g(x)}$ dar. Ermittle damit f′(x) sowie das globale Minimum von f.
b) Zeige, daß das Schaubild von f keinen Wendepunkt hat.
c) Bestimme $\lim\limits_{x \to 0} f(x)$. Zeichne das Schaubild von f.

16 Gegeben ist die Integralfunktion f mit $f(x) = \int\limits_e^x \frac{1}{t \ln t}\, dt$, $x \in]1; +\infty[$.
a) Untersuche f auf Nullstellen, Monotonie, Extrem- und Wendestellen.
b) Untersuche entsprechend die Funktion g mit $g(x) = \int\limits_{\frac{1}{e}}^x \frac{1}{t \ln t}\, dt$, $x \in]0; 1[$.
c) Zeige, daß sich sowohl f als auch g in der Form $x \longmapsto \ln|\ln x|$ darstellen läßt. Zeichne ein Schaubild der Funktion $F: x \longmapsto \ln|\ln x|$ für $x \in \mathbb{R}^+ \setminus \{1\}$.

17 Für jedes $t \in \mathbb{R}^+$ ist eine Funktion f_t gegeben durch $f_t(x) = txe^{-t^2x^2}$. Das Schaubild von f_t sei K_t.
a) Untersuche K_t auf Symmetrie, Schnittpunkte mit der x-Achse, Asymptoten, Extrem- und Wendepunkte. Zeichne K_1 und $K_{\frac{1}{2}}$ (LE = 2 cm).
b) Bestimme den geometrischen Ort der Extrempunkte sowie den geometrischen Ort der Wendepunkte aller Kurven K_t.
c) Zeige: Es gibt zwei Punkte P und Q so, daß jede Wendetangente einer Kurve K_t entweder durch P oder durch Q geht. Gib die Koordinaten von P und Q an.

18 Durch $f_t(x) = \frac{te^x}{t + e^x}$ ist für jedes $t \in \mathbb{R}^+$ eine Funktion f_t gegeben. Ihr Schaubild sei K_t.
a) Untersuche f_t auf Monotonie, Verhalten für $x \to +\infty$ und $x \to -\infty$ sowie Wendestellen. Zeichne K_1 und K_3 im gleichen Koordinatensystem (LE = 1 cm).
b) Zeige, daß K_t zum Wendepunkt symmetrisch ist.
c) Die Wendetangente von K_t schneide die y-Achse in $P(0|c)$. Welche Werte nimmt c an, wenn t die positiven reellen Zahlen durchläuft? Für welchen Wert $t^* \in \mathbb{R}^+$ geht die Wendetangente durch den Ursprung?

19 Zu jedem $t \in \mathbb{R}$ gehört eine Kurve K_t: $y = e^{tx - \frac{1}{2}x^2}$.
a) Untersuche K_t. Zeige: K_t ist symmetrisch zur Geraden mit der Gleichung $x = x_H$, wenn x_H die Abszisse des Hochpunkts ist. Zeichne K_0 und K_2.
b) Bestimme die Anzahl der Tangenten vom Ursprung an K_t in Abhängigkeit von t.
c) Durch welche Punkte der x-Achse gibt es keine Tangenten an die Kurve K_t?

20 a) Welche Kurven mit einer Gleichung der Form $y = ax(b - \ln x)$ schneiden die x-Achse unter einem Winkel von 135°?
b) Zeige: Jede der in a) ermittelten Kurven K_b geht aus der Kurve K_0: $y = -x \ln x$ durch eine zentrische Streckung hervor. Zeichne K_0 und K_1.
c) Was folgt aus b) für die Hochpunkte aller Kurven K_b? Was folgt für die Winkel, unter denen eine gegebene Ursprungsgerade die Kurven K_b schneidet?
d) Die Kurve K_0 schließt mit der x-Achse eine Fläche ein. Welche der Kurven K_b halbiert diese Fläche?
(Anleitung: Verwende b).)

Flächen- und Rauminhalte

21 Das Schaubild der Funktion $f: x \longmapsto x + e^{-x}$, seine Asymptote sowie die Geraden mit den Gleichungen $x = a$ und $x = b$, $(b > a)$ schließen eine Fläche ein. Ihr Inhalt sei A.

a) Skizziere das Schaubild von f und seine Asymptote.

b) Berechne A in Abhängigkeit von a und b. Gegen welchen Grenzwert g strebt A für $a = 0$ und $b \to +\infty$? Wie ist b im Falle $a = 0$ zu wählen, um den Flächeninhalt $\frac{1}{2}g$ ($\frac{3}{4}g$; 0,99g) zu erhalten?

c) Für welchen Wert von a strebt A für $b \to +\infty$ gegen den Grenzwert 2?

22 Eine Fläche wird vom Schaubild der Funktion f mit $f(x) = \frac{1 - e^{-x}}{e^x}$, seiner Wendetangente und der x-Achse begrenzt.

a) Berechne den Inhalt dieser Fläche.

b) Die Fläche rotiere um die x-Achse. Wie groß ist der Rauminhalt des Drehkörpers?

23 a) Berechne den Inhalt der von den Schaubildern der Funktionen $f: x \longmapsto 2e^x$ und $g: x \longmapsto 5 - 2e^{-x}$ eingeschlossenen Fläche.

b) Wie groß ist der Rauminhalt des Ringes, der entsteht, wenn die in a) betrachtete Fläche um die x-Achse rotiert?

c) Weise nach, daß die in a) genannte Fläche einen „Mittelpunkt" M hat.
(Anleitung: Weise nach, daß die Berandung der Fläche punktsymmetrisch ist.)

d) Zeige: Multipliziert man den Inhalt dieser Fläche mit der Länge des Weges, den M bei der Rotation um die x-Achse zurücklegt, so ergibt sich das in b) berechnete Volumen.

24 a) Berechne den Inhalt der vom Schaubild K der Funktion $f: x \longmapsto \ln x$, den Koordinatenachsen und der Geraden mit der Gleichung $y = 1$ begrenzten Fläche.
(Anleitung: Verwende die Umkehrfunktion $\bar{f}$ von f.)

b) Was folgt aus a) für den Inhalt der Fläche, die von K, der x-Achse und der Geraden mit der Gleichung $x = e$ begrenzt wird?

c) Die in a) betrachtete Fläche rotiere um die y-Achse. Wie groß ist das Volumen des dabei entstehenden Drehkörpers?

d) Zeige, daß die Funktion F mit $F(x) = x \cdot \ln x - x$ eine Stammfunktion von f ist. Bestätige damit das Ergebnis von Teilaufgabe b).

Extremwerte

25 Für welches $t \in \mathbb{R}^+$ wird der Inhalt der Fläche zwischen der Kurve $K: y = tx + \frac{1}{tx}$ und der x-Achse über dem Intervall [1;2] minimal? Wie groß ist dieser Inhalt mindestens (3 Dezimalen)?

26 Der Punkt $P(u|v)$ mit $1 \leqq u \leqq 3$ liege auf dem Schaubild der Funktion $f: x \longmapsto e^x$. Das Schaubild von f, die Parallele zur x-Achse durch P sowie die Geraden mit den Gleichungen $x = 1$ und $x = 3$ begrenzen eine Fläche. Für welchen Wert von u wird der Inhalt dieser Fläche ein Extremum? Gib das Extremum an. Zeige, daß es sich um ein Minimum handelt. Für welchen Wert $u \in [1;3]$ wird der betrachtete Flächeninhalt maximal? Wie groß kann er höchstens werden?

27 Für jedes $t \in \mathbb{R}$ ist eine Funktion f_t gegeben durch $f_t(x) = \frac{t + \ln x}{x}$. Ihr Schaubild sei K_t.

a) Untersuche K_t auf Asymptoten, Schnittpunkte mit der x-Achse, Extrem- und Wendepunkte. Zeichne K_0 und K_2.

b) Die Gerade mit der Gleichung $x = 1$ schneide K_t in P_t und K_{t^*} in P_{t^*} $(t < t^*)$. Der Punkt Q sei Schnittpunkt der Kurventangenten in P_t und P_{t^*}. Zeige, daß die Koordinaten des Punktes Q von t und t^* unabhängig sind.

c) Die Punkte P_t, P_{t^*} und Q sind Eckpunkte eines Dreiecks. Welche Beziehung besteht zwischen t und t^*, wenn dieses Dreieck bei Q einen rechten Winkel hat? Für welche Werte von t und t^* wird der Inhalt dieses rechtwinkligen Dreiecks minimal?

X Weiterführung der Integralrechnung

Für die Integralrechnung ist das Ermitteln von Stammfunktionen von vergleichbarer Bedeutung wie das Ermitteln von Ableitungen in der Differentialrechnung. Dort haben wir die Ableitungen einiger Grundfunktionen durch Grenzwertbetrachtungen ermittelt; danach erhielten wir die Ableitungen zusammengesetzter Funktionen ohne erneute Grenzwertbetrachtungen mittels **allgemeiner Ableitungsregeln** (Summenregel, Produktregel, Quotientenregel, Kettenregel). Entsprechend gibt es auch in der Integralrechnung **allgemeine Integrationsregeln**; mit ihrer Hilfe kann man bei vielen zusammengesetzten Funktionen eine Stammfunktion ermitteln, wenn die Stammfunktionen der „Teilfunktionen" bekannt sind.

64 Integration durch Substitution[1]

64.1 Umkehrung der Kettenregel

1 Welche allgemeinen (d. h. für alle Funktionen gültigen) Integrationsregeln haben wir bisher kennengelernt?

Für die Ableitung einer verketteten Funktion F mit $F(x) = u(v(x))$ gilt nach der Kettenregel der Differentialrechnung $F'(x) = u'(v(x)) \cdot v'(x)$.
Somit ist in diesem Fall (sofern die Definitionsmengen der auftretenden Funktionen Intervalle sind) die Funktion $x \mapsto u(v(x))$ eine Stammfunktion von $x \mapsto u'(v(x)) \cdot v'(x)$.
Dies zeigt: Ist eine gegebene Funktion f von der Form

$$f(x) = g(v(x)) \cdot v'(x)$$

und ist G eine Stammfunktion der Funktion g, dann ist die Funktion F mit

$$F(x) = G(v(x))$$

eine Stammfunktion von f. Man gelangt dann also zu einer Stammfunktion von f, indem man für die (einfachere) Funktion $v \mapsto g(v)$ eine Stammfunktion G ermittelt und im Ergebnis v durch v(x) ersetzt.

Satz 1: Es sei $f(x) = g(v(x)) \cdot v'(x)$ und G eine Stammfunktion von g. Dann ist F mit

$$\mathbf{F(x) = G(v(x))}$$

eine Stammfunktion von f.

Beispiel 1: (Ermitteln einer Stammfunktion)
Um eine Stammfunktion F der Funktion f mit $f(x) = 2x\sqrt{x^2+1}$ zu ermitteln, setzen („substituieren") wir $v(x) = x^2 + 1$ und erhalten $f(x) = \sqrt{v(x)} \cdot v'(x)$. Somit ist in diesem Fall $g(v) = \sqrt{v}$ und $G(v) = \frac{2}{3}v^{\frac{3}{2}}$, also

$$F(x) = G(v(x)) = \frac{2}{3}(x^2+1)\sqrt{x^2+1}.$$

1. substituere (lat.): ersetzen

Bei der Berechnung von Integralen $\int_a^b f(x)\,dx$ einer Funktion f von der Form $f(x)=g(v(x))\cdot v'(x)$ kann anstelle von $G(v(x))$ auch $G(v)$ verwendet werden, wenn man die Grenzen $x=a$ und $x=b$ durch $v=v(a)$ bzw. $v=v(b)$ ersetzt.

Satz 1*: $$\int_a^b g(v(x))v'(x)\,dx=\int_{v(a)}^{v(b)} g(v)\,dv$$

Beispiel 2: (Berechnung eines Integrals)

Um $I=\int_0^1 \frac{2x}{x^2+1}\,dx$ zu berechnen, setzen wir $v(x)=x^2+1$. Dann ist $v'(x)=2x$ und

$$I=\int_0^1 \frac{1}{v(x)}\cdot v'(x)\,dx=\int_{v(0)}^{v(1)} \frac{1}{v}\,dv=\Big[\ln|v|\Big]_1^2=\ln 2.$$

Bemerkung: Die Umrechnung der Grenzen läßt sich vermeiden, wenn man im Term $\ln|v|$ die Variable v wieder in x ausdrückt.

Das in Beispiel 2 ermittelte Integral ist von der Form $\int_a^b \frac{v'(x)}{v(x)}\,dx$. Solche Integrale treten im folgenden häufig auf. Wir halten deshalb fest:

$$\int_a^b \frac{v'(x)}{v(x)}\,dx=\Big[\ln|v(x)|\Big]_a^b$$

2 Berechne: a) $\int_{-1}^1 3(3x-1)^4\,dx$ b) $\int_0^1 3x^2\sqrt{x^3+1}\,dx$ c) $\int_0^1 \frac{-2x}{3-x^2}\,dx.$

64.2 Praxis des Substituierens

3 Zeige, daß sich das Integral $\int_0^1 (1+3x)^4\,dx$ auf die Form $c\cdot\int_0^1 g(v(x))v'(x)\,dx$ bringen läßt. Berechne das Integral.

Integrale sind nur in seltenen Fällen unmittelbar von der Form $\int_a^b g(v(x))v'(x)\,dx$; viele lassen sich jedoch durch Umformung auf diese Form bringen. Ist z. B. $v(x)=mx+c$, so gilt wegen $v'(x)=m$

$$\int_a^b g(v(x))\,dx=\frac{1}{m}\int_a^b g(v(x))v'(x)\,dx.$$

Solche Umformungen werden sehr erleichtert, wenn man beachtet, daß in Satz 1* an die Stelle von $v'(x)\,dx$ das Differential dv tritt. Dies entspricht der Schreibweise

$$\frac{dv}{dx} = v'(x) \qquad \text{bzw.} \qquad dv = v'(x)\,dx \qquad \text{(vgl. S. 100)}$$

und zeigt im nachhinein, weshalb in der Integralschreibweise das Differential mitgeführt wird: Dadurch läßt sich das Umschreiben auf eine neue Variable durch formales Rechnen mit Differentialen bewerkstelligen.

Beim Übergang von der Integrationsvariablen x zu einer anderen Variablen v gilt für das Umrechnen der Differentiale

$$\mathbf{\frac{dv}{dx} = v'(x)} \qquad \text{bzw.} \qquad \mathbf{dv = v'(x)\,dx}.$$

Beispiel 3: (Lineare Substitution; vgl. S. 199, Satz 2 c))

a) Zur Berechnung des Integrals $\int_0^1 (1-5x)^3\,dx$ setzen wir $v(x) = 1-5x$. Danach ist noch das Differential dx in v auszudrücken. Aus $v'(x) = \frac{dv}{dx} = -5$ folgt $dx = -\frac{1}{5}dv$ und somit

$$\int_0^1 (1-5x)^3\,dx = -\frac{1}{5}\int_1^{-4} v^3\,dv = \left[-\frac{1}{20}v^4\right]_1^{-4} = -12{,}75.$$

b) Um $\int_0^1 \frac{x}{2-x}\,dx$ zu berechnen, setzen wir $v(x) = 2-x$. Dann ist $\frac{dv}{dx} = -1$, also $dx = -dv$ und mit $x = 2-v$ folgt

$$\int_0^1 \frac{x}{2-x}\,dx = -\int_2^1 \frac{2-v}{v}\,dv = -\int_2^1 \left(\frac{2}{v}-1\right)dv = -\Big[2\ln|v| - v\Big]_2^1 = 2\ln 2 - 1.$$

Beispiel 4: (Nichtlineare Substitution)

a) $\int_0^1 \frac{x}{\sqrt{1+x^2}}\,dx$ Substitution: $v(x) = 1+x^2$; $\frac{dv}{dx} = 2x$; $x\,dx = \frac{1}{2}dv$

$$= \int_1^2 \frac{1}{2\sqrt{v}}\,dv = \Big[\sqrt{v}\Big]_1^2 = \sqrt{2} - 1 \approx 0{,}41$$

b) $\int_{-2}^{-3} \frac{x^2}{2+x^3}\,dx$ Substitution: $v(x) = 2+x^3$; $\frac{dv}{dx} = 3x^2$; $x^2dx = \frac{1}{3}dv$

$$= \frac{1}{3}\int_{-6}^{-25} \frac{1}{v}\,dv = \frac{1}{3}\Big[\ln|v|\Big]_{-6}^{-25} = \frac{1}{3}(\ln 25 - \ln 6) = \frac{1}{3}\ln\frac{25}{6} \approx 0{,}48$$

Merke: Beim Substituieren achten wir darauf, ob im Integranden ein Term vorkommt, dessen Ableitung (evtl. bis auf einen konstanten Faktor) ebenfalls vorhanden ist. Es ist dann ratsam, den Term gleich $v(x)$ zu setzen.

Beispiel 5: (Integralschreibweise bei Stammfunktionen)
Will man mit der Substitutionsmethode nicht ein Integral berechnen, sondern lediglich zu einer gegebenen Funktion f eine Stammfunktion F ermitteln, dann ist es bequem, für diese Stammfunktion

$$\int f(x)\,dx \quad \text{(ohne Grenzen) zu schreiben.}$$

Z. B. für $f(x) = (1+2x)^3$ ergibt sich dann mit $v(x) = 1+2x$

$$\int (1+2x)^3\,dx = \frac{1}{2}\int v^3\,dv = \frac{1}{8}v^4 = \frac{1}{8}(1+2x)^4.$$

Bemerkung: Mit $\int f(x)\,dx = F(x)$ soll nichts weiter gesagt sein, als daß F eine Stammfunktion von f ist; in Beispiel 5 gilt also ebenso $\int (1+2x)^3\,dx = \frac{1}{8}(1+2x)^4 + 1$.
Im Anschluß an diese Schreibweise nennt man jede Stammfunktion von f auch ein „unbestimmtes Integral" von f und – im Unterschied dazu – das Integral $\int\limits_a^b f(x)\,dx$ auch ein „bestimmtes" Integral.

4 Berechne: a) $\int\limits_0^1 e^{-\frac{1}{2}x}\,dx$ b) $\int\limits_0^{\frac{\pi}{2}} \sin 3x\,dx$ c) $\int\limits_0^1 \frac{x}{1+3x^2}\,dx$.

Aufgaben

5 Berechne die folgenden Integrale.

a) $\int\limits_0^1 (1-2x)^2\,dx$ b) $\int\limits_1^2 (3t+5)^3\,dt$ c) $\int\limits_{-1}^0 \left(\frac{2-4x}{3}\right)^3 dx$ d) $\int\limits_0^2 2\left(\frac{1}{2}-t\right)^3 dt$ e) $\int\limits_a^b (px+q)^4\,dx$

6 a) $\int\limits_1^2 \sqrt{2x-1}\,dx$ b) $\int\limits_0^1 \sqrt{2+3t}\,dt$ c) $\int\limits_0^2 \sqrt{4-r}\,dr$ d) $\int\limits_0^1 \sqrt[3]{8-7x}\,dx$ e) $\int\limits_a^b \sqrt{px+q}\,dx$

7 a) $\int\limits_0^1 e^{2x-1}\,dx$ b) $\int\limits_{-2}^0 e^{1-3t}\,dt$ c) $\int\limits_{-1}^1 3e^{-4x}\,dx$ d) $\int\limits_1^{\ln 2} \sqrt{e^{-x}}\,dx$ e) $\int\limits_a^b ce^{-kx}\,dx$

8 a) $\int\limits_0^{\pi} \cos 2x\,dx$ b) $\int\limits_0^1 \sin(-\frac{\pi}{2}t)\,dt$ c) $\int\limits_{-1}^0 \cos(1-\frac{\pi}{2}x)\,dx$ d) $\int\limits_0^{\pi} 3\sin 2(1-x)\,dx$ e) $\int\limits_a^b \cos(cx+d)\,dx$

9 Ermittle eine Stammfunktion (vgl. Beispiel 5).

a) $\int \frac{1}{1+2x}\,dx$ b) $\int \frac{2}{1-x}\,dx$ c) $\int \frac{x}{3-x}\,dx$ d) $\int \frac{1+x}{(1-x)^2}\,dx$ e) $\int x\sqrt{1+x}\,dx$

f) $\int x\sqrt[3]{2-x}\,dx$ g) $\int \frac{1}{\sqrt{1+2x}}\,dx$ h) $\int \frac{x}{\sqrt{1-3x}}\,dx$ i) $\int \frac{2x+1}{\sqrt{1+3x}}\,dx$ j) $\int \frac{1+x^2}{\sqrt{1+x}}\,dx$

10 a) $\int x(1+x^2)^3\,dx$ b) $\int (2-3t^2)^4\,t\,dt$ c) $\int x\sqrt{1+x^2}\,dx$ d) $\int 3x\sqrt[3]{4-2x^2}\,dx$ e) $\int x\sqrt{x+1}\sqrt{x-1}\,dx$

11 a) $\int \frac{x}{(1+x^2)^3}\,dx$ b) $\int \frac{3x}{\sqrt{4-x^2}}\,dx$ c) $\int \frac{x}{\sqrt[3]{1+x^2}}\,dx$ d) $\int \frac{x^2}{\sqrt{1+x^3}}\,dx$ e) $\int \frac{t^3}{\sqrt{1+t^4}}\,dt$

12 a) $\int xe^{x^2}\,dx$ b) $\int xe^{-x^2}\,dx$ c) $\int xe^{1-3x^2}\,dx$ d) $\int \frac{1}{\sqrt{x}}e^{\sqrt{x}}\,dx$ e) $\int x^{-2}e^{\frac{1}{x}}\,dx$

13 a) $\int \frac{1}{x}\ln x\,dx$ b) $\int \frac{1}{x}(\ln x)^2\,dx$ c) $\int \frac{1}{x}\sqrt{\ln x}\,dx$ d) $\int \frac{1}{x\ln x}dx$ e) $\int \frac{\ln 2x}{x}dx$

14 a) $\int x\sin x^2\,dx$ b) $\int x\cos \frac{\pi}{2}x^2\,dx$ c) $\int x\sin(\frac{\pi}{2}x)^2\,dx$ d) $\int t\sin(\frac{\pi}{2}-t^2)\,dt$ e) $\int \frac{1}{\sqrt{x}}\cos\sqrt{x}\,dx$

15 a) $\int \sin x\cos x\,dx$ b) $\int \sin^2 x\cos x\,dx$ c) $\int \frac{\cos x}{\sin x}dx$ d) $\int \tan x\,dx$

16 a) $\int \frac{1+e^{-x}}{e^{2x}}dx$ b) $\int \frac{e^x}{1+e^x}dx$ c) $\int \frac{2e^{-2x}}{1+e^{-2x}}dx$ d) $\int \frac{e^x-e^{-x}}{e^x+e^{-x}}dx$

17 a) $\int \frac{e^x+e^{-x}}{1+e^x}dx$ b) $\int \frac{1+\ln x}{x-x\ln x}dx$ c) $\int \sin^3 x\,dx$ d) $\int \sin^2 x\,dx$
(Anleitung zu c), d): $\sin^2 x+\cos^2 x=1$; $\cos^2 x-\sin^2 x=\cos 2x$)

18 Berechne $\int\limits_0^{\ln 5} \frac{e^{2x}}{\sqrt{e^x+1}}dx$ auf zweierlei Weise:
a) mit Hilfe der Substitution $u(x)=e^x+1$;
b) mit Hilfe der Substitution $v(x)=\sqrt{e^x+1}$.

19 a) Zeichne ein Schaubild der Funktion f mit $f(x)=\frac{x}{\sqrt{1+x^2}}$.
b) Berechne den Inhalt der Fläche im 1. Feld, die vom Schaubild von f, einer Asymptote und den Geraden mit den Gleichungen $x=0$ und $x=z$, $(z>0)$ begrenzt wird.
c) Untersuche, ob der berechnete Flächeninhalt für $z\to+\infty$ einen Grenzwert hat.

20 Gegeben ist die Funktion f mit $f(x)=e^x\sqrt{1+e^x}$
a) Skizziere das Schaubild K von f.
b) Berechne den Inhalt der Fläche, die von K, der x-Achse sowie den Geraden mit den Gleichungen $x=a$ und $x=b$, $(b>a)$ begrenzt wird. Bestimme den Grenzwert A(b) dieses Inhaltes für $a\to-\infty$. Für welchen Wert von b halbiert die y-Achse die Fläche mit dem Inhalt A(b)?
c) Die von K, der x-Achse sowie den Geraden mit den Gleichungen $x=a$, $(a<0)$ und $x=0$ begrenzte Fläche rotiere um die x-Achse. Berechne den Rauminhalt V(a) des entstehenden Drehkörpers sowie $\lim\limits_{a\to-\infty} V(a)$.

64.3 Substituieren der Integrationsvariablen

21 a) Bestimme für f mit $f(x)=\frac{1}{x}\ln x$ eine Stammfunktion F mittels der Substitution $v(x)=\ln x$.
b) Mit $v=\ln x$ gilt $x=e^v$. Drücke in $\int \frac{1}{x}\ln x\,dx$ den Integranden $\frac{1}{x}\ln x$ und das Differential dx mittels $x=e^v$ in v aus. Vergleiche mit dem Ergebnis in a).

Bisher haben wir das Substitutionsverfahren so durchgeführt, wie es die Gleichung

$$\int\limits_{x=a}^{x=b} g(v(x))v'(x)\,dx=\int\limits_{v(a)}^{v(b)} g(v)\,dv$$

vorschreibt, wenn man sie von links nach rechts liest. Liest man diese Gleichung umgekehrt von rechts nach links, so besagt sie:

Bei einem Integral $\int\limits_c^d g(v)\,dv$ darf man (unter gewissen Voraussetzungen) die Integrationsvariable v durch einen Funktionsterm v(x) in der neuen Variablen x ersetzen (substituieren), wenn man gleichzeitig auch das Differential dv und die Grenzen c und d in x ausdrückt. Wir verfolgen das Vorgehen an zwei Beispielen (wobei wir die Integrationsvariablen in Beispiel 6 der obigen Gleichung entsprechend wählen).

Beispiel 6: (Substituieren der Integrationsvariablen)

Das Integral $I = \int_{\frac{1}{2}}^{\frac{1}{2}\sqrt{2}} \frac{1}{v^2\sqrt{1-v^2}}\,dv$ läßt sich durch Substitution wie in 63.2 nicht vereinfachen. Dies gelingt jedoch, wenn wir beachten, daß $\sin x = \sqrt{1-\cos^2 x}$ gilt für $x \in [0;\pi]$. Setzen wir nämlich $v(x) = \cos x$, somit $dv = -\sin x\,dx$, so ergibt sich in der Variablen x der Integrand $\frac{-\sin x}{\cos^2 x \cdot \sin x} = -\frac{1}{\cos^2 x}$.

Schließlich können wir auch die Integrationsgrenzen in x angeben: Aus $\frac{1}{2} = \cos x$ folgt $x_1 = \frac{\pi}{3}$, aus $\frac{1}{2}\sqrt{2} = \cos x$ folgt $x_2 = \frac{\pi}{4}$. Damit erhalten wir

$$I = \int_{\frac{1}{2}}^{\frac{1}{2}\sqrt{2}} \frac{1}{v^2\sqrt{1-v^2}}\,dv = -\int_{\frac{\pi}{3}}^{\frac{\pi}{4}} \frac{1}{\cos^2 x}\,dx = -\Big[\tan x\Big]_{\frac{\pi}{3}}^{\frac{\pi}{4}} = \sqrt{3} - 1.$$

Beispiel 7: (Andere Variablen; Schrittfolge)

$I = \int_0^{\frac{1}{2}} \frac{1}{\sqrt{1-x^2}}\,dx$ Substitution: $x(t) = \cos t$

Umrechnung des Differentials: $dx = -\sin t\,dt$

Umrechnung der Grenzen: Aus $0 = \cos t$ folgt $t_1 = \frac{\pi}{2}$,

aus $\frac{1}{2} = \cos t$ folgt $t_2 = \frac{\pi}{3}$.

Umrechnung des Integranden: $\frac{1}{\sqrt{1-x^2}} = \frac{1}{\sin t}$

$$I = \int_{\frac{\pi}{2}}^{\frac{\pi}{3}} \frac{-\sin t}{\sin t}\,dt = \int_{\frac{\pi}{2}}^{\frac{\pi}{3}} (-1)\,dt = \Big[-t\Big]_{\frac{\pi}{2}}^{\frac{\pi}{3}} = \frac{\pi}{6}$$

Die Beispiele zeigen, daß es Integrale $\int_a^b f(x)\,dx$ gibt, die bei geschickter Substitution der Integrationsvariablen in einfachere Integrale übergehen. Dabei genügt es, daß die verwendete Funktion $t \mapsto x(t)$ differenzierbar ist und x(t) das Intervall [a;b] streng monoton durchläuft, wenn t ein Intervall $[t_1;t_2]$ streng monoton durchläuft. Die Funktion $t \mapsto x(t)$ hat dann eine Umkehrfunktion $\bar{x}$ und es gilt:

$$\int_a^b f(x)\,dx = \int_{\bar{x}(a)}^{\bar{x}(b)} f(x(t))x'(t)\,dt.$$

Beispiel 8: (Rotation um die y-Achse)

a) Wenn die in Fig. 283.1 schraffierte Fläche um die y-Achse rotiert, so entsteht ein Drehkörper mit dem Rauminhalt

$$V=\pi\int_a^b\left[\bar{f}(y)\right]^2 dy;\quad \begin{matrix}0\leqq\bar{f}(y)\leqq 1\\ a=0;\ b=2\end{matrix}$$

(vgl. S. 246, Aufgabe 12).

Im vorliegenden Fall ist $f(x)=3x-x^3$, so daß wir $\bar{f}(y)$ nicht angeben und daher V nicht wie gewohnt berechnen können. Ersetzen wir jedoch y durch $f(x)=3x-x^3$, so folgt

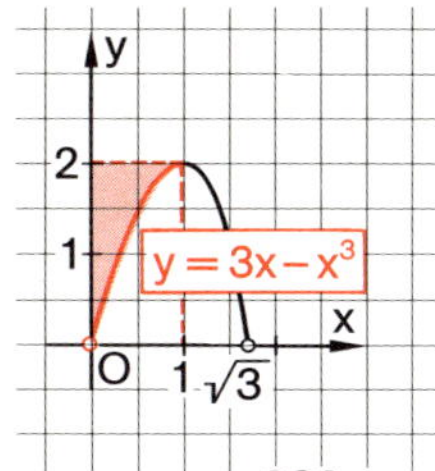

283.1

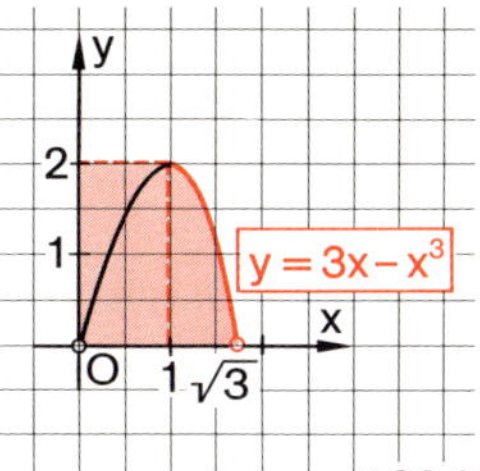

283.2

$$V=\pi\int_{\bar{f}(a)}^{\bar{f}(b)}\left[\bar{f}(f(x))\right]^2 f'(x)\,dx;\ 0\leqq x\leqq 1$$

$$V=\pi\int_{\bar{f}(a)}^{\bar{f}(b)} x^2 f'(x)\,dx=\pi\int_0^1 x^2(3-3x^2)\,dx=\pi\left[x^3-\frac{3}{5}x^5\right]_0^1=\frac{2}{5}\pi.$$

b) Entsprechend ergibt sich, wenn die in Fig. 283.2 schraffierte Fläche um die y-Achse rotiert:

$$V=\pi\int_{\sqrt{3}}^{1} x^2 f'(x)\,dx=\pi\int_{\sqrt{3}}^{1} x^2(3-3x^2)\,dx=\pi\left[x^3-\frac{3}{5}x^5\right]_{\sqrt{3}}^{1}=\frac{2}{5}(1+6\sqrt{3})\pi.$$

22 Berechne $\int_0^{\frac{1}{2}\sqrt{2}}\frac{x}{\sqrt{1-x^4}}\,dx$ mit Hilfe der Substitution $x(t)=\sqrt{\sin t}$.

Aufgaben

23 Berechne das folgende Integral mit Hilfe der angegebenen Substitution.

a) $\int_0^1 e^x\sqrt{e^x+1}\,dx;\ x(t)=\ln t$ b) $\int_1^2\sqrt{e^{3x}+e^{2x}}\,dx;\ x(t)=\ln t$ c) $\int_1^3\frac{1}{x}\ln x^2\,dx;\ x(t)=e^t$

d) $\int_1^2\frac{1+\ln x}{x(1-\ln x)}\,dx;\ x(t)=e^t$ e) $\int_0^1\frac{1}{1+\sqrt{x}}\,dx;\ x(t)=t^2$ f) $\int_1^3\frac{1}{x+\sqrt{x}}\,dx;\ x(t)=t^2$

g) $\int_0^1\frac{1}{\sqrt{4-x^2}}\,dx;\ x(t)=2\sin t$ h) $\int_0^{\frac{1}{2}}\frac{1}{\sqrt{1-2x^2}}\,dx;\ x(t)=\frac{1}{\sqrt{2}}\cos t$

24 Berechne das folgende Integral mittels einer geeigneten Substitution der Integrationsvariablen.

a) $\int_1^e\frac{(\ln x)^2}{x}\,dx$ b) $\int_0^1\frac{1}{\sqrt{2-x^2}}\,dx$ c) $\int_0^{0,5}\frac{1}{\sqrt{4-4x^2}}\,dx$

d) $\int_0^1\frac{1}{\sqrt{4-2x^2}}\,dx$ e) $\int_0^1\frac{\sqrt{x}}{1+\sqrt{x}}\,dx$ f) $\int_1^4\frac{1-\sqrt{x}}{1+\sqrt{x}}\,dx$

g) $\int_0^{\ln 2}\frac{e^{2x}}{e^x+1}\,dx$ h) $\int_0^3\frac{x^3}{\sqrt{9-x^2}}\,dx$ i) $\int_1^2\frac{2-\ln 2x}{x}\,dx$

25 Ermittle für die Funktion f mit $f(x)=x\sqrt{1-x^2}$ eine Stammfunktion

a) durch die Substitution $v(x)=1-x^2$ b) durch die Substitution $x(t)=\sqrt{t}$.

26 Ermittle mit Hilfe der angegebenen Substitution eine Stammfunktion.

a) $f(x)=\frac{1}{x^2\sqrt{1-x^2}}$; $x(t)=\frac{1}{t}$ b) $f(x)=\sqrt{1+x^2}$; $x(t)=\frac{1}{2}(e^t-e^{-t})$

c) $f(x)=\frac{1}{\sqrt{1+x^2}}$; $x(t)=\frac{1}{2}(e^t-e^{-t})$ d) $f(x)=\frac{1}{\sqrt{1+x^2}}$; $x(t)=\frac{t^2-1}{2t}$

27 a) Skizziere das Schaubild K der Funktion f mit $f(x)=\sqrt{2x}-x$.
b) Die Kurve K und die x-Achse schließen eine Fläche ein. Berechne ihren Inhalt.
c) Die in b) genannte Fläche rotiere um die x-Achse. Berechne den Rauminhalt des entstehenden Drehkörpers.
d) Die Kurve K, ihre Tangente im Hochpunkt und die y-Achse begrenzen eine Fläche. Wie groß ist der Rauminhalt des Drehkörpers, der entsteht, wenn diese Fläche um die y-Achse rotiert?
e) Die in b) berechnete Fläche rotiere um die y-Achse. Berechne (mit Hilfe des Ergebnisses in d)) den Rauminhalt des dabei entstehenden Drehkörpers. Wie läßt sich dieser Rauminhalt durch ein einziges Integral darstellen?

28 a) Das Schaubild K der Funktion $f: x \mapsto 4x^2-x^4$ begrenzt mit der Geraden g durch die Hochpunkte von K eine Fläche. Berechne den Rauminhalt V der „Mulde", die entsteht, wenn diese Fläche um die y-Achse rotiert.
b) Die Extrempunkte von K sind Ecken eines Dreieckes, das bei Rotation um die y-Achse einen Kegel erzeugt. Vergleiche den Inhalt dieses Kegels mit dem in a) berechneten Inhalt der Mulde.

29 a) Untersuche das Schaubild K der Funktion f mit $f(x)=\frac{e^x}{2e^x-1}$ auf Asymptoten. Zeichne K. Weise nach, daß K punktsymmetrisch ist.
b) Die x-Achse, K und die Geraden mit den Gleichungen $x=-1$ und $x=u$, $(u<-1)$ begrenzen eine Fläche. Berechne ihren Inhalt A(u). Wie verhält sich A(u) für $u \to -\infty$?
c) Die in b) berechnete Fläche mit dem Inhalt A(u) rotiere um die x-Achse. Berechne den Rauminhalt V(u) des entstehenden Drehkörpers. Untersuche V(u) für $u \to -\infty$.

30 a) Untersuche das Schaubild K der Funktion $f: x \mapsto \frac{1}{x^2}e^{\frac{1}{x}}$ auf Asymptoten und Extrempunkte. Zeichne ein Schaubild von f.
b) Berechne den Inhalt der Fläche, die von K, der x-Achse und den Geraden mit den Gleichungen $x=a$ und $x=b$ für $a<b<0$ begrenzt wird. Gegen welchen (von a abhängigen) Grenzwert g strebt der Flächeninhalt für $b \to 0$? Wie verhält sich g für $a \to -\infty$?
c) Untersuche, ob die uneigentlichen Integrale $\int_1^{+\infty} f(x)\,dx$ und $\int_0^1 f(x)\,dx$ existieren.

31 Ein anfahrender Personenzug hat nach t Sek die Geschwindigkeit (in m/Sek)

$$v(t)=25(1-e^{-0{,}01t}).$$

Berechne seine Geschwindigkeit nach 10 Sek (30 Sek; 1 min; 2 min; 3 min) in km/h. Wieviel km legt der Zug in den ersten 3 Minuten zurück?

32 Aus einem Wechselstrom entsteht mit Hilfe eines Gleichrichters ein pulsierender Gleichstrom mit der Stromstärke (in Ampere) $I(t)=I_{max}|\sin 100\pi t|$ (t in Sek; I_{max}: Maximalwert der Stromstärke). Berechne die mittlere Stromstärke des pulsierenden Gleichstroms.

33 Bei der Berechnung der Marsbahn stieß KEPLER 1609 auf ein Problem, das — in heutiger Ausdrucksweise — auf die Berechnung des Integrals $\int_{0^\circ}^{15^\circ} \sin\alpha\, d\alpha$ hinauslief. Berechne dieses Integral. (Anleitung: Beachte, daß α das Gradmaß eines Winkels bedeutet.)

65 Produktintegration

1 Berechne $f'(x)$ für $f(x) = x \cdot e^x$. Wie läßt sich daraus eine Stammfunktion der Funktion f bestimmen?

Um bei Produkttermen wie

$$x \cdot e^x; \quad x^2 \cdot e^{-x}; \quad x \cdot \ln x; \quad (\ln x)^2; \quad x \cdot \sin x$$

eine Stammfunktion zu ermitteln, greifen wir zunächst auf die Produktregel der Differentialrechnung zurück. Danach gilt bei Funktionen f mit $f(x) = u(x) \cdot v(x)$

$$f'(x) = u'(x) \cdot v(x) + u(x) \cdot v'(x).$$

Durch beidseitige Integration über ein Intervall [a;b] folgt hieraus

$$\int_a^b f'(x)\,dx = \int_a^b u'(x) \cdot v(x)\,dx + \int_a^b u(x) \cdot v'(x)\,dx \quad \text{oder}$$

$$\Big[u(x) \cdot v(x)\Big]_a^b = \int_a^b u'(x) \cdot v(x)\,dx + \int_a^b u(x) \cdot v'(x)\,dx. \qquad (*)$$

In vielen Fällen ist dabei eines der beiden Integrale der rechten Seite erheblich einfacher als das andere. Läßt sich z. B. das erste Integral berechnen, so kann man danach mit seiner Hilfe auch das zweite Integral ermitteln.

Beispiel 1: (Anwendung der Gleichung (∗))
Es sei $f(x) = x\sin x$. Mit $u(x) = x$, $v(x) = \sin x$ gilt für $a = 0$, $b = \pi$

$$\Big[x\sin x\Big]_0^\pi = \int_0^\pi \sin x\,dx + \int_0^\pi x\cos x\,dx, \quad \text{somit}$$

$$\int_0^\pi x\cos dx = \Big[x\sin x\Big]_0^\pi - \int_0^\pi \sin x\,dx = \Big[x\sin x + \cos x\Big]_0^\pi = -2.$$

Satz: Ist $f(x) = u(x) \cdot v(x)$, $x \in [a;b]$, und haben die Funktionen u und v in [a;b] stetige Ableitungen, so gilt

$$\boldsymbol{\int_a^b u(x) \cdot v'(x)\,dx = \Big[u(x) \cdot v(x)\Big]_a^b - \int_a^b u'(x) \cdot v(x)\,dx.}$$

Beispiel 2: (Anwendung des Satzes)

Um das Integral $\int_0^\pi x\sin x\,dx$ (vgl. Beispiel 1) zu berechnen, fassen wir im Produkt $x\sin x$ den zweiten Faktor als abgeleiteten Term $v'(x)$ auf und bestimmen zuerst $v(x)$. Aus $v'(x) = \sin x$ folgt $v(x) = -\cos x$ und somit nach dem obigen Satz

$$\int_0^\pi x\sin x\,dx = \Big[-x\cos x\,dx\Big]_0^\pi - \int_0^\pi -\cos x\,dx = \Big[-x\cos x + \sin x\Big]_0^\pi = \pi.$$

Beispiel 3: (Wahl von u und v′)

Gesucht: $I = \int_0^1 xe^x\,dx$

a) Wir wählen $u(x) = x$; $v'(x) = e^x$,
dann folgt $u'(x) = 1$; $v(x) = e^x$,

somit $I = \Big[xe^x\Big]_0^1 - \int_0^1 1 \cdot e^x\,dx$

$= \Big[xe^x - e^x\Big]_0^1 = 1.$

b) Wählen wir $u(x) = e^x$; $v'(x) = x$,
so folgt $u'(x) = e^x$; $v(x) = \frac{1}{2}x^2$

somit $I = \Big[e^x \cdot \frac{1}{2}x^2\Big]_0^1 - \int_0^1 e^x \cdot \frac{1}{2}x^2\,dx$;

diese Wahl von u und v′ erweist sich als ungeeignet.

Merke: Bei der Integration eines Produkts $u \cdot v'$ wählen wir die Faktoren so, daß das Produkt $u' \cdot v$ möglichst einfach wird.

Beispiel 4: (Stammfunktion von ln)
Durch Produktintegration läßt sich nun auch eine Stammfunktion der Funktion ln ermitteln. Wir schreiben $\ln x = (\ln x) \cdot 1$ und wählen $u(x) = \ln x$, $v'(x) = 1$; daraus folgt

$$\int \ln x\,dx = x \ln x - \int \frac{1}{x} \cdot x\,dx, \qquad \text{also} \qquad \boldsymbol{\int \ln x\,dx = x \ln x - x}.$$

Beispiel 5: (Wiederholte Produktintegration)
Für $x \mapsto x^2e^x$ ergibt sich mit $u(x) = x^2$, $v'(x) = e^x$: $\int x^2e^x\,dx = x^2e^x - 2\int xe^x\,dx$.
Wenden wir nun auf das verbleibende Integral der rechten Seite wiederum Produktintegration an, so folgt nach Beispiel 3 a): $\int x^2e^x\,dx = x^2e^x - 2(xe^x - e^x) = (x^2 - 2x + 2)e^x$.

Beispiel 6: (Produktintegration mit Termumformung)
Um für die Funktion $x \mapsto \sin^2 x$ eine Stammfunktion zu ermitteln, wählen wir $u(x) = \sin x$, $v'(x) = \sin x$. Dann ergibt sich

$$\int \sin^2 x\,dx = \sin x \cdot (-\cos x) - \int \cos x \cdot (-\cos x)\,dx = -\sin x \cos x + \int \cos^2 x\,dx.$$

Beachten wir nun $\cos^2 x = 1 - \sin^2 x$, so folgt

$$\int \sin^2 x\,dx = -\sin x \cos x + \int (1 - \sin^2 x)\,dx = -\sin x \cos x + x - \int \sin^2 x\,dx.$$

Diese Gleichung läßt sich nach dem gesuchten Integral auflösen:

$$2\int \sin^2 x\,dx = x - \sin x \cos x, \qquad \text{also} \qquad \boldsymbol{\int \sin^2 x\,dx = \frac{1}{2}(x - \sin x \cos x)}.$$

2 Berechne: a) $\int_0^{\pi} x \sin x\,dx$ b) $\int_0^1 xe^{2x}\,dx$ c) $\int_1^2 x^2 \ln x\,dx$.

Aufgaben

3 Berechne: a) $\int_1^e x \ln x\,dx$ b) $\int_0^{\frac{\pi}{2}} x \sin x\,dx$ c) $\int_0^{\pi} x \cos x\,dx$

d) $\int_0^1 (1 + x)e^x\,dx$ e) $\int_1^2 \frac{1}{x^2} \ln x\,dx$ f) $\int_0^{\frac{\pi}{4}} \frac{x}{\cos^2 x}\,dx$ g) $\int_1^e (\ln x)^2\,dx$.

4 a) $\int xe^{-x}\,dx$ b) $\int xe^{2x}\,dx$ c) $\int x \ln 3x\,dx$ d) $\int x \sin 2x\,dx$

e) $\int 3x \cos\left(\frac{\pi}{2} - x\right)dx$ f) $\int \frac{x - 1}{e^x}\,dx$ g) $\int x\sqrt{1 + 2x}\,dx$ h) $\int x^2 \ln 3x\,dx$

5 a) $\int x^2e^{-x}\,dx$ b) $\int x^2e^{\frac{1}{2}x}\,dx$ c) $\int x^2\sin x\,dx$ d) $\int x^2\cos x\,dx$

e) $\int x^3e^{-x}\,dx$ f) $\int (1-x)^2e^{-x}\,dx$ g) $\int t(\ln t)^2\,dt$ h) $\int z^2\sqrt{1+z}\,dz$

6 a) $\int \sin x\cos x\,dx$ b) $\int \frac{\tan x}{\cos^2 x}\,dx$ c) $\int e^x\sin x\,dx$ d) $\int \cos^2 x\,dx$

7 a) $\int \sin 2x\cos\frac{1}{2}x\,dx$ b) $\int e^{-x}\sin\frac{\pi}{2}x\,dx$ c) $\int \frac{\cos(\pi-x)}{e^{2x}}\,dx$ d) $\int (\sin\frac{\pi}{4}x)^2\,dx$

8 Berechne die folgenden Integrale. (Anleitung: Verwende die Substitution $x(t)=\sin t$.)

a) $\int_0^{\frac{1}{2}\sqrt{2}} \sqrt{1-x^2}\,dx$ b) $\int_0^{\frac{1}{2}\sqrt{2}} \frac{1}{\sqrt{1-x^2}}\,dx$ c) $\int_0^{\frac{1}{2}\sqrt{2}} \frac{x}{\sqrt{1-x^2}}\,dx$ d) $\int_0^{\frac{1}{2}\sqrt{2}} \frac{x^2}{\sqrt{1-x^2}}\,dx$

9 a) $\int e^{\sqrt{x}}\,dx$ b) $\int \frac{\ln(x+1)}{\sqrt{x+1}}\,dx$ c) $\int x^2\sqrt{2+3x}\,dx$ d) $\int \tan^2 x\,dx$

10 Berechne die folgenden uneigentlichen Integrale.

a) $\int_0^{+\infty} xe^{-x}\,dx$ b) $\int_{-1}^{0} \frac{x^2}{\sqrt{1-x^2}}\,dx$ c) $\int_1^{\sqrt{5}} \frac{x^2}{\sqrt{x^2-1}}\,dx$ d) $\int_1^{+\infty} \frac{(\ln x)^2}{x^2}\,dx$

11 Das Schaubild der Funktion f mit $f(x)=xe^{-x}$ teilt das Quadrat mit den Ecken $O(0|0)$, $A(1|0)$, $B(1|1)$, $C(0|1)$ in zwei Teilflächen.
In welchem Verhältnis stehen die Inhalte dieser Teilflächen?

12 a) Untersuche das Schaubild K der Funktion $f\colon x \longmapsto (\ln x)^2 - \ln x$ auf Schnittpunkte mit der x-Achse, Extrem- und Wendepunkte. Zeichne K.
b) Berechne den Inhalt der Fläche, die K mit der x-Achse einschließt.

13 Berechne den Inhalt der Fläche, die das Schaubild der Funktion f mit $f(x)=4\sin\sqrt{x}$ für $0 \leqq x \leqq \pi^2$ mit der x-Achse einschließt.
In welchem Verhältnis teilt die Parallele zur y-Achse durch den Hochpunkt des Schaubildes diese Fläche?

14 a) Das Schaubild der Funktion f mit $f(x)=e^{\sqrt{x}}$, die x-Achse und die Geraden mit den Gleichungen $x=0$ und $x=1$ begrenzen eine Fläche. Berechne ihren Inhalt.
b) Wie groß ist der Rauminhalt des Drehkörpers, der entsteht, wenn die in a) berechnete Fläche um die x-Achse (um die y-Achse) rotiert?

15 Das Schaubild K der Funktion f mit $f(x)=(\ln x)^2$ hat mit der Geraden $g\colon y=1$ zwei Schnittpunkte S_1 und S_2. Wenn das Kurvenstück von K zwischen S_1 und S_2 um die y-Achse rotiert, entsteht eine kreisförmige Rinne.
Wieviel Liter faßt diese Rinne, wenn als LE 1 dm angenommen wird?

16 Fig. 287.1 zeigt ein drehsymmetrisches Werkstück aus Eisen (Wichte $\gamma=7{,}73\ \mathrm{cN/cm^3}$). Bei einem ebenen Schnitt orthogonal zur Symmetrieachse ist die Schnittfläche kreisförmig. Wird der Schnitt im Abstand h (in dm) von der größeren der beiden ebenen Begrenzungsflächen geführt, so hat der Schnittkreis den Radius $r=2^{1-\sqrt{h}}$ (in dm).
Welches Gewicht (in N) hat das Werkstück?
(Anleitung: Führe ein geeignetes Koordinatensystem ein. Runde auf 1 Dezimale.)

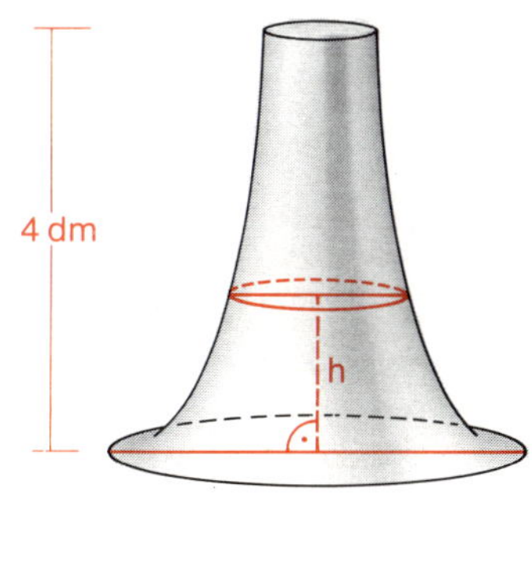

287.1

66 Vermischte Aufgaben

Flächen- und Rauminhalte

1 Wie groß ist der Inhalt der Fläche zwischen dem Schaubild K der Funktion f mit $f(x)=\frac{6x}{1+x^2}$ und der Geraden durch die Wendepunkte von K?

2 Berechne den Inhalt der Fläche, die das Schaubild der Funktion f mit $f(x)=\frac{x(x^2-3{,}5)}{x^2+1}$ und die Parallele zur x-Achse durch den Tiefpunkt des Schaubildes einschließen.

3 Gegeben ist die Funktion $f\colon x \longmapsto \frac{3x}{x^2+1}$. Lege im 1. Feld eine Sehne so in das Schaubild von f, daß die Sehne zur x-Achse parallel ist und die Länge 2 hat. Wie groß ist die Fläche, welche diese Sehne mit dem Schaubild einschließt?

4 a) Der im 1. und 2. Feld gelegene Bogen des Kreises mit dem Radius a um den Ursprung ist Schaubild einer Funktion f. Gib f(x) an. Berechne mit Hilfe von f den Flächeninhalt des Kreises.

b) Eine zu den Koordinatenachsen symmetrische Ellipse mit den Halbachsen a und b (Fig. 288.1) hat die Gleichung

$$\frac{x^2}{a^2}+\frac{y^2}{b^2}=1.$$

Berechne den Flächeninhalt der Ellipse. Was ergibt sich für $b=a$?

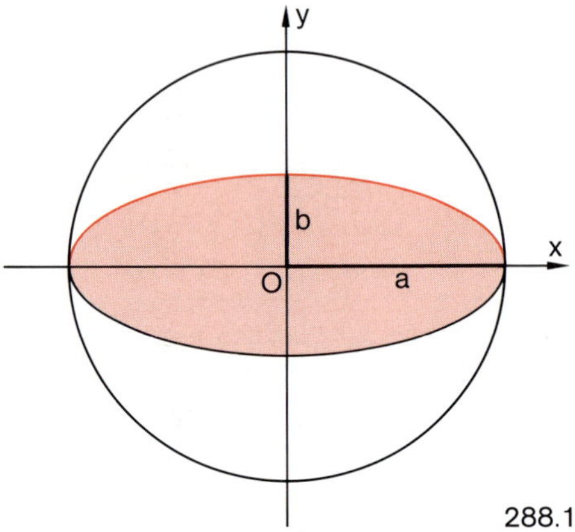

288.1

5 a) Das Schaubild K der Funktion f mit $f(x)=\frac{e^x}{\sqrt{e^x+1}}$, die Koordinatenachsen und die Gerade $g\colon x=z$, $(z<0)$ begrenzen eine Fläche. Berechne ihren Inhalt A(z). Bestimme $\lim\limits_{z\to-\infty} A(z)$.

b) Wenn die in a) berechnete Fläche mit dem Inhalt A(z) um die x-Achse rotiert, so entsteht ein Drehkörper mit dem Inhalt V(z). Berechne V(z) und $\lim\limits_{z\to-\infty} V(z)$.

6 Gegeben ist die Funktion $f\colon x \longmapsto \frac{x}{1-x}$.

a) Skizziere das Schaubild K von f.

b) Das Schaubild K, die x-Achse und die Gerade mit der Gleichung $x=z$, $(0<z<1)$ begrenzen eine Fläche. Berechne ihren Inhalt A(z). Untersuche, ob $\lim\limits_{z\to 1} A(z)$ existiert.

c) Die in b) betrachtete Fläche rotiere um die x-Achse. Berechne den Rauminhalt V(z) des entstehenden Drehkörpers. Strebt V(z) für $z\to 1$ gegen einen Grenzwert?

d) Wie groß ist der Rauminhalt $V^*(z)$ des Drehkörpers, der entsteht, wenn die in b) betrachtete Fläche um die y-Achse rotiert? Existiert $\lim\limits_{z\to 1} V^*(z)$?

7 a) Die kleinste positive Nullstelle der Funktion $f_K\colon x\longmapsto \sin kx$ sei x_1. Die Strecke OP mit $P(x_1|0)$ und das Schaubild von f_K begrenzen eine Fläche, die bei Rotation um die x-Achse einen Drehkörper erzeugt. Berechne seinen Inhalt V(k).

b) Die für $0\leqq x\leqq \frac{\pi}{2k}$ vom Schaubild f_K, der y-Achse und der Parallelen zur x-Achse durch den Hochpunkt begrenzte Fläche rotiere um die y-Achse. Berechne den Rauminhalt $V^*(k)$ des entstehenden Drehkörpers.

c) Für welchen Wert von k ist $V=V^*$?

Stammfunktionen

8 a) $\int \frac{x^3}{\sqrt{x^2-1}}dx$ b) $\int \frac{x^3}{\sqrt{1-4x^2}}dx$ c) $\int \frac{x^2}{\sqrt{1-x^2}}dx$ d) $\int \frac{x^2}{\sqrt{x^2-1}}dx$

9 a) $\int \frac{1}{\sin^2 x}dx$ b) $\int \frac{1}{\sin x}dx$ c) $\int \frac{1}{\cos x}dx$ d) $\int \frac{x^2}{\sqrt[3]{(x^3+4)^2}}dx$

(Anleitung zu a): Setze $v(x)=\frac{\pi}{2}-x$; zu b): $\sin x = 2\sin\frac{x}{2}\cos\frac{x}{2}$, ersetze den Zähler durch $\sin^2\frac{x}{2}+\cos^2\frac{x}{2}$.)

Weitere Integrale

10 Die Funktion f sei im Intervall [a;b] differenzierbar und ihre Ableitung stetig. [a;b] sei durch Teilpunkte

$$a=x_0<x_1<\ldots<x_n=b$$

in Teilintervalle $[x_k,x_{k+1}]$ unterteilt (Fig. 289.1).

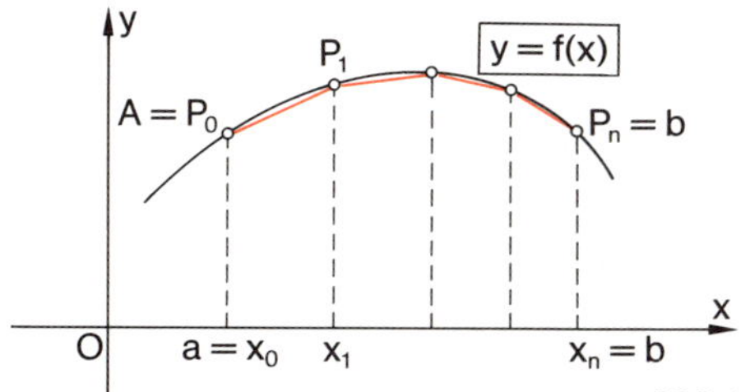

289.1

a) Zeige: Ersetzt man für $x\in[a;b]$ den Bogen der Kurve K: $y=f(x)$ durch den Streckenzug $P_0\,P_1\ldots P_n$ (Fig. 289.1), so hat dieser Streckenzug die Länge

$$L_n=\sqrt{[f(x_1)-f(x_0)]^2+(x_1-x_0)^2}+\sqrt{[f(x_2)-f(x_1)]^2+(x_2-x_1)^2}+\ldots+\sqrt{[f(x_n)-f(x_{n-1})]^2+(x_n-x_{n-1})^2}.$$

b) Nach dem Mittelwertsatz der Differentialrechnung (vgl. S. 109) gilt

$$f(x_{k+1})-f(x_k)=f'(z_k)(x_{k+1}-x_k)$$

für eine Zwischenstelle z_k mit $x_k<z_k<x_{k+1}$. Zeige damit, daß für die **Bogenlänge** L der Kurve K zwischen den Punkten $A(a|f(a))$ und $B(b|f(b))$ folgt:

$$\mathbf{L=\int_a^b \sqrt{1+[f'(x)]^2}\,dx}.$$

c) Berechne für $f(x)=\sqrt{x^3}$ die Länge des Kurvenbogens für $x\in[0;1]$. Vergleiche mit der Länge der Strecke OB für B(1|1).

11 Berechne die Bogenlänge der Kurve K: $y=f(x)$ für $x\in[a;b]$. Zeichne K.

a) $f(x)=\frac{1}{2}(e^x+e^{-x})$; $a=-1$, $b=1$ b) $f(x)=\frac{1}{8}x^2-\ln x$; $a=1$, $b=e$

c) $f(x)=\frac{1}{3}(x-3)\sqrt{x}$; $a=0$, $b=3$ d) $f(x)=\frac{1}{2}x^2$; $a=0$, $b=1$

(Anleitung zu d): Substituiere $x(t)=\frac{1}{2}(e^t-e^{-t})$.)

12 Bestimme den Umfang eines Kreises vom Radius r mit Hilfe der Integralrechnung.

13 a) Berechne die Bogenlänge der Kurve K: $y=\ln x$ für $1\leqq x\leqq 2\sqrt{2}$. Vergleiche mit der Länge der Strecke PQ für P(1|0) und $Q(2\sqrt{2}|\ln 2\sqrt{2})$. (Anleitung: Substituiere $v(x)=\sqrt{x^2+1}$.)

b) Verwende a) zur Berechnung der Bogenlänge bei der Kurve C: $y=e^x$ für $0\leqq x\leqq 1$.

14 Gegeben ist die Funktion f mit $f(x)=\frac{1}{3}(2x+1)^{\frac{3}{2}}$.

a) Zeichne das Schaubild K von f (LE = 2 cm).

b) Berechne den Inhalt der Fläche, die K mit den Koordinatenachsen begrenzt.

c) Wie groß ist der Rauminhalt des Drehkörpers, der bei Rotation dieser Fläche um die x-Achse entsteht?

d) Wie groß ist der Rauminhalt des entstehenden Drehkörpers bei Rotation dieser Fläche um die y-Achse?

e) Wie lang ist der zwischen den Koordinatenachsen verlaufende Bogen von K?

XI Wachstums- und Zerfallsprozesse

67 Natürliches Wachstum

1 Warum wird in Veröffentlichungen über die Bevölkerungsentwicklung verschiedener Länder die Ein- und Abwanderungsquote in Personen, die Zu- bzw. Abnahme der einheimischen Bevölkerung dagegen häufig in Prozent angegeben?

Bei vielen in der Natur vorkommenden Wachstumsvorgängen ist die innerhalb einer Zeiteinheit anfallende Zu- oder Abnahme nicht konstant, sondern **abhängig von dem vorhandenen Bestand**.

Beispiel 1: a) (Wachstum von Bakterien)
Bakterien sind Einzeller und vermehren sich durch Zellteilung. Die Anzahl der Bakterien in einer Bakterienkultur nimmt z. B. innerhalb einer Stunde um so stärker zu, je mehr Bakterien zu Beginn dieses Zeitraumes vorhanden sind.

b) (Wachstum eines Waldes)
Bei einem Baum vollzieht sich der Holzzuwachs in dem Bereich (Kambium genannt) zwischen der Rinde und dem eigentlichen Stamm. Der Zuwachs an Holz z. B. innerhalb eines Jahres ist daher bei einem ungestört wachsenden gesunden Baum um so größer, je dicker der Baum zu Beginn des Jahres war. Entsprechendes gilt für das Wachstum eines ganzen Waldes.

c) (Abnahme des Luftdrucks)
Die Tabelle zeigt, wie der Luftdruck p (in hPa; 1 Hektopascal = 100 N/m^2 = 0,001 bar) mit zunehmender Höhe h (in m über dem Meeresspiegel) abnimmt.

h	500		1000		1500		2000		2500		3000		3500		4000
p	950		892		838		787		739		695		653		613
		58		54		51		48		44		42		40	

Der dritten Zeile ist zu entnehmen: Wenn die Höhe um 500 m zunimmt, so erniedrigt sich der Luftdruck keineswegs stets um den gleichen Betrag; er richtet sich vielmehr nach der Höhe, in der man sich befindet. Eine genauere Untersuchung (vgl. Aufgabe 3) zeigt, daß die Abnahme jeweils etwa 6,1 % des Luftdrucks in jener Höhe beträgt, von der aus man um 500 m aufsteigt.

d) (Gegenbeispiel)
Beim Tauchen nimmt der Wasserdruck mit zunehmender Eintauchtiefe zu, und zwar pro Meter gleichbleibend um etwa 98 hPa. In diesem Fall ist also die Zunahme unabhängig von der bereits erreichten Tiefe.

Um Wachstumsvorgänge wie in Beispiel 1 a) bis c) mathematisch zu erfassen, nehmen wir an, daß zum Zeitpunkt t ein Bestand $f(t) > 0$ vorhanden ist, der sich mit der Zeit ändert. Der im Zeitraum $[t; t+h]$ anfallende Zuwachs $f(t+h) - f(t)$ ist sowohl von h als auch vom vorhandenen Bestand f(t) abhängig. Für kleine Werte von h ist er — wie bei jeder differenzierbaren Funktion — annähernd proportional zu h (da man sich dann das Schaubild von f durch die Tangente ersetzt denken kann). Ebenso ist der Zuwachs bei den betrachteten Vorgängen aber auch proportional zum vorhandenen Bestand f(t). Daher muß $f(t+h)-f(t)$ näherungsweise zum Produkt $f(t)\cdot h$ proportional sein (vgl. S. 302., Aufgabe 5), d. h., es gilt mit einer Konstanten k (Proportionalitätsfaktor)

$$f(t+h)-f(t)\approx k\cdot f(t)\cdot h \qquad \text{bzw.} \qquad \frac{f(t+h)-f(t)}{h}\approx k\cdot f(t).$$

Dies gilt um so genauer, je kleiner h ist. Für $h\to 0$ folgt

$$(*) \qquad \mathbf{f'(t)=k\cdot f(t)}.$$

Damit haben wir eine (von h unabhängige) mathematische Charakterisierung der betrachteten Vorgänge gefunden: Es sind solche, bei denen die momentane Wachstumsgeschwindigkeit $f'(t)$ zum augenblicklich vorhandenen Bestand f(t) proportional ist. Ist der Proportionalitätsfaktor positiv, so nimmt f zu; wir sprechen dann im folgenden von einem **natürlichen Wachstumsvorgang**. Ist der Proportionalitätsfaktor negativ (wir schreiben für ihn dann $-k$), so nimmt f ab; wir sprechen dann von einem **natürlichen Zerfallsvorgang**.

Die Gleichung (*) ist eine sogenannte **Differentialgleichung**, d. h., eine Gleichung, in der die Ableitung f' der gesuchten Funktion f vorkommt. Man nennt (*) auch Differentialgleichung des natürlichen Wachstums. Für $k=1$ ergibt sich der Sonderfall $f'(t)=f(t)$, den wir bereits kennen; in diesem Fall ist jede Funktion f mit $f(t)=a\cdot e^t$ eine Lösung der Differentialgleichung $f'(t)=f(t)$, $t\in\mathbb{R}$, denn es ist $f'(t)=a\cdot e^t=f(t)$ für alle $t\in\mathbb{R}$.

Wir haben nun die Aufgabe, alle Funktionen f zu bestimmen, welche die Differentialgleichung (*) erfüllen. Dazu erweist sich die Umformung $\frac{f'(t)}{f(t)}=k$ als zweckmäßig.

Sie zeigt: $\int\frac{f'(t)}{f(t)}dt=kt+c$; wegen $\int\frac{f'(t)}{f(t)}dt=\ln f(t)$ ist also

$$\ln f(t)=kt+c \qquad \text{und} \qquad f(t)=e^{kt+c}.$$

Mit $e^{kt+c}=e^c\cdot e^{kt}$ und $e^c=a$ folgt schließlich

$$f(t)=a\cdot e^{kt}.$$

Bei natürlichem Wachstum oder Zerfall mit

$$f'(t)=k\cdot f(t) \qquad \text{bzw.} \qquad f'(t)=-k\cdot f(t) \qquad \text{gilt}$$
$$\mathbf{f(t)=a\cdot e^{kt}} \qquad \text{bzw.} \qquad \mathbf{f(t)=a\cdot e^{-kt}} \qquad (k>0).$$

Dabei ist a der Anfangsbestand zur Zeit $t=0$, f(t) der Bestand zur Zeit t.

Funktionen f mit $f(x)=a\cdot e^{kx}$ oder $f(x)=a\cdot e^{-kx}$, $(k>0)$ nennt man **Wachstums-** bzw. **Zerfallsfunktionen**. k heißt **Wachstums-** bzw. **Zerfallskonstante**.
Da wir mit k keine unmittelbar anschauliche Vorstellung verbinden, gibt man statt k auch oft die prozentuale Zu- bzw. Abnahme p ($p>0$, vgl. S. 21) in der Zeiteinheit an oder die **Verdoppelungs-** bzw. **Halbwertszeit** T_V bzw. T_H (d. h., die Zeit, in der sich ein Bestand jeweils verdoppelt bzw. halbiert). Dabei gilt (vgl. Aufgaben 4 und 5) für eine Wachstums- bzw. Zerfallsfunktion:

Wachstumsfunktion:	$\mathbf{k = \ln\left(1 + \frac{p}{100}\right)}$	bzw.	$\mathbf{k = \frac{\ln 2}{T_V}}$
Zerfallsfunktion:	$\mathbf{k = -\ln\left(1 - \frac{p}{100}\right)}$	bzw.	$\mathbf{k = \frac{\ln 2}{T_H}}$.

Beispiel 2: (Zusammenhang zwischen k, p und T_V)
Nimmt ein Bakterienbestand stündlich um 10% zu, so ist die Wachstumskonstante $k = \ln 1{,}10 \approx 0{,}095$ (in 1/h) und die Verdoppelungszeit $T_V = (\ln 2) : k \approx 7{,}3$ (in h).

Beispiel 3: (Bestimmung einer Wachstumsfunktion)
Im Wasser eines Sees werden Bakterien festgestellt, die sich täglich um 8% vermehren. Um für diesen Fall die Wachstumskonstante k zu ermitteln, nehmen wir an, daß sich zum Zeitpunkt $t = 0$ (in d) in 1 Liter Wasser a Bakterien befinden. Dann sind nach 1 Tag $a + \frac{8}{100}a$ Bakterien vorhanden; es ist also $a \cdot e^{k \cdot 1} = 1{,}08a$ und somit

$$k = \ln 1{,}08 \approx 0{,}077.$$

Werden nun z. B. in 1 Liter Wasser $a = 300$ Bakterien gezählt, so sind 14 Tage später etwa $f(14) = 300 \cdot e^{0{,}077 \cdot 14} \approx 880$ Bakterien pro Liter zu erwarten.
Beachte: Eine solche Berechnung ist nur realistisch, solange das Wachstum ungestört vor sich geht; bei längeren Zeiträumen wird es in der Regel zunehmend durch störende Einflüsse (Platzmangel, Nahrungsmangel usw.) behindert.

Beispiel 4: (Zerfallsprozeß)
Nach Beispiel 1 c) handelt es sich bei der Abnahme des Luftdrucks mit der Höhe um einen natürlichen Zerfallsprozeß. An die Stelle der Zeit t tritt hier die Höhe h (in m) über dem Meeresspiegel, an die Stelle von f(t) der (in hPa gemessene) Luftdruck p(h) in der Höhe h. Bedeutet a in $p(h) = a \cdot e^{-kh}$ den Luftdruck in Meereshöhe ($h = 0$), so gilt aufgrund der Tabelle in Beispiel 1 c)

$$a \cdot e^{-1000k} = 892 \qquad \text{und} \qquad a \cdot e^{-3000k} = 695.$$

Hieraus ergibt sich durch seitenweise Division

$$\frac{e^{-1000k}}{e^{-3000k}} = \frac{892}{695}; \qquad e^{2000k} = \frac{892}{695}; \qquad k = \frac{1}{2000}\ln\frac{892}{695} \approx 0{,}000125$$

und damit $a = 892 \cdot e^{1000k} \approx 1011$. Somit lautet das gesuchte Zerfallsgesetz

$$p(h) = 1011 \cdot e^{-0{,}000125h}.$$

2 a) Wie lange dauert es in Beispiel 3, bis sich die Anzahl der Bakterien verdoppelt hat?
b) Berechne mit Hilfe des Zerfallsgesetzes von Beispiel 4 den Luftdruck auf dem Mount Everest (höchster Berg der Erde, 8848 m).

Aufgaben

3 Prüfe anhand der Tabelle in Beispiel 1 c), um wieviel Prozent der Luftdruck jeweils sinkt, wenn die Höhe um 500 m zunimmt.

4 a) Zeige: Für eine Funktion f mit $f(t) = a \cdot e^{kt}$ und $f(t+1) - f(t) = \frac{p}{100}f(t)$ gilt $k = \ln\left(1 + \frac{p}{100}\right)$.
b) Zeige: Für eine Funktion f mit $f(t) = a \cdot e^{-kt}$ und $f(t) - f(t+1) = \frac{p}{100}f(t)$ gilt $k = -\ln\left(1 - \frac{p}{100}\right)$.
c) Berechne k für eine Wachstumsfunktion (Zerfallsfunktion) mit $p = 20$ (10; 5; 2; 0,3).

5 a) Berechne die Verdoppelungszeit T_V für einen Wachstumsprozeß mit $f(t)=a\cdot e^{0,5t}$ (allgemein mit $f(x)=a\cdot e^{kt}$).
b) Berechne die Halbwertszeit T_H für einen Zerfallsprozeß mit $f(t)=3\cdot e^{-0,15t}$.

6 Berechne die fehlenden der drei Größen k, p, T_V bzw. T_H für einen Wachstumsprozeß mit $f(t)=a\cdot e^{kt}$ (für einen Zerfallsprozeß mit $f(t)=a\cdot e^{-kt}$).
a) $k=0,0025$ b) $T_V=45$ bzw. $T_H=45$ c) $T_V=8$ bzw. $T_H=8$ d) $p=2,8$

7 Bei einer Zerfallsfunktion mit $f(x)=a\cdot e^{-kx}$ nehmen die Funktionswerte um 12,9 % ab, wenn x um 1 zunimmt. Für welchen Wert von h gilt $f(x+h)=\frac{1}{2}f(x)$? Für welchen Wert von h gilt $f(x+h)=\frac{1}{4}f(x)$? Für welchen Wert von h gilt $f(x+h)=2f(x)$?

8 Zeige: Bei Wachstums- und Zerfallsfunktionen gilt für kleine Werte von p: $k\approx\frac{p}{100}$.
(Anleitung: Verwende die Tangente in O(0|0) an das Schaubild von $x\mapsto\ln(1+x)$ bzw. $x\mapsto-\ln(1-x)$.)

9 a) Erstelle für die Funktionen f und g mit $f(x)=2\cdot e^{\frac{1}{2}x}$, $g(x)=1,213\cdot e^{\frac{1}{2}x}$ Wertetabellen für $x=-2;\ -1;\ 0;\ 1;\ 2;\ 3;\ 4$. Vergleiche die berechneten Funktionswerte von f mit den Funktionswerten von g. Welche Beziehung besteht zwischen diesen Funktionswerten? Begründe, daß diese Beziehung allgemein zwischen den Funktionswerten von f und denen von g besteht.
b) Zeige: Bei Wachstumsfunktionen mit $f(x)=a\cdot e^{kx}$ gilt $f(x-c)=b\cdot e^{kx}$ mit $b=a\cdot e^{-kc}$.
c) Bei einem Wachstumsvorgang mit der Wachstumsfunktion $f\colon t\mapsto 3\cdot e^{0,2t}$ bedeutet t die Anzahl der seit 1970 vergangenen Jahre. Beschreibe denselben Wachstumsvorgang durch eine Funktion $g\colon t\mapsto b\cdot e^{0,2t}$, worin t die Anzahl der seit 1980 vergangenen Jahre bedeutet. Berechne den Bestand im Jahre 1976 einmal mit Hilfe der Funktion f, danach ein zweites Mal mittels der Funktion g.

10 In einer Stadt verbreitet sich ein Gerücht. Die Zahl der Personen, die davon gehört haben, nimmt im Laufe einer Woche um 20 % zu. Wie lange dauert es, bis die ganze Stadt (50000 Einwohner) das Gerücht kennt?

11 Wenn Licht in Wasser eindringt, so verliert es mit zunehmender Wassertiefe durch Absorption an Intensität. In reinem Meerwasser nimmt die Lichtintensität pro Meter um etwa 75 % des bis dahin verbliebenen Wertes ab.
a) Wieviel Prozent der ursprünglichen Intensität sind in 1 m (2 m; 3 m) Wassertiefe noch vorhanden?
b) In welcher Tiefe beträgt die Lichtintensität weniger als 1 ‰ der ursprünglichen Intensität?

12 a) Wieviel Prozent verliert Geld im Verlauf von 5 Jahren an Kaufkraft, wenn die durchschnittliche jährliche Inflationsrate 2,6 % beträgt?
b) Ein Auto verliert pro Jahre etwa 15 % an Wert. In welchem Zeitraum sinkt der derzeitige Wert eines Autos auf die Hälfte?

13 Einer Bekanntmachung der Bundespost (Fig. 293.1) ist zu entnehmen, daß im Zeitraum von 1983 bis 1988 der durchschnittliche jährliche Zuwachs an Telefax-Anschlüssen 72 %, an Datex P-Anschlüssen 56 % betrug. Im Jahre 1983 gab es in der Bundesrepublik etwa 13200 Telefax- und etwa 3400 Datex P-Anschlüsse. Wie viele Telefax-Anschlüsse und wie viele Datex P-Anschlüsse gab es 1988? Wie viele werden es, wenn die Entwicklung so weitergeht, im Jahre 1995 sein?

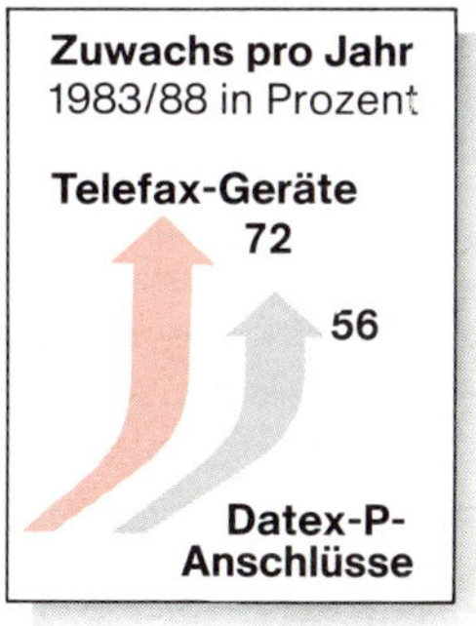

293.1

14 In einem Zeitungsbericht ist zu lesen, daß sich die Weltbevölkerung — wenn die derzeitige Entwicklung anhalte — im Jahre 2000 innerhalb von 7 Monaten um die Einwohnerzahl der Bundesrepublik (60 Millionen) vermehren werde. Nach den Ermittlungen der Vereinten Nationen nimmt die Weltbevölkerung derzeit jährlich um ewa 1,7 % zu.

a) Welche Bevölkerungszahl ergibt sich hieraus für das Jahr 2000?

b) Wie lange dauerte es im Jahre 1980, bis die Weltbevölkerung um 60 Millionen zugenommen hatte? Vergleiche mit der Zeitungsprognose.

c) Wann wird die Weltbevölkerung erstmals bereits innerhalb eines halben Jahres um 60 Millionen zunehmen?

15 Radioaktive Substanzen (z. B. Uran, Radium) senden Strahlen aus und zerfallen dabei, und zwar zerfällt in gleichen Zeiträumen stets der gleiche Bruchteil einer vorhandenen Substanzmenge. Radium 226 hat eine Halbwertszeit von 1590 Jahren, Polonium 214 eine solche von $1{,}6 \cdot 10^{-4}$ Sek. Wie lange dauert es, bis 90 % der vorhandenen Menge dieser Substanzen zerfallen sind?

16 a) Auf einer Insel wird ein Atomtest durchgeführt; dabei wird Strontium 90 freigesetzt (Halbwertszeit 28 Jahre). Nach dem Test liegen die Strahlungswerte auf der Insel um 20 % über der Toleranzgrenze. Nach wieviel Jahren kann man die Insel erstmals wieder betreten?

b) Auf einem Bauernhof werden im Heu Spuren von radioaktivem Jod 131 festgestellt (Halbwertszeit 8 Tage), die 80 % über dem zulässigen Wert liegen. Wie lange muß das Heu gelagert werden, bis es verfüttert werden kann?

17 Bei der Untersuchung radioaktiver Vorgänge wird häufig eine Faustformel verwendet, die besagt: Ist T_H die Halbwertszeit einer radioaktiven Substanz, und zerfallen in der Zeiteinheit p % einer vorhandenen Menge dieser Substanz, dann gilt für kleine Werte von p: $T_H \cdot p \approx 70$.
Wie läßt sich diese Faustformel begründen? (Anleitung: Vgl. Aufgabe 8).

18 Der radioaktive Kohlenstoff ^{14}C zerfällt mit einer Halbwertszeit von etwa 5730 Jahren. In der Atmosphäre ist das Verhältnis des Kohlenstoffs ^{14}C zum stabilen Kohlenstoff ^{12}C nahezu konstant (vorhandenes ^{14}C zerfällt zwar laufend, gleichzeitig entsteht jedoch infolge der Weltraumstrahlung neues ^{14}C); dasselbe gilt für lebendige Organismen, die Kohlenstoff aufnehmen. Stirbt ein Organismus ab, so wird kein ^{14}C mehr aufgenommen, während das vorhandene weiterhin zerfällt. Dadurch ändert sich das Verhältnis beider Kohlenstoffarten in einem Fossil (Fig. 294.1) fortwährend und kann so zur Altersbestimmung desselben herangezogen werden.

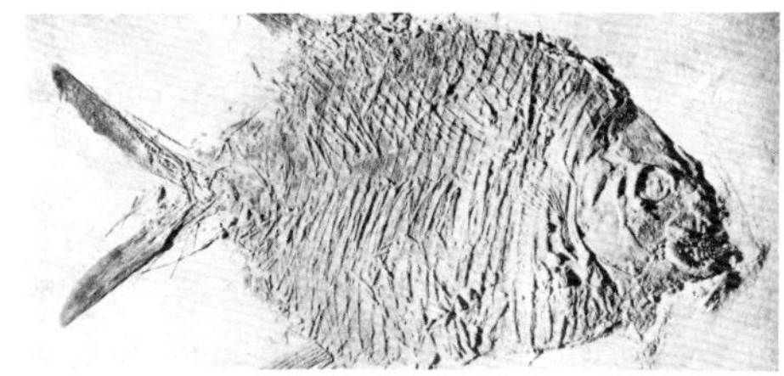
294.1

a) Bei Ausgrabungen wird eine hölzerne Platte entdeckt. Untersuchungen ergeben, daß der Fund noch 68 % des Kohlenstoffs ^{14}C enthält, der in einem lebenden Stück Holz vergleichbarer Größe vorhanden ist. Wie alt ist der Fund?

b) Auf wieviel Prozent ist der ^{14}C-Gehalt in Pflanzenresten, die aus der Zeit um Christi Geburt stammen, inzwischen abgesunken?

19 In einem gesunden Wald wurde in den Jahren 1979 bis 1989 kein Holz geschlagen. 1979 wurde der Holzbestand des Waldes vom Forstamt auf 3600 fm (Festmeter) geschätzt, 1989 auf 4500 fm. Ab 1990 soll immer zum Jahresende der jährliche Zuwachs abgeholzt werden. Wieviel fm sind jeweils zu schlagen? Wie viele Bäume sind zu fällen, wenn der durchschnittliche Holzgehalt eines Baumes mit 1,2 fm angesetzt wird?

20 Eine Vakuumpumpe soll angeblich den Luftdruck in einem Testraum pro Sekunde um 4 % senken. Bei einer Überprüfung senkte sich der Luftdruck in dem Raum innerhalb von 2 Minuten auf 50 % des ursprünglichen Wertes. Arbeitet die Pumpe normal?

68 Weitere Wachstums- und Zerfallsprozesse

68.1 Ergänzungen zum natürlichen Wachstum bzw. Zerfall

Beispiel 1: (Untersuchung auf Art des Wachstums)
Die Tabelle 295.1 zeigt die Bevölkerungsentwicklung in den USA zwischen 1790 und 1890. Wir untersuchen anhand dieser Daten, ob exponentielles Wachstum angenommen werden kann.

Jahr	Bevölkerung (in Millionen)
1790	3,93
1800	5,31
1810	7,24
1820	9,64
1830	12,87
1840	17,07
1850	23,19
1860	31,44
1870	38,56
1880	50,16
1890	62,95

295.1

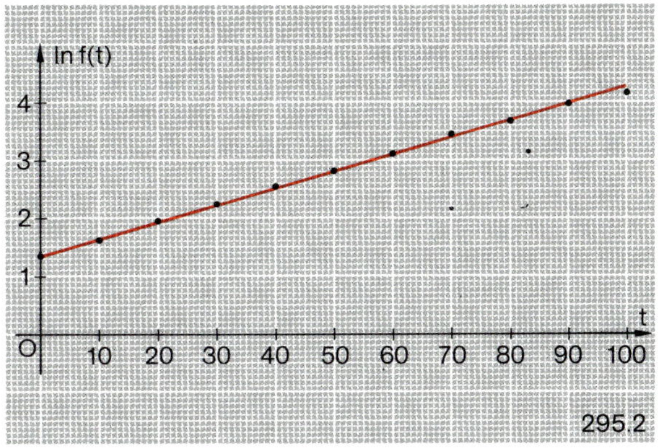

295.2

Dazu übertragen wir die natürlichen Logarithmen der Bevölkerungszahlen f(t) in Abhängigkeit von den seit 1790 vergangenen Jahren t in ein Koordinatensystem (Fig. 295.2). Die sich ergebenden Punkte liegen mit guter Näherung auf einer Geraden („Ausgleichsgerade"), die wir nach Augenmaß einzeichnen. Ihr entnehmen wir

$$\ln f(t) = \frac{2{,}9}{100} t + 1{,}4.$$

Daraus folgt $\quad f(t) = e^{0{,}029t + 1{,}4} = 4{,}055 \cdot e^{0{,}029t}.$

Es handelt sich also (im Rahmen der zu erwartenden Genauigkeit) um exponentielles Wachstum. Die jährliche Zuwachsrate lag bei 2,94 %. (Bei jährlichen Zuwachsraten von mehr als etwa 2,4 % spricht man auch von einer „Bevölkerungsexplosion".)

1 Tabelle 295.3 setzt die Tabelle 295.1 fort bis zum Jahre 1970.
a) Trage in ein Koordinatensystem wie in Fig. 295.2 alle Punkte $P(t|\ln f(t))$ für die Jahre 1790, 1800, . . . , 1970 ein. Hat sich die Bevölkerungsentwicklung der Jahre 1790 bis 1890 im 20. Jahrhundert fortgesetzt?
b) In grober Näherung kann man auch für die Jahre von 1900 bis 1970 exponentielles Wachstum annehmen. Mit welcher jährlichen Zuwachsrate ist in diesem Fall zu rechnen? Vergleiche mit der Zuwachsrate für die Jahre 1790 bis 1890.

Jahr	Bevölkerung (in Millionen)
1900	65,65
1910	78,46
1920	91,79
1930	108,57
1940	120,07
1950	139,87
1960	169,59
1970	193,59

295.3

c) In welchem Jahrzehnt des 20. Jahrhunderts war der prozentuale Zuwachs der Bevölkerung am größten (am geringsten)? Nenne mögliche Gründe für diese Extrema.

Beispiel 2: (Abkühlung heißer Getränke)
Heißer Kaffee in einer Tasse kühlt sich langsam auf Zimmertemperatur ab. Verfolgt man den Abkühlungsvorgang mit dem Thermometer, so stellt man fest, daß sich das Absinken der Kaffeetemperatur im Laufe des Vorgangs verlangsamt. Genauere Untersuchungen zeigen: Die Geschwindigkeit, mit der sich der Unterschied d(t) zwischen Kaffee- und Zimmertemperatur verringert, ist proportional zur noch vorhandenen Temperaturdifferenz d(t). Es gilt also

$$d'(t) = -kd(t).$$

In diesem Fall führt die Suche nach dem „Abkühlungsgesetz" zunächst auf die angegebene Differentialgleichung. Sie hat, wie wir wissen, die Lösungen:

$$d(t) = a \cdot e^{-kt}.$$

Beträgt die Zimmertemperatur 20° C und die anfängliche Kaffeetemperatur 80° C, so ist $a = d(0) = 80 - 20 = 60$ und somit

$$d(t) = 60 \cdot e^{-kt}.$$

Erfahrungsgemäß dauert es in unserem Fall etwa 20 Minuten, bis sich der Kaffee auf 50° C abgekühlt hat. Aus $30 = 60 \cdot e^{-k \cdot 20}$ folgt $k = 0{,}035$ und

$$d(t) = 60 \cdot e^{-0{,}035t}.$$

Hieraus können wir nun z. B. berechnen, daß es etwa 51 Minuten dauert, bis sich der Kaffee auf 30° C abgekühlt hat.

Bemerkung: Im vorangehenden wurde angenommen, daß während des Abkühlvorgangs die Temperatur der Umgebung (Zimmertemperatur) konstant ist und dem abkühlenden Körper (Kaffee) keine Wärme zugeführt wird. Unter diesen Voraussetzungen gilt das von Newton angegebene Abkühlungsgesetz $d(t) = a \cdot e^{-kt}$ bei nicht allzu großen Temperaturdifferenzen auch für andere Körper. Die Konstante k hängt von der Art des Körpers, seiner Oberfläche und seiner Masse ab.

2 Eine Flüssigkeit kühlt sich in 5 Minuten von 90° C auf 20° C ab bei einer Raumtemperatur von 15° C. Wie lange dauert es, bis sich die Flüssigkeit von 90° C auf 45° C abgekühlt hat? Welche Halbwertszeit hat der Abkühlungsvorgang?

Beispiel 3: (Ausbreitung einer Epidemie)
Bei Auftreten gewisser Infektionskrankheiten verständigt der behandelnde Arzt das Gesundheitsamt, damit Vorsorge getroffen werden kann. Dort verfolgt man anhand der in den kommenden Tagen und Wochen neu auftretenden Krankheitsfälle, ob und wie sich die Krankheit ausbreitet. Mathematisch stellt sich die Frage, wie man aufgrund der registrierten Neuerkrankungen auf das „Ausbreitungsgesetz" der Krankheit schließen kann.
Wir nehmen an, daß in einer Großstadt ein Virus grassiert. In der ersten Woche nach seinem Auftreten werden dem Gesundheitsamt 20 Krankheitsfälle gemeldet. In den folgenden Wochen steigt die Zahl der gemeldeten Neuerkrankungen wöchentlich um 10%.

a) Wie lange dauert es, wenn die Entwicklung anhält, bis wöchentlich mehr als 100 neue Krankheitsfälle gemeldet werden?
Um die Methoden der Analysis anwenden zu können, nehmen wir an, daß sich die Zahl z(t) der Neuerkrankungen mit der Zeit (in Wochen) stetig ändert. Bricht die Krankheit zur Zeit $t = 0$ aus, so gilt für die „Ausbreitungsgeschwindigkeit" z(t) und

$t \geqq 1$ eine Gesetzmäßigkeit der Form

$$z(t) = z(0) \cdot e^{\ln 1{,}1 t}.$$

Dies gilt jedoch nicht für $0 \leqq t < 1$ (da zur Zeit $t = 0$ noch keine Neuerkrankungen gemeldet sind). Der Faktor $z(0)$ ist vielmehr so zu bestimmen, daß zum Zeitpunkt $t = 1$ die Gesamtzahl der Erkrankten 20 beträgt, d. h., daß

$$\int_0^1 z(0) e^{\ln 1{,}1 t}\, dt = 20 \quad \text{oder} \quad \frac{z(0)}{0{,}0953} \left[e^{0{,}0953 t} \right]_0^1 = 20$$

gilt. Man findet $z(0) = 19{,}0621$ und damit $z(t) = 19{,}0621 \cdot e^{0{,}0953t}$ für $t \geqq 1$.

Nun folgt aus $19{,}0621 \cdot e^{0{,}0953t} > 100$: $t > 17{,}4$.

Also ist in der 18ten Woche erstmals mit mehr als 100 Neuerkrankungen zu rechnen.

b) Wie hoch ist die Gesamtzahl $f(t)$ der zur Zeit t insgesamt erkrankten Personen?

Nach a) gilt $f(t) = 20 + \int_1^t z(x)\, dx = 20 + 19{,}0621 \int_0^t e^{0{,}0953x}\, dx$, auf ganze Zahlen gerundet also

$$f(t) = 200(e^{0{,}0953t} - 1).$$

Dies ist das gesuchte Ausbreitungsgesetz der Krankheit.

3 Im Jahresbericht eines Industriebetriebes ist zu lesen: 1980 betrug der Jahresumsatz 10 Millionen DM, 1981 konnte er um 8 % gesteigert werden. In den folgenden Jahren lag die Umsatzsteigerung jeweils um 5 % über der des Vorjahres.

a) In welchem Jahr konnte der Umsatz gegenüber dem Vorjahr erstmals um mehr als 1 Million DM gesteigert werden?

b) Wie groß war der Umsatz des Betriebes in jenem Jahr?

Aufgaben

4 In einem Land mit 8 Millionen Einwohnern ergibt eine statistische Untersuchung, daß im Durchschnitt jährlich auf 40 Einwohner eine Geburt und auf 50 Einwohner ein Todesfall kommt.

a) Um wieviel Prozent nimmt die Einwohnerzahl jährlich zu? Wieviel Einwohner hat das Land in t Jahren, wenn die Entwicklung anhält? Welche Verdoppelungszeit hat diese Bevölkerungsentwicklung?

b) Die Zahl der Fremden, die das Land besuchten, machte im Jahr der statistischen Untersuchung 5 % der Einwohnerzahl aus und ist mit einem jährlichen Zuwachs von 4 % im Steigen begriffen. Wie lange wird es dauern, bis die jährichen Besucher 6 % der dann vorhandenen Einwohnerzahl ausmachen?

5 Der Holzbestand eines Waldes wurde 1970 auf 25 000 fm, 1985 auf 35 000 fm geschätzt. Inzwischen wurde kein Holz geschlagen. Ab 1985 wurde jährlich 1 % des vorhandenen Holzbestandes gefällt. Wie groß war der Holzbestand des Waldes im Jahre 1988?

6 An einem Wassergroßbehälter sind eine Zuflußleitung und drei Abflußleitungen a_1, a_2, a_3 angeschlossen. Elektronisch gesteuerte Ventile in den Leitungen regulieren den Wasserfluß nach dem im Behälter vorhandenen Wasserstand so, daß durch a_1 stündlich 1 %, durch a_2 stündlich 2 % und durch a_3 stündlich 3 % des jeweils im Behälter vorhandenen Wasservorrates abfließen.

a) Nachdem der Behälter zu drei Vierteln gefüllt wurde, muß das Ventil in der Zuleitung wegen einer Reparatur für 5 Stunden gesperrt werden. Um wieviel Prozent verringert sich dabei der Wasservorrat im Behälter?

b) Um danach den Behälter wieder zu füllen, wird das Zuflußventil soweit geöffnet, daß der Zufluß den Abfluß jeweils um 20 % übersteigt. Wie lange dauert es, bis der Behälter wieder auf den ursprünglichen Stand gefüllt ist?

7 Für gewisse medizinische Untersuchungen (z. B. der Schilddrüse) wird eine geringe Masse M_0 von radioaktivem Jod 131 (Halbwertszeit 8 Tage) in den Blutkreislauf gespritzt. Im Laufe der Zeit verschwindet das Jod wieder aus dem Blut, und zwar wird ein Teil von der Schilddrüse aufgenommen, ein anderer Teil geht in die Nieren und wird mit dem Urin ausgeschieden, ein weiterer Teil verschwindet durch radioaktiven Zerfall. Bei jedem der drei Zerfallsprozesse ist der Verlust an Jod pro Zeiteinheit proportional zur Masse M(t) des im Blut noch vorhandenen Jods.

a) Bei der Untersuchung eines Patienten wird festgestellt, daß sich von dem zur Zeit $t=0$ im Blut vorhandenen Jod M(0) nach 24 Stunden etwa zwei Drittel in der Schilddrüse befinden. Gib das Zerfallsgesetz an, nach dem der Jodgehalt des Blutes infolge der Schilddrüsenfunktion abnimmt.

b) Wieviel Prozent des anfänglich im Blut vorhandenen Jods verschwindet innerhalb von 24 Stunden durch radioaktiven Zerfall? Wieviel Prozent werden über die Nieren ausgeschieden?

c) Wie lange dauert es bei diesem Patienten, bis sich der Jodgehalt des Blutes auf die Hälfte verringert hat?

8 In einem zylinderförmigen Gefäß (Fig. 298.1) befinden sich 5000 g Wasser. Im Wasser sind 100 g Kochsalz gelöst. Ein Rührwerk sorgt für stets gleichmäßige Durchmischung. Durch eine Röhre R_1 fließen pro Minute 60 g Wasser zu, während durch eine zweite Röhre R_2 gleichzeitig pro Minute 60 g salzhaltiges Wasser abfließen.

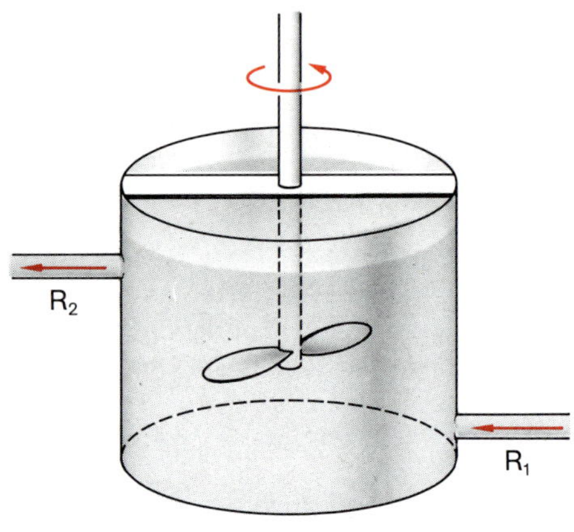

298.1

a) Es sei S(t) die zur Zeit t (in min) im Gefäß vorhandene Salzmenge (in g); dabei sei $S(0)=100$. Wieviel g Salz sind zur Zeit t in 60 g Wasser gelöst?

b) Gib für die im Zeitintervall $[t; t+h]$ abtransportierte Salzmenge eine obere und eine untere Schranke an. Zeige, daß gilt:

$$S'(t) = -0{,}012\,S(t).$$

Wie läßt sich danach die im Gefäß vorhandene Salzmenge für jeden Wert von t berechnen?

c) Wieviel g Salz befinden sich nach einer halben Stunde noch im Gefäß? Wie lange dauert es, bis sich nur noch 10 g Salz im Gefäß befinden? Kann das Salz auf die angegebene Weise gänzlich aus dem Gefäß entfernt werden?

9 Ein Körper, der in ein zähes Medium (Wasser, Öl, Knetmasse, Pech) eindringt, erfährt eine um so größere Widerstandskraft F, je größer seine Geschwindigkeit v(t) ist. Wenn keine Wirbel entstehen und v(t) nicht allzu groß ist, gilt $F = -k \cdot v(t)$. Andererseits gilt nach dem Grundgesetz der Mechanik $F = m \cdot v'(t)$ (m: Masse des Körpers). Damit folgt

$$v'(t) = -\frac{k}{m} v(t).$$

a) Welches Geschwindigkeit-Zeit-Gesetz ergibt sich aus der gewonnenen Differentialgleichung, wenn v(0) gegeben ist? Was ergibt sich für eine Stahlkugel mit dem Radius 1 cm ($m = 33 \cdot 10^{-3}$ kg), die mit der Geschwindigkeit $v(0) = 500$ m/Sek in Knetmasse ($k = 600$ NSek/m) geschossen wird?

b) Für das Weg-Zeit-Gesetz eines bewegten Körpers gilt bekanntlich

$$s(t) = \int_0^t v(t)\,dt.$$

Ermittle das Weg-Zeit-Gesetz der in a) betrachteten Stahlkugel. Wie weit dringt die Kugel in die Knetmasse ein?

68.2 Beschränktes Wachstum

10 In einer Großstadt bringt eine Firma ein gefragtes neues Haushaltsgerät auf den Markt. Bereits vor der Auslieferung an die Einzelhändler wurde das Gerät durch Reklame in den örtlichen Medien allgemein bekannt gemacht.
Z(t) sei die Zahl der nach t Wochen verkauften Geräte. Skizziere den ungefähren Verlauf des Schaubildes der Funktion $t \mapsto Z(t)$. Was ändert sich am Verlauf des Schaubildes, wenn das Gerät ohne öffentliche Reklame angeboten wird?

Langfristige Wachstumsvorgänge in der Natur verlaufen meist nur in der Anfangsphase oder über kürzere Zeiträume exponentiell, da auf lange Sicht verschiedene Einflüsse (z. B. Futter- oder Platzmangel, zu wenig Unterschlupfmöglichkeiten, physische Degenerationserscheinungen) das Anwachsen zunehmend behindern. In der Regel ist dem anwachsenden Bestand f(t), z. B. durch den insgesamt vorhandenen Futter- oder Platzvorrat eine natürliche Grenze gesetzt, die er nicht überschreiten kann. Man spricht dann von einem **beschränkten Wachstum**.
In solchen Fällen ist der Zuwachs pro Zeiteinheit um so geringer, je mehr sich der momentane Bestand f(t) der Grenze G nähert, je kleiner also die Differenz $G-f(t)$ ist. Meist erscheint die Annahme gerechtfertigt, daß die „Wachstumsgeschwindigkeit" $f'(t)$ zur Differenz $G-f(t)$ proportional ist. Es gilt dann mit $k>0$

$$\mathbf{f'(t)=k(G-f(t))}.$$

Aus dieser „Differentialgleichung des beschränkten Wachstums" folgt durch

Umformung $\frac{-f'(t)}{G-f(t)}=-k$, und durch

Integration $\ln(G-f(t))=-kt+c$

oder $G-f(t)=e^{-kt+c}$.

Mit $e^c=a$ erhalten wir somit für den Bestand zur Zeit t:

$$f(t)=G-a\cdot e^{-kt}.$$

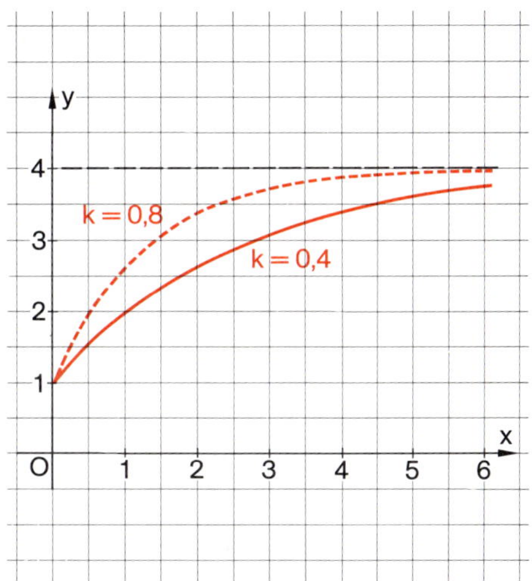

299.1

Fig. 299.1 zeigt Schaubilder von Funktionen f mit $f(x)=G-a\cdot e^{-kx}$ für $G=4$, $a=3$ und $k=0{,}4$ bzw. $k=0{,}8$. Sie schneiden die y-Achse in $P(0|G-a)$, verlaufen monoton steigend und haben die Gerade $g: y=G$ als Asymptote.

Für beschränktes Wachstum mit $f'(t)=k(G-f(t))$ gilt

$$\mathbf{f(t)=G-a\cdot e^{-kt}} \quad (k>0).$$

Dabei ist f(t) der Bestand zur Zeit t und G der Grenzwert, dem sich der Bestand für $t\to+\infty$ nähert.

Bemerkung: Im Falle $f(0)=0$ verläuft das Schaubild von f durch den Ursprung; es gilt dann $0=G-a$, also $a=G$, und somit $f(t)=G(1-e^{-kt})$.

Beispiel 4 (Verkauf eines Haushaltsartikels)
In einer Stadt gibt es 40000 Haushalte, von denen schätzungsweise jeder fünfte für den Kauf eines neu auf den Markt gebrachten Haushaltsartikels in Frage kommt. Es ist damit zu rechnen, daß der Absatz des Artikels im Laufe der Zeit schwieriger wird, da der Kreis möglicher Käufer und deren Kauflust abnimmt.
In den ersten drei Monaten werden 1700 Stück des Artikels verkauft. Kann der Hersteller davon ausgehen, daß innerhalb des ersten Jahres wenigstens 5500 Stück verkauft werden?
Wenn wir annehmen, daß pro Monat jeweils ein bestimmter, gleich bleibender Bruchteil k der bis dahin noch nicht erreichten Haushalte den Artikel kauft, dann gilt für die Zahl f(t) der in den ersten t Monaten verkauften Stücke

$$f(t) = 8000 - a \cdot e^{-kt}.$$

Wegen $f(0) = 0$ ist $0 = 8000 - a$, also $a = 8000$ und somit $f(t) = 8000(1 - e^{-kt})$.
Aus $f(3) = 1700$ folgt $1700 = 8000(1 - e^{-k \cdot 3})$ und hieraus $k = 0{,}08$. Damit erhalten wir $f(t) = 8000(1 - e^{-0{,}08t})$.
Innerhalb des ersten Jahres lassen sich danach etwa

$$f(12) = 8000(1 - e^{-0{,}08 \cdot 12}) \approx 4940$$

Stück verkaufen. Die Annahme des Herstellers ist daher zu optimistisch.

11 Wie lange wird es voraussichtlich dauern, bis 80% der in Frage kommenden Haushalte das neue Gerät gekauft haben?

Beispiel 5: (Pegelstand in einem Wasserreservoir)
Ein zylinderförmiges Wasserreservoir ($r = 3$ m) wird von einer Quelle mit einer konstanten Schüttung von 150 l/min gespeist. Die Wasserentnahme wird so gesteuert, daß pro Minute jeweils 0,25% des gerade vorhandenen Wasservorrats V(t) abfließen. Wir untersuchen, wie sich der Wasservorrat des Reservoirs im Laufe der Zeit ändert.
Bei anfänglich sehr geringem Wasservorrat überwiegt der Zufluß den Abfluß; der Wasserspiegel im Reservoir steigt. Es gilt dann für $h > 0$

$$V(t+h) < V(t) + h(0{,}15 - 0{,}0025V(t))$$

und $$V(t+h) > V(t) + h(0{,}15 - 0{,}0025V(t+h)),$$

somit $$h(0{,}15 - 0{,}0025V(t+h)) < V(t+h) - V(t) < h(0{,}15 - 0{,}0025V(t))$$

oder $$0{,}15 - 0{,}0025V(t+h) < \frac{V(t+h) - V(t)}{h} < 0{,}15 - 0{,}0025V(t).$$

Entsprechend überlegt man für $h < 0$. Für $h \to 0$ folgt

$$V'(t) = 0{,}0025(60 - V(t)).$$

Die Funktion $t \mapsto V(t)$ genügt also der Differentialgleichung des beschränkten Wachstums, d. h., es gilt

$$V(t) = 60 - a \cdot e^{-0{,}0025t}.$$

Befinden sich zur Zeit $t = 0$ im Reservoir 20 m³ Wasser, so ist $20 = 60 - a$, also $a = 40$ und somit

$$V(t) = 60 - 40e^{-0{,}0025t}.$$

Für die Höhe h(t) des Wasserspiegels folgt

$$h(t) = \frac{1}{9\pi}\left(60 - 40e^{-0{,}0025t}\right).$$

Dies zeigt: Der Wasserspiegel steigt von zunächst $\frac{20}{9\pi}$ m $\approx 0{,}71$ m fortwährend (erst rascher, dann immer langsamer) an bis zu einer Höhe von etwa $\frac{60}{9\pi}$ m $\approx 2{,}12$ m.

12 Wie ändert sich der Wasserstand h(t), wenn zur Zeit $t=0$ im Reservoir 100 m^3 Wasser vorhanden sind?

Aufgaben

13 Zeichne für $0 \leqq x \leqq 6$ (LE = 1 cm) die Schaubilder der folgenden Funktionen.

a) $f(x)=2(1-e^{-0{,}5x})$
b) $g(x)=4-2e^{-0{,}5x}$
c) $h(x)=2-4e^{-0{,}5x}$
d) $l(x)=2+4e^{-0{,}5x}$

14 Bei einem Wachstumsprozeß gilt für den momentanen Bestand: $f(t)=4-3e^{-0{,}02t}$ (t in min).

a) Berechne den Anfangsbestand $(t=0)$ und den Bestand nach 2 Stunden.
b) Wie lange dauert es, bis 90 % des Endbestandes erreicht sind?
c) Welche Beziehung besteht bei diesem Wachstumsprozeß zwischen f(t) und f'(t)?
d) Nach welcher Zeit beträgt der Zuwachs pro Minute nur noch weniger als 1 %?

15 Gib eine Funktion f an, die den folgenden Bedingungen genügt.

a) $f'(x)=e^{-2x}$; $f(0)=3$
b) $f'(x)=\frac{1}{x+2}$; $f(0)=2$
c) $f'(x)=-0{,}4f(x)$; $f(0)=5$
d) $f'(x)=\frac{1}{2}f(x)$; $f(0)=-1$
e) $f'(x)=2(3-f(x))$; $f(0)=2$
f) $f'(x)=3-2f(x)$; $f(0)=1$

16 In einer Fischzucht wird das Wachstum einer Forellenart statistisch verfolgt. Im Mittel ergeben sich folgende Werte.

Lebenszeit (in Monaten)	2	4	6	8	10
Länge (in cm)	6,6	11,2	14,7	17,0	18,8

a) Ermittle mit Hilfe der Wertepaare (4;11,2) und (8;17,0) eine Funktion f mit $f(t)=a(1-e^{-kt})$, die das Wachstum der Fische beschreibt.
b) Wie groß sind die Fische im Mittel nach einem Jahr?
c) Welche durchschnittliche Länge hat eine ausgewachsene Forelle?

17 Ein Land, das 1970 noch 30 Millionen Einwohner hatte, verzeichnet infolge geringer Geburtenzahl einen Bevölkerungsschwund von jährlich 0,2 %. Andererseits nimmt das Land in jedem Jahr etwa 57 000 Einwanderer auf.

a) Zeige: Ist f(t) (t: Jahre seit 1970) die Einwohnerzahl des Landes, so gilt
$$f'(t)=57\,000-0{,}002f(t).$$
b) Wieviel Einwohner hatte das Land im Jahre 1989?
c) Wie wird sich die Einwohnerzahl des Landes langfristig entwickeln, wenn keine besonderen Umstände eintreten?

18 Einem Patienten wird durch eine Tropfinfusion ein (bis dahin im Körper nicht vorhandenes) Medikament verabreicht. Dabei gelangt je Minute eine gleichbleibende Menge von 5 mg des Medikaments ins Blut. Das dort angereicherte Medikament wird über die Nieren wieder ausgeschieden; die Ausscheidungsrate je Minute beträgt 5 % der jeweils im Blut gerade vorhandenen Menge des Medikaments.
Wieviel mg des Medikaments befinden sich 10 Minuten nach Anlegen des „Tropfs" im Blut? Wieviel sind es nach einer halben Stunde? Welche Menge des Medikaments ist langfristig im Blut vorhanden?
(**Bemerkung:** Durch die konstante Medikamentenzufuhr über die Tropfinfusion kann also – trotz exponentieller Ausscheidung – erreicht werden, daß im Blut fortwährend eine gleichbleibende Menge des Medikaments vorhanden ist und wirken kann. Das ist bei Verabreichung durch eine Spritze oder Tabletten z. B. bei Medikamenten, die rasch ausgeschieden werden, nicht möglich.)

69 Vermischte Aufgaben

1 a) Das Schaubild einer Funktion $f: x \longmapsto a \cdot e^{kx}$ geht durch $P(0|2)$ und $Q(3|5)$. Gib $f(x)$ an.

b) Die Punkte $P(2|3)$ und $Q(6|0{,}2)$ liegen auf dem Schaubild einer Funktion f mit $f(x) = a \cdot e^{kx}$. Gib $f(x)$ an.

c) Das Schaubild einer Wachstumsfunktion mit $f(x) = a \cdot e^{kx}$ geht durch $P(4|3)$. Wenn x um 1 zunimmt, vergrößert sich der Funktionswert $f(x)$ jeweils um 15%. Gib $f(x)$ an.

2 Gib eine Funktion f an, welche die folgenden Bedingungen erfüllt.

a) $f'(x) = 2\,f(x);\ f(0) = 3$
b) $f'(x) = -\frac{1}{2}f(x);\ f(1) = 2$
c) $f'(x) + 0{,}4\,f(x) = 0;\ f'(0) = 1$
d) $2\,f'(x) - 3\,f(x) = 0;\ f'(1) = \frac{1}{2}$

3 a) Das Schaubild einer Funktion f mit $f(x) = G - a \cdot e^{-kx}$ geht durch den Ursprung mit der Steigung 1 und hat die Asymptote $g: y = 2$. Gib $f(x)$ an. Zeichne das Schaubild von f.

b) Das Schaubild einer Funktion $f: x \longmapsto G - a \cdot e^{-kx}$ hat im Schnittpunkt mit der y-Achse die Steigung 1 und im Punkt $P(3|2{,}55)$ die Steigung 0,22. Gib $f(x)$ an. Welchem Grenzwert nähert sich $f(x)$ für $x \to +\infty$?

4 Welche Funktion f genügt den folgenden Bedingungen?

a) $f'(x) = 2(4 - f(x));\ f(0) = 1$
b) $f'(x) = 3 - 2\,f(x);\ f'(0) = 1$
c) $f'(x) + 3\,f(x) = 4;\ f'(0) = 2$
d) $f'(x) - 2\,f(x) = 1;\ f(0) = 1$

Überprüfe das Ergebnis durch eine Probe.

5 Beim Einkauf z. B. von Fleisch hängt der zu bezahlende Gesamtpreis K sowohl von der gekauften Fleischmenge a als auch vom Kilogrammpreis b des Fleisches ab. K ist sowohl zu a als auch zu b proportional. Zeige, daß K auch zum Produkt $a \cdot b$ proportional ist. (Anleitung: Beachte, daß in den Darstellungen $K = c_1 \cdot a$ und $K = c_2 \cdot b$ die Faktoren c_1 und c_2 nur von b bzw. nur von a abhängen und deshalb die Quotienten $\frac{c_1}{b}$ und $\frac{c_2}{a}$ konstant sein müssen.)

Natürliches Wachstum

6 Im Jahre 1988 lebten auf der Erde etwa 5 Milliarden Menschen. Der nicht von Wasser bedeckte Teil der Erdoberfläche beträgt etwa $102 \cdot 10^{12}\,m^2$. Wieviel Quadratmeter entfielen im Durchschnitt auf eine Person? Wieviel wären dies im Jahre 2100, wenn das derzeitige Bevölkerungswachstum von jährlich etwa 1,7% anhalten würde?

7 Im Jahre 1975 gab es auf der Erde $4{,}033 \cdot 10^9$ Menschen. Man rechnet mit einer Verdoppelungszeit der Erdbevölkerung von etwa 40 Jahren.

a) Welches Wachstumsgesetz könnte man ab 1975 zugrunde legen? Welche Bevölkerungszahlen ergeben sich daraus für die Jahre 1990 und 2000?

b) In Europa beträgt die jährliche Wachstumsrate 0,35%, in Afrika 2,94%. Vergleiche die Verdoppelungszeiten.

c) Wie viele Jahre dauert es bei diesen Wachstumsraten, bis eine afrikanische Stadt gleichviel Einwohner hat wie eine doppelt so große europäische Stadt?

8 Zur Zeit $t = 0$ sind 40 g einer radioaktiven Substanz vorhanden; 21 Tage später sind es nur noch 5 g.

a) Bestimme das Zerfallsgesetz. Nach wieviel Tagen ist nur noch 1 g der ursprünglichen radioaktiven Masse vorhanden?

b) Zeige: Während einer konstanten Zeitspanne von z Tagen zerfällt immer der gleiche Bruchteil an radioaktiver Substanz. Wie groß ist der Bruchteil für $z = 14$?

9 Berechne aus der angegebenen Halbwertszeit T_H die Zerfallskonstante k.

a) Thorium 232: $T_H = 1{,}41 \cdot 10^{10}$ Jahre
b) Radium 226: $T_H = 1601$ Jahre
c) Cäsium 137: $T_H = 30$ Jahre
d) Jod 131: $T_H = 8{,}08$ Tage

10 Ein Fieberthermometer hat die Temperatur 20° C. Nach einer halben Minute liest man 29° C ab. Wie lange muß man warten, bis eine Fiebertemperatur von 39° C auf 0,1° genau angezeigt wird?

11 Liegen ein Ohmscher Widerstand und eine Spule parallel an einer Gleichspannung (Fig. 303.1), so bricht der Strom beim Abschalten der Spannungsquelle nicht sofort zusammen, weil bei abnehmender Stromstärke in der Spule eine Gegenspannung $-L \cdot J'(t)$ induziert wird. Sie stimmt mit der jeweiligen Spannung $R \cdot J(t)$ zwischen den Enden des Ohmschen Widerstands überein.

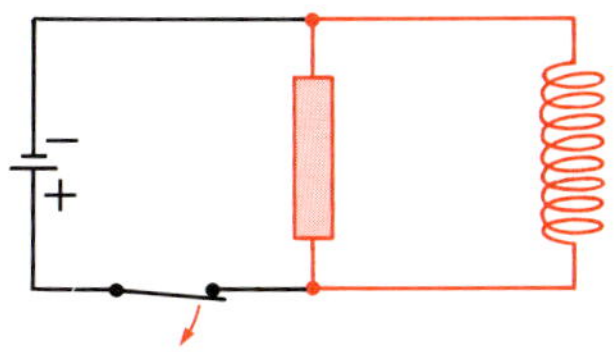

303.1

a) Gib $J(t)$ an, wenn zur Zeit $t=0$ der Strom $J(0)$ fließt.

b) Zeichne ein Schaubild der Funktion $t \longmapsto J(t)$ für $L=4$ Henry, $R=1$ Ohm und $J(0)=3$ Ampere.

c) Begründe die in der Praxis zuweilen verwendete Faustregel, wonach der Strom nach der Zeit $\frac{L}{R}$ auf etwa $\frac{3}{8}$ seines ursprünglichen Wertes abgesunken ist.

Beschränktes Wachstum

12 Ein heißer Körper habe zur Zeit $t=0$ die Temperatur $\vartheta(0)$. Die konstante niedrigere Temperatur der Umgebung sei ϑ_U. Dann gilt für die Temperatur $\vartheta(t)$ des Körpers zur Zeit t

$$\vartheta'(t) = -k(\vartheta(t) - \vartheta_U) \qquad \text{(vgl. S. 296, Beispiel 2).}$$

a) Gib $\vartheta(t)$ an.

b) Für eine Tasse Tee sei $\vartheta(0)=90$ (in °C), $\vartheta_U=20$ und $k=0{,}015$ (in 1/min). Welche Temperatur hat der Tee nach einer Viertelstunde? Nun wird dem Tee 50 g Milch der Temperatur 15° C hinzugefügt. Berechne die Temperatur $\frac{1}{3}(2\vartheta(15)+15)$ der Mischung.

c) Einer vergleichbaren Tasse Tee wird die Milch sofort ($t=0$) hinzugefügt. Welche Temperatur hat das Getränk unmittelbar nach dem Mischen? Welche Temperatur hat es nach einer Viertelstunde? Vergleiche mit dem Ergebnis in b).

13 Sind in einem Stromkreis ein Ohmscher Widerstand und eine Spule hintereinandergeschaltet (Fig. 303.2), dann erreicht ein Gleichstrom beim Einschalten nicht sofort seine volle Stärke, weil die in der Spule induzierte Gegenspannung $-L \cdot J'(t)$ das Ansteigen des Stromes behindert. Für die am Ohmschen Widerstand liegende Spannung gilt daher $R \cdot J(t) = U(0) - L \cdot J'(t)$, wenn $U(0)$ die von der Spannungsquelle gelieferte Spannung bedeutet.

a) Bestimme $J(t)$ für $U(0)=15$ Volt, $R=3$ Ohm, $L=0{,}2$ Henry. Zeichne ein Schaubild.

b) Nach welcher Zeit hat die Stromstärke die Hälfte ihres Endwertes erreicht?

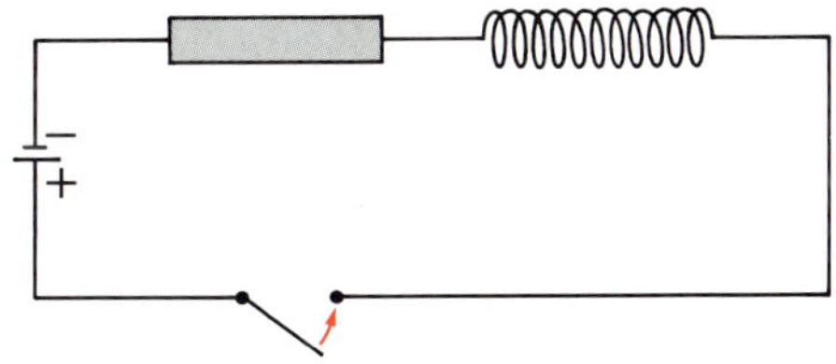

303.2

14 Beim Auflösen einer chemischen Substanz in einer Flüssigkeit sei $m(t)$ die zur Zeit t aufgelöste Masse der Substanz und m_s die „Sättigungsmenge" (d. h. die maximal lösbare Masse). Die sogenannte Reaktionsgeschwindigkeit $m'(t)$ ist zur noch nicht gelösten Masse $m_s - m(t)$ proportional.

a) Ermittle die den Auflösungsvorgang beschreibende Funktion $t \longmapsto m(t)$.

b) Wie läßt sich der Proportionalitätsfaktor k bestimmen, wenn die zur Zeit t_1 aufgelöste Masse $m(t_1)$ bekannt ist?

Logistisches Wachstum

Häufig werden Wachstumsprozesse zutreffender beschrieben, wenn der Zuwachs pro Zeiteinheit sowohl zum vorhandenen Bestand f(t) proportional ist als auch zum noch verfügbaren Rest einer das Wachstum begrenzenden Kapazität. Man kombiniert also natürliches Wachstum mit begrenztem Wachstum und spricht von **logistischem Wachstum**; für dieses gilt demnach:

$$f'(t) = kf(t)\,(G - f(t)).$$

15 a) Zeichne im gleichen Koordinatensystem die Schaubilder der Funktionen f und g mit

$$f(x) = \frac{3}{1 + 2e^{-0{,}5x}} \qquad \text{und} \qquad g(x) = 3 - 2e^{-0{,}5x}.$$

Was haben beide Schaubilder gemeinsam, worin unterscheidet sich ihr Verlauf?

b) Zeige, daß die Funktion f der Differentialgleichung $f'(x) = \frac{1}{6} f(x)(3 - f(x))$ genügt.

c) Die angegebene Differentialgleichung läßt sich auf die Form

$$\frac{f'(x)}{f(x) \cdot (3 - f(x))} = \frac{1}{6}$$

bringen und (durch algebraische Umformung) weiter auf

$$\frac{1}{3} \cdot \frac{f'(x)}{f(x)} + \frac{1}{3} \cdot \frac{f'(x)}{3 - f(x)} = \frac{1}{6}.$$

Welche weiteren Lösungen (neben der in a) genannten) ergeben sich aufgrund dieser Umformung?

16 Zeige allgemein: Alle Funktionen f mit

$$f(x) = \frac{a \cdot G}{a + e^{-Gkx}}$$

erfüllen die Differentialgleichung $f'(x) = kf(x)(G - f(x))$ („logistische Funktionen").

Bemerkung: Für logistische Funktionen wählt man häufig auch die Form

$$f(x) = \frac{A}{1 + Be^{-kx}}.$$

17 Gib eine Funktion f an, welche die folgenden Bedingungen erfüllt.

a) $f'(x) = 2\,f(x)(4 - f(x))$; $f(0) = 2$ b) $f'(x) = -3\,f(x)(2 - f(x))$; $f(0) = 1$

(Anleitung: Vgl. Aufgabe 16.)

18 Der Durchmesser f(t) (in m) einer Fichte in 1,3 m Höhe wächst mit der Zeit (in Jahren) nach dem Gesetz

$$f(t) = \frac{1}{1 + e^{-0{,}05(t - 60)}}.$$

a) Untersuche f auf Wendepunkte und Asymptoten. Zeichne ein Schaubild.

b) Welcher Durchmesser ist nach 40 Jahren zu erwarten? Welchen Durchmesser hat die Fichte, wenn sie ausgewachsen ist?

c) Gib die Umkehrfunktion von f an. Wie alt ist die Fichte mit einem Durchmesser von 40 cm? Wann erreicht eine Fichte 90 % ihres maximalen Durchmessers?

19 In einer Population von Taufliegen (Drosophila) werden 20 Tiere gezählt. Am nächsten Tag sind es bereits 24 Tiere. Es wird geschätzt, daß die Population auf maximal 350 Tiere anwachsen kann.

a) Ermittle die Zahl f(t) von Fliegen nach t Tagen, wenn logistisches Wachstum angenommen werden kann. Zeichne ein Schaubild des Wachstumsvorgangs.

b) Nach wieviel Tagen ist die Population auf 95 % ihres Endbestandes angewachsen?

c) Nach wieviel Tagen ist die momentane Wachstumsrate am größten?

Anhang

A Vollständige Induktion

Hinführung

Wenn allen Schülern einer Klasse eine Information (z. B. „Die letzte Stunde fällt aus“) mitgeteilt werden soll, so kann dies auf zwei verschiedene Arten geschehen.

Erste Möglichkeit: Die Information wird (z. B. über Lautsprecher) allen Schülern gleichzeitig mitgeteilt (Fig. 305.1).

Zweite Möglichkeit: Ein Schüler S_1 erhält die Information, S_1 gibt sie weiter an S_2, S_2 an S_3, usw. (Fig. 305.2).

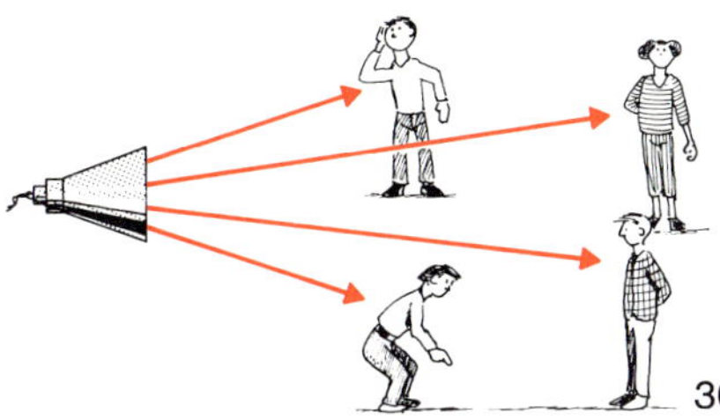
305.1

305.2

Um im zweiten Fall sicher zu sein, daß schließlich alle Schüler im Besitz der richtigen Information sind, ist entscheidend, daß

a) der erste Schüler die richtige Information erhält, und

b) jeder Schüler die Information, die er erhalten hat, unverändert weitergibt.

Die beiden Bedingungen lassen sich allgemeiner so fassen:

a) Die Aussage „Der 1. Schüler ist richtig informiert“ ist wahr; kurz: A(1) ist wahr.

b) Für alle Schüler gilt: Falls die Aussage: „Der k-te Schüler ist richtig informiert“ wahr ist, dann ist auch „Der (k + 1)-te Schüler ist richtig informiert“ wahr; kurz: Für alle k gilt: Falls A(k) wahr ist, dann ist auch A(k + 1) wahr.

Wir verdeutlichen die unterschiedlichen Vorgehensweisen in Fig. 305.1/2 an einem weiteren – mathematischen – Beispiel.
Bildet man die Summe s der n ersten ungeraden Zahlen, so stellt man fest:

$n = 1$: $s(1) = 1$

$n = 2$: $s(2) = 1 + 3 = 4$

$n = 3$: $s(3) = 1 + 3 + 5 = 9$

$n = 4$: $s(4) = 1 + 3 + 5 + 7 = 16$.

Danach wird man vermuten, daß die Aussage A(n): „$s(n) = n^2$“ für alle $n \in \mathbb{N}$ gilt.

Erste Möglichkeit eines Beweises:

$s(n) = 1 + 3 + \ldots + (2n - 3) + (2n - 1)$

$s(n) = (2n - 1) + (2n - 3) + \ldots + 3 + 1$

Addiert man nun entsprechende Summanden, so folgt:

$$\begin{aligned} 2s(n) &= 2n + 2n + \ldots + 2n + 2n \\ &= n \cdot 2n \\ s(n) &= n^2 \end{aligned}$$

Zweite Möglichkeit eines Beweises:

a) Die Aussage $s(1) = 1$ ist wahr.

b) Wir müssen zeigen: Falls für ein k gilt: $s(k) = k^2$, dann gilt auch $s(k + 1) = (k + 1)^2$. Nachweis:

$$\begin{aligned} s(k + 1) &= 1 + \ldots + (2k - 1) + (2k + 1) \\ &= s(k) + (2k + 1) \\ &= k^2 + (2k + 1) \\ &= (k + 1)^2 \end{aligned}$$

Die Aussage A(n): „$s(n) = n^2$“ ist also für alle natürlichen Zahlen wahr.

Beweisen durch Vollständige Induktion[1]

Der zweiten Beweismöglichkeit liegt folgender Gedanke zugrunde: A(1) gilt, daher muß auch A(2) gelten; weil A(2) gilt, muß auch A(3) gelten, usw. In diesem Sinne handelt es sich hier um ein schrittweises (induktives) Vorgehen. Dabei ist jedoch das Folgende zu beachten: Soll die Gültigkeit einer Aussage A(n) nur für endlich viele natürliche Zahlen n nachgewiesen werden, dann kann dies geschehen, indem man zunächst A(1) überprüft, dann A(2), usw. Handelt es sich jedoch um alle (oder jedenfalls unendlich viele) natürliche Zahlen, dann ist dieses Vorgehen nicht möglich, weil dann nicht mehr alle n überprüft werden können. Dies zeigt, worin die besondere Bedeutung der obigen Bedingungen a) und b) liegt: Sie erlauben, auch bei unendlich vielen natürlichen Zahlen den Beweis, daß A(n) für alle n wahr ist, durch induktives Vorgehen vollständig zu führen. Man spricht deshalb vom Beweis durch „Vollständige Induktion" oder durch „Schluß von k auf k+1".

Wir fassen zusammen, wie man bei diesem Beweisverfahren vorzugehen hat. Als Beispiel beweisen wir die Aussage A(n), daß 7^n-1 für alle $n \in \mathbb{N}$ eine durch 6 teilbare Zahl ist, durch

Vollständige Induktion

Allgemein: A(n)	Beispiel: 7^n-1 ist teilbar durch 6.
a) Induktionsanfang Zu zeigen: A(1) ist wahr.	a) Induktionsanfang 7^1-1 ist teilbar durch 6.
b) Induktionsschritt Annahme: A(k) sei wahr. Zu zeigen: Dann ist A(k+1) wahr. Nachweis	b) Induktionsschritt Annahme: 7^k-1 sei durch 6 teilbar. Zu zeigen: $7^{k+1}-1$ ist durch 6 teilbar. Nachweis: $7^{k+1}-1=7\cdot 7^k-7+6$ $=7(7^k-1)+6$ Wenn (wie vorausgesetzt) 7^k-1 durch 6 teilbar ist, dann auch $7(7^k-1)+6$.
Ergebnis: A(n) ist für alle $n \in \mathbb{N}$ wahr.	Ergebnis: 7^n-1 ist für alle $n \in \mathbb{N}$ durch 6 teilbar.

Bemerkungen: a) (Zum Induktionsanfang)
Gilt die Aussage A(1) nicht, wohl aber $A(n_0)$ für eine andere Zahl $n_0 \in \mathbb{N}$, so liefert das Beweisverfahren nur: A(n) ist wahr für alle $n \geqq n_0$ (vgl. Beispiel 2, S. 307).
b) (Zum Induktionsschritt)
Mit der Annahme „A(k) sei wahr" wird nicht behauptet, daß A(k) tatsächlich wahr ist; sie nimmt also das zu Beweisende nicht vorweg (vgl. Aufgabe 8, S. 308). Zum Vergleich: Mit „Falls es heute abend regnet, muß das Tennisspiel abgesagt werden" wird nicht behauptet, daß es heute abend regnen wird.

---

1. inducere (lat.): hineinführen

Beispiel 1: (Aus der Geometrie)

Gegeben seien n Punkte. Wie viele Strecken gibt es, die je zwei der Punkte verbinden (Fig. 307.1)?

Behauptung: Es gibt $\frac{n(n-1)}{2}$ solcher Strecken.

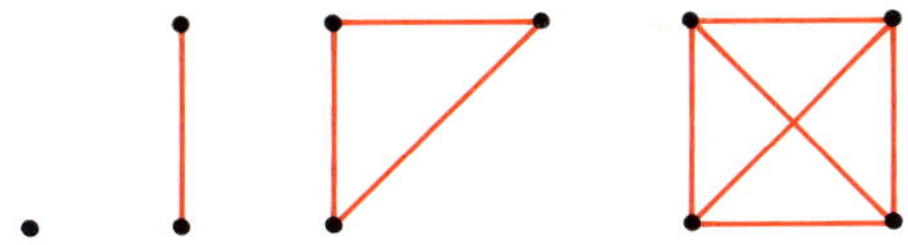

307.1

Beweis durch Vollständige Induktion:

a) (Induktionsanfang)

Für $n=1$ ist die Behauptung wahr, denn bei nur einem Punkt gibt es keine Strecke.

b) (Induktionsschritt)

Annahme: Bei k Punkten sei $\frac{k(k-1)}{2}$ die Anzahl der möglichen Strecken.

Zu zeigen: Dann gibt es bei $k+1$ Punkten $\frac{(k+1)k}{2}$ Strecken.

Nachweis: Wenn zu k Punkten ein weiterer Punkt hinzukommt, dann kann man diesen mit jedem der k vorhandenen Punkte verbinden; es kommen also k neue Strekken hinzu. Die Gesamtheit aller Strecken bei $k+1$ Punkten ist dann

$$\frac{k(k-1)}{2}+k=\frac{k^2-k+2k}{2}=\frac{k(k+1)}{2},$$ wie zu zeigen war.

Die obige Behauptung gilt also für alle $n \in \mathbb{N}$.

Beispiel 2: (Geänderter Induktionsanfang)

Behauptung: Für alle $n>2$ $(n \in \mathbb{N})$ ist $2^n>2n+1$.

Beweis durch Vollständige Induktion:

a) (Induktionsanfang) Die Behauptung trifft zu für $n=3$, denn es ist $2^3>2\cdot 3+1$. (Für $n=1$ und $n=2$ ist die Behauptung falsch.)

b) (Induktionsschritt)

Annahme: $2^k>2k+1$

Zu zeigen: $2^{k+1}>2(k+1)+1$, d.h., $2^{k+1}>2k+3$

Nachweis: Falls $2^k>2k+1$, ist $2\cdot 2^k>2(2k+1)$ oder $2^{k+1}>4k+2$. Da $k>2$, ist also gewiß $2^{k+1}>2k+3$.

Die Behauptung ist also für alle $n \geqq 3$ wahr.

Beispiel 3: (Ungleichung von Bernoulli)

Das Binom $(1+x)^n$ ist für große Werte von n nur mühsam zu berechnen. In vielen Fällen genügt bereits eine Abschätzung. Eine solche liefert die Ungleichung von Bernoulli: Für alle $n \in \mathbb{N}\setminus\{1\}$ und alle $x \in \mathbb{R}\setminus\{0\}$ mit $x>-1$ ist

$$(1+x)^n>1+n\cdot x.$$

Beweis durch Vollständige Induktion:

a) (Induktionsanfang) Für $n=2$ besagt die Ungleichung: $(1+x)^2>1+2x$. Das ist wegen $(1+x)^2=1+2x+x^2$ und $x^2>0$ eine wahre Aussage.

b) (Induktionsschritt)

Annahme: $(1+x)^k>1+kx$

Zu zeigen: $(1+x)^{k+1}>1+(k+1)x$

Nachweis: $(1+x)^{k+1}=(1+x)(1+x)^k$. Aus $(1+x)^k>1+kx$ folgt (da $1+x$ positiv ist) $(1+x)(1+x)^k>(1+x)(1+kx)$ oder $(1+x)^{k+1}>1+(k+1)x+kx^2$ und hieraus $(1+x)^{k+1}>1+(k+1)x$.

Aufgaben

1 Beweise durch Vollständige Induktion, daß für alle $n \in \mathbb{N}$ gilt:

a) $1+2+3+\ldots+n=\frac{1}{2}n(n+1)$

b) $2^0+2^1+2^2+2^3+\ldots+2^n=2^{n+1}-1$

c) $\frac{1}{1\cdot 2}+\frac{1}{2\cdot 3}+\frac{1}{3\cdot 4}+\ldots+\frac{1}{n(n+1)}=\frac{n}{n+1}$

d) $1^3+2^3+3^3+\ldots+n^3=\frac{1}{4}n^2(n+1)^2$

e) $1^2+2^2+3^2+\ldots+n^2=\frac{1}{6}n(n+1)(2n+1)$

f) $1+\frac{1}{2}+\frac{1}{4}+\ldots+\frac{1}{2^n}=2(1-\frac{1}{2^{n+1}})$

2 Beweise die folgende Aussage.

a) 9^n-1 ist für alle $n \in \mathbb{N}$ teilbar durch 8.

b) n^3-n ist für alle $n \in \mathbb{N}$ teilbar durch 6.

c) $n^3+(n+1)^3+(n+2)^3$ ist für jedes $n \in \mathbb{N}$ durch 3 teilbar.

3 Zeige: a) $2^n \geqq n+1$ für alle $n \in \mathbb{N}$.

b) $2^n > n^2$ für alle $n \geqq 5$, $n \in \mathbb{N}$.

4 Beweise: Für alle $n \in \mathbb{N}$, $x \neq 1$ ist $(x^{n+1}-1):(x-1)=1+x+x^2+\ldots+x^n$.

5 Die Zahlen 1; 3; 6; 10; ... in Fig. 308.1 nennt man Dreieckszahlen.

a) Zeige: Für die n-te Dreieckszahl a_n gilt:

$$a_n=\frac{1}{2}n(n+1).$$

(Anleitung: Vgl. Aufgabe 1a).)

b) Zeige: Die Summe zweier aufeinanderfolgender Dreieckszahlen ist eine Quadratzahl.

c) Bestimme in dem Term

$$f(n)=an^3+bn^2+cn+d$$

die Koeffizienten a, b, c, d so, daß der Term für $n=1$ die erste Dreieckszahl und für $n=2$; 3; 4 die Summe der ersten 2; 3; 4 Dreieckszahlen liefert.

d) Beweise durch Vollständige Induktion, daß die in c) erhaltene Formel für die Summe der ersten n Dreieckszahlen für alle $n \in \mathbb{N}$ gilt.

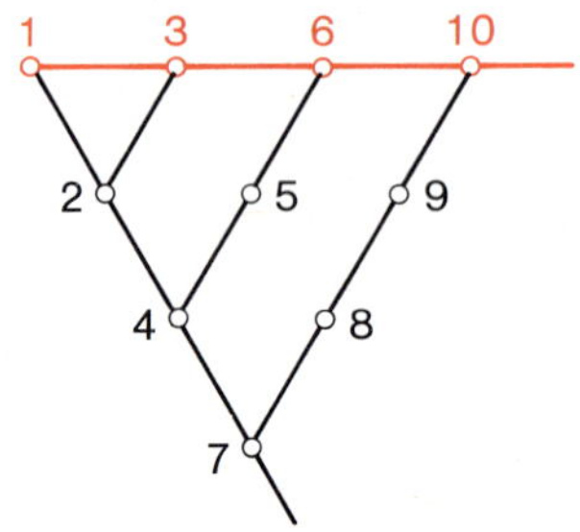

308.1

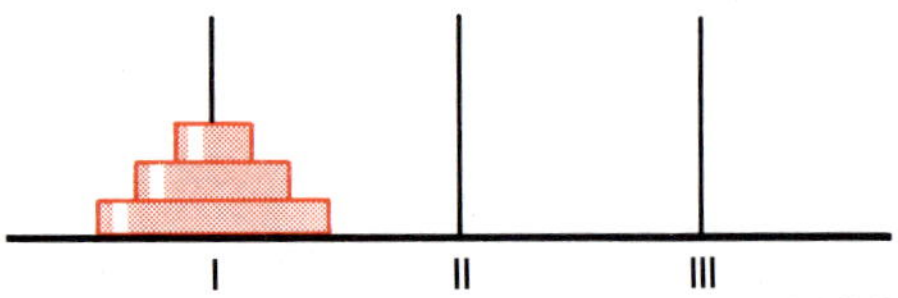

308.2

6 Beweise durch Vollständige Induktion, daß man n verschiedene Gegenstände auf $1\cdot 2\cdot 3\cdot\ldots\cdot n$ verschiedene Arten in eine Reihenfolge bringen kann.
(Bemerkung: Für das Produkt $1\cdot 2\cdot 3\cdot\ldots\cdot n$ schreibt man auch n!, lies n Fakultät, und jede mögliche Reihenfolge nennt man eine Permutation der n Gegenstände.)

7 a) Wie oft muß man in Fig. 308.2 eine der drei Scheiben vom Stab (I) auf einen anderen Stab umsetzen, bis schließlich auf dem Stab (III) wieder dieselbe Anordnung der Scheiben vorhanden ist wie in Fig. 308.2 auf dem Stab (I)?

b) Wie viele Umsetzungen sind notwendig, wenn der Stab (I) eine (2; 3) Scheiben enthält? Wie viele Umsetzungen vermutet man danach bei n Scheiben?

c) Bestätige die Vermutung durch Vollständige Induktion.

8 Die Behauptung $1+2+3+\ldots+n=\frac{1}{2}n(n+1)+3$ ist für alle $n \in \mathbb{N}$ falsch (vgl. Aufgabe 1a). Zeige, daß trotzdem der Schluß von k auf $k+1$ gelingt.

9 Wir „beweisen" durch Induktion die offenbar falsche Aussage, daß alle Menschen gleich groß sind. Dazu denken wir uns einen Saal, in dem sich Personen befinden.

a) (Induktionsanfang) Wenn nur eine Person (der Größe g) im Saal ist, so ist $g=g$.

b) (Induktionsschritt) Annahme: Bei k Personen im Saal gelte stets $g_1=g_2=\ldots=g_k$.
Zu zeigen: Bei $k+1$ Personen gilt $g_1=g_2=\ldots=g_{k+1}$.
Nachweis: Nach Voraussetzung gilt sowohl $g_1=g_2=\ldots=g_k$ als auch $g_2=g_3=\ldots=g_{k+1}$, also auch $g_1=g_2=\ldots=g_{k+1}$, wie zu zeigen war. – Wo steckt der Fehler?

B Newton-Verfahren

1 Ermittle für das Schaubild der Funktion f mit $f(x) = x - \cos x$ (Fig. 309.1) die Gleichung der Tangente im Punkt $P = (0{,}8|f(0{,}8))$ und deren Schnittpunkt mit der x-Achse (Rechne mit 3 Dezimalen).
Vergleiche die Annäherung der Nullstelle von f mit der des Intervallhalbierungsverfahrens auf S. 108, Beispiel 3.

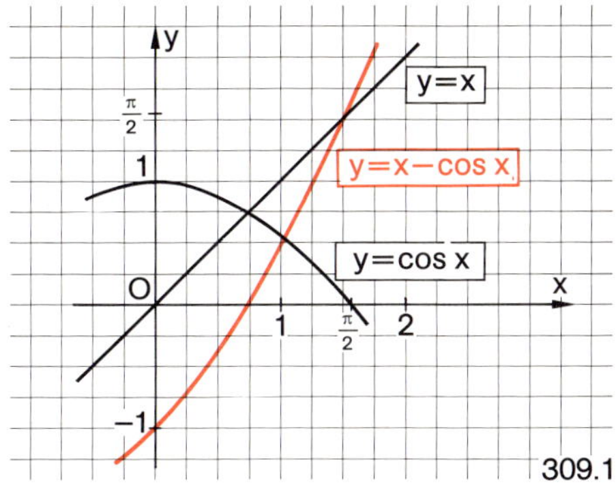

309.1

Zur näherungsweisen Berechnung von Nullstellen ist auf S. 108 das Intervallhalbierungsverfahren vorgestellt worden. Es zeigt sich, daß dieses Verfahren sehr langsam konvergiert: Nach 4 Schritten ergibt sich für $x - \cos x = 0$ auf 2 Dezimalen gerundet als Lösung $x = 0{,}74$; dieser Wert wird mit dem in Aufgabe 1 angesprochenen Verfahren sofort erreicht.

Es liegt daher nahe, auf den gefundenen Wert 0,74 das Verfahren von Aufgabe 1 erneut anzuwenden, und man kann hoffen, nach wenigen Schritten mit großer Genauigkeit die Nullstelle von f anzunähern. Dieses (nach NEWTON benannte) Verfahren läßt sich wie folgt beschreiben:
Es sei f differenzierbar (also insbesondere stetig) in $[a;b]$ und $f(a)$, $f(b)$ von verschiedenem Vorzeichen. Dann ermitteln wir in $P_1(b|f(b))$ (oder in $P_1(a|f(a))$) die Tangente und berechnen die Abszisse x_2 ihres Schnittpunktes mit der x-Achse (Fig. 309.2).

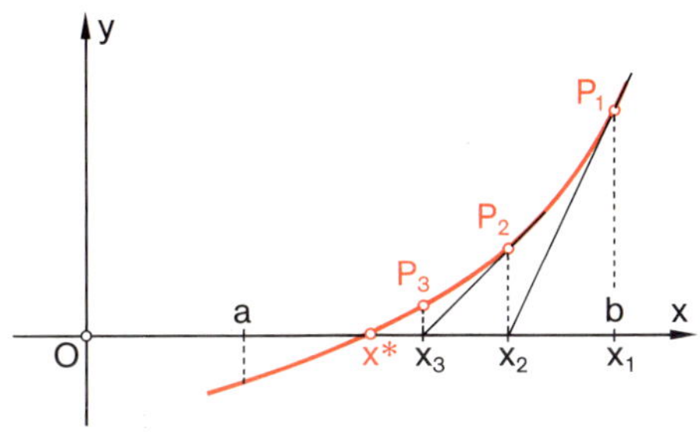

309.2

Nun verfahren wir bei $P_2(x_2|f(x_2))$ entsprechend und erhalten eine Abszisse x_3, usw. Meist konvergiert die sich (mit $x_1 = b$) ergebende Folge $x_1, x_2, x_3, \ldots$ rasch gegen eine gesuchte Nullstelle x^*.

Wir ermitteln nun allgemein die sog. Iterationsvorschrift[1], die von einem Näherungswert x_n zum nächsten Näherungswert x_{n+1} führt. Die Tangente in $P_n(x_n|f(x_n))$ hat die Gleichung $y = f(x_n) + f'(x_n)\,(x - x_n)$. Die Abszisse x_{n+1} ihres Schnittpunktes mit der x-Achse ergibt sich aus $f(x_n) + f'(x_n)\,(x - x_n) = 0$ durch Auflösen nach x.

Die Iterationsvorschrift für das **Newton-Verfahren** lautet:

$$\mathbf{x_{n+1} = x_n - \frac{f(x_n)}{f'(x_n)}}.$$

1. iterare (lat.): wiederholen

Beachte: Damit x_{n+1} berechnet werden kann, muß $f'(x_n) \neq 0$ sein. Aber auch wenn dies der Fall ist, kann es vorkommen (wie Fig. 310.1 zeigt), daß die Folge (x_n) nicht konvergiert. Ist jedoch $f'(x^*) \neq 0$, so läßt sich in solchen Fällen der Startwert x_1 (z. B. mit Hilfe des Intervallhalbierungsverfahrens) in der Regel so verbessern, daß das Newton-Verfahren mit dem verbesserten Startwert konvergiert.

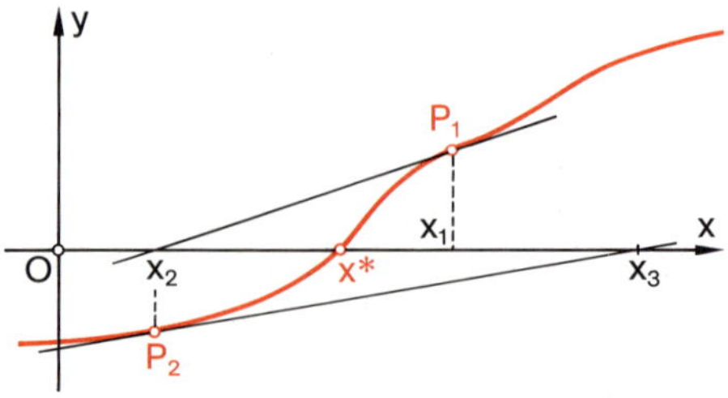

310.1

Beispiel 1: Wir ermitteln die Lösung von $x = \cos x$ aus Aufgabe 1 nach dem Newton-Verfahren. Mit $f(x) = x - \cos x$ ist $f'(x) = 1 + \sin x$. Startwert sei $x_1 = 0{,}8$.
Iterationsvorschrift: $x_{n+1} = x_n - \frac{x_n - \cos x_n}{1 + \sin x_n}$

n	x_n	$f(x_n)$	$f'(x_n)$	$\frac{f(x_n)}{f'(x_n)}$	x_{n+1}
1	0,8000000	0,1032933	1,7173561	0,0601467	0,7398533
2	0,7398533	0,0012858	1,6741796	0,0007680	0,7390853
3	0,7390853	0,0000002	1,6736121	0,0000001	0,7390852
⋮	⋮	⋮	⋮	⋮	⋮

Während beim Intervallhalbierungsverfahren nach 4 Schritten erst eine Dezimale gesichert ist, sind dies beim Newton-Verfahren nach 3 Schritten bereits 6 Dezimalen.

2 Bestimme die Lösung der Gleichung $x^3 - 2x - 5 = 0$ auf 3 Dezimalen.

Aufgaben

3 Die folgende Gleichung hat genau eine reelle Lösung x^*. Berechne x^* nach dem Newton-Verfahren. Brich das Verfahren ab, wenn sich die vierte Dezimale nicht mehr ändert; runde danach auf 3 Dezimalen.

a) $x^3 + 2x - 1 = 0$ b) $x^3 = 6 - 3x$ c) $x^3 + 3x^2 = 8$

d) $x = 2\cos x$ e) $x^3 = \cos x$ f) $x = \sqrt[3]{x+1}$

4 Die folgende Gleichung hat mehrere reelle Lösungen. Bestimme sie (2 Dezimalen).

a) $x^3 - 3x - 1 = 0$ b) $x^3 + 3x^2 - 3 = 0$ c) $x^4 + 4x - 3 = 0$

5 a) Zeige: Die näherungsweise Berechnung von $\sqrt{a}$ $(a \in \mathbb{R}^+)$ nach dem Newton-Verfahren führt auf die Iterationsvorschrift

$$x_{n+1} = \frac{1}{2}\left(x_n + \frac{a}{x_n}\right).$$

b) Wie lautet die Iterationsvorschrift bei der Berechnung von $\sqrt[k]{a}$ $(k \in \mathbb{N}\setminus\{1\};\ a \in \mathbb{R}^+)$?

6 Bestimme den größten Funktionswert, den die Funktion f mit $f(x) = x \cdot \sin x$ im Intervall $[0;\pi]$ annimmt. (Runde auf 1 Dezimale.)

7 Gegeben ist die Gleichung $x^5 + x + 1 = 0$.

a) Zeige, daß die Gleichung genau eine Lösung x^* hat.

b) Berechne x^* auf 4 Dezimalen genau.

8 Bestimme auf der Kurve K: $y=\frac{1}{x^2}$ die Punkte P und Q so, daß die Tangente in P bzw. Q durch A $(-\frac{1}{2}|2)$ geht.

9 Welcher Punkt der Kurve mit der Gleichung $y=\cos 2x$ im 1. Feld liegt am nächsten beim Ursprung (2 Dezimalen)? (Anleitung: Beachte, daß $\sin 2x = 2\sin x \cdot \cos x$ ist.)

10 Die Funktion f mit $f(x)=100x^3-12x^2+0{,}47x-0{,}005$ hat in $[0;0{,}06]$ genau eine Nullstelle x^*.
a) Bestimme mit $x_1=0$ als Startwert den auf 3 Dezimalen gerundeten Näherungswert für x^* nach dem Newton-Verfahren.
b) Versuche, die Nullstelle x^* mit $x_1=0{,}06$ als Startwert nach dem Newton-Verfahren zu bestimmen; berechne $x_2, x_3, \ldots, x_{12}$. Untersuche f auf Extremwerte; skizziere das Schaubild von f. Inwiefern wird dadurch das Verhalten der Folge $x_1, x_2, x_3, \ldots$ verständlich?

11 Die Ursprungsgerade g berührt die Kurve mit der Gleichung $y=\sin x$ im Punkt $P(u|v)$ mit $0<u<2\pi$. Berechne die Koordinaten von P. (Runde auf 3 Dezimalen.)

12 Durch den Hochpunkt $H(\frac{\pi}{2}|1)$ der Kurve mit der Gleichung $y=\sin x$ gibt es eine Gerade h, welche die Kurve im Punkt $Q(r|s)$ berührt. Berechne die Koordinaten von Q. (Runde auf 3 Dezimalen.)

13 a) Bestimme die Lösungen der Gleichung $x^3+x^2-2x-1=0$ auf 4 Dezimalen.
b) Zeige: Wenn x_1 eine Lösung ist, dann ist auch x_1^2-2 eine Lösung.
c) Wie kann man die Summe $x_1+x_2+x_3$ der 3 Lösungen an der Gleichung ablesen? (Anleitung: Betrachte das Produkt $(x-x_1)(x-x_2)(x-x_3)$.)
d) Es sei $x_2=x_1^2-2$. Drücke mit Hilfe des Ergebnisses in c) auch die dritte Lösung x_3 durch x_1 aus.

14 In einem liegenden zylinderförmigen Öltank (Fig. 311.1), der 1000 l faßt, sollen an einem senkrecht eingeführten Maßstab Marken angebracht werden, die unmittelbar den gerade im Tank befindlichen Inhalt ablesen lassen. An welchen Stellen des Maßstabes sind die Marken für 100 l, 200 l, 300 l, ..., 1000 l anzubringen?

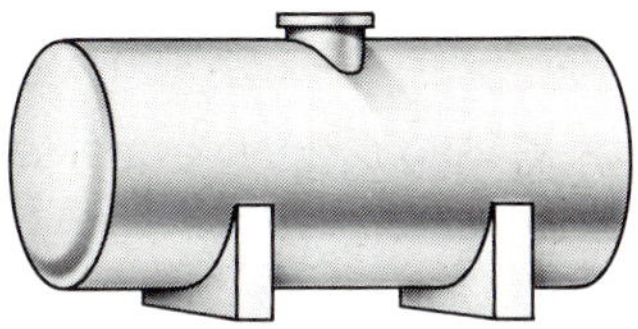

311.1

15 Einer Kugel mit dem Radius $r=9$ cm soll ein Zylinder einbeschrieben werden, dessen Rauminhalt ein Viertel des Kugelinhaltes beträgt. Welche Höhe hat der Zylinder? (2 Dezimalen)

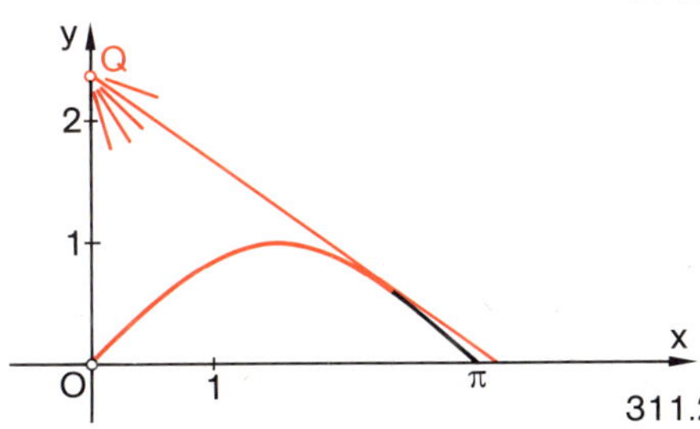

311.2

16 Ein rechteckiger Streifen aus dünnem Blech wurde so gewölbt, daß sein Querschnitt (Fig. 311.2) in einem Koordinatensystem das Schaubild der Funktion f mit $f(x)=\sin x$ im Intervall $[0;\pi]$ darstellt. Eine punktförmige Lichtquelle im Punkt $Q(0|2{,}5)$ beleuchtet den Gewölbequerschnitt. Bestimme den Teil des Querschnitts, der im Schatten liegt. (3 Dezimalen)

17 Eine Schuld von 10000 DM soll unter Berücksichtigung der Zinsen in 6 Jahresraten von je 2000 DM beglichen werden, die nach 1 Jahr, 2 Jahren, ..., 6 Jahren zu bezahlen sind. Welcher Zinssatz wurde zugrunde gelegt? (Anleitung: Verwende $1+a+a^2+\ldots+a^n=\frac{1-a^{n+1}}{1-a}$.)

18 Die Herstellung von x Einheiten einer Ware verursacht Kosten gemäß der Funktion $f: x \longmapsto 0{,}1x^3-1{,}2x^2+5{,}4x+3$. Der Erlös beträgt $3{,}4 \cdot x$. Zwischen welchen Grenzen arbeitet der Betrieb mit Gewinn?

C Näherungsweise Berechnung von Integralen

1 Welcher Näherungswert für den Inhalt der in Fig. 312.1 angegebenen Fläche ergibt sich, wenn man die Kurve $K: y = \sqrt{\sin x}$ zwischen A und B durch die Sehne AB (durch die Tangente in C) ersetzt? Weshalb können wir den Inhalt dieser Fläche nicht exakt berechnen?

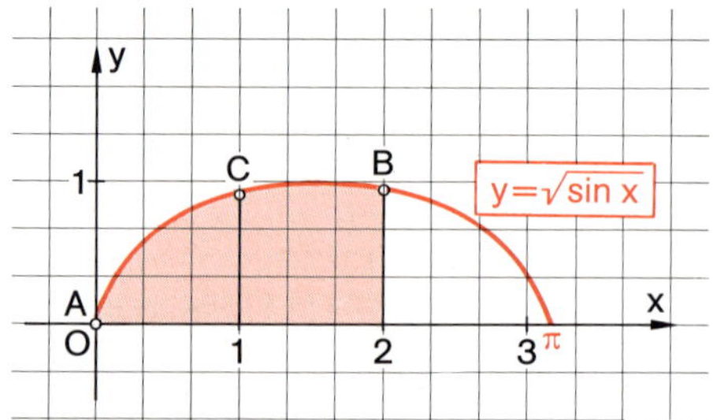

312.1

Wenn sich zu einer gegebenen Funktion f keine Stammfunktion (mittels der uns bekannten Funktionen) angeben läßt, dann können wir i. allg. das Integral

$$\int_a^b f(x)\,dx$$

nicht exakt berechnen. In solchen Fällen müssen wir uns mit einem Näherungswert für das Integral zufrieden geben. Selbstverständlich ist jede Untersumme und jede Obersumme (Fig. 312.2) ein Näherungswert. Man erhält jedoch bessere Näherungswerte, wenn man die Rechtecke durch Trapeze wie in Fig. 312.3 (Sehnentrapeze) oder wie in Fig. 312.4 (Tangententrapeze) ersetzt.

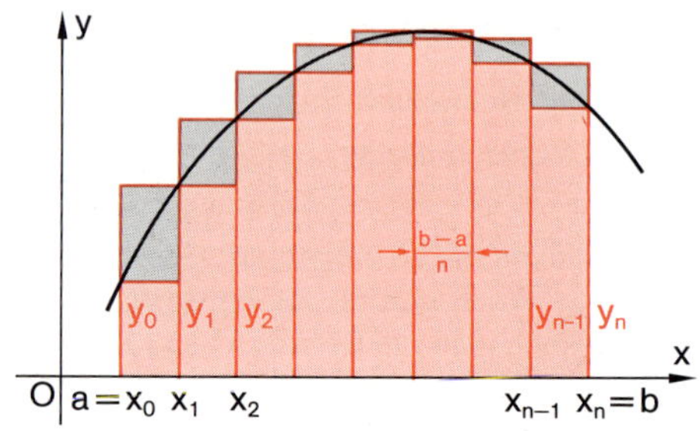

312.2

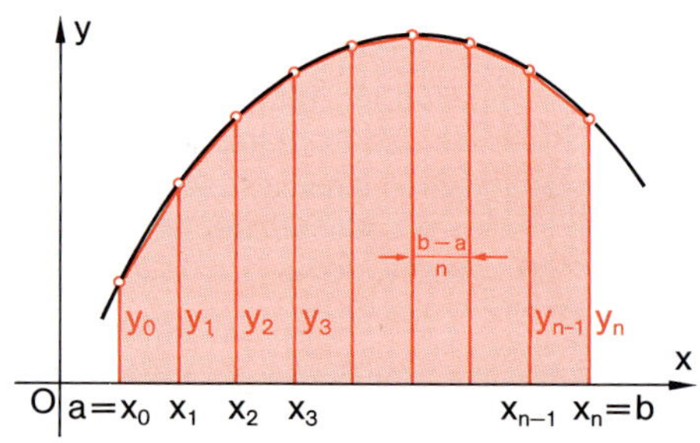

312.3

Um die Rechnung zu vereinfachen, wählen wir die n Teilintervalle $[x_i; x_{i+1}]$ von $[a; b]$ gleich lang und schreiben für $f(x_i)$ kurz y_i.
Dann gilt für den Inhalt der Sehnentrapeze

$$S_n = \frac{b-a}{n}\left(\frac{y_0+y_1}{2} + \frac{y_1+y_2}{2} + \ldots + \frac{y_{n-1}+y_n}{2}\right)$$

oder die **Sehnentrapezregel**

$$S_n = \frac{b-a}{2n}\left(y_0 + 2y_1 + 2y_2 + \ldots + 2y_{n-1} + y_n\right).$$

Entsprechend gilt, wenn n eine gerade Zahl ist, für den Inhalt der Tangententrapeze die **Tangententrapezregel**

$$T_n = 2 \cdot \frac{b-a}{n}\left(y_1 + y_3 + y_5 + \ldots + y_{n-1}\right).$$

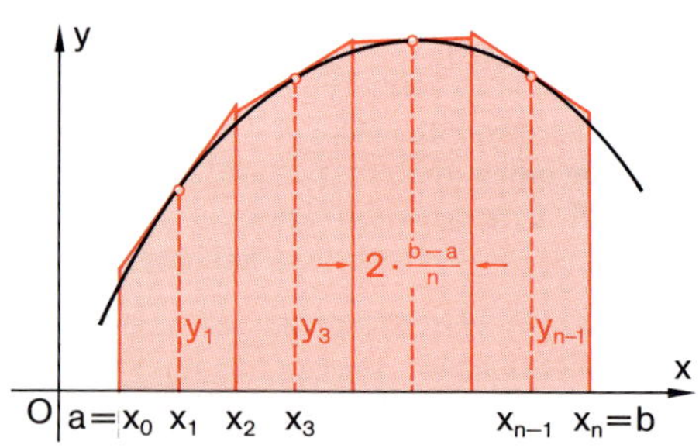

312.4

Fig. 312.3 und 312.4 legen nahe, die Näherungswerte S_n und T_n für das gesuchte Integral zu ermitteln. Weil doppelt so viele Sehnentrapeze als Tangententrapeze verwendet wurden, erscheint es geboten, dabei S_n doppelt so stark zu gewichten als T_n und mit geradem n den Näherungswert $K_n = \frac{1}{3}(2S_n + T_n)$ zu bilden. Man erhält so

$$K_n = \frac{1}{3}\left[\frac{b-a}{n}\left(y_0 + 2y_1 + \ldots + 2y_{n-1} + y_n\right) + \frac{b-a}{n}\left(2y_1 + 2y_3 + \ldots + 2y_{n-1}\right)\right]$$

und hieraus durch Umformen die sogenannte

Simpsonregel[1] (n gerade):

$$\mathbf{K_n = \frac{b-a}{3n}\left[\left(y_0 + y_n\right) + 4\left(y_1 + y_3 + \ldots + y_{n-1}\right) + 2\left(y_2 + y_4 + \ldots + y_{n-2}\right)\right].}$$

Bemerkung: Im einfachsten Fall $n = 2$ lautet die Simpsonregel

$$K_2 = \frac{b-a}{6}\left(y_0 + 4y_1 + y_2\right).$$

Dies ist die sogenannte **Keplersche Faßregel**[2]. Sie kann auch verwendet werden, um das Ergebnis einer Integralberechnung zu kontrollieren.

Beispiel 1: (Vergleich von S_n, T_n und K_n)

Wir berechnen die Näherungswerte S_2, T_2 und K_2 für $\int\limits_1^3 \frac{1}{1+x^2}\,dx$.

$$S_2 = \frac{2}{2\cdot 2}\left(\frac{1}{2} + 2\cdot\frac{1}{5} + \frac{1}{10}\right) = 0{,}5;\quad T_2 = 2\cdot\frac{2}{2}\left(\frac{1}{5}\right) = 0{,}4;\quad K_2 = \frac{2}{6}\left(\frac{1}{2} + 4\cdot\frac{1}{5} + \frac{1}{10}\right) = 0{,}4667 \text{ (4 Dez.)}$$

Man kann zeigen (vgl. S. 329), daß das Integral (auf 6 Dezimalen gerundet) den Wert 0,463648 hat; der Näherungswert K_2 ist also erheblich genauer als S_2 und T_2.

Beispiel 2: (Simpsonregel für verschiedene Werte von n)
Wir berechnen für das Integral aus Beispiel 1 nach K_2 auch noch K_4 und K_8.

a) Berechnung von K_4

Wertetabelle:

x	1	1,5	2	2,5	3
f(x)	$\frac{1}{2}$	$\frac{4}{13}$	$\frac{1}{5}$	$\frac{4}{29}$	$\frac{1}{10}$

$$K_4 = \frac{0{,}5}{3}\left[\left(\frac{1}{2} + \frac{1}{10}\right) + 4\left(\frac{4}{13} + \frac{4}{29}\right) + 2\cdot\frac{1}{5}\right] = 0{,}4637 \text{ (4 Dezimalen)}$$

b) Berechnung von K_8

Wertetabelle:

x	1	1,25	1,5	1,75	2	2,25	2,5	2,75	3
f(x)	$\frac{1}{2}$	$\frac{16}{41}$	$\frac{4}{13}$	$\frac{16}{65}$	$\frac{1}{5}$	$\frac{16}{97}$	$\frac{4}{29}$	$\frac{16}{137}$	$\frac{1}{10}$

$$K_8 = \frac{0{,}25}{3}\left[\left(\frac{1}{2} + \frac{1}{10}\right) + 4\left(\frac{16}{41} + \frac{16}{65} + \frac{16}{97} + \frac{16}{137}\right) + 2\left(\frac{4}{13} + \frac{1}{5} + \frac{4}{29}\right)\right] = 0{,}4636 \text{ (4 Dezimalen)}$$

---

1. THOMAS SIMPSON (1710 – 1761), englischer Mathematiker
2. JOHANNES KEPLER (1571 – 1630), deutscher Astronom und Mathematiker

2 Berechne einen Näherungswert für $\int_0^4 \sqrt{1+x^3}\,dx$ a) mit der Sehnentrapezregel für $n=8$
b) mit der Tangententrapezregel für $n=8$ c) mit der Keplerschen Faßregel
d) mit der Simpsonregel für $n=8$. (Rechne mit 4, runde das Ergebnis auf 3 Dezimalen.)

Aufgaben

3 Ermittle mit Hilfe der Simpsonregel einen Näherungswert für das folgende Integral. Wähle n wie angegeben; runde das Ergebnis auf 3 Dezimalen.

a) $\int_0^{\pi} \sqrt{\sin x}\,dx;\ n=6$ b) $\int_0^2 \sqrt{1+x}\,dx;\ n=4$ c) $\int_0^4 \sqrt{1+x^2}\,dx;\ n=8$ d) $\int_{\frac{\pi}{4}}^{\frac{\pi}{2}} \frac{1}{\sin x}\,dx;\ n=4$

4 a) Berechne für $\int_0^3 \frac{1}{\sqrt{1+x}}\,dx$ einen Näherungswert mit Hilfe der Keplerschen Faßregel (mit Hilfe der Simpsonregel für $n=6$).
b) Berechne den exakten Wert des Integrals. Vergleiche mit den in a) berechneten Näherungen.

5 a) Stelle für die Funktion f mit $f(x)=x\sqrt{4-x};\ x\in[0;4]$ eine Wertetabelle auf mit der Schrittweite 0,5. Zeichne ein Schaubild von f.
b) Berechne mit Hilfe der vorhandenen Wertetabelle einen Näherungswert für den Inhalt der Fläche, die das gezeichnete Schaubild mit der x-Achse einschließt.

6 Die Fläche zwischen dem Schaubild der Funktion f mit $f(x)=\frac{1}{\sqrt{x+1}}$ und der x-Achse über dem Intervall $[0;4]$ rotiere um die x-Achse. Ermittle einen Näherungswert für den Rauminhalt des Drehkörpers.

7 a) Zeichne für $x\in[0;\frac{\pi}{2}]$ ein Schaubild der Funktion f mit $f(x)=\sin^2 x$. Ermittle mit der Simpsonregel $(n=8)$ einen Näherungswert für den Inhalt der Fläche, die das Schaubild, die x-Achse und die Gerade mit der Gleichung $x=\frac{\pi}{2}$ einschließen.
b) Man kann zeigen: Ist eine Funktion f dreimal differenzierbar, f''' stetig und $|f'''(x)|\leqq M$ in $[a;b]$, dann ist der bei Anwendung der Simpsonregel entstehende Fehler kleiner als $\frac{(b-a)^4}{72n^3}\cdot M$.
Welche Fehlerschranke ergibt sich daraus für den in a) berechneten Näherungswert?

8 a) Berechne das Integral der Funktion f mit $f(x)=rx^2+sx+t$ zwischen den Grenzen a und b.
b) Zeige, daß die Keplersche Faßregel für das in a) berechnete Integral den exakten Wert liefert. Wie läßt sich danach die näherungsweise Berechnung eines Integrals mittels der Keplerschen Faßregel anschaulich deuten?
c) Weise nach, daß die Berechnung eines Integrals nach der Keplerschen Faßregel überraschenderweise auch bei ganzrationalen Funktionen 3. Grades mit $f(x)=rx^3+sx^2+tx+u$ den exakten Wert des Integrals liefert. Wie läßt sich dieses Ergebnis anschaulich deuten?
(Anleitung: Fig. 314.1 veranschaulicht die näherungsweise Berechnung des Integrals

$$\int_0^4 f(x)\,dx \quad \text{mit} \quad f(x)=-\frac{1}{8}x^3+\frac{1}{4}x^2+x+1$$

nach der Keplerschen Faßregel. Vergleiche die schraffierten Flächen.)

9 Der Bogen der Normalparabel $K\colon y=x^2$ zwischen den Punkten $O(0|0)$ und $A(2|4)$ hat die Länge

$$L=\int_0^2 \sqrt{1+4x^2}\,dx.$$

Ermittle mit der Simpsonregel $(n=8)$ einen Näherungswert für L (3 Dezimalen).

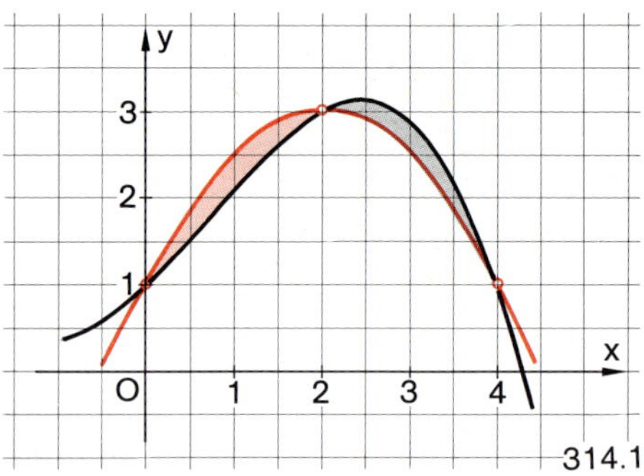

314.1

Schriftliches Abitur

Aufgaben zu Kapitel V bis XI. Diese Aufgaben beinhalten umfassendere Fragestellungen. Sie könnten sich in dieser Form auch bei Abschlußklausuren oder beim schriftlichen Abitur ergeben.

1 Für jedes $t \in \mathbb{R}^+$ ist eine Funktion f_t gegeben durch

$$f_t(x) = \frac{2x}{t^2 + x^2}$$

Das Schaubild von f_t sei K_t.

a) Untersuche K_t auf Symmetrie, Asymptoten, Schnittpunkte mit der x-Achse sowie Extrem- und Wendepunkte.
Zeichne K_1 und $K_{\frac{1}{2}}$ im gleichen Koordinatensystem (LE = 1 cm).

b) Zwei Kurven K_{t_1} und K_{t_2} mit $t_1 < t_2$ und die Gerade $g: x = z$, $(z > 0)$ begrenzen eine Fläche im 1. Feld. Berechne ihren Inhalt $A(z)$.
Gegen welchen Grenzwert A^* strebt $A(z)$ für $z \to +\infty$? Wie groß ist A^* bei den gezeichneten Kurven?
Für zwei Kurven K_{t_1} und K_{t_2} sei $A^* = 1$. Welche Beziehung besteht dann zwischen t_1 und t_2?

c) Gib einen Punkt P_1 im 1. Feld an, durch den keine Kurve K_t geht.
Bestimme die Menge der Punkte $P(x|y)$ im 1. Feld, durch die keine Kurve K_t geht.
Kennzeichne im vorhandenen Achsenkreuz die Menge dieser Punkte durch eine Schraffur.

d) $P(u|v)$ sei ein beliebiger Punkt auf der Kurve K_t im 1. Feld. Das Dreieck mit den Ecken $O(0|0)$, $Q(u|0)$, $P(u|v)$ erzeugt bei Rotation um die x-Achse einen Kegel. Bestimme P so, daß der Rauminhalt dieses Kegels extremal wird. Untersuche, ob es sich um ein Maximum oder um ein Minimum handelt.

e) Zeige: Eine Kurve K_t und die Ursprungsgerade durch den Hochpunkt von K_t schließen eine Fläche ein, die für alle Kurven K_t denselben Inhalt hat.

2 a) Untersuche das Schaubild K der Funktion f mit

$$f(x) = 4 \cdot \frac{x-1}{x^2}, \quad x \in \mathbb{R} \setminus \{0\}$$

auf Schnittpunkte mit der x-Achse, Asymptoten, Extrem- und Wendepunkte.
Zeichne K für $|x| \leqq 6$ (LE = 1 cm).

b) Die Kurve K, die x-Achse und die Gerade $g: x = z$, $(z > 1)$ begrenzen eine Fläche.
Berechne ihren Inhalt $A(z)$. Wie verhält sich $A(z)$ für $z \to +\infty$?

c) Die in b) berechnete Fläche mit dem Inhalt $A(z)$ rotiere um die x-Achse. Berechne den Rauminhalt $V(z)$ des entstehenden Drehkörpers. Wie verhält sich $V(z)$ für $z \to +\infty$?

d) Die Punkte $A(1|0)$, $P(u|f(u))$ und $Q(u|0)$ mit $u > 1$ sind die Ecken eines Dreiecks. Durch Rotation dieses Dreiecks um die x-Achse entsteht ein Kegel. Wie groß kann der Rauminhalt eines solchen Kegels höchstens werden?

e) Untersuche das Verhalten der Funktion I mit

$$I(x) = \int_1^x f(t)\,dt, \quad x \in \mathbb{R}^+$$

für $x \to 0$. Welches ist der kleinste Funktionswert, den die Funktion I annimmt?

f) Zeige, daß die Funktion I^* mit

$$I^*(x) = \frac{1}{x} \int_1^x I(t)\,dt, \quad x \in \mathbb{R}^+$$

monoton zunimmt. Hat I^* für $x \to +\infty$ einen Grenzwert?

3 Gegeben sind die Funktionen f und g mit

$$f(x)=\sqrt{x+4}$$
$$g(x)=\frac{1}{3}x+3-\sqrt{x+4}$$

in ihrer maximalen Definitonsmenge.

a) Zeichne das Schaubild von f für $-4 \leqq x \leqq 5$ (LE = 1 cm).
Untersuche g auf lokale und globale Extremwerte.
Wie verhält sich g′ für $x \to -4$ bzw. $x \to +\infty$?
Zeichne das Schaubild von g für $-4 \leqq x \leqq 5$ in das vorhandene Koordinatensystem ein.

b) Berechne den Inhalt der Fläche, die von den Schaubildern von f und g begrenzt wird.

c) Zeige, daß die Gerade (S_1S_2) durch die Schnittpunkte S_1 und S_2 der Schaubilder von f und g die in b) berechnete Fläche halbiert.

d) Weise nach, daß die Funktion g für $x > -\frac{7}{4}$ eine Umkehrfunktion $\bar{g}$ besitzt. Berechne $\bar{g}'(3)$.

e) Untersuche, ob das Schaubild von g eine Asymptote mit der Steigung $\frac{1}{3}$ hat.

f) Für welche Punkte P auf dem Schaubild von g gibt es einen Punkt Q auf dem Schaubild von f so, daß die Tangenten in P und Q parallel sind?
Bestimme den geometrischen Ort aller Punkte Q.

g) Die in b) berechnete Fläche schneidet aus jeder Geraden $k: x=u$ mit $-3<u<21$ eine Strecke aus. Für welchen Wert u_1 von u wird die Länge dieser Strecke maximal?
Gib die maximale Länge an.
In welchem Verhältnis teilt die Gerade $k_1: x=u_1$ die in b) berechnete Fläche?

4 Eine Funktion f mit der Definitionsmenge D_f ist gegeben durch

$$f(x)=\frac{\cos x}{\sqrt{1+\sin x}}; \quad D_f=[0;2\pi[\setminus\{\tfrac{3}{2}\pi\}.$$

a) Bestimme die Nullstelle von f.
Zeige, daß für $x \in D_f$

$$f'(x)=-\frac{1}{2}\sqrt{1+\sin x}$$

gilt. Berechne $f'(0)$, $f'(\frac{1}{2}\pi)$ sowie $\lim\limits_{x\to\frac{3}{2}\pi} f'(x)$. Untersuche f in den Teilintervallen $[0;\frac{3}{2}\pi[$ und $]\frac{3}{2}\pi;2\pi[$ auf Monotonie.

b) Untersuche das Verhalten der Funktion f für $x \to \frac{3}{2}\pi$. (Anleitung: Drücke cos x durch sin x aus.) Zeichne das Schaubild K von f (LE = 2 cm).
Für welche $x \in D_f$ gilt $f(x)=\sqrt{1-\sin x}$?
Gib eine entsprechende Darstellung von f(x) für das Intervall $]\frac{1}{2}\pi;\frac{3}{2}\pi[$ an.

c) Das Schaubild von f und die Koordinatenachsen begrenzen eine Fläche im 1. Feld. Berechne ihren Inhalt A_1.
Welchen Inhalt A_2 hat die im 4. Feld gelegene Fläche, die von K, der x-Achse und der Geraden mit der Gleichung $x=\frac{3}{2}\pi$ begrenzt wird?

d) Welchen Rauminhalt V hat der Drehkörper, der entsteht, wenn die beiden in c) berechneten Flächen um die x-Achse rotieren?

e) Ermittle für das Intervall $]0;\frac{1}{2}\pi[$ eine Stammfunktion G der Funktion

$$g: x \mapsto \sqrt{1+\sin x}$$

und eine Stammfunktion H der Funktion

$$h: x \mapsto \sqrt{1-\sin x}.$$

5 Gegeben ist die Funktion f mit

$$f(x) = (e^{-x} - 1)^2.$$

a) Untersuche f auf Null-, Extrem- und Wendestellen.
Wie verhält sich f für $x \to +\infty$?
Zeichne das Schaubild von f für $-1 \leqq x \leqq 4$ (LE = 2 cm).

b) Berechne den Schnittpunkt des Schaubildes von f und der waagrechten Asymptote.
Das Schaubild von f und die Geraden mit den Gleichungen $y = 1$ bzw. $x = z$, $(z > 0)$ schließen eine Fläche ein.
Berechne ihren Inhalt A(z). Bestimme $\lim\limits_{z \to +\infty} A(z)$.

c) Welche ganzrationale Funktion g vom Grad 3 stimmt für $x = 0$ mit der Funktion f sowohl im Funktionswert als auch in den ersten drei Ableitungen überein?
Zeichne das Schaubild von g für $-1 \leqq x \leqq 1{,}5$ in das vorhandene Koordinatensystem ein.

d) Zeichne im vorhandenen Koordinatensystem das Schaubild der Funktion h mit

$$h(x) = \left(\frac{x}{x+1}\right)^2$$

für $-0{,}5 \leqq x \leqq 4$. Prüfe, ob h an der Stelle $x = 0$ ebenso wie g im Funktionswert und den ersten drei Ableitungen mit der Funktion f übereinstimmt.

e) Das Schaubild von h, seine waagrechte Asymptote und die Gerade mit der Gleichung $x = z$, $(z > 0)$ schließen eine Fläche ein. Berechne ihren Inhalt $A^*(z)$.
Wie verhält sich $A^*(z)$ für $z \to +\infty$? Vergleiche mit dem Ergebnis in b).

f) In einem Punkt $P(u|v)$ des Schaubildes von g sei die Normale gezeichnet; ihr Schnittpunkt mit der y-Achse sei S. Welchem Grenzpunkt S_0 nähert sich S für $u \to 0$? Zeichne den Kreis um S_0 mit dem Radius $\overline{S_0O}$ in das vorhandene Koordinatensystem ein.

6 Für jede natürliche Zahl n ist eine Funktion f_n gegeben durch

$$f_n(x) = x^n e^{-x}.$$

Das Schaubild von f_n sei K_n.

a) Untersuche K_1 und K_2 auf Schnittpunkte mit der x-Achse, Asymptoten sowie Extrem- und Wendepunkte.
Zeichne K_1 und K_2 im gleichen Koordinatensystem (LE = 1 cm).
K_1, die x-Achse und die Gerade $g: x = z$ schließen eine Fläche ein.
Berechne ihren Inhalt A(z). Wie verhält sich A(z) für $z \to +\infty$?

b) Zeige, daß alle Kurven K_n durch den Hochpunkt H_1 von K_1 gehen.
Unter welchem Winkel schneiden sich K_1 und K_2 in H_1?
Wie verhält sich der Schnittwinkel von K_1 und K_n im Punkt H_1 für $n \to +\infty$?

c) Berechne den Inhalt der Fläche, die von K_1 und K_2 begrenzt wird.

d) A_n sei der Inhalt der Fläche, die von K_1 und K_n begrenzt wird. Welchem Grenzwert nähert sich die Folge (A_n) für $n \to +\infty$?

e) Gib die Gleichung einer Kurve C an, auf der die Hochpunkte aller Kurven K_n liegen. Weise (mit Hilfe der Beziehung $x^x = e^{x \ln x}$ für $x \in \mathbb{R}^+$) nach, daß sich die Kurve C für $x \to 0$, $(x \in \mathbb{R}^+)$ einem Grenzpunkt P nähert. Gib die Koordinaten von P an.

f) Zeige, daß die Kurve C einen Tiefpunkt hat. Gib die Koordinaten des Tiefpunktes an. Zeichne C in das vorhandene Koordinatensystem ein.

7 Gegeben ist die Funktion f einer „gedämpften Schwingung" mit

$$f(t) = 3e^{-0{,}1t} \sin t, \quad t \in \mathbb{R}_0^+, \quad \text{(t: Zeit in Sek)}.$$

a) Untersuche das Schaubild von f auf Schnittpunkte mit der x-Achse, Extrem- und Wendepunkte. Hat das Schaubild von f eine Asymptote?
Zeichne mittels Ordinatenmultiplikation unter Verwendung der Punkte $P_k(k\pi|f(k\pi))$, $k \in \mathbb{N}_0$, das Schaubild von f (LE = 1 cm).

b) Zeichne in das vorhandene Koordinatensystem auch das Schaubild der Funktion

$$g: t \longmapsto 3e^{-0{,}1t}$$

ein. Ermittle die gemeinsamen Punkte der Schaubilder von f und g. Zeige, daß sich die Schaubilder in diesen Punkten berühren.

c) Gib die Integralfunktion

$$I: x \longmapsto \int_0^x f(t)\, dt$$

ohne Verwendung des Integralzeichens an.
Untersuche das Verhalten der Funktion I für $x \to +\infty$.
Wie läßt sich das Ergebnis anschaulich deuten?

d) Die Steigungen des Schaubildes von f in den Punkten $S_k(2k\pi|0)$, $k \in \mathbb{N}_0$, nehmen mit wachsendem k ab. Für welche dieser Punkte sind diese Steigungen kleiner als 0,1?

8 a) Untersuche die Funktion f mit

$$f(x) = \frac{1}{1+e^{-x}}$$

auf Asymptoten und Monotonie.
Zeichne das Schaubild von f (LE = 2 cm).

b) Zeige, daß die Schaubilder aller Funktionen f mit

$$f(x) = \frac{a}{1+e^{-kx}}, \quad a \in \mathbb{R}^+, \quad k \in \mathbb{R}^+$$

punktsymmetrisch sind. Wie folgt daraus, daß auch die Schaubilder der Funktionen mit

$$f(x) = \frac{a}{1+b \cdot e^{-kx}}, \quad a \in \mathbb{R}^+, \quad k \in \mathbb{R}^+, \quad b \in \mathbb{R}^+$$

punktsymmetrisch sind? Gib das Symmetriezentrum an.

c) Wie ändert sich das Schaubild einer Funktion f mit

$$f(x) = \frac{a}{1+b \cdot e^{-kx}},$$

wenn man b und k fest läßt und a variiert,
a und k fest läßt und b variiert,
a und b fest läßt und k variiert?

d) Das Wachstum eines Waldes wird näherungsweise durch

$$f(t) = \frac{12\,000}{1+2e^{-0{,}067t}}$$

beschrieben. Dabei bedeutet t die Zahl der seit 1970 vergangenen Jahre und f(t) den Holzbestand (in Festmeter, fm) zur Zeit t.
In welchem Jahr war der jährliche Zuwachs an Holz am größten?
Wie groß war er in jenem Jahr?

e) Der Wald soll abgeholzt werden, wenn der jährliche Zuwachs nur noch 30 fm beträgt.
Wann wird das der Fall sein?
Wieviel fm Holz wird der Wald dann liefern?

9 a) In einer Bakterienkultur werden zur Zeit $t = 0$ (in Std) 100 Bakterien gezählt. Die Zahl der Bakterien verdoppelt sich jeweils im Verlauf von 40 Minuten.
Wieviel Bakterien sind nach einer Stunde vorhanden?
Wieviel Bakterien sind nach t Stunden vorhanden?
Um wieviel Prozent nimmt die Zahl der Bakterien stündlich zu?
Zeichne für $0 \leqq t \leqq 3$ ein Schaubild der Funktion f, die jeder Zeit t (in Std) die Zahl der vorhandenen Bakterien zuordnet. (t-Achse: 1 cm für 1 Std, f-Achse: 1 cm für 2000 Bakterien.)

b) Nach 3 Stunden beginnt sich das Wachstum in der Bakterienkultur zu verlangsamen (Nahrungsmangel, Absterben von Bakterien). Der Zuwachs in der Zeiteinheit („Wachstumsgeschwindigkeit" in Bakterien/Std) verringert sich nun stündlich um ein Drittel.
Wie groß ist die Wachstumsgeschwindigkeit zur Zeit $t = 3$?
Bestimme die Wachstumsgeschwindigkeit zur Zeit t für $t > 3$.

c) Wieviel Bakterien sind zur Zeit $t = 3$ vorhanden?
Ermittle die Anzahl f(t) der Bakterien zur Zeit t für $t > 3$.
Wieviel Bakterien sind nach 6 Stunden (d. h., $t = 6$) vorhanden?
Wie ändert sich die Anzahl der Bakterien langfristig?
Ergänze das vorhandene Schaubild für $3 \leqq t \leqq 6$.
Nach welcher Zeit ist die Wachstumsgeschwindigkeit auf 20% des ursprünglich (d. h., zur Zeit $t = 0$) vorhandenen Wertes abgesunken?

d) Zeige: Für $t > 3$ gibt es eine Konstante c so, daß die Wachstumsgeschwindigkeit der Bakterien zur Differenz $(c - f(t))$ proportional ist.
Welche anschauliche Bedeutung hat die Konstante c?

10 a) In einer Stadt, die im Jahre 1970 500 000 Einwohner hatte, kommt jährlich auf 40 Einwohner eine Geburt und auf 30 Einwohner ein Todesfall.
Um wieviel Prozent ändert sich die Einwohnerzahl jährlich? Nimmt die Einwohnerzahl zu, oder nimmt sie ab?
Wie groß ist die Änderungsgeschwindigkeit der Einwohnerzahl (in Personen/Jahr) zur Zeit t (t: Jahre seit 1970)?
Wieviel Einwohner hatte die Stadt im Jahre 1980?

b) Infolge einer veränderten Infrastruktur setzte 1980 eine Fluktuation der Bevölkerung ein, so daß in den folgenden Jahren jährlich 12 000 Personen neu in die Stadt zuzogen und gleichzeitig jährlich 7000 Personen aus der Stadt wegzogen.
Mit welcher Geschwindigkeit (in Personen/Jahr) ändert sich nun die Einwohnerzahl? Nimmt die Einwohnerzahl für $t > 10$ zu, oder nimmt sie ab?
Ermittle die Einwohnerzahl zur Zeit t für $t > 10$.
Wieviel Einwohner hatte die Stadt im Jahre 1988?
Wann hat die Stadt wieder dieselbe Einwohnerzahl wie im Jahr 1970?
Könnte die Stadt (gleichbleibende Verhältnisse wie in den 80er Jahren vorausgesetzt) jemals eine Einwohnerzahl von 700 000 Personen erreichen?

c) Um wieviel müßte die gleichbleibende Zahl der jährlich zuziehenden die ebenfalls gleichbleibende Zahl der jährlich wegziehenden Personen übersteigen, um die Einwohnerzahl über Jahre hinweg auf dem Stand von 1980 zu halten?

Mündliches Abitur

Aufgaben zu Kapitel V bis XI. Diese Aufgaben dienen vorwiegend zur Überprüfung des Verständnisses. Sie könnten sich in dieser Form auch bei einer mündlichen Prüfung ergeben. Die Durchführung einer solchen Prüfung fällt naturgemäß sehr unterschiedlich aus; im Regelfall werden Anleitungen und Hinführungen von den Prüfern nach Bedarf gegeben.

1 a) Skizziere die Kurven $K: y = x^2$ und $L: y = 4 - x^2$ im gleichen Koordinatensystem.

b) K und L gehören zu den Kurvenscharen

$$K_a: y = a^2x^2 \quad \text{und} \quad L_a: y = 4a - x^2, \; a \in \mathbb{R}^+.$$

Zwei zum gleichen Parameterwert gehörende Kurven K_a und L_a schneiden sich im 1. Feld in einem Punkt S_a. Berechne die Koordinaten von S_a. Wie verhält sich S_a für $a \to 0$ bzw. $a \to +\infty$?

c) Für welchen a-Wert liegt S_a am weitesten rechts?

d) Mit welcher Richtung nähert sich die Ortskurve der Punkte S_a dem Nullpunkt?

2 a) Skizziere die Schaubilder der Funktionen

$$x \mapsto e^x; \quad x \mapsto e^{-x}; \quad x \mapsto -e^{-x}; \quad x \mapsto 1 - e^{-x}; \quad x \mapsto 2(1 - e^{-x}).$$

b) Wie ändert sich das Schaubild einer Funktion $x \mapsto a(1 - e^{-kx})$; $a, k \in \mathbb{R}^+$, wenn man k konstant läßt und a variiert (a konstant läßt und k variiert)?

c) Es sei $f(x) = 2(1 - e^{-x})$. Gib eine gebrochenrationale Funktion g an mit

$$g(0) = f(0), \quad g'(0) = f'(0) \quad \text{und} \lim_{x \to +\infty} g(x) = \lim_{x \to +\infty} f(x).$$

3 a) Das Dreieck mit den Ecken $O(0|0)$, $A(2|0)$, $B(2|1)$ rotiere um die x-Achse. Welchen Rauminhalt hat der entstehende Kegel?

b) Ermittle mit Hilfe der Integralrechnung die Formel für den Rauminhalt eines senkrechten Kreiskegels.

c) Wie läßt sich entsprechend die Formel für den Rauminhalt eines senkrechten Kegelstumpfs mit den Radien r und R und der Höhe h herleiten?

d) Wie könnte man vorgehen, um den Rauminhalt eines Fasses zu ermitteln, von dem der minimale Radius r, der maximale Radius R und die Höhe h bekannt sind?

4 $f(x) = (1 + x)\sqrt{1 - x^2}$

a) Bestimme die maximale Definitionsmenge von f sowie f(0) und die Nullstellen von f. Berechne f'(x).

b) Für welchen positiven x-Wert wird f(x) maximal? Bestimme das Maximum.

c) Einem Kreis mit $r = 1$ LE soll ein Dreieck maximalen Inhalts einbeschrieben werden (Fig. 320.1). Berechne den Dreiecksinhalt A in Abhängigkeit von x. Vergleiche mit der Funktion f.

d) Interpretiere die Ergebnisse in a) und b) im Hinblick auf das in c) genannte Problem.

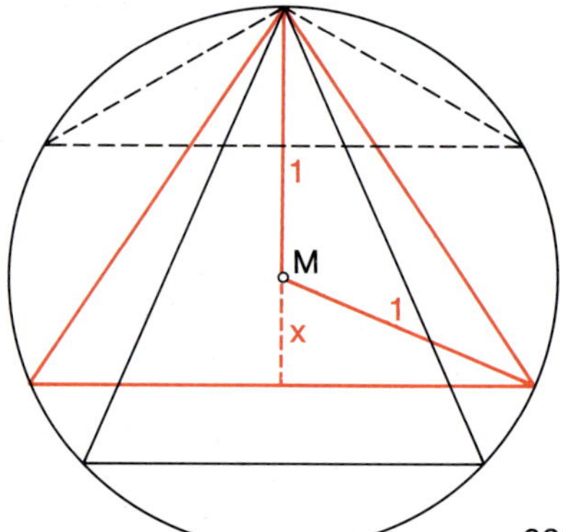

320.1

5 a) Gib f'(x) an für $f(x) = \frac{1}{x}$. Welche Aussagen über f liefert f' in diesem Fall?

b) Begründe (ohne Verwendung der Potenzregel), daß $f: x \mapsto \frac{1}{x}$ die Ableitung $f': x \mapsto -\frac{1}{x^2}$ hat.

c) Welche geometrische Bedeutung hat die erste (die zweite) Ableitung einer Funktion?

d) Erläutere die inhaltliche Bedeutung der ersten Ableitung einer Funktion f, die bei einem fahrenden Auto jeder Zeit t den bis dahin zurückgelegten Weg zuordnet (bei einem geöffneten Wasserhahn jeder Zeit t die Menge des bis dahin ausgeströmten Wassers zuordnet).

6 a) Skizziere die Schaubilder der Funktionen $x \longmapsto \sin x$; $x \longmapsto \sin(x+1)$ und $x \longmapsto \sin 2x$.
Wie ändert sich das Schaubild einer Funktion f, wenn man im Funktionsterm x durch $x+1$ (durch 2x) ersetzt?
b) Zeige durch Rechnung: Die vom Schaubild einer Funktion $f_x\colon x \longmapsto k \cdot \sin kx$, $x \in [0; \frac{\pi}{k}]$, $k \in \mathbb{R}^+$ und der x-Achse eingeschlossene Fläche hat für alle Werte von k denselben Inhalt.
Wie läßt sich dies auch ohne Rechnung nachweisen?
c) Ist x das Bogenmaß eines Winkels, so gilt für $f(x) = \sin x$ bekanntlich $f'(x) = \cos x$.
Wie lautet die Ableitung der Funktion $\alpha \longmapsto \sin \alpha$, wenn α das Gradmaß eines Winkels bezeichnet?

7 a) Welches ist der kleinste Funktionswert, den die Funktion $f\colon x \longmapsto x \cdot \ln x$ annimmt?
Skizziere das Schaubild von f.
b) Hat die Funktion f ein lokales (ein globales) Maximum?
c) Nenne hinreichende Bedingungen dafür, daß eine in einem Intervall J differenzierbare Funktion f an einer inneren Stelle von J einen Extremwert annimmt.
Erläutere die Vor- und Nachteile der einzelnen Bedingungen.
d) An einer Stelle $x_0 \in J$ sei $f'(x_0) = f''(x_0) = 0$ und $f'(x)$ habe an der Stelle x_0 keinen Vorzeichenwechsel. Kann x_0 trotzdem eine Extremstelle von f sein? Begründe die Antwort.

8 a) Gib eine ganzrationale Funktion f an, welche die Nullstellen $x_1 = 0$, $x_2 = 1$ und $x_3 = 2$ hat.
Skizziere das Schaubild von f.
b) Ermittle anhand des gezeichneten Schaubildes (ohne Rechnung) den Verlauf der Integralfunktion

$$I\colon x \longmapsto \int_1^x f(t)\,dt.$$

Skizziere das Schaubild von I, insbesondere seine Extrem- und Wendestellen, im vorhandenen Koordinatensystem.
c) Wie ändert sich das Schaubild von I, wenn man nicht 1, sondern 2 als untere Grenze wählt?

9 a) Ein sich geradlinig bewegender Körper verringere seine Geschwindigkeit v (in m/Sek) nach dem Gesetz $v(t) = 5 \cdot e^{-0{,}2t}$ (t: Zeit in Sek). Skizziere das Geschwindigkeit-Zeit-Diagramm und das Weg-Zeit-Diagramm der Bewegung, wenn der Körper zur Zeit $t = 0$ bereits den Weg 1 m zurückgelegt hat. Nach welcher Wegstrecke endet seine Bewegung?
b) Ein anderer Bewegungsvorgang habe das gezeichnete Weg-Zeit-Diagramm als Geschwindigkeit-Zeit-Diagramm. Was läßt sich über diese Bewegung und ihr Weg-Zeit-Diagramm aussagen? Welche Bedeutung hat das in a) angegebene Gesetz $t \longmapsto 5 \cdot e^{-0{,}2t}$ für diese Bewegung?

10 Für das Wachstum eines Waldes gelte $f(t) = 1000 \cdot e^{0{,}02t}$; dabei sei t die Zeit (in Jahren) und f(t) der Holzbestand (in fm).
a) Berechne den Zuwachs im Zeitintervall [0;5] (den prozentualen Zuwachs im Intervall [0;5]; den durchschnittlichen Zuwachs im Zeitintervall [0;5]; den momentanen Zuwachs zum Zeitpunkt $t = 2$).
b) Um wieviel Prozent nimmt der Holzbestand jährlich zu?
c) Bestimme die Wachstumskonstante k einer Wachstumsfunktion f mit $f(t) = a \cdot e^{kt}$ (t in Jahren), wenn der Bestand f(t) jährlich um p % zunimmt.
Begründe, weshalb bei dieser Fragestellung häufig die Näherung $k \approx \frac{p}{100}$ verwendet wird.
Wann ist diese Näherung nicht erlaubt?
d) Warum sind Wachstumsfunktionen mit $f(t) = a \cdot e^{kt}$ nicht geeignet, das Wachstum eines Waldes langfristig zu beschreiben?
Gib andere Funktionstypen an, die hierfür geeignet erscheinen.

Geschichtliches

Die Geschichte der Analysis ist zunächst eine Geschichte des Grenzwertbegriffs, also des Bemühens, das Unendliche (wie es z. B. in dem „usw" bei Zahlenfolgen in Erscheinung tritt) logisch zu bewältigen. Dabei ist zu beachten, daß z. B. Grenzwert- und Funktionsbegriff nicht nacheinander, sondern in wechselseitiger Abhängigkeit (vgl. S. 29) zu ihrer heutigen Form gefunden haben.

Die Infinitesimalproblematik in der Antike

Bereits in der Antike tauchten Probleme auf, die zu einer Beschäftigung mit dem Unendlichen herausforderten. Die Ansicht der Pythagoreer (6.—5. Jh. v. Chr.), daß in der Natur alles „im Verhältnis ganzer Zahlen" stehe, wurde durch die Entdeckung erschüttert, daß dies für die Längen von Seite und Diagonale eines Quadrates nicht gilt. Da Seite und Diagonale kein gemeinsames Maß haben, ist es nicht möglich, das Verhältnis in endlich vielen Schritten (wir würden heute sagen: als rationale Zahl) anzugeben. Eudoxos von Knidos (408?—355? v. Chr.) versuchte, die entstandene Unsicherheit zu beseitigen. Er definierte das Verhältnis geometrischer Größen durch eine ganz im Endlichen verlaufende Argumentation derart, daß auch Fälle erfaßt werden, in denen das Verhältnis — in heutiger Ausdrucksweise — irrational ist. Bei dem Versuch, Kreisflächen zu ihren Durchmessern ins Verhältnis zu setzen, stellte sich ein zusätzliches infinitesimales Problem: „die Fläche eines Kreises durch Vielecke, also geradlinig begrenzte Figuren, auszuschöpfen" (Exhaustionsmethode). Auch hier umging Eudoxos erneut das Unendliche, indem er durch finite Schlüsse zeigte, daß das Verhältnis zweier Kreisflächen weder größer noch kleiner sein kann als das der zugehörigen Durchmesserquadrate.

Die griechischen Mathematiker waren bemüht, das Unendliche aus ihren Argumentationen fernzuhalten. Weder bildeten sie den Begriff des Grenzwertes, noch beschäftigten sie sich überhaupt — als Vorstufe zum Grenzwertbegriff — mit Zahlenfolgen. Probleme, die wir heute als Grenzwertprobleme ansprechen, versuchten sie durch eine umständliche und schwerfällige, aber ganz im Endlichen verbleibende Argumentation logisch in den Griff zu bekommen.

Wegbereiter der Infinitesimalrechnung in der Neuzeit

Die Forderung der Griechen, nur solche Ergebnisse als gesichert anzusehen, die streng, unter Vermeidung jeder mit dem Unbegrenzten operierenden Argumentation begründet werden konnten, blieb weiterhin vorbildlich. Sie war insofern Ausdruck eines statischen Denkens, als gesetzmäßige Veränderungen von Größen (wie sie z. B. bei Zahlenfolgen und Funktionen charakteristisch sind) als unmathematisch außer Betracht blieben.

In dieser Hinsicht kam ein entscheidender Anstoß zur Entwicklung der Analysis von Galileo Galilei (1564—1642), der u. a. Bewegungsvorgänge untersuchte und sich dabei — anders als bisher — ganz auf den quantitativen Aspekt konzentrierte (unter Verzicht auf Fragen wie die nach der Ursache oder dem Wesen der Bewegung). Er schreibt dazu: „,...denn soviel ich weiß, hat niemand bewiesen, daß die von fallenden Körpern in gleichen Zeiten zurückgelegten Strecken sich zueinander verhalten wie die ungeraden Zahlen.“ Diese offensichtlich erfolgreiche Hinwendung zu einer messend-experimentellen Untersuchung von Naturvorgängen und insbesondere von Bewegungen nötigte in der Folgezeit mehr und mehr dazu, in variablen Größen zu denken und funktionale Zusammenhänge ins Auge zu fassen.

Dabei war zunächst die unklare, aber suggestive Vorstellung vorherrschend, daß Weg und Zeit gewissermaßen aus „Atomen“ (sogenannten Indivisiblen) bestehen. Diese dachte man sich einerseits kleiner als jede angebbare Größe, andererseits aber doch von null verschieden. So wurde z.B. der Kreis aufgefaßt als regelmäßiges Vieleck mit unendlich vielen Ecken; die Momentangeschwindigkeit wurde verstanden als Geschwindigkeit, mit der sich ein Körper während eines unendlich kleinen Zeitintervalls gleichförmig bewegt; die Tangente wurde angesehen als Verbindungsgerade von zwei infinitesimal benachbarten Punkten. Obwohl unklar und geradezu widersprüchlich blieb, was die Indivisiblen letztlich sind, hat diese Auffassung (die bereits von Zeitgenossen zum Teil heftig kritisiert wurde) Forscher wie GALILEI, JOHANNES KEPLER (1571—1630) und BONAVENTURA CAVALIERI (1598—1647) zu zahlreichen neuen Einsichten geführt.

Ein Problem, dessen grundlegende Bedeutung (z.B. für Extremwertprobleme) in der Folgezeit immer deutlicher erkannt wurde, war das Tangentenproblem:

In einem gegebenen Punkt P an eine gegebene Kurve die Tangente zu finden.

PIERRE DE FERMAT (1601—1665) gab dazu am Beispiel einer Parabel 2. Ordnung die folgende Anleitung.

Um die Tangente in P zu finden, genügt es, die Strecke s (Fig. 323.1) zu ermitteln.

Nach dem Strahlensatz gilt

$$\frac{s+h}{s} \approx \frac{f(x_0+h)}{f(x_0)}.$$

Umformung ergibt

$$\frac{f(x_0)}{s} \approx \frac{f(x_0+h)-f(x_0)}{h}.$$

Mit $f(x) = ax^2 + bx + c$ ergibt sich für die rechte Seite $2ax_0 + b + ah$. Darin streicht nun FERMAT — ohne dafür eine Begründung anzugeben — das Glied ah, gleichzeitig ersetzt er $\approx$ durch $=$. Aus der entstehenden Gleichung läßt sich s berechnen.

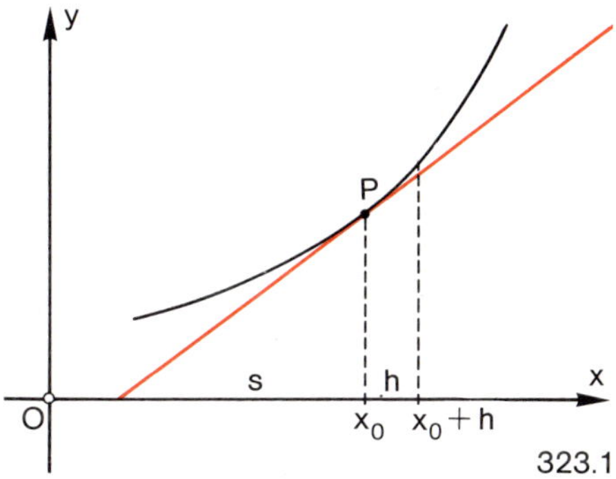

323.1

In ähnlicher Weise verfuhr ISAAK BARROW (1630—1677), der ebenfalls bei verschiedenen speziellen Kurven das Tangentenproblem zu lösen versuchte. Zu dem entscheidenden Schritt dieser Methode bemerkte er: „In der Rechnung lasse ich alle Glieder weg, die eine Potenz von h enthalten (denn diese Glieder haben keinen Wert)“.

Offenbar versuchten FERMAT und BARROW mit dieser Methode (die übrigens im letzten Jahrhundert, als Differentialrechnung noch nicht unterrichtet werden durfte, auch in die Schulmathematik Eingang fand) das Tangentenproblem ohne Grenzwertbetrachtungen, also durch ganz im Endlichen verlaufende Überlegungen, zu lösen.

Newton und Leibniz

Bis dahin war das Tangentenproblem nur für spezielle Kurven gelöst. Die dabei verwendeten Methoden waren durchaus nicht unumstritten, bedeuteten sie doch einen Verzicht auf das gewohnte, durch das griechische Vorbild geforderte Maß an mathematischer Strenge. Andererseits sprachen aufweisbare Erfolge trotz aller logischen Mängel nachhaltig für die neue Vorgehensweise.

Erst Isaak Newton (1642—1727) und Gottfried Wilhelm Leibniz (1646—1716) gelang es unabhängig voneinander, eine leistungsfähige, allgemeine Methode zu entwickeln und bis zu rechnerischen Verfahrensweisen auszugestalten, die es erlaubte, zahlreiche vorliegende Ergebnisse unter einem übergeordneten Gesichtspunkt zu begreifen und eine Vielzahl weiterer Infinitesimalprobleme systematisch zu lösen. Sie gelten deshalb heute mit Recht als Begründer der Analysis.

Newton, dessen Interesse ganz der Erforschung der Natur galt (und der in diesem Zusammenhang auch intensive theologische Studien betrieb) faßte variable Größen als abhängig von der Zeit auf. Er nannte sie Fluenten (Fließende) und zeigte, wie man aus einer Beziehung zwischen Fluenten zu einer Beziehung zwischen ihren Änderungsgeschwindigkeiten (Fluxionen) gelangen kann. Mit Hilfe der gewonnenen mathematischen Erkenntnisse gelangte er zu umwälzenden neuen Einsichten über die Natur; z.B. konnte er zeigen, daß die drei Keplerschen Gesetze für die Planetenbewegung eine notwendige Folge des (von ihm entdeckten) allgemeinen Gravitationsgesetzes sind. Diese bahnbrechenden Erfolge sind um so erstaunlicher, als die tragenden infinitesimalen Begriffsbildungen nach wie vor erhebliche Schwierigkeiten bereiteten und zu Kritik Anlaß gaben. Newton versuchte, die Geschwindigkeit (Fluxion) gedanklich als „letztes Verhältnis" der Zuwächse einer Größe und der zugehörigen Zeit zu verstehen (d.h. als letzten Differenzenquotient einer verschwindenden Größe), wobei — wie er sagt — „das letzte Verhältnis, mit dem eine Größe verschwindet, in Wirklichkeit nicht das Verhältnis letzter Größen ist, sondern eine Grenze, der sich die Verhältnisse einer unbegrenzt abnehmenden Größe ständig nähern und der sie näher kommen als irgend ein vorgegebener Unterschied, welche sie jedoch niemals überschreiten und auch nicht erreichen, bis die Größen unendlich klein geworden sind."

Isaak Newton

Immerhin wurde dieser Newtonsche Ansatz wegweisend für die heutige Definition der Ableitung mit Hilfe des Differenzenquotienten.

Leibniz, mehr Philosoph und Universalgelehrter als Naturforscher, ging bei der Lösung des Tangentenproblems im Grunde ähnlich vor, benützte aber eine dem Problem — wie sich in der Folge immer deutlicher herausstellte — besser angepaßte Schreibweise. Im Falle der Quadratfunktion etwa bezeichnete er den Zuwachs von x mit dx und berechnete $(x + dx)^2 - x^2 = 2xdx + (dx)^2$. Indem er nun $(dx)^2$ vernachlässigte („weil es im Vergleich zu den restlichen Größen unendlich viel kleiner ist"), gelangte er zum sogenannten Differential dy. Danach erscheint die gesuchte Tangentensteigung als Quotient der Differentiale dy und dx. Obwohl derart auch bei LEIBNIZ nicht alle gedanklichen Unklarheiten beseitigt sind, hat sich die verwendete Schreibweise insofern als bedeutsam erwiesen als sie erlaubte, infinitesimale Überlegungen weithin als Rechnen mit Differentialen auszugestalten. Dieser Umstand hat zweifellos erheblich zur raschen Verbreitung der „Differentialrechnung“ im 18. Jahrhundert beigetragen.

GOTTFRIED WILHELM LEIBNIZ

NEWTON und LEIBNITZ erkannten beide, daß die Fülle der angestellten infinitesimalen Überlegungen letztlich auf zwei Grundprobleme hinausliefen, die sich allgemein mathematisch als „Tangentenproblem“ (Bestimmung der Tangentensteigung) und „Flächenproblem“ (Bestimmung des Flächeninhaltes) beschreiben lassen. Bereits ISAAK BARROW (1630—1677), der Lehrer NEWTONS, hatte erkannt, daß diese beiden Probleme miteinander zusammenhängen, daß es sich um inverse Probleme handelt. NEWTON und LEIBNIZ entwickelten neue, vom Einzelbeispiel unabhängige Methoden, welche diese infinitesimalen Probleme rechnerisch zugänglich machten. Im folgenden werden zunächst die unterschiedlichen Ansätze beider Forscher skizziert.

Der neue Infinitesimalkalkül

NEWTON sah eine Kurve als Spur eines sich bewegenden Punktes, eine Fläche als Spur einer sich bewegenden Strecke. Daß der Punkt dabei eine gewisse Geschwindigkeit besitzt, erschien ihm selbstverständlich, er geht darauf nicht näher ein. Danach verläuft die Argumentation im Falle des Tangentenproblems, z. B. bei der Kurve K: $y = x^n$ etwa wie folgt (Fig. 325.2):

In der unendlich kleinen Zeitspanne o (wohl zu unterscheiden von der Null) bewegt sich der Punkt A mit einer konstanten Geschwindigkeit v_x; er legt in dieser Zeitspanne also den Weg $v_x \cdot o$ zurück. Entsprechend legt B den Weg $v_y \cdot o$ zurück. Damit gilt $y + v_y \cdot o = (x + v_x \cdot o)^n$. Hieraus folgt, wenn man ausmultipliziert, $y = x^n$ verwendet und durch o dividiert,

$$v_y = nx^{n-1}v_x + \frac{1}{2}n(n-1)x^{n-2}v_x^2 \cdot o + \ldots$$

Streicht man nun alle Glieder, welche o enthalten, und identifiziert man das infinitesimale Bogenstück mit einem Stück der Tangente, so folgt für deren Steigung $\frac{v_y}{v_x} = nx^{n-1}$.

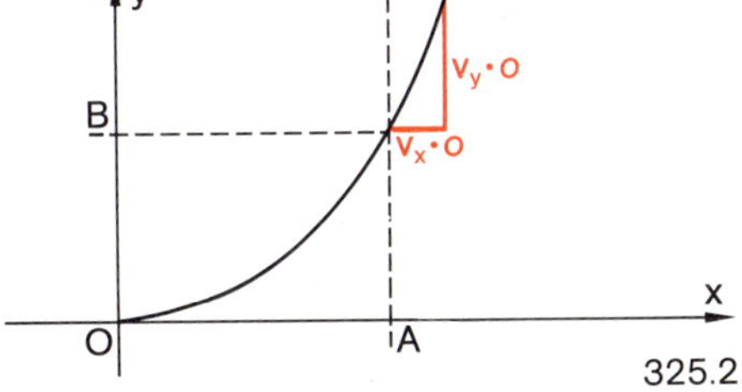

325.2

Entscheidend ist dabei, daß derart das Tangentenproblem nicht wie bisher durch geometrische Überlegungen, sondern durch einfaches — allerdings neuartiges — Rechnen gelöst wurde.

Entsprechend argumentiert NEWTON im Falle des Flächenproblems: Wenn sich in Fig. 326.1 die Strecke AP mit der Geschwindigkeit 1 nach rechts bewegt, so vergrößert sich die schraffierte Fläche mit einer Geschwindigkeit, die jeweils der Strecke AP entspricht. Dies zeigt im Vergleich mit dem Tangentenproblem, daß die Umkehrung des Vorgehens, das dort zur Tangentensteigung führte, jetzt den Flächeninhalt liefert. D. h., auch der Flächeninhalt braucht nicht — wie bisher — durch mühsame geometrische Überlegungen angenähert zu werden, sondern kann durch simples (allerdings neuartiges) Rechnen exakt gefunden werden.

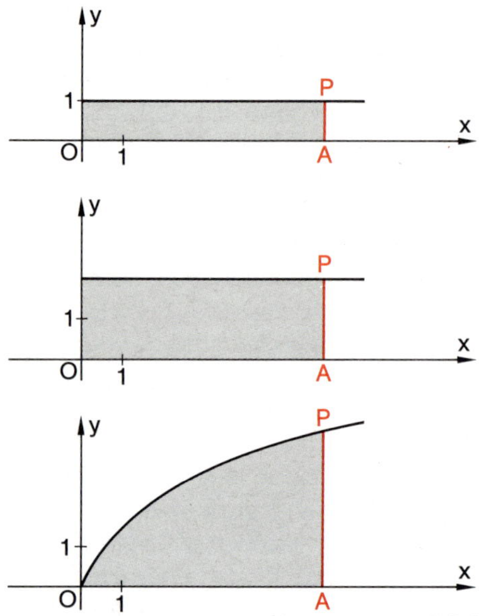

326.1

NEWTON verfolgte bei seinen Untersuchungen das Ziel, sowohl das Tangenten- als auch das Flächenproblem mittels eines einfach zu handhabenden Rechenalgorithmus zu lösen. Daß die Art und Weise, wie er dabei mit unendlich kleinen Größen argumentierte, nicht dem sonst üblichen Maß an mathematischer Strenge entsprach, war ihm durchaus bewußt; die mit seiner Methode erzielten Erfolge waren jedoch so offenkundig und vielversprechend, daß ihm (glücklicherweise) ein vorübergehender Verzicht auf „griechische Strenge" geboten erschien.

LEIBNIZ ging, anders als NEWTON, nicht von der Vorstellung sich bewegender Punkte oder Strecken und deren Geschwindigkeiten aus, sondern von Zusammenhängen, auf die er bei der Untersuchung von Zahlenfolgen gestoßen war:

Sind zwei Folgen $a_0; a_1; a_2; \ldots; a_n$ und $b_0; b_1; b_2; \ldots; b_n$ mit $a_0 = b_0 = 0$ gegeben, und ist $a_k = b_k - b_{k-1}$, so gilt

$$a_0 + a_1 + a_2 + \ldots + a_n = b_n.$$

LEIBNIZ versuchte nun, diese Einsicht für die Lösung des Tangenten- und Flächenproblems zu nutzen. Dazu dachte er sich die y-Werte einer Kurve als (den b_k entsprechende) Folge. Eine Ordinate y erschien dann als Summe von Differenzen, die er sich unendlich klein dachte und mit dy bezeichnete. Er schrieb deshalb

$$y = \int dy$$

mit einem stilisierten S als Summenzeichen.

Indem er bei den Abszissen x entsprechend überlegte, fand er für die Fläche die Darstellung

$$\int y\,dx \qquad \text{(Fig. 326.2)}$$

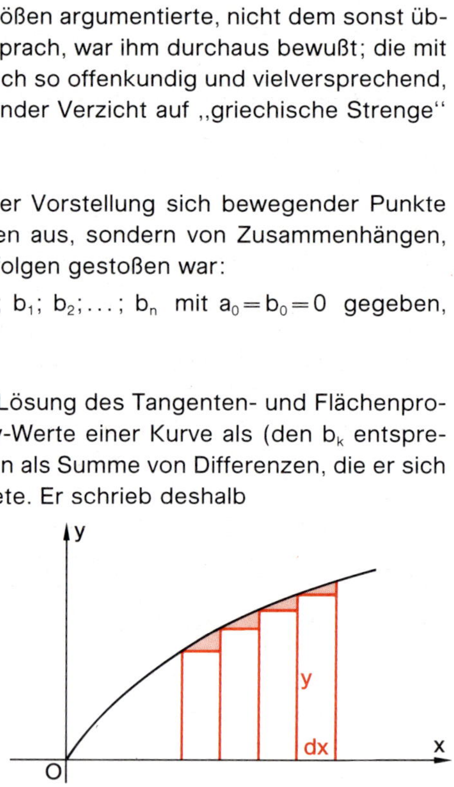

326.2

als Summe von Rechtecken, denn die in Fig. 326.2 schraffierten Dreiecke — so schreibt er — „können ohne Gefahr weggelassen werden, weil sie, verglichen mit den genannten Rechtecken, unendlich klein sind". Die Steigung der Tangente ergab sich (wie Fig. 327.1 zeigt, wenn man das infinitesimale Bogenstück als Stück der Tangente versteht) als Quotient

$$\frac{dy}{dx}.$$

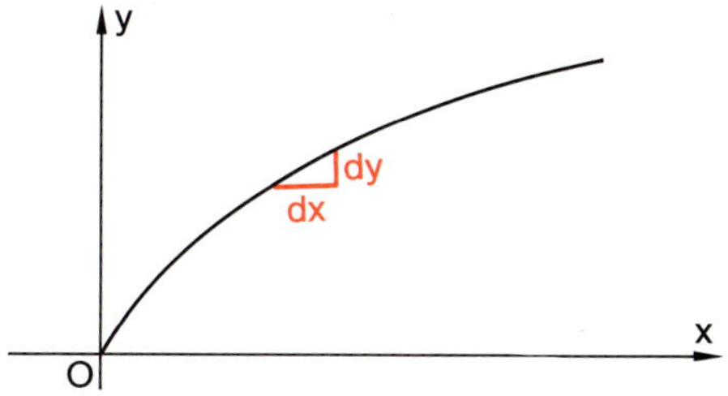

327.1

Schließlich fand LEIBNIZ: Gibt es zu einer gegebenen Kurve mit den Ordinaten y eine Kurve mit Ordinaten z derart, daß

$$y = \frac{dz}{dx}$$

ist, so ergibt sich für die Fläche unter der y-Kurve

$$\int y\,dx = \int \frac{dz}{dx}\,dx = \int dz = z,$$

womit sich das Flächenproblem als Umkehrung des Tangentenproblems erwies.

Entscheidend — und (wie bei NEWTON) wichtiger als eine begriffliche Klärung des Unendlichkleinen — waren für LEIBNIZ nun Regeln, die es erlauben, den Quotienten $\frac{dy}{dx}$ zu finden. Im Unterschied zu NEWTON, der stets konkrete Funktionen differenzierte, hatte LEIBNIZ dabei allgemeine (für alle Funktionen anwendbare) Regeln im Auge. Im übrigen argumentierte er jedoch ähnlich wie NEWTON, indem er z. B. bei der Produktregel $d(uv) = (u + du)(v + dv) - uv = udv + vdu + dudv$ ansetzte und nun dudv wegließ, weil es „im Vergleich zu dem Rest unendlich klein ist".

LEIBNIZ ging es — wie NEWTON — darum, seine Ergebnisse durch simples Rechnen zu gewinnen. Dabei erwies sich die (wegen ihrer Zweckmäßigkeit noch heute übliche) Einführung von Differentialen dx, dy, ..., mit deren Hilfe sich z. B. die Kettenregel in der suggestiven Form $\frac{df}{dx} = \frac{df}{du} \cdot \frac{du}{dx}$ darstellt, als besonders vorteilhaft.

Trotz der verbliebenen begrifflichen Unklarheiten bezüglich des Unendlichkleinen wurden die in den neuen Methoden liegenden Möglichkeiten in der Folgezeit rasch erkannt und genützt. In einer geradezu stürmischen, bis heute ohne Beispiel gebliebenen Entwicklung zeigte sich im 18. Jahrhundert, daß man mit der Infinitesimalrechnung das mathematische Hilfsmittel schlechthin entdeckt hatte, um Naturvorgänge quantitativ zu erfassen. Umgekehrt gaben die Anwendungen vielfältige Anstöße zu weitergehenden innermathematischen Forschungen. Unter den Mathematikern, welche die Entwicklung trugen, sind vor allem die aus Basel stammenden Brüder JAKOB BERNOULLI (1654—1705) und JOHANN BERNOULLI (1667—1748) zu nennen, der ebenfalls aus Basel stammende äußerst produktive LEONHARD EULER (1707—1783; Schüler von JOHANN BERNOULLI) sowie der französische Mathematiker JOSEPH LOUIS LAGRANGE (1736—1813).

Die Namen „Intregral“ für $\int$ und „Differential“ für dx, dy, ... wurden ebenso wie „Differentialrechnung“ und „Integralrechnung“ auf Vorschlag der Brüder BERNOULLI von LEIBNIZ übernommen und sind seit etwa 1690 gebräuchlich. LEIBNIZ verwendete das Zeichen (ohne Grenzen) stets im Sinne eines bestimmten Integrals; die Nennung der Grenzen wurde erst seit FOURIER (s. u.) üblich. Die Bezeichnung f′ und der Name „Ableitung“ wurden von LAGRANGE eingeführt.

Klärung der Grundlagen

Auch die zahllosen Erfolge der neuen Methoden ließen die Kritik an den nach wie vor undurchsichtigen Grundlagen nicht verstummen. Schon der irische Bischof GEORGE BERKELEY (1685—1753) hatte NEWTONS Fluxionen (Momentangeschwindigkeiten) von sich ändernden Größen mit den Worten kritisiert: „Und was sind diese Fluxionen? Die Geschwindigkeiten verschwindender Inkremente. Und was sind ebendiese verschwindenden Inkremente? Sie sind weder endliche Größen noch unendlich klein und doch auch nicht nichts. Dürfen wir sie nicht die Gespenster abgeschiedener Größen nennen?“ Die Not einer mathematischen Rechtfertigung ging soweit, daß wissenschaftliche Institutionen Preise aussetzten mit dem Ziel, die Infinitesimalrechnung auf eine mathematisch solide Grundlage zu stellen. Diese Aufgabe wurde im 19. Jahrhundert gelöst.

Sie war nicht zuletzt deshalb so schwierig, weil bis dahin weder eine klare Vorstellung von den reellen Zahlen vorhanden war noch von einer Funktion; ebenso fehlte eine Vorstellung, wie das kontinuierliche Sichändern einer Größe logisch zu erfassen ist. Unter den Forschern, die schließlich zu einer vollständigen Klärung der Verhältnisse beitrugen, sind zunächst zu nennen: Der böhmische Pfarrer BERNHARD BOLZANO (1781—1848), der den Stetigkeitsbegriff klärte, und der französische Mathematiker AUGUSTIN-LOUIS CAUCHY (1789—1857), der dem Grenzwertbegriff die entscheidende Rolle beim Aufbau der Infinitesimalrechnung zuwies. Danach veranlaßte der französische Mathematiker JEAN BAPTISTE FOURIER (1768—1830) durch seine Arbeiten eine Revision des Funktionsbegriffs, die dann von seinem deutschen Schüler PETER GUSTAV LEJEUNE-DIRICHLET (1805—1859) vollzogen wurde. BERNHARD RIEMANN (1826—1866) schuf den heute nach ihm benannten Integralbegriff. Schließlich — erst am Ende des Klärungsprozesses — führten die Arbeiten von KARL WEIERSTRASS (1815—1897) und RICHARD DEDEKIND (1831—1916) zu voller Klarheit über die reellen Zahlen als Grundlage der (reellen) Analysis.

Zusammenstellung wichtiger Funktionen f mit ihrer Ableitungsfunktion f′ und einer Stammfunktion F

$f'(x)$	$f(x)$	$F(x)$
0	c	$c \cdot x$
1	x	$\frac{1}{2}x^2$
$-\frac{1}{x^2}$	$\frac{1}{x}$	$\ln \lvert x \rvert$
$\frac{1}{2\sqrt{x}}$	$\sqrt{x}$	$\frac{2}{3}\sqrt{x^3}$
$-\frac{1}{2\sqrt{x^3}}$	$\frac{1}{\sqrt{x}}$	$2\sqrt{x}$
rx^{r-1}	$x^r (r \neq -1)$	$\frac{1}{r+1}x^{r+1}$
e^x	e^x	e^x
$\frac{1}{x}$	$\ln x$	$x \cdot \ln x - x$
$a^x \cdot \ln a$	a^x	$\frac{1}{\ln a} \cdot a^x$
$\frac{1}{\ln a} \cdot \frac{1}{x}$	${}_a\log x$	$\frac{1}{\ln a}(x \cdot \ln x - x)$
$\cos x$	$\sin x$	$-\cos x$
$-\sin x$	$\cos x$	$\sin x$
$\frac{1}{\cos^2 x}$	$\tan x$	$-\ln \lvert \cos x \rvert$
$2 \cdot \sin x \cos x$	$\sin^2 x$	$\frac{1}{2}(x - \sin x \cos x)$
$-2 \cdot \sin x \cos x$	$\cos^2 x$	$\frac{1}{2}(x + \sin x \cos x)$
$\frac{1}{\sqrt{1-x^2}}$	$\arcsin x$	$x \cdot \arcsin x + \sqrt{1-x^2}$
$-\frac{1}{\sqrt{1-x^2}}$	$\arccos x$	$x \cdot \arccos x - \sqrt{1-x^2}$
$\frac{1}{1+x^2}$	$\arctan x$	$x \cdot \arctan x - \frac{1}{2}\ln(1+x^2)$

Zusammenstellung wichtiger Regeln und Verfahren

Ableitungsregeln

Summenregel	$f = u + v$	$f' = u' + v'$
Faktorregel	$f = c \cdot u,\ c \in \mathbb{R}$	$f' = c \cdot u'$
Produktregel	$f = u \cdot v$	$f' = u' \cdot v + u \cdot v'$
Quotientenregel	$f = \frac{u}{v}$	$f' = \frac{u' \cdot v - u \cdot v'}{v^2}$
Kettenregel	$f = u(v)$	$f' = u'(v) \cdot v'$
Ableitungsregel für die Umkehrfunktion	$y = f(x)$	$\bar{f}'(y) = \frac{1}{f'(x)}$

Integrationsregeln

Summenregel

$$\int_a^b [u(x) + v(x)]\, dx = \int_a^b u(x)\, dx + \int_a^b v(x)\, dx$$

Faktorregel

$$\int_a^b c \cdot u(x)\, dx = c \cdot \int_a^b u(x)\, dx$$

Produktregel

$$\int_a^b u(x) \cdot v'(x)\, dx = [u(x) \cdot v(x)]_a^b - \int_a^b u'(x) \cdot v(x)\, dx$$

Substitutionsregel

$$\int_a^b u(v(x)) \cdot v'(x)\, dx = \int_{v(a)}^{v(b)} u(v)\, dv$$

$$\int_a^b f(x)\, dx = \int_{\bar{x}(a)}^{\bar{x}(b)} f(x(t)) \cdot x'(t)\, dt$$

Rotationskörper

Rotation um die x-Achse $\quad V = \pi \int_a^b y^2\, dx$

Rotation um die y-Achse $\quad V = \pi \int_{y_a}^{y_b} x^2\, dy$

Näherungsverfahren

Newton-Verfahren $\quad x_{n+1} = x_n - \frac{f(x_n)}{f'(x_n)}$

Keplersche Faßregel $\quad \int_a^b f(x)\, dx \approx \frac{b-a}{6}[y_0 + 4y_1 + y_2]$

Simpsonregel (n gerade)

$$\int_a^b f(x)\, dx \approx \frac{b-a}{3n}[(y_0 + y_n) + 4(y_1 + y_3 + \ldots + y_{n-1}) + 2(y_2 + y_4 + \ldots + y_{n-2})]$$

Bezeichnungen

$\mathbb{N}$	Menge der natürlichen Zahlen	$\mathbb{N}_0 = \mathbb{N} \cup \{0\}$
$\mathbb{Z}$	Menge der ganzen Zahlen	
$\mathbb{Q}$	Menge der rationalen Zahlen	
$\mathbb{R}$	Menge der reellen Zahlen	
$\mathbb{R}^+$	Menge der positiven reellen Zahlen	$\mathbb{R}_0^+ = \mathbb{R}^+ \cup \{0\}$

Intervalle

$[a;b]$	$=\{x \in \mathbb{R} \mid a \leqq x \leqq b\}$	$[a;\infty[$	$=\{x \in \mathbb{R} \mid a \leqq x\}$
$]a;b[$	$=\{x \in \mathbb{R} \mid a < x < b\}$	$]a;\infty[$	$=\{x \in \mathbb{R} \mid a < x\}$
$[a;b[$	$=\{x \in \mathbb{R} \mid a \leqq x < b\}$	$]-\infty;a]$	$=\{x \in \mathbb{R} \mid x \leqq a\}$
$]a;b]$	$=\{x \in \mathbb{R} \mid a < x \leqq b\}$	$]-\infty;a[$	$=\{x \in \mathbb{R} \mid x < a\}$

Punkte, Strecken, Geraden

$P(a\|b)$	Punkt mit den Koordinaten a und b
PQ	Strecke mit den Endpunkten P und Q
$\overline{PQ}$	Länge der Strecke PQ
(PQ)	Gerade durch die Punkte P und Q

Funktionen

f	Funktion
f(x)	Funktionsterm, Funktionswert von x
$f: x \longmapsto f(x)$	f ist die Funktion mit der Zuordnungsvorschrift $x \longmapsto f(x)$
$y = f(x)$	Gleichung des Schaubildes der Funktion f
D_f	Definitionsmenge der Funktion f
W_f	Wertemenge der Funktion f
$\bar{f}$	Umkehrfunktion von f
(a_n)	Folge mit den Gliedern a_n

Differentialrechnung

$f'(x_0)$	Ableitung der Funktion f an der Stelle x_0
$x \longmapsto f'(x)$	Ableitungsfunktion der Funktion f
$x \longmapsto f''(x)$;	$x \longmapsto f'''(x)$; $x \longmapsto f^{(n)}(x)$
	2.; 3.; n-te Ableitungsfunktion

Integralrechnung

$x \longmapsto A(x)$	Flächeninhaltsfunktion
$x \longmapsto F(x)$	Stammfunktion der Funktion f
$[F(x)]_a^b$	Kurzform der Differenz $F(b) - F(a)$
$\int_a^b f(x)\,dx$	Integral der Funktion f über $[a;b]$
$I_a: x \longmapsto \int_a^x f(t)\,dt$	Integralfunktion von f zur unteren Grenze a

Register

Hinweise zum Buch

Innerhalb jedes (mit einer arabischen Ziffer bezeichneten) Paragraphen sind die Aufgaben durchnumeriert.

Die am Beginn eines Lehrteils stehenden Aufgaben sind **hinführende Übungen**. Sie dienen einem möglichen Einstieg in den Problemkreis (Motivation, Bereitstellen von Hilfsmitteln, Wiederholung).

Am Ende des Lehrteils, vor dem eigentlichen Aufgabenteil, befinden sich **Kontrollaufgaben**. Sie sollen dem Lernenden zeigen, ob er die wesentlichen Lerninhalte verstanden hat und sie umsetzen kann. Es empfiehlt sich, diese Aufgabe während des Unterrichts zu behandeln.

Die eigentlichen **Aufgaben** sind nach steigendem Schwierigkeitsgrad geordnet.

Am Ende des Buches befinden sich Aufgaben mit umfassenderen Fragestellungen zur Vorbereitung auf das **schriftliche** und **mündliche Abitur**.

1. Auflage 1 6 5 4 3 2 | 1995 94 93 92 91

Alle Drucke dieser Auflage können im Unterricht nebeneinander benutzt werden, sie sind untereinander unverändert. Die letzte Zahl bezeichnet das Jahr dieses Druckes.

Redaktion: Verlagsredaktion Mathematik

Zeichnungen: Hungreder, Leinfelden
Umschlaggestaltung: Hitz & Mahn, Stuttgart
Reproduktion: Gölz Ludwigsburg
Satz: SCS Schwarz Satz & Bild digital, Stuttgart
Druck: KLETT DRUCK H. S. GmbH, Korb
ISBN 3-12-739650-3